未讀 | 探索家 |

美国国家地理
自然人文百科

［美］美国国家地理学会—著　　王斌　谢建雯—译

目录

扉页至本页图片：1.夜晚的芝加哥；2.印度德里的游行；3.窗户上的冰花；4—5.日本采茶；6.细纹斑马；7.哥斯达黎加的水稻种植；8.军乐队；9.大脑X光片

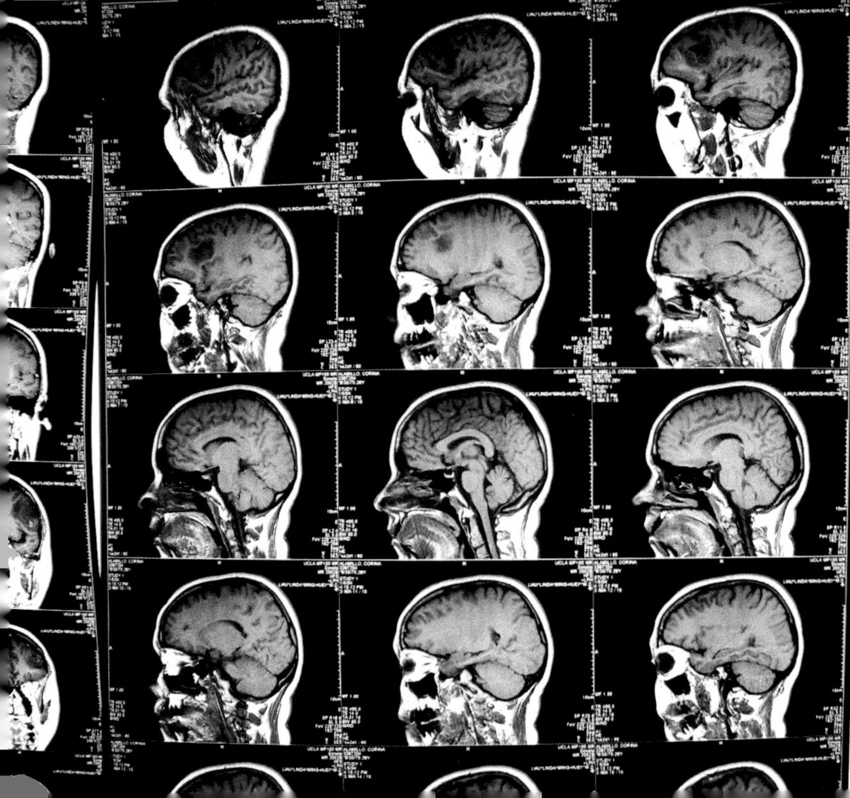
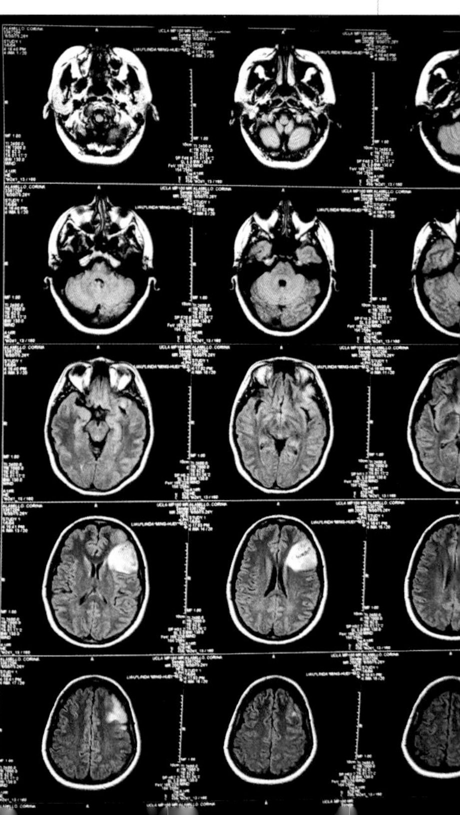

序言 世界概览

当我第一次进入太空的时候，在黑丝绒般的宇宙背景映衬下，我期望能看到一颗美丽而脆弱的蓝色宝石。地球的形象——一粒包裹在白云旋涡之中的蓝色晶石，那景象极其令人震撼，这个形象成了 20 世纪 70 年代环保运动的标志——这也正是我心目中的地球，一个供所有生物栖居的庇护所，一个需要保护以免遭受人类破坏的地方。然而，我所看到的却截然不同。事实上，当我第一眼见到这个我们称之为家园的、美丽而充满活力的星球，我完全没有想到，它会是这个样子。

我眼前的地球简直亮得刺眼，它上面的自然活动极为丰富，相比之下，看得到的人类活动却寥寥无几。当飞船在白昼掠过海洋上空之时，太阳光在水面上反射，我们看得到海水奔腾，证明覆盖地球表面 70% 的汹涌水体中蕴含着巨大的能量。我们能清楚地识别出地球最高的山脊——喜马拉雅山，它是印度次大陆与亚洲大陆正在发生碰撞挤压的明证。从太空轨道上看下去，喜马拉雅山的山峰和山脊状似起皱的包装纸，而火山则仿佛是地

球脸上微小的青春痘。

想象一下，地球在不断形成新地壳的进程中，所有的褶皱、叠覆、抬升和消融过程需要多少能量！我看到的不是一颗脆弱的星球，而是一个鲜活的、会呼吸的、强大的地球。

然而，入夜的半球给我的印象却截然不同。在轨道上掠过夜晚的地球时，人类活动的迹象丰富且清晰。人口密集的陆地灯火辉煌，而人烟稀少的荒原则近乎漆黑。灯火照亮了陆地，尤其是人们沿海居住的北半球。一串串光点勾勒出河流，还有一些地区的高速公路，沿着这些交通要道，人口稠密的城镇得以发展起来。

这一切都十分清楚地表明，地理和气候对人类选择定居点有多么大的影响。令我印象颇深的是，本书包罗万象，却同样对地球有两种截然不同的描述：一方面这是个强大的地球，大体不受人类居住者的影响；另一方面，这是个迷人的世界，处处散发着人类活动的光辉。我想象着自己透过变焦镜头在观察，先是广角中的地球和宇宙，然后拉近到对地球居民的微观特写，看他们如何改造环境以适应自身需求。

本书从尽可能广泛的视野出发，仅仅把地球视为宇宙中的一颗行星，强调人类不过是一个微不足道的物种这一显而易见的事实。一页一页，一点一滴，用不同章节描述地球上的自然力量和自然的多样性，以及人类的家庭、文化和历史的非凡故事，逐步展开这一观点。

这本《美国国家地理自然人文百科》描绘了一幅如此恢宏的画卷，让我们不忘人类对知识的无穷渴望，正是人类这种独一无二的追求，引领我们穿越千年，步入当今的技术辉煌，这时的我们已经有能力飞出大气层，俯瞰地球，为这个美丽的星球赞叹不已。

凯瑟琳·桑顿（Kathryn Thornton），在1985年到1996年是美国国家航空航天局（NASA）的一名宇航员，现任弗吉尼亚大学工程学教授。

对页下图：意大利海滩一景；下图：印度艾哈迈达巴德的路况图

本书简介

《美国国家地理自然人文百科》以 200 多个对页生动地描述了自然世界与人类世界，每一个对页都包含精彩的插图、文字和互动细节，字里行间的点滴信息和珍贵知识能够令读者受益匪浅。

章节展开页
缤纷的大千世界在书中按知识领域被划分为不同的章节，从自然界到人类文明的世界，从自然史到人类史不一而足。

对页里的新思想

每个对页都有一幅插图点题，引入主题，介绍主要思想。

黄底边栏突出介绍一些有意思的日期、数据、世界之最、分类以及其他与本对页相关的项目。

图注位于图侧，说明插图的主要内容。

关键词一栏的术语定义了对页中使用的关键词，或者是介绍对页中与所探讨问题关联密切的新思想。

人物传记提供古今重要人物的简介，一般配有肖像和名人名言。

知识速记突出与主题相关的趣味信息。

知识链接引导你浏览本书其他章节，并寻找相关信息。

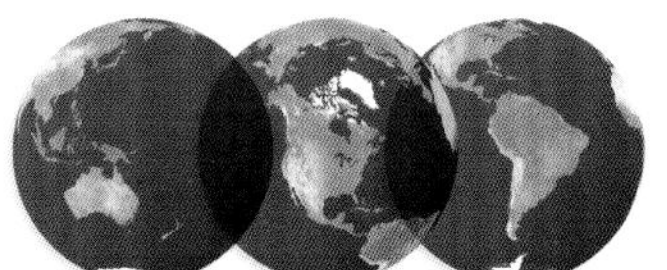

第九章：世界各国

第九章提供了今日世界各国的综合信息，排版紧凑，狭小的页面内包含大量的知识。

CHAPTER 9　世界各国

本章内各小节以大陆划分。每个大陆都有一个对页，专门介绍其地理信息。

每块大陆对页上你都能发现一个特别专题——“人类的足迹”，它追溯人类在该地区的迁徙过程。

国家列表以该国国旗、通用名称和官方名称开头。

每个国家都有一套人口统计数据和贸易数据的说明。这一开篇栏包括以下几个方面：国土面积（单位：平方千米 / 平方英里）；最新的人口统计数据；国家首都与其人口数量；该国最新报道的非文盲率和预期寿命；该国货币；该国人均国内生产总值（GDP）；该国主要的产品，分别为工业、农业和出口商品。

每个国家都有其地理和历史的概括介绍。

CHAPTER 1

地图和地球仪

电子仪表导航，密歇根州底特律市

地理学

里程碑

约公元前 200 年
埃拉托色尼著《地理志》

公元 21 年
斯特拉博著 17 卷本《地理学》

公元 160 年
托勒密著《地理学指南》

1475 年
首部世界史图解

1570 年
奥特利乌斯所绘制的
首本世界地图集出版

1595 年
墨卡托绘制的北欧地图出版

1625 年
卡朋特所著首册地理教科书
《图解地理二册》出版

人类自出现在地球上以来，就想方设法地探索周边环境。他们的生存有赖于对火山活动、河流汛期以及穿越山口最佳时机的了解，而人类已找到了记录和传承这些信息的办法。他们水陆并进，走出发源地去探索，因此更加全面地了解到地球演化的过程和全世界人类聚居地的模式及影响。

埃及、腓尼基和华夏等古文明虽然有地理知识的积累，但鲜有记录传世，所以希腊成了今天的知识之源。创作于公元前 9 世纪的荷马史诗《伊利亚特》及《奥德赛》表明，希腊人是无畏的旅行家，渴望游历远方。同时，他们还善于科学探索。例如，公元前 4 世纪时，亚里士多德就几番尝试确定地球的大小和特性。

15、16 和 17 世纪是亚欧探险家探险活动的鼎盛时期，地理知识呈爆炸性增长。绘制地图、勘探测量以及采集标本成为每次航海旅行的常规活动。

知识链接

古希腊文明、历史和文化 | 第七章“古希腊和波斯”，第 274—275 页
早期欧洲探险者的崛起和探险 | 第七章“世界航海”，第 292—293 页

在21世纪，在电脑上点击几下就能得到地球表面大部分的影像和地图信息。人们想当然地认为，不管去往何处都能够找到路线方向，无须自己在地图上标出路线。

现代科学与信息采集技术使得地理学家的认识超越了以往任何时代，而现代技术又让这些见识得以在全球共享。但还是有许多人缺乏这些事实与术语的背景知识。了解地理的自然意义和文化意义就可提供这种背景知识——当全球性的交流互动和对地球未来的共同责任将我们所有人紧密联系在一起时，这种了解就显得尤为必要和重要。

关键词 地理（geography）：源于希腊语，geo 意为“地球”，graphia 意为“描述”，是对地球和人口现象的系统研究，即物质所在和迁移。分为两大领域：自然地理和人文地理。

托勒密 / 古代地理学家

克劳狄乌斯·托勒密（Claudius Ptolemy，约90—168）出生于埃及，是希腊后裔。他创立了一套学说，集希腊罗马的绘图学、数学和天文学知识于一体。他的8卷本《地理学指南》（*Guide to Geography*）为世界地图集的筹备提供了指导和信息，其中包含一张世界地图和26张区域地图。他还完善了一系列地图投影，贡献了一张单子，上面罗列着8000来个地名以及对应的坐标。他的《天文学大成》（*Almagest*）共13卷，论述天文学现象，提出了太阳系地球中心说的模型。他的《占星四书》（*Tetrabiblos*）共4册，试图为占星学找到更多的科学依据。托勒密在地理学和绘图学上的成就由伊斯兰学者们翻译成阿拉伯语，广为传播，对近东地区和西方的地理以及绘图思想的影响长达数个世纪。

地理学研究的范围

今天的地理学源于对地理位置的研究，但所涉及的内容绝不仅限于地图上的地域名称和方位。它横跨自然科学和社会科学，集多种不同学科的知识和方法于一身。它综合这些学科来判定为什么事情会在特定的地点或特定的空间条件下发生。

自然地理涵盖地质学、气候学、生物学、生态学、水文学和其他自然科学。人文地理则包括文化人类学、经济学、政治科学、历史学、人口统计学以及别的社会科学。绘图学作为地图制作的艺术和科学，是地理环境的图式表达。

地理学家在数据的收集、分析和呈现过程中还会用到其他工具，例如统计资料、照片、遥感影像（如卫星图）和电脑生成的图像等。

知识速记 | 哥伦布对托勒密关于地球周长的说法深信不疑，所以没有冒险驶出加勒比海。

知识链接

现代地图绘制法的发展 | 第一章“地图绘制的进步”，第28—29页
世界的概念在历史进程中的演变 | 第八章“科学世界观”，第326—327页

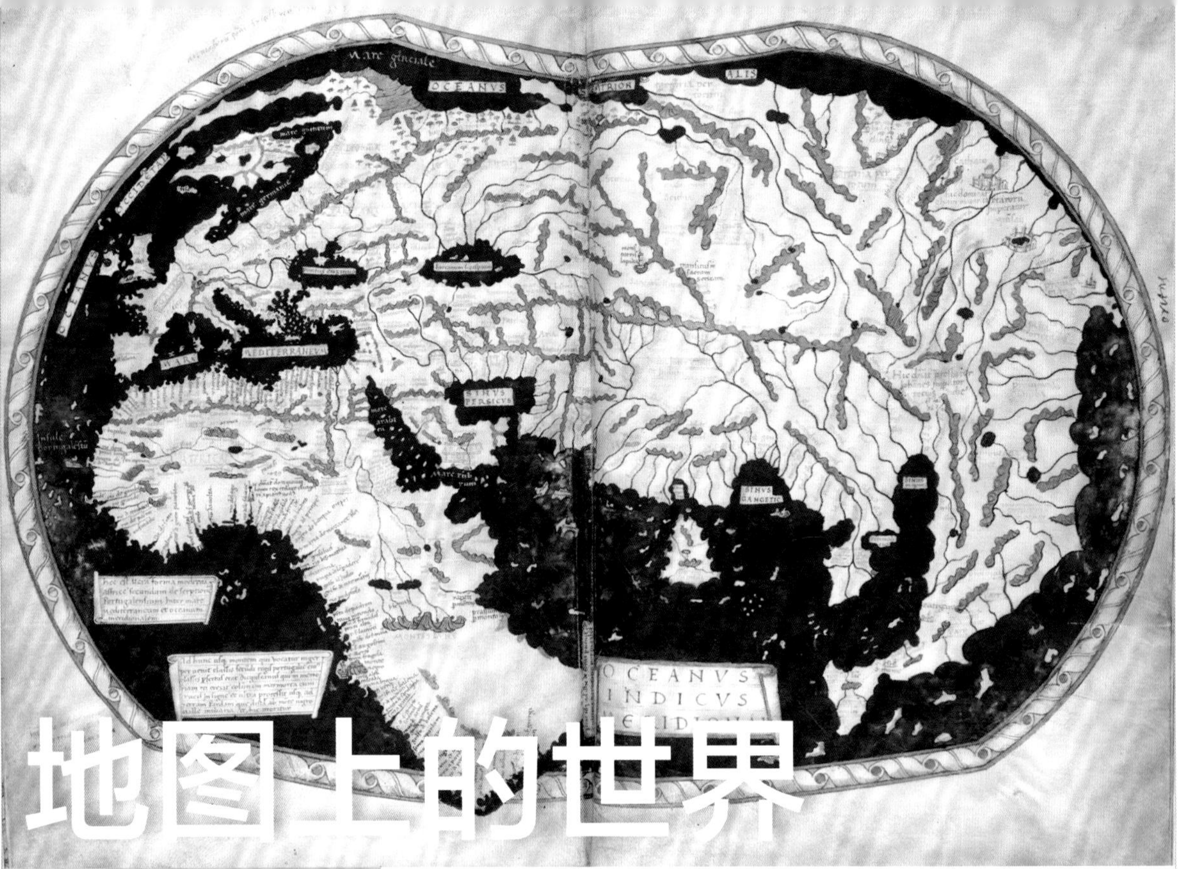

15 世纪产于威尼斯的地图，描述了当时已知的世界：欧洲、非洲和亚洲

地图上的世界

地理学会

1821 年 / 法国
巴黎地理学会

1830 年 / 英国
皇家地理学会

1851 年 / 美国
美国地理学会

1879 年 / 日本
东京地学协会

1888 年 / 美国
国家地理学会

1925 年 / 美国
女性地理学家协会

想象你剥开橘子，将果皮平展在桌子上会有多困难，地图绘制者就面临着这样的挑战，他们努力把地球这颗球状行星，以平面视觉效果重新呈现。为解决“球面平展”的难题，制图师们借助了我们熟知的可展曲面，如平面、锥面和柱面等。

通过对可展曲面进行数学计算，他们用平面图像来表现地球特性，这些平面图像就叫投影，代表着数个世纪以来地图绘制所面临的挑战。

投影必然导致变形。地图形状的选择在某种程度上可以控制这些变形，这就要看制图师对地球的哪个部分最感兴趣了。

只有与地球直接接触的地方才能在地图上得到精准无误的呈现。在远离这些接触点的地方，由于要置于平面上，所以地球的特征就会有拉伸或挤压。

知识链接

环境制图：从生物群落到生态区域 | 第五章“生物群落区”，第 194—195 页
测量法的历史发展 | 第八章“计算与测量”，第 322—323 页

知识速记 | 第一位描述圆锥地图投影法的学者是托勒密，公元 2 世纪时在埃及的亚历山大提出。

世界地图的风尚嬗变

还没有一种世界地图投影法能做到距离、方向、形状和面积全部都精准无误。多年来，各式各样的投影法都曾风行一时。

温克尔投影法于 1998 年被美国国家地理学会采纳，是今天最常用的方法。

罗宾森投影法在 1988 到 1998 年间是最受课堂教学、教材内容青睐的方法。

范德格林滕投影法在 1922 年到 20 世纪 80 年代应用于美国国家地理学会制作的大多数政治版图。

墨卡托投影法历经数百年，如今依然应用广泛，但是高纬度陆地的相对大小还是会失真。

墨卡托投影法

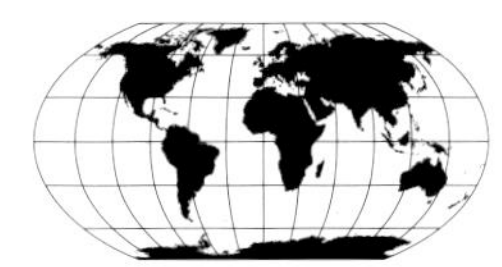

罗宾森投影法

范德格林滕投影法

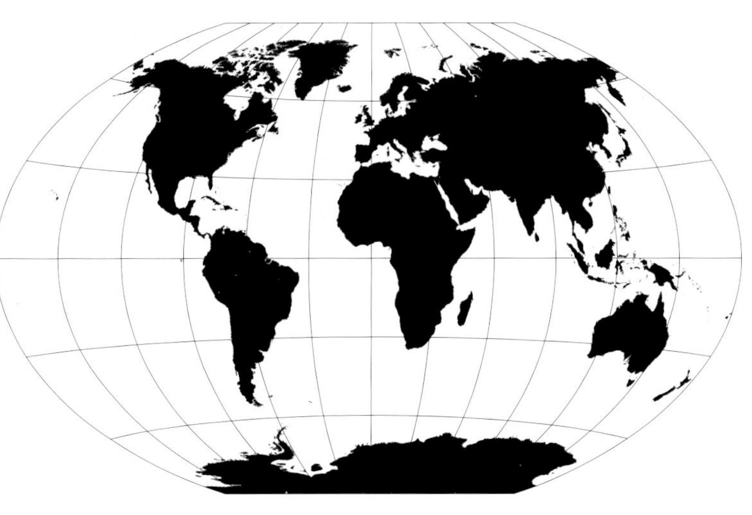

温克尔投影法

关键词 方位角（azimuth）：在天文、射击、航海以及其他领域，用二维坐标描述物体在地球表面的位置。

标准的地图投影法

圆锥投影法类似于把一个巨型的纸圆锥扣在地球上，其尖端位于北极正上方，底沿接触地球赤道北侧。剪开圆锥后展开，就得到平面地图，状如扇形。圆锥投影法是展示中纬度地区的最佳办法。

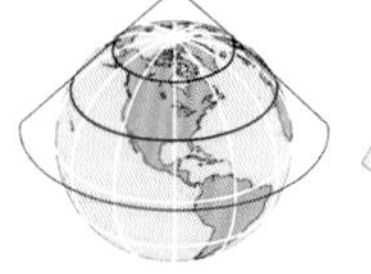

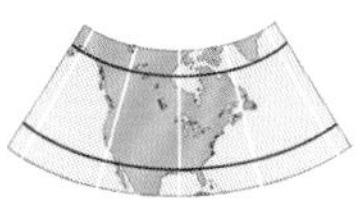

圆柱投影法类似于把地球表面投射到围绕地球的一张大纸上。位于中间赤道附近的投影点很精准，但靠近两极的地区被拉伸，导致位于两极的地标看上去要比实际中大很多。

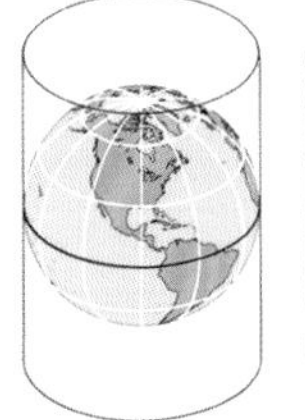

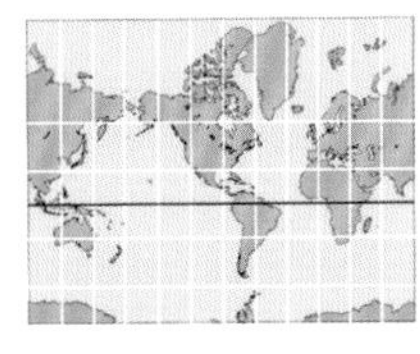

方位投影法又称平面投影法或天顶投影法。要制作这类投影，制图师把地球上的任意一点作为地图的中心来投影图像，就好像成像处有一张平放的硬纸板。

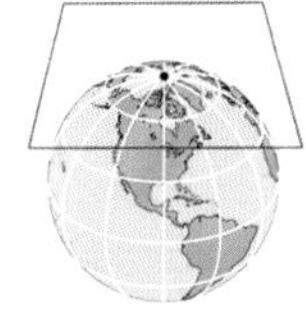

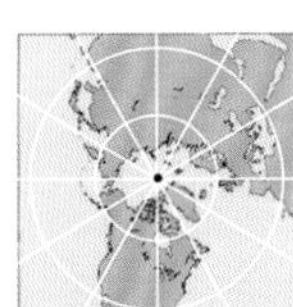

知识链接

人类对环境的影响图 | 第五章“人类的影响”，第 214—215 页
变化中的边界线 | 第九章“国家和联盟”，第 374—375 页

制图师赫拉尔杜斯·墨卡托，约绘于1590年

制图史

早期的地图制作

约公元前 2300 年
已知最早的地图，制作于伊拉克

公元前 1500—公元 1000 年
波利尼西亚人用地图在太平洋上导航

1136 年
刻在石头上的坐标式中国地图

1420—1460 年
葡萄牙航海家亨利王子推动航海科学发展

1540—1552 年
明斯特尔绘制大陆地图

1569 年
墨卡托推出世界地图投影法

1570 年
奥特利乌斯绘制的地图集出版

某些地图绘制形式，细沙上的涂鸦，凿石上的刻度，或是歌曲和艺术作品中的神圣地理是所有文明所共有的。现存最早的地图和图纸源于古巴比伦和古埃及。到公元前 3000 年，两个文明都掌握了必要的数学和画图技巧，还设有专门勘测和绘制地图的官方机构。巴比伦人绘制的地图大多属于实用型，埃及人的地图描绘的则是神秘的土地以及通往来世的道路。

希腊人在探索地球乃至宇宙特性的同时，为西方的绘图法奠定了科学基础。罗马人多是绘制地产、城镇规划和道路。与此同时，中国人把艺术和语言描述融入地图中，还关注军事规划与国家安全。日韩两国的地图亦步亦趋，在地图边缘添上自己的国家。

阿拉伯人虽然有着一流的学术传统，也发展了伊斯兰制图传统，但宗教绘图法在整个中世纪还是居于统治地位。

印刷机的诞生和托勒密《地理学指南》的重新发现引发了西欧范围内科学绘图法的复兴，而西班牙人与葡萄牙人前往非洲、美洲乃至香料群岛（印度尼西亚东北部马鲁古群岛）的航海探险无疑加速了这场复兴。法国人率先开展了一次官方国土勘测，到 1787 年绘制出了 182 张地图。英国人借鉴法国人的手法，于 19 世纪早期开展了印度大三角测量（GTS）活动。

知识速记 | 美洲（America）这一名称首次出现在 1507 年瓦尔德泽米勒（Waldseemüller）所制的世界地图上。

知识链接

古华夏王朝 | 第七章“古代中国”，第 272—273 页
中世纪的发展 | 第七章“中世纪”，第 278—281 页

奥特利乌斯和墨卡托，地图制作先驱

佛兰德学者兼地理学家亚伯拉罕·奥特利乌斯（Abraham Ortelius，1527—1598）年轻时就因其颇有启迪性的手稿和书籍与硬币收藏而闻名。成为制图师后，他在 1570 年出版的《世界概貌》（*Theatrum Orbis Terrarum* 或 *Theater of the World*）为文艺复兴时期的世界带来了革命性的变化。这是已知的第一部现代地图集。

《世界概貌》一书大获成功，推动欧洲地图贸易的中心从罗马和威尼斯转移到了奥特利乌斯的故乡安特卫普。该书共印刷 7300 册，有 31 个版本，译成了 7 种语言，零售价相当于今天的 1630 美元，这令奥特利乌斯富甲一方。

《世界概貌》包括一页世界投影简图，该图出自奥特利乌斯的朋友兼同事佛兰德制图师赫拉尔杜斯·墨卡托（Gerardus Mercator，1512—1594）之手。此书 1570 年（地图为 1569 年制作）首次出版时，墨卡托的投影原本是为了辅助导航。有了直线绘制的经纬线，水手标绘远程航线就容易多了。

尽管墨卡托投影最初是为了航海，但经历数次完善，直到 20 世纪中叶依然是标准的二维再现世界的方式。不过，几代学子学习了墨卡托的投影后，会以为非洲和格陵兰岛大小相当——事实上非洲要大约 14 倍。

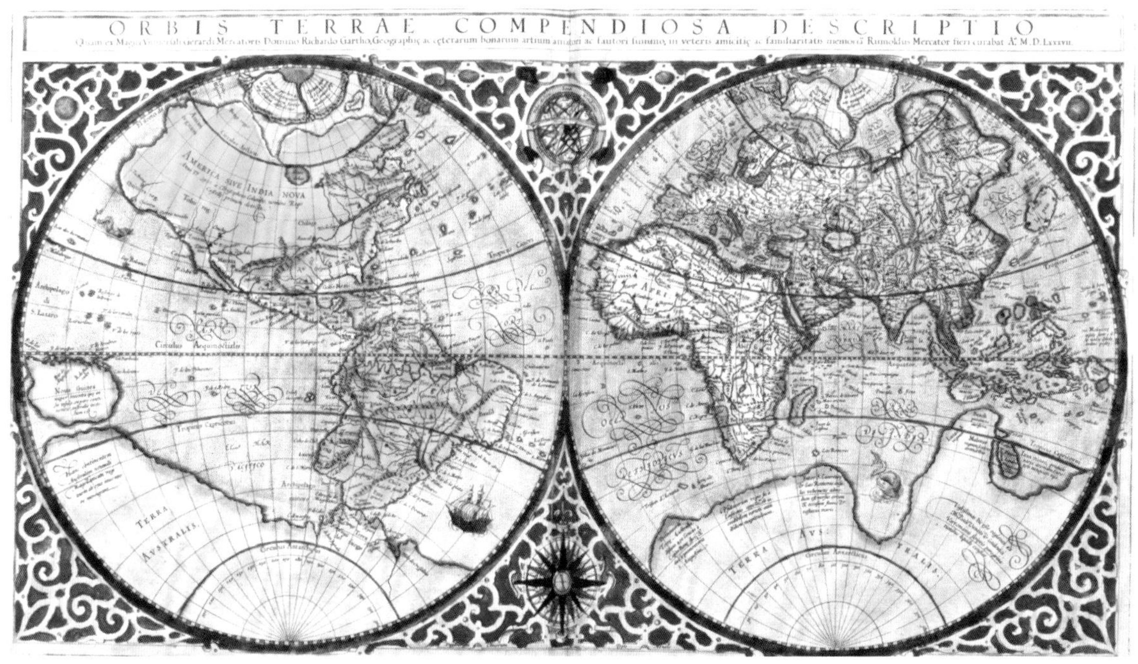

墨卡托 1585 年具有开创性的地图所采用的技术虽然扭曲了陆地的大小和形状，却创造出一套线条和角度系统，使得航船在世界的海洋中不会迷航。他的地图和地球仪也堪称艺术品，字体优雅，配饰精美。

关键词 地图集（atlas）：以希腊神话中用双肩顶天的巨人阿特拉斯（Atlas）之名命名。它是地图或表格，常常是两者兼有的合集，通常有配图、列表数据、地方杂谈以及地名索引，地名对应着经纬线坐标或者地图页边的位置格，位置格用数字和字母标注。

知识链接

包括墨卡托投影在内的制图技巧 | 第一章“地图上的世界”，第 18—19 页
早期的海洋探索 | 第七章“世界航海”，第 292—293 页

此为 1964 年纽约世界博览会建造的巨型地球仪，是当时世界上最大的地球仪

地球仪

伟大的地球仪

首个已知的地球仪
公元前 150 年出自古希腊哲学家，马卢斯城的克拉泰斯之手

现存最古老的大理石天球仪
在约公元 150 年制作的罗马雕像《擎天巨人阿特拉斯》上

现存最古老的地球仪
1492 年纽伦堡的贝海姆制作的地球仪

最受欢迎的地球仪组合
墨卡托的地球仪 - 天球仪组合，1541—1551 年畅销欧洲

献给国王的地 / 天球仪
有两个，均高 13 英尺（约 4 米），1681—1683 年由科罗内利为路易十四所制作

球形仪可以是代表地球的球形地球仪，也可以是代表星空的天球仪。这两种类型的仪器都发明于古希腊和古华夏。最早的地球仪体积很小，用大理石、金属或木头制作，表面有雕刻或者绘画。已知最早的天球仪是希腊雕塑《擎天巨人阿特拉斯》罗马复刻版的一个组成部分。阿特拉斯所举的球体直径约为 26 英寸（约 66 厘米），上面标示着星座。

1492 年，德国纽伦堡的制图师马丁 · 贝海姆（Martin Behaim）借助模具用木板、灰浆和纤维做了一个地球仪。此后不久，其他制图师就把地图分块印刷在所谓的球面楔形上，即两端逐渐变细变尖的瓣状地图片段，再将其拼贴在一起，覆盖圆球。1525 年，德国画家阿尔布雷希特·丢勒（Albrecht Dürer）出版了制作球面楔形地图的规则。1527 年，亨里克斯 · 格拉雷阿努斯（Henricus Glareanus）在巴塞尔出版了一套更为正规的插图指南。他提议使用 12 个球面图块，每块代表 30 个经度，

知识链接

早期制图法 | 第一章“分界线”，第 31 页
古罗马史、古罗马帝王和古罗马世界 | 第七章“古罗马”，第 276—277 页

从一极延伸至另一极。

1555 年，安东尼奥 · 弗洛里安（Antonio Florian）的世界地图绘制了南北半球，每个半球分为 36 个 10 经度的球面三角图块。无论是用于平面地图，还是用于覆盖球状物体，每一块三角图块都需要裁剪、润湿、展平，然后粘贴在一个直径 10 英寸（约 25 厘米）的球体上。今天，地球仪描绘出地球的自然特征，或许还包括海洋底部的特征。大多数地球仪一般都会标出国家和城市等政治特征。地球仪安装时，地轴一般会倾斜 23.5 度，以模拟地球围绕太阳公转时的倾角。球形仪还描绘其他天体，比如月球。

关键词 地心说（geocentric model）：geocentric 源于希腊语的 geo 和 kentron，geo 意为“地球”，kentron 意为“中心”。指代任何认为地球是万物中心的有关太阳系或宇宙结构的学说。日心说（heliocentric model）：heliocentric 源于希腊语的 helios 和 kentron，helios 意为“太阳”。一种宇宙模型，认为太阳处于或靠近中心位置，而地球和其他天体则绕太阳运动。

什么是浑天仪？

浑天仪是用可移动同心环来表示地平线、子午线、赤道、热带地区和极圈等概念的一种球形仪。已知最早的完整浑天仪来自公元 2 世纪早期的希腊，是托勒密为了推广他的地心说而创造的。1543 年，德国数学家卡斯帕 · 福格尔（Caspar Vogel）构建了一个浑天仪来支持托勒密的学说。同年，哥白尼（Copernicus）出版了其革命性的专著，把太阳作为太阳系的中心。

后来，托勒密和哥白尼的浑天仪一同展出，显示出两种宇宙学说版本的不同之处。

1543 年，福格尔的浑天仪将地球放在众多行星轨道的中心位置。

埃及的尼罗河比地球上所有河流的水都甜、都长、都有用。

——伊本 · 巴图塔，1325 年

伊本 · 巴图塔 / 游记作家

在中世纪众多阿拉伯历史地理学家中，伊本 · 巴图塔（Ibn Battuta，1304—1377）游历最广，也因此获得了“伊斯兰旅行家”的别号。他长达 29 年的旅行始于 1325 年，21 岁时便开始了前往阿拉伯半岛麦加的朝圣之旅——距他出生的西非摩洛哥约 3000 英里（约 4828 千米）。巴图塔余生大多数时间都在旅行嗜好的驱使下跋涉于亚、欧、非大陆之间。巴图塔一生行程约 75000 英里（约 120700 千米），是马可 · 波罗的 3 倍。他的游记名为《旅途列国奇观录》（*Rihlah*）或《游记》（*Travels*），至今仍是早期人文地理学最主要的史料之一。

知识链接

非洲古文化 | 第七章“早期非洲”，第 282—283 页
托勒密和哥白尼的宇宙观 | 第八章“科学世界观”，第 326—327 页

地图制作

纽约地铁交通地图

现代地图

1768—1779 年
库克船长绘制太平洋岛屿地图

1801—1803 年
英格兰的弗林德斯绘制澳大利亚海岸线

1803—1806 年
刘易斯和克拉克在肖肖尼族印第安酋长卡梅韦特的帮助下绘制地图

1838—1843 年
弗里蒙特绘制密西西比河以西的美国地图

20 世纪四五十年代
普鲁伊特倡导遥感和卫星绘图

20 世纪五六十年代
萨普创造了海底地形图，成为板块构造学说的奠基石

制图涉及精确的测量。今天，几乎地球上每一寸土地都被画进了地图，某些地区比其他地区更加详细。虽说大洋和海底也基本有了地图，但总体不及陆地那般详细。地图必须不断修订，以反映边界、地名、人口构成和自然现象的变化。

广义上的测量是指确定特定陆地或海底区域的准确大小、形状和位置的科学。某些测量仍然在地面上进行，运用比如三角测量这样的数学方法，比如经纬仪、微波测距仪等传统仪器，或者是运用相同功能的电子设备。

绘制海岸地图和公海地图还涉及另一套测量技术，也会用到和陆地测量相同的一些数学方法。数据采集有赖于仪器，这些仪器使航海者和制图师能够测量天体，确定其位置和距离。

知识链接

天体观察史 | 第二章“天文观测”，第 68—69 页
城市人口扩张和城市规划 | 第六章“城市”，第 260—261 页

会讲故事的地图

地图会透露制图师的许多事情。制图师们绘制地图时通常难以掩饰对自己家乡或国家的热爱。1402 年，高丽士大夫权近曾在他所制成的世界地图上提笔写下“天下至广也”“内自中邦，外薄四海”的字样。可以说，这是一幅劝顺地图——利用疆域图给人造成印象，证明观点，或是促进宣传。宣传性地图曾盛行于两次世界大战和其间的年代，还有冷战时期。今天这类地图依然还在制作，不过由于了解世界信息的渠道更多了，错误的印象也就更难维持了。

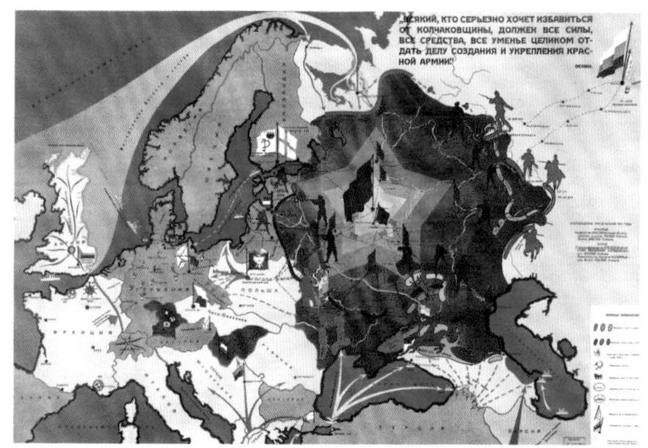

布尔什维克党执政时期，一身火红的勇士们在巡逻领土，这幅 1928 年由苏联印刷的地图讲述的是俄罗斯人眼中 1919 年至 1921 年的内战。

关键词 子午线（meridian）：一条连接地球南北两极的假想线；用于表示经线。经纬仪（theodolite）：测量水平角和竖直角的基本仪器，上面有一部带水准仪的可旋转望远镜；转镜经纬仪是一种经纬仪，其安装方式使之可以反转。微波测距仪（tellurometer）：测量反射微波往返行程以计算距离的装置。

经受了时间考验的制图仪器

虽然 GPS 和电子设备已经取代了传统的测量和导航设备，但是大量的基础知识都是数个世纪运用这些传统工具收集得来的。

磁石指南针于 13 世纪末得到完善，并配有一张标明主要方向的卡片，促进了航海图以及后来陆地地图的发展。

望远镜虽非伽利略发明，但他却有可能是利用望远镜进行天文观测的第一人。牛顿的望远镜利用镜子和反射光。今天的天文学家则观察屏幕或照片。

星盘的起源可追溯到 6 世纪，人们把它作为读取时间、观察天空的一种工具。中世纪的星盘帮助人们计算太阳和群星相对于地平线和子午线的位置。

六分仪用于测量天体与地平线的夹角，目的是确定经度和纬度。角度的读数和准确的时刻是计算经纬度所需的信息。

知识速记 | 世界上最早的星盘被伊斯兰教信徒用来确定祈祷时间和圣城麦加的方向。

知识链接

人类文化之周游世界和迁徙活动 | 第六章“交通运输”，第 252—253 页
人类历史中的探索 | 第七章“世界航海”，第 292—293 页

现代地图

在17、18和19世纪，科学的测量和绘图方法（简称“测绘”）迅速传播开来，部分原因是更为复杂的数学方法得以应用，以严谨而全面地测量大片区域。

今天的测绘常常利用遥感技术来获取远处物体或地区的信息。从高楼上俯瞰全城也好，从高山上俯瞰村庄也罢，都是遥感的一种方式。制图师采用更加精密的方法来获取相似的结果。

航空摄影从某种意义上而言是从第一次世界大战开始的，到“二战”时期已经成为一种制图遥感工具而被广泛应用。它给测量人员省去了许多外出勘察的苦差，还能够对一些人所不能及的地方进行精确测量。

利用雷达或无线电波，还有声呐或声波的遥感技术提供了另一种记录地表或海底表面特征的方法。两种方法都是根据波传到目标区域的往返时间来计算距离的。

遥感影像由于分辨率不同而各有差异。

空间分辨率指影像的清晰度。通常距离越远，影像就越模糊。

光谱分辨率指可捕捉的光谱谱段，可以包括可见光或红外光的波长。

时间分辨率指时帧或时间范围。这一技术利用同一区域在时间中的连续图像来显示一段时间内发生的变化。

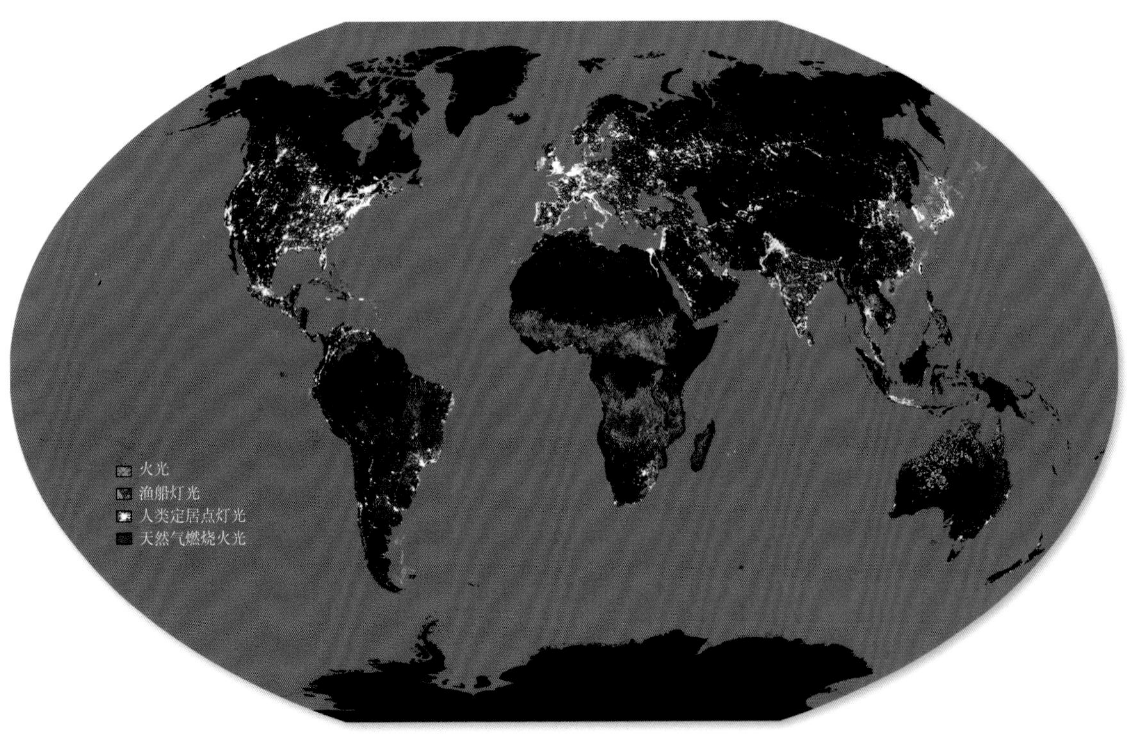

万家灯火，由卫星探测并在世界地图上成像，显示电力使用集中的地方，但不一定是人类聚居的地方。

知识链接

可见光谱与地球上的光现象 | 第三章“光”，第108—109页
地球上人口变化的统计状况 | 第六章“世界人口”，第250—251页

航空测绘

1909 年，随威尔伯·莱特（Wilbur Wright）飞行的摄影师在意大利上空拍摄了第一张空中照片。“一战”期间，截至 1918 年，法国空中单位每天要航拍 10000 张照片，大多用于分析地面形势。远在埃及的英国远征军尝试利用航拍照片绘制地图。20 世纪中叶，航拍摄影师和制图师着手制作能够覆盖世界大多数地区的基本地形图。

测量直接根据照片进行，代替了费时费钱的实地测量。后来引入的传感装置还可以拍摄普通胶片可见图像之外的图像，于是又催生出许多种新型地图。

空战在“一战”期间推动了摄影发展，促进了成像技术的发展，使得地图绘制在之后的几十年间取得了长足进步。

关键词 摄影测绘法（photogrammetry）：用陆地摄影和空中摄影来测量和制图的技术。三镜头航摄机摄影法（trimetrogon method）：指在离地面 20000 英尺（约 6 千米）高的飞行器上，利用三台广角摄像机沿飞行航线拍摄镜头覆盖区域内陆地的一套航摄方法。

海洋测绘

声呐在洋底测绘中扮演重要角色，主要是测量水深以及海床的形状特征。声呐基于回声原理：声波触及海底后反弹回来，这一过程所用的时间决定了海水的深度。

多波束声呐的声源和接收器都装在船身上，声呐系统随轮船移动扫描周围的大片区域。侧扫声呐的声波则来自一个拖曳式声源。

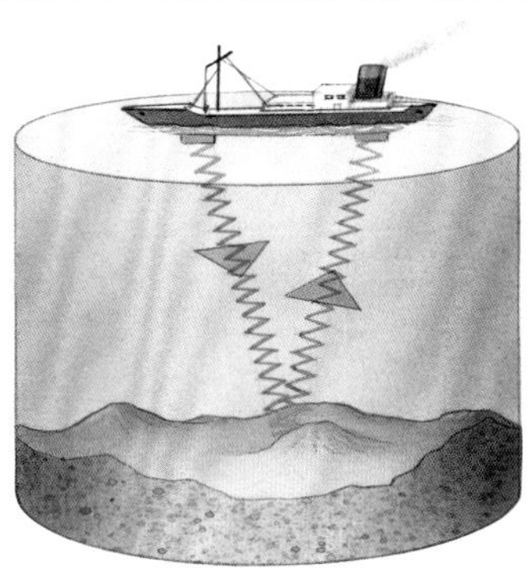

最简易的声呐：从船身发出的声波经海底反弹回来，再由船上的接收器接收。

知识速记 | 声波从最深的海底返回水面用时不到 15 秒。

知识链接

世界大战中的飞机 | 第七章“1929—1939 年的大萧条”，第 313 页
我们所知的海洋 | 第三章“海洋”，第 112—115 页

地图绘制的进步

地图绘制近来的发展重新定义了制图学。个人电脑、GPS、遥感卫星以及互联网改变了人们收集、操作、共享和使用地图数据的方式。

遥感技术在制图上的应用潜力近乎无限，因为人们可以利用卫星、太空望远镜和配备有地理信息系统（GIS）和海量数据库等层次繁复软件的飞船，从太空制绘地图。现在，每天都有数不清的遥感卫星拍摄地球表面，生成海量的可制图数据，世界各地的制图师、科学家和技术人员接收、分析并维护这些数据。

今天，大多数自然进程和人类活动所产生的影响都能在地图上有所体现，并揭示地球的秘密，清晰地展现这颗行星的当前状况和未来走向。

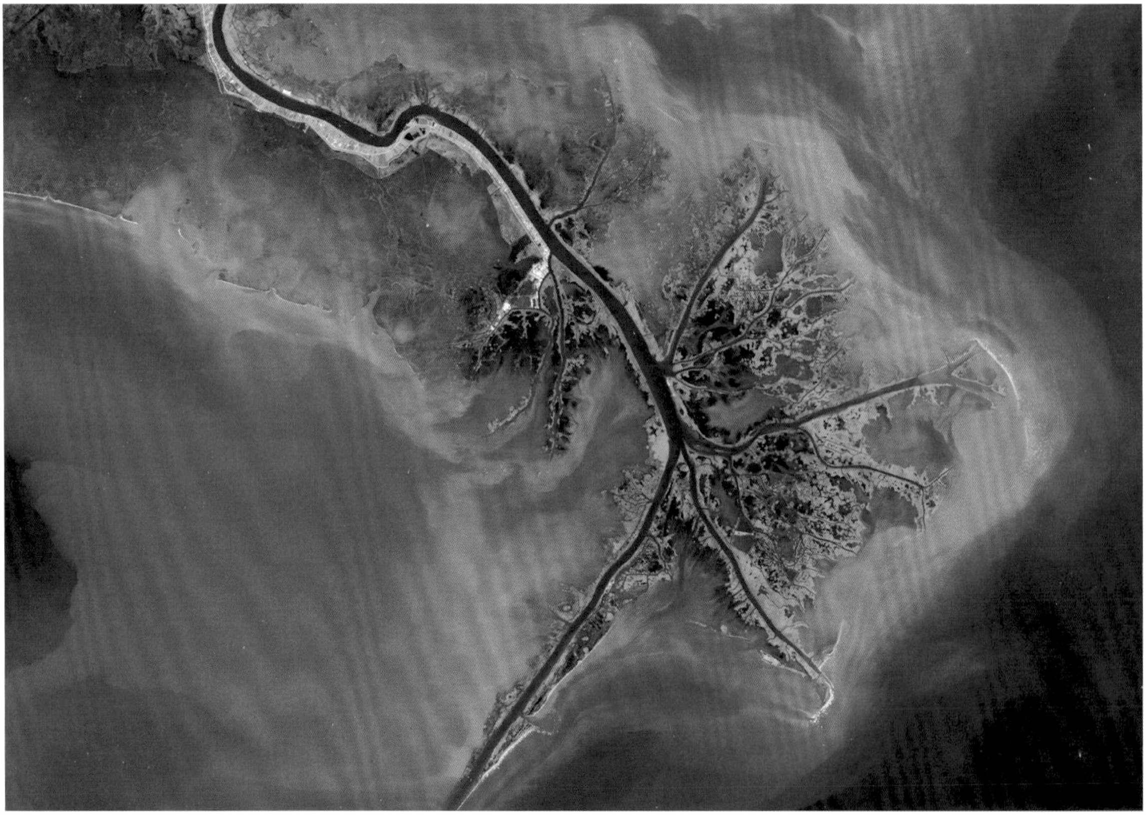

密西西比河三角洲，由“陆地卫星7号”（Landsat 7）拍摄，像一幅蓝绿掐丝的工艺品铺展开来。1972年，美国国家航空航天局和地质勘测局共同发射了第一颗陆地卫星，它标志着世界上历时最长的不间断的天基遥感地形数据采集活动开始。

知识链接

地球上的大河地理 | 第三章“河流”，第116—117页
互联网如何玩转世界 | 第八章“互联网”，第354—355页

什么是“陆地卫星”？

“陆地卫星”（Landsat）是一系列配有摄像头的无人科学卫星，1972 年起由美国陆续发射。它们的主要任务是收集地球自然资源信息，并监测大气和海洋状况。“陆地卫星”以 115 平方英里（约 298 平方千米）为单位采集地球表面图像，每个区域每隔 18 天重新拍摄一次。总的来说，“陆地卫星”系统提供的是中 – 低分辨率的地图。

新型的“陆地卫星”配有更多的数据采集设备，包括一台有 7 个光谱带或波长分辨率的专题制图仪。

“陆地卫星”于 1985 年私有化，又于 1992 年重新移交政府管控。2013 年 2 月，“陆地卫星 8 号”发射，其设备的分辨率比之前的所有型号都要高。

GPS 如何工作?

GPS 意为全球定位系统，是太空时代的三镜头航空测绘系统。GPS 最初用于军事目的，它由三部分构成：绕地卫星、分布全球的主控制站，以及安装在从海军驱逐舰到私人高尔夫球车等各种载体上面的接收器。

在美国 GPS 系统中，24 颗“导航星”（Navstar）卫星沿 6 个不同轨道每 12 小时绕地球一圈。另有 3 颗备用卫星绕地飞行。卫星上配备了原子钟，为每个信号发射提供精准的时间。控制站监测这些卫星，利用星载远程控制推进器调整它们的位置。

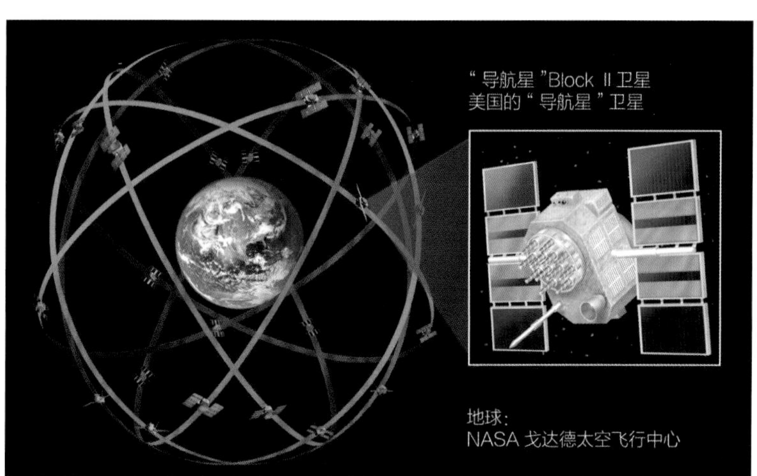

“导航星”卫星系统包含 24 颗在轨卫星，类似 Block Ⅱ（右上）。地面 GPS 设备向卫星发射信号并接收卫星发来的信息，以此来确定经纬位置。

当陆地或海上的 GPS 用户搜索地理信息时，信号就会从轨道卫星传送至用户的接收器。信号传输所需的时间通常为几分之一秒，可帮助确定到假想球体上某一点的距离，利用三角测量的数学方法就可以计算出该用户所处的经纬度。3 颗卫星就能计算出定位了，但卫星越多，额外信息就越多，精确度也就越高。

GPS 信号按两种不同的频率传播，一种是军用，另一种是民用。民用增强信号提供的位置信息可精确至 0.4 英寸（约 1 厘米）。

知识速记 | 在地球上，不论何时何地，“导航星”的 GPS 接收器都能接收到该系统 24 颗卫星中 6 颗卫星的信号。

知识链接

今天的太空望远镜 | 第二章“现代观测技术”，第 70—71 页
气象信息采集方法 | 第五章“天气预报”，第 184—185 页

英国格林尼治本初子午线

分界线

制图师需要参考线来定位地图上的位置。他们的参考体系源于古希腊人，使用的是所谓的经（子午线）纬（平行线）线网格，它们之间的距离用圆周度数表示。纬度表示赤道南北方向的角距离，赤道的纬度被设定为 0°。

所有纬线都与赤道平行。纬度将地球分为南北半球。经度测量本初子午线东西两侧的角距离，本初子午线的经度被设定为 0°。根据 1884 年的国际协定把本初子午线设定在英格兰的格林尼治。所有经线都在地球的两极汇聚。

每一经度或纬度的测量结果因距离赤道的远近而不同。经度比纬度的变化更大。从赤道开始，每个纬度相距 68.708 英里（约 110.575 千米），赤道处的每个经度相距约 69.171 英里（约 111.320 千米）。

世界地图和地球仪上还有其他分界线。从政治角度而言，世界按边境线分为独立的各国。国际边境线在少数情况下才代表真正的地理或文化边界，它们是领土权、殖民活动、征服活动、宗教皈依、冲突争端和政治联盟的复杂产物。

地图和地球仪上的线条还能描述很多其他特征：公路、铁路和船运航线等运输线，河流和湿地等水文特征，以及其他自然特征，包括体现海拔升降变化的悬崖、山丘、山体和峡谷等。

测定经度

公元 1514 年
维尔纳提出月球距离法

公元 1530 年
弗里修斯指出时钟的重要性

公元 1598 年
西班牙国王菲利普三世设立奖金

公元 1616 年
伽利略通过木星卫星的运转规律进行计算

公元 1634 年
莫林筹建月球观测台

公元 1657 年
惠更斯发明摆钟

公元 1714 年
英国议会设立奖金

公元 1728—1761 年
哈里森改进海事钟表

知识速记 | 地图只需用四种颜色就能保证共享边界线的各地区颜色不重复。

知识链接

地球的典型特征和影响地形的力量 | 第三章“地貌”，第 98—101 页
地理在时间测量中的角色 | 第八章“报时”，第 324—325 页

为什么圆是 360 度?

一度是圆周的一小部分，而描述地球表面的每一个假想圆都有 360 度。这种背景下，数值 360 通常被认为是古代巴比伦人的成就，他们发明了 60 进制计数体系（现代计数制为 10 进制）。或许是他们首次将圆等分为 360 度（6×60°）。有历史学家认为，60 进制源于一个日历年度的近似天数，但也有人称古巴比伦人选择 60 进制很可能是因为它能被许多数整除。古希腊天文学家喜帕恰斯（Hipparchus）发明了正规的经纬度系统，将地球的所有经纬圈分成 360 度，每度 60 分，每分 60 秒。

关键词 大圆（great circle）：球体表面两点之间的最短连线，位于经过球体中心的一个平面上。

古代人如何测量地球?

早期的地理学家埃拉托色尼（Eratosthenes，约公元前 275—前 194）是埃及亚历山大图书馆的馆长，他绘制了一幅已知世界的地图，包括从不列颠群岛到斯里兰卡和从里海到埃塞俄比亚的地域。他利用子午线和平行线发明了一套测绘系统，成了经纬线系统的前身，而经纬线直到一个世纪之后才被真正构想出来。

埃拉托色尼还较为准确地估算了地球的周长：比起 24901 英里（约 40075 千米）的实际测量值，他的计算误差小于 4000 英里（约 6437 千米）。他在 2 个不同的地点记录了夏至那天太阳的位置，并假定地球呈圆球，用两点的间距乘以 360 再除以这一距离代表的圆弧度。误差很小，但不断累积导致他的估算值过高。

然而鲜有地理学家认可他的计算结果，他们更倾向于另一位地理学者算出的小一些的数值。然而，对埃拉托色尼而言，地球圆周偏大说明所有已知的大海必定与一个大洋相连。

希腊天文学家喜帕恰斯（约公元前 190—前 125）也为测绘科学做出了重大贡献。喜帕恰斯利用经纬线绘制了恒星的方位，然后开发出一套以 360 度为基准的测量系统，据此来绘制地球表面的位置。

1544 年的世界地图，由意大利热那亚市的巴蒂斯塔 · 阿涅塞（Battista Agnese）用墨汁和水彩在牛皮纸上绘制而成，地图呈现了斐迪南 · 麦哲伦（Ferdinand Magellan）1519—1522 年环球探险之旅的路线。

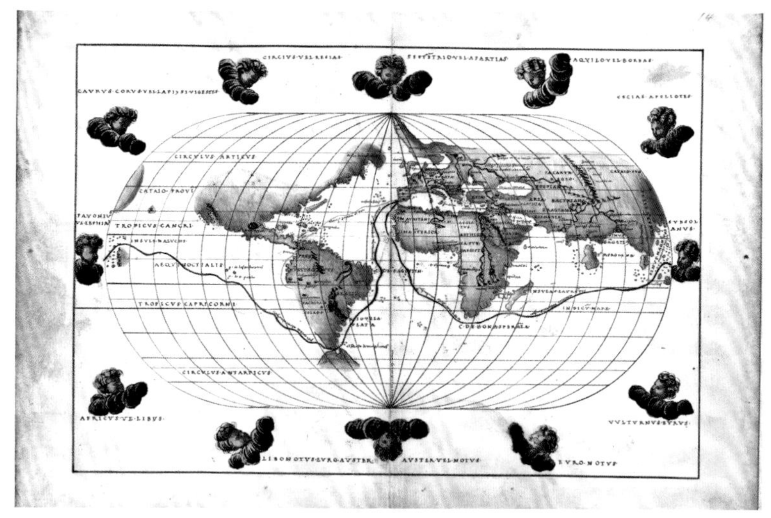

知识链接

古希腊的历史和文化 | 第七章“古希腊和波斯”，第 274—275 页
早期的计算方法 | 第八章“计算与测量”，第 322—323 页

时区

时间这一概念是生命内在的生物节律。在这个系统中，时间和阳光密不可分：黎明破晓，牵牛花绽开，公鸡打鸣；日落黄昏，夜花型茉莉开始绽放，萤火虫释放求爱信号。时间的运行尺度还可以扩展到季节的变换：天鹅和其他候鸟在每年的同一时节开始迁徙；熊则刚一入冬就开始冬眠。

早期人类只对相同类型的生物节律做出反应，但随着时间的推移，他们为了预测和掌控自然事件，想办法对时间进行了标准化的测量。地球自转时，太阳、星辰在天空中的位置提供了基本的时间单位：天。由于地球并非匀速自转，所以就对一年中所有的太阳日平均计算，得到一天 24 个小时。

以前，各地区之间几乎没有交流，每个镇子都通过观察太阳的位置设置自己的时钟。华盛顿特区正午的时候，纽约市的时间是下午 12:12。随着运输系统尤其是铁路的日渐发达，人们对标准化时间体系的需求更为强烈了。在美国，这件事发生在 1883 年，全国所在的 60 个经度被划分为 4 个时区。同一时区的所有居民都执行时区中央的时间。这 4 个时区和今天的东部时区、中部时区、山地时区和太平洋时区大致相同。

不久人类就建立了全球时区系统，将经过英格兰格林尼治的一条经线作为本初子午线。从那之后，各国和国际的时区体系一直在不断地微调。

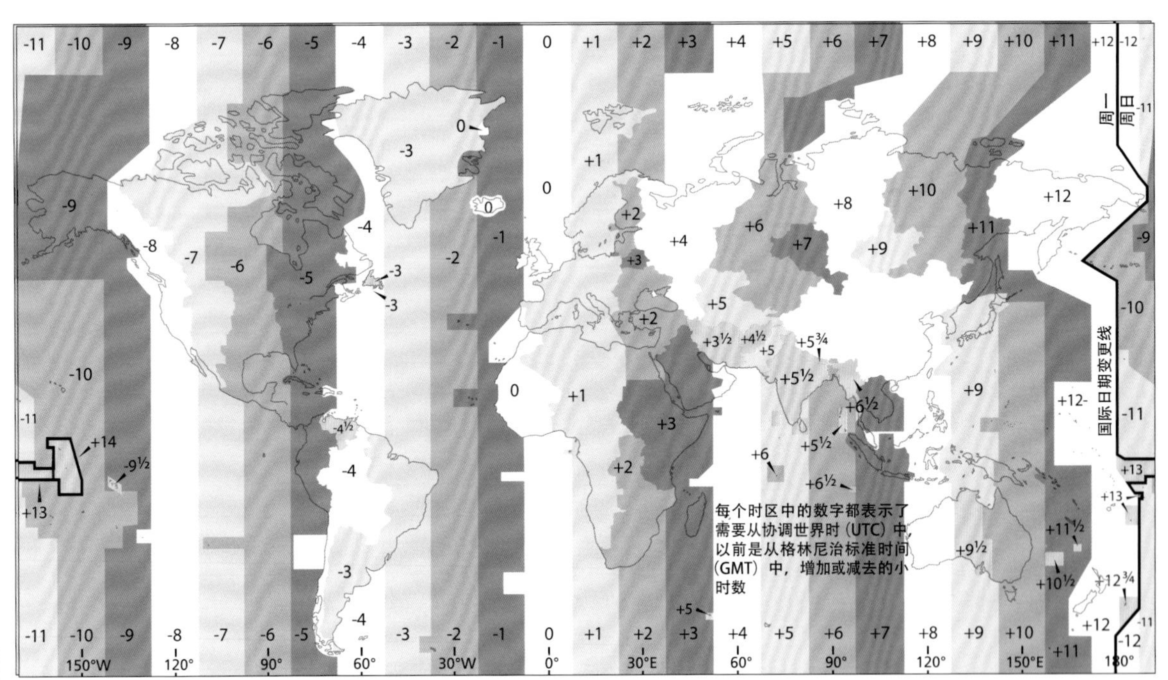

国际时区系统，创建于 1884 年，将全球分为 24 个时区，每个时区间隔为 15 经度。本初子午线也即 0° 经线设在英格兰的格林尼治，而距离格林尼治半个世界之外的 180° 经线被设为国际日期变更线。

知识链接

本初子午线、经线和纬线 | 第一章“分界线”，第 30—31 页
世界历史发展过程中的全球化 | 第七章“全球化”，第 318—319 页

一天从哪儿开始？在哪儿结束？

从理论上讲，国际日期变更线代表的是经度为 180° 的子午线。从西到东跨越这条子午线，日期就 -1。从东到西反方向跨越一次，日期则 +1。不过在现实中，国际日期变更线在一些情况下会有所调整。政治边界，如俄罗斯的楚科奇半岛，会导致此线外移以维护国土完整，日期也相应保持一致。同理，为了保持某些太平洋群岛的完整性，这条线通常会发生弯曲。这类地区性的修正也使得国际日期变更线的大部分都偏离了 180° 子午线。

钟表能延长白天吗？

第一次世界大战期间，一些国家把钟表调快一小时来延长白天，以此作为一种节能措施。这一理念在“二战”期间得到进一步强化，许多国家全年都将时间调快一个小时。

在美国，白昼时间的调整从 1942 年 2 月 9 日一直持续到 1945 年 9 月 30 日。英国为了获取更大的战时利益，规定夏天延时两小时，也就是所谓的“双重夏令时”，到冬天再推迟一个小时。

战后，许多国家保留了一年之中部分时间实行白昼时间调整的制度，还有些国家则开始采纳这一措施。美国国会从 1996 年起在全国推行这项措施，一直持续到 2005 年。现在，美国的白昼节约时间方案（夏令时）从 3 月的第二个星期日开始，到 11 月的第一个星期日截止。现在，世界上约有 70 多个国家实行夏令时制度。包括中国和日本在内的一些国家以前也采用过，后来废止了。夏令时制度是保留、推广还是终止取决于许多社会、经济和政治上的影响因素。

关键词 格林尼治标准时间（Greenwich Mean Time）：零经度平均太阳时或格林尼治子午线太阳时的旧称。目前的官方名称是“世界时”（Universal Time），而格林尼治标准时间（GMT）仍在广泛使用，尤其是在说英语的国家。

为什么我们需要闰年？

由于地球绕太阳公转一周约 365¼ 天，多出的 ¼ 天累积四年就多出一天。闰年的 2 月会多一天，以弥补天文年和日历年之间的差距。

若不加以调整，日历和四季每 100 年就要差 24 天。古埃及人提出了每四年增加一天的方案。古罗马人则在公元前 46 年创造了标准的闰年日，即 2 月 29 日。

然而，每四年增加一天并不能完全解决问题，因为地球公转的时间比 365¼ 天要少 11 分 14 秒。1582 年确立的修正方案是只在能被 400 整除的世纪年增加一个闰年日。因此，2000 年是闰年，但 2100 年、2200 年和 2300 年则不是。

知识速记 | 据传，本杰明 · 富兰克林发明夏令时是为了晚上有更多的时间玩象棋游戏。他的主张是，按季节调整时钟有助于节约蜡烛。

知识链接

时间测量和现代日历的发展 | 第八章“报时”，第 324—325 页
世界各国间的协作 | 第九章“国家和联盟”，第 374—375 页

极点

地球绕轴自转，自转轴是一条看不见的对称轴虚线，从地球一端经过地心到另一端。这两个端点就是地球的南极和北极。地球的极点以地极、磁极和地磁极三种形式存在，每种形式在位置上略有差异。

地极的位置由地球自转轴决定，在地球仪和地图上显示为经线和纬线的会合点。磁极表现为罗盘针在地球磁场中所指的方向。地磁极是磁场的轴与地球表面相交的点。

由于地球行星的性质，这些极点位置也会发生变化。地球绕轴自转并不稳定：行星会颤动，左右摇摆。行星自转时的水平拉伸所导致的某种颤动 14 个月发生一次，并且会因大气层和海洋活动而加剧。由于这种颤动，这些极点的地理位置会偏移 9 ~ 18 英尺（约 2.7 ~ 5.5 米）。另一种颤动很可能是由每年笼罩在西伯利亚上空、破坏地球平衡的高气压所引起，能够造成偏离 2.7 米的颤动。

还有一类颤动很可能源于地核引力。地球的颤动、地磁场的变化以及地核自转三者之间似乎有着说不清道不明的联系。然而不管怎样，它们使得人们难以确定极点的位置。

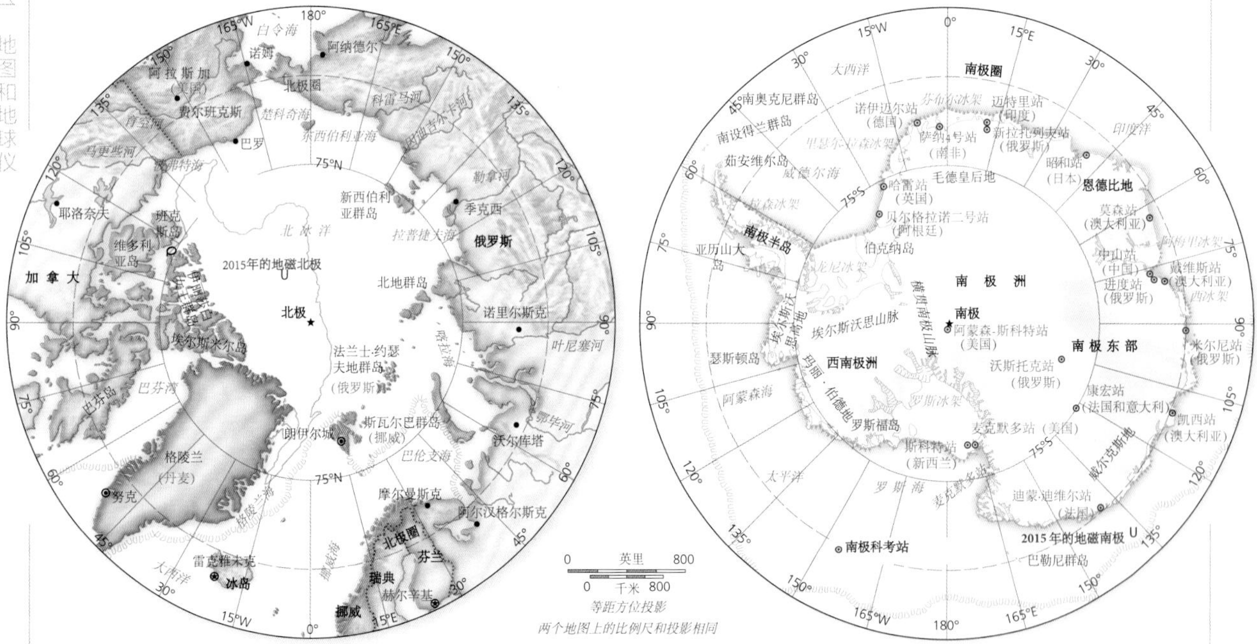

直到 20 世纪早期，探险家才到达了南北两极，收集到制图所需的信息。

知识链接

地球极地气候下发现的生物群落 | 第五章“冻原和冰盖”，第 210—211 页
南极洲及其在当今世界上的政治地位 | 第九章“国家和联盟”，第 375 页

什么是地磁场?

科学家认为地球的磁场源于外地核炙热的铁镍流体流动而产生的电流。电流产生了磁场，在地球的磁极之间充斥着无形而流动的磁力线。地磁极与地球的南、北极不同，更重要的是，它们不是静止的。地磁极表示的是地球磁场中磁轴的两个端点。

1971 年，一群科学家考察了澳大利亚一个有三万年历史的原住民营地，发现火的高温使石头中的铁粒子随着地球的磁场方向发生调整。此外，铁粒子指向南方的现象表明，当时的磁北极一定在南极洲的某个地方。这一发现证明了地磁场近期发生的其他反转活动。

现在人们已经知道，地球磁场大反转大约每 50 万年发生一次。短期反转不定期发生，持续几千年到 20 万年。这些反转现象显然被海底大西洋中脊上的岩石记录了下来，又被洋底板块漂移带离洋脊。

地球的磁场主导着包裹地球和大气层的一片区域，名为“磁气圈”。

太阳风是来自太阳的带电粒子流，它们会挤压地球向阳一面的磁气圈，同时拉伸阴面的磁气圈。

但是，太阳风中的一些粒子会漏出，被困在范艾伦辐射带中。当它们与靠近地磁极的高处大气层中的气体原子发生碰撞时，就会发出奇异的光，那就是极光。

关键词 范艾伦辐射带（Van Allen belts）：以美国物理学家詹姆斯·范艾伦（James Van Allen）命名。地球周围的 2 个环形磁圈含有从太阳风中捕获的带电粒子，这一现象于 1958 年由“探险者 1 号”卫星发现。

东、西、北方向都已消失不见。只有一个方向还在，那就是南方。

——罗伯特·埃德温·皮里，1910 年

罗伯特·埃德温·皮里 / 北极探险家

作为一名职业海军军官，罗伯特·埃德温·皮里（Robert Edwin Peary，1856—1920）对北极探险情有独钟。1891 年，他从刚刚起步的美国国家地理学会主席手中接下了一面美国国旗，并被告知：“尽你所能，把这面旗帜插到地球的最北边去！”皮里一共尝试了四次北极之行。1909 年，他和他的属下非裔美籍采矿工人马修·亨森（Matthew Henson）、四名因纽特人还有 40 只雪橇犬离开了埃尔斯米尔岛（Ellesmere Island）北部的大本营，并于同年 4 月 6 日宣告到达北极点，在那里进行了 30 个小时的研究和拍摄工作。皮里一举成名，但他的成就也引发了怀疑。调查人员最终给出结论，称皮里到达了距北极点 60 英里（约 96 千米）以内的区域。

知识速记 | 南极冰盖的重量使地球变形。

知识链接

世界上的地理学会 | 第一章“地图上的世界”，第 18 页
太阳风的由来和它对地球的影响 | 第二章“太阳详解”，第 57 页

赤道和热带

赤道和热带用地理学家几个世纪以来虚构出的线条表示，用来确定天文和气象等现象在地球上发生的位置。

赤道是人类虚构出来的地球圆周线，位于南北极之间的正中位置，与两个极点距离相等。赤道的纬度规定为0°，是纬度线中唯一的大圆（球面通过球心的平面切成的圆；其他所有的大圆都是经线，或叫子午线）。

赤道附近的地区常年接受太阳光直射，因此除了高山地区外，气候一直很温暖。

任意一个大圆都可以将地球等分为两个“半球”。赤道将地球划分为南、北两个半球。而特定的经线也可以将地球切分成半球。例如，西经20°的子午线和东经160°的子午线将地球划分为东、西两个半球。通常，东半球指欧洲、非洲、亚洲、澳大利亚和新西兰，西半球指南美洲和北美洲。

热带指赤道两侧南北23°30′纬线之间的区域，这两条纬线或平行线又分别被称作“南回归线”和“北回归线”。

热带占地球陆地面积的36%，包括北美洲、南美洲、非洲、亚洲和澳大利亚的部分地区。亚热带是指南回归线和南纬40°之间以及北回归线和北纬40°之间的两个区域。

热带地区通常气候温暖，月平均气温在77～82华氏度（25～27.8摄氏度）之间。其气候温暖的主要原因是地球公转时，热带地区比其他地区受到了更多的太阳直射。

然而，热带各地区的降水量差异极大。像动植物数量、种类繁多的热带雨林这样的栖息地，以及湿润的气候在这里十分常见。但也有一些区域呈热带半湿润半干旱气候，主要有三种气候类型：凉爽、干旱气候，炎热、干旱气候，以及炎热、潮湿气候。这些地区中的生物依赖于雨季充足的降水。

热带地区长年温暖的气候得益于地球接受的日照，也使得处于热带的地区，如波多黎各海岸之外的伊卡科斯岛成为地球上的乐园。

知识链接

世界上的热带地区 | 第五章“热带雨林”，第198—199页
加勒比海国家的地理和经济 | 第九章“北美洲”，第433—439页

季节是如何形成的？

季节变换是因为地球绕太阳公转时，地球的自转轴呈倾斜状态。由此，赤道平面（赤道面）相对于地球的公转轨道平面（黄道面）是倾斜的。由于地球的倾斜方向不变，所以当它公转时，正午时分太阳直射点的纬度就会发生变化。

太阳直射点在南、北回归线之间做着年复一年的周期性规律运动。如果赤道面和黄道面相重，那么从赤道上看，正午时分的太阳就总是会出现在头顶正上方，那样也就不存在季节性的变化了。然而，由于赤道面和黄道面存在 23° 30′ 的黄赤交角，因此正午时分太阳直射点的纬度全年都在变化。

按照数个世纪以来的传统，天文学家根据分点（春分、秋分）和至点（夏至、冬至）将一年分为四季。分点指的是：当地球的赤道面与黄道面相交时，正午时分的太阳直射点正好位于赤道的公转位置；且在此位置上，整个地球的昼夜基本等长。其中一个分点出现在 3 月 21 日前后，对于北半球来讲，这是春分；而对于南半球来讲，则是秋分。另一个分点出现在 9 月 23 日前后，是北半球的秋分、南半球的春分。

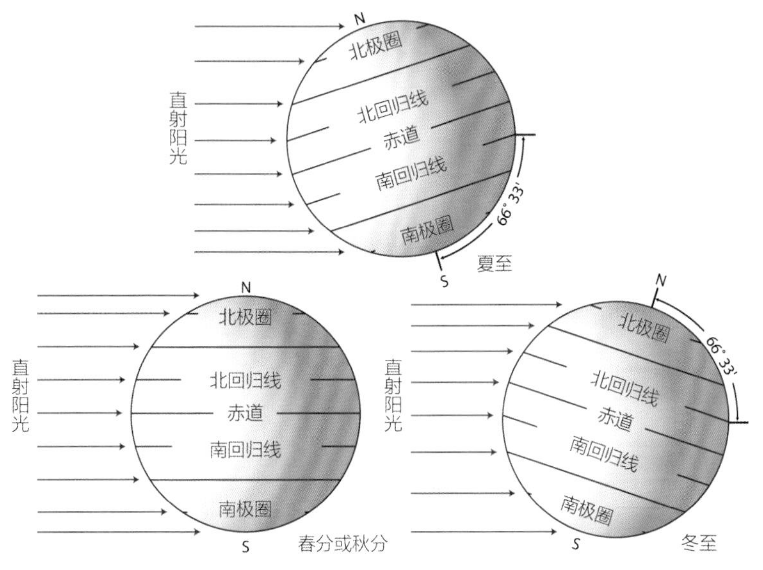

地球公转时倾斜意味着直射的阳光一年之中会出现在全球的不同地区，造成季节变换。

哪些城市处于热带南北回归线上？

北回归线经过	南回归线经过
中国广州	澳大利亚朗里奇
印度博帕尔	马达加斯加图利亚拉
阿曼马斯喀特	纳米比亚雷霍博特
巴哈马小埃克苏马岛	巴西圣保罗
墨西哥马萨特兰	法属波利尼西亚的土布艾岛

知识速记 | 全球大约 1/3 的人口居住在南北回归线之间的地区。

知识链接

太阳及太阳与地球 | 第二章“太阳”，第 54—57 页
观察天体运动 | 第二章“天文观测”，第 68—71 页

六分仪在南极洲航行中的运用

导航

全球定位系统（GPS）时间轴

1960 年
美国海军发射导航卫星

1967 年
卫星用于民用领域

1968 年
美国国防部开始进行多系统协调

1973 年
美国“导航星”轨道卫星系统第一阶段获得批准

1984 年
研究人员开始使用 GPS 信息

1995 年
美国的 24 颗 GPS 卫星进入轨道，具备全面运行能力

导航指为船舶、飞机或飞船等航行器进行路线指引的过程。导航需要很多信息，包括航行器的位置、方向和距离的实时信息，对天文、气象、数学、洋流，以及海岸和海港特征的了解。早期的航海家仰仗的是他们对一切复杂自然现象的直接经验以及他人传授的知识。

天文导航要求根据太阳、月亮和星星的位置进行精确的计算。到了欧洲探险航行的鼎盛时期，水手们借助罗盘、六分仪、航海经线仪，以及日益丰富的地图册、航海图表和航海年鉴。现代航海在传统理念的基础上，使用了无线电、雷达和全球定位系统（GPS）等电子仪器来定位并制定航线。

早在欧洲人进行太平洋探险并绘制地图的数千年前，那里的岛民就乘着双壳独木船，在洋面上探索了近 2000 万平方英里（约 5180 万平方千米），这种探路法结合了自然规律，

知识链接

太阳、月亮和星星的相对位置 | 第二章“太阳”，第 54—57 页
全球定位系统（GPS）如何工作？ | 第一章“地图绘制的进步”，第 29 页

是一种十分系统的观察方法，可以帮助岛民找到极为准确的路线。古代的太平洋航海家穷尽一生去掌握并运用这些知识，例如海浪形状和顺序、星辰的起落、日出日落的颜色、受岛屿影响的云层变化，乃至候鸟的飞行模式等。

由于缺乏图表和地图的指引，他们将星辰、风、雨的名称和航海关键参照点编成歌谣，反复传诵。他们的实用知识里面也包括了天空的传说和部落的神话。近几十年来，这些传统的航海技巧得到了重新应用，通过了海上远航的检验。

关键词 航位推算法（dead reckoning）：指在没有天文导航辅助的情况下，根据船舶或飞行器经历的航线、航程（按速度估算而来）、已知的起点、已知或预计的偏航位移来确定它们位置的方法。

詹姆斯·库克 / 太平洋航海家

1755 年，年轻的詹姆斯·库克（James Cook，1728—1779）加入了英国皇家海军。而在当时，占地表面积 1/3 的浩瀚太平洋是欧洲探索与发现的主要焦点，詹姆斯·库克也因此迅速崛起。在三次远程探险期间，他发现并绘制的太平洋流域航海图的功劳无人能及。1768 年至 1779 年间，库克三次跨越南太平洋，两次闯入南极圈。他还巡游过北太平洋，穿过白令海峡进入了北冰洋，然后折返夏威夷，他和 4 个手下在那里遭遇不测。根据航海探险过程中数千次的天文观测，库克绘制了第一张精确的太平洋航海图。他通过勘测纽芬兰岛海岸完善了绘图技巧，而这些技巧在浩瀚的太平洋航行中大显身手。

文字记载之前的导航

古代的夏威夷人万分敬重他们当中能在太平洋上导航的人，乃至于尊称他们为航海牧师。这些航海家集观察能力、学习能力和直觉经验于一身。

在太平洋沿岸地区，古代的航海家使用树枝航海图（stick chart），它是一种记录地标和海岸线地理的航海图。现存的这些航海图由椰子树或露兜树的树枝以及玛瑙贝壳制成：树枝代表洋流或海浪；贝壳代表陆地。树枝航海图过去常用作航海学徒们训练时的教具，讲师上课期间还会用树叶和制作好的贝壳来即兴制图。

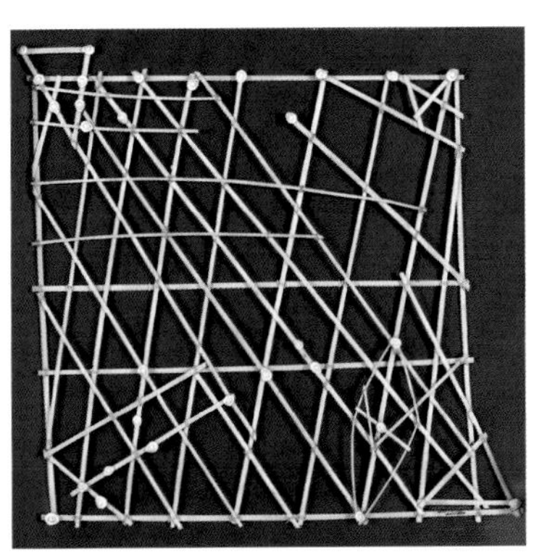

利用棕榈树枝和玛瑙贝壳，马绍尔群岛的岛民们重新构建了这张航海图，体现了公元 300 年时人们的智慧。

知识速记 | 1769 年，詹姆斯·库克船长命令一名塔希提水手在南太平洋上为他的船“奋进号”领航。

知识链接

人类旅行的动力 | 第六章“交通运输”，第 252—253 页
早期的太平洋文化史 | 第七章“早期和北美洲”，第 286—287 页

CHAPTER 2

宇宙

哈勃太空望远镜观测到的星系，2003—2004年

宇宙开端

宇宙大爆炸之后

10^{-35} 秒之后
大爆炸产生的能量转化为物质

10^{-5} 秒之后
形成宇宙自然力

3 秒之后
形成简单元素的原子核

1 万年之后
宇宙能量成为辐射

30 万年之后
物质能量与辐射能量持平

3 亿年之后
气团密度增加；恒星形成

生活在地球上的我们认为宇宙浩瀚无际，包罗了我们所知的万千事物，其中许多事物甚至超乎我们的想象。数千年来，人类费尽心思去了解我们所能看到的一切事物。他们观察、计算并进行推测，试图解释清楚每一个疑惑，而一次次的科学突破抽丝剥茧般地慢慢解开这些疑惑。

一直以来，所有文明中有思想的哲学家、科学家、宗教学者和诗人都在追寻宇宙之谜，天文学、天体物理学和数学研究也加入进来。关于宇宙的一切问题总是涉及始与终。今天的科学要回答的问题长期以来还只能通过神话来作答。

知识速记｜天文学家可以绘制出宇宙大爆炸后 38 万年的宇宙微波背景辐射温度图。

知识链接

地球开端学说｜第三章“地球的形成”，第 80—81 页
宇宙景象的历史演变｜第八章“科学世界观”，第 326—327 页

宇宙大爆炸

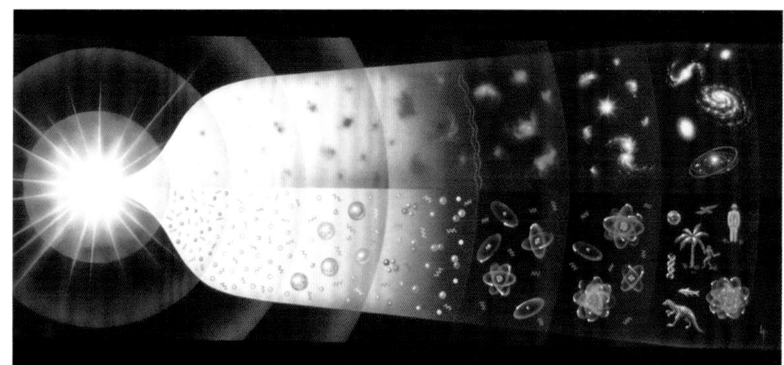

时间图解展示了从左侧的大爆炸以及之后的从粒子到原子、原子到分子、分子到生命形式的演变过程。

已经确立的天体物理学理论假定，宇宙曾经是一片虚无：不存在恒星、行星，或者是银河系，甚至空间本身也不存在。构成现存一切事物的物质曾经是一个集中而单一的密度极大的点，也就是所谓的奇点。

奇点的引力极大，以至于时空结构都向自身内弯曲。然而，在被称作“大爆炸”的瞬间，原始奇点的内在物质四散逃逸，最终形成了宇宙。

“大爆炸”有精密的计算做支撑，是复杂的天体物理学理论的一种简单易懂的说法。这一术语是 20 世纪 50 年代英国天文学家弗雷德·霍伊尔（Fred Hoyle）创造的，他是稳态宇宙理论的支持者。实际上，霍伊尔当时用这个术语纯属搞怪。虽然这一叫法就此固定，却给人以错误的印象，好像 140 亿年前导致宇宙所有能量释放的事件是一次爆炸。天体物理学家视“大爆炸”为一种瞬时膨胀，在短短几秒钟之内引发核反应，产生了质子、中子和电子，它们形成今天的物质结构。核反应不久之后就停止了。宇宙大体上由 1/4 的氦和 3/4 的氢组成——这一比例至今仍存在于宇宙最古老的恒星中。宇宙的形成花了数十亿年的时间。我们所在的地球及太阳系就是大约 50 亿年前一次星球爆炸的产物。

宇宙的故事仍在不断地撰写和完善。所有的科学研究都表明，宇宙还在继续膨胀，其最终结局的问题是现代科学研究的首要问题。

宇宙本身就为大爆炸理论提供了具体的支持，这就是宇宙背景辐射，即宇宙膨胀的“余晖”。1965 年，工程师在寻找卫星通信中的干扰来源时发现了一个来自整个天空的恒定信号，波长和所预测的这种宇宙背景辐射波长相符。

关键词

时空（space-time）：指四维结构中把空间和时间联系到一起的单一实体，是阿尔伯特·爱因斯坦在其相对论中提出的构想。
稳态宇宙理论（steady state theory）：膨胀中的宇宙平均密度保持恒定，其中物质不断产生形成新星球新星系的速率和老星球老星系消失的速率相同。

宇宙微波背景辐射，如卫星图所示，它证实了大爆炸理论。宇宙背景探测器（COBE）所拍的图片显示，热点与新生宇宙的引力场相关联：2001 年，威尔金森微波各向异性探测器（WMAP）带来了更多的细节，如图所示。热点迹象显示为图片中的红点。2009 年启动的普朗克太空计划（The Planck Mission）卫星正在绘制迄今为止最精确的背景辐射图。

知识链接

埃德温·哈勃的一生与成就 | 第二章“现代观测技术”，第 71 页
物理学的演变和当代主要理论 | 第八章“物理学”，第 330—331 页

船底座星云中新恒星的形成

恒星

最亮的恒星

天狼星
大犬座星群中的蓝白矮星

老人星
船底座星群中的黄白巨星

半人马座 α 星
半人马座星群中的三合星

大角星
牧夫座星群中的橘红巨星

织女星
天琴座星群中的蓝矮星

五车二
御夫座星群中由两对联星组成的恒星系统

我们仰望夜空中的群星时，也是在追溯时间。许多恒星形成于数百万年前，乃至数十亿年前。此外，那些我们肉眼所见的星光离开这些遥远的恒星已经有段时间了——时间跨度从几分钟前（如太阳）到四年前（如离太阳最近的邻居半人马座 α 星）甚至在更久以前（如处于我们所在星系边缘的天体）。

我们用光年来测量这些距离，一光年约为 6 万亿英里（约 9.66 万亿千米），或者说光在一个地球平年（365 天）所走过的距离。距地球约 25 万亿英里（约 40 万亿千米）的半人马座 α 星约 4 光年远。仙女座在 250 万光年之外，我们今天所见的仙女座星系的光来自 250 万年以前。

恒星是一个个发出辐射的气团（多由氢、氦两种气体组成）。它们通过氢聚变在其内核将氢转化为氦来产生能量。这种能量就是我们所看到的星光。

天文学家按照大小、温度、颜色以及亮度对恒星进行分类。这里的大小是指恒星的质量而非线性长度（如直径）。恒星诞生的方式基本相同，但它们的生命却由自身的大小和质量决定。恒星的质量决定了它所有的外在特征，包括温度、颜色和寿命。质量大的恒星温度高，呈蓝色；而质量小的恒星温度低，呈红色。

知识速记 | 一颗直径 10 英里（约 16 千米）的中子星的质量比太阳大小的 3 颗恒星还要大。

知识链接

太阳系中所见的星系（含银河系）| 第二章“星系”，第 48—49 页
离地球最近的恒星 | 第二章“太阳”，第 54—57 页

恒星中，大小决定一切

小恒星能持续燃烧数千亿年。最大的恒星的质量约为太阳的 300 倍，它们的寿命较短，几百万年就燃烧殆尽，最终在爆炸中湮灭。它们会演变为爆发的超新星，残留一团发光的气体。超新星发出的冲击波会挤压星际气体进而将之点燃，成为一颗新恒星：恒星再生。

关键词 光年（light-year）：指光以 186282 英里 / 秒（约 299792 千米 / 秒）的公认速度在真空中一年所走的距离；用于描述宇宙天体间距离的单位。中子星（neutron star）：指由密集排列的中子组成的天体，是超新星爆发后形成的产物。超新星（supernova）：指大质量巨星在寿命终结时明亮而剧烈的爆炸状态。

星云：恒星的诞生地

恒星诞生于称作星云的巨大星际尘埃和氢气团。星云是宇宙中“建造”恒星、星系和行星的砖瓦。发射星云是炽热的离散云团，主要成分是自发光的电离氢。反射星云反射附近恒星的散射光而发出蓝光。吸收星云又称暗星云，是气体和尘埃组成的密集星云。它们在明亮天体的背景中呈阴影状。恒星亡则星云生。例如，在太阳生命终结之际，它的外层会升温，膨胀，最终爆炸。炽热的死核将会形成发光星云，而发光星云接下来又会成为新恒星的温床。

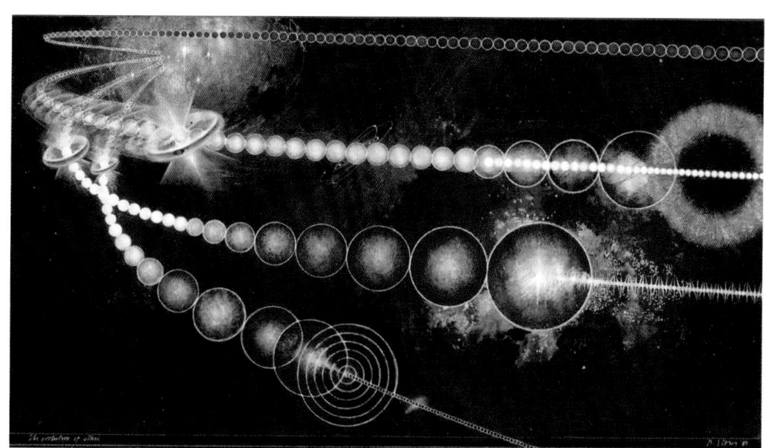

邻近恒星的死亡催生了地球以及我们所在星系的其他物质。螺旋星系（如我们所在的银河系）的旋臂满是恒星残骸（如上图左上所示）、冷却的气体和尘埃云，从中新一代的恒星又将诞生。而不同的物理现象又会产生（如上图从上到下）棕矮星、白矮星、中子星和黑洞。

恒星的大小从如图底部的白矮星到顶部的 O 型星，但二者与图中占据整个右下角的红巨星相比还是那么微不足道。我们的太阳是个 G 型星，从底部向上数第四颗。

知识链接

黑洞的定义和不同类型 | 第二章“黑洞和暗物质”，第 50—51 页
地球的诞生 | 第三章“地球的形成”，第 80—81 页

昴宿星团

星座

黄道十二宫星座

♈ 白羊座

♉ 金牛座

♊ 双子座

♋ 巨蟹座

♌ 狮子座

♍ 处女座

♎ 天秤座

♏ 天蝎座

♐ 射手座

♑ 摩羯座

♒ 水瓶座

♓ 双鱼座

恒星似乎会在夜晚划过天穹，不过这种运动是由地球自转引起的。地球绕地轴自转时，天体会呈现东升西落的景象。在北半球，一些恒星似乎永远不落，它们绕着靠近北极星的北极上空某个点运动，被称作“拱极星”。南极星附近的南极上空也存在相同的景象。

在古代文明中，观测天象在航海、农事、宗教甚至娱乐活动中扮演着重要角色。那些观天之人将恒星相连，组成的图案以他们文明中的英雄、神明和传奇命名，就成了我们今天所说的星座。大多数文化都为星座命名，并赋予各个星座图案以文化含义。例如，美洲原住民的天空传说常常利用星座传授一套套“道德经”。

今天，西方国家认可起源于5000多年前的美索不达米亚的星座。古典时代的巴比伦、埃及和希腊的天文学家们也都为各自的文明做出过贡献。

知识链接

北极和南极 | 第一章“极点”，第 34—35 页
天空中恒星的种类、起源和本质 | 第二章“恒星”，第 44—45 页

1928 年，国际天文学联合会（IAU）确定的星座得到正式认可。其名单上的 88 个星座中，有 48 个在古代凭肉眼得以辨识，余下的 40 个在近几个世纪才添加上去。

国际天文学联合会还确定了每个星座的边界，使恒星群组不仅以星星组成的图案方式呈现，还在天空中有明确的区域。这些边界保证了每颗恒星只属于一个星座。

随着恒星在太空中移动，星座也在不断变化。大熊座星群中，北斗七星组成的长勺以前更为方正，而现在的勺部分开始拉长。约十万年以后，它看上去会更像是一个带手柄的汤碗。

关键词　**星群（asterism）：来自一个或多个星座的恒星组成的恒星集团。**

黄道带

黄道带（the zodiac）是一条星座带，在黄道（一年中太阳在天上运行的轨迹）两侧伸展约 9 度。古巴比伦天文学家把黄道带划分为 12 个区域。

一直以来，地球自转时轻微的颤动使得黄道相对于星空背景产生了 30 多度的偏移。现如今黄道带宽 18 度，还包括鲸鱼座和猎户座。

从北半球天空（左图）看到的星座在古代的西方文化和中东文化中得到了统一，而南半球天空（右图）中的星座大多则是由欧洲航海家命名而来。

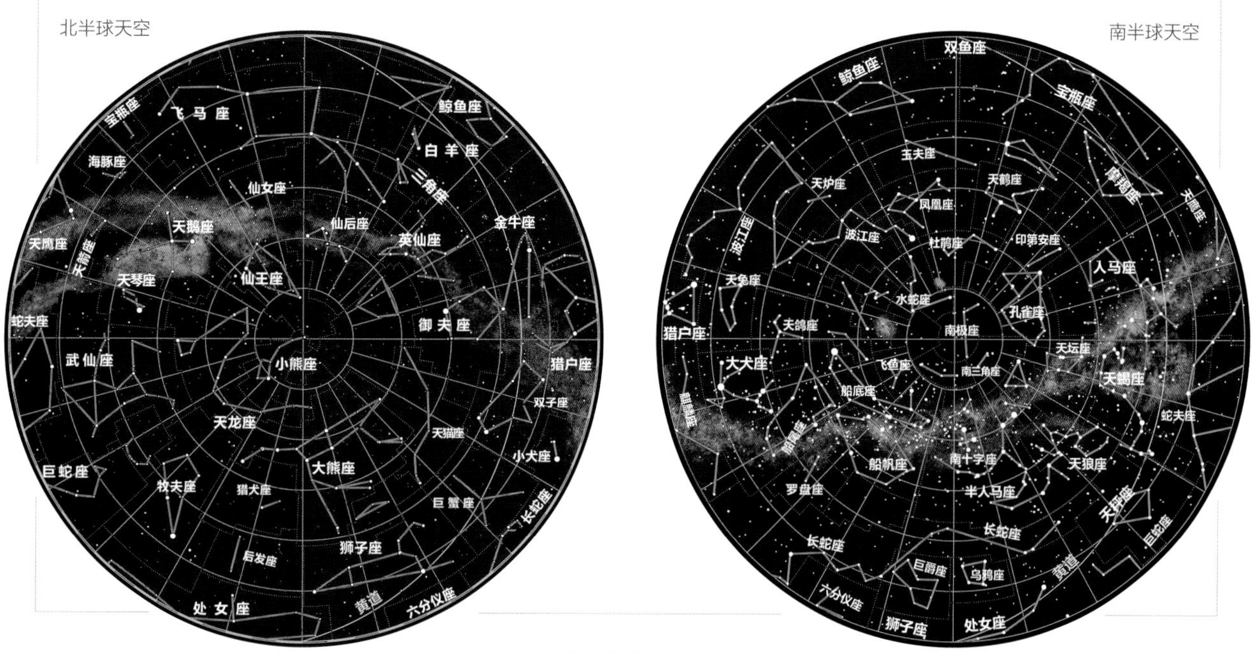

知识链接

行星的当代定义 | 第二章“新太阳系”，第 52—53 页
天文观测的变迁 | 第二章“天文观测”，第 68—71 页

M31 星系又称作仙女星系，它和另外两个较小一点的星系都是地球最近的邻居

星系

银河系知识速记

星系种类
旋涡星系

总质量
包括暗物质在内，相当于 1 万亿到 3 万亿个太阳质量
（1 太阳质量≈ 1.99×10^{30} 千克）

银河系星盘直径
10 万光年

恒星数量
1000 亿～4000 亿颗

最古老的星团年龄
135 亿年

太阳到银河系中心的距离
2.6 万光年

宇宙中共有超过 1250 亿个星系，它们是凭借自身引力将恒星、气体、尘埃以及暗物质束缚到一起的巨大聚合体。星系在大小、亮度和重量上各不相同。最大的星系比最小的星系要明亮 100 万倍。星系的形状主要分为三种：椭圆星系、旋涡星系和不规则星系。

许多星系的名字以字母 M 打头，后接数字，这种命名传统始于法国天文学家夏尔·约瑟夫·梅西耶（Charles Joseph Messier，1730—1817），他将恒星天体分门别类，并以自己名字中的 M 开头再加数字进行命名。星系通常有个俗称，例如 M31（上图）也称仙女星系。

太阳系位于银河系的一条旋臂上，银河系是旋涡星系，从一端到另一端的距离约 10 万光年。太阳和太阳系中的行星每 2.5 亿年绕银河系中心转一周。

研究星系的科学家近期发现，星系并非随机分布，而是聚作一团，而且相邻之间等距，似乎形成一道“万里长城”。银河系属于本星系群，本星系群还包括仙女星系和 M33 星系以及大约 35 个矮星系。“本星系群”在这里是一个相对术语，该星系群的直径超过 1000 万光年，也就是说我们在本星系群中的邻居距离银河系有数百万光年。引力将星系聚拢在一起，尽管星团、星系群还有单个的星系随着宇宙膨胀都在相互远离而去。

知识速记 | 银河系中心发出的光要经过 2.5 万年才能到达地球。

知识链接

18 世纪欧洲的启蒙学者 | 第七章“革命”，第 298—299 页
将事物束缚到一起的力 | 第八章“物理学”，第 330—331 页

星系的万千形状

调查人员已经收集到了远在 100 亿光年到 130 亿光年之外的星系的图像，按照星系在地球上或太空中望远镜看到的形状进行分类。小星系的直径有数千光年，所含恒星的数量约 10 亿颗或更少；而大星系的直径有 50 万光年，所含恒星的数量超过万亿颗。我们所在的银河系是中等大小的星系，据估计，其直径约 10 万光年，所含恒星的数量为 1000 亿～4000 亿颗。

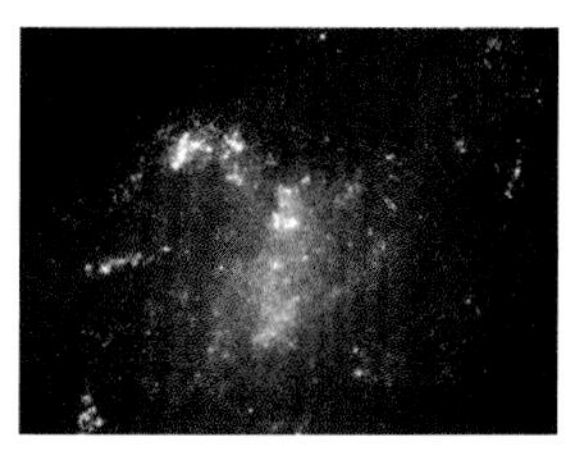

旋涡星系的中心是较老的红色恒星，旋臂上则是较为年轻的蓝色恒星。

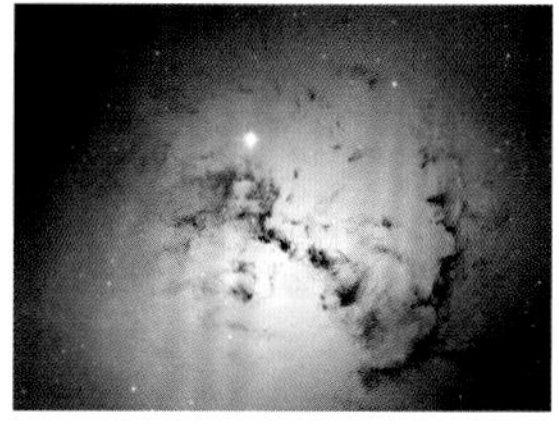

椭圆星系是由蕴含丰富气体的两个星系融合而成的巨星系。

星暴星系 M82 含一个蓝色星盘和发出红色羽状光的氢气。

棒旋星系靠近银河，包含正在形成恒星的星云和尘埃带。

关键词 **质量（mass）：物体内部物质的总量，它决定了物体的引力和运动阻力。**

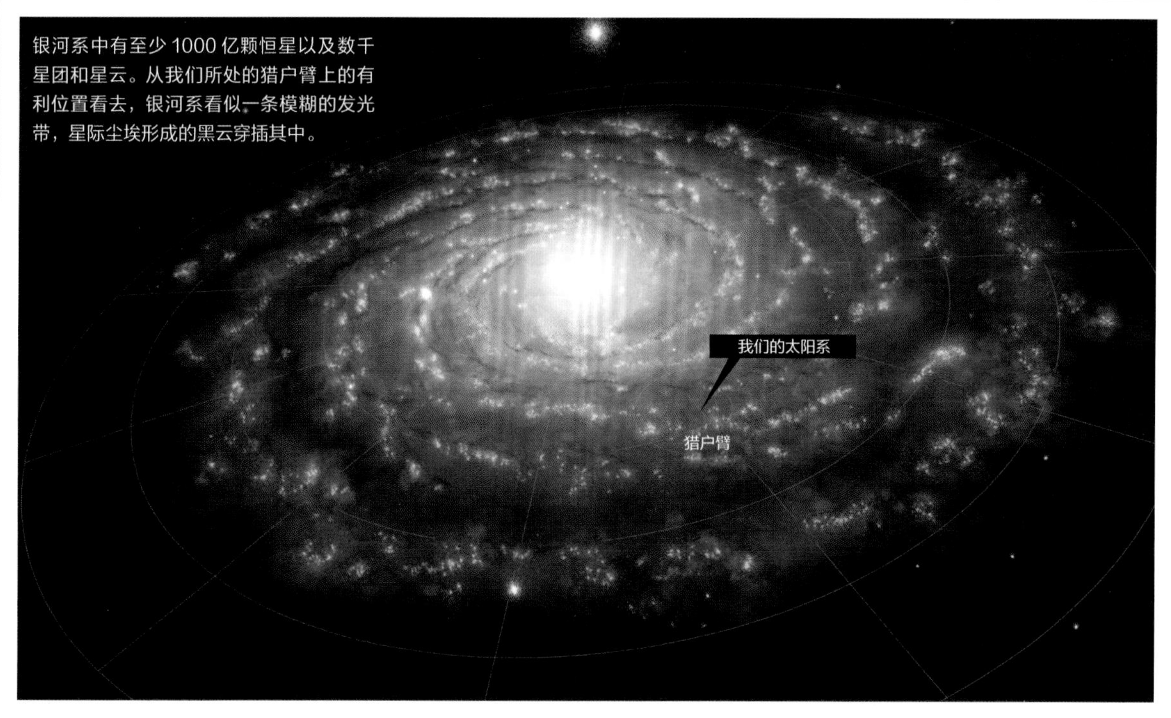

银河系中有至少 1000 亿颗恒星以及数千星团和星云。从我们所处的猎户臂上的有利位置看去，银河系看似一条模糊的发光带，星际尘埃形成的黑云穿插其中。

知识链接

星系如何随时间变迁 | 第二章“膨胀的宇宙”，第 76—77 页
地球的起源和形成 | 第三章“地球的形成”，第 80—81 页

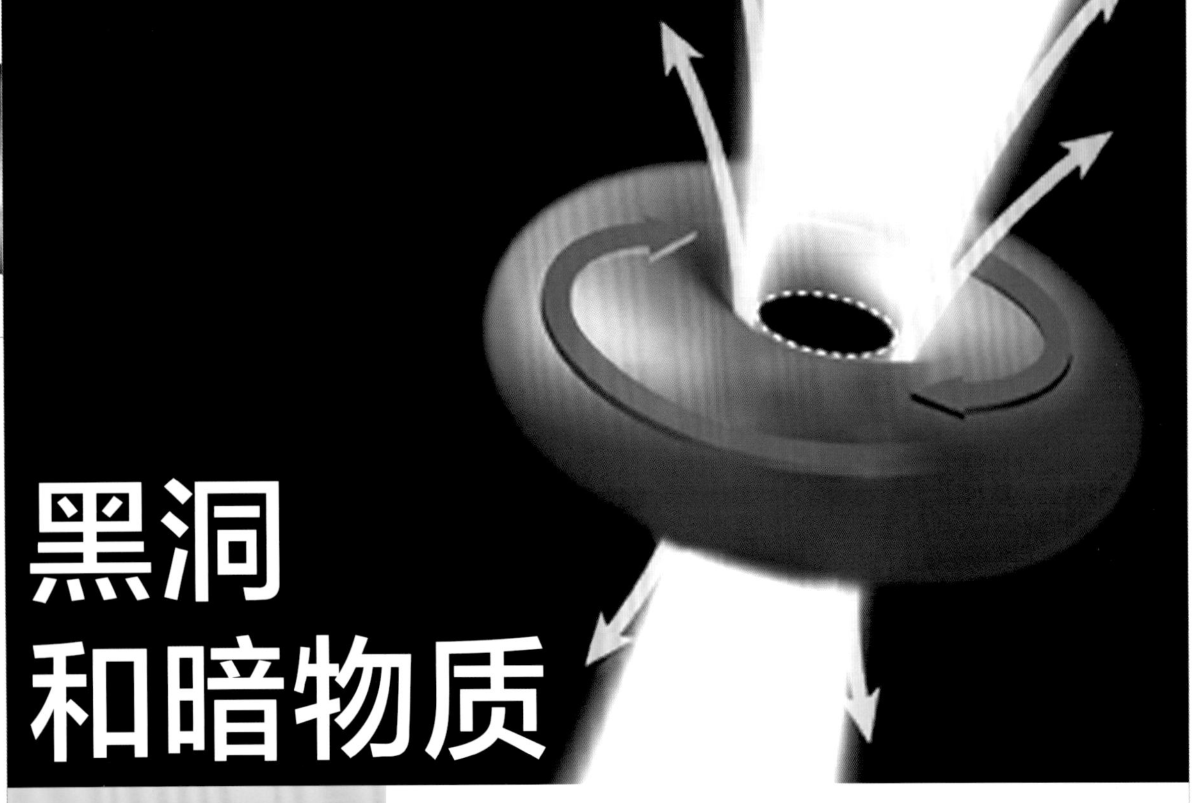

黑洞吸食气体和尘埃，形成吸积盘

黑洞和暗物质

黑洞的类型

恒星质量
由巨型恒星崩溃的内核形成
质量比我们的太阳大几倍到十几倍

中等质量
比我们的太阳大 100 至 10 万倍
仅有少数几个已经得到识别和确认

超大质量
最大的类型
处于星系的核心
比太阳大几百万到几十亿倍

原生黑洞
最小的类型
形成于宇宙之初，大爆炸之后不久

我们观察天空所见的行星、恒星、气体、尘埃、星系、星云、小行星、陨石以及其他物质只是所存在事物的冰山一角。亮物质指宇宙中的可见物，仅约占宇宙质量的 5%。那其余部分是由什么组成的呢？我们又如何得知它的存在呢？

科学家知道，我们肉眼所见的这些并非全部，因为那些看不见的物质有引力，似乎把宇宙中的可见部分束缚到一起，尤其是星系。由于人类看不见的物质没有辐射，故科学家称之为暗物质。

人们认为宇宙总质量的 95% 都是暗物质和暗能量，它们可能是由无数极小的次原子微粒组成。暗物质的构成可能包括冷暗物质（CDM），即静止不动的基本粒子；大质量弱相互作用粒子（WIMPs），指与其他物质几乎不发生相互作用的大质量假设粒子；还有大质量致密晕天体（MACHOs），已知的有假设存在于星系晕中的行星、中子星和白矮星等。

知识链接

暗能量的反引力定义 | 第二章“膨胀的宇宙”，第 77 页
当代物理学观点 | 第八章“物理学”，第 330—331 页

什么是黑洞?

黑洞诞生于垂死的大型恒星崩溃之时，其由外而内的物质挤压所产生的引力完胜包括光在内的任何由内而外的力。黑洞虽然不辐射光线，但它的存在还是能被无线电天文仪器检测出来。它强大的引力吸收气体和尘埃到自身周围，形成旋涡状吸积盘，任何经过吸积盘的物质都会急速升温，辐射出 X 射线（见对页图）。

关键词 黑洞（black hole）：指密度无限大的天体，它强大的引力使得在一定距离内经过它的一切事物都无法逃逸，就连光也逃不掉。暗物质（dark matter）：只能通过它表现出的引力才能探测到的未知物质；它构成了宇宙总质量的一半以上。

史蒂芬 · W. 霍金 / 天体物理学的远见人士

英国理论物理学家史蒂芬 · W. 霍金（Stephen W. Hawking，1942—2018）出生的时候，正好是伽利略逝世三百周年纪念日。霍金自 1979 年就执掌英国剑桥大学卢卡斯数学教授席位，艾萨克 · 牛顿也曾执掌这一席位。霍金研究宇宙的起源、本质和未来等基本问题，试图寻求一个统一理论，使爱因斯坦的广义相对论和量子理论相一致。还处于职业生涯早期的霍金 21 岁时不幸身患肌萎缩性脊髓侧索硬化症（ALS）——一种退行性神经肌障碍疾病，俗称“葛雷克氏症”，也称渐冻人症。尽管如此，他还是保持着对自己事业的热情投入，通过书籍、网络和电视与科学家和公众分享自己的观点。

什么是虫洞?

虫洞在很大程度上是现代天体物理学的一种推测，是在爱因斯坦广义相对论的数学框架中理论上的可能性。虫洞是一个短暂开启的入口，只存在于一瞬间，能够连接处于不同位置的两个黑洞。

虫洞可以连接当前或者有可能是处于不同时间的宇宙中的两点。在虫洞理论中，掉进某一处黑洞的物质应该会从计划好的另一端“白洞”出来——“白洞”是黑洞的逆转。

然而迄今为止还没有观测到虫洞和有关虫洞的任何证据。虽然霍金等天体物理学家一直在努力破解这一新奇的想法，但科学家还无法确定虫洞是如何形成的。

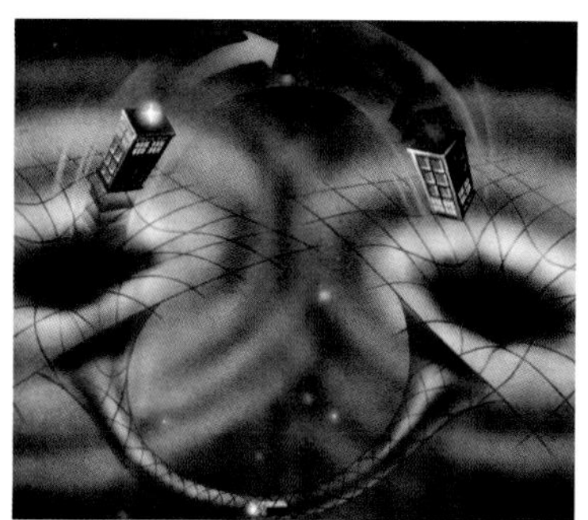

如想象图中紫色光晕处所示，旅行者可以穿过虫洞从时间或空间的某一点到达另一点。

知识速记 | 2012 年，NASA 发现了已知最大的黑洞，其质量大约是太阳的 400 亿倍。

知识链接

宇宙进化论 | 第二章“宇宙开端”，第 42—43 页
爱因斯坦理论对人们世界观的影响 | 第八章“科学世界观”，第 327 页

2005 年，“卡西尼号”太空船看到的土星

卫星知多少？

水星：0 颗

金星：0 颗

火星：2 颗
包括火卫一和火卫二

木星：至少 79 颗
包括木卫一、木卫二、木卫三和木卫四

土星：至少 62 颗
包括土卫一、土卫二、土卫三和土卫四

天王星：27 颗
包括天卫一、天卫二、天卫三和天卫五

海王星：14 颗
包括海卫三、海卫四、海卫五和海卫六

新太阳系

古代的观察者看到天体在星空中有规律地运行，古希腊人把它们称作 planetai，其本意指漫游者，也就是 planet（行星）一词的来源。古代的人们为日、月以及他们认为绕地球转动的五大行星——水星、金星、火星、木星和土星——命名以示尊崇。

16 世纪时，尼古拉斯·哥白尼提出了日心说，质疑大多数天体绕地球运动的观念。1781 年，英国天文学家威廉·赫歇尔（William Herschel）确认天王星为行星而非恒星。1846 年，德国天文学家约翰·哥特弗里德·伽勒（Johann Gottfried Galle）发现了海王星。冥王星这个小不点儿 1930 年才出现在亚利桑那州罗威尔天文台的一张摄像底片上。

2005 年，在柯伊伯带上发现一颗大型天体，引发天文学家对行星分类再次展开了严肃的讨论，太阳系的九大行星名单受到了挑战。

2006 年 8 月，国际天文学联合会在布拉格召开会议，尽管仅有小部分成员到现场投了票，但行星的定义更新了。这一决定的结果改变了太阳系的阵容，只留下了“八大行星”。国际天文学联合会将冥王星和另外两颗较小的天体归为矮行星。不断进行的探索发现将毫无疑问地刷新人们对太阳系的认知。

知识速记 | 我们在宇宙中的地址大致如下：地球，离太阳最近的第 3 颗行星，太阳系，本星际云，本星系泡，猎户座旋臂，银河系，本星系群，处女超星系团，可见宇宙，宇宙。

知识链接

古代和现代天文观测方法 | 第二章“天文观测”，第 68—71 页
哥白尼的观点如何影响人类对地球的认知 | 第一章“地球仪”，第 23 页；第八章“科学世界观”，第 326—327 页

还有新行星？

行星定义和太阳系中的行星名单或许会不断更新。在2006年的重新定义行星的大会上，国际天文学联合会一度推出了一个定义，又将100多个天体归入“行星”之列。

谷神星、冥王星、妊神星和阋神星（又名厄里斯）均为矮行星，其中后3个和它们各自的卫星又进一步被定义为“类冥天体”，即位于海王星之外的柯伊伯带上的矮行星。妊神星于2008年成为世界公认的类冥天体，离我们最近。这颗鸡蛋状的矮行星旋转速度超快，每4个小时就自旋一周。

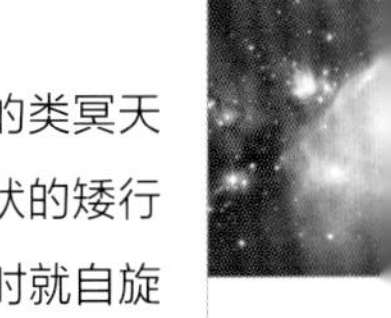

知识速记｜最新发现的矮行星表明，冥王星之外可能运行着一颗大小达地球十倍的行星。

行星是一种天体：
（1）绕恒星运动；
（2）自身引力使之大致呈球状；
（3）质量足够大，以致自身的引力场把公转轨道上的残骸都清理掉了。而矮行星则只符合前两项。

包括矮行星在内的十二行星构成了现在的太阳系，下图从左到右依次为：水星、金星、地球、火星、谷神星、木星、土星、天王星、海王星、冥王星、妊神星和阋神星。其中谷神星、冥王星、妊神星和阋神星都属于矮行星。

谷神星是小行星带上已知个头最大的小行星，由意大利天文学家朱塞佩·皮亚奇（Giuseppe Piazzi）于1801年发现。谷神星呈扁平球状，体积约为月球的27%，厚实的冰层包裹着它的岩石内核。

阋神星是太阳系的三大矮行星之一，绕太阳运行的轨道远在海王星和冥王星之外。阋神星发现于2005年，直径大于冥王星。它有自己的卫星——阋卫一（又名Dysnomia）。

知识链接

冥王星降级为矮行星｜第二章“行星”，第59页
我们太阳系中的行星｜第二章“类地行星”和“外行星”，第60—63页

墨西哥下加州马格达莱纳岛上的日出

太阳

太阳常识

直径
864337 英里（约 139.2 万千米）

与地球的平均距离
9300 万英里（约 1.5 亿千米）

表面平均温度
9932 华氏度（5500 摄氏度）

自转周期（以地球日计）
25.4 天

表面重力
28（地球表面重力 = 1）

年龄
约 46 亿年

太阳是离地球最近的一颗恒星，也是太阳系的重心所在。太阳看上去巨大无比，但相较于其他恒星也只是一般大小而已。例如，猎户座 α 星，俗称参宿四，几乎比太阳大 400 多倍，也亮 10000 多倍。尽管如此，若太阳是空心的，那么 100 个地球它也装得下。

同所有的恒星一样，太阳是个氢气构成的球体，辐射光和热。它通过核聚变产生能量，即原子相撞融合，产生核能。每秒钟都有约 400 万吨的物质转化为能量。

地球绕太阳公转的距离对陆地上的生物而言是理想的，但前提是地球的大气层保护我们不受太阳热能和致命辐射的伤害。

太阳是第三代恒星，由前两颗恒星的元素再生构成。太阳中氢占 74%，氦占 25%，还有铁、碳、钙和钠的痕迹。地球和我们的身体里也发现了相同的元素。

知识链接

恒星的质量和特征 | 第二章“恒星”，第 44—45 页
在地球上利用太阳能 | 第八章“替代技术”，第 366—367 页

什么是太阳黑子？

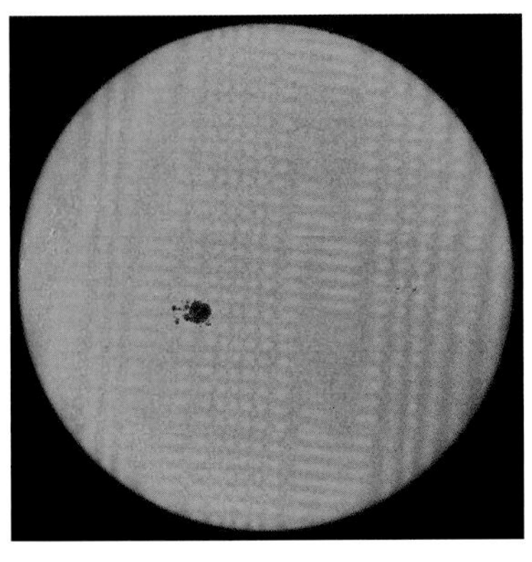

太阳黑子是太阳表面的可见特征，是太阳光球表面的黑暗区域，那里有极其强大的太阳磁场，减缓了气体上升至太阳表面的速度。

太阳黑子的中心略低于周围气体的高度，其温度比周围光球层低，看上去就像是一个黑斑。

536 号太阳黑子，就在太阳核心靠左的位置，能够产生耀斑并影响地球。这个黑子本身就比地球宽 6 倍。

太阳黑子的直径可达地球直径的好几倍，其活动的消长周期为 11 年。每个周期初期，大多数太阳黑子都出现在太阳南北纬 30 度附近。到了后期，它们出现的位置就会接近赤道。周期内的谷点称作“太阳活动极小期”，这时的太阳连续几天甚至几周都不会出现耀斑。

关键词 光球（photosphere）：指肉眼可见的太阳表层，直接到达地球的大部分太阳光线都由此辐射。色球（chromosphere）：太阳的大气层，位于光球之上，日冕之下。

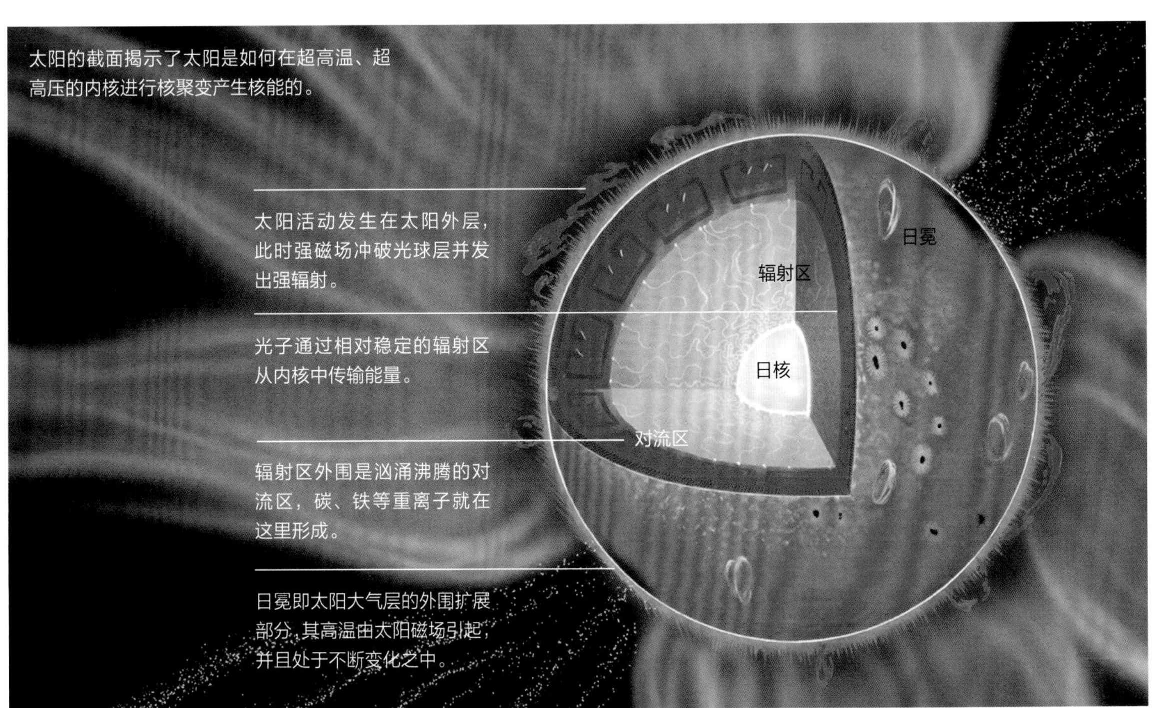

太阳的截面揭示了太阳是如何在超高温、超高压的内核进行核聚变产生核能的。

知识速记 | 太阳占太阳系总物质量的 99%。

知识链接

太阳在地球开端中扮演的角色 | 第三章“地球的形成”，第 80—81 页
太阳光对地球的影响和作用 | 第三章“地球的大气层”，第 104—105 页

太阳详解

太阳的影响覆盖了整个太阳系。呈泪滴状的太阳风层是由太阳风形成的，贯穿整个太阳系并一直延伸到冥王星之外，充斥着太阳风磁场。

这一磁场区穿过肉眼可见的太阳光球，到达透明的日冕，形成不断断裂又重新相连且纠缠在一起的环。太阳绝大部分的鲜明特征很可能就是该磁场引起的。

人们熟知的太阳黑子这种黑暗区域和耀眼的活动区域出现在磁场穿过光球层的地方。巨大气环，又称日珥或冕珥，有些有地球的数倍之大，也向外喷射（如下图所示）。俗称太阳耀斑的巨大爆炸爆发了。

太阳到现在已经进入中年。大约再过 50 亿年，它维持核聚变的氢就会枯竭。当这一切发生时，太阳内核就会坍塌，外层则将冷却并膨胀，变成一颗红巨星。最终，外层将脱离内核，留下一颗白矮星。

太阳耀斑呈环状升起，最大的环有 10 个地球那么大。我们能够看到这一奇景还要感谢太阳和太阳风层探测器（SOHO）这类由美国国家航空航天局和欧洲太空总署合作研发的太空探测器。

知识速记 | 日食历：2016 年 3 月 8 日，东太平洋和亚洲；2017 年 8 月 21 日，北美洲；2019 年 7 月 2 日，北美洲南部和南美洲西部；2020 年 12 月 14 日，非洲南部。

知识链接

太阳的特征和内部活动 | 第二章“太阳”，第 54—55 页
太阳在地球光线来源中扮演的角色 | 第三章“光”，第 108—109 页

什么是太阳耀斑?

太阳耀斑指太阳表面突然的爆发现象，如下图和左页图所示。剧烈的能量释放通常发生在太阳黑子周期的巅峰时期，这些剧烈的能量释放以每秒 600 英里（约 966 千米）以上的速度向太空中喷射出数十亿吨带电粒子，而且喷涌而出的辐射从无线电波到 X 射线应有尽有。

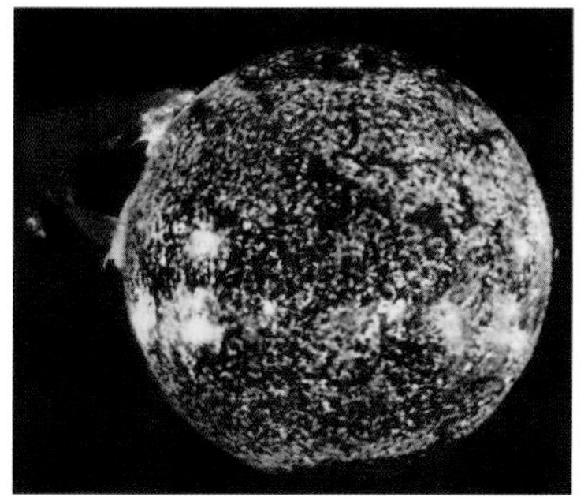

剧烈的太阳耀斑喷射出的炽烈气体穿出太阳日冕，进入太空。

太阳耀斑通常只有几分钟的寿命。在这段时间，其温度可达几百万开氏度［注意，地球上有记录的最高气温为 136 华氏度（约 57.8 摄氏度），只相当于 331 开氏度］。

太阳耀斑所产生的带电粒子有时会到达地球磁场，引起极光或地磁暴，破坏卫星通信，危及太空中的宇航员。

异乎寻常的大型太阳耀斑可能给地球造成广泛的影响。例如，2003 年 10 月 28 日，一个大型太阳耀斑正对地球喷射出高能带电粒子。飞机只得绕开极点，否则乘客将暴露在增强的辐射之下。瑞典发生了电力瘫痪，一些卫星也遭到损毁。就连哈勃太空望远镜都被调到“安全模式”，以保护其精密的电子仪器。

关键词 **开氏度（Kelvin）：以苏格兰物理学家威廉姆·汤姆森（William Thomson）即拉格斯的开尔文勋爵命名。是以绝对零度（零下 273.15 摄氏度）为计算起点的绝对温标。日冕（solar corona）：太阳大气的最外层，由等离子体（高热电离气体）构成。**

什么是太阳风?

原子微粒流冲出日冕就形成了太阳风。一阵太阳风每秒吹出的物质可达 100 万吨。

太阳风大多由质子和电子构成，也含有少量的硅离子、硫离子、钙离子、铬离子、镍离子、氖离子以及氩离子。太阳风从冕洞逃逸时的速度最快，可达 540 英里 / 秒（约 869 千米 / 秒）。

太阳风遇到行星磁场时会产生极光。它还使得彗星的尾巴背向太阳。

粒子逃离太阳日冕，如图左侧所示，急速经过地球。强烈的太阳风会破坏地球上的通信。太阳耀斑活动到达顶峰时，太阳风会随之增强。

知识速记 | 太阳绕银河系公转一圈需要 2.5 亿年。

知识链接

地球上的四季变换因何而起 | 第一章“赤道和热带”，第 36—37 页
阳光以及它与地球大气的相互作用 | 第三章“地球的大气层”，第 104—105 页

艺术家的演绎：在冥王星上看外太空

行星

离太阳的距离

水星
57910000 千米

金星
108200000 千米

地球
149600000 千米

火星
227940000 千米

木星
778330000 千米

土星
1429400000 千米

天王星
2870990000 千米

海王星
4504000000 千米

被定义为行星需要具备哪些条件呢？根据国际天文学联合会的定义，行星是绕恒星公转的球状天体，本身具有足够强的引力，清空其公转轨道附近的残骸。批评该定义的人士指出，地球、火星、木星和海王星公转时都有太空残留物相随。

太阳系八大经典行星分为两类：类地行星和气态巨行星。类地行星指太阳系中最里面的 4 颗行星（水星、金星、地球和火星），它们的基本组成均为硅酸盐岩石。

木星、土星、天王星和海王星均是气态巨行星，这 4 颗大型行星多由冻结的氢和氦构成。与类地行星不同，它们没有固体表面，又被称为类木行星，其中“木”指的是木星。

知识链接

行星星象仪 | 第一章“地球仪”，第 22—23 页
如何定义行星 | 第二章“新太阳系”，第 52—53 页

外太空还有什么?

矮行星是绕太阳运动的小型圆形天体。由于其引力太弱，因此在它们的公转轨道内存在太空残骸。不过，矮行星并非其他行星的卫星。冥王星、谷神星（发现于小行星带）和阋神星（位于柯伊伯带）都是矮行星。不久以后可能会发现更多的矮行星。

还有两类行星被称作超级类地行星和热木星。这些行星又被称为系外行星（太阳系外行星的简称），因为它们位于太阳系之外。超级类地行星体积是地球的两到三倍，由岩石和冰构成。它们绕着约太阳一半大小的温度也比太阳低的红色恒星运动，但是公转轨道距离恒星很近，以至于生命无法存活。轨道距离恒星合适的超级类地行星有可能适于生命存活。热木星比木星体积大，由气体构成，公转轨道离恒星极近。由于它们体积大，所以相当容易被探测到。

冥王星小科普

2006 年，冥王星的行星资格被取消。科学家也好，外行人士也罢，许多人都为冥王星的降级感到惋惜。这颗位于太阳系边缘的小行星有很多仰慕者，就连备受喜爱的迪士尼卡通形象布鲁托都以它命名。

然而，当天文学家在海王星公转轨道之外的柯伊伯带上发现了和冥王星一般大小的其他天体时，就开始将冥王星看作一群绕日运行天体的一员，而不再是独立的行星。于是，是将这类天体归到行星一列还是重新定位冥王星，成为 2006 年国际天文学联合会成员们激烈争论的基本问题。国际天文学联合会大会的投票结果不利于冥王星，在这个绕行天体被发现并列为第九大行星的 76 年之后，它被降级到矮行星行列。

关键词 小行星带（asteroid belt）：一个围绕太阳运行的近乎平面的环，位于火星和木星轨道之间，由一大堆小型石质天体组成，其中每一个的直径都约小于或等于 600 英里（约 966 千米）。柯伊伯带（Kuiper belt）：以荷兰裔美国人杰拉德 · P. 柯伊伯命名。它是一个由小型冰质天体组成的平面环，在海王星轨道之外绕太阳运行。

迈克尔 · E. 布朗 / 天文学家

迈克尔 · E. 布朗（Michael E. Brown，1965— ）自孩提时代就一直在关注太阳系的外围。2005 年，他和两个同事在柯伊伯带上发现了一个天体，正式编号为 2003 UB313，这是 150 年来在柯伊伯带上发现的最大天体。布朗亲昵地以流行文化的超级英雄人物之名为之取名为“Xena”，不过它最终还是被重新命名为阋神星（Eris）。

迈克尔的发现激化了有关太阳系内行星的大辩论。因此，阋神星的卫星被命名为戴丝诺米亚（Dysnomia）——希腊神话中厄里斯（Eris）的女儿，一位混乱女神。布朗是加州理工学院的教授，他还拥有数十项其他发现，作为冥王星降级的发起人，他注定要被载入史册。

知识链接

不同类型行星的定义 | 第二章“类地行星”和“外行星”，第 60—63 页
天文观测方法的演变 | 第二章“天文观测”，第 68—71 页

类地行星

离太阳最近的 4 颗行星就是人们熟知的类地行星，因为它们具有和地球类似的特征，尤其是它们都是岩质构造。然而，水星、金星、地球和火星这 4 颗类地行星又有着鲜明的特点，与各自在太阳系中的邻居不同。

水星是最靠近太阳的行星，绕太阳公转一周只需 88 个地球日，但它自转太慢，自转一周历时 59 个地球日。水星有一个特大铁芯，表明它在古老的碰撞中丢失了大部分体表物质。

随着自身铁芯的老化，水星看上去还在收缩。

金星在太阳系所有的行星中大气层密度最大，大部分都是由二氧化碳云构成，厚度达到 40 英里（约 64 千米）。这些云团吸收太阳光线，使得行星表面的昼夜温度高达 880 华氏度（约 471 摄氏度）。金星地表未曾发现有水的迹象。金星闪闪发光，使之成为天空中继太阳和月亮之后亮度第三的天体。

地球外表蓝白相间，那是因为其表面的 70% 都被水覆盖，而它的大气层又满是富含氧气的云层。地日之间的距离最佳，并且水呈三种状态——气态（水蒸气）、液态（液态水）、固态（冰雪），使之有利于生命存在。地球的地貌比其他任何行星都要复杂，而生命在地球的陆地上和水体中都很繁荣。

火星上土壤富含铁元素，因此散发淡红色的光晕。它只有地球一半大，却因其超大型的地形特征而闻名。火星上的水手谷（Valles Marineris canyon）延绵 2500 英里（约 4000 千米），相当于洛杉矶到纽约市的距离。它的奥林匹斯火山（Olympus Mons volcano）至少高 15 英里（约 24 千米），比珠穆朗玛峰的两倍还高。尽管火星大气层不适合生命生存，但美国仍然希望发射载人飞船到这个地球最近的邻居。

谷神星属于矮行星，位于火星和木星轨道之间绕太阳公转的小行星带上。谷神星只有月球的 1/4 大小，是太阳系残留物构成的小行星带上最大的天体。

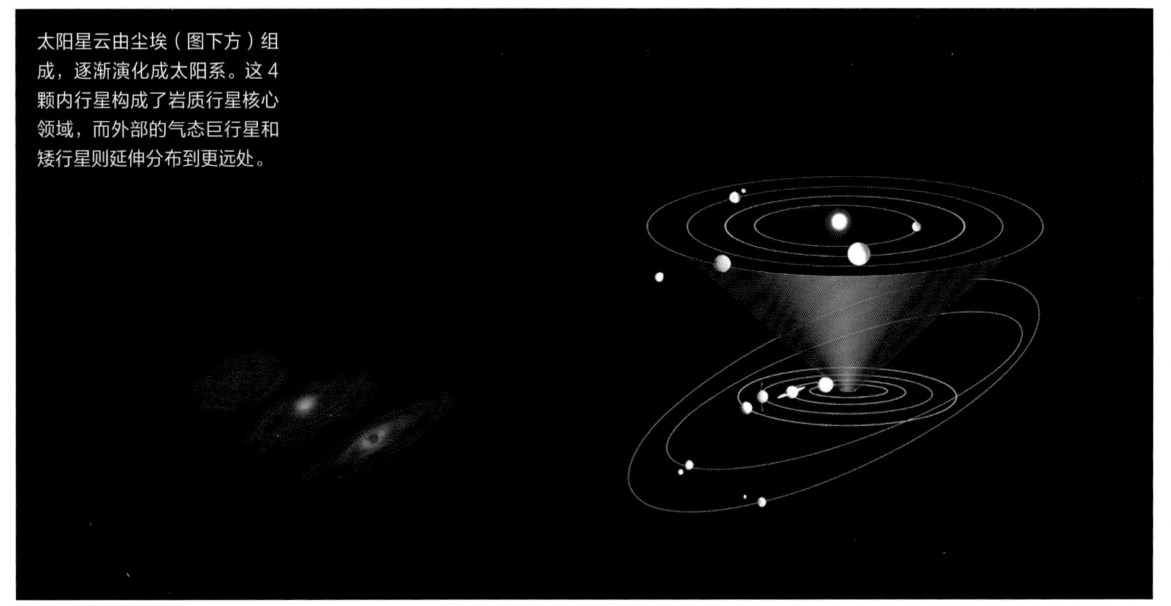

太阳星云由尘埃（图下方）组成，逐渐演化成太阳系。这 4 颗内行星构成了岩质行星核心领域，而外部的气态巨行星和矮行星则延伸分布到更远处。

知识链接

地球大气层的构造及层次 | 第三章“地球的大气层”，第 104—105 页
构成行星地球的元素 | 第三章“地球的元素”，第 90—91 页

在火星(淡红色行星,中央)和木星(巨行星,右侧)之间,有一条绕太阳运行的宽阔的小行星带。

什么是小行星带?

小行星带是位于火星和木星轨道之间一片广阔的带状物质区域,其间大概有数百万颗小行星绕太阳公转。从小行星新晋为矮行星的谷神星也是在这里发现的。这些小行星零散分布在这片巨大的带状太空区域内,穿带而过的飞船基本上难以碰到一颗小行星。它们一般成群公转,相互之间有很大的距离,称为柯克伍德空隙,这种空隙是由木星引力导致。木星的引力偶尔会把一颗小行星拉出轨道,抛向太阳。在罕见的情况下,会有一颗小行星脱离小行星带,直奔地球而来。

知识速记 | 和月球一样,从地球上可以观测到水星和金星都会经历周期性相位变化。

小行星长什么样?

右侧的图片由 433 号小行星的 4 张实拍图合成。433 号小行星又称作爱神星(Eros,希腊神话中的爱神厄洛斯),位于太阳系的小行星带上。照片拍自 2000 年 2 月发射的"会合－舒梅克号"(NEAR,Near Earth Asteroid Rendezvous-Shoemaker)太空探测卫星。

"会合－舒梅克号"进入爱神星轨道,距爱神星 200 英里(约 322 千米),距地球约 1.6 亿英里(约 2.6 亿千米)。一年之后,NEAR 太空飞船登陆爱神星,证实上面既没有大气也没有水。

爱神星上满是陨石坑,表明这颗小行星较为古老。这里图中可见的大坑直径 4 英里(约 6.44 千米)。坑底的洼地区域可见一块巨石,大小相当于一幢独立的住宅。

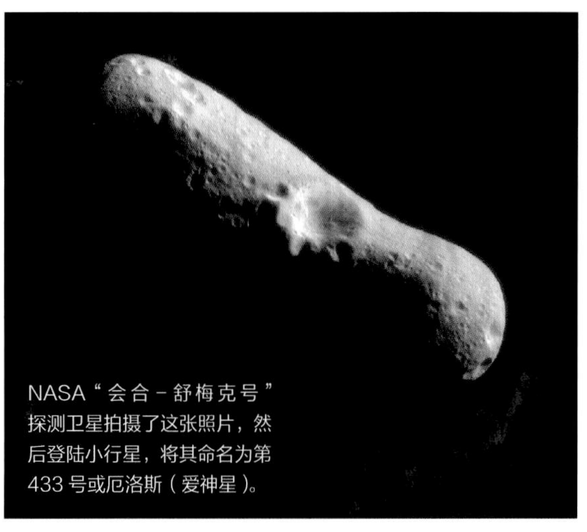
NASA"会合－舒梅克号"探测卫星拍摄了这张照片,然后登陆小行星,将其命名为第 433 号或厄洛斯(爱神星)。

知识链接

小行星和相关天体 | 第二章"小行星、彗星和流星",第 66—67 页
人类探索外太空的历史 | 第二章"太空探索",第 72—75 页

外行星

在小行星带的外侧绕太阳运行的行星称为外行星。总共有木星、土星、天王星和海王星 4 颗行星，也称作气态巨行星。

木星是距离太阳最近的气态巨行星，质量比太阳系中的所有行星加起来还大，而且还远不止于此。这颗气态巨行星以罗马至高天神朱庇特（Jupiter）来命名再贴切不过了。木星有至少 79 颗卫星，相当于一个小太阳，处于自己的迷你太阳系中心。然而，关于木星还有很多谜团未解，因为其表面终年被云层覆盖，布满高速飓风形成的带纹，就连功能强大的太空望远镜也无法窥探它的真实面貌。

“旅行者 1 号”（Voyager 1）于 1977 年发射，上图是它传回的数据所汇编生成的木星表面彩图。

土星是肉眼可见的最远的行星，因其美丽的土星环而著名。土星环是指卫星或小行星碎裂的残骸，闪烁着比土星本身还亮的光芒。土星多由氢和氦构成，密度极小，以至于掉进水里就会像软木塞一样浮起来。

天王星因大气层中的气态甲烷而泛着蓝绿色的光晕，它几乎全由氢和氦组成。稀奇的是，其自转轴有 98 度的倾斜，这或许是与巨大天体碰撞的结果。而天王星的环也是倾斜的。

海王星是体积最小的气态巨行星，其气候在整个太阳系中最为极端，风速达 1200 英里 / 小时（约 1931 千米 / 小时）。由于来自大型天体的引力会对天王星的轨道产生影响，因此在肉眼观测到海王星之前，人类就通过数学方法预测到了它的存在。

冥王星在长达 76 年里被视为第九大行星，如今它却位列太阳系第十（虽然是颗矮行星）。冥王星轨道呈椭圆形，因而它偶尔会越界到海王星轨道内侧，暂时又成为距离太阳第九远的行星。一些天文学家还认为冥王星和其最大的卫星冥卫一（Charon，又称卡戎，希腊神话中的冥神）构成了一个双行星系统。

阋神星是 2005 年发现的一颗矮行星，更新了人类对太阳系的科学定义。阋神星气候寒冷，岩石密布，又极其遥远，它和其卫星阋卫一的轨道穿越柯伊伯带。

知识链接

不同的太空望远镜及其各自的性能 | 第二章“现代观测技术”，第 70—71 页
卫星的定义 | 第二章“卫星”，第 64—65 页

木星的四大卫星

木星的 79 颗卫星中，可通过双筒望远镜观测到的有 4 颗。这些卫星由伽利略·伽利莱在约 1610 年通过新改良的望远镜最先发现，至今它们仍被称作“伽利略卫星”。

伽利略惊奇地发现，木卫三（Ganymede）、木卫一（Io）、木卫二（Europa）和木卫四（Callisto）这 4 颗卫星与木星连成一线。每一颗卫星都特征鲜明。

木卫一上有 150 余座火山，是太阳系中地质运动最活跃的卫星。木卫二冰层覆盖的表面下或许存在液态水，为人类终有一天在这里发现某种生命形式提供了可能性。木卫三是太阳系中体积最大的卫星，就连月球也不及它大。木卫四表面有很多凹痕，是太阳系中最坑坑洼洼的卫星。

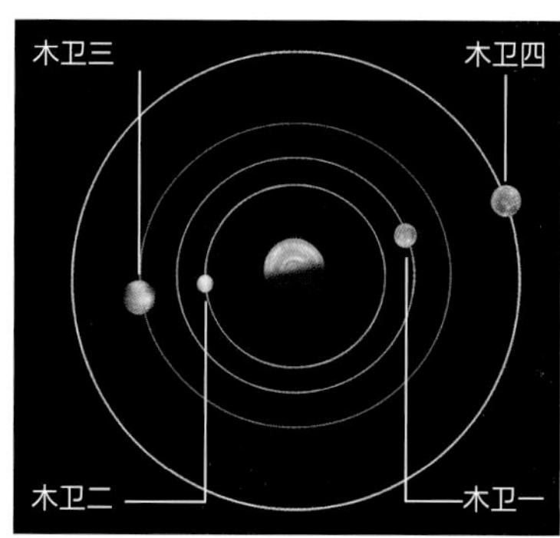

关键词 矮行星（dwarf planet）：指绕太阳公转的球体或近乎球体的岩质天体，不是任何天体的卫星，体积比太阳系中的大多数行星都要小。

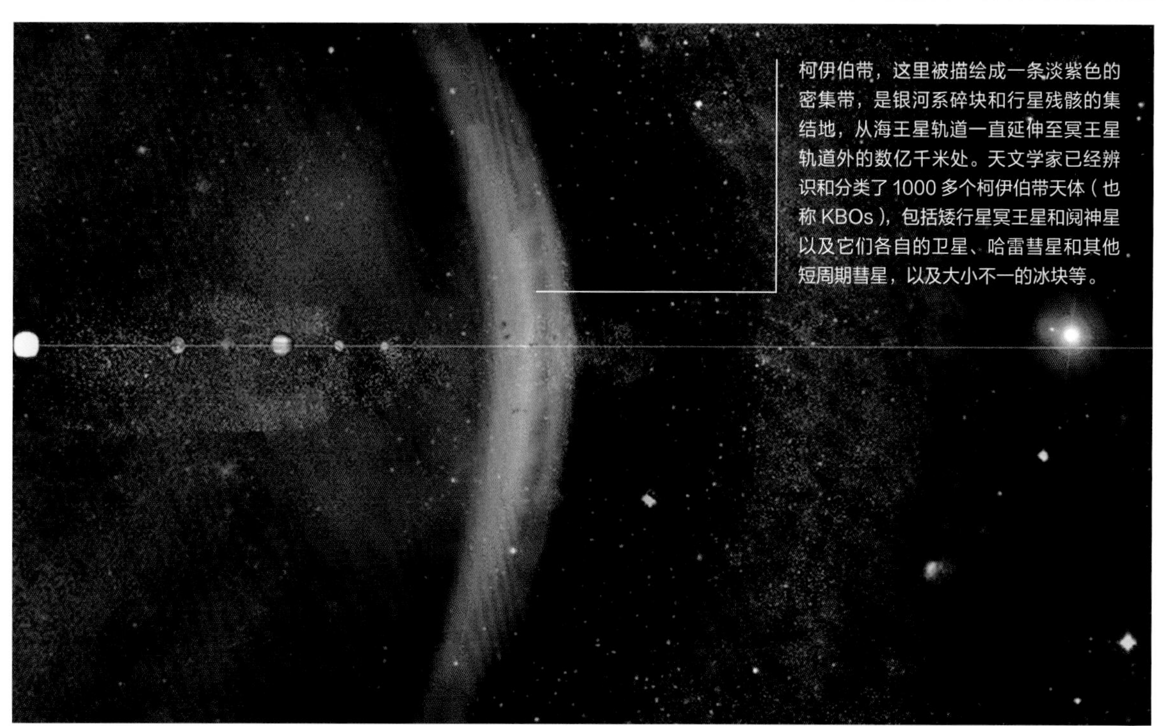

柯伊伯带，这里被描绘成一条淡紫色的密集带，是银河系碎块和行星残骸的集结地，从海王星轨道一直延伸至冥王星轨道外的数亿千米处。天文学家已经辨识和分类了 1000 多个柯伊伯带天体（也称 KBOs），包括矮行星冥王星和阋神星以及它们各自的卫星、哈雷彗星和其他短周期彗星，以及大小不一的冰块等。

知识速记 | “旅行者 2 号”（Voyager 2）平均飞行速度为 42000 英里 / 小时（约 67592 千米 / 小时），到达海王星花了 12 年时间。

知识链接

另一条小行星带 | 第二章“类地行星”，第 61 页
柯伊伯带上天体的特质 | 第二章“小行星、彗星和流星”，第 66—67 页

1972年从《阿波罗16号》上看到的月球

卫星

月球知识速记

直径
2160英里（约3476千米）

到地球的平均距离
240000英里（约386243千米）

平均表面温度
-4华氏度（-20摄氏度）

自转周期（以地球日计）
27天7小时43分

表面重力
约0.17（地球的表面重力=1）

估测年龄
45亿年

卫星（moons）是天然的天体，它们环绕行星或大型小行星等天体运动，这些天体体积足够大，自身有引力。行星获取卫星的方式多种多样。靠近行星赤道平面并与行星同方向公转的卫星（如木星的卫星群）很有可能与该行星诞生于同一时间。

逆行卫星与行星诞生的时间似乎不同，是被行星的引力所捕获的。海王星的海卫一（Triton，希腊神话中海神的儿子）就是个例子。卫星还可以是大型天体撞击行星后行星掉落的碎块形成的绕行天体，例如地球的卫星月球或许就是这样来的。

除水星、金星、火星、谷神星和鸟神星外的所有行星和矮行星都有卫星。太阳系总共有146颗以上的卫星。在发明望远镜之前，只有地球的卫星月球是肉眼可见的。

卫星似乎是最有希望发现外星生命痕迹的地方。比如海卫一和木卫一这样的少量卫星有大气层和其他的显著特征。海卫一上有极地冰川和间歇喷泉，木卫一上则有大型火山喷发活动。木卫二和土卫六或许是太阳系中除地球之外拥有液态水的星球。

知识速记 | 月食挂历：2015年4月4日，美洲、亚洲、澳大利亚和太平洋地区；2015年9月28日，美洲、欧洲、非洲和大西洋地区；2018年1月31日，亚洲、澳大利亚和太平洋地区；2018年7月28日，非洲、南亚、欧洲、澳大利亚和南极洲地区；2019年1月21日，美洲、西欧、西非、大西洋和太平洋地区。

知识链接

除卫星和行星之外的天体 | 第二章“小行星、彗星和流星”，第66—67页
探索宇宙中其他地方的生命 | 第二章“膨胀的宇宙”，第76页

月球，地球的卫星

天文学家认为，月球形成于 45 亿年前地球诞生不久后的一次宇宙碰撞。一个火星大小的天体撞击地球，把大量碎块撞进了轨道。轨道中的这些碎块最终合并成了月球，其构成和地壳极为类似。

月球表面最初呈熔融状态，随着时间推移，冷却了下来，然后又遭到太空残骸接二连三的轰炸，在表面形成了大量陨石坑，今天依然可见。之后，熔岩从月球内部喷涌而出，淹没了受冲击形成的盆地，形成了月球上的大面积的玄武岩质平原，称为月海。最终，一切动荡都归为平静，月球变成了一个静谧祥和、满是尘土、遍布岩石的星球，并于 1969 年接待了“阿波罗号”上的宇航员，成为人类到访的第一个地外天体。

月球是地球唯一的天然卫星，有 1/4 个地球那么大，在太阳系的卫星中排行第五。有天文学家认为，地球和月球大小足够接近，应该视为双行星系统。

月球轨道探测器（LRO）被称为“美国国家航空航天局重返月球的第一步”，将增进人类对月球的了解。

月球的自转受日月引力和地月引力的相互作用而减慢，这使得它的自转速度等于绕地球的公转速度。因此，月球正对着地球的始终是同一面。在 1959 年苏联的太空探测器“月球 3 号”带回照片之前，天文学家只能推测月球另一面的地貌。

谁在月球上？有的人认为是一只野兔，也有的认为是一只青蛙、一头麋鹿或者一个女性的侧影。还有许多人看到的是一副眼、鼻、口俱全的男性面部轮廓。月球的地貌是约 40 亿年前陨击事件的产物。内部的熔岩流出、频繁的火山爆发致使岩浆漫过月球表面，冷却固化成我们今天所见的地理特征。

月食现象因何而起?

日食现象（如右图所示，月球在地球左侧）是因为月球行至太阳和地球之间，且三者连成一线，挡住了地球上人们对太阳的视线。

月食现象（如右图所示，月球在地球右侧）是因为地球行至月球和太阳中间，且三者连成一线。此时月球进入地球的阴影部分（本影），暂时变得昏暗。

日全食持续时间可长达 7.5 分钟。月全食持续时间可长达 100 分钟。

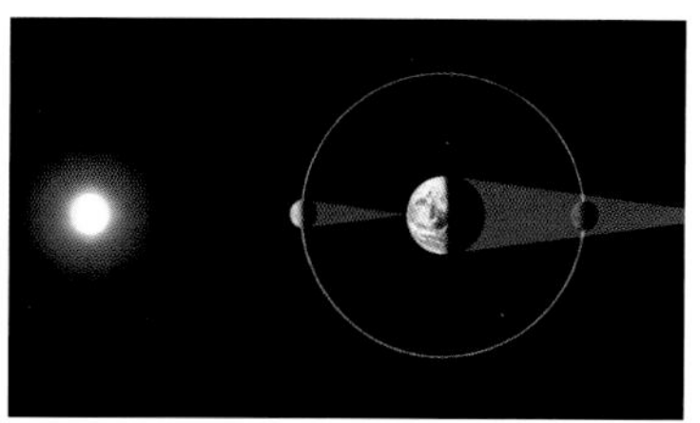

日（月）食现象的产生是因为太阳、月球和地球三者连成一线导致月球（地球）阴影笼罩地球（月球）。

关键词 环形山（crater）：指行星表面由于流星撞击或火山喷发而形成的环形凹坑。天体逆行（retrograde motion）：天体实际上或明显朝着与类似天体群主要运动方向相反的方向所做的运动。

知识链接

月球对潮汐现象的影响 | 第三章“海洋”，第 115 页
日历的历史演进 | 第八章“报时”，第 324—325 页

2005年在约旦首都安曼拍摄的英仙座流星雨

小行星、彗星和流星

可以观察到的流星雨

象限仪座流星雨
1月3日，在牧夫座达到高峰期

宝瓶座流星雨
7月29日，在宝瓶座达到高峰期

摩羯座流星雨
7月30日，在摩羯座达到高峰期

英仙座流星雨
8月12日，在英仙座达到高峰期

猎户座流星雨
10月21日，在猎户座达到高峰期

双子座流星雨
12月4日，在双子座达到高峰期

小行星、彗星和流星都属于星际碎片，是太阳系生成时遗留下来的岩石碎块和碎冰块。它们的运行轨道通常离地球很远，但一旦靠近地球时，我们肉眼就能看见。

数以百万计的小行星通常在火星轨道和木星轨道之间的小行星带上绕太阳运动，也有一些会擦过地球。小行星一般比彗星和流星要大，是岩石和金属块，宽度从100码（约91米）到近600英里（约966千米）不等。

彗星有时候被比作一个脏兮兮的大雪球，它由岩石、冰、尘埃、二氧化碳、甲烷和其他一些气体组成。它们来自柯伊伯带。彗星向着太阳进发的过程中开始熔化。太阳的热量把冰变为蒸气，形成气体和灰尘光晕笼罩着彗星内核，称为彗发。彗星靠近火星时会形成彗尾，有的长达数亿千米。

比起小行星和彗星，流星在地球上更为常见，大多数人都知道流星雨，而事实上它们并非星星。

知识链接

太阳系的形成 | 第二章“宇宙开端”，第42—43页
柯伊伯带及它在太阳系中的位置 | 第二章“外行星”，第63页

小行星会再次撞击地球吗?

艾达（IDA）是 NASA 的一项太空任务所发现的一颗小行星，长 35 英里（约 56 千米），有自己的卫星。

如果小行星撞击地球，产生的影响要视其大小而定。通常，地球的大气层可以保护地球不受直径小于 150 英尺（约 46 米）的小行星伤害。

直径达到 3000 英尺（约 914 米）的天体会造成剧烈的局部破坏。这类事件每隔几百年就要发生一次。直径超过 5000 英尺（约 1524 米）的小行星撞击地球则会激起尘埃，导致“撞击冬季”（指天体撞击地球造成的气温暂时性降低）。这类事件每隔 100 万年发生一到两次。墨西哥境内的希克苏鲁伯（Chicxulub）陨石坑很可能就是 6500 万年前小行星撞击地球的结果。当时产生的尘埃可能引发了气候变化，致使恐龙灭绝。

迄今为止，天文学家已经列出了 1541 颗有潜在危害的小行星（PHAs），但是他们认为目前还没有一颗会与地球发生碰撞。

哈雷彗星是最著名、从地球望去最亮的一颗彗星。它于 1758 年再次出现，证实了英国天文学家埃德蒙·哈雷（Edmond Halley）1705 年做出的预测，即这颗彗星的周期是 75 或 76 年。这张彩色图像是由 1910 年的一张黑白照片经过优化处理后所得。

流星分类

流星体、流星和陨石都是不同阶段星际碎片的代表。流星体指绕太阳运行的小岩石块和金属块，这些碎块来自小行星、彗星，偶尔还来自月球和火星。地球的引力清除了数百万流星体。大多数流星体在地球的大气层中烧毁升华，只留下肉眼可见的发光尘埃痕迹，我们称为流星。

陨石是穿过地球大气层到达地面的流星。流星定期出现在夜空，但它们还会如约在一年的特定时刻大量出现，也就是所谓的“流星雨”，通常会以它们出现时的星座背景来给它们命名。

关键词 短周期彗星（short-period comet）：指绕太阳的公转周期少于 200 年的彗星。哈雷彗星的周期为 75 或 76 年，属于短周期彗星。长周期彗星（long-period comet）：指绕太阳的公转周期超过 200 年的彗星。

知识链接

小行星的形状和位置 | 第二章“类地行星”，第 61 页
墨西哥的希克苏鲁伯陨石坑 | 第三章“地球的年龄”，第 95 页

英格兰威尔特郡巨石阵的日落

天文观测

天文学上的里程碑

约公元前 2250 年
苏美尔人记录了星座的名称和位置

约公元前 1300 年
埃及人掌握了 43 个星座和 5 颗行星

公元前 225 年
希腊人埃拉托色尼测量了地球的周长

公元 1054 年
中国人记载了超新星

1609 年
伽利略使用第一台望远镜

1610 年
开普勒发现了行星运动的定律

古时候，每个人都是非专业的天文学家。例如，看守羊群的牧羊人会花费大把时间来观察一览无余的夜空。白天也好，黑夜也罢，天空中的一切都是那么令人着迷。时间、未来天气和季节变换的痕迹都能通过仔细观察天空辨别出来。

敏锐的早期天文学家注意到了天空中天体的运行规律。其中最早的天文记载来自约 5000 年前生活在今天伊拉克南部的苏美尔人。他们按照星星排列图案的样子进行了分类和命名，包括牛、狮子、蝎子等，现在都属于黄道十二宫。

观星慢慢演变为系统性观测，古文明开始更有条理地绘制太阳、月亮和行星的运动图。这些记录行为多与占星学密切相关，人们相信天体的运动和位置昭示或影响着大事件。尽管这些观察和记录现在都被视为伪科学，但是却为天文学奠定知识基础做出了贡献。

知识链接

黄道十二宫及古文化如何看待星星图案｜第二章“星座”，第 46—47 页
地球季节变化的成因｜第一章“赤道和热带”，第 37 页

18 世纪的皇家天文台

位于印度斋浦尔的简塔·曼塔（Jantar Mantar）天文台由王公辛格二世建造于 1727 到 1734 年间。作为世界最大的石砌天文台，它承载了 14 台观测仪器,用于预测如日（月）食等天文事件。1948 年，简塔·曼塔天文台被列为国家保护建筑，并于 2004 年开始对观测仪器进行重新校准和修复。

简塔·曼塔天文台的观测仪器中有一个世界最大的日晷，高 90 英尺（约 27 米）。

知识速记 | 早期的天文学家认为星星位于地球和月亮之间。

第谷·布拉赫 / 天文学先驱

第谷·布拉赫（Tycho Brahe，1546—1601）出生于丹麦某地（现位于瑞典境内）的一个贵族家庭。他 17 岁时便观察了木星和土星的合相，并小心翼翼地记了下来。他继续描述并绘制了仙后座中一颗耀眼的超新星，即现在所谓的第谷新星。布拉赫的盛名引起了丹麦国王的关注，国王不仅帮助他建造了两个天文台，还帮助他获得了先进的观测仪器。第谷在没有望远镜的情况下总共观测了 777 颗恒星的位置。1599 年，他在布拉格成为神圣罗马皇帝的御用数学家。在那里，他雇用了一批助手，其中就有后来继承第谷观测天空使命的约翰尼斯·开普勒（Johannes Kepler）。

约公元前 500 年的天文学

古巴比伦人的天文学涉及观测、记录，以及把天体和神秘力量联系起来。古巴比伦人用神话人物和自然景物来表示星座，建构了黄道十二宫。

这些古代天文学家记载了季节周期引起的行星在天空中的第一次和最后一次亮相。他们的记录十分完善，到了约公元前 600 年，已经能够预测行星在未来首次或末次出现的日期。

巴比伦人泥板是一块刻了标记的泥板，代表了约公元前 500 年的天文观测成果。

知识链接

美索不达米亚史和巴比伦史 | 第七章“美索不达米亚”，第 266—267 页
印度的地理和经济 | 第九章“亚洲”，第 402 页

现代观测技术

19 世纪，科学家发现了可见光以外的光领域。电磁辐射通常简称为辐射，从可见光延伸到光谱的两端。宇宙的大部分故事——过去、现在和未来——都是用电磁波谱的这些波长写就的，而这些波长在地球表面是肉眼不可见的。虽然地球的大气层允许可见光、无线电波和一些红外线进入，但会把很多其他波段的辐射拒之门外。

20 世纪见证了观测技术翻天覆地的变化。今天，科学家通过发射高空飞机、平流层气球、火箭、太空飞船和卫星，上面配备有能够捕捉到更神出鬼没的波段（如伽马射线、X 射线和紫外线等）的设备，利用全电磁波谱来观测恒星、星系和其他天体。

轨道天文台实实在在地拓展了我们的天文认知。太空观测站可以观测地面仪器难以成像的辐射波长。其中就包括远红外波长，利用它们可以观测到如行星、彗星和初生恒星这些温度相对较低的天体。太空观测站还能检测到星系内核里和黑洞附近发生的高能反应。

地面天文台

地球大气会干扰远处天体发出的光，因此天文台大多坐落在精挑细选的山顶上。高海拔有助于消除大气畸变，空气也更为稀薄透明，而且山顶上气流顺畅，形成稳定的天空观测环境。由于建造地面天文台标准严苛、花费昂贵，国际天文学界通过政府进行合作。例如，夏威夷的冒纳凯阿天文台就有十几台由十多个国家共同使用的望远镜。

图为世界最大的夏威夷冒纳凯阿天文台一台望远镜观测到的恒星经过的痕迹，延时拍摄。

知识链接

望远镜在绘图中的重要性 | 第一章“地图制作”，第 25 页
夏威夷群岛和它的地质构成 | 第三章“岛屿”，第 102—103 页

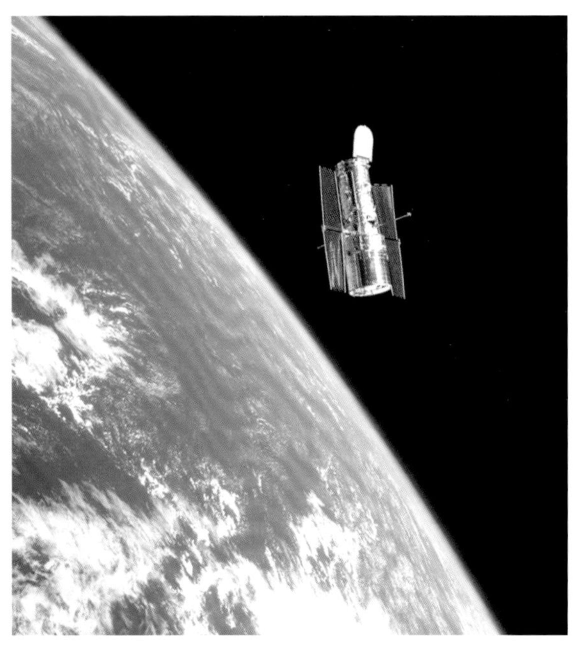

哈勃太空望远镜在地球上空 375 英里（约 603 千米）处运行。它的大型反光镜、摄像头和光谱仪寻觅（偶尔也会发现）宇宙大爆炸中遥远的微光。电脑控制的适应性光学仪器有助于克服影像失真。来自哈勃望远镜上的谱图还可以通过颜色区分不同的气体。

詹姆斯·韦伯太空望远镜（长 72 英尺,约 22 米）将替代哈勃望远镜（长 43 英尺，约 13 米）。它比哈勃望远镜更长，将从地球上空 100 万英里（约 161 万千米）处的有利位置探索宇宙中的可见光谱和红外光谱。詹姆斯·韦伯望远镜是以美国国家航空航天局第二任局长的姓名命名的，他是 20 世纪 60 年代这一项目的主要负责人。

关键词 红外光谱（infrared spectrum）：指电磁波谱上从波长最长的一端，或可见光的红色末端直到微波的这一段范围内的光。虽然肉眼看不见，但可凭借皮肤上的热感察觉到。光谱仪（spectrograph）：能够让天文学家分析行星大气、恒星、星云和其他天体的化学成分的一种仪器。

埃德温·鲍威尔·哈勃 / 星系观测者

埃德温·鲍威尔·哈勃（Edwin Powell Hubble，1889—1953）出生于美国密苏里州，最初研究星云。在他那个年代，人们对星云知之甚少。1924 年，他公开了一大惊人发现，声称人们以为是星云的某些天体实际上是别的星系。1927 年，哈勃测量了 46 个新发现的星系的光谱，发现它们的光发生了红移现象；也就是说，这些光谱向着波谱红色端的长波偏移。这一偏移现象表明，这些星系在退行——离地球而去。哈勃假设，宇宙的膨胀速率可根据一个常数（今天众所周知的哈勃常数）计算出来。他还设计了一套根据星系形状对星系进行分类的体系。

知识链接

天文史和早期观测方法 | 第二章“天文观测”，第 68—69 页
银河系退行学说 | 第二章“膨胀的宇宙”，第 76—77 页

『阿波罗 15 号』登月漫游车

太空探索史上的里程碑

1957 年
第一颗苏联人造卫星“斯普特尼克 1 号”（Sputnik 1）发射

1958 年
第一颗美国人造卫星“探索者 1 号”（Explorer 1）发射

1961 年
第一个男性进入太空

1963 年
第一个女性进入太空

1969 年
第一批人登上月球

1969 年
两艘“联盟号”载人飞船实现空间交会对接，被看作人类第一座空间站的建成

1972 年
“阿波罗 17 号”进行了其最后一次探月任务

太空探索

从中国的火箭到牛顿物理学，数百年间，科学的突破为 20 世纪遨游太空奠定了基础。随着苏联和美国上演轨道争霸赛，竞相将卫星和宇航员送入太空，20 世纪中叶，国际上出现了一股强有力的航天事业发展劲头。

自冷战结束以来，国际合作大幅替代了国际竞争。国家间整合资源、共享技术已成为常态。

然而，即便是最先进的航天技术也还在遵守牛顿近 400 年前提出的基本原则。每一次太空航行，不论载人与否，都遵循引力定律。火箭技术是太空探索的基本形式，而牛顿第三定律则是火箭运动背后的支配原则：作用力是来自火箭喷嘴高速逃逸的气体，反作用力推动火箭向前运动。1957 年，苏联朝宇宙发射了第一颗人造卫星“斯普特尼克 1 号”。次年，美国发射了“探索者 1 号”作为回应。一旦人造卫星发射成功，首次载人太空飞行也就不远了。包括老鼠、小狗和猩猩等在内的各种动物被征募以进行前期测试。

1961 年，宇航员尤里 · 加加林（Yuri Gagarin）进入太空，打破僵局，领先美国宇航员一步。同年，美国启动了“阿波罗计划”。美国随后在登月竞赛中领先，“阿波罗 11 号”于 1969 年 7 月 20 日在月球上着陆。迄今为止，美国依然是唯一成功载人登陆外星的国家。

知识链接

火星上的最新探索与调查 | 第二章“合作”，第 74—75 页
冷战历史 | 第七章“冷战”，第 316—317 页

成为一名宇航员意味着什么?

1959 年，7 名飞行员成为第一批美国宇航员，又称“星际水手”。最初，所有宇航员都必须是合格的试飞员。1965 年专业科学家加入宇航员队伍中，1972 年美国国家航空航天局的航天飞机项目启动时，又吸纳了更多的人。女性和少数族裔也被列入候选名单，并能够指挥航天器的飞行。如今，在美国太空计划中只有不到 100 名活跃的宇航员。宇航员的职责包括太空行走、驾驶航天飞机和建设国际空间站。他们还要做实验、观测、维修设备，以及参与新型太空飞行器的设计和测试。

2001 年，美国公民丹尼斯·蒂托（Dennis Tito）据说花费了 2000 万美元乘坐俄罗斯的太空飞船去“度假”，其间还在国际空间站停留。美国和俄罗斯航天机构称太空游客为“太空飞行的参与者”。

图为“月球漫步者”巴兹·奥尔德林（Buzz Aldrin）他在 1969 年 7 月 20 日创造了历史。这张照片是“阿波罗 11 号”飞船指令长尼尔·阿姆斯特朗（Neil Armstrong）在阿波罗登月舱上为他拍摄的，而同行的宇航员迈克尔·科林斯（Michael Collins）则继续在“阿波罗 11 号”上绕月飞行。

尤里·加加林 / 遨游太空第一人

加加林（1934—1968）是遨游太空第一人，他乘坐单人太空舱“东方 1 号”（Vostok 1）成功绕地一周。他是木匠之子，1955 年加入苏联空军。两年后，他的祖国发射了世界第一颗人造通信卫星“斯普特尼克 1 号”。1961 年 4 月 12 日是加加林太空飞行的历史性日子。他的太空舱从哈萨克斯坦发射升空，飞至地球上空 187 英里（约 301 千米）处，速度达到 17000 英里 / 小时（约 27359 千米 / 小时）。“东方 1 号”绕地飞行一周，共持续了 108 分钟。加加林在 1968 年的一次坠机事故中遇难，他的出生地现已用他的名字命名。

知识速记 | 巅峰时期，美国国家航空航天局总部和各分部忙碌于“阿波罗计划”的人员达到约 40 万名。

知识链接

宇航员小传 | 第二章“合作”，第 75 页
围绕地球的气体层 | 第三章“地球的大气层”，第 104—105 页

合作

国际空间站（ISS）是全球航天工程技术合作项目，也是史上最大的科学合作计划。加拿大、日本、俄罗斯、美国以及 11 个欧洲国家代表着这一项目的核心合作成员，同时世界上其他国家也兴致高涨地参与其中。国际空间站于 1998 年首次启动，一直运作至今。它标志着人类得以首次长驻太空。

国际空间站的能源来自像翅膀一样排列在飞船上方桁架结构上的太阳能光伏电池组，空间站由一系列圆筒状船舱组成，供工作和起居之用。每一次新的太空任务都会发射更多的组件与空间站对接起来。

空间站里的男女工作人员不仅要不断地进行各种实验，他们自身也是受试对象，因为他们要学习如何在绕地飞行的太空飞船里的失重环境中生活和工作。

航天悲剧

考虑到所有的潜在危险，载人航天已经是相当安全的了。那些为太空使命献身的人（4.1% 的美国宇航员，0.9% 的俄罗斯宇航员）也变成了英雄。

1967 年，“阿波罗 1 号”的 3 名宇航员丧命，虽然悲剧发生在训练过程中，但还是在美国造成了巨大的影响。目睹 1986 年 1 月 28 日“挑战者号”发射那一幕的人，无一能够忘记航天飞机起飞 73 秒后那次爆炸带来的恐惧，包括新罕布什尔州的中学老师克里斯塔 · 麦考利夫（Christa McAuliffe）在内的 7 名宇航员在这次航天飞机失事中殒命。2003 年 2 月 1 日，“哥伦比亚号”航天飞机上的全体成员在美国西南部上空失事身亡。

国际空间站（ISS）利用机械臂 Canadarm2（如图前方）来操控大型有效载荷，从而与航天飞机进行对接。

知识链接

包括太阳能在内的可替代能源 | 第八章“替代技术”，第 366—367 页
其他领域的国际合作 | 第九章“国家和联盟”，第 374—375 页

“凤凰号”在火星着陆

“‘凤凰号’现已在火星上着陆了，太空飞行指挥中心的每个人都很高兴，”美国国家航空航天局工程师布伦特·肖克利（Brent Shockley）2008年5月25日写道，“锦上添花的是，我们的着陆近乎完美。”

经过将近10个月的旅行，探索飞船在火星北极安全着陆，那是美国国家航空航天局在火星上“找寻水迹”总战略所设定好的目的地。这次任务使得科学家能够对发掘于高含冰量地表的物质进行研究。

另外两大目标是研究火星北极平原的水文历史和探索适合生命栖息地的迹象。“凤凰号”还将协助美国国家航空航天局达成一项长期目标：确定火星是否存在生命，分析火星气候和地质特征，为人类探索做准备。

画家描绘的“凤凰号”火星登陆器2008年5月降落火星表面的场景。飞船一旦着陆，就会伸出一条带锉刀的机械臂，锉刀从冻结的红色行星表面刮下一层地皮。到6月末，首批火星土壤样本经过分析，结果发现与南极洲干涸峡谷上游的土质类似，表明火星也曾有过和地球上一样的水。

关键词 微重力（microgravity）：衡量太空环境中物体受加速度影响程度的一项指标，通常用于指零重力和宇航员在外太空经历的失重情形。

朱莉·帕耶特／宇航员

朱莉·帕耶特（Julie Payette，生于1963年）是跑步健将、母亲、钢琴演奏家、歌手、计算机工程师、深海潜水员，她通晓六种语言，更是绕地飞行的宇航员。帕耶特最初来自魁北克省的蒙特利尔市，是加拿大太空署（CSA）于1992年从5330个申请者中挑选出来的4名宇航员之一。1998年，她在美国国家航空航天局完成培训，专攻机器人科学。她的首次太空任务是在1999年，她参加物流和补给任务STS-96（太空运输系统第96次任务），登上了国际空间站。随后她在太空里待了将近500个小时。回顾往事，她觉得最了不起的一刻就是第一次打开舱门出舱执行太空任务的时候，她第一次闻到了外太空的味道。

知识链接

探索宇宙中其他地方的生命｜第二章“膨胀的宇宙”，第76页
工程领域和最新技术｜第八章“工程学”，第332—333页

膨胀的宇宙

艺术家对数百亿年后宇宙迟暮的幻想

其他地方存在生命吗？

1960 年
“搜寻地外智慧计划”（SETI）的首次实验观测了两颗恒星

1992 年
美国国家航空航天局开始高分辨率微波勘测，寻找来自类似太阳的恒星发出的无线电短波

1993 年
美国国会中止资助美国国家航空航天局的“搜寻地外智慧计划”

1998 年
天文学家开始搜寻激光脉冲

2006 年
对木卫二的研究探索了冰层下可能存在的生物圈

2008 年
“凤凰号”发现火星上存在冰，因此可能有支持生命的水存在

由于星系之间相互迅速远离，所以它们不是在空间里穿梭，而是和空间一起运动，因为空间本身也在膨胀。通常用葡萄干面包来形象地说明。当面团发酵隆起时，葡萄干（代表空间中的天体，如星系）会互相远离——它们所在的面团本身也因膨胀而不断扩大。膨胀是整个宇宙的一种属性，并非只有星系才有。

埃德温·哈勃于 1929 年第一次发现宇宙在膨胀。自那之后的数十年间，天文学家一直转而关注这一发现背后的含义。这一发现与当时关于宇宙未来的流行观点相悖，流行观点推测宇宙因其物质的万有引力而退行，最终导致崩溃，有人称为“宇宙大坍缩”。

有了哈勃的发现，天文学家不得不努力弄清宇宙膨胀的含义，它不仅在膨胀，还在加速膨胀。许多天文学家认为，这种加速膨胀与暗能量有关，暗能量是从外太空发出来的一种反引力。

关于暗能量的属性，人类知之甚少，但它却可能决定宇宙的命运。若暗能量是稳定的，则宇宙或许会持续膨胀，且就这么一直加速膨胀；若暗能量不稳定，则宇宙终将在所谓的“大撕裂”（the Big Rip）中四分五裂。若暗能量可以改变，那它将渐渐衰变为引力，正如宇宙大坍缩理论所言，在内部坍缩中收缩整个宇宙。

知识速记 | 几十亿年后，银河系或将与仙女座星系碰撞，形成一个合并星系。

知识链接

埃德温·哈勃及他对太空探索的贡献 | 第二章“现代观测技术”，第 70—71 页
物理学的新进展 | 第八章“物理学”，第 330—331 页

什么是暗能量？

科学家用暗能量一词来指引起宇宙膨胀的力或宇宙的物质。

暗能量指反引力：使物体相互排斥而不是相互吸引。物理学定律或广义相对论能否解释暗能量还是个未知数。

1998 年，天文学家研究超新星时发现，它们的亮度比预测的要暗。这一现象有两层含义：一是超新星在远去；二是宇宙膨胀的速度比预计的要快。美国政府的“联合暗能量探测任务”（JDEM）研究了 Ia 型超新星，即垂死的白矮星，因为其亮度高而持久。这项工作于 2010 年结束。未来探测暗能量的任务将由广角红外巡天望远镜（Wide-Field Infrared Survey Telescope，即 WFIRST）承担。

关键词 **弦论（string theory）：理论物理学中的一门学说，把基本粒子看作无穷小的一维“弦状”物体，而非时空中的无维度的点。白矮星（white dwarf）：指大恒星内核中的氦消耗殆尽后形成的高密度小型恒星。**

什么是膜理论？

认为其他宇宙存在的数学家和天体物理学家必须承认，有可能存在已知的时空四维度之外的维度。时空指人们熟悉的三维空间外加爱因斯坦提出的时间维度。在弦论的一种版本中，物理学家认为宇宙存在 11 个维度，其中 7 个维度呈不可感知的“卷曲状态”。

可见宇宙可能是一张四维“薄膜”，简称膜宇宙，在人类不可见的维度里运行；其他的膜，或平行宇宙，也有可能存在，在人类四维认知之外的另一个维度里运行。

有科学家提出，我们所谓的宇宙原本是一个膜宇宙，与另一个膜宇宙碰撞统一，形成的热能和膨胀导致了宇宙大爆炸。

不过，目前这些理论主要以数学模型的形式存在，还有待进一步深入研究。

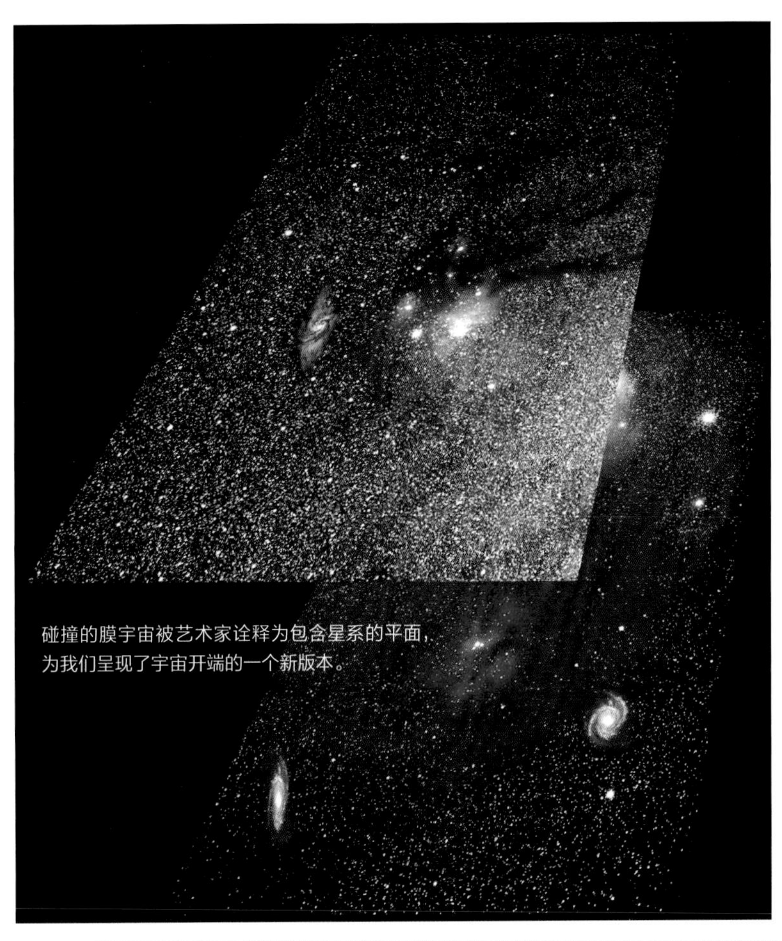

碰撞的膜宇宙被艺术家诠释为包含星系的平面，为我们呈现了宇宙开端的一个新版本。

知识链接

宇宙起源和时间线的学说 | 第二章“宇宙开端”，第 42—43 页

天体物理学的主要观点 | 第二章“黑洞和暗物质”，第 50—51 页

CHAPTER 3

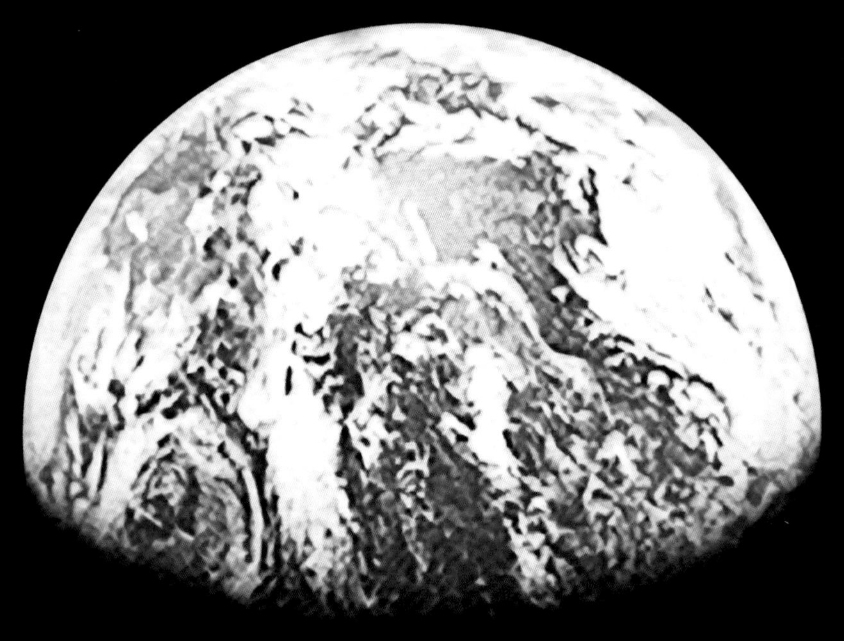

行星地球

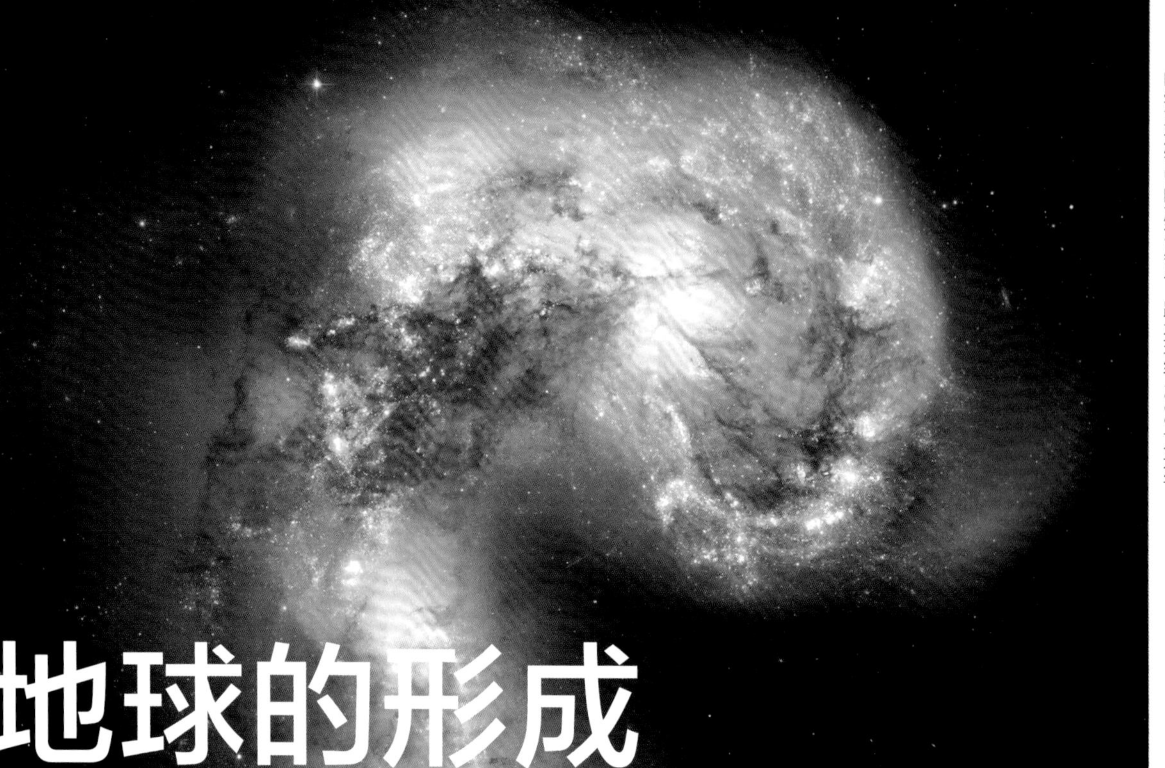

哈勃望远镜中的旋涡星系，距地球约 1000 万光年

地球的形成

地球小科普

质量
5.965×10²¹ 吨

赤道周长
24901 英里（约 40075 千米）

面积
196938000 平方英里
（约 5.1 亿平方千米）

陆地面积
57393000 平方英里
（约 1.49 亿平方千米）

水域面积
139545000 平方英里
（约 3.61 亿平方千米）

人类自观察和思考他们赖以栖息的自然世界以来，就一直在讲述地球形成的故事。每一套信仰体系都有创世的故事。它们或涉及上古神灵、神秘力量，或是我们现代科学世界观眼中的自然物体和支配它们相互作用的力。

人类也迫切想要对我们所知的这个世界追本溯源。17 世纪早期，圣公会大主教詹姆斯·乌雪（James Ussher）仔细推敲了描述许多王权统治年限的《圣经》年表，以及冗长的王族后裔名单，煞有介事地宣布，地球诞生于公元前 4004 年 10 月 23 日上午 9 点。

乌雪的计算及其含意被人们广泛接受长达一个多世纪，但随后对岩石构成和化石的科学研究表明，地球的存在比乌雪所说的更为久远。

现在我们知道，地球和整个太阳系都形成于大约 46 亿年前，源于宇宙之中一颗巨型恒星爆炸后产生的气体和尘埃组成的大型云团。而太阳则形成于某些宇宙残骸的中心。

知识链接

宇宙的形成与演变 | 第二章“宇宙开端”，第 42—43 页
宇宙理论的历史演变 | 第八章“科学世界观”，第 326—327 页

无数物质团块凝聚形成了包括地球在内的各大行星。在一个被称为吸积的过程中，地球引力不断捕获（至今仍是如此）残骸，把它们纳入地表。长此以往，羽翼未丰的地球就变得有模有样了。

不断的碰撞作用、太阳辐射以及地球的内部反应过程使得我们的行星形成了好几层：内核、外核、地幔和地壳，还有少量原始地壳残留下来。

地球内部的熔融物上升至地表，通过火山作用向外喷发岩浆和气体。这些气体中包括水蒸气，它们形成了地球的原始大气层。随后的降水日积月累，形成了地球最早的海洋。

这些物质和过程同时也为约 35 亿年前地球上出现生命奠定了基础。

关键词 吸积（accretion）：指吸收外部物质导致尺寸增加或体积变大；在天文学和地质学中，指天体通过吸收外来物质逐渐变大的过程。聚合（aggregation）：指由许多截然不同的材质组成物质团块；在地质学中，指通过高温、高压，或者二者共同作用，把很多截然不同的材质碎片聚合进一个物体，导致物体的尺寸增加或体积变大。

地球的四层构造

地球主要有四层构造，其中地壳浮于地幔之上，在四层结构中最薄，密度也小。海底地壳厚 2 ~ 7 英里（约 3.2 ~ 11.3 千米），由富含铁和镁的火成岩组成。陆地地壳厚 6 ~ 45 英里（约 9.6 ~ 72.4 千米），山脊下的地壳因富含长石和二氧化硅变得最厚，因此密度比海底地壳要小。数百万年以来，地壳形成了形态各异的地貌，有陆地山脉，也有海底山脉，还有深海沟。

地幔由更为致密的物质组成，向地核延伸约 1790 英里（约 2881 千米）。地幔既含有坚硬的圈层也含有可塑性较强的圈层。地幔越深处，温度越高，压力也越大。

地核位于地幔之下，分两层。外核呈液态，厚度约 1400 英里（约 2250 千米）。内核呈固态，处于地球行星的中心。内核呈球状，半径只有 750 英里（约 1200 千米）。铁是地球内核和外核中最常见的元素。虽然地核与地幔厚度相差不多，但地幔却占地球体积的 84%，而地核只占 15%。

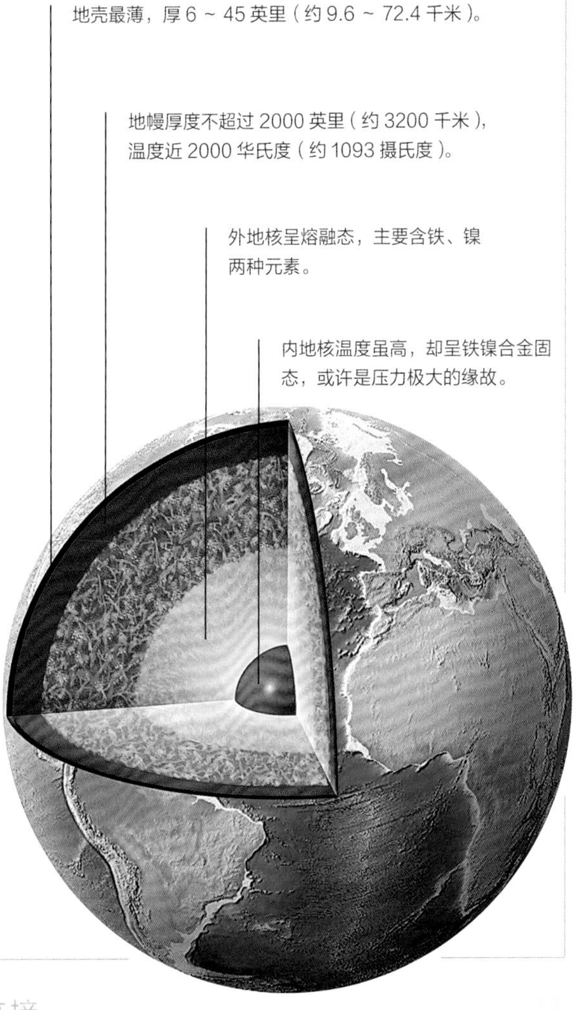

地壳最薄，厚 6 ~ 45 英里（约 9.6 ~ 72.4 千米）。

地幔厚度不超过 2000 英里（约 3200 千米），温度近 2000 华氏度（约 1093 摄氏度）。

外地核呈熔融态，主要含铁、镍两种元素。

内地核温度虽高，却呈铁镍合金固态，或许是压力极大的缘故。

知识链接

地球的内部圈层 | 第三章“地球内部”，第 82—83 页
地球上水的特征与动态 | 第三章“海洋”，第 112—115 页

地球内部

地球圈层

地壳
海平面以上的陆地厚 6 ~ 45 英里
（约 9.6 ~ 72.4 千米）
海底地壳厚 2 ~ 7 英里
（约 3.2 ~ 11.3 千米）
最薄、密度最小的圈层

地幔
厚约 1790 英里（约 2881 千米）
温度高达 6800 华氏度
（3760 摄氏度）
包括坚硬的圈层和可塑性较强的圈层

外核
厚约 1400 英里（2250 千米）
由熔融态铁、镍金属构成

内核
半径长 750 英里（约 1200 千米）
温度超过 10000 华氏度
（约 5538 摄氏度）
因高压而呈固态，由铁镍合金构成

法国科幻小说之父儒勒 · 凡尔纳在他写于 19 世纪的经典科幻小说《 地心游记 》中畅想了地心之旅，然而当时人类还没有真正探索过比地壳更深的地方，更不用说一路朝地核而去了。极端的温度和压力使得地下 4000 英里（约 6400 千米）的探索成为妄想，最深的矿井不过到地下 2.5 英里（约 4 千米）深处。而地球深部钻探也只到 8 英里（约 13 千米）的深处。

科学家通过对爆炸或地震引发的震动和地震波进行测量、记录和成像分析，收集地球内部的信息。地震波穿过地球时的运动和速度为我们了解地球内部构造提供了数据。

地球或许是从一颗低温行星开始加热升温的，也可能是从熔融态行星最终发生外部冷却而来。科学家至今对以上观点仍意见不一。然而，不管是哪种方式，都是复杂的地质运动导致了现在的地核结构。

内核部分由超高温铁镍合金构成。科学家认为那里的温度超过 1 万华氏度（约 5538 摄氏度），和太阳表面一样炙热。而内核的强压又使得它在如此高温下仍呈固态而不熔。

外核部分是熔融态的铁和镍。

整个地核直径约 4325 英里（约 6960 千米），大于地球的半径。对地球内部的研究表明，外核的边界和地球表面一样是不规则的。

知识速记 | 地球固态内核的自转速度与地球自身的自转速度不一致。

知识链接

地震诱因和过程 | 第三章“地震”，第 88—89 页
地球的化学组成 | 第三章“地球的元素”，第 90—91 页

莫霍面和古登堡面

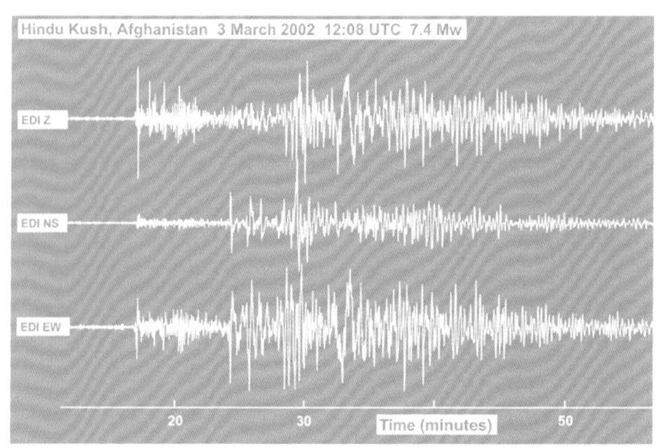

地震仪感应到的震波曲线，记录了地球运动随时间的变化。所谓地震仪，是一种配备了电磁感应器的装置，可以检测到地球表面的运动。这张震波曲线图反映了在 3 个不同地点检测到的一次地震颤动。

克罗地亚物理学家安德里亚 · 莫霍洛维奇（Andrija Mohorovicic，1857—1936）是利用地震仪研究地震的首批科学家之一，他注意到有些震波比预计时间更早到达他的观测台。由此他推测地球地壳和地幔密度不同。因为震波到达密度较大的地幔时会加速。为了纪念他，震波发生加速的这一过渡带就被命名为莫霍洛维奇不连续面，简称莫霍面。

震波在地幔和外核间的过渡带也会发生速度变化。这一过渡带叫作古登堡不连续面，用于纪念美国物理学家宾诺 · 古登堡（Beno Gutenberg，1889—1960），他帮助查尔斯 · 里克特（Charles Richter）制定了里氏震级。

关键词 岩石圈（lithosphere）：指地球外圈坚硬的岩石层，由地壳和上地幔的固态最外层组成，几乎包含了整个莫霍面。软流圈（asthenosphere）：指位于岩石圈下方、地幔上方的一个塑性变形区域；其温度相较岩石圈更高，流动性也更强。中间层（mesosphere）：位于软流层下方地幔深处的一个区域，此处岩石又变得坚硬起来。

20 世纪历史上最深的钻洞

在靠近挪威的科拉半岛上，苏联地质学家从 1970 年开始对地球进行深部钻探。到 1989 年，其中一个钻洞的深度已经超过 4 万英尺（约 12263 米），是当时世界上最深的钻洞。20 世纪第二深的钻洞是位于美国俄克拉何马州的伯沙罗杰斯深井，它是一口天然气井，挖掘到 32000 英尺（约 9750 米）深的时候接触到熔融硫，于是停工。

科拉深钻以研究地壳为目的。其后来的挖掘深度直至波罗的海地盾地壳厚度的 1/3 处，凿穿了年龄跨度 27 亿年的岩层。

一张 1987 年的苏联邮票，为庆祝当时世界最深钻井而设计。

科学家注意到，地震波的速度在经过变质岩层底部时会发生变化，证明那里有水的存在。变质岩是指在地球深部的高温高压下，因岩石结构及成分发生变化而形成的岩石，它延伸至地下 3 ~ 6 英里（约 4.8 ~ 9.6 千米）处。岩层底部都彻底破裂并且充满水分。

这一发现证明，水（不是地表水）最初就是矿物化学组成的一部分，受到变质作用后被挤出矿物晶体，并被上方的不渗透岩层阻止了上升的过程。科拉深钻的发现有其潜在的经济效应。在当时还没有这种深度的采矿技术，但由于钻头可以随着泥石浆自发地转动，这就省去了对整个地面钻柱的需求。

知识链接

使用声呐技术探测海洋深度 | 第一章“现代地图”，第 27 页
当今俄国的地理 | 第九章“欧洲”，第 423 页

在美国加利福尼亚的蒙特雷，大陆与海洋相接于一处悬崖

大洲

大洲面积

亚洲
44569000 平方千米

非洲
30065000 平方千米

北美洲
24709000 平方千米

南美洲
17840000 平方千米

南极洲
14200000 平方千米

欧洲
10180000 平方千米

大洋洲
8526000 平方千米

地表上海洋和陆地的面积之比接近 3 ：1。但是，主要的陆地部分——大洲——才是这颗行星地貌特征和物理身份的象征。七大洲代表了地球上约 5750 万平方英里（约 1.49 亿平方千米）的地域，但面积大小不一，亚洲最大，大洋洲最小。虽然欧洲和亚洲在同一块大陆上，但由于两地居民的文化各异，人们通常还是视之为两个不同的大洲。

今天我们所说的七大洲只是大陆不断运动中的一段小插曲。这一运动的历史可回溯到 40 亿年前，地壳中大陆物质的初始构成过程，即板块构造过程。

地壳和上地幔在地表周围形成了一个“硬壳”，硬壳经过地质作用断裂成了 16 个板块。地质学家假设，地球内部产生的物质和热量通过对流作用散发出来，驱使板块缓慢移动。这种运动数亿年来从未停歇过。

大多数地质学家认为，大陆块是由巨大的岩石板块碰撞形成的，碰撞使一个板块被迫下滑至另一个板块之下，这一过程叫作板块俯冲。然后，地壳熔化成为岩浆或熔岩。岩浆喷发到地表，形成很多火山岛，最终与毗邻板块上的其他岛屿融合——由此，第一个大陆块形成了。

知识速记 | 地球并非球体，南半球呈现外凸之势。

知识链接

南极洲 | 第九章“国家和联盟”，第 375 页
大洲 | 第九章“世界各国”，第 376—441 页

大洲是如何形成的?

随着地球上大陆块的体积越来越大，不断漂移，经过数亿年的时间，它们以各种方式彼此相连，拼合成为不同序列的陆块。当前的大洲构成只是板块构造这一亘古过程中的暂时格局。

过去10亿年间，曾发生了3次大陆漂移合并为超级大陆的事件。

在大陆漂移几大阶段的间歇期间，它们先分裂成小型陆块，然后重组。科学家预言，2.5亿年之后最终将诞生一个叫作终极盘古大陆的新型超级大陆。

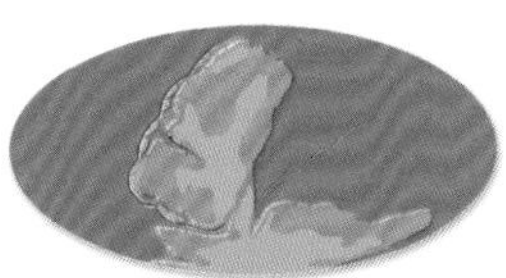

5亿年前，一个新生大陆块从另一个大陆块上分裂出来，浅浅的水湾中诞生了首批多细胞生物。

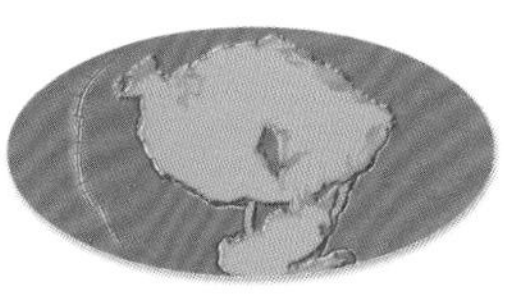

3亿年前，今天的一些山脉形成了，地球南部区域进入了一个新冰期。

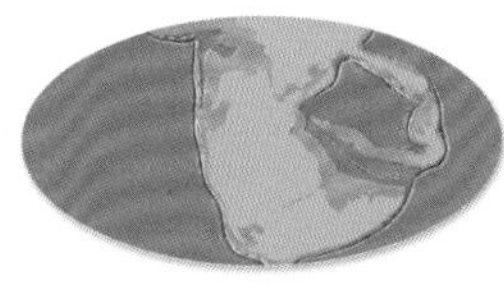

2.25亿年前，最早的恐龙漫步在延伸至两极的单一大陆上。

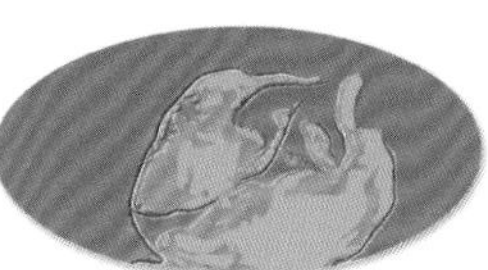

1亿年前，盘古大陆上出现了裂口，形成了断裂带，后演变为海洋。

5000万年前，一颗引起气候巨变的流星撞上地球，地球上最高的山脉开始拔地而起。

2万年前，1英里（约1.6千米）厚的冰川凿出了五大湖，随后冰川消融，抬高海平面。

关键词 洲（continent）：源于拉丁语 continens，意为“团结一致”。指地球的七大陆地之一。构造地质学（tectonics）：源于希腊语 tekton，意为“建设者”。指对地壳变化和引起这种变化的力量的研究。俯冲带（subduction zone）：指海洋的海沟地带，海底在那里向下插入相邻板块，把累积的沉积物向下拖入地球的上地幔。

不论科学能提供什么依据，每个新发现都会影响我们得出的结论，我们必须为这种可能性时刻准备着。

——阿尔弗雷德·魏格纳，1929年

阿尔弗雷德·魏格纳 / 地质学家

德国的阿尔弗雷德·魏格纳（Alfred Wegener，1880—1930）是最早利用气象气球跟踪气流的学者之一，参与过格陵兰岛探险，研究极地空气环流，但让他名留青史的是他的大陆漂移学说。虽然人们已经注意到西非和南美东部的海岸线似乎可以拼接到一起，但是魏格纳却真正发现了两块大陆曾经连在一起的证据：大西洋两岸化石的类似和北冰洋地区的热带物种。他假设曾存在一个超级大陆或盘古大陆（所有陆地连成一体），但最终分裂了，并在《海陆起源》中提出了这一观点——可几乎完全不为人所认可。20世纪50年代和60年代，海底构造研究揭示出地壳运动的机制，魏格纳的大陆漂移说最终被世人所接受。

知识链接

行星地球的形状和轮廓 | 第三章“地貌成形”，第98—101页
地球陆地的布局演变 | 第三章“地球的年龄”，第94—95页

日本的富士山，一座休眠火山

火山

火山爆发伤亡统计

坦博拉火山爆发
印度尼西亚，1815 年
92000 人死亡

喀拉喀托火山爆发
印度尼西亚，1883 年
36417 人死亡

培雷火山爆发
法属马提尼克岛，1902 年
29025 人死亡

内瓦多·德·鲁伊斯火山爆发
哥伦比亚，1985 年
25000 人死亡

云仙岳火山爆发
日本，1792 年
14300 人死亡

拉基火山爆发
冰岛，1783 年
9350 人死亡

克卢德火山爆发
印度尼西亚，1919 年
5110 人死亡

火山是地球深处高温高压不断累积形成的产物。地幔和下地壳的组成物质达到一定高温时，岩石就会熔融。熔融的岩石称为岩浆，汇集于地下深处，并在该处高温、高压和气体的作用下喷发至地表。

组成地壳板块的 16 个独立的大陆和海洋板块在相互作用中不断运动，而火山就出现在地壳板块的边缘处。火山的类型由两大板块间的活动决定。

火山还出现在板块中央的热点区域，地球内部熔融态岩石释放的热量会冲破这里的地壳而爆发出来。夏威夷群岛就形成于一个随着太平洋板块运动的热点区域。

火山喷发出的不仅有岩浆，还有毒气、火山灰和岩石碎屑。这种致命的火山喷发产物组合称为火山碎屑流，其毁灭性更甚于岩浆流。

知识速记 | 地球上的火山中只有不到 8% 是活火山。

知识链接

地球的内部圈层 | 第三章“地球内部”，第 82—83 页
地球岛屿和群岛上的火山形成 | 第三章“岛屿”，第 102—103 页

火山因熔岩类型和火山口、火山内部及喷发通道的结构不同而外形各异。日本的富士山是一座复合火山，由熔岩层和火山灰层交替叠加构成；夏威夷有盾状火山，由涓细的流动熔岩构成，熔岩流出很远，然后凝固下来。落基山脉北边的岩浆房是古代一座崩塌的火山遗址，它形成了黄石公园的温泉、岩浆口和间歇泉，这里是世界上地热资源最大的地方。

地球上有约 1900 座活火山。长时间不喷发的火山称为休眠火山；曾经喷发过但再也不会喷发的火山则称为死火山。

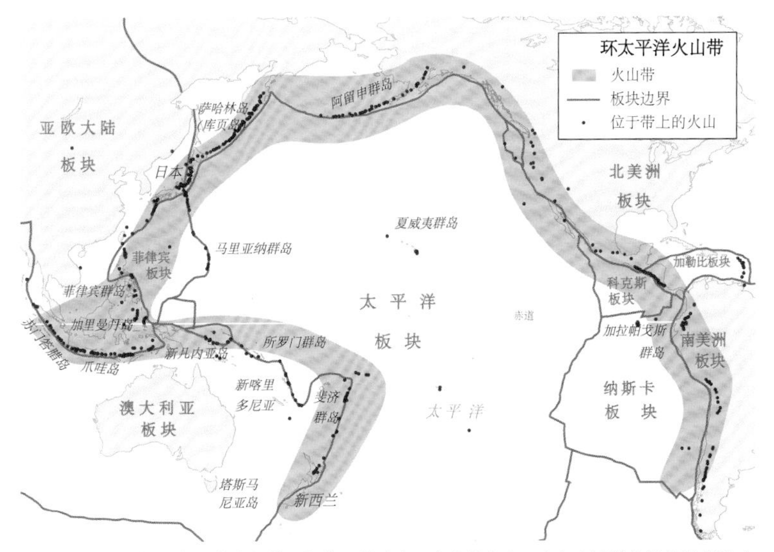

图为地球上最大的环太平洋火山带，聚集了地球上一多半的火山。它在太平洋中的格局是沿太平洋板块边缘呈弧状延伸 24000 英里（约 38624 千米）。在这片俯冲带，太平洋板块俯冲插入其他大陆板块的边缘底部。于是，俯冲板块深部的岩石熔化，形成地表的火山。

知识速记 | 坦博拉火山爆发后产生的灰尘导致了全球性降温：1816 年是“没有夏天的一年”。

火山类型

火山形状各异，取决于其形成过程、喷发结构以及喷发时物质落在地表的方式。有时候，人们可以在地面或空中辨别火山类型，但火山的地下构造和成分才是区分其类型的关键。

成层火山（又称复合火山）呈陡面圆锥状，由其爆发时喷出的火山灰、岩石和熔岩叠加成层构成。

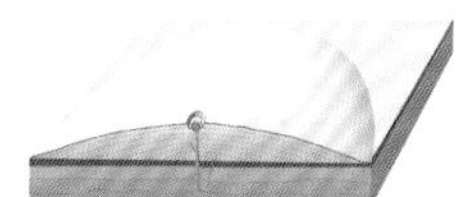

盾状火山呈大圆顶状，通常由流动的玄武岩熔岩构成。

破火山口是大型碗状的凹陷区域，边缘朝里，通常由火山锥塌陷形成。

外轮山火山是破火山口，中间形成了新的火山锥。

混合火山揭示出火山结构的不同，由多个火山口和火山峰组成。

关键词 岩浆（magma）：指熔岩，喷发至地表即形成岩浆。火山泥流（lahar）：火山物质形成的泥流。火山碎屑流（pyroclastic flow）：指火山爆发时，由炙热的岩石碎块、毒气和夹带的空气组成的流动性混合物，以浓厚的云雾态高速移动，覆盖地面。

知识链接

火山作用 | 第三章“地貌”，第 99 页
大洋洲和太平洋群岛 | 第九章“大洋洲”，第 424—429 页

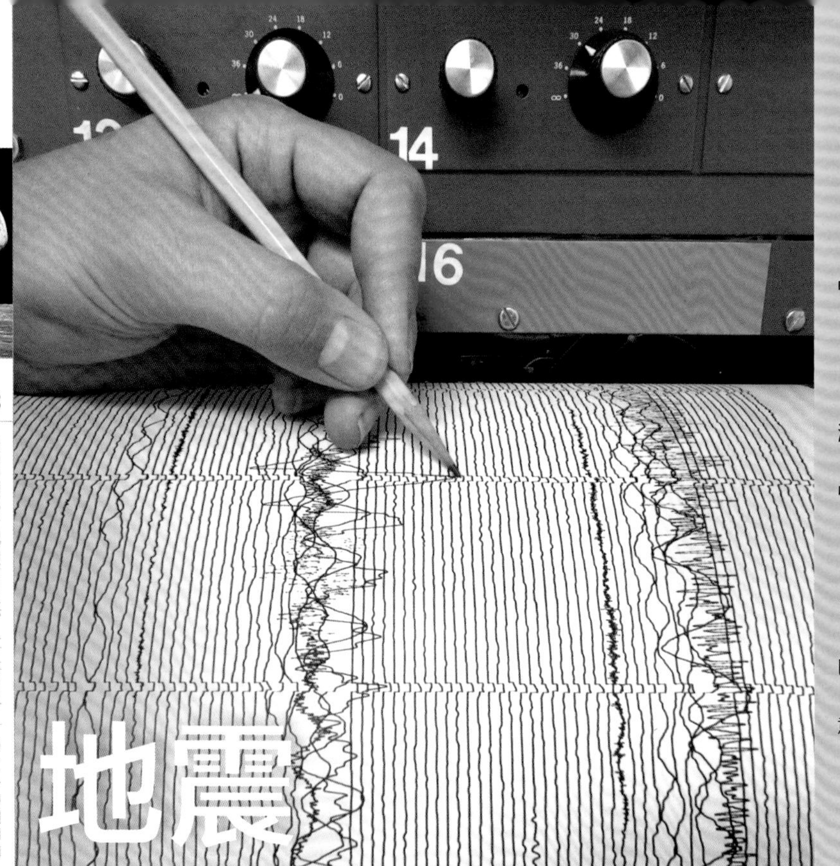

在地震仪的记录上做标注

地震

自1900年以来最致命的地震

中国 / 1976 年，约有 240000 人死亡

印尼西部苏门答腊岛 / 2004 年，约有 290000 人死亡

海地 / 2010 年，约有 222570 人死亡

中国 / 1920 年，约有 240000 人死亡

日本 / 1923 年，约有 142800 人死亡

苏联 / 1948 年，约有 110000 人死亡

巴基斯坦 / 2005 年，约有 73000 人死亡

意大利 / 1908 年，约有 100000 人死亡

秘鲁 / 1970 年，约有 70000 人死亡

中国 / 2008 年，约有 69000 人死亡

地壳中的断层或断裂带的岩石运动会引起震动，从而引发地震。地壳板块相互挤压、拉伸、摩擦或俯冲时，就会形成断层。有时，沿断层会形成构造应力，当应力不断累积，进一步的运动就会导致能量以地震波的形式释放。地震波在地壳中剧烈运动，引发地震。

地壳里的断层呈现形式不一，取决于构造应力的类型、岩石的强度、断层切面上地下水的分布，以及板块间的连接区域。断层运动可快可慢。突然的断层运动会导致地震；缓慢而不易察觉的运动则称为断层蠕动。

一场严重的地震会产生地下运动（或前后，或上下，或左右）和水波状脉动。世界上的地震仪每年都能感应到至少 100 万次地震，但大多数地震都难以被人感知。

与火山爆发类似，大多数地震都发生在构造板块的边缘。例如，加利福尼亚州的圣安德烈亚斯断层带就是板块缓慢地侧向运动，将岩石构成推离原处约 350 英里（约 563 千米）而形成的。

大型地震可能会导致危险的次生灾害，如山体滑坡和海啸，大大增加了破坏性和伤亡人数。

知识速记 | 圣安德烈亚斯断层带的平均运动速率和人体指甲的生长速率相同。

知识链接

地壳的性质与构成 | 第三章“地球内部”，第 82—83 页
大陆漂移学说 | 第三章“大洲”，第 85 页

什么是海啸?

海啸指一系列致命的地震海浪，主要由强震过程中的海底运动引发。海洋中或海洋附近的火山爆发都可能造成海啸。海啸通常会给海岸地区造成巨大的损失，甚至可能致人死亡。

历史上最大的海啸发生于2004年12月26日，是印度尼西亚的苏门答腊岛上发生的里氏9.0级地震引发的一场大海啸。这场全海域海啸波及泰国、马来西亚、斯里兰卡、印度、马尔代夫和非洲，夺去了近29万条生命。

潮汐浪是一种由潮汐力引发的强度非同寻常的海浪，同样也是这股潮汐力导致了每日的潮起潮落。这样的海浪每年都会在中国的杭州湾出现一次。

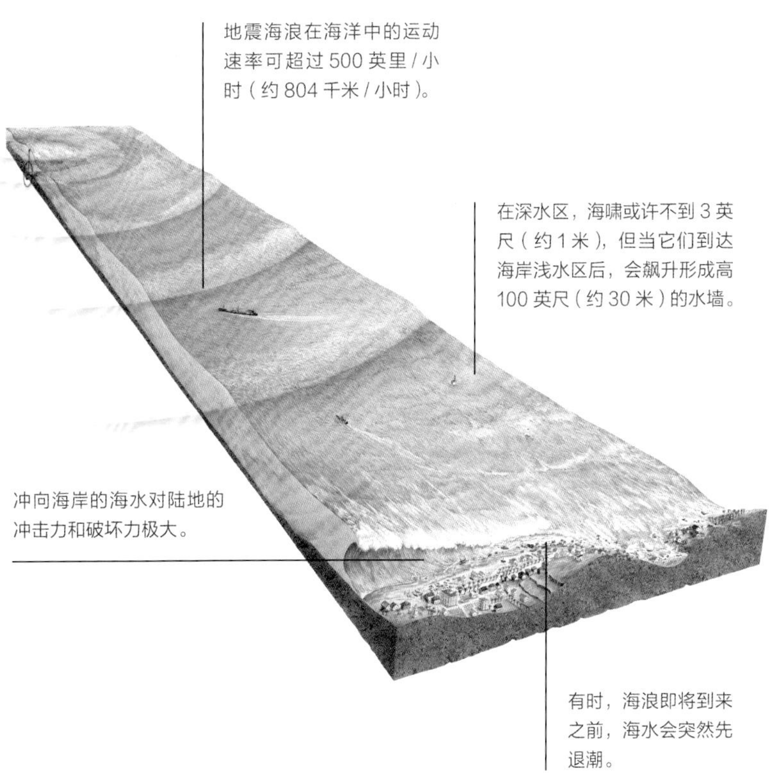

地震海浪在海洋中的运动速率可超过500英里/小时（约804千米/小时）。

在深水区，海啸或许不到3英尺（约1米），但当它们到达海岸浅水区后，会飙升形成高100英尺（约30米）的水墙。

冲向海岸的海水对陆地的冲击力和破坏力极大。

有时，海浪即将到来之前，海水会突然先退潮。

关键词 震波（seismic wave）：指由地震、爆炸或类似现象引发，并在地球内部或地表传播的振动。

测量地震的方法

迄今为止，科学家衡量地震多使用里氏震级，它是20世纪30年代至40年代由美国地震学家查尔斯·里克特和宾诺·古登堡共同制定的。

在他们表示地震等级的对数刻度中，每个数值所代表的地震强度都比前一个数所代表的大10倍。1960年5月22日发生在智利的地震震级为9.5级，至今还没有一次地震的强度超过它。

里氏震级量表只测量地震级别。其他尺度表则通过其他标准对地震进行分类。矩震级是度量地震释放能量数量级的一种标尺，基于岩石位移的面积、岩石刚度和平均位移距离这几个方面。麦加利地震烈度表是意大利科学家朱塞佩·麦加利（Giuseppe Mercalli）提出的，以他的名字命名，度量的是地震给周围环境造成的影响，并用罗马数字表示地震强度。强度为Ⅰ级的地震发生时，人们感受不到地面运动。发生Ⅴ级地震时，几乎所有的人都能感受到，此时树会晃动，液体会洒出来。而发生Ⅹ级地震时，大多数建筑和地基会被摧毁，大坝崩裂，地面出现裂缝。

知识链接

地球海洋中的波浪 | 第三章“海洋”，第114页
包括台风和飓风在内的其他自然灾难 | 第五章“风暴”，第186—189页

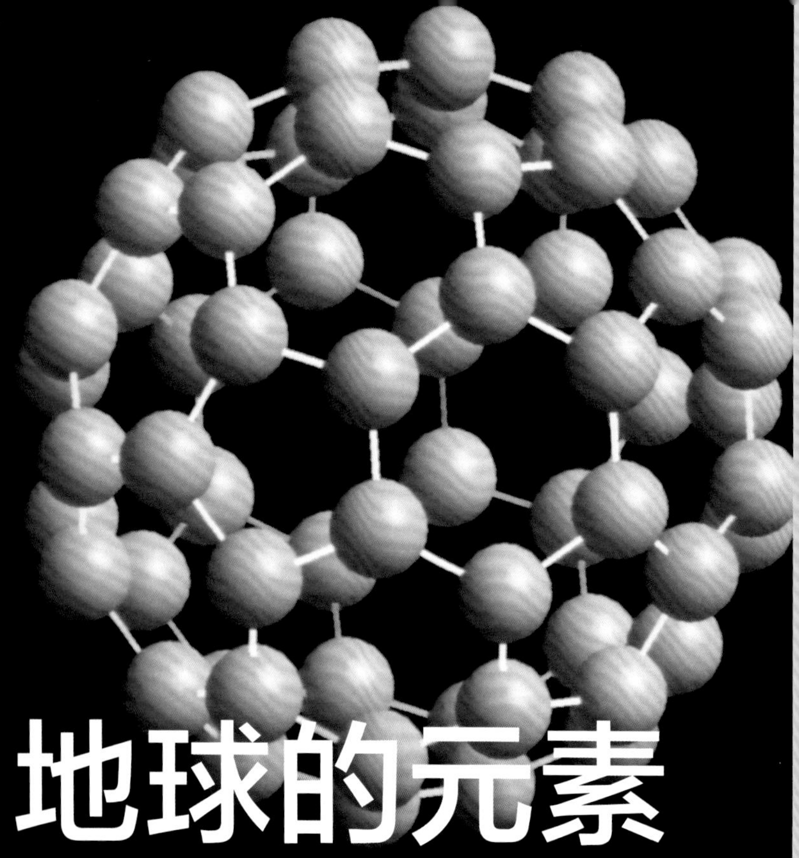

60 个碳原子构成的分子，又称富勒烯或巴基球

地球的元素

最常见的元素

在地壳中的比重

元素	比重
氧（O）	46.6%
硅（Si）	27.7%
铝（Al）	8.1%
铁（Fe）	5.0%
钙（Ca）	3.6%
钠（Na）	2.8%
钾（K）	2.6%

物质由元素组成，这些元素无法被化学分解为更简单或更基本的物质。迄今为止，人类总共发现了 118 种元素，其中氧、硅、铝和铁等元素在地球的构成中含量丰富。虽然看上去地球含有的自然元素有限，但由一种或多种元素组成的化合物却几乎是无限的，尤其是考虑到既有自然化合物还有人工化合物。

在地球形成的第一个 10 亿年间，陨石撞击作用、引力对岩浆和其他物质的挤压作用，加上某些元素放射性衰变所释放的热量导致地球内部熔化。元素按照密度分层。铁和镍等质量较大的元素集中在地心附近，氧和硅等质量较轻的元素结合形成了地表的岩石和矿物。

地球上的元素可以显示在一个名为元素周期表的图表当中。元素周期表中同一列元素具有共同的物理和化学特性（垂直向），同一行的元素则是根据元素的原子结构来排列（水平向）。每一种元素都标有序号，位置鲜明。第 113 号、115 号和 117 号元素也已通过实验创造出来，并被正式命名。

知识速记 | 元素周期表上的元素占位符表示该元素尚未正式被发现。

知识链接

当代原子理论及亚原子粒子 | 第八章“物理学”，第 330—331 页
化学的最新进展和新思想 | 第八章“化学”，第 336—337 页

地球生命的关键元素

科学家在岩石中发现了简单生物细胞的痕迹，并确定它们存在于35亿年前，于是他们不禁要问：生命怎么可能在这样一个氧气匮乏、受辐射照射的地球上发源？他们在实验室中再造原始的大气层。他们用高压火花和紫外线等促使化学键合成或断裂的力量来灼烧气体混合物，以模拟雷电和强烈的日照。在生成的混合物中，他们发现了生命的基石——氨基酸。研究人员由此认为，30亿到40亿年前地球上有过同样的进程。

另一项实验表明，灼热干燥表面（如正在冷却的岩石表面）上的氨基酸被溅上水时会形成细胞状的球体。如果雨水将球体冲刷进防紫外线辐射的潮水坑，那么更为复杂的分子将会形成。最终就会出现有自我繁殖能力的分子：这种分子类似脱氧核糖核酸（DNA），今天每个活性细胞里都有的复杂有机分子。而随着DNA的出现，地球上的生命就开始了。

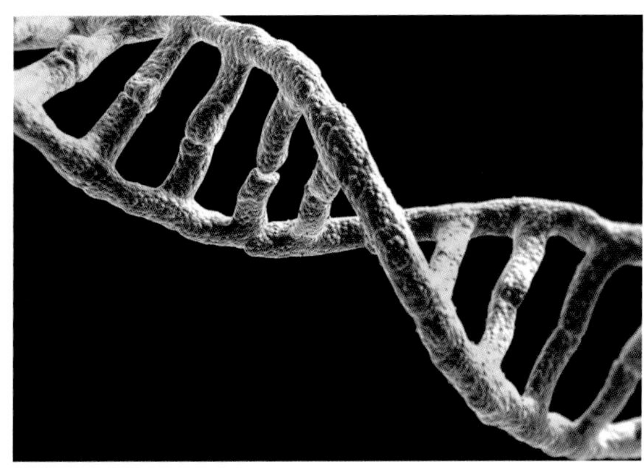

DNA对生命繁衍至关重要，它是含有氧、氢、氮、磷的复杂分子。

关键词 原子量（atomic weight）：是指化学元素的原子的平均质量与某种标准的质量比。自1961年来，标准相对原子质量单位一直是碳-12同位素原子质量的1/12。自然元素（native element）：指19种自然化学元素，其中任意一种都能够形成矿物质或不通过与其他元素化合结合就可以存在于大自然中的元素，如金元素就是一种自然元素。

如果元素按照它们的原子量排序，就会呈现出明显的周期属性。

——德米特里·门捷列夫，1896年

德米特里·门捷列夫／元素周期表的创始人

德米特里·门捷列夫（Dmitri Mendeleyev，1834—1907）出生于西伯利亚，是14个孩子中的老幺。19世纪60年代早期，他在圣彼得堡当化学家期间制定出一套归纳地球上的元素的直观方法。当时已知的元素有63种，门捷列夫按照原子量将它们排序列表，根据它们的共享属性进行分组。他还利用自己发明的原理预言了新元素的存在。在他有生之年，锗、镓、钪3种新元素被发现，并完全符合他的元素周期表。这些发现有力验证了门捷列夫的周期表，使之在化学界固定下来。自周期表诞生以来，还有许多其他科学家为之做过贡献，而元素周期表不断地帮助我们理解地球和宇宙的构成。

知识链接

元素周期表｜第八章“化学”，第337页
DNA的发现以及它在基因工程中的作用｜第八章“遗传学”，第346—347页

亚利桑那州科罗拉多高原砂岩

岩石和矿物

矿物的莫氏硬度

从软质地到硬质地分为10级

硬度为1：滑石

硬度为2：石膏

硬度为3：方解石

硬度为4：萤石

硬度为5：磷灰石

硬度为6：正长石

硬度为7：石英

硬度为8：黄晶

硬度为9：刚玉

硬度为10：金刚石

地壳由岩石（一种或多种矿物的天然固态集合体）组成。而矿物本身又包含无机晶体，即由有一定排列顺序的化学基本成分构成的三维固体。化学成分和晶体结构决定了矿物的物理属性，如硬度、抗风化性和用途等。

例如，石英由硅、氧两种元素组成。石英的质地坚硬且耐风化，常被用作计算机芯片中硅质的原材料。

现已发现的矿物有4000多种，但这些矿物在地球上常见的却不占多数。方解石、石英、长石和云母等矿物似乎都由最常见的元素（如硅、氧、铁）化合而成。

有些岩石由单一矿物构成。例如，纯度较高的大理石就只含方解石。其他种类的岩石都是由多种矿物混合而成。花岗岩是一种火成岩，含石英、长石和云母3种常见的矿物。

知识链接

地球的化学构成｜第三章“地球的元素”，第90—91页
地球地貌如何影响天气｜第五章“天气”，第182—183页

岩石的三大种类

岩石按形成方式不同分为三大类：火成岩、沉积岩和变质岩。

火成岩由来自地球深部的岩浆上涌到地壳或地表，经过冷却、结晶后形成。岩浆通常比周围岩石的温度更高、质地更轻。侵入或深成火成岩通常在山体形成等板块构造过程中侵入地壳内部。而像黑曜岩（火山玻璃）这样有着晶莹光滑的外表的喷出火成岩，通常存在于火山活动的区域。

沉积岩是由沉淀物在湖泊、海洋、沙丘或冰积区域等地方沉积并固化成层形成。砂岩等碎屑沉积岩是由其他岩石的碎屑构成的。石灰岩等化学沉积岩是因溶液中的化学物质挥发而形成的。白垩岩等有机沉积岩则是由动植物的遗骸残留物形成。

变质岩由地球深部的火成岩、沉积岩或之前形成的变质岩，在高温高压作用下形成。变质作用可能会引起矿物重新结晶或新化合物的产生。石灰岩变质形成大理石，而花岗岩变质形成片麻岩。地球上历史最悠久的岩石大多都是变质岩。

来自夏威夷火山的绳状熔岩会凝固成火成岩。

峡谷地国家公园里的塔状砂岩是沉积岩的典型代表。

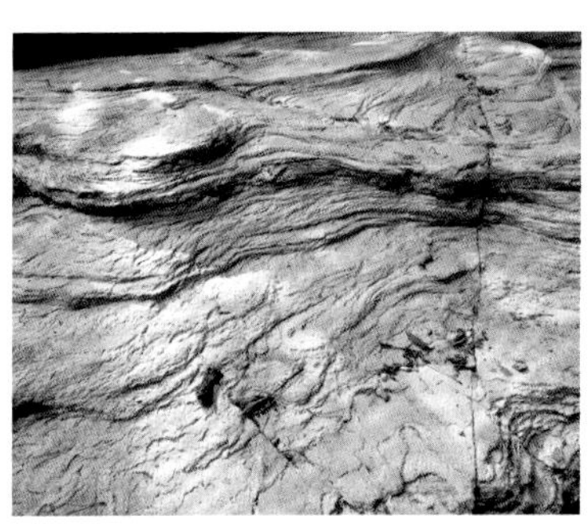
这个发现于美国北卡罗来纳州的石英岩属于变质砂岩。

关键词 晶体（crystal）：指原子成分按一种固定模式排列的所有固体物质，它们表面的规则性反映出内部的对称性。化石（fossil）：指地壳中保留完好的以往地质年代中动植物的残骸、印痕或痕迹。岩化作用（lithification）：源于希腊语 lithos，意为岩石。指新沉淀的松散沉积颗粒转化为岩石的复杂过程。

岩石是如何形成的

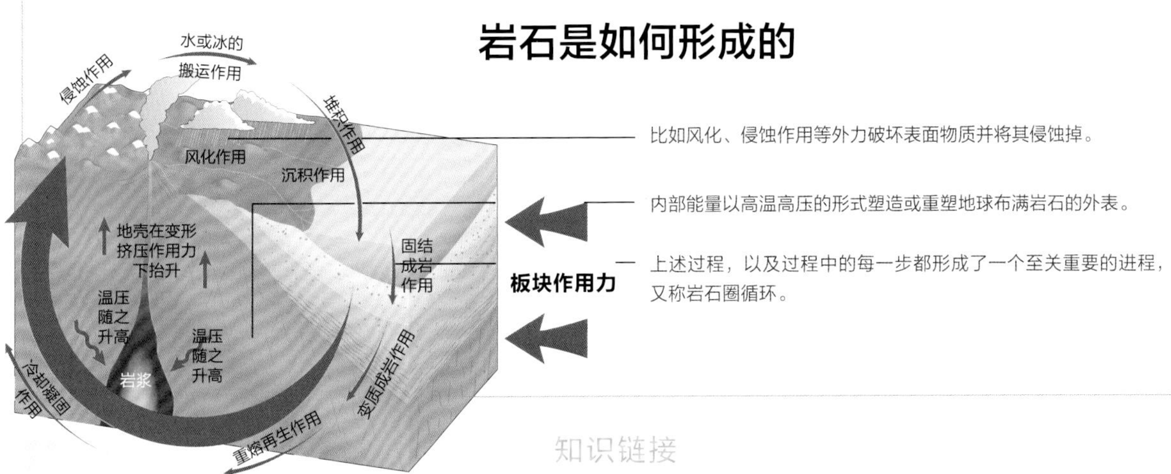

比如风化、侵蚀作用等外力破坏表面物质并将其侵蚀掉。

内部能量以高温高压的形式塑造或重塑地球布满岩石的外表。

上述过程，以及过程中的每一步都形成了一个至关重要的进程，又称岩石圈循环。

知识链接

火山 | 第三章“火山”，第 86—87 页
地球构成的历时变化 | 第三章“地球的年龄”，第 94—95 页

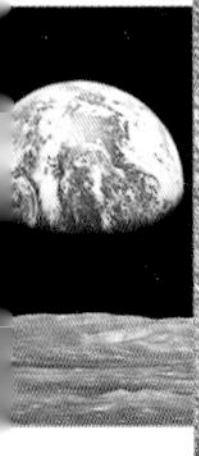

地球的年龄

地质年代

显生宙
距今 5 亿 4200 万年

新生代
距今 6550 万年

中生代
2 亿 5100 万—6550 万年前

古生代
5 亿 4200 万—2 亿 5100 万年前

元古宙
25 亿—5 亿 4200 万年前

太古宙
38 亿—25 亿年前

冥古宙
45 亿—38 亿年前

地球形成于约 46 亿年前。从那以后的时间流逝对我们而言似乎无从把握。我们觉得文明早期发生的事情就算古老了，但那也不过是几千年以前。我们行星的地质年代远在我们懂得时间的很久之前，远远早于任何表示人类出现并居住在地球上的时间。

地质学家将地球历史划分为几大宙（eons），即地质年代中最大的时间单位。通常公认的四大阶段为：冥古宙、太古宙、元古宙和显生宙。

最早的三大阶段通常叫作前寒武纪时期，包括了 46 亿年前到 5 亿 4200 万年前首批复杂生物出现之前的地球历史。

通常，冥古宙会被纳入前寒武纪早期，这一时期涵盖了地球形成之初的阶段，比大多数地质记录都要早。

前寒武纪时期代表了地球历史中 4/5 的时间。相比距今年代最近的显生宙，因为化石记录的匮乏，人类对前寒武纪时期几乎一无所知；而显生宙却以其丰富的化石记录而闻名于世。

科学家将显生宙细分为 3 个阶段或 3 个时代，分别是：古生代（古代生物）、中生代（中代生物）和新生代（近代生物）。

他们按照该阶段存在的生物种类划分。动物种类在古生代开始呈现出多样性。恐龙就是中生代的霸主，同一时期开花植物也得以进化。

人类出现于新生代末期，这个阶段又称哺乳动物的时代。

知识速记 | 现代人在地球上的存在时间只占地球诞生以来时间长度的 0.001%。

知识链接

地球的动植物多样性 | 第四章“生物多样性”，第 174—175 页
地球上动植物的灭绝 | 第四章“物种灭绝”，第 176—177 页

为什么恐龙会消失?

约 6500 万年前，地球上发生了巨变。有一种理论认为，一颗直径超过 6 英里（约 10 千米）的小行星撞上了墨西哥尤卡坦半岛沿岸的近海域，撞击形成了宽 110 英里（约 177 千米）的希克苏鲁伯陨石坑，引起了巨大的尘埃云。尘土落定后形成了富含铱元素的黏土，现在在大西洋和太平洋底下的沉积岩以及大多数北方陆地上都发现了这种黏土。

很可能就是尘埃云长期遮蔽阳光，造成了地球气温骤降。科学家将这种全球变冷的现象与恐龙以及无数其他动植物的灭绝联系起来。化石记录记载了这次大灭绝，中生代白垩纪（K）和新生代第三纪（T）的化石残骸有极大的差别——这期间就是称作 K-T 界线的过渡点。

其他引起大气变化的地质事件可能也是造成大规模物种灭绝的原因。

地球的生命期，随时间呈螺旋式上升，图中所示的人类世界只是一个小长条。K-T 界线（图中央靠右）以“6500 万年前”的字样表示。

知识链接

恐龙及恐龙与现代物种的关系 | 第四章“鸟”，第 164 页
短暂的人类史及人类对地球的影响 | 第五章“人类的影响”，第 214—215 页

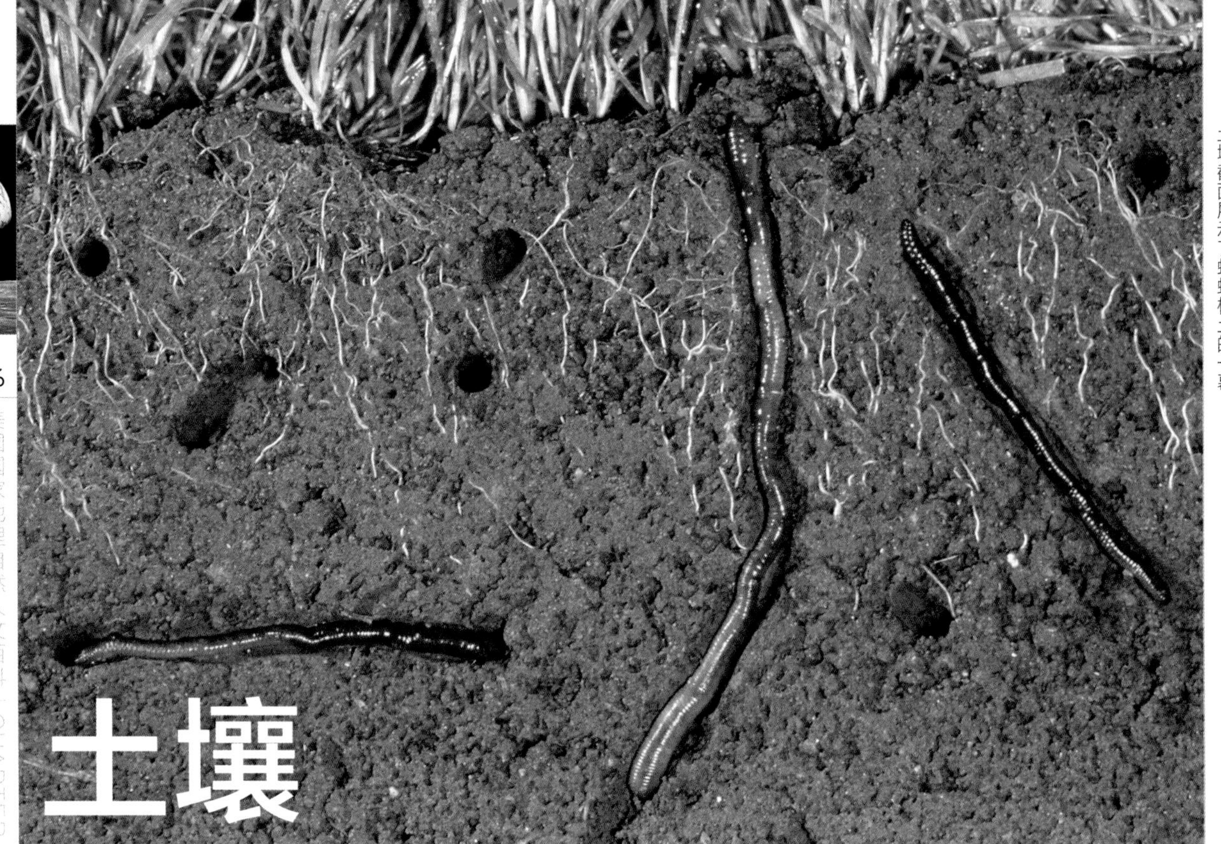

土壤截面展示了蚯蚓松土的一幕

土壤

土纲

淋溶土，多见于温和气候带

灰烬土，多见于火山

干旱土，多见于沙漠、旱地

新成土，多见于新显露处

冰冻土，多见于永远冻结的地带

有机质土（泥煤），多见于沼泽地带

始成土，多见于泛滥平原

暗沃土，多见于草原

氧化土，多见于风化的热带表层

淋淀土，呈酸性，土质贫瘠

老成土，多见于温暖的气候带

膨转土，多见于气候多变的地区

土壤由岩石层、矿物层和有机层构成，这一组合可以促进有根植物生长。土壤科学家按照土壤的物理、化学和生物特性将土壤划分为 12 类，每一类又含有许多土壤类型。单在美国就有 2 万多种土壤类型。

岩石和矿物持续缓慢的物理和化学分解就是土壤生成过程的开始，这一过程还伴随着有机物的分解、水和空气的加入。

母岩的类型会影响到土壤的整体化学构成和土质。例如，石灰岩生成的土壤富含钙，而页岩生成的土壤则是光滑的黏性土壤，阻碍水和空气的进入。

土壤形成的速度由环境决定。沙漠中 100 年形成的土壤可能还不到 1 英寸（约 2.54 厘米）厚，而湿润的热带每年都会生成约半英寸（约 1 厘米）厚的土壤。

知识链接

地壳下的物质层 | 第三章“地球内部”，第 82—83 页
岩石和矿物的形成和特性 | 第三章“岩石和矿物”，第 92—93 页

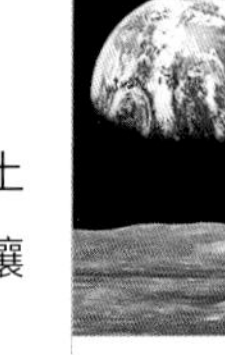

蚯蚓是如何松土的？

在大多数气候温和的地区和许多热带环境中，约有 7000 种蚯蚓生活在不同深度的土壤里。它们是土壤中无脊椎动物王国的主宰者。它们穿过土壤打洞松土，引入空气，增加土壤的孔隙度，为植物根部开辟通道。它们会促进岩石变为土壤的过程。不过，蚯蚓最大的贡献却在于它们的排泄物，即粪粒。蚯蚓的粪粒构成了土壤主要的有机成分，可大大提升土壤的肥力。

关键词 腐殖质（humus）：指土壤中细碎的无生命有机物质，源自动植物被微生物分解的物质。

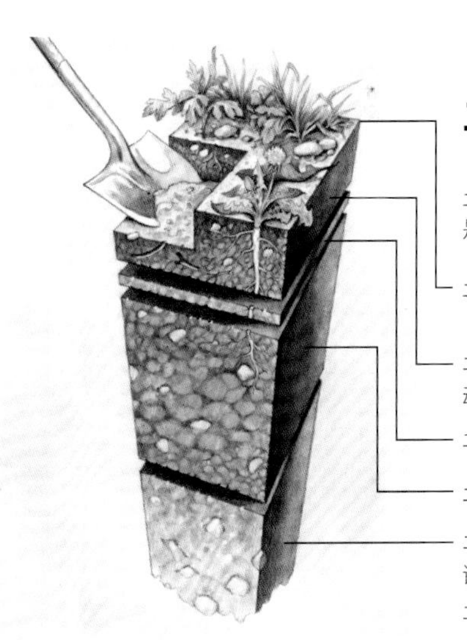

土壤各层

土壤各层又被称作土层，随着深度的不同，其成分也在变化。各层根据其位置而被定义。左图是在美国东南部常见的一种黏性土壤的剖面图。

土壤层 O 厚度为 0 ~ 1 英寸（0 ~ 2.5 厘米）。由落叶和腐殖质分解而来，正形成地表土壤。

土壤层 A 厚度为 6 ~ 8 英寸（15 ~ 20 厘米）。这种黑色表层土壤富含有机物质，里面有松土动物，从微生细菌到蚯蚓，再到鼢鼱，等等。

土壤层 E 厚度有几英寸。由于矿物向地下流失，其土壤颜色相对土壤层 A 浅。

土壤层 B 厚度为 1.5 ~ 2 英寸（3.8 ~ 5 厘米）。高含铁量使得该层土壤呈红色，又称底土。

土壤层 C 是土壤的诞生处，基岩、火山灰或沉积物在水和温度的双重作用下碎裂成微小颗粒。该土壤层几乎不含有机物。

土壤层 R（图中未显示）是未风化的固态基岩，位于其他土壤层之下。

为什么是有机的？

在耕地中添加有机物质，如有机肥、混合肥、草、秸秆和作物残茬等，有助于改善土质，滋养土壤生命，而耕地反过来滋养作物。相比之下，化学肥料虽然能直接促进植物生长，但从长远来看，对土壤却毫无裨益。

有机园艺是全世界农民长久以来一直都在实践的一项传统，中国四川省的农民就是一个例子。

知识链接

地球上动植物的自然栖息地 | 第五章“生物群落区”，第 194—195 页
人类种植和收获食物的事业 | 第六章“农业”，第 246—249 页

2003年菲律宾圣里卡多附近的山体滑坡

地貌

世界海拔的最高点

亚洲 / 珠穆朗玛峰
海拔 8844 米

南美洲 / 阿空加瓜山
海拔 6961 米

北美洲 / 麦金利山（也称德纳里峰）
海拔 6194 米

非洲 / 乞力马扎罗山
海拔 5895 米

欧洲 / 厄尔布鲁士山
海拔 5642 米

南极洲 / 文森山
海拔 4892 米

大洋洲 / 查亚峰
海拔 4884 米

两大地质作用力塑造了地球的主要地形：其一是板块构造运动；其二是长期以来一直进行的风化作用和侵蚀作用。然而，冰盖却是上述规律中的例外。它们由大量的水结冰而成，并在很长的时间里都保持冻结状态。

山脉通常在构造板块边缘拔地而起，而其中最为壮观的一般位于陆地板块的交接处。例如，喜马拉雅山就是印度次大陆与亚欧板块碰撞隆起的结果，这个碰撞过程至今依然在持续。

海洋板块向下俯冲插入大陆板块的地方也会形成山脉，并产生火山活动。环太平洋火山带的形成就是一个例子。

在构造板块的中央，地球内部称为热点的高热区域会熔化并冲破地壳，形成火山。夏威夷群岛就是这一过程的产物。

知识速记 | 南极洲冰川下的山脉上升了约 16000 英尺（约 4878 米）。

知识链接

环太平洋火山带 | 第三章“火山”，第 87 页
地球地形及它对天气的影响 | 第五章“天气”，第 182—183 页

是什么力量塑造了地貌？

风化和侵蚀通过改变地球表面特征来塑造地球。

正如我们在美国西部的盆地和山脉地带所见的一样，分布稀疏的山峰是由有严重断层的山脉在侵蚀作用下形成的。地势较高的高原，如青藏高原，则在地壳隆起中形成，这股隆起力量让相对平坦的陆地向上抬升，最终使其海拔高于周围区域。海拔相对低一些的地方，是山丘和较低的高原，它们在风化作用下形成；北美洲的欧扎克山脉（Ozark Mountains）就有这类地貌的特征。洼地，如非洲的刚果盆地，是四周被高地环抱的一种地形。而平原是地势平坦、少有树木和地势起伏的一片广袤平地，如印度境内的印度河—恒河平原。

地球的许多地貌都是地质力作用于地表的产物。从海滨到山巅，自然作用力随着时间的推移塑造着这颗行星的地貌。风、水、污染和重力加上来自地球内部的改变，一切巨大力量共同雕刻着地球的外貌。这一过程日复一日地进行，除了在火山爆发或山体滑坡等灾难性事件中偶尔展现，通常是不着痕迹的。

关键词 侵蚀作用（erosion）：自然营力从地壳中移走地表物质，被侵蚀物质被搬离原处的过程。

由内而外塑造地貌

板块构造运动、地震、火山活动等自然力量永久性地改变地球上地貌的特征和构成。

火山活动中，在一个构造板块向下挤入另一板块或板块经过热点时，会有岩浆喷出地表。

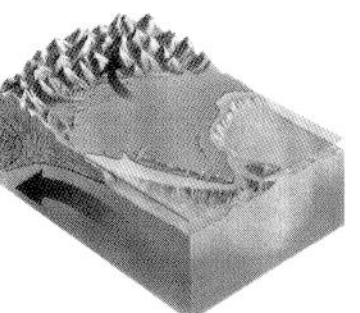

俯冲作用发生在海洋板块俯冲到大陆板块下的过程中。山脉、火山和地震都是这一地质过程的产物。

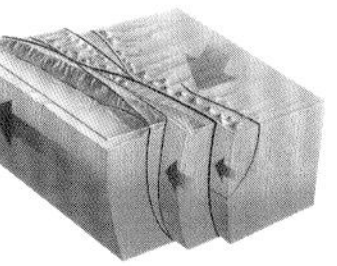

断层是由两大板块相互摩擦形成的裂缝。沿断层线的运动会成为地震的导火索。

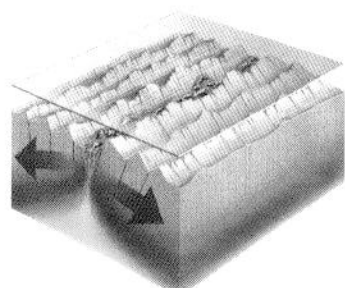

扩张现象发生在海洋板块相互分离之时。海床开裂，岩浆崩出。新的地壳就是这样形成的。

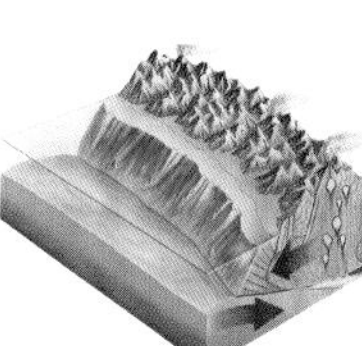

碰撞发生在两大板块之间，会引起板块边缘断裂或层叠。这一地质过程可形成山脉。

知识链接

地表地貌是如何形成的｜第三章“地貌成形”，第 100—101 页
恶劣天气及其对地貌的影响｜第五章“天气”，第 182—183 页、第 186-191 页

地貌成形

来自地球内部的力量塑造了地球的主要地貌。地球表面及大气引起的风化剥蚀过程是其他地貌形成的原因。地球上还有些奇特的天然造型是风化作用的结果，包括各种物理和化学风化。

风、雨、雪、冰及地下水等自然力，无一不是塑造地貌的强大作用力。水溶化学元素、造岩矿物、大气中的二氧化碳及分解中的有机物等物质，均可以改变岩石中的矿物成分，甚至将其中的成分淋蚀殆尽。

风化作用以物理和化学的形式相互作用，促进彼此之间的反应。风化的速度因气候而异，尤其与温度和湿度水平相关。例如，石灰岩在湿润气候中会快速风化而在干旱环境中则风化较慢。植被也会影响风化进程：根系生长会对岩石产生物理破坏，而腐殖酸是植被分解的产物，会对岩石产生化学作用。

图中的尖顶岩石又称异形岩柱，由硬质岩石和软质岩石经历不同程度的侵蚀形成，它们矗立在犹他州的布赖斯峡谷中，有 10 层楼之高。

风塑造的地貌叫作风成（eolian）地貌，这一术语源自古希腊神话中的风神埃俄罗斯（Aeolus）。世界上很多地方都能看到风蚀作用的结果，尤其是在沙土和黄土成堆的地方。沙丘就是风成地貌的代表。

侵蚀作用是指受到风化的物质从一个地方被搬运到另一个地方的迁移过程。水、冰、风和重力对侵蚀作用的贡献很大。

水、冰和风可将岩石碎块和土壤微粒带到新的地点安家落户。这些沉积物大到岩石，小到细沙砾、泥沙和黏土。最终它们堆积到一起，形成新的特征，并改变地貌。

风化作用和侵蚀作用还会影响人造景观。楼房、桥梁、石碑和其他结构都会受到风化作用的影响。举个例子，想想埃及吉萨金字塔被磨平的边缘。

一些人类活动也会加快风化侵蚀过程。使用化石燃料所排放的腐蚀性化学物质，开垦农田、挖掘和建筑施工前的土地改造，砍伐森林以及采矿等，这些仅仅是一部分例子。而当以上活动在全球范围内进行时，它们造成的破坏是无法估量的。

知识速记 | 从谷底到谷顶，大峡谷经历了 17 亿年的地质进程。

知识链接

风及其对地球的影响 | 第三章“风”，第 106—107 页
人类对地球环境的影响 | 第三章“危机四伏的星球”，第 122—127 页；第五章“人类的影响”，第 214—215 页

风如何塑造地貌?

沙丘在自然风的三种主要作用下形成：一是吹蚀作用，即沙尘从干燥的土壤上被吹走；二是风力侵蚀，即风携带的沙粒对岩石的侵蚀；三是沉积作用，即沉积物的沉积。

沉积物可在风的侵蚀作用下四处移动。风所创造的沙漠地貌中，沙丘的景观最为壮丽，它们的形状取决于风向、沙量以及植被的有无。

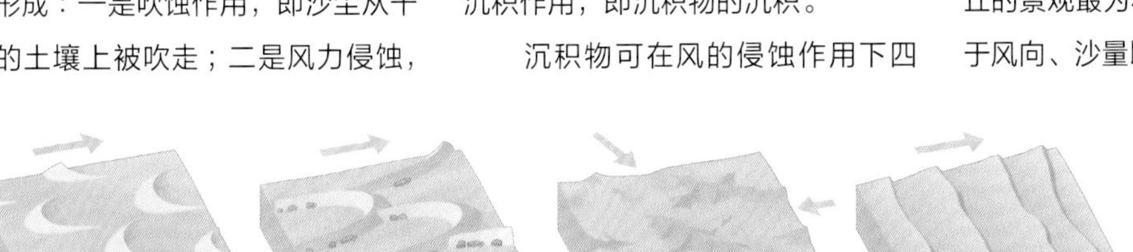

新月形沙丘的月牙尖伸向下风方向。

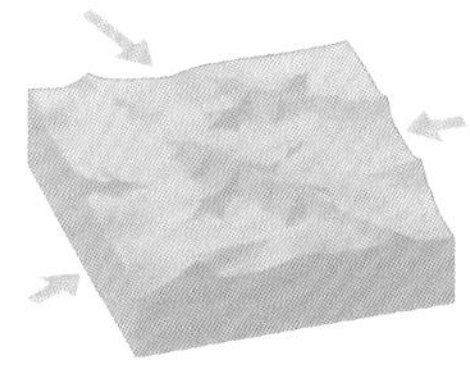

抛物线沙丘的月牙尖指向上风方向。

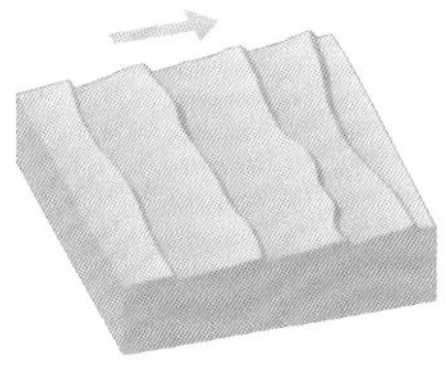

星状沙丘的曲形沙脊从中心向四周辐射。

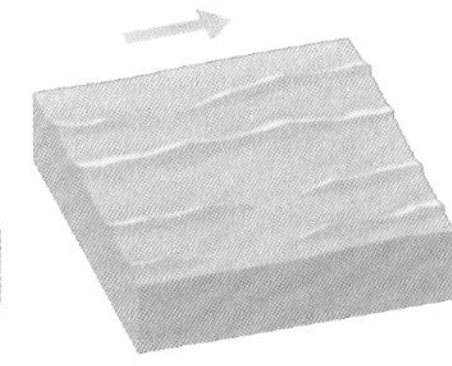

横向沙丘呈波浪状，尖部与风向垂直。

纵向沙丘与风向平行。

知识速记 | 一些迁移沙丘每年挪动的距离可达 200 英尺（约 61 米）。

冰川如何塑造地貌?

冰川是冰塑造的地貌，是地球在上一次冰期时遗留下来的产物。冰川的力量强大得惊人，足以扫除一切障碍。冰川分两种：一种叫山谷冰川或高山冰川，主要出现在山区地带，局限于峡谷之中；另一种是大陆冰盖，它能横跨陆地，不受地形的约束。

高山冰川从称为冰斗的碗状洼地飞流而下。冰在山岭上刻出角峰或刃岭。支流冰川来自邻近山谷。其表面裂开形成冰隙，一条稀松的岩石山脊（中央冰碛石）像蛇一样蜿蜒穿过冰川。

一条活冰川（左图）在地上缓缓挪动。数百年后这条冰川塑造而成的地貌如右图所示。

关键词 **黄土（loess）：淤泥或壤土形成的不成层沉积物，通常呈浅黄色或黄褐色，主要在风力作用下堆积而成。**

知识链接

沙漠里的动植物 | 第五章“荒漠和干燥疏灌丛”，第 208—209 页
冰川环境中生存的动植物 | 第五章“冻原和冰盖”，第 210—211 页

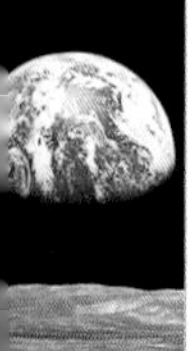

岛屿

简单来说，岛屿就是四面环水的陆地。环绕的水体可以是湖泊、河流、大海或大洋。岛屿可大可小，小到热带地区的一个点，大到地球上通常视为大陆的两个区域：澳大利亚大陆和南极大陆。

澳大利亚大陆是最小的大陆，面积是格陵兰岛的 3 倍还多。非常小的岛屿通常称为小岛。

许多岛屿相隔极远，距最近的陆地也有数千千米。其他一些岛屿，例如阿拉斯加的阿留申群岛和希腊的基克拉泽斯群岛，则成群聚集在一起，相隔不远，称为群岛。

从贫瘠的岩石到久冻不化的坚冰再到茂盛的热带植被，岛屿的覆盖物不一而足。从主宰南极洲的微型动物到印度尼西亚群岛上的昆虫、飞禽、爬行动物、两栖动物，以及种类繁多的哺乳动物，岛屿的动物群落也各不相同。而就人口数量而言，从无人的荒岛到人口稠密的大都市东京所在的本州岛，和纽约所在的曼哈顿岛，各个岛屿也是大不相同。

岛屿按成因可分为三大类：大陆型岛屿、海洋型岛屿和堰洲岛。除此之外，还有一类岛屿，也就是珊瑚岛，是环礁的一部分。

大陆型岛屿曾与陆地相连，它们的形成方式多样。某些岛屿，如著名的格陵兰岛和马达加斯加岛，亿万年的大陆漂移作用把它们与陆地断开。另一些则是由于冰河时期海平面上升淹没了低洼地区而形成。例如，大不列颠群岛就是这样脱离欧洲大陆的。长时间的风化和侵蚀作用也会导致一部分陆地与大陆分隔开来。例如，特立尼达岛就是在奥里诺科河（Orinoco River）的冲刷作用下从南美洲分离出去的。

海洋型岛屿形成于海底火山的爆发。喷射出的岩浆随时间不断堆积，高度也不断攀升，最终破水而出。夏威夷群岛正是由此而来。

图为一座石灰岩岛屿，坐落于泰国西南沿岸的攀牙湾（Phangnga Bay），岛上覆盖着雾蒙蒙的热带雨林。

知识链接

世界上的热带雨林生物圈 | 第五章“热带雨林”，第 198—199 页

澳大利亚的地理环境 | 第九章“大洋洲”，第 424—426 页

堰洲岛呈长而狭窄的带状，与海岸线平行。它们由沙子、淤泥、砾石等沉积物构成，其与大陆被海峡或海湾所分隔。它们通常由多个沙丘组成，是保护海岸不受肆虐风浪影响的屏障。堰洲岛可由沙堤上的沙粒堆积而来，也可由海平面升高、海滨沙丘被孤立而来，还可由冰川融化后遗留的冰碛石，即岩石、土壤和砾石沉淀而来，如纽约海岸外的长岛就是这样形成的。

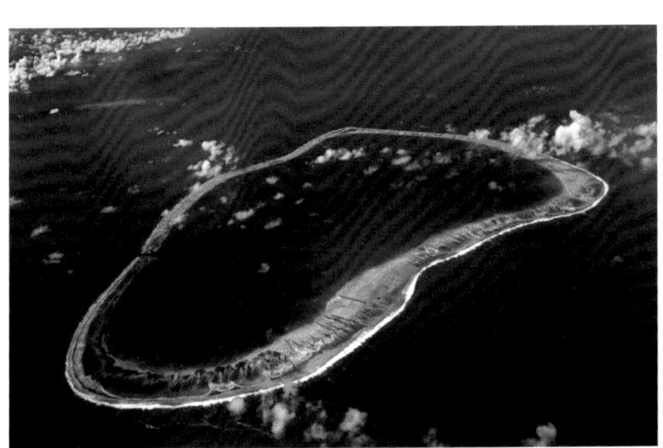

南太平洋中升起一座清晰可见的环礁岛，这是法属波利尼西亚的土阿莫土群岛（Tuamotu Archipelago）。

什么是环礁?

环礁最开始是温暖的热带海底火山爆发形成的一个洋中岛，而珊瑚则在水下环绕此岛，逐渐堆砌形成环礁。

数百万年来，火山不断侵蚀和下沉，而环绕的珊瑚礁则不断筑起并抬升。波浪的不断冲击最终破坏了珊瑚礁，形成了连接其中心水域（称为潟湖）和海洋的通道。

随着珊瑚礁本身的破碎，沙子和其他物质堆积在顶部，就会形成一个或多个岛屿。

知识速记 | 中途岛也是夏威夷海山链中升起的岛屿，岛龄估计有 2700 万年。

夏威夷是如何形成的?

夏威夷群岛沿夏威夷海山链分布，它是太平洋洋底一条长达 1615 英里（约 2599 千米）的火山带。群岛形成于构造板块下的热点上。火山打造的水下山峰最终露出水面。

随着太平洋板块不断向西北方向漂移，现有岛屿逐渐老化。与此同时，新的岛屿不断形成。该链东南端的罗希（Loihi）火山当前还是一座海底山，但它终将成为新夏威夷岛的一部分。

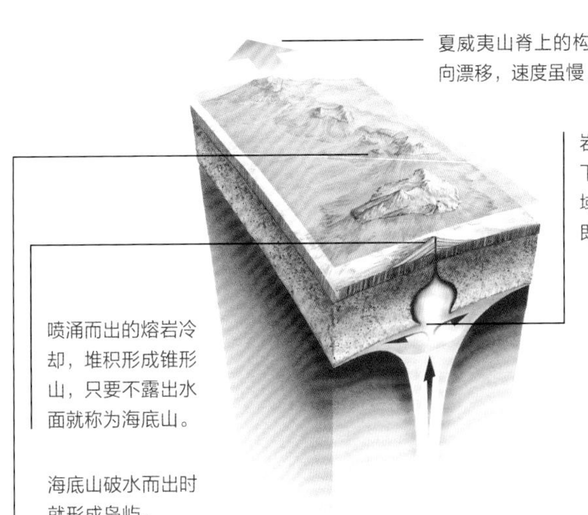

知识链接

地球的海洋 | 第三章“海洋”，第 112—115 页
南极大陆的归属问题 | 第九章“国家和联盟”，第 375 页

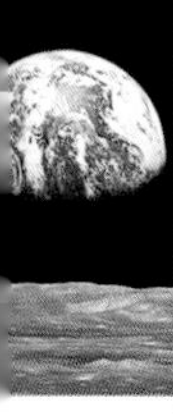

地球的大气层

计算机生成的地球和其半个大气层的影像

大气层中的气体

氮气	78.1%
氧气	20.9%
氩气	0.9%
氖气	0.002%
氦气	0.0005%
氪气	0.0001%
氢气	0.00005%

地球大气层是一种看不见的含多种气体、水蒸气和灰尘在内的气体层，在引力作用下紧贴着地球。大气层相当于过滤器，它屏蔽有害的紫外线辐射，同时让太阳的热量通过，从而温暖地球和底层大气。大气层还能回收地球上珍贵的水资源。

大气从地球表面向上延伸约400英里（约644千米）后，它的外层逐渐并入太空。

大气层由五层结构组成（见下页图示）：对流层、平流层、中间层、热层（热成层）和散逸层（外气层），它们各自的密度、组成和温度各不相同。各层之间没有明确的边界。事实上，这些边界随纬度和季节的变化而变化。

对流层聚集了大气层主要质量的80%，大多数气候现象都是这一层内的自然力量形成的。

海平面的平均大气压是1000毫巴（约1.01×10^5帕）。海拔每升高4英里（约6.4千米），气压就减弱约一半。然而，大气层过于稀薄，几乎无法察觉到它的重量，尽管其重量相当于覆盖地表34英尺（约10.4米）厚的水。

我们的大气层很可能是由地表形成时早期火山爆发喷出的气体演变而来。其中增加的氧气大多是光合作用的副产品，含量很少。实际上，今天的氧气大多是数百万年光合作用的结果。

知识速记 | 地球引力束缚着5000万亿吨大气。

知识链接

太阳的特征 | 第二章“太阳”，第54—57页
光合作用的过程和益处 | 第四章“生命起源”，第131页

约瑟夫·普里斯特利 / 氧气的发现者

英国科学家约瑟夫·普里斯特利（Joseph Priestley，1733—1804）原本打算成为一名牧师，结果却加入一群自然哲学家的队伍当中（自然哲学后来演变为自然科学），致力于塑造人们对自然的新世界观。1766 年，他与本杰明·富兰克林的一次见面激发了他对电的浓厚兴趣。普里斯特利住在啤酒厂隔壁，于是醉心于气体研究。到了 1772 年，他已经发现了一氧化碳和一氧化二氮的存在；两年后又成功分离出氧气和其他 7 种单独的气体，带来了化学界的大变革，并证明空气——这一数百年来被视为自然界基本成分的物质，并非单一物质，而是多种气体的混合物，而且每种气体都有各自的特性。但由于普里斯特利在政治上过于激进，他的家被暴民洗劫和损毁。他在美国度过了自己的晚年。

在我的探索之路上，我……很快就找到了答案，大气层中的气体并非一成不变。

——约瑟夫·普里斯特利，1775 年

大气的各层

地球大气各层的温度、气体成分和气压各不相同。热成层之外是散逸层，也称外气层（此图中没有显示），散逸层延伸至太空，只含有少量的氢气和氦气。

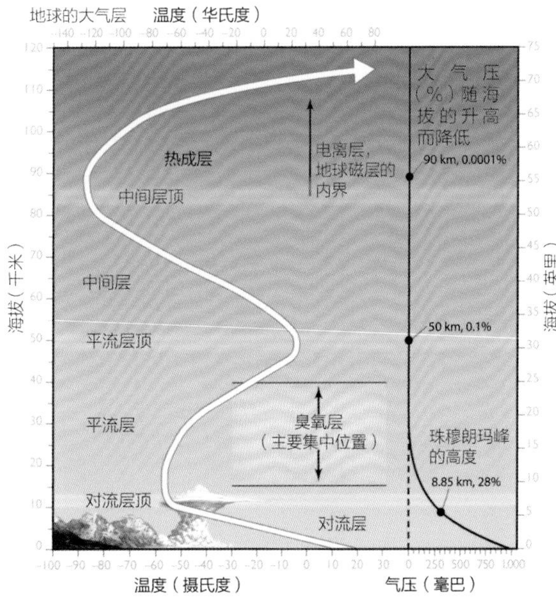

热成层所在的高度在 80 至 85 千米～ 800 千米之间。太阳发出的 X 射线和其他短波辐射造成该气体层的温度高达 1705 摄氏度，但由于气体分子稀薄，因此人类在这里会感到很冷。

中间层所在的高度在 50 千米～ 80 至 85 千米之间。此处的温度骤然降至 −128 摄氏度。

平流层所在的高度在 7 至 11 千米～ 50 千米之间。该层有稳定的强风，也是大多数喷气机飞过的地方。这一层中的臭氧层会吸收来自太阳的大量紫外线辐射。

对流层从地表到 7 至 11 千米高处。该层气体密度最大，是除热成层之外温度最高的一层，平均表层温度为 15 摄氏度。对流层是大多数水蒸气的源头，云朵在这里形成，天气在这里变化。

关键词 臭氧（ozone）：源自希腊语 ozon，意为“闻”。臭氧呈浅蓝色，是一种易爆炸的有毒刺激性气体。臭氧层（ozone layer）：指太阳辐射作用于氧气所产生的气体（臭氧）在平流层大量集中的区域。

知识链接

地球空气质量受到的威胁 | 第三章“空气”，第 124—125 页
气候变化及其对大气层的影响 | 第五章“气候”，第 192—193 页

1980 年风速达 100 英里 / 小时（约 160 千米 / 小时）的飓风艾伦

风

蒲福风级

0 级　无风，风速 0 ~ 2 千米 / 小时
1 级　软风，风速 3 ~ 6 千米 / 小时
2 级　轻风，风速 7 ~ 12 千米 / 小时
3 级　微风，风速 13 ~ 19 千米 / 小时
4 级　和风，风速 20 ~ 30 千米 / 小时
5 级　清风，风速 31 ~ 40 千米 / 小时
6 级　强风，风速 41 ~ 51 千米 / 小时
7 级　疾风，风速 52 ~ 62 千米 / 小时
8 级　大风，风速 63 ~ 75 千米 / 小时
9 级　烈风，风速 76 ~ 87 千米 / 小时
10 级　暴风，风速 88 ~ 103 千米 / 小时
11 级　狂风，风速 104 ~ 117 千米 / 小时
12 级　飓风，风速 118 千米 / 小时以上

风是地球在太阳辐射中受热不均而导致的空气运动。当某处气压高于同一海拔的周围地区时，气流就会平衡这种不均而形成风。风是大气层中最了不起的“平衡器”，可以在全球范围内运输热量、湿度、污染物和尘埃。

每个半球有 3 种大型风场类型（见对页的地图）。

赤道是全球受热最多的区域。温暖的赤道空气在大气层上升并向两极移动。同时，较冷、密度较大的空气向赤道移动代替热空气。这种冷热空气交换的活动就是风的主要驱动力。

在纬度 30° 附近，大部分赤道空气降温后自动下沉，一部分向赤道移动，另一部分向两极移动。在纬度 60° 附近，来自两极向赤道移动的空气与中纬度地区的空气相遇，迫使空气上升。

通常，风向呈东西向而不是南北向，这是因为地球自转导致了一种

知识链接

极点和赤道 | 第一章“极点”，第 34—35 页；第一章“赤道和热带”，第 36—37 页
利用风力发电 | 第八章“能源：替代技术”，第 366—367 页

偏转模式，也就是众人所知的科里奥利效应（Coriolis effect）。这种效应使得北半球的风向右偏，南半球的风向左偏移。

其他自然力也会对风产生影响，如陆地和海洋的地形以及温度。人们常用风源的方向和风的速度来描述风的性质。换句话说，就是南风意味着风来自南方。

为了便于对比风速，1805 年的时候，英国皇家海军的弗朗西斯·蒲福爵士（Sir Francis Beaufort）创造了蒲福风级量表（见对页）。他也是英国皇家地理学会的一员，邀请达尔文参与“小猎犬号”的航海探索。

蒲福想创建一套能系统描述风力的方法，并与航海中扬帆的操作相互关联。这套量级表用 0 ~ 12 系列数字来表示风力大小。这些数字与风速、根据天气情况对船帆进行合理选用，以及风对海洋表面的可见影响息息相关。

1955 年，美国气象局在蒲福风级基础上增加了 13 ~ 17 级，用以表示飓风来袭时出现过的最大风速。

关键词 大气压（atmospheric pressure）：单位面积所受到的地表空气压力。根据定义，海平面的标准气压为一个大气压，或 760 毫米高的水银柱压力。科里奥利效应：按法国数学家古斯塔夫－加斯帕尔·科里奥利（Gustave-Gaspard Coriolis，1792—1843）的姓名命名而来，指物体在旋转的坐标系内运动时所产生的明显偏转。

世界上著名的风

一些可预测的风场类型都有本地名称。

布冷风指西伯利亚和中亚的一股东北强风，导致冬季暴风雪。

砖场风指来自澳大利亚中部的一股南向干燥风沙，以悉尼附近的砖厂尘土而命名。

钦诺克风指北美落基山脉东面斜坡自上而下的一股干燥的暖风。

赤道无风带指沿赤道的一条近乎静止的空气带，南北信风在此处相遇。

密斯脱拉风指法国地中海地区从冬天到春天所刮的一股为期 3 个月的强北风。

强北风是一股寒冷的强风，引起从得克萨斯州到墨西哥湾再到中美洲南部的气温骤降。

滂沛罗冷风是吹过乌拉圭和阿根廷境内南美大草原的干燥刺骨的冷风。

西洛可风指从非洲撒哈拉沙漠吹向欧洲南部沿岸的一股温热的春风。

威利瓦飑指从阿拉斯加沿岸和中部山脉上刮下来的一股凛冽的强风。

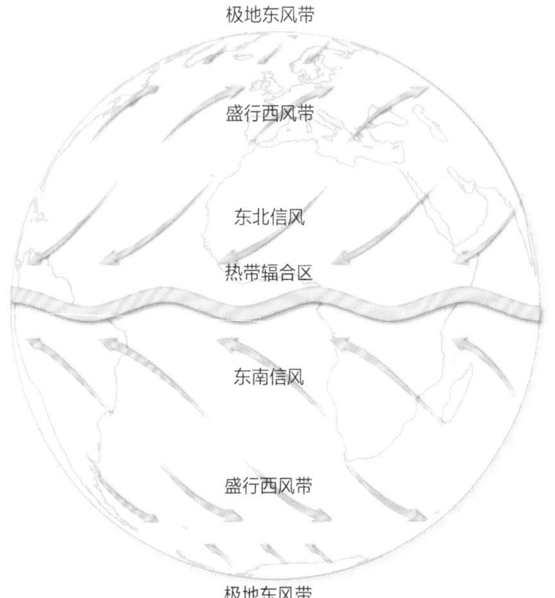

全球的风促使能源、湿度、天气类型在全球范围内发生转移。热量和湿度还按洋流分布，洋流和全球的风之间相互作用。

知识链接

古代和现代航海 | 第一章“导航”，第 38—39 页
风暴、龙卷风和飓风的起因和影响 | 第五章“风暴”，第 186—191 页

光

澳大利亚白蚁丘上的双道彩虹

彩虹的颜色

按波长划分

红光	650nm
橙光	600nm
黄光	580nm
绿光	550nm
青光	490nm
蓝光	450nm
紫光	400nm

太阳能源自太阳内核的核聚变反应，核聚变产生出巨大的不间断辐射能量流，覆盖整个太阳系。来自银河系其他璀璨星球的能量与太阳辐射出的能量之间是没有可比性的，只有太阳能才是地球大气唯一的重要能量来源。

太阳能以电磁波的形式辐射释放，并以每秒 3.00×10^8 米的传播速度毫无阻碍地从太阳直射向地球。

虽然能量的强度在从太阳到地球的这 9300 万英里（约 1.5 亿千米）的距离中穿梭时会减弱，但地球在 10 秒内获取的太阳能仍然相当于地球一周内产生的电能总和。

电磁波波长不一，可通过波峰间的距离进行测量。

全部种类的电磁波构成电磁波光谱，从波长最短的紫外线到最长的无线电波。可见光只是光谱上的一小部分，波长由短到长各不相同，颜色也各异。

波长较短的光能更有效地在大气中散射开，蓝色就是一种短波光，这就是为什么晴天的天空呈淡蓝色。

临近黎明或黄昏，光在大气中穿过的距离就更长，此时波长较长的橙光和红光就会盖过广泛散布的蓝色光波。

知识速记 | 到达地表的太阳能只有 50%。

知识链接

太阳风是如何在太阳上形成的｜第二章“太阳”，第 54—57 页
光科学在日常生活中的应用｜第八章“光学”，第 338—339 页

彩虹是如何形成的?

彩虹炫彩的拱形是太阳光照射到雨云下的雨滴而形成的。

光线穿过水滴时会发生折射或弯曲。光的颜色各异，发生折射的角度也各异：紫光的折射角度大于蓝光，而蓝光的折射角又大于绿光，以此类推，红光的折射角最小。若阳光从完美的角度穿过雨滴，就会折射出一系列肉眼可见的颜色。阳光从成千上万的雨滴中穿过就形成彩虹。

在主虹中，红色光处于外围，而紫色光处于内侧。偶尔，天空中稍高一点的位置会出现副虹，副虹的颜色排序会发生逆转（见对页）。

天空中彩虹的位置由太阳距地平线的高度决定——太阳越低，彩虹就越高。

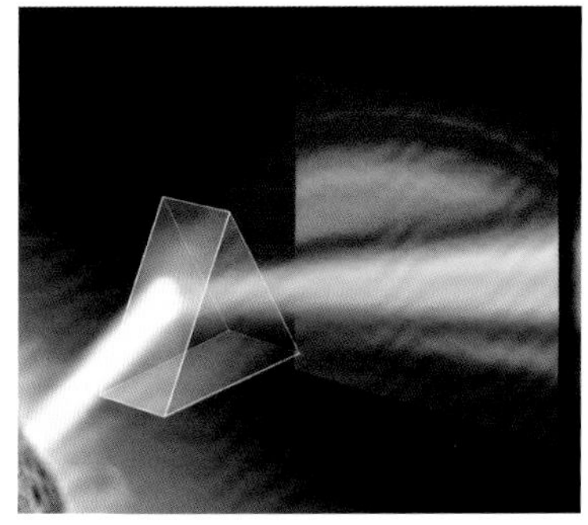

白光以不同角度透过棱镜，折射出构成白光的各种颜色。

关键词 折射（refraction）：指波从一种介质到另一种介质时，由于速度发生改变而导致的方向偏转。太阳光是由多种不同波长的光组合成的无色光束；透过玻璃棱镜或雨滴时不同的折射（或者光线方向、波长或颜色的改变）将各种光线分离开来，使之变得可见，正如彩虹形成时的情形。

北极光是如何产生的?

极光以罗马神话中的曙光女神（Aurora）命名，是南极圈、北极圈或邻近地区夜晚绚丽的发光现象。北极圈的发光现象称为北极光，南极圈的发光现象则称为南极光。

太阳中的气体元素分裂成带电粒子。太阳表面不断释放这些粒子，部分粒子可逸散至地球，就形成了太阳风。这些带电粒子穿过地磁场，进入上方的大气层，并轰击大气层中的气体。它们相互碰撞产生能量，形成五颜六色的拱形、条状和帘幕状的可见彩色光。太阳风极为强烈的时候，会加剧极光现象，人们从远处就能观察到。

北极光将天空渲染成黄、红、绿 3 种奇异的色彩，就连加拿大育空地区白马市的万家灯火也无法与之媲美。地球上活跃的极光是太阳风剧烈活动的迹象。

知识链接

太阳光作为电和热的来源 | 第八章“替代技术”，第 366—367 页
加拿大地理 | 第九章“北美洲”，第 432 页

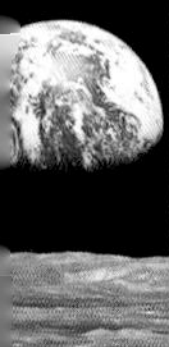
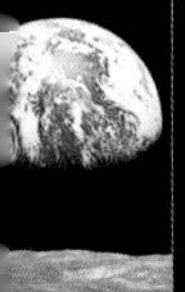

印度讷尔默达河卡迪尔德哈拉瀑布前的印度教朝圣者

水

最致命的洪水

中国
1911 年，死亡人数约为 100000 人

中国
1931 年，死亡人数约为 3700000 人

中国
1935 年，死亡人数约为 142000 人

中国
1939 年，死亡人数约为 120000 人

危地马拉
1949 年，死亡人数 40000 人

水作为一切生命的必需品，在地球上是最丰沛的物质。地球上 97% 的水都在海洋中。剩下的 3% 有 2/3 以冰川、冰原和冰盖的形式存在于冰中。其余的 1% 大多在地下。只有很少的一部分水存在于溪涧、河流和湖泊中。

水由 2 个氢原子和 1 个氧原子组成，因此它的化学式为 H_2O。水有 3 种自然状态：液态（水）、固态（冰）和气态（水蒸气）。

水是唯一可以在地球的平均温度范围内以 3 种状态存在的物质。事实上，雨、雪或冰雹、水蒸气在一场大风暴中可能同一时间出现在同一地点。

水在约 0 摄氏度时会冻结。水冻结时并不像其他物质那样发生收缩，相反会膨胀并形成冰。因此，冰要比液态水轻，这就是冰块会浮在一杯水中的原因。

知识链接

地球海洋的特征｜第三章“海洋”，第 112—115 页
水里或近水的动植物栖息地｜第五章“水生生物群落区”，第 212—213 页

水：万能溶剂

水可以溶解许多物质，包括大多数最坚硬的岩石。自从几十亿年前海洋形成以来，水一直是塑造地表的一种主要的自然力量。

水是一种溶剂，这就意味着水与其他物质结合可以形成溶液，一种成分混合均匀的新的化学物质。

水还是维持生命必不可少的构成元素。宇航员在寻找能够支持生命生存的星球时，首先寻找的就是水的迹象。

知识速记 | 地球上水的总体量约为 3.36 亿立方英里（约 14 亿立方千米）。

水循环

水循环（water cycle），也称水文循环（hydrologic cycle），指地球上的水以固体、液体和气体 3 种形态在大气层、陆上及内陆水体、地下水及海洋中无限地循环运动。

无论何时，大气层都只含有地球上水的 0.001%，然而它却是水循环过程中的一个主要环节。

水通过蒸发作用进入大气层，变成水蒸气或气态水。水蒸气含有潜在能量，当气态水在所谓的冷凝或降雨过程中转换为液态或固态时就会释放这些能量。

由于海洋含有地球上大部分的水，因此它们是蒸发作用的主力军，大约 85% 的水蒸气都是它们输送给大气层的。余下的水蒸气大多来自地表水蒸发和植物的蒸腾作用。

随着太阳对地表的加热作用，水分就会转化为气体从而升腾起来，这一过程又称为蒸发。水蒸气形成云彩。水最终又变回为液态，以降雨的形式降落地表。

水经历一个完整的循环过程需要 10 天左右。

水通过固体、液体和气体这 3 种形态，在地下、水体、土壤和大气中等各种地方循环，从不停歇。地球上水的总量从这颗行星形成以来可能就没有改变过。

关键词 含水层（aquifer）：指能够储存并释放大量水的岩石层。蒸腾作用（transpiration）：源自拉丁语，trans 意为“通过”，spiritus 意为“呼吸”。在植物学中，植物的水分主要通过叶片的气孔流失。

知识链接

行星地球的化学构成 | 第三章“地球的元素”，第 90—91 页
地球上的水体污染 | 第三章“水体”，第 126—127 页

海洋

海洋覆盖了地球表面的 3/4。它们环绕着所有大陆，因此从太空中俯瞰，地球呈淡蓝色。虽然海洋由连续的水体构成，占地 1.39 亿平方英里（约 3.61 亿平方千米），但地理学家还是将之分成四部分，从大到小依次是：太平洋、大西洋、印度洋和北冰洋。

海水中含盐量约为 3.5%，地球上所有已知的化学元素在海水中都有迹可循。海洋作为水循环的一部分，使地球上的生命得以存活。海洋还通过夏天吸收热量、冬天散发热量来调节全球气温。

洋流、风、水体中物质的密度梯度变化以及地球的自转使得海洋一直处于运动中。随着地球自转，风和表面洋流在北半球会向右偏转，在南半球则向左偏转。结果，巨大的环流就将赤道地区的暖水运送到较为寒冷的两极地区。

洋底有许多自然特征，先说被淹没的大陆延伸部分形成的大陆架。大陆架先是逐渐下沉，然后在大陆坡上骤然下降，之后在大陆隆起处坡度再次趋缓。深海洋底也称深海平原，那里有山丘和海底火山，以及长 40000 英里（约 64000 千米）的山系，即洋中脊。地球内部的熔岩从海底裂缝中升起，形成新的海床。

洋底某些区域还有深而窄的洼地，称为海沟。太平洋关岛附近马里亚纳海沟的挑战者深渊（Challenger Deep）深约 11000 米，是世界上最深的海沟。

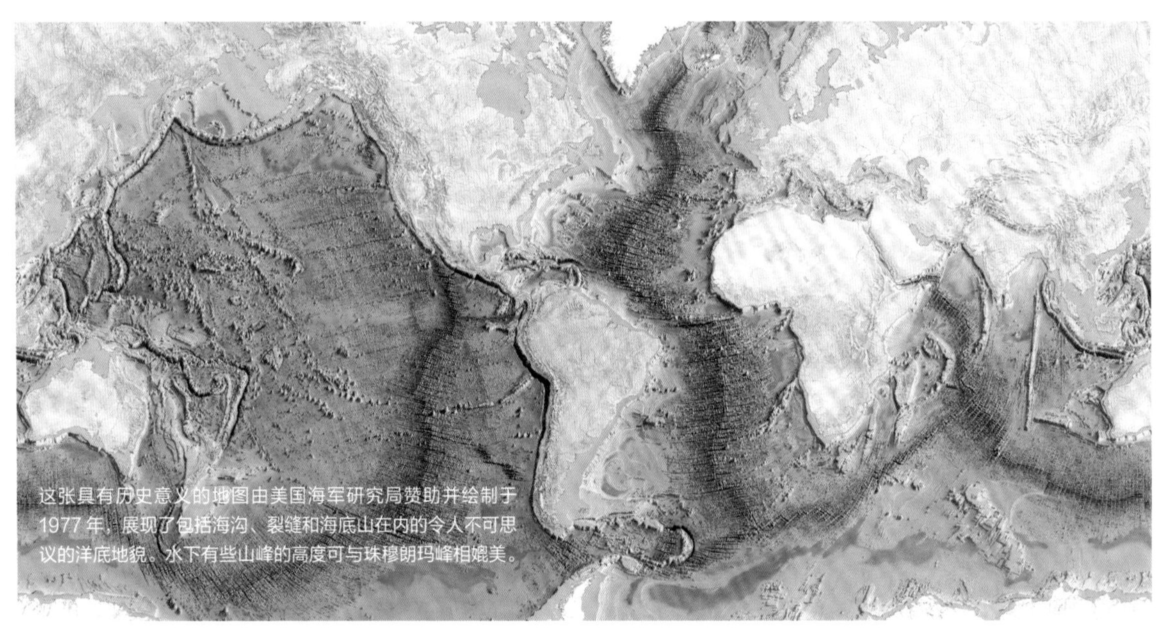

这张具有历史意义的地图由美国海军研究局赞助并绘制于 1977 年，展现了包括海沟、裂缝和海底山在内的令人不可思议的洋底地貌。水下有些山峰的高度可与珠穆朗玛峰相媲美。

知识速记 | 大西洋海底的洋中脊是地球最大的地质特征。

知识链接

利用声呐绘制洋底地图 | 第一章“现代地图”，第 27 页

地球的大洲 | 第九章“世界各国”，第 376—445 页

什么是厄尔尼诺现象和拉尼娜现象?

赤道东太平洋区域风速和风向的周期性变化会影响海洋表层水温。厄尔尼诺现象（El Niño）出现时，盛行的东风减弱，或者给西风让路。表层水温升高，海洋深处营养丰富的冷水停止上涌。这就形成一个不利于鱼类生存的栖息地，这一现象还常常导致两大美洲西海岸地区的降雨量增加，以及澳大利亚和非洲的干旱加剧。

与之相反的一系列气候现象就是拉尼娜现象（La Niña）。更为强劲的东风气流使得深海冷水加剧上涌，表层水温下降。

两种现象都会影响天气：高强度的厄尔尼诺现象一般会削弱大西洋飓风季。而拉尼娜现象会有利于大西洋飓风。有时候，拉尼娜现象会替代厄尔尼诺现象，导致世界范围内天气发生逆向变化。例如在印度，厄尔尼诺现象期间季风雨减弱，而拉尼娜现象会增强季风雨。

12 月或 1 月，也就是圣诞节前后，是这些自然活动的高峰期，因此，“厄尔尼诺”这个来源于西班牙语的名字，意为“圣婴”。而拉尼娜是“圣女”的意思，才选用不久，以搭配厄尔尼诺这个名称。

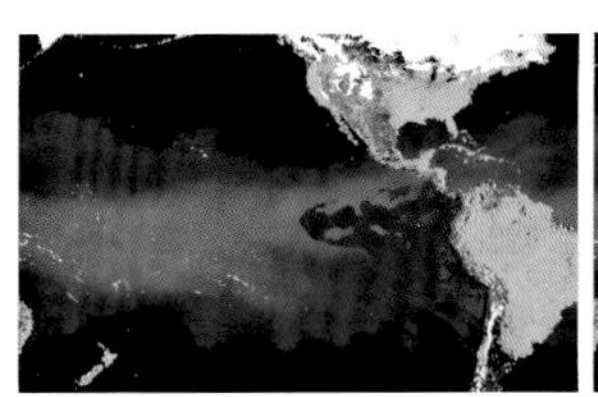
信风一般把太平洋的热量往西吹送，南美洲沿岸就会涌升出富含营养的冷水。

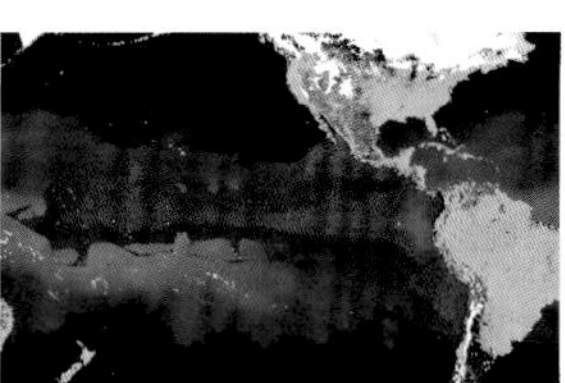
在厄尔尼诺现象期间，信风减弱，美洲沿岸的温水逐渐聚集（如图标红处所示）。

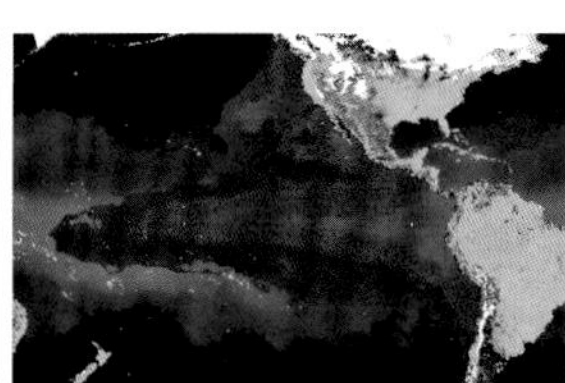
表层海水温度更高意味着鱼类食物减少，南美洲降雨量增多。

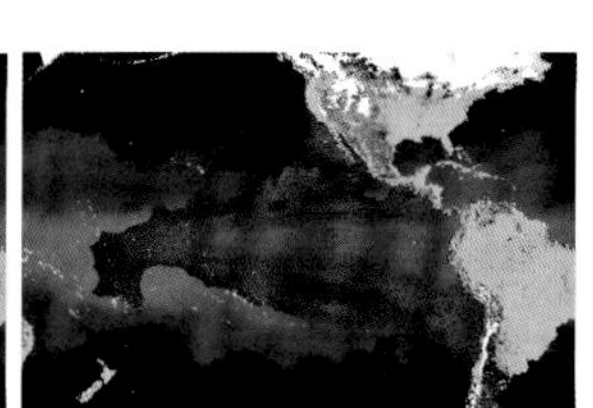
在大洋对岸，表层海水温度更高会导致澳大利亚和非洲干旱。

关键词 密度梯度（density gradient）：温度、沉淀物的集中度或水体中所溶解的物质浓度不同所导致的密度分层，可以引起水的运动。环流（gyre）：一种半封闭的洋流系统，表现为旋涡运动。

威廉·毕比 / 深水探险家

博物学家威廉·毕比（William Beebe，1877—1962）开始深海潜水时，科技还没有那么发达，当时只有铜头盔和橡胶管这种简陋的设备。为了潜得更深，他发明了吊在缆索上的潜水球。工程师兼冒险家奥蒂斯·巴顿（Otis Barton）协助并见证了这一项目的完成。1930 年 6 月，毕比和巴顿带着重两吨的球形潜水装置来到百慕大群岛。他们在母船甲板上蜷成一团，钻进直径为 4 英尺 9 英寸（约 1.45 米）的海蓝色球形装置中，装置内有氧气罐，以及用于吸收二氧化碳和多余的水分的化学物质。他们第二次潜水破了纪录，达到了 1427 英尺（约 435 米）深处。两人在球形潜水装置里总共潜水 4 次，最后两次由美国国家地理学会赞助。1934 年 8 月，他们潜至 3028 英尺（约 923 米）的深处，他们的这一纪录保持了 15 年才被打破。

知识链接

全球的风 | 第三章“风”，第 106—107 页
水生生物 | 第四章“地球上的生物”，第 156—163 页、168—169 页；第五章“水生生物群落区”，第 212—213 页

海洋

海洋上波浪起起伏伏，永不停歇。海浪大多随风而起，尽管有些海浪是因地震或海底火山爆发产生的。这些巨浪又称海啸，会给陆地造成巨大的破坏。

海洋水在洋流作用下也会运动——洋流是像河流一样的水流。它能促进不同温度的水分散到海洋中，还为生物输送氧气和营养，滋养海洋生命。

并非所有的洋流都一样。有些洋流规模较大，流势也较猛。其中最强的莫过于墨西哥湾流，这股洋面表层暖流从热带的加勒比海起源，沿美国东海岸向东北方向流去。经测量，墨西哥湾流宽约 50 英里（约 80 千米），深约 0.5 英里（约 0.8 千米）。

和其他洋流类似，墨西哥湾流在气候变化中扮演着重要的角色。它在北上之时，会把自身热带温水的热量和湿度沿途向上面的空气输送。西风又携带温暖潮湿的空气跨越大西洋，来到大不列颠群岛和斯堪的纳维亚半岛，为那里的人们带来一个相比那里的北纬度气候而言更为温和的冬天。

海浪波峰至波谷间的高度大不相同，平均为 5 ~ 10 英尺（1.5 ~ 3 米）。风暴浪可能会高达 50 ~ 70 英尺（15 ~ 21 米）或更高。

海浪怎样形成

风吹过海面引起波浪。海洋风平浪静、光滑如镜时，即便是最小的微风也能带起涟漪，涟漪是最小的波浪。风作用到有涟漪的海面上，又会产生更大的波浪。

风势越强，波浪就被推得越高越陡。海浪的大小取决于风速及风力、海浪形成所需时间，以及风在海面上的吹拂距离——风区（fetch）。长的风区加上稳定的强风就会形成巨浪。

海浪的最高点称为波峰，而最低点称为波谷。两个波峰之间的距离称为波长。

看上去水好像随波前行，但绝大多数水微粒都在波浪中做圆周运动。人们肉眼看到的只是水以波的形式运送风提供给波浪的能量。波速同样各异，一般在 20 ~ 50 英里 / 小时（32 ~ 80 千米 / 小时）之间。

海浪进入浅水或接近海岸时，它的起伏运动就会遭到破坏，速度降低。波峰升高，越过其他海浪，最终崩溃四溅。破碎波释放出的能量是极具破坏性的。破碎波可以磨损岩石，还能堆起沙丘起伏状的海滩。

知识链接

力和运动的基本力学定律 | 第八章“自然科学”，第 328—329 页
海啸的定义 | 第三章“地震”，第 89 页

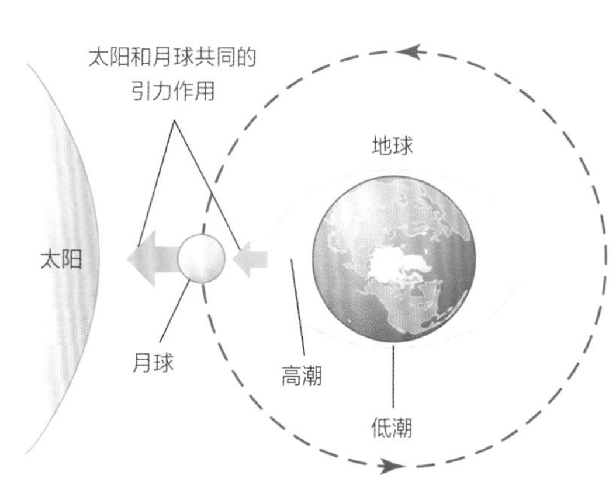

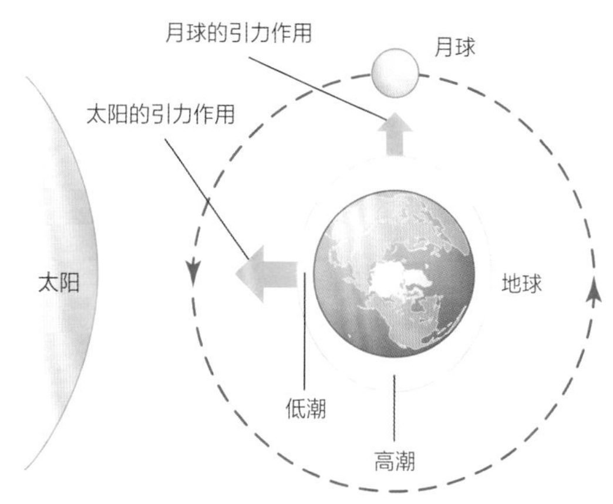

太阳和月亮对地球的引力影响着潮汐运动。当两种引力成一直线时，潮汐要么极高，要么极低——俗称大潮（spring tide）。

一周后，当太阳和月亮相对于地球的位置呈直角时，潮汐温和——称为小潮（neap tide）。

知识速记 | 在新斯科舍省，高潮时的水面高度比低潮时高出 50 英尺（约 15 米）。

潮汐是怎么形成的？

潮汐现象指海水每天规律性的涨退。在大多数地区，一天之中，海浪两次冲上海岸，直至达到最高水平，或称高潮（high tide，也称满潮）。在这两次涨潮期间，海水退落海岸，直至最低水平，又称低潮（low tide，也称干潮）。

潮汐是太阳和月亮万有引力作用下的结果。万有引力对灵活度低的固态大陆没多大影响，但对流动的海洋影响巨大。由于月亮距地球更近，月亮的引力也就更大，是形成潮汐最主要的力量。

地球面对月亮的一面受到的万有引力最大，而背对月亮的一面则最小。不管怎样，这些自然力之间的差异再结合地球自转和其他因素，使得海洋海水向外侧上涌，形成高潮。而偏离地月直线的海岸地区则会经历低潮。潮汐现象分几种类型，取决于海岸和洋底的形状。在开阔的海滩上，潮水缓缓卷起。而在受限的空间内，比如狭窄的水湾或海湾，潮水会涨得很高。

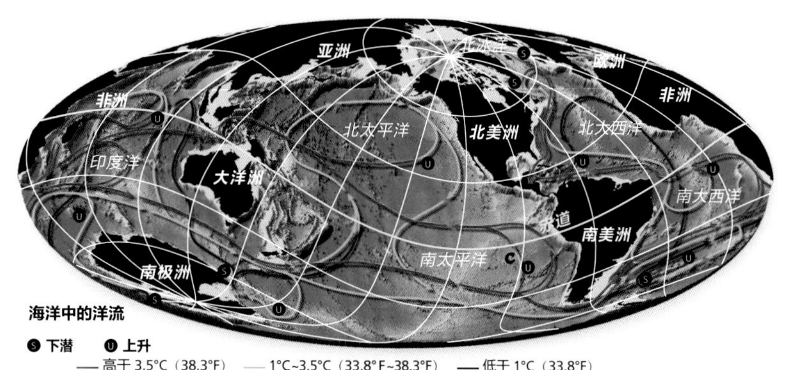

水在海洋中永不停歇地运动，仿佛是在一条传送带上。红色箭头指暖水洋流，蓝绿色箭头指温水洋流，而黑蓝色箭头指冷水洋流。

知识链接

世界绘图技术的演变 | 第一章“地图上的世界”，第 19 页
自然节律定时 | 第一章“时区”，第 32—33 页；第八章“报时”，第 324—325 页

河流

河流是一种大型自然水流，它流经我们所知的每一片大陆。甚至南极洲广袤的冰川之下，也有宽阔的地下河流奔腾不息。各种地形中都有河流存在。有些河常年水势汹涌，有些则经历季节性的涨落，而有些则发生间歇性断流。南美洲的亚马孙河是世界上流量最大的河。

河流的长度差异极大。一条河可能只流经很短的河道，也可能会跨越大半个大陆。密西西比河穿过大半个美国，从明尼苏达州发源，一直流至路易斯安那州的三角洲。

河流在水循环中扮演着重要角色，使大量淡水汇入海洋并在那里蒸发。云朵由水蒸气形成，向内陆漂移，通过降雨为河流和溪涧补充淡水。

自从人类开始定居以来，河谷地带就一直备受青睐。河流为定居者和庄稼提供了丰富的水资源，为人们出行和货物运输提供了交通方式。随着工业的发展，人们用河水发电，供机械运转。然而，在洪水期间，失控的河流会危及人的生命和财产。

伊塔克伊河(Itaquai River)是亚马孙河的一条支流，在巴西西部偏僻的热带雨林蜿蜒，缓缓流淌。

知识链接

人类早期定居阶段 | 第六章“人类迁徙”，第 220—221 页

旅游热和人类出行趋势 | 第六章“交通运输”，第 252—253 页

约翰 · 威斯利 · 鲍威尔 / 西部探险家

在夏洛战役（Battle of Shiloh）中失去右臂的内战老兵约翰 · 威斯利 · 鲍威尔（John Wesley Powell，1834—1902）曾在伊利诺伊州卫斯理大学教授地质学，他还兼任该校博物馆馆长。战前，他曾在密西西比河、俄亥俄河、伊利诺伊河探险，收集贝壳和矿物。战后，他到科罗拉多河的大峡谷探过险。1869年5月24日，他带着9个人和10个月的干粮出发了。他们顺急流而下，适时登陆。到最后，一半的队员都掉队了。鲍威尔的第二次探险是在1871年，他绘制了大峡谷的地图，还撰写了相关的科学文章。1881年，鲍威尔任美国地质调查局局长。后来他又将大部分精力花在了印第安语言和民族的研究上。

任何修辞性的比喻，甚至语言本身，都无法充分展现大峡谷的奇观。

——约翰 · 威斯利 · 鲍威尔，1895 年

河流的形状是如何来的?

河流发源于融化的高山冰川，沿山体急流而下，切断了一条狭窄的山谷。源于泉水或湖泊的小溪流，即支流，从不同地方汇入河流。河水翻滚过岩石，从陡峭的绝壁上冲下，形成湍流或瀑布。到了下游，地势平坦，河流缓慢流淌，四处蜿蜒。

成熟的河曲弯道会形成大而松散的河湾，蜿蜒流淌，有时弯曲度很大，只有一道狭窄的陆地分隔着河湾。河道渐渐扩宽，形成泛滥平原，而靠近海洋的地方可能会形成湿地。

河水流动时会冲刷带走岸边大量的沙粒、淤泥和黏土，形成一片地势平坦的沃土，称作三角洲。

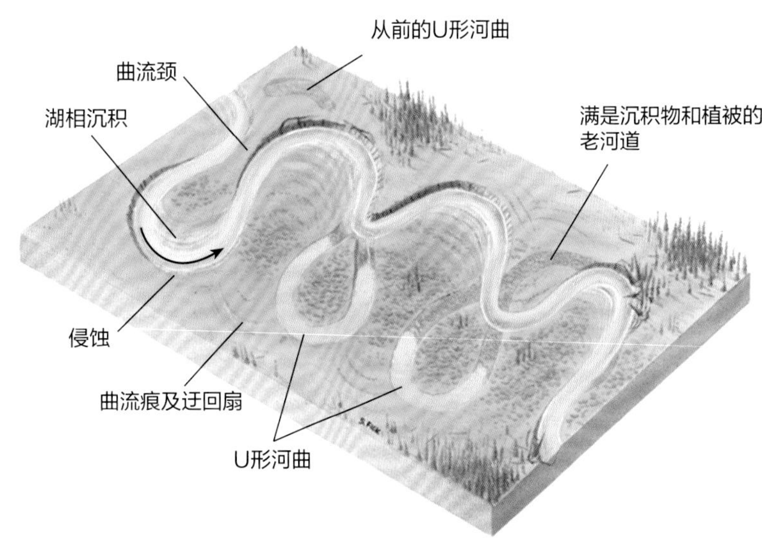

蜿蜒的河流会漫过曲流颈，开辟一条呈新月形的新河道，即U形河曲。U形河曲通常很浅，常常填满沉积物，然后会干涸。

知识速记 | 亚马孙河每年向大西洋注入的淡水量是地球上可用淡水总量的20%。

知识链接

地球上不同水体受到的污染 | 第三章 “水体”，第126—127页
水里或近水的动植物 | 第五章 “水生生物群落区”，第212—213页

湖泊

湖泊指陆地环绕的水体，湖泊分布于各大洲和各种环境中，在全世界数以百万计。湖泊大小不一，从小到以池塘为名的小湖，到被称为内陆海的巨大水体，均有涵盖。

湖泊形成于地表的盆地和洼地，其形成方式多种多样。许多湖泊，尤其是在北半球形成的那些湖泊，其起源可以追溯到上一个地球冰期发生的冰川作用。冰川在它们所经之处的地表磨出无数的洼地。当冰川消退，洼地中就会蓄满水并形成湖泊。冰川还开辟出峡谷，而后遗留的沉淀物会堆成大坝，最终形成湖泊。

地壳运动也会形成洼地，蓄积雨水或溪流水。邻近海洋的地方发生地壳运动时，海洋的一部分会因陆地上升而被阻断开来。火山在湖泊的形成过程中也有“戏份”。休眠火山的火山口或火山爆发后顶部坍塌形成的破火山口也可以蓄水。弯曲的河流、山体滑坡以及海狸筑坝截流的行为都会创造湖泊。人们也会修建人工湖用作供水的水库或供人娱乐。

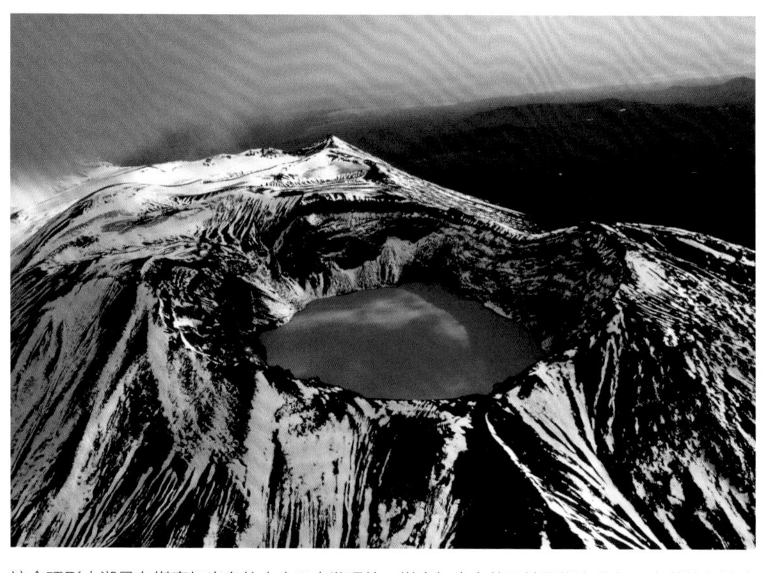

这个环形山湖是在堪察加半岛的火山口中发现的。堪察加半岛位于俄罗斯东北部，有着悠久的火山活动历史。就像其他火山口湖泊一样，该湖是在破火山口或下沉的火山锥中积聚降水形成的。

湖泊的水源来自降雨、冰雪融化、溪流和地下水。湖泊可以是开放的，也可以是封闭的。开放的湖泊有一个排水出口，起渗漏作用。一个封闭的湖泊没有出口，水分通过蒸发作用流失。一些湖泊的蒸发作用会大幅提高矿物质浓度，形成咸水湖，例如犹他州的大盐湖，那里的湖水比海水还咸。

里海是世界上最大的湖泊。里海的湖水盐度因地而异。里海由板块运动时形成的阻碍物将海洋的一部分围住隔离起来。里海的水一滴也流不到其他海里。里海位于中亚西部，面积约 14 万平方英里（约 36 万平方千米）。

仅次于世界第一大湖的另外三大湖都属于北美的五大湖区，它们分别是苏必利尔湖、休伦湖和密歇根湖；还有两大湖坐落于非洲，分别是维多利亚湖和坦噶尼喀湖。

知识速记 | 奥霍斯德尔萨拉多火山湖是世界上最高的湖泊，海拔 6390 米。

知识链接

塑造地表的自然力 | 第三章“地貌”，第 98—101 页

世界火山的位置和分类 | 第三章“火山”，第 86—87 页

水闸如何运作?

运河上的水闸通过帮助船舶适应水体间水位的高低，使它们能够在内陆河中航行。

伊利运河是长达 363 英里（约 584 千米）的奇迹，借助人力和马力于 1825 年竣工。伊利运河将奥尔巴尼的哈得孙河和高出其 568 英尺（约 173 米）的水牛城伊利湖连接起来，在美国发展时期推动了商业的发展，促进人们向西部定居。

在伊利运河上，船舶靠近水闸时会被牵道上的电力牵引机拖进去，然后下游的水闸门关闭。来自上游闸门的泄水使水闸中的水位上升。

当水位“持平”时，上游的闸门打开，电力牵引机牵引船舶出闸。今天，船舶都是靠自身动力通过水闸，不过原理还是一样的。

从荷兰运河到巴拿马大运河，从密歇根州的苏圣玛丽闸到中国三峡大坝的船闸，水闸在全世界的应用相当广泛。

世界上绝大多数水闸都有三大共同的操作特点：第一，有一个容纳船舶的闸室，水位会发生变化；第二，闸室两头都有闸门；第三，用阀门和抽水机等抽、泄水装置改变闸室水位。

当船舶进入闸室，闸门就会关闭，调整水位后，船舶驶出。有可能是水涨船高，也可能是水降船低。

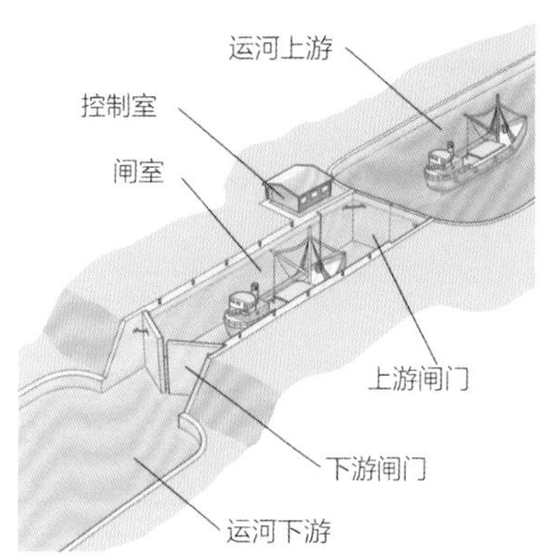

图为水位正在调整至运河上游水位时，滞留在闸室里的船只。

水坝如何运作?

水坝是建在河上控制水流的建筑装置。有时建起水坝后在坝后形成水库或湖泊，可供休闲娱乐。水坝所控制的水流可用于附近社区的供水、水电站发电，或用于灌溉庄稼。

水坝的设计不同，建筑所用的材料也不同，有土、岩石或混凝土等。水坝大多用混凝土建成。它们通常设计成拱形，迎水而建。这种设计可以为水坝的结构提供额外的强度，把水的冲击力分散到水坝的两端。

水坝内部通常装有水阀，能够让操作人员释放上游多余的水量。为预防不必要的洪流发生，水坝还有用于排放大量水的泄洪道。

比如 19 世纪末尼罗河上的阿斯旺大坝，曾淹没具有经济、文化意义的地区，以及野生动物的栖息地。大坝的设计必须能够抵抗洪水和地震的冲击。大坝崩塌有巨大的毁灭性，通常会导致伤亡。

胡佛水坝能够承受的最大压力达 45000 磅每平方英尺（约 219709 千克每平方米），年发电量达 40 亿千瓦时。

知识链接

各大洲的最高点 | 第三章“地貌”，第 98 页
过去、现在和将来的工程 | 第八章“工程学”，第 332—333 页

冰

冰是温度为 0 摄氏度时冻结成固体形态的水。天气寒冷时，河流、湖泊和海洋中就会出现冰。而在终年寒冷的地方，冰就成为地貌特征的一部分，如冰川、冰盖和冰原。

冰川多形成于山区地带，那里积雪快而消融慢。长年累月下来，积雪受到压缩，再次结晶成冰。当冰达到一定的厚度和重量时，就会在自身重量的作用下开始移动或漂移。大多数冰川的移动极为缓慢，或许一年只有几厘米，但在某些情况下它们移动的速度又会很快。

冰盖指极厚的冰雪层在陆地上所形成的一种永久性的冰“壳”。这种地貌主要见于极地地区。虽说冰原通常规模更为宏大，但有时也会与冰盖一词互换使用。覆盖在大陆上的冰原又称大陆冰川。

例如，南极冰原就是一座大陆冰川。它覆盖着南极洲 98% 的大陆面积，蕴含了世界含冰总量的 85%，和世界淡水总量的 2/3。

南极冰原和格陵兰岛冰原正在快速缩减，许多科学家认为这一缩减速率对今后的地球极为不利。

图为格陵兰岛冰原消融的景象，这是全球变暖的迹象。

地球上的冰原

18000 年前的最近一次冰期，辽阔的冰原曾覆盖北半球大部分区域，而格陵兰岛冰原正是其残留之一，它覆盖了这座岛屿 80% 的面积。几十年前，格陵兰岛冰原的面积还有 67 万平方英里（约 174 万平方千米）。全球气候变化加速了格陵兰岛冰原的消融，这令科学家忧心忡忡。

南极冰原相当于一个全球实验室，提供了大量的地球地质和气候历史信息。冰芯样本呈现数百万年来冰层的结构。冰芯样本中的气泡含有当时大气状况的线索，其中包括从古代火山掉落的火山灰。

格陵兰岛冰原让登山爱好者有机会从 300 英尺（约 91 米）的高处进行绳索垂降。

知识链接

冰和雪的形成与特征｜第五章“风暴：冰和雪”，第 190—191 页

冰天雪地里的动植物｜第五章“冻原和冰盖”，第 210—211 页

冰川如何塑造陆地？

地球最近一次冰期留下的“遗产”之一就是冰川塑造的地貌。冰川是一种强大的自然力量，可以摧毁或碾压一切挡道的障碍物。虽然冰川看上去是冻结、静止的固体，但实际上它一直在移动、雕刻并塑造着自身周围的陆地。

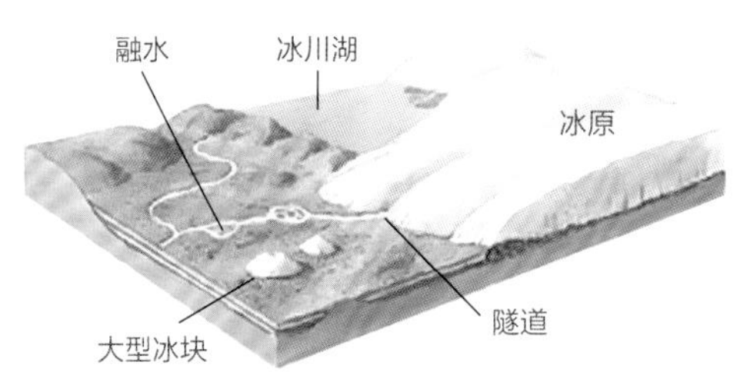

图为一次冰期，一片冰原阻隔了水流，只有从冰川隧道流出的潺潺融水。

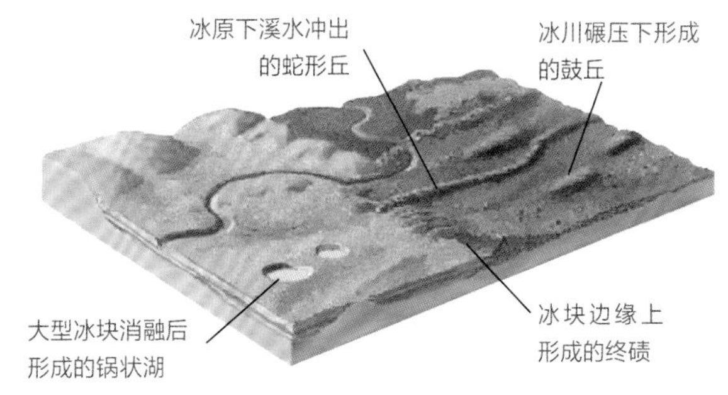

冰期之后，地貌的土壤结构和土壤成分都反映出那个冰期的过去。

什么是冰山？

冰山由冰川上的一大块冰崩解或断裂后坠入大海而形成。“冰山”(iceberg)一词源于荷兰语 ijsberg，意为冰丘。

冰山由淡水组成，而非海水。冰山中的水十分纯净，因此在某些地区，大量冰块被从冰山上移取并加以融化，所得的水被人们用于烹饪和酿酒。

在北半球，大多数冰山源于格陵兰岛的冰川，它们往往向南漂移到北大西洋。在南半球，南极洲的冰川频繁发生崩裂。

我们在水面上可见的通常只有整座冰山的1/10，由此人们引申出“冰山一角”的成语。水下的隐藏冰山所拥有的锋利冰刃会对来往船只造成潜在的威胁。例如，历史上著名的邮轮“泰坦尼克号”就是在1912年被水下的冰山刺穿船体，导致邮轮迅速下沉，超过1500人不幸罹难。

一座冰山耸立在“美国国家地理奋进号”南极洲考察船旁边。

知识链接

地球上的水循环 | 第三章“水”，第111页
南极大陆的归属问题 | 第九章“国家和联盟”，第375页

排入俄罗斯雅罗斯拉夫尔州伏尔加河的处理废水

危机四伏的星球

化石燃料排放的二氧化碳

中国
854775 万吨

美国
527042 万吨

印度
183094 万吨

俄罗斯
178122 万吨

日本
125906 万吨

德国
78832 万吨

韩国
65709 万吨

人类活动影响着陆地、空气、水等方方面面，会造成许多不良后果。地球面临的环境压力当中，有些是亟待解决的，但一切环境问题都不容忽视。人类的足迹遍布世界各个角落，自然污染无处不在。森林能够调节水流、平衡碳含量、输送养分、制造土壤，然而它们却在逐渐消失。

森林因伐木、燃烧和土地平整作业而锐减，热带森林每年的退化面积相当于一个佛罗里达州的大小。栖息地的丧失危及物种生存，沿岸地区正受到侵蚀。预计到 2060 年，海岸线 500 英尺（约 152 米）以内占整个美国 1/4 的居住区域会因自然侵蚀作用而被毁。海洋遭受污染，被过度开发。逾 70% 的海洋渔场被捕捞殆尽。一半以上的珊瑚礁面临威胁。大气层本身也受到冲击。据预测，全球变暖将导致一半的北方针叶林退化，增加数百万疟疾病例，数百万民众会因海平面上升而背井离乡。

知识链接

人类和人类社会对地球的影响 | 第五章“人类的影响”，第 214—215 页
过去和现在的出生率 | 第六章“世界人口”，第 250—251 页

纸袋还是塑料袋?

纸袋还是塑料袋？如果你在果蔬店纠结是用纸袋还是塑料袋，千万别以为选择用纸袋就是更环保的决定。

虽然纸袋一旦到了垃圾场以后被回收利用概率较大，自我降解更容易，但生产它们消耗的资源也更多。

塑料袋生产成本较低，所形成的垃圾重量较轻，但不易降解。焚烧塑料发电不仅会释放重金属到大气中，还会让有毒灰烬渗进固体废料。今天，部分商店只提供纸袋，倾向于使用可回收物质。

在果蔬店究竟选用纸袋还是塑料袋代表着顾客的纠结。就纸袋和塑料袋的选择而言，最佳的选择是可重复利用的袋子。

知识速记 | 每分钟都有 50 个足球场那么大的热带森林被毁。

未来的垃圾会怎样?

今天，人类制造出大堆的垃圾。相比之下，过去垃圾要少得多。过去的人们拥有的东西不多，使用时间也更长，而且大部分垃圾都易于降解。今天，垃圾不易降解，人类会老去，但形成垃圾的物质却依然如故。

在美国，有的垃圾会运到垃圾填埋场，倒入呈线形排列的大坑内。压紧后以土掩埋。其他垃圾则被焚化。越来越多的地方要求居民对可回收材料进行分类。这些材料被重新处理，或者被焚化，用于发电。

地球上的一些地区的废物处理形势极其严峻，例如南极洲，惊讶吧。人类对南极洲数十年来的探索留下了 70 余处废址，废址上有各种固态垃圾，还有各种必须控制起来、不可外泄的化学物质和重金属。冷冻和融化交替循环，加上物流和运输垃圾或中和污染土地的花销，给人类留下了一道难题。利用带电化合物吸附污染物已经小有成效，在类似的地方都可运用，比如俄罗斯北部和美国阿拉斯加州。

全美近 55% 的垃圾都采用填埋方式进行处理。研究人员正在寻求变垃圾为燃料的方法，比如说从废纸中提取纤维素乙醇等。

知识链接

污染的威胁 | 第三章“空气”和“水体”，第 124—127 页
动植物物种的未来 | 第四章“濒危物种”，第 178—179 页

空气

作为地球的居民，我们大多数人都能即时感知到空气的状况，而对土质和水质的感受则迟钝一些。我们生活在低层大气环境中，每天都要和空气打交道。在热气蒸腾的盛夏，污染物会低悬于城市上空。我们感觉得到，也呼吸得到，而在某些区域生活的人们，也许还闻得到。

近几十年来，人们对进入空气的有毒物质和悬浮粒子的认识提高了。我们还能感觉到气候在一天天变暖，我们了解到 20 世纪 90 年代或许是上一个千年中最暖的十年。

地球大气中的温室气体实际上对地球是有益的。它们从大气层形成之初就有了，并且它们让地球不至于变成一个大冰球。没有这种天然温室效应，今天的地球将比现在冷上 50 华氏度（10 摄氏度），全球平均气温就会只有 5 华氏度（-15 摄氏度）——这对于生命就更加不利了。

但温室气体并非多多益善。地球大气中的二氧化碳正在增加，它们大多是由化石燃料燃烧所释放的，还有氧化亚氮和甲烷等其他温室气体也在扩散。是什么导致了这种上升趋势？总的来说，应归咎于人类活动。适量的温室气体对人类有保护作用，但是当它们增高到一定水平时，就会危及人类的舒适度、安全度甚至生命。

预计到 21 世纪末，全球平均气温将上升 4% 至 20%。对于当前全球变暖趋势的起因和后果，并非所有研究空气和大气层的科学家都抱一致的看法。不过，绝大多数都认为这种趋势早在 1750 年工业革命之初就开始了。

不少人说，在对未来没有明确认知的情况下，我们必须做好最坏的打算。人们开始努力弄清楚臭氧层变化和形成温室效应背后的科学原理。

图为加利福尼亚州的洛杉矶——尽人皆知的“雾都”，这座城市正在受到自然地理环境和人类行为的双重影响：该地区地形呈碗状，聚集了大量汽车废气。

知识速记 | 南极洲上空的臭氧空洞现在已有北美洲那么大了。

知识链接

全球变暖和气候即将变化的指标 | 第五章“气候”，第 192—193 页

城镇化和城市发展的趋势 | 第六章“城市”，第 260—261 页

臭氧层

南极洲的臭氧空洞每年冬天都在扩大。1979年的时候，其大小还没有盖过南极洲。

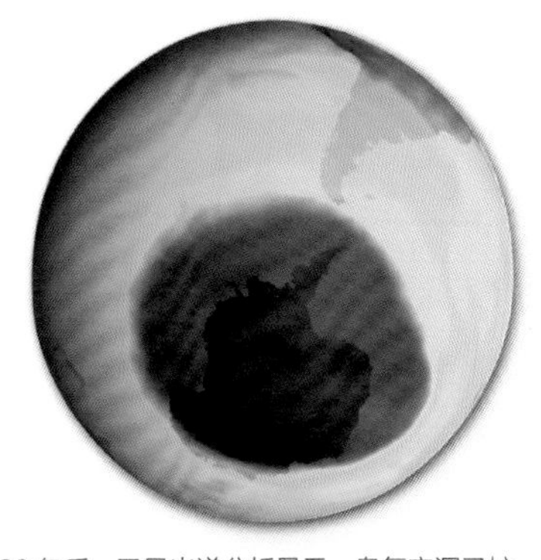
20年后，卫星光谱分析显示，臭氧空洞已扩至1050万平方英里（约2719万平方千米）。

臭氧层是指地球平流层中一种被称为臭氧的淡蓝色气体集中的区域。虽然臭氧只占大气总量的百万分之一，却吸收了太阳大部分的紫外辐射。没有臭氧层，这种辐射将毁灭这颗行星上所有的生命。

紫外辐射制造臭氧并维持其浓度。当臭氧分子被紫外线击中时，就会分裂，释放出游离的氧和一个氧原子，氧原子与另一颗游离的氧结合就生成更多的臭氧。正是这种循环吸收了绝大多数紫外辐射。

而有些工业化学物质会干扰这种循环，使得平流层中的臭氧量降低。干扰力最强的物质之一就是氯氟碳化物（CFCs），制冷剂或气溶胶中通常含氯氟碳化物，现在普遍被禁止生产了。

不断下降的臭氧浓度导致南极洲上空的臭氧层变薄，也就是所谓的臭氧空洞。20世纪80年代到90年代之间，南极洲的臭氧空洞急剧扩大，不过近年来又稳定了下来。北极上空的一个小臭氧空洞正在萌芽。

什么是温室效应?

温室效应使得太阳的短波辐射能穿过大气层到达地表，却使长波辐射的热量难以逃离地球。这一效应为地球裹上了一层毯子，维持着地表生命存活的合理温度。

地球辐射出的能量有90%被大气层中的水蒸气、二氧化碳、臭氧、甲烷、氧化亚氮和其他气体所吸收。被吸收的能量再反过来辐射到地表，温暖地球的低层大气。这些气体被称为温室气体，是因为它们留住了光和热，就像温室对于生长在其内部的植物所起的作用一样。

温室气体对生命至关重要，但只限于某个适当的平衡点上。在整个20世纪中，这些气体因工业活动和化石燃料的排放而增加。例如，最近大气中二氧化碳的含量每年都增长约1.4%。

温室气体的增加是观测到的全球变暖模式的诱因之一。

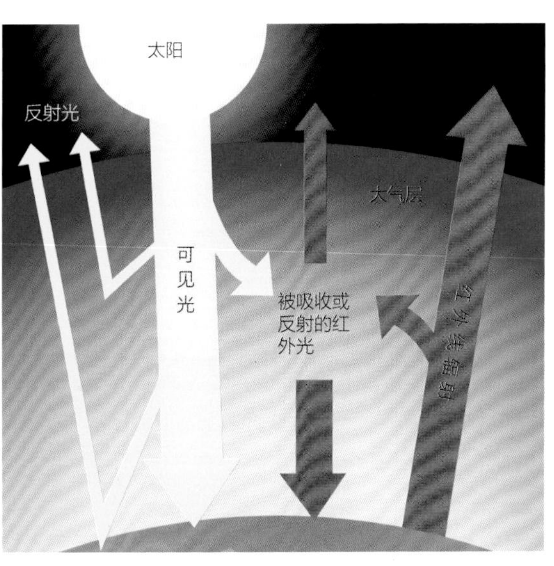

大气层就像温室一样，吸收热辐射和光辐射。没有了温室效应，地球就会成为不毛之地。然而，所谓的温室气体强化了这一效应，改变了大气层的化学构成，留住了更多的热量。

知识链接

地球大气层的物理特征 | 第三章“地球的大气层”，第104—105页
除化石燃料之外的能源 | 第八章“能源：替代技术”，第366—367页

水体

地球上的水正经历着一场充满矛盾的危机：供人类饮用和使用的淡水供不应求，而海平面又在全球变暖中持续上升。引起海平面上涨的原因是极地冰区的融化。预计未来的几个世纪，海平面会继续上升 23 英尺（约 7 米），漫过纽约城区和佛罗里达州的南部，迫使亚洲低洼地区数以百万计的民众逃离家园。地球上的淡水可供人类使用的还不到 1%。自 1970 年以来，全球的水供应减少了约 30%。在接下来的 50 ~ 100 年间，世界人口数量预计会达到 110 亿，到那时水资源会更加紧张。

目前，地球上的淡水危机主要是淡水分布危机。世界上 1/3 的人口都缺乏足够的淡水资源。尽管美国被认为是一个水资源丰富的国家，拥有世界 4% 的人口和 8% 的淡水资源，但其水资源分布却并不均衡——西南各州费尽心思满足自己日益增长的淡水需求，而东北各州的水资源却绰绰有余。这一情形一直困扰这个国家，自从西部地区最早有人定居，水的所有权和使用权方面就产生了争端。河流因改道而干涸。地下水开采超出了含水层补偿蓄水的能力。

发展中国家和不发达地区，水资源的分布更为不均。联合国预测，到 2025 年，一半以上的世界人口将缺乏满足他们基本需求的水。

就算名义上不缺水，水资源也常常因为受到各种化学物质和细菌的污染而不适合人类使用。纵观全世界，不洁供水导致的疾病每天都会夺去 1500 个孩子的生命。

个人能够掌握的一些基础方法为解决缺水问题带来了一丝希望。撒哈拉以南的非洲地区和东南亚地区的农业产量可以通过收集雨水以及路面、屋顶的径流有所提高。淡化海水来获得饮用水通常价格昂贵而且能耗颇高，纳米技术的应用，以及对生物细胞渗透的模拟技术使之有了改进。

图为斐济的纳他多拉海滩上，人造垃圾和天然漂浮物混在一起的景象。

知识速记 | 印度尼西亚的水体中每平方米就漂浮着多达 4 块的垃圾碎片。

知识链接

地球海洋的变化过程 | 第三章“海洋”，第 112—115 页
全球性的垃圾堆积问题 | 第三章“危机四伏的星球”，第 122—123 页

我们如何清理石油泄漏?

在各种影响海洋的污染中，油轮泄漏是最难清理的一种污染。没有一种方法能处理所有的情况，但有一些通用技术适用于多种不同的石油泄漏。

空中侦察通常是必需的，以确定漏油的范围，判断漏油事件是发生在公海上还是近海岸处。空中调查能够提供漏油性质和沿海高危地点的信息。

直接处理漏油时，用称为“围栅”的浮动屏障将漏油围起来。这些围栅使得溢油回收器（可以是船只、真空机或吸油绳索）能够将泄漏的油收回到容器里。还可以用化学分散剂分解石油，减少其破坏性。在某些情形下，点燃新的漏油也许是最佳做法，尽管漏油燃烧会造成污染和危险。

2007 年韩国的一次石油泄漏事故，志愿者和环境专家加入救援队伍中，清理首尔西南泰安郡附近的海岸线。

如果漏油到达海岸，则可采用其他清理方式。包括使用加压的水软管、真空油槽车，还有喷洒吸油材料。有时候清污人员会把海岸上的沙子搬到别处进行清理，然后再运回。

拯救海上或岸边被漏油污染的鸟类及哺乳动物时，必须用温和的清洁剂，例如洗碗用的洗洁精，小心地清洗它们。这项艰巨的工作需要大量人力，通常会由专门的志愿者来完成。但即便如此，还是无法保证受到影响的动物能够存活下来。

知识速记｜2010 年“深水地平线”钻井平台泄漏的石油相当于美国一天石油用量的 1/4。

海洋上漂浮的垃圾

太平洋上漂浮着废弃塑料的海域面积是美国陆地面积的两倍之多。来自陆地、船舶和石油平台上的塑料垃圾贴着海面打着旋儿漂移，并经常沉积在美丽的夏威夷海滩上。

在夏威夷岛两侧呈扇状延伸的就是东西太平洋垃圾区。这些垃圾区的垃圾小到塑料微粒，大到足球乃至皮划艇。当然，这样的海洋垃圾不仅是太平洋里有。据联合国估测，每平方英里海面，就漂浮着 46000 块塑料垃圾。

知识链接

水里或近水动植物｜第五章“水生生物群落区”，第 212—213 页
不断增长的世界人口及其影响｜第六章“世界人口”，第 250—251 页

CHAPTER 4

地球上的生物

哥斯达黎加的一只色彩鲜艳的绿骨蛙

生命起源

早期生物

原核生物
单细胞细菌
太古宙时期：39 亿—35 亿年前

蓝绿藻
最初的植物；光合作用
太古宙时期：35 亿—25 亿年前

真核生物
多细胞生物；细胞中有
含染色体的细胞核
元古宙时期：25 亿—10 亿年前

多细胞动物
软体多细胞海洋生物
元古宙时期：20 亿—5.4 亿年前

三叶虫
体躯分节的海洋节肢动物
寒武纪时期：5.4 亿年前

地球上的生物历经 35 亿年，从单细胞演变成了复杂的多细胞生物。它们遍布地球的各个角落，是这颗行星的标志性特征。生命存在于生物圈，这是介于地球对流层上层和多孔岩石沉积物表层之间薄薄的一层空间。生物圈的规模一直在增长，性质一直处于变化之中，同样，生物圈中的有机成分和无机成分之间的关系也在发生着变化。

起初，地球条件有限，这反映在首批由分子结构单元组成的细胞上。早期的生物是单细胞原核生物（如细菌），它们没有真正的细胞核。15 亿年后，真核生物（如变形虫）才出现，真核生物是有边界清晰的细胞核、依赖氧气生存的单细胞生物。这两类生物细胞伴随着时间一直存续到今天，同时也进化出了今天地球上无数种类多得惊人的生物类型。

知识链接

地球早期 | 第三章“地球的形成”，第 80—81 页
地球上令人惊异的生物多样性 | 第四章“生物多样性”，第 174—179 页

人类不应被视为地球上的终极生物。正如涉及自然选择的一切情形，智人的进化之路并非预先设定好的，而是有过多种可能性。人类进化必须有一系列有利环境条件。假如不是6500万年前的那场浩劫，恐龙可能依然是地球上的脊椎动物之王，就像它们与早期哺乳动物共处的1亿年那样。要说哪类生物寿命最长、适应能力最强，那就是细菌了。它们起始于天地之初，而且十有八九能熬到最后。

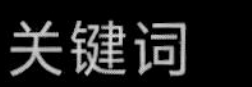

关键词 **真核生物（eukaryote）：源自希腊语，eu意为“好”，karyon意为“坚果”或“核”。真核生物由单个或多个细胞组成，且细胞内含有核膜包裹的边界清晰的细胞核和细胞器——微小、独立的细胞组成部分，发挥特定的功能。原核生物（prokaryote）：源自希腊语，pro意为“之前”，karyon意为“坚果”或“核”。原核生物是没有清晰细胞核的细胞生物。**

什么是光合作用？

光合作用是在太阳驱动下发生的一种生命过程。光合作用通过食物链直接或间接地为地球上的大部分生物提供能量。绿色植物、某些藻类、蓝藻（以前称为蓝绿藻）和相关生物能够进行光合作用，后两者承包了海洋中大部分的光合作用。

在光合作用过程中，植物捕获阳光并吸收大气中的二氧化碳。植物根部输送来的水分与光和二氧化碳合成的最终产品就是葡萄糖，即植物的养分；副产品是氧气，通过植物叶片呼出。如此一来，植物便利用动物呼出的二氧化碳为动物提供呼吸用的氧气。

光合作用为人类提供一切所需食物（包括植物和食草动物）以及呼吸用的氧气。光合作用一旦停止，大气中的氧气可能在几千年之内就会消耗殆尽。

光合作用还创造了人类严重依赖的化石燃料的原材料。绿色植物形成大块的有机沉积物，通过地质过程转化为煤、石油和天然气。

阳光

光合作用

糖

特殊色素通常是指植物叶片中的叶绿素，可吸收阳光进行化学反应，产生能量。

植物叶片上的毛孔也称气孔，吸收空气中的二氧化碳。

色素产生的能量促进葡萄糖的合成，为植物体提供营养。同时，空气和水分被转化为氧气，透过气孔释放出来。

氧气

二氧化碳

根部从土壤中汲取水分。

水

知识速记｜地球上一半的氧气都来自海洋表面单细胞浮游植物的光合作用。

知识链接

包括细菌在内的古生物｜第四章“细菌、原生生物和古菌”，第148—149页
人类早期时代｜第六章“人类起源”，第218—219页

在澳大利亚的墨尔本博物馆研究三趾鹑

生物

林奈分类系统

域	Domain
界	Kingdom
门	Phylum
纲	Class
目	Order
科	Family
属	Genus
种	Species

人们创造了许多分类和描述体系来帮助区分和讨论地球上数量繁多的生物。公元前 4 世纪，亚里士多德提出将生物按自然属性而不是其外表形状来分类。他将脊椎动物和无脊椎动物区分开，并承认鲸和其他一些水生动物不是鱼类，而是哺乳动物——这在当时是十分前卫的做法。

亚里士多德的这套动物分类体系一直无可超越，直到 18 世纪，瑞典植物学家卡尔·林奈（Carolus Linnaeus）设计出一套动植物分类方法，他为每种植物或动物都指定一个由两个部分组成的名字，以区别于其他物种。林奈分类法从那以后不断得到充实细化。至今我们依然用林奈的二名法（又称双名命名法）来区分不同的属和种。

传统的分类法提供了一套有用的工具，对地球上近两百万已知和已命名的生物进行归类。近来，科学家开始聚焦物种间的进化关系，探索一种区分和归类生物的新方法。关注进化起源催生出了一种新的生物分类法，即支序分类学（cladistics，又称亲缘分支分类学）。

维利·亨尼希（Willi Hennig，1913—1976）是一名德国昆虫学家，他开创了支序分类学，这门学科高度依赖从 DNA 和 RNA 序列中得来的数据，靠计算机来生成基因进化树，也就是所谓的进化分枝图。随着越来越多的数据得到评估，进化路径日益精确。

知识速记 | 已知的约 175 万个动植物物种仅占所有物种的冰山一角。

知识链接

地质时期各阶段 | 第三章“地球的年龄”，第 94—95 页
DNA 和基因科学 | 第三章“地球的元素”，第 90—91 页；第八章“遗传学”，第 346—347 页

达尔文在加拉帕戈斯群岛收获了什么？

图为一只加拉帕戈斯象龟，它生活在太平洋的岛屿上，有 100 岁高龄了。这些爬行生物进化出了 14 个以上的亚种，这是进化研究中令人十分着迷的领域。

1835 年，查尔斯 · 达尔文对进化的最初理解萌生于距厄瓜多尔海岸约 1000 千米的加拉帕戈斯群岛（科隆群岛）上。这个由 19 座岛屿组成的偏远群岛位于三股洋流的交汇处，独一无二的气候条件使得比如企鹅、火烈鸟等物种得以共存。加拉帕戈斯群岛上 1/3 的陆生维管植物都是岛上的特有物种；此外，大多数爬行动物，几乎全部在此繁殖的陆禽，以及近 1/3 的水生物种也都是如此。

加拉帕戈斯群岛气候干旱，土壤贫瘠，地形崎岖，这种极具挑战性的自然条件让达尔文有机会目睹物种——如加拉帕戈斯象龟和达尔文雀（又称加拉帕戈斯地雀）——是如何适应一个近乎实验室一般的封闭环境的。如此深入的观察和广泛的现象关联奠定了他的进化理论的基础。

今天，尽管联合国将该群岛认定为世界自然遗产，但由于各种各样的环境压力，它仍然处于威胁之中。

关键词 地方特有动植物（endemic）：只分布在特定区域的独特物种。物种（species）：指具有共同特征的近亲生物，可以杂交。支序分类学（cladistics）：源于希腊语 klados，意为“分支”。生物分类法（taxonomy）：指基于基因或进化信息对生物进行分门别类的科学。

卡尔 · 林奈 / 现代生物分类学之父

卡尔 · 林奈（1707—1778）曾在瑞典本土学习植物学和医学，后于 1735 年去往荷兰，在那里迅速通过了医学考试。之后不久，他出版了一本著作《自然系统》（*Systema Naturae*，英语名 *The System of Nature*），并在书中展示了他对自然三界（植物界、动物界、矿物界）的等级分类法。林奈分类法取代了其他以二分法为基础的分类法，他以个体物种为基础，向上建立了属、纲、界。其他分类级别是其他科学家后来添加补充的。他的双名命名法（物种的属、种）被认为是一大突破，因为它提供了可识别的速记法，尤其是在出版物中。林奈的作品极大地影响了查尔斯 · 达尔文和现代遗传学之父格雷戈尔 · 孟德尔。

知识速记 | 林奈是第一个用科学名称“智人”（*Homo sapiens*）来指代人类的人。

知识链接

岛屿的地质概况 | 第三章“岛屿”，第 102—103 页
进化与动物物种的种类 | 第四章“动物的奥秘”，第 170—171 页；第四章“生物多样性”，第 174—179 页

美国华盛顿州吉福德·平肖国家森林（Gifford Pinchot National Forest）保护区里长在树墩上的蘑菇

真菌和地衣

有用的真菌

黑曲霉菌
用于生产糖果和饮料的风味剂柠檬酸

米曲霉菌
用于生产日本米酒、酱油和味噌

头孢霉菌
头孢类抗生素的原材料

青霉菌
用于生产青霉素类抗生素

罗克福尔青霉菌
用于制作熟的蓝干酪

酿酒酵母
用于烘焙，以及啤酒和红酒的酿造

多孔木霉菌
器官移植中使用的药物环孢素的原材料

霉菌是真菌界（亦称菌物界）的成员之一——真菌界包括从单细胞酵母到蘑菇，从霉菌到生长在树木旁边的大片檐状菌等约 80000 种生物。许多真菌游离在土壤或水体中，而更多的则与动植物维持着寄生或共生的关系。绝大多数菌类是由被称为菌丝的细胞束组成的，而菌丝结合在一起就形成了真菌体或真菌团块，这些集合体又称为菌丝体。

和蓝藻一样，真菌曾被归类为植物。在今天的大多数分类系统中，真菌是一个独立的界，而有时所谓的低等真菌，如黏菌类，则被归类为原生生物。藻类也属于原生生物。有些真菌和某些藻类（主要是绿藻）群落构成共生关系，形成一种被称为地衣的生物。

大多数真菌都是腐生生物；换句话说，它们以枯萎或死去的植物为食。真菌通过向它们吞噬的物质吐纳菌丝（一种单细胞细丝），从而在体

知识链接

生物分类 | 第四章“生物”，第 132—133 页
树木的特征及生长习惯 | 第四章“树”，第 142—143 页

外消化食物。而后菌丝产生分解食物的酶，使得营养能够被真菌吸收。不同于绿色植物，真菌没有叶绿素，因此无法进行光合作用。

森林中，真菌对植物残骸的再循环起着重要而有效的作用，使得营养能够被以菌类为食的生物所吸收。另外，大多数植物体希望有菌类与自己的根部系统构成共生关系，以帮助自己从土壤中获取食物和水分。

知识速记 | 腐生生物（saprophyte）：源自希腊语 sapro 和 phyton，sapro 意为“死亡”，phyton 意为“植物”。一种以死亡或腐烂植物体为食的生物。

亚历山大 · 弗莱明 / 青霉素的发现者

苏格兰细菌生物学家亚历山大 · 弗莱明（Alexander Fleming，1881—1955）曾致力于研究能够抵抗细菌感染的物质。“一战”期间，细菌感染带来的战壕热以及其他疾病夺走的生命比战斗伤亡还要多，于是他战后加倍努力研究。1928 年，弗莱明在研究金黄色葡萄球菌时，发现青霉菌集中的一片地方有一个无菌区。他从中提取到了足够的霉菌，这些霉菌具有抑制细菌生长的属性，可用于处理人类皮肤和眼睛的感染。1945 年，弗莱明与恩斯特 · 钱恩（Ernst Chain）和霍华德 · 弗洛里（Howard Florey）共同分享了诺贝尔生理学或医学奖，后两位完成了促进青霉素批量生产的研究工作。

知识速记 | 大部分头皮屑似乎都是由一种霉菌引起的，即糠秕马拉色菌。

与地衣的共生关系

地衣在外观上类似单个植物体，但事实上，它却是由一群藻类菌落形成的，它们嵌入菌丝体组成的基质从而形成一个生物体——这是体现共生关系的典型例子。

这种藻类和真菌的共生关系得益于获取食物和能量的两种不同方式的结合。地衣中的藻类通过光合作用合成食物，而真菌则从周围环境中汲取养分和水分。有了这两种方法，地衣就能在岩石或雪地等艰苦的栖息地中生存下来。

世界上至少有 15000 种地衣。它们是驯鹿的主要食物来源，在商业上还能用作食物和膳食补充剂，甚至可以作为染料使用。

地衣群落，中间的地衣名为英国士兵，其下方的是杯形小精灵，它们地处荒凉仍能存活，得益于藻类和真菌的共生关系。

知识链接

医学和药物学的进步 | 第八章“医学”，第 340—341 页
地球物种的多样性 | 第四章“生物多样性”，第 174—175 页

蕨类、苔藓及其他植物，美国华盛顿州奥林匹克国家公园

植物

植物的进化

无种子的维管植物
蕨类、楔叶类
4.1 亿年前

早期的种子植物
松柏类的前身
3.6 亿年前

苔藓植物
苔藓
3.2 亿年前

针叶植物
2.86 亿年前

苏铁植物
2.75 亿年前

被子植物
开花植物
1.3 亿年前

绝大多数古植物学家认为，陆地上的植物大都是由 4.3 亿年前淡水中的绿藻进化而来。存活至今的植物似乎进化了不少，因此植物学家猜想它们转移到陆地上之后衍生出了某些特质。原始植物结构简单，外观与现代植物大不一样。

最早的植物有笔直的茎干，没有根也没有叶，就更不用说开花了，那是很久之后才有的。不开花植物分为苔藓植物和维管植物两大类。苔藓植物缺乏输送水分和食物的系统。它们通常矮小，没有真正的根部。它们可以进行光合作用，而且大多以无性世代（又称孢子体世代）和有性世代（又称配子体世代）规律性相互交替的方式进行繁殖，这一点类似于蕨类植物。

早期的维管植物包括蕨类和楔叶类。这些植物通过产生孢子和世代交替的方式进行繁殖。这类植物还包括裸子植物（种子裸露）。和开花植物不同，它们的种子没有包裹物，而是位于球果种子的木质鳞片上。

包括松树、杉树、柏树在内的针叶植物也属于裸子植物，它们都可以开出雌、雄两种球花。雄球花会产生高质花粉，由风吹到雌球花上，与雌球花内的卵细胞结合，产出种子。种子成熟后，果鳞脱落展开，让种子播撒出去。

大约 2 亿年前，巨型裸子植物是地球上的植物之王。它们长成这样才能满足侏罗纪时期食草动物的胃口。

知识速记 | 巨型楔叶类植物是数百万年前变成煤矿的植物中的主要成员。

知识链接

地球的寿命 | 第三章“地球的年龄”，第 94—95 页
地球上的植物之最 | 第四章“植物的奥秘”，第 146—147 页

进化而来的植物

今天的许多植物在外观上与它们的史前祖先几乎没有什么差别，这些史前植物以苔藓类、楔叶类和蕨类植物为代表，多发现于潮湿的环境中。而其他史前植物则混在苏铁植物中，苏铁植物的历史可追溯到 2.75 亿年以前。

苏铁植物的外观类似棕榈树，树干呈柱状，叶子形成树冠，分雄树和雌树。它们通常生长在东西半球的热带和亚热带地区。苏铁植物不论雌雄，大多都能开出特大号的球花。现代银杏就是当时大量苏铁类中唯一的幸存者，野生银杏已经绝迹。银杏以前只在中国的东南部有，不过现在已经作为栽培植物而闻名于世。识别银杏的最佳标志是它们一簇簇的扇形叶片。

到了大约 3.8 亿年前，植物就分化为我们今天所见的样子了。由于有了专门的组织输送养分和水分，壮大茎干，与树大小相似、形态接近的植物也繁荣起来。芽孢类结构不久就出现了，最终发展成为开花植物。

澳大利亚西部的苏铁很可能和恐龙时代的苏铁大同小异。

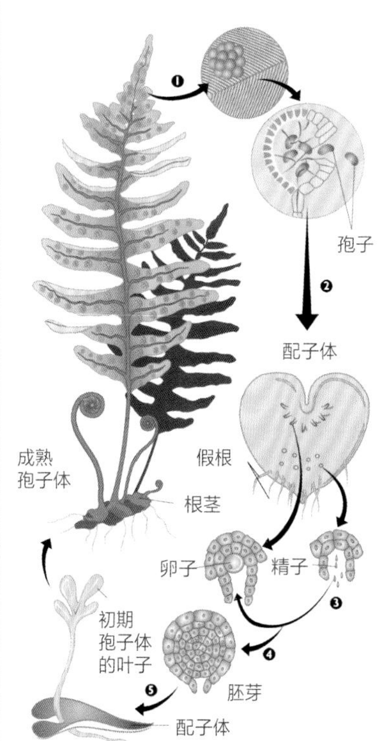

蕨类植物是如何繁衍的？

蕨类的繁殖方式不同于能够开花结果的显花植物。蕨叶的下面通常可以看见一排排叫作孢子囊的黄棕色小点。这些孢子囊会形成孢子，待其成熟后将其释放到空气中。

散落的孢子会生长成微小的、通常呈心形的植物，它们凭借假根把自己固定在地面上。它们的叶片下方有独立的结构，雄配子和雌配子体就在那里酝酿和成熟。

雨水使得雄配子的结构膨胀裂开，释放出带有鞭毛的生殖细胞，顺着水滴进入雌配子。雌配子受精后就会产生一簇新的蕨类植物，其复叶通常紧紧蜷在一起，最终慢慢舒展开来。

蕨类植物靠孢子而不是种子来繁衍，相比开花植物，这是一种较为原始的繁殖方式。

蕨类植物在地球上生活了约 3 亿年。它们在 3.59 亿至 2.99 亿年前的石炭纪开始繁荣，人们又把这个时期称为蕨类时代，因为这个时期它们是植物界的霸主。

石炭纪的蕨类现在已经绝迹，不过它们中的某些可能进化成了今天我们所知的蕨类植物。世界上已识别的蕨类植物多达 12000 种。

知识链接

开花植物的繁衍 | 第四章“开花植物”，第 139 页

澳大利亚大陆及其地理环境 | 第九章“大洋洲”，第 424—425 页

开花植物

任何维管植物，其花朵部位受精后能形成含种子的成熟果实，都属于被子植物，又称开花植物。开花植物首次出现在约 1.45 亿年前，今天 80% 的绿色植物都是开花植物。它们直接或间接地代表着地球上从昆虫到人类等动物的主要食物来源。

开花植物还是服装的原材料，例如棉花和亚麻，也是许多药品和药物的原材料和重要的建筑材料。花园里和家中的开花植物还为我们的生活增添了无穷的审美乐趣。被子植物有两大基本类型：木本和草本。乔木和灌木是木本植物的代表。草本包含的植物种类不仅仅局限于我们平常所指的草，而是分为一年生植物、二年生植物和多年生植物。一年生植物在一个生长季节内完成其整个生长周期。二年生植物第一年种子发芽生长，第二年开花结果，繁衍后代。多年生植物可以生长很多年，通常年年开花。它们虽然会在冬季死亡，但到了来年的生长季节，它们又会从土里的鳞茎、根茎、球茎和块茎等组织中发出新芽。

授粉是指同类植物的雄性配子（花粉）从花药上转移到雌蕊的柱头的过程，方式多种多样，有些授粉行为是随机的，而有些则需要精心安排。很多有花植物都需要传粉者将花粉传播到同类植物的其他植株上，传粉者大多为昆虫，也可以是鸟类、爬行动物和哺乳动物。这些花朵通常散发出浓烈的诱导气味，或在花瓣上留下指引。传粉者得到的回报则是营养丰富的花粉本身，或者是花朵内部产生的一种甜味液体，即花蜜。

对植物而言，花朵用于传宗接代。对人类而言，花朵带来美感和快乐。图为亚马孙地区的花农在采摘金盏花。

知识速记 | 风可以携带花粉到距离亲本植株 3000 英里（约 4828 千米）远的地方。

知识链接

植物繁衍中授粉的重要性 | 第四章“灌木”，第 141 页
服饰和纤维的来源 | 第六章“服饰”，第 242—243 页

什么是向光性？

很多植物和一些真菌，会表现出向着光源生长的趋势。这一特性也就是所谓的向光性（亦称正向光性），在有些物种当中尤为明显。

照射植物的光波长不同，植物的反应也不同，红光激起的植物反应最为强烈。名为植物生长素的植物激素触发细胞在植物内部膨胀变化，使植物向着光的方向转动。

一些藤本植物的嫩枝可能会有意背光生长。它们寻找暗处的物体攀爬；这一过程称为负向光性或背光性，即朝黑暗处生长。植物根部也表现为背光性，不过它们对重力也会产生强烈反应。

有些植物随着一天中太阳的运动而运动。这一行为叫作向阳性，与植物生长无关，因此不属于向光性。

开花是为了结果。花朵完成授粉和受精后，花瓣就会脱落，剩余的结构成长为果实，植物的种子就在果实中成熟。

关键词 维管植物（vascular plant）：指具有专门输导组织的植物，其输导组织大多为韧皮部（养分输导组织）和木质部（水分输导组织），统称维管组织。植物生长素（auxin）：指能够调节植物生长，尤其是促进茎部细胞加长并抑制根部细胞生长的一类激素。

花朵如何发挥作用？

在很多开花植物中，每朵花都含有雌蕊和雄蕊两部分；在其他开花植物中，雌花和雄花是独立生长的，有时甚至不在同一植株上。

花的雄性生殖器官也叫作雄蕊。花的雌性生殖器官则叫作雌蕊。花药是雄蕊的一个部位，能够产生花粉，即雄配子。柱头是雌蕊的一个器官，用以接受花粉。

花粉在花朵中传至子房，给其中的胚珠或卵细胞受精。这一受精过程刺激花朵产生种子。

花朵的各个器官

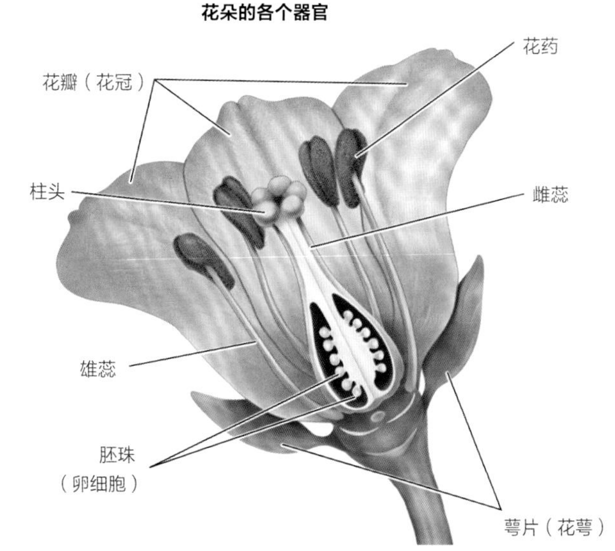

知识速记 | 东南亚大花草属的花朵和呼啦圈一样大，重可达 6.8 千克。

知识链接

昆虫的特征和分类 | 第四章“昆虫”，第 150—153 页
世界上生物群落的性质和种类 | 第五章“生物群落区”，第 194—195 页

灌木

灌木是多年生的木本植物，有几根或很多根茎，通常相当低矮，也可能长至 6 米左右。某些木本植物能长成大树，也可能只是灌木，这是由环境决定的。某些种类会形成一条主茎或树干以取代多条茎，这类灌木通常比普通灌木要高大。这在落叶灌木和常青灌木中都很常见。

观赏性灌木包括丁香和绣球。咖啡树和茶树是重要的经济灌木。树篱也属于灌木，数百年来用作院子或田地四周的绿色屏障。

木本维管植物和灌木除了拥有和草本植物一样的维管组织外，还衍生出一套不同的次生维管组织。这套次生系统包括额外的木质部，用于输导根部吸收的水分和矿物质，以及额外的韧皮部，用于输导光合作用制造的养分。

按照园艺家的观点，矮树丛和灌木并非一回事。矮树丛一般是低矮密集、枝条杂乱的木本植物。而外观更像树而且比普通灌木要高的木本植物叫作乔木。

风靡全球的咖啡产自热带、亚热带地区的灌木或小树。图为从印度尼西亚咖啡树上采摘咖啡豆的妇女。虽然咖啡树天性喜阴，但人们为了提高咖啡产量，有时强行将它们种植在阳光充足的地方。

知识链接

关乎世界温饱的食物｜第六章“食物”，第 244—245 页
过去和现在的农业｜第六章“农业”，第 246—249 页

什么是授粉？

授粉是植物界不可或缺的繁衍行为，即雄配子以花粉的形式与植物花蕊深处子房中的雌配子相结合。

授粉过程通常涉及开花植物和动物间的相互协作，动物用身体携带花粉。昆虫是最常见的传粉者，不过鸟类、蝴蝶、爬行动物甚至蝙蝠之类的哺乳动物也会参与其中。

红喉宝石蜂鸟是常见于哥斯达黎加蒙特韦尔德云雾森林保护区（Monteverde Cloud Forest Reserve）的一种蜂鸟，它在吸食兰花花蜜。与此同时，它也传播花粉。

落叶植物还是常绿植物？

落叶灌木和落叶树的叶子在一年中某一段时间（通常是秋天）落掉，而后进入一段蛰伏期，此时除了根部有限生长之外，生物进程处于停滞。许多种类的树和灌木，它们的叶子在脱落前都会先呈现出金黄色。荚蒾、绣球和连翘等都是落叶型灌木的代表。

常绿灌木和树木的叶子或针叶一年四季都不落。不过它们或多或少一直都在落叶，只是不易察觉罢了。在温带气候下，常绿植物生长的速度较慢，而且它们在冬天的光合作用比夏天更缓慢。

虽然落叶松和落羽杉这两种针叶树属于落叶植物，但是大多数针叶树如松树、云杉、铁杉和冷杉等都属于常绿植物。

冬青树（左侧上图）和美国红栌（也称烟树）是典型的常绿落叶灌木：两者均会落叶，但前者一年四季保持叶片繁茂。

知识速记 | 咖啡灌木的生长高度通常为 3 米左右。

知识链接

叶子季节性颜色变化的原因和过程 | 第四章“树”，第 143 页
鸟类的进化 | 第四章“鸟”，第 164—165 页

树

图为美国弗吉尼亚州约克镇的一棵苹果树，树干上满是啄木鸟留下的啄孔。

树构成了地球生物量中的绝大部分。活树制造氧气，输送水分，存储二氧化碳；枯木腐烂后滋养土壤，让地球生命所依赖的养分循环。无论是枝繁叶茂，还是零落成泥，树都为生物圈做出了贡献。

树属维管植物，生长出的主木质茎称为树干。一般情况下，树可长到 15 英尺（约 4.6 米），甚至更高。树与灌木有区别，灌木较矮且通常枝茎较多。树在维管植物的三大植物类群——蕨类、裸子植物和被子植物中均有分布。

裸子植物和被子植物都借助种子繁殖。前者种子裸露，位于球果上；后者种子不裸露，位于花的子房内。另一方面，蕨类植物，比如蕨树属于无种子维管植物。在一棵树中，并非所有部分都是有生命的，尤其是在成熟的树木体内。要维持这样大体量生命体的活跃，所需的能量超出了树木本身的供能能力。树干的内核也称心材，由不再为树木各部位输送水分的木质部构成。同样，韧皮部输送光合作用制造的养分，但其老化的表层构成了最外部的树皮。位于心材和树皮之间的边材才是保证树木鲜活的能量储存组织。

知识速记｜每棵树一生中平均吸收的二氧化碳可达一吨。

知识链接

光合作用的原理和必要性｜第四章“生命起源”，第 131 页
奇特的植物和树木｜第四章“植物的奥秘”，第 146—147 页

树叶为什么会变色?

白昼变短、温度下降之际，落叶树就为进入冬季蛰伏期做起了准备。由于缺乏足够的阳光和水分，光合作用停止了，树木必须依赖在生长季储存下来的养分过冬。

在美国阿拉斯加州的兰格尔－圣伊莱亚斯国家公园（Wrangell-St. Elias National Park）的埃利科特河（Ellicott River）中倒映的秋色。树叶呈现不同的颜色:有黄有橘，有红也有棕。

春天，叶子就在为将来化入泥土做准备。每片叶子的叶基都会形成一层特殊的细胞，称为离层。离层为叶子输送水分，再把光合作用生成的养分运回树木。

秋天，离层的细胞开始膨胀，离层底部形成一种类似软木塞的物质，最终截断树叶和树之间的所有输送。同时，离层顶部开始分解，使叶子易于脱落。

随着光合作用停止，叶子失去了维持其鲜绿的叶绿素。没有了叶绿素，其他颜色就呈现出来。比如，正常情况下叶子中有黄色和橙色，只不过被叶绿素掩盖了。枫叶变红则是因为光合作用停止时还有葡萄糖存在。橡树叶的浅褐色表示叶子中遗留有废料。

关键词 形成层（cambium）:植物中，位于木质部（输送水分）组织和韧皮部（输送养分）组织之间的一层活跃的具有分裂能力的细胞。

远古之树

长针叶型瓦勒迈松是从恐龙年代幸存下来的。人们从化石记录中了解到这种有 2 亿年历史的物种，一度以为它已经灭绝了。1994 年，澳大利亚公园管理人员发现瓦勒迈国家公园（Wollemi National Park）的内蓝山上有这么一棵树。之后又找到了 100 余棵成年树。出售这种树苗筹集的资金用于支持保护行动，以拯救并繁衍这一物种。

瓦勒迈松的化石复制品带我们回顾这株澳大利亚树 2 亿年的历史。野外存活只有不到 100 株——这是世界上历史最古老的现存树种。

知识速记 | 100 万颗橡树子里只有约一颗能长成成年橡树。

知识链接

史前年代的地球 | 第三章“地球的年龄”，第 94—95 页；第四章“生命起源”，第 130—131 页
落叶植物和常绿植物的区别 | 第四章“灌木”，第 141 页

药用植物

大自然用植物向人类提供了大量备用药物。植物是人类最原始的药物，即使在现代医药学诞生之后，植物依然是药品的一大重要来源。

所有传统文化中都有特定群体积累了药用植物（俗称草药）及其用途的专业知识。这些人有郎中、接生婆、巫师和其他人士，他们凭借对一些有治疗作用的植物及其用途的知识，来配药方和施救。已身为人母或祖母的女性通常掌握了这样的知识，所以有的“老祖母”药方多半有着坚实的草药医学依据。

今天，有很多人仍然在使用药用植物，无论是用于传统治疗，还是替代补充治疗，抑或将之作为新研究、新药物的组成成分。制药公司和政府研究项目定期地筛选植物，尤其注重有抗癌、抗艾滋潜在药用价值的植物种类。今天兴起的膳食补充剂就是数千年传统的延续。

至于药用植物的重要性，数据最有发言权。处方药中 50% 都是来自植物的天然成分。还有约 25% 是从植物直接衍生而来，或者直接以植物中的药物分子为模型制造出来的。这一比例近 60 年来都没什么变化，说明植物具有长久的药用价值。

美国亚利桑那州温斯洛的一名美洲原住民草药师在收集野生植物，用来制作汤药、药膏和熏香，用于药物和精神治疗。许多原住民收集使用的草药疗法启发了现代医学。

知识速记 | 薰衣草的香气已被证明具有助眠作用。

知识链接

世界上的家族和家庭传统 | 第六章“人类家庭”，第 222—223 页
现代医学的新进展 | 第八章“医学”，第 340—341 页

巧克力的价值

在美洲的古代文明中，巧克力也称可可，是一种神圣的植物。约公元前 1200 年，奥梅克人（Olmecs，生活在墨西哥的古印第安人）最早开始食用可可，然后玛雅人和阿兹特克人延续了下来。阿兹特克人限制饮用可可种子制成的饮品，仅限于礼仪使用，或高层男性，如牧师、政府官员和勇士的消费饮用。

中美洲人认识到可可的特性，将它用于治疗肠胃不适、镇定神经和作为兴奋剂。可可、玉米和其他草药混合物可以治疗发烧、气短和心悸。食用可可花可抗疲劳；可可脂，即可可豆中的油脂，可缓和烧伤，并缓解皮肤瘙痒和嘴唇皲裂。欧洲探险家把可可和巧克力带入西方文化，在那里，可可作为美食和药用植物变得极受欢迎。可可的种属学名被定为可可属（Theobroma），意为“神的食物”。

今天的研究表明，可可的种子（可可豆）含 300 多种不同的化合物。这些化合物包括属于兴奋剂的咖啡因和可可碱。可可碱是一种生物碱，具有镇定大脑、振奋神经系统的作用。可可还含有缓解抑郁、引发轻度快感的化合物，以及有助于预防癌症和心脏病的强抗氧化剂化合物。一些医学专家甚至建议每天服用约 30 克的黑巧克力，因为它有利于心血管的健康。

豆荚中的可可豆成熟了，悬挂在科特迪瓦的大片可可树上。科特迪瓦是全球最大的可可豆生产国。

关键词 抗氧化剂（antioxidant）：一种化合物，可以保护细胞不受氧自由基分子的破坏。氧自由基是疾病和老化的主要原因。

什么植物可以治疗现代疾病？

药物	产出植物	所治疾病
茶碱	可可	哮喘
麻黄素	麻黄属植物	呼吸道堵塞
长春花碱、长春新碱	长春花	肿瘤、白血病
紫杉酚	短叶紫杉	肿瘤
吗啡、可待因	罂粟	疼痛
地高辛	毛地黄	心脏病
奎宁（金鸡纳霜）	金鸡纳树	疟疾
麝香草酚	百里香	皮肤癣
左旋多巴	藜豆	帕金森病
阿司匹林	白柳	疼痛及其他小病小痛

毛地黄（也称洋地黄），欧洲和北美洲的野生物种，作为西药中众多植物化合物原料中的一种。

抗癌植物中约有 70% 只生长于热带雨林，而经过药用筛选的热带植物还不到 5%。

知识链接

世界上的可食用植物 | 第六章“食物”，第 244—245 页
热带雨林生物群系中的动植物 | 第五章“热带雨林”，第 198—199 页

马达加斯加的猴面包树

植物的奥秘

植物之最

最大的花
宽 1 米，重达 11 千克
大王花，学名为阿诺尔特花
发现于苏门答腊岛和加里曼丹岛

最小的花
宽 0.10 ~ 0.25 厘米
浮萍，浮萍亚科植物
漂浮性水生植物，世界范围内都有

最高的树
高 115 米
北美红杉，常绿红杉属植物
2006 年发现于红木国家公园

活着的最老的树
根系已有 9550 年
挪威云杉，云杉属植物
2004 年发现于瑞典

有些种类的植物能够进化出奇特的外观，或者令人惊奇的汲取营养、繁衍后代以及适应环境的方式。这些植物的进化方式使之从与对手的竞争中脱颖而出，吸引了人类眼球，也验证了生物适应生存的高度复杂性。

植物可能会呈现令人意想不到的、不像植物的形状和颜色，与环境融为一体，通常是为了避免被动物食用。在营养难以汲取的地方，一些植物会像寄生虫一样依附在其他植物上不劳而获，或寻找不寻常的营养来源，比如昆虫。

一些开花植物甚至具备极端的繁殖技巧。比如海芋属植物，它们会散发出腐肉的气味，吸引苍蝇前来完成授粉。发热植物是一种很奇特的植物，主要发现于热带地区，其内部形成一种发热环境，散发气味吸引甲虫等昆虫前来传粉。

知识速记 | 非洲的猴面包树可在其树干和低处枝丫上储存 25000 加仑（约 94635 升）的水。

知识链接

花朵在植物繁衍中的角色 | 第四章“开花植物”，第 139 页
奇特的动物 | 第四章“动物的奥秘”，第 170—171 页

食肉植物

生活在营养匮乏、阳光稀缺等地方的某些植物通过其他方式获取能量。食肉植物至少在某一段时间内靠诱食昆虫来摄取营养。这些食肉生物更准确地说属于食虫生物，通常生活在泥塘或沼泽中。

捕蝇草是 600 多种食虫植物之一，在南卡罗来纳州和北卡罗来纳州的沼泽地里十分常见。这种植物的叶片上带着铰链，昆虫落在上面，叶子就会一下子收紧，捕获住昆虫。叶片内面的茸毛能感应到昆虫的存在。昆虫要触碰这些茸毛两次以上，陷阱才会启动——这样一来，植物对可能是落叶等非生物的单次触碰就不会做出反应。一旦捕蝇草抓住了猎物，叶子里面的流体就会将昆虫分解为营养液，供植物吸收。捕蝇草每饱餐一顿，要过 10 天左右才会重开陷阱。

其他食虫植物还有猪笼草和茅膏菜。猪笼草用分泌有液体的杯状腔体捕捉并淹死昆虫，然后加以分解。猪笼草的茎干上布满了具有强黏性的晶莹液珠，以此吸引昆虫。黏性的茎部表面困住昆虫之后，植物叶子就会卷过来，开始消化过程。

这株肉食性捕蝇草通过光合作用产生养料，而困在黏糊糊的叶子中的蝇虫将被作为补充养分。

关键词 一棵豚草植株可产生 10 亿颗花粉颗粒，而一颗花粉可能随风旅行 100 英里（约 160 千米）之远。

澳大利亚圣诞树长出吸器（也称根部），从宿主植物处汲取养分。和其他寄生植物一样，不依靠光合作用生存。

食草植物

寄生植物会掠夺其他植物的资源。有的侵入其他植物的根系，有的直接攀附在树干和树枝上。许多寄生植物甚至连光合作用都没有，所有养分都依赖宿主植物获取。菟丝子就是一种侵略性寄生藤本植物，它的叶片很小。

还有一些植物被称为半寄生植物，虽然自身可以进行光合作用，但还是从宿主植物那里汲取养分。槲寄生科的植物就属于这一类。槲寄生的黏性种子粘在一棵树或其他宿主植物上，长出一条根来，深入树的边材汲取养分。

某些寄生植物不会区分宿主是植物还是非生物，至少一开始是这样。西澳大利亚州的一种圣诞树就是一种不需依靠支撑物的槲寄生科植物，现在它们已成为电缆安装工人的一大祸害。其根部可延伸 90 米远，深入周围树木的根部汲取水分。在这个过程中，它们会伸入通信电缆，造成电缆频频断路，损失极大。只有极厚，当然也极其昂贵的电缆线才能抵抗这种植物。

知识链接

地球上昆虫的种类 | 第四章“昆虫”，第 150—152 页
地球上生物的多样性 | 第四章“生物多样性”，第 174—175 页

细菌、原生生物和古菌

细菌的种类

球状细菌 / 球菌
例子：
链球菌属（包括能够引起猩红热和风湿热的菌类）
葡萄球菌（包括能够引起食物中毒的菌类）

杆状细菌 / 杆菌
例子：
枯草芽孢杆菌（用于制取杆菌肽，一种抗生素）
炭疽杆菌（引发炭疽热）

螺旋状细菌 / 弧菌、螺旋菌、螺旋体
例子：
霍乱弧菌（引发霍乱）
伯氏疏螺旋体（引发莱姆病）

盐杆菌，一种嗜盐菌

细菌、原生生物和古菌都属于微生物——大多是单细胞生物。细菌属于原核生物，是 DNA 没有核膜包裹的有机体；而原生生物属于真核生物，是有着边界清晰的细胞核的有机体。古菌是 20 世纪 70 年代末才发现的一种古代生命形式，是有别于细菌的一种原核生物。它们是这一群体中的极限挑战者，能够在最恶劣的环境中生存下来。

尽管细菌体积小，是单细胞结构，但其特征以及行为的范围之广、复杂程度之高却令人惊讶。它和古菌都是地球上最早的生命形式。蓝藻又称为蓝绿藻，可追溯至 30 亿年前，其形成的光合作用有助于地球大气的形成。

原生生物种类多样，包括原生动物、藻类和低等菌类。它们和动植物具有相似的特征。原生动物在世界范围内的土壤和水域中相当常见，大多数都与其他生物有共生甚至寄生关系。藻类是许多水生栖息地的主宰者，它们的体型差异很大——小的只有几毫米长，海带则可长达 60 米。

显微镜下的古菌与细菌很相似，但在生物化学和基因层面上有别。这些生物都生活在深海热水口，甚至是地底下的石油矿里。但在更为正常的环境中还是一样繁衍，包括和公海上的浮游生物共生。

知识速记 | 人体内的细菌数量是细胞的 10 倍之多。

知识链接

青霉素的发现和它在抗细菌感染中的作用 | 第四章“真菌和地衣”，第 135 页
作为栖息地的地球海洋 | 第五章“水生生物群落区”，第 212—213 页

什么是病毒？

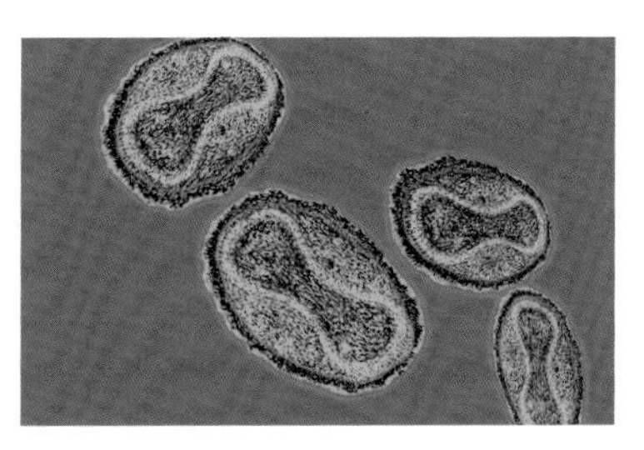
天花是由天花病毒微粒（上图所示）进入宿主细胞所引起的。自1980年天花绝迹以来，天花病毒仅在美俄两国的研究中出现。

病毒是一种微小的感染颗粒，可侵入动植物和细菌宿主体内。单个病毒个体称为病毒粒子，只不过是一束基因物质（DNA或者RNA），不具备细胞结构。相反，它包裹在一层称为病毒外壳或衣壳的蛋白质外壳里。有些病毒的衣壳外还有一层叫作包膜的额外包裹。

病毒一旦离开宿主就无法存活。没有来自宿主细胞的基本原料，它们就无法合成蛋白质，也无法自主产生和储存能量。事实上，病毒的一切代谢功能都要依赖宿主。

由于病毒并不能独立存活，离开宿主细胞就无法繁殖，因而一些科学家拒绝将病毒归类为生物。病毒通常不归属于植物、动物或细菌，因此自成一类。

然而，病毒能做的是感染或引发疾病。幸运的是，大多数动物的免疫系统都能够抵御许多种类病毒引起的感染。虽说抗生素无法治愈病毒性疾病，但疫苗可以预防这些疾病，而且许多广泛传播、危及生命的暴发性病毒，如天花病毒，都通过疫苗得到了控制和根除。

关键词 微生物（microbe）：指微生有机体，是众多尺寸微小、结构简单的生命群落之一，包括细菌、古菌、藻类、真菌、部分病毒。细胞质（cytoplasm）：指真核细胞中细胞核之外的部分。发酵（fermentation）：指无氧呼吸过程。从生物学角度而言，这一过程使细胞能够从厌氧分子（如葡萄糖）中获取能量。

路易·巴斯德 / 微生物学的先驱

路易·巴斯德（Louis Pasteur，1822—1895）25岁时就拿到了4个大学学位。作为法国里尔大学新科学专业的系主任，他为工厂的工人创建了夜校，课程涵盖了科学的工业应用。他还利用酒精和牛奶做发酵实验。1863年，巴斯德搬进了皇帝拿破仑三世为他建立的生理化学实验室之后，开始解决“自然发生说”的问题：生物是在某种物质的基础上自然长出来的吗？比如蛆虫从腐肉中产生，或者象鼻虫从小麦上产生。巴斯德知道，接触空气后，发酵会加速，于是证实了空气中的微生物导致了腐烂。他发明了以自己的名字命名的巴氏杀菌法，杀死有害微生物以存储食物。

我深信，生命是宇宙不对称的直接产物，这一点也是众所周知的。

——路易·巴斯德，1874年

知识速记 | 变形虫的活动依赖伪足，也称假足，是动物运动最原始的形态。

知识链接

世界食品安全的挑战 | 第六章“食物”，第244—245页；第六章“现代农业”，第248—249页
医学中对病毒的关注 | 第八章“医学”，第340—341页

哥斯达黎加一处国家公园里展示的昆虫标本

昆虫

昆虫纲

蜻蜓目 / 蜻蜓

网翅目 / 蟑螂和螳螂

直翅目 / 蝗虫和蟋蟀

等翅目 / 白蚁

半翅目 / 蝽

鞘翅目 / 甲虫

蚤目 / 跳蚤

双翅目 / 苍蝇

鳞翅目 / 蝴蝶和飞蛾

膜翅目 / 蚂蚁、蜜蜂和黄蜂

节肢动物门包括昆虫纲、蛛形纲和甲壳纲，占地球上动物的 84%。这一纲目囊括了一百多万个蠕动、爬行和飞行的动物物种，地上地下、水里天空，它们分布在全世界所有的大陆和生物群落中。科学家还在不断发现新的物种。

包括昆虫在内的所有节肢动物都是无脊椎动物——它们没有脊椎。昆虫具有由甲壳质组成的外骨骼，甲壳质是一种轻巧有弹性的含蛋白质物质。昆虫含头、胸、腹 3 个部分，有 6 只脚。许多昆虫还有触须和翅膀。大多数昆虫由虫卵孵化而来，会经历某种形式的变态发育过程，或者叫生命周期性变形。变态通常涉及蜕皮，即在昆虫成长过程中会蜕掉过小的外骨骼。

甲虫构成了数量最多的昆虫群

知识速记 | 在 1 平方英里（约 2.6 平方千米）的地方可能有将近 60 亿只昆虫安家。

知识链接

生物分类 | 第四章“生物”，第 132—133 页
蝴蝶和飞蛾的特征和生命周期 | 第四章“蝴蝶和蛾”，第 152—153 页

体，已知的物种就超过 36 万种。甲虫的硬壳躯体和硬化的前翅可以保护身体和后翅，它们在成年之前通常会经历从卵到幼虫再到虫蛹的蜕变。

人们总是将“臭虫”和“昆虫”混淆使用，但事实上，臭虫是一类特殊的昆虫，只占昆虫总量的 10%。它们一般有厚而硬的前翅，紧贴身体，末梢处薄而透明。它们的后翅薄而透明，而且翅膀收起时呈特有的“X”状贴在背上。

蜘蛛并非昆虫，而是节肢动物。同属节肢动物的还有蜈蚣、马陆、蜱和螨。蠕虫则又是完全不同的一类，属于环节动物。

关键词 幼虫（larva）：源自拉丁语 laurua，意为“幽灵”或“妖怪”。指一些动物出生或孵化后，在成年之前的早期活跃摄食的阶段。变态（metamorphosis）：指一种动物在一生中，其身体形态会发生不止一种的结构变化。蛹（pupa）：源自拉丁语 pupa，意为“女孩”“娃娃”“玩偶”。指昆虫从幼虫到成虫的休眠期。

蜜蜂都去哪儿了？

2006 年 10 月，美国的养蜂人开始注意到，他们蜂巢中的蜜蜂数量减少了 30% 到 90%。这种现象就是所谓的蜂群崩溃综合征。被感染的蜂巢通常仍然有一只活着的蜂后、一些蜂蜜和一些未成年的蜜蜂，但是却没有成年工蜂，无论死的、活的都没有。

可能的原因有：杀虫剂、新型寄生虫或病菌的出现，或者是蜂巢拥挤、营养不良等应激因素的组合。研究人员还发现，污染会削弱 75% 的花香味——这是又一个可能引起蜂群崩溃的因素。

蜜蜂蜂房的损失可能严重影响美国农业，尤其是坚果和其他果园作物的产量。蜜蜂常用于促进这些作物的授粉，以保证作物丰收。在受到蜂群崩溃综合征困扰的地区，农民们用卡车长途运来未受感染的蜜蜂以完成授粉。

蜜蜂是社交类昆虫，成千上万的个体一起群居。

知识速记 | 大齿猛蚁闭合下颚骨的速度比眨眼还要快上 2300 倍。

蟑螂有多古老？

大多数昆虫都有着古老悠久的血统。其中最悠久的莫过于蟑螂，它们在过去的 3 亿多年间几乎没多大变化。古生代的蟑螂化石（如左图），其大小和外形与今天的这种害虫几乎没什么两样。俄亥俄州东部的一座煤矿中发现的化石标本不仅有翅膀长达 3 英寸（约 7.6 厘米）的蟑螂，还有蜈蚣、马陆和蜘蛛。

知识链接

蜘蛛 | 第四章“蜘蛛及其家族”，第 154—155 页
地球上的史前生物 | 第三章“地球的年龄”，第 94—95 页；第四章“生命起源”，第 130—131 页

蝴蝶和蛾

蝴蝶和蛾类属于鳞翅目，鳞翅即“有鳞片的翅膀”。蝴蝶和蛾类飞行时所用的两对翅膀覆盖着重重叠叠的微小粉状鳞片，通常一擦就会掉下来。

几乎所有的蝴蝶和蛾类都有长长的称为喙的管状口器，用于吸食植物花蜜。它们以毛毛虫的形态度过幼虫期，狼吞虎咽地吞咽植物中的营养物质，之后经历变态并成年。

区别蝴蝶和蛾类的办法有好几种。大体来看，蝴蝶的体色比较鲜艳，而蛾类的体色相对单调。蝴蝶白天蹁跹，蛾类则喜欢夜间活动。蝴蝶细长的触角顶端有两个球形突起，而蛾类的触角向两侧伸展，且通常布满绒毛。静止不动时，蝴蝶的翅膀会合拢，而蛾类的翅膀总是平展开来。此外，蛾类的体态较蝴蝶更为“丰满”。在蛹期，蝴蝶是光滑而透明的蝶蛹，而蛾类则是毛茸茸的茧。

蛾类的觅食习惯对自然和人类世界具有破坏性。欧洲松梢蛾的幼虫啃食树木嫩芽，破坏了欧洲的大片松林。衣蛾的幼虫喜欢吃动植物纤维，比如棉花和羊毛，在衣服和地毯上留下破洞。

对蛾类交配行为的研究发现了信息素的作用，这些化学引诱剂能够引诱很多类动物的异性。即使是翅膀短粗、不能飞行、用于养殖生产丝绸的雄性蚕蛾也会受到这些化学物质的强烈诱惑。

在一个著名实验中，一只雄性蛾子闻到了普通家用风扇吹过来的气流中有雌性的气味，就拍打着短粗的翅膀跑向雌性蛾子去与之交配——毕竟它不能飞。一张带有信息素的纸也能产生同样的效果。

黑脉金斑蝶在墨西哥中部的一处水坑汇集，准备每年遥远的北上迁徙之旅。

知识速记 | 在亚洲热带地区发现的大柏天蚕蛾张开的双翅宽 20 ~ 30 厘米。

知识链接

有趣的动物交配行为 | 第四章“动物的奥秘”，第 170—171 页
纺织品的种类和历史 | 第六章“服饰”，第 242—243 页

丝兰

在自然界的所有动植物关系中，丝兰属植物和丝兰蛾构成了最为独特的一种关系。这些物种已经进化出一种相互依存的关系：只有丝兰蛾能够为丝兰属植物授粉，而丝兰属植物的种子是丝兰蛾唯一的食物来源。

在这种共生关系中，丝兰蛾在丝兰花底部产卵。幼虫孵化后就以花中的部分种子为食。其余的种子会生长成为下一代的丝兰植物。同时，幼虫会从植株上掉落下来，在土壤里结茧化蛹，变成下一代丝兰蛾。这些新生的丝兰蛾又会重复以上过程。

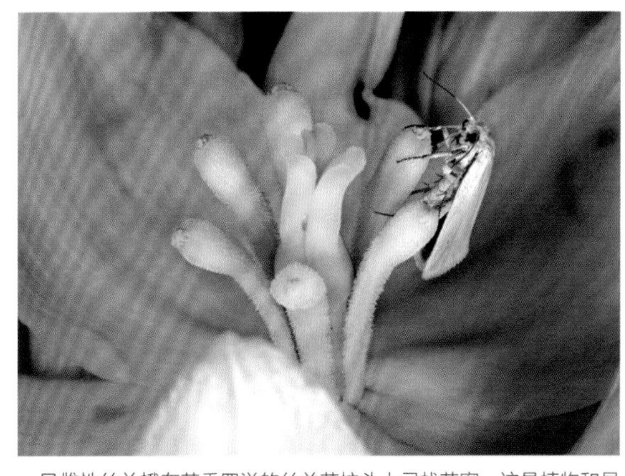

一只雌性丝兰蛾在芳香四溢的丝兰花柱头上寻找花蜜，这是植物和昆虫间复杂的共生关系中的一环。

知识速记 | 蝴蝶的翅膀常常有眼状斑点——这些醒目的圆圈可以吓退敌人。

从毛毛虫到蝴蝶

蛾类和蝴蝶成年所经历的变态过程很了不起，成了全世界神话和诗歌的素材。

蝴蝶始自卵。很快，一只幼虫，也即毛毛虫，咬开卵壳孵化出来。它先吃完之前的卵壳，再继续以树叶为食，并经历数次蜕皮。然后，它将自己附在一条树枝或其他物体上，开始化蛹的阶段。在蝶蛹内，毛毛虫化身蝴蝶。变形完成后，成年的蝴蝶破茧而出，伸缩双翅，让血液流入翅膀。待翅膀变硬、变干，它便展翅飞走。

与所有的蛾和蝴蝶一样，虎凤蝶从卵中孵化出来后要经历三种形态：幼虫（或毛毛虫）、蛹和成虫。整个过程耗时约一个月。蛾类也会经历类似的变态过程。

关键词 **蝶蛹（chrysalis）：源自希腊语，意为“金色外壳”。指毛毛虫化身成蝶的蛹期。茧（cocoon）：蛾类幼虫用自己的丝缠绕起来的保护壳，它在里面休眠并转变为成年的蛾子。**

知识链接

生物多样性｜第四章“生物多样性”，第 174—177 页
人类讲述神话和传奇故事的传统｜第六章“语言”，第 228—229 页

黑黄相间的长圆金蛛和困在蛛网中的螽斯

蜘蛛及其家族

蛛形纲

蜱螨亚纲 / 螨和蜱

无鞭目 / 鞭尾蝎

蜘蛛目 / 蜘蛛

盲蛛目 / 盲蛛

须脚目 / 微型鞭尾蝎

伪蝎目 / 伪蝎

蝎目 / 蝎子

避日目 / 风蝎、驼蛛、避日蛛

尾鞭目 / 有尾蝎、巨鞭蝎

在节肢动物中，蜘蛛所在的生物分类学类群称为蛛形纲，这一类群还有其他生物，包括螨、蜱和蝎子。蚩与它们的联系也很紧密。蛛形纲动物的身体分为两部分，有 8 只脚。蜘蛛具有的丝腺比较特殊，丝腺分泌的丝蛋白可以编织成网，包裹蛛卵或捕捉猎物。

大多数蜘蛛都能分泌毒液，并通过一对口器，也叫螯肢，把毒液注射到猎物体内，就像毒牙一样。另一对口器叫作须肢或螯，用于感知猎物。

蜘蛛和其他蛛形纲动物都是顽强的捕食者，它们无法囫囵吞食猎物，只能喷射消化液将其溶解为流质吸食。

蝎子的螯已进化为两只角须。蝎子尾部末梢还有毒刺，用来把剧毒性毒液注入猎物体内。蝎子白天隐匿于裂缝或洞穴中，晚上出来捕获猎物。

知识链接

动植物物种的多样性 | 第四章“生物多样性”，第 174—177 页
栖息地或生物群落区的概念 | 第五章“生物群落区”，第 194—195 页

每一处栖息地几乎都有螨和蜱。这些数量庞大的物种有很多都是寄生虫，以其他动物的体液为食。甲壳纲动物属于节肢动物的亚门，有45000种，它们所体现出的特征也是千姿百态。最常见的甲壳纲动物有龙虾、螃蟹和小虾。

有些甲壳纲动物生活在陆地上，但大多都栖息在咸水或淡水中。它们的头部通常长着两对醒目的触角和复眼，还有三对咀嚼式口器。

知识速记｜南美捕鸟蛛体宽30厘米，能够捕食昆虫、青蛙、蝙蝠、啮齿动物，乃至幼鸟。

蜘蛛网的种类

蜘蛛从丝腺中分泌细丝来织网。有些蜘蛛甚至有7个专门的丝腺，每个丝腺分泌不同作用的丝蛋白，有体后避敌丝、蛛网框架丝、卵鞘丝以及其他具有专门用途的丝。

根据蜘蛛网可对蜘蛛进行分类。

球形网呈环状。

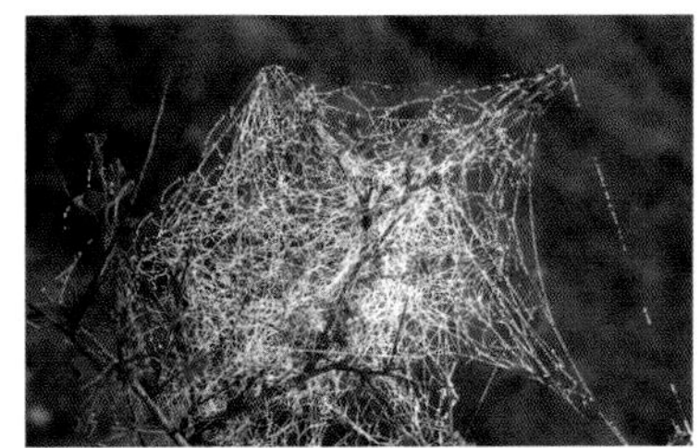

片状网铺开成平面。

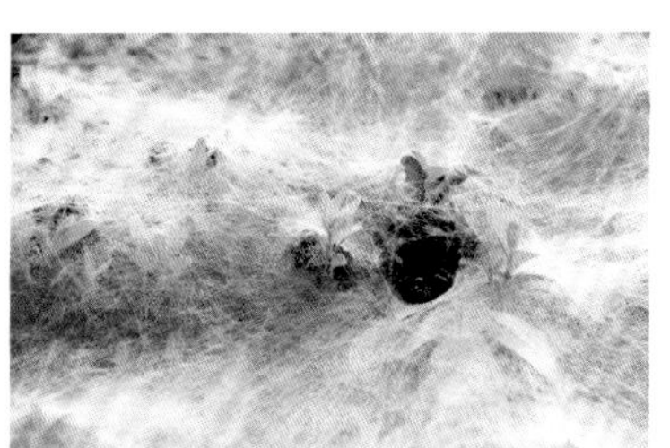

斗网含有一个藏身之洞。

知识速记｜世界上约4万种蜘蛛中，只有大概30种带有能引起人类疾病的毒液。

鲎：活化石

鲎（又称马蹄蟹）根本不是蟹类动物，而是蜘蛛的近亲，而且有着悠久的血统。类似鲎的动物，其痕迹可以追溯到2亿年前。鲎的身体如铰链，头部状似马蹄，尾棘细长。它们能长到60厘米长，生活在亚洲和北美洲的东海岸。

鲎以螃蟹、软体动物、蠕虫及其他猎物为食。它们贴着海底游动，也能蠕动身体并用尾棘和后腿推着自己在淤泥中前进。

涨潮时，会有成千只鲎被冲上陆地。雌鲎在沙滩上凿坑，往里面产下数百颗卵。雄鲎紧接着用精子覆盖在卵上。不出几个星期，长约3毫米的小鲎就孵化出来，随着潮水进入大海去完成自己的生命周期。

在新泽西州海岸6月初的繁殖季节，一群雄鲎围着一只雌鲎。

知识链接

地球的海洋和潮汐｜第三章“海洋”，第114—115页
史前生物的进化｜第四章“生命起源”，第130—131页

美国俄勒冈州的海蛞蝓

软体动物

最长的软体动物

大王乌贼
Architeuthis species
身长可达 1700 厘米（估测）

大砗磲
Tridacna gigas
身长可达 130 厘米

澳大利亚香螺（又称澳大利亚圣螺）
Syrinx aruanus
身长可达 80 厘米

血红六鳃海蛞蝓（俗称“西班牙舞者”）
Hexabranchus sanguineus
身长可达 50 厘米

龙骨螺
Carinaria cristata
身长可达 48 厘米

斯特勒氏隐石鳖
Cryptochiton stelleri
身长可达 46 厘米

人们捡到的精美海贝其实是无脊椎软体动物的保护壳。软体动物是指有一层叫作外套膜的组织薄膜包裹的动物，外套膜可以生成碳酸钙外壳。从海洋到陆地，从海底到山巅，软体动物的栖息范围很广。

典型的具壳软体动物分为四类：双壳类、多板类、腹足类和掘足类。双壳类，如牡蛎、蛤蜊、贻贝等都有两瓣开合的外壳。它们大多数都生活在沉积物中，也有的附着在坚硬的表面上。

多板类外观呈椭圆形，有 8 块紧紧连在一起的背壳。大多数多板类生物的身体就是一个扁平的足，用于吸附在表面或爬行。

腹足类，字面意思是“长在胃下的脚”，是数量最多的软体动物群落，包括螺类、蛞蝓和帽贝。它们大多都有螺旋形外壳，但有的如蛞蝓就没有外壳。

掘足类动物有着长长的管状外壳，两端都有口。较大的一端长着脚、头和触须；较小的一端控制水的进出以完成呼吸，并排泄废物。

章鱼、鱿鱼、墨鱼和鹦鹉螺都属于软体动物，又叫头足类动物（Cephalopods），这个单词的字面意思是“长在头上的脚”。它们的脚长在头部附近，是触须的变体。在这些动物中，只有鹦鹉螺有完整的壳，鱿鱼和墨鱼体内有外壳的残留物，章鱼则一点壳都没有。

头足类动物是食肉动物，也吃腐肉。它们将食物吞进口中，用像鹦鹉喙一样锋利的喙状嘴撕裂食物。头足类动物以喷水推进的方式游动。它们从身体中喷出水来，前后游动。而章鱼则利用其 8 只吸足了水的敏捷触须来游动。

知识链接

地球上的海洋 | 第三章“海洋”，第 112—115 页
地下水生环境中的动植物 | 第五章“水生生物群落区”，第 212—213 页

头足类动物有多聪明?

章鱼、鱿鱼和墨鱼这三大头足类动物已经表现出刻意、狡猾，甚至是颠覆性的行为，即便对此持怀疑态度的研究人员也不会注意不到这一点。这三类动物都表现出解决问题的能力，做游戏打发时间的能力，以及为了达到目的而引诱猎物、欺骗同类和饲养员的能力。

例如，水族馆里的章鱼会拆除水箱中的水泵，并利用惊人的逃生技术，趁夜溜到别的水箱吞噬鱼类，饱餐一顿后在破晓前溜回原地，只在墙上或水底留下一道泄露行踪的水迹。

鱿鱼能够游动要多亏了外套膜——一片环绕其头部的软组织。慢速游动时，外套膜有助于鱿鱼保持平稳和转弯。快速游动时，鱿鱼通过喷水前进，先吸入水，然后闭合外套膜，将水集中喷出。鱿鱼可以前后游动。

鹦鹉螺目：大自然的完美几何图形

虽然与鱿鱼、章鱼和墨鱼有亲缘关系，但鹦鹉螺是唯一有外壳的头足类动物。其外壳最初由几个壳室组成，鹦鹉螺就生活在最里面的壳室。随着这种动物的成长，新的壳室不断增加，但比例总是不变。鹦鹉螺的螺旋接近黄金分割 1 ： 1.618。

鹦鹉螺的种群集中生活在西太平洋热带地区。它们如今是濒危物种，主要因为它们的外壳非常受收藏家和古玩购买者的青睐。

知识速记｜大砗磲（巨蚌）重可超过 300 千克，它们把自己埋进海底，从此一动不动。

知识链接

人类的旅行方式｜第六章“交通运输”，第 252—253 页
数学思维中比例的重要性｜第八章“计算与测量”，第 322—323 页

人工培育出的杂交物种血鹦鹉鱼

濒危的食用鱼

大西洋蓝鳍金枪鱼

智利海鲈

石斑鱼

大西洋胸棘鲷

大西洋鳕

大西洋庸鲽

鲷鱼

鲨鱼

鱼类占世界上已知脊椎动物的半数以上，确认的品种有 24000 多种。从大的水塘到极地海洋，不论是咸水、淡水或是半咸水，每片水域中都生活着鱼类。鱼类的体型大小不一，小到不足 3 厘米的虾虎鱼，大到 18 米长的鲸鲨。鱼的体色、形状千差万别，有些鱼类体色暗淡，与周围环境融在一起。

鱼分为三大类：无颌类、软骨类和硬骨类。无颌类包括盲鳗和七鳃鳗；软骨类包括鲨鱼和鳐鱼；硬骨类包括肉鳍鱼和辐鳍鱼。大多数鱼类都属于硬骨类。

绝大多数鱼类都有鱼鳞保护身体。几乎所有的鱼都有鱼鳍用于游动。飞鱼在短期内可以飞入空中，而步行鲇等鱼类也可以用它们的鳍在陆地上缓慢而吃力地行走。

鱼类繁殖大多通过雌性产卵，雄性体外受精。然而许多鲨鱼都是体

知识链接

地球上的水体和海洋 | 第三章“水”，第 110—119 页
水下生存环境 | 第五章“水生生物群落区”，第 212—213 页

内受精，从母体中活产。

许多鱼以蓝藻、昆虫幼体和其他小型海洋生物为食；但有些鱼，比如鲨鱼，却是不知疲倦的捕食者，它们甚至会猎食大型海洋哺乳动物。

鱼类成群结队，也叫鱼群，频繁游动。研究人员曾利用低频声呐侦测到有 2000 万条鱼的鱼群。

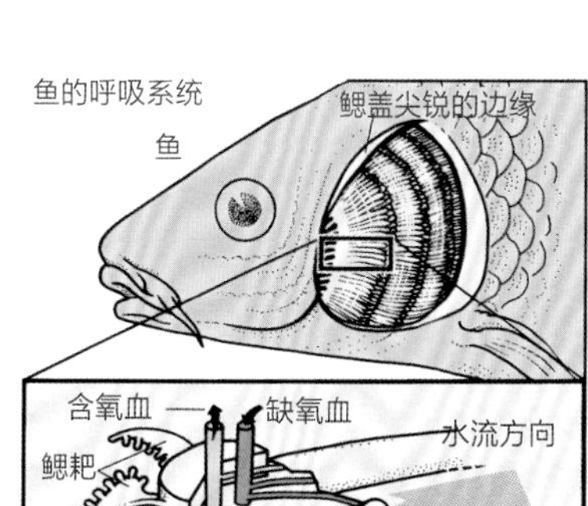

鱼是如何呼吸的?

鱼类大多用鳃呼吸，鳃是鱼身体两侧的拱形结构，包含鳃丝和鳃盖。水中含有氧气，水流入鱼张开的嘴，然后从鳃流出。鳃耙在水流通过时过滤颗粒物。

鳃丝和鳃盖中流动的血液将氧气溶入血液。鳃丝和鳃盖同时还把身体中的二氧化碳排放至鱼鳃，通过水流排出体外。包括鲨鱼和硬骨鱼在内的许多鱼类都有一个泵送机制协助呼吸。

离开水的鱼会窒息，这是因为鳃的呼吸结构失效，无法进行氧气交换。

鲑鱼的生命故事

每一条红鲑的一生都充满了迁徙洄游和身体的变化。红鲑是太平洋水域鲑鱼的一个亚种，又称为蓝背鲑。其英文名称“sockeye”，其实是它原来的印第安名称的错误发音。

成年雌性红鲑在河砾中产卵。当卵孵化时，富有营养的卵黄囊仍附在小鱼身上。小鱼在几天之内会吃掉附在身体上的卵黄囊，然后变成自由游动的鱼苗。

年轻的红鲑要在它们的出生地待上三年，是所有马哈鱼中时间最长的。然后，这些被称作初出茅庐的小马哈鱼就会迁徙到咸水中。它们在咸水环境中生活 1 ~ 4 年。

最后，它们洄游至江河上游生儿育女。红鲑向海中远行的时候，身体两侧呈银色，点缀着黑色斑点，头部呈蓝色；但是当它们返回产卵地时，它们的身体会变成亮红色，头部略呈淡绿色。到了繁殖年龄的雄性红鲑外观引人注目，背部拱起，紧锁的下颚中布满微小而清晰可见的牙齿。雌性和雄性红鲑在产卵后的几周就双双死去。

红鲑在太平洋七大鲑鱼类中数量排行第三，它们要逆流而上，游 1000 英里（约 1600 千米）才能到达产卵地。

知识速记 | 一些鱼类会变性好几次，以提高繁殖成功率。

知识链接

地球水生环境面临的威胁 | 第三章“水体”，第 126—127 页
鱼类和养鱼业的未来 | 第六章“现代农业”，第 249 页

非洲加蓬卢安戈国家公园里出生刚一天的尼罗鳄

主要蛇类

游蛇科
共 1700 种 / 长 0.3 ~ 3 米；很多种类均能产蛋 / 包括束带蛇、玉米锦蛇、乌梢蛇和食鼠蛇

蟒科
共 45 种 / 长 0.9 ~ 7.6 米；直接生小蛇 / 包括巨蟒、蟒蛇和水蟒

眼镜蛇科
共 315 种 / 长 0.6 ~ 6.1 米；具有含毒液的毒牙；直接生小蛇或下蛋 / 包括眼镜蛇、树眼镜蛇、珊瑚蛇和太攀蛇

蝰蛇科
共 260 种 / 长 0.3 ~ 3.6 米；眼睛是垂直瞳孔；具有可活动的下颚；嵌入上颚的毒牙释放毒液 / 包括响尾蛇、蝰蛇、北极蝰、铜头蝮蛇和水蝮蛇

爬行动物

爬行动物属于古老的脊椎动物，已经在地球上生活了 3 亿多年。它们主要分为四大类：鳄类、蛇类、蜥蜴类和龟鳖类。爬行动物是冷血动物，在温和的热带地区比较常见，生活在咸水或淡水中，也生活在地上、地下或树中。少数物种生活在北极圈，靠晒太阳取暖生存。生活在炎热气候里的爬行动物白天通常待在阴凉处或地下。

与哺乳动物和鸟类一样，爬行动物也是体内受精。大多数物种中的雌性受精后产卵，但有些蛇类是胎生。虽然雌性鳄鱼是很有母性的动物，但鲜有爬行动物会抚养甚至喂养幼崽。它们中的大多数都在产蛋之后就扬长而去了。

龟鳖类以长寿著称。北美箱龟能活 30 年，而一些巨型陆龟据说能活一个世纪，圈养的话甚至更久。许多海龟需要 20 ~ 40 年才能性成熟。

总体而言，爬行动物不需要像鸟类和哺乳动物那样经常进食，它们可以几天甚至几周不进食。灵活的下颚使得蛇类能够吞食比自身还大得多的猎物。

所有蛇类都属于食肉动物，有些是长着毒牙的捕食者，还带有攻击性。毒液的毒性各不相同。有些蛇的毒液只能迷晕猎物，但有些却能使猎物瞬间毙命。如钝尾毒蜥等少数蜥蜴也长有毒牙。

第五类爬行动物比较罕见，叫斑点楔齿蜥，是史前恐龙时期就存在的一大类喙头蜥目爬行动物的幸存种类。

知识链接

赤道及热带地区 | 第一章“赤道和热带”，第 36—37 页
沙漠生物群落中的动植物 | 第五章“荒漠和干燥疏灌丛”，第 208—209 页

蛇是如何爬行的？

蛇类没有四肢，但其柔软的身体能够挤过狭窄的入口蜿蜒滑行，这一动作依赖于灵活的脊柱、发达的肌肉，还有它们身体下侧叫作鳞甲的特化鳞片的共同配合。

成年人的脊柱中有 26 块椎骨；蛇则可能有 400 多块，每一对肋骨都连着一块椎骨。蛇腹部叠在一起的鳞甲通过肌肉与肋骨相连。

蛇爬行时，鳞甲下侧紧扣地面，靠肌肉推动身体前行。蛇的运动模式和它们通过的地形有关。在沙漠中，侧向蜿蜒的蛇有防滑妙招：蛇向前方和两侧摆动头部和上身。下身和尾部随着运动，腹部抬起，远离滚烫的沙子，在沙漠上留下一种“J”形图案。

有些蛇还会爬树。蛇爬树的时候，像手风琴风箱一样盘卷身体，用尾部做锚，然后头部前伸，获取动量，使身体其他部位保持动作一致。

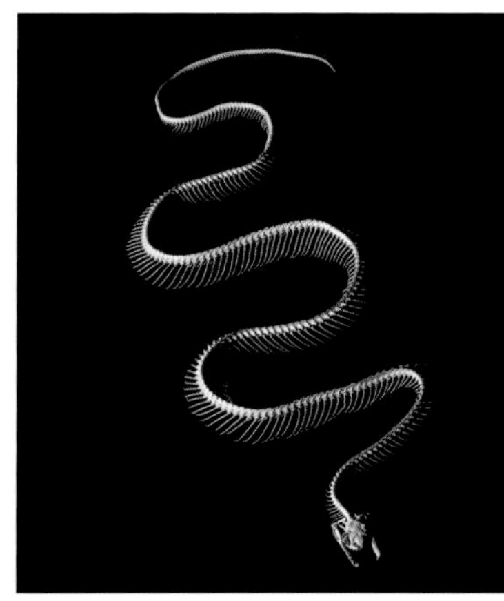

蛇的脊椎长且灵活，这要归功于它们比其他脊椎动物含有更多的脊椎。

关键词 冷血（cold-blooded）：指体温会发生变化，且通常只比周围环境的温度稍高一点。脊椎动物（vertebrate）：源自拉丁语，表示“关节”的意思；可能起源于拉丁语单词 vertere，意为“转向”。指脊椎动物亚门中的所有动物，它们有脊柱，有两侧成对的身体组织构成的一个肌肉系统，以及一个半封闭在脊柱中的中枢神经系统。

鳄鱼还是短吻鳄？

鳄类可通过吻和颚的形状进行辨识。鳄鱼的牙齿整齐地排列在整个颚部，即使嘴巴闭合时也能看到。它们栖息在咸水环境中，身体颜色呈橄榄绿。短吻鳄的牙齿集中在前颚，嘴巴闭合时无法看到。短吻鳄属于淡水生物，生活在沼泽地或河流中，身体颜色呈棕灰色。

除欧洲外，世界各大洲都栖息着各种鳄鱼。它们是食肉动物，但它们的食物因物种和周围环境的不同而各不相同。众所周知，鳄鱼和短吻鳄通常以昆虫、蛞蝓、蜗牛和甲壳动物为食，但鸟类和小型哺乳动物偶尔也会成为它们的猎物。

鳄鱼和短吻鳄都属于爬行动物，可以通过观察一些关键点来辨别，尤其是鳄鱼（上图）的口鼻部呈“V”形，而短吻鳄（下图）的口鼻部呈“U”形。

知识速记 | 2006 年，一家英国动物园的科摩多巨蜥产下了一颗没有雄性授过精的受精卵。

知识链接

河流的定义和地理环境 | 第三章“河流”，第 116—117 页
动植物物种的分类 | 第四章“生物”，第 132—133 页

棕纤钝口螈胚胎

两栖动物

濒危的两栖动物

哥伦比亚 / 261 种

墨西哥 / 234 种

厄瓜多尔 / 193 种

中国 / 134 种

秘鲁 / 107 种

危地马拉 / 90 种

委内瑞拉 / 82 种

印度 / 73 种

哥斯达黎加 / 67 种

两栖动物是鱼类的后代，也是首批离开水域进入陆地的脊椎动物。“两栖动物”一词表示“双重生活”，大多数两栖动物有时在水里生活，有时在陆地生活。两栖动物是卵生动物，通常在水中产卵。它们孵化成幼体后，用鳃在水中呼吸，成年后变为呼吸空气，且大多数时候栖息在陆地上。

两栖动物的皮肤无鳞，靠黏液腺保持皮肤湿润。许多两栖动物有肺可以呼吸，但还是通过皮肤呼吸。有些物种的皮肤会分泌毒素，威慑天敌，甚至杀死它们。

两栖动物主要分三类：青蛙与蟾蜍，蝾螈和鲵，以及统称为蚓螈的无足目生物。

青蛙是两栖动物的最大群体。它们和蟾蜍的区别是身体更长、更细，跳跃能力更强，皮肤更光滑湿润。青蛙是第一种有声带的陆地生物，一到晚上，它们的歌声就会在世界各地此起彼伏地响起。严格来说，蟾蜍属于

知识链接

鱼类如何用鳃呼吸｜第四章“鱼”，第 159 页
热带雨林中的动植物｜第五章“热带雨林”，第 198—199 页

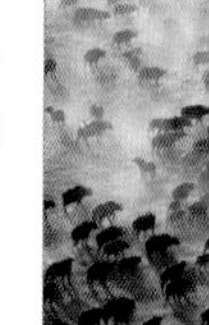

青蛙，但也有称为蟾蜍科的两栖动物。

鲵和蝾螈是第二大两栖类动物，其神秘面目难得一见。大多数物种都从产在水中的卵孵化而来。它们随后转化为有鳃幼体，并成为幼螈，在陆地上生活一段时间，成年后返回水中繁殖后代。

无足目蚓螈形似蚯蚓，是唯一有鳞的两栖类动物，鳞片藏在皮肤下方。绝大多数蚓螈目盲，生活在地下，用坚硬的头部掘土。

箭毒蛙的毒从何而来?

箭毒蛙栖息在中美洲和南美洲的雨林中。它们具有鲜艳的体色，看上去像是儿童玩具，但实际上它们是自然界中毒性最强的一类动物。人类已经学会使用它们的毒素。

例如，金色箭毒蛙只有 2 英寸（约 5 厘米）长，但含有的毒液足以杀死 10 个人。哥伦比亚西部的安巴拉人利用这种蛙的毒液狩猎，通过吹箭筒向猎物射出涂有微量毒液的箭矢。

科学家怀疑箭毒蛙的毒性来自它们食物中所含的生物碱，它们的食物包括蚂蚁和螨虫。人工饲养的箭毒蛙得不到蚂蚁和螨虫等天然食物，就没有毒液。

图为一名哥伦比亚原住民用箭尖碰触一只彩色箭毒蛙，收集毒药来狩猎。

濒危的两栖动物

两栖类动物，尤其是青蛙，最先反映出环境健康的程度。近期的报告显示，许多地方的青蛙出现多余肢体、肢体错位，以及其他异常情况，频率之高超出了预期。许多研究人员将此归咎于寄生虫感染和农药残留。池塘中如果有受感染的蜗牛，蝌蚪就会感染寄生虫。这些寄生虫会在蝌蚪体内形成硬囊肿，进而干扰宿主的四肢发育。而农药残留会降低蝌蚪的免疫力。

20 世纪 70 年代以来，消失的两栖类动物越来越多。例如，非洲胎生蟾蜍栖息在坦桑尼亚的基汉奇河峡谷中仅 10 英亩（约 0.04 平方千米）的范围内。2000 年新建的大坝分流了 90% 的水量之后，蟾蜍的数量开始锐减。今天，人们将这些蟾蜍以及其他濒危物种圈养在动物园里，希望其种群数量能最终庞大起来，适应野外环境。

金蟾蜍曾生活在哥斯达黎加，现已绝迹，或许是因为气候变化所致，这一变化使得蒙特维德附近高地森林中热带雨林雾气减弱。

知识速记 | 箭毒蛙只有一个天敌：一种学名为 *Leimadophis epinephelus* 的蛇，它们对毒蛙的毒液免疫。

知识链接

濒危动物物种 | 第四章“濒危物种”，第 178—179 页
哥伦比亚的地理和经济 | 第九章“南美洲”，第 442 页

美国内布拉斯加州奥马哈市动物园内的孔雀开屏

鸟

濒危的美洲鸟类

加州神鹫
人工圈养长大后放生，数量正在慢慢增加

美洲鹤
野生数量正缓慢增加

小艾草松鸡
数量估计约 2000 ~ 6000 只

黑纹背林莺
巢寄生鸟类褐头牛鹂会破坏它们的鸟巢；人工控制能够改善状况

笛鸻
人类的活动妨碍它们在海滩上筑巢

丛鸦
20 世纪数量骤减

鸟类 1.5 亿年前由恐龙进化而来。与它们的爬行动物祖先一样，鸟类的腿上长有鳞，是卵生动物。与恐龙不同的是，鸟类是温血动物。最近科学家在一块琥珀中发现保存了 1 亿年的类羽毛纤维，随之带来一个问题：恐龙有羽毛吗？或者说这些古代的羽毛是否来自不会飞的鸟类？

世界上共有约 1 万种鸟。即使其中有些种类濒临灭绝，科学家仍在继续寻找未知的鸟类物种。

大多数鸟的构造符合空气动力学原理，身体呈子弹形，翅膀肌肉发达，骨架轻盈。某些鸟类如企鹅、几维鸟和鸵鸟都已经在进化中失去了飞翔的能力。鸟的体型大小各异：有高 2.7 米、重 130 千克的鸵鸟，也有身长 5 厘米、重量只有 2.8 克的蜂鸟。

许多鸟类都是候鸟。其中绝大多数都是冬夏迁徙，以获得舒适的气候和充足的食物，但有些鸟类的迁徙发展到了极致，要在两个目的地之间飞行数千千米。

最初人们按照鸟类的形态，也即它们的外形特征来分门别类。今天，鸟类遗传基因研究为大部分这种分类提供了依据。同时，也为鸟类进化和鸟类之间的关系理出了一条更清晰的脉络。

然而，鸟的形态仍然是世界上大批观鸟爱好者用来辨别鸟类的关键。

知识速记 | 黑颈叫鸭是鸭和鹅的近亲，其警戒的叫声两千米之外都能听到。

知识链接

动物的迁徙习惯 | 第四章“迁徙”，第 172—173 页
包括恐龙在内的灭绝动物 | 第四章“物种灭绝”，第 176—177 页

鸟鸣博物学

鸟鸣是一种非常复杂和精细的沟通系统。鸟鸣由鸟的鸣管产生，鸣管是连接通往鸟肺的两条支气管连接处的共振器官。来自肺部的空气经过鸣管中的膜，产生振动，发出声波。由于两条支气管都有膜，每一条都能发声，声音在声道中合二为一，所以能形成各种各样的声音。

声肌的复杂性也使得鸟鸣声更为复杂。鸟鸣既是为了保护家园，又是为了吸引配偶。有些鸟甚至在遭到天敌追杀之际还要鸣叫，以显示自身的强大。总体而言，雄鸟比雌鸟更会鸣叫。雄性褐弯嘴嘲鸫可发出约2000 种声音。雄鸟和雌鸟有时会进行“二重唱”，鸟群也会一起鸣叫以保护家园。

有些鸟尤其擅长模仿。苏格兰椋鸟会模仿绵羊的叫声，某些英格兰椋鸟甚至能模仿城市公交车的声音。

图为北美洲会迁徙的鸣禽，包括巴尔的摩拟鹂（最上）、玫胸白斑翅雀（左下）和三声夜鹰（右下），这些鸟类数量都在减少。

关键词 温血（warm-blooded）：不管周围环境温度如何，都能够维持相对恒定的体内温度（哺乳动物约 37.2 摄氏度，鸟类 40 摄氏度）的动物特征。这些特征将之与冷血动物区分开来，冷血动物体温通常与环境温度相近。

鸟类鉴别

世界上的观鸟爱好者多达数百万，他们探索、辨别并对鸟类进行分类。有些人会参与有组织的活动，互相竞争和帮助，对他们的观察结果进行编目。很多人都有自己的百鸟谱，记录他们一生中见过的所有鸟类。为了确定一只鸟的身份，观鸟爱好者会写下鸟身体各部位的明显特征。

知识速记 | 约 1.5 亿年以前，鸟类的祖先始祖鸟有着被羽毛覆盖的四肢，以及牙齿和爪子。

知识链接

生物分类体系 | 第四章“生物”，第 132—133 页
人类歌唱和创作音乐的渴望 | 第六章“音乐”，第 240—241 页

世界上最大的哺乳动物蓝鲸，以及旁边的渔业调查船

哺乳动物

孕期最长的哺乳动物

非洲象 / 660 天

亚洲象 / 600 天

贝氏喙鲸 / 520 天

白犀 / 490 天

海象 / 480 天

长颈鹿 / 460 天

貘 / 400 天

单峰驼 / 390 天

长须鲸 / 370 天

羊驼 / 360 天

哺乳动物属于脊椎动物，分泌母乳哺育幼体是它们的鲜明特征。哺乳动物长有毛，有时毛覆盖全身，有时只长有零星的须发。哺乳动物通常是恒温动物，但非洲物种裸鼹形鼠是个例外。

哺乳动物按繁衍方式分三大类：单孔目、有袋类和胎盘类。单孔目动物产蛋，有袋类动物产下发育不全的幼体，在母体腹部的育儿袋内发育成长，直到成年，而胎盘类动物直接产下在妊娠胎盘中发育完全的幼崽。

哺乳动物共有 5000 多个物种，是由 2 亿年前的爬行动物进化而来的。其中啮齿类动物几乎占了半数。

哺乳动物栖息在地面、地下、空中、咸水和淡水水域中。除南极洲之外，所有大陆上都有它们的踪影，不过南极大陆附近的水域中也生活着一些海洋哺乳动物。

知识链接

水生哺乳动物 | 第四章“海洋哺乳动物”，第 168—169 页
生物群落区的定义 | 第五章“生物群落区”，第 194—195 页

灵长目动物

在刚果民主共和国的 ABC 保护区，一只倭黑猩猩（又名矮黑猩猩）——和人类亲缘关系最近的灵长目动物——正在模仿自己的饲养员，和他玩耍。

灵长目动物是一群聪明、大多生活在树上的哺乳动物，前视的眼睛赋予了它们立体视力。对生的拇指使它们善于抓握。灵长目动物分两大类：一类是低等灵长类，或称原猴亚目，包括狐猴、丛猴和眼镜猴；另一类是高等灵长类，或称为类人猿亚目。

人类属于灵长目动物：最近的研究结果显示，人类与黑猩猩的基因组只有百分之一的差别。从社会性和体貌上来看，我们似乎最像倭黑猩猩。黑猩猩、倭黑猩猩和其他灵长目动物，以及大象、海豚等其他哺乳动物，都展现出非凡的智力，但相对于体格大小而言，人类的大脑最大，大脑皮层表面积也最大，这一解剖学差异就是能否使用语言等突出能力的原因所在。

野生灵长目动物栖息在雨林中，主要是非洲、亚洲和南美洲的热带及亚热带地区。在高等灵长类中，猴子按照生长区域和体貌特征分为新世界猴和旧世界猴。类人猿的鲜明特征包括直立的姿势、短脊柱、无尾，以及超群的智力。

关键词 胎盘（placenta）：指大多数哺乳动物子宫中和胚胎一同发育，并调节代谢交换的器官。基因组（genome）：指生物内的所有遗传物质，由脱氧核糖核酸（DNA）分子组成。

卵生、育儿袋、翅膀：特殊的哺乳动物

单孔目动物和有袋类动物表现出有别于哺乳动物的特征。它们与爬行类和鸟类一样，是卵生动物；但又同哺乳动物类似，雌性单孔目动物会养育幼体。有袋类哺乳动物生下的幼体远未发育成熟，只能待在母体有奶源的育儿袋或皮肤褶皱中完成发育。

蝙蝠是唯一真正会飞的哺乳动物。而会飞的松鼠不过是在滑翔而已。

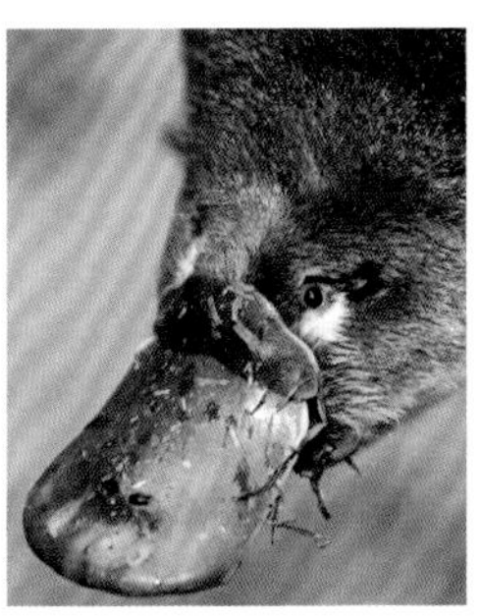
鸭嘴兽属于单孔目动物，其基因编码就像其躯体性状一样复杂。

袋鼠是澳大利亚的象征——澳大利亚是有袋动物最多的大陆。

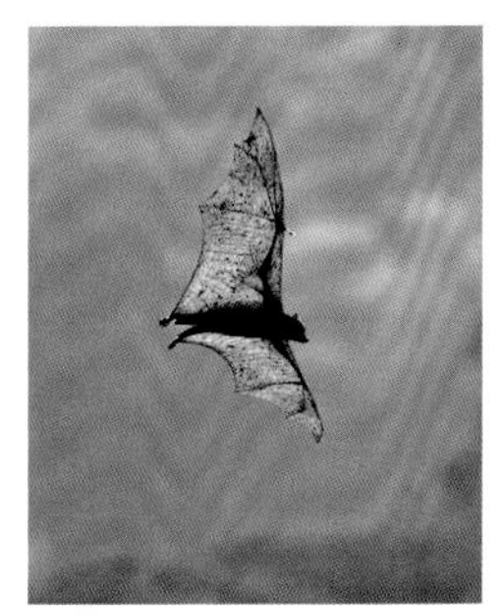
会飞的菲律宾狐蝠，其双翼展开可超过 1.5 米宽。

知识速记 | 在莫桑比克，非洲巨鼠受训后被用来检测爆炸品和地雷。

知识链接

热带雨林 | 第五章“热带雨林”，第 198—199 页
动物的繁衍策略 | 第四章“蜘蛛及其家族”，第 154—155 页；第四章“动物的奥秘”，第 170—171 页

海洋哺乳动物

鲸、海豚和鼠海豚都是海洋哺乳动物，统称为鲸豚类。有的科学家认为，它们是从有半水生习性的似鹿陆生祖先演变而来。随着时间推移，它们进化出流线型的身体，后肢退化，前肢进化为鳍肢，还长出了一条强有力的尾巴。

鲸豚类一生都待在水里。它们按照进食方式分为两类：齿鲸和须鲸。齿鲸中的虎鲸成群捕猎，以鱼和其他海洋哺乳动物为食。

须鲸是体型最大的海洋生物，却以浮游生物等小型猎物为食。它们的上颚垂悬着许多网状角质薄片，从吞入的水中过滤食物。蓝鲸每天的进食量超过 4 吨。

昔时的水手在雾蒙蒙的热带水域上瞥见海牛时，他们的眼睛有时会欺骗他们，让他们以为看见的是一位长着长长鱼尾的曼妙少女。美人鱼的传说就是这么来的，这也体现在海牛和儒艮的分类纲目名 Sirenians（海牛目，意为美丽的水妖）上。这些体积硕大、行动缓慢的哺乳动物从陆生先祖进化而来，有些身体器官已经退化，以热带和亚热带水域中的海草和其他植物为食。

海獭是鼬的近亲，栖息在北美洲和亚洲的太平洋沿岸水域中。它们没有其他海洋哺乳动物用于保暖的鲸脂层，却有着比任何哺乳动物都厚的毛皮。由于皮毛交易，海獭的数量急剧下降。

许多海洋哺乳动物都在濒危物种名单上。海獭在美国是保护动物。

宽吻海豚的脸上似乎挂着永恒的微笑，游动速度可达 29 千米 / 小时。

知识速记 | 威德尔氏海豹可潜至 580 米深，待在水下的时间可长达 1 小时。

知识链接

海洋动态 | 第三章“海洋”，第 112—115 页
地球上的水下栖息地 | 第五章“水生生物群落区”，第 212—213 页

海獭及它们使用的工具

海獭是最小的海洋哺乳动物之一，主宰着太平洋北部沿岸浅海水域。它们几乎一生都在水里，以海胆、鲍鱼、蚌、蛤、蟹、螺类、鱼类、章鱼，以及其他海洋生物为食。

海獭是一个专属类别的成员，这些动物会使用工具，但仅包括灵长目、大象和一些鸟类在内的少数物种。海獭会潜至 90 米深处获取食物，将蛤蚌或别的软体动物，以及一块岩石带到水面。海獭仰浮在水上，把岩石放在前胸，在岩石上反复敲打蛤蚌，直到把它打开。饱餐一顿后，海獭会在水中翻滚，洗掉毛皮上残留的贝壳和食物碎屑。

海獭妈妈完全是在近海水域养育海獭宝宝的。当小海獭熟悉海洋环境的时候，母亲的身体就是小海獭的床、玩耍场地、餐厅以及潜水平台。为了避免小海獭漂走，海獭妈妈会用海带将自己和小海獭裹在一起。

加利福尼亚的海獭现在已很难看见了，它们以螺类、海胆和鲍鱼为食。

知识速记 | 海獭每平方英寸（约 6.5 平方厘米）的皮肤上有多达 100 万根毛。

蓝鲸死去时会发生什么？

蓝鲸的重量可达 200 吨，是体型最大的动物。一头死去的蓝鲸可供其他动物吃上一百多年。

当蓝鲸的尸体沉到海底，首先就会被四处游荡的食腐动物，如睡鲨、盲鳗和帝王蟹围住，它们不断蚕食其软组织——时间可长达 10 年之久。它们饱餐完毕之后，蠕虫、螺类、蛤蚌和帽贝就会在富含脂质的尸体上待上约 10 年。和它们一起来会餐的，还有最新发现的无骨僵尸蠕虫，它们借助体内细菌的帮助，钻入骨头之中，吸食脂质。

细菌侵入骨头释放出硫化物后，会有越来越多的蛤蚌、螺类、甲壳动物和蠕虫加入瓜分队伍。这一阶段会持续上百年。甚至在所有营养消耗殆尽之后，蓝鲸破碎的尸体还能为滤食动物提供状如珊瑚的居所。

图为南极洲乔治王岛上的蓝鲸遗骸，它们经历的变化和那些沉在海底的尸体完全不同。

关键词 浮游生物(plankton):源自希腊语 planktos，意为“游荡”或“漂游”。处于漂游状态的海生或淡水生物。退化(vestigial):源自拉丁语 vestigium，意为“足迹”或“痕迹”。指前代或早期个体完全发育的器官在后代体内未完全发育。

知识链接

细菌及相关生物的特性 | 第四章“细菌、原生生物和古菌”，第 148—149 页

鲸及其迁徙习惯 | 第四章“迁徙”，第 172—173 页

南美洲发现的三带犰狳

动物的奥秘

动物之最

脑容量最大的陆生动物
大象 / 6 千克

体重最重的鸟
公鸵鸟 / 155 千克

翼展最宽的鸟
皇信天翁 / 3.6 米

最长的蛇
球蟒 / 10.7 米

体重最重的陆生动物
非洲象 / 9 吨

最大的蛾类或蝴蝶
大柏天蚕蛾 / 0.3 米

后代最多的动物
橙腹田鼠 / 一年 17 胎，150 个

动物王国五彩缤纷。许多物种表现出不寻常或独特的身体特征或行为，让人类好奇。不管这些动物的特征对我们而言多么奇异、滑稽或是夸张，它们都在某种程度上以一些手段——这些手段和日常生存、繁殖后代息息相关——延续着自己的种族。

交配季节的动物行为更是五花八门。许多鸟类和鱼类为了吸引异性使出浑身解数：历尽艰辛搭建爱巢，再配以求偶炫耀行为和舞蹈般的动作。通常是雄性进行炫耀性展示，而雌性挑选最能打动自己的对象。奖励是什么？赢了的雄性就能把自己的基因延续下去，繁衍子孙后代。

世界上有一些生存在极端环境中的嗜极生物：嗜酸生物喜酸性环境；嗜碱生物喜碱性环境；厌氧生物无氧生存；嗜盐生物生存需要高盐度；超嗜热生物在 176 华氏度（80 摄氏度）以上的环境中才能茁壮成长；嗜毒生物的抗毒性强。而旱生植物在低湿度的环境中生长。

知识链接

行星地球的化学组成 | 第三章“地球的元素”，第 90—91 页
动植物物种的多样性 | 第四章“生物多样性”，第 174—175 页

园丁鸟：看看我的房间

在许多鸟类中，雄性个体比雌性个体的羽毛更鲜亮、更精致。艳丽的羽毛是一种引起雌性注意，并吸引它们成为配偶的方式。澳大利亚和新几内亚的雄性园丁鸟没有好看的羽毛，不过它们会搭建结构复杂、装饰精美的巢，来增加求偶成功的机会。它们会向被吸引而来的雌鸟进行全套求偶炫耀，以促成交配。

上图是澳大利亚的灌木丛中，一只雄性园丁鸟用草搭建的巢来讨雌鸟欢心，雌鸟正在巢里参观。这只雄鸟的求偶炫耀完成之后，雌鸟或许会拜访下一家。研究人员发现，雌鸟的交配决定过程包括对雄鸟巢中装饰物的评估。

雄性园丁鸟选择天然物品来装饰它们的巢，比如银叶子、鲜花、浆果和贝壳，不过它们也会寻找并在展示中添加人工物品来美化其陈列。包括瓶盖、吸管和塞子在内的塑料碎片最受欢迎。蓝色似乎是雌性园丁鸟青睐的颜色。一位研究人员曾记录下一只园丁鸟甚至用假体玻璃眼球来做装饰。

关键词 酚（phenol）：源自希腊语 phainein，意为“发光”，因为它们最先被用来生产照明用的气体。这是一类有机化合物，芳烃环上一个碳原子连着一个羟基；类似于酒精，它们都呈较强的酸性。

放屁甲虫：别靠近！

许多动物都有防身技能，但放屁甲虫的本事尤其与众不同。

这些仅身长 1 厘米的昆虫栖息在岩石或原木底下，以蛾类或其他昆虫的幼虫为食。它们受到威胁时，就会从柔韧的腹部释放出刺激性化学物质。有必要时，它们才释放刺激物，它们在含有催化酶的体腔内混合过氧化氢和醌类物质，这种氧化反应产生热量，并发出“嘭”的一声。

放屁甲虫受到攻击时不太容易脱身，于是用“放屁”来吓退捕食者。

知识速记 | 蜜蜂的飞行模式极为复杂和有效，用来向蜂巢中的同伴传递信息，以至于启发工程师完善了机器人装配线的算法。

知识链接

丰富的昆虫种类 | 第四章“昆虫”，第 150—151 页
鸟的种类及其具辨识性的特征 | 第四章“鸟”，第 164—165 页

美国威斯康星州的加拿大黑雁

迁徙

谁会迁徙?

北极燕鸥
往返于加拿大北部和南极洲之间
往返一次路程为 22000 ~ 30000 英里（约 35405 ~ 48280 千米）
单次行程用时 90 天

北美驯鹿
“豪猪河驯鹿群”：往返于阿拉斯加州育空河和北极圈之间
往返一次行程 800 英里（约 1300 千米）
每年走过的路程总和超过 3000 英里（约 4830 千米）

灰鲸
往返于下墨西哥和北极圈之间
往返一次行程 10000 ~ 14000 英里（约 16000 ~ 22500 千米）
单次行程用时 2 ~ 3 个月

红喉北蜂鸟
往返于墨西哥 / 巴拿马和美国北部 / 加拿大之间
往返一次行程约 5000 英里（约 8000 千米）
每飞 500 英里（约 800 千米）要用 18 ~ 22 小时

有些动物每年都要进行一场漫漫迁徙之旅。它们迁徙是为了避寒避暑，离开干旱之地去往湿润的地方，寻求充足的食物，以及回到适宜的环境繁衍后代。随着季节变换，迁徙的动物会经历纬度变化，如南北迁徙，还有海拔变化，如山巅谷底。有时迁徙意味着居无定所，只是为了寻找新的食物来源。

鸟类、昆虫、鱼类和哺乳动物都会迁徙。甚至某些甲壳纲动物都要迁徙：刺龙虾前肢轻轻相搭，排成一条长龙，横穿加勒比海海底，迁徙相当长一段距离。

迁徙是一种高危行为。飞翔的鸟必须与自然现象做斗争，并且，好几天处于高空中的它们还要躲避老鹰等捕食者。为寻觅绿色草原，每年迁徙的角马必须穿过鳄鱼出没的水域。这些捕食者就在那里守株待兔，等着失足或离群的角马。鲑鱼返回产卵地的过程中，游经灰熊出没的流域时会变得不堪一击，因为灰熊只要涉足水中就能抓到它们。迁徙还会消耗脂肪储量，因为很多物种在迁徙行动中都会放弃进食。

完全迁徙时，同一物种的所有个体都将随季节变换迁移到新的地方。而不完全迁徙时，并非所有个体都会行动。爆发式迁徙时，同一物种的个体可能在有的年份迁徙，而其他年份不迁徙，这取决于食物供应等因素。例如，当雪鸮的食物来源旅鼠的数量在加拿大境内下降时，雪鸮可能会迁徙到正常范围偏南的地方。

知识链接

引起季节变化的现象 | 第一章“分界线：赤道和热带”，第 37 页
人类迁徙史 | 第六章“人类迁徙”，第 220—221 页

动物如何知道在何时去往何方？

为何到了季节就要迁徙？各个物种怎么知道迁徙的路线？其实动物们能轻易觉察季节的变换。例如，它们留意到许多纬度地区的秋季白昼都在变短，而且它们能立即感知食物的减少。有时候，过多动物集结在同一地点，迁徙就迫在眉睫了。

但它们是怎么知道迁徙路线的呢？可能的答案有几个：许多物种继承了父辈关于路线的知识，一些鸟类利用太阳和星星指引飞行，还有许多动物利用地球磁场导航。

坦桑尼亚塞伦盖蒂平原上的角马从草原向西北方向迁徙，越过格鲁梅蒂河，进入肯尼亚境内的马萨伊马拉地区，在那里穿过另一条鳄鱼出没的河流，在深秋季节抵达马拉草原。它们春季时返回繁衍地，完成一个来回的迁徙。

海龟幼崽在月色笼罩的海滩上孵化出来，爬向大海，加入既定的迁徙队伍。它们似乎在利用地磁场进行导航。最近在鸟类大脑中发现的一种分子可能是感应地磁能量的化学机制，而赞比亚鼹形鼠的大脑中有一片神经细胞，被认为具有处理地磁信息并进行导航的功能。

黑脉金斑蝶的迁徙

每年秋天，数百万脆弱的黑脉金斑蝶就会开始一段令人惊叹的旅程。它们从加拿大南部和美国北部飞到墨西哥山区和加利福尼亚海岸，每天的行程可达 289 千米。有些黑脉金斑蝶甚至每年往返 6437 千米。它们整个冬天都在南方的栖息地休养生息、储存脂肪。

墨西哥一个占地 562 平方千米的保护区，为迁徙的黑脉金斑蝶保留着最南端的栖息地。

春天到来时，黑脉金斑蝶飞往北方，并在途中产卵。卵孵化出的毛毛虫变成蝴蝶后又加入迁徙大军，开启一段它们从未经历过的旅程。那些完成往返迁徙的黑脉金斑蝶交配过后，生命便会终结。

知识速记 | 灰鹱每年要在南半球和北半球之间往返迁徙 40000 英里（约 64374 千米）。

知识链接

蝴蝶和蛾类的生命周期 | 第四章“昆虫：蝴蝶和蛾”，第 152—153 页
地球上的草地和草原生物群落 | 第五章“草原和稀树草原”，第 206—207 页

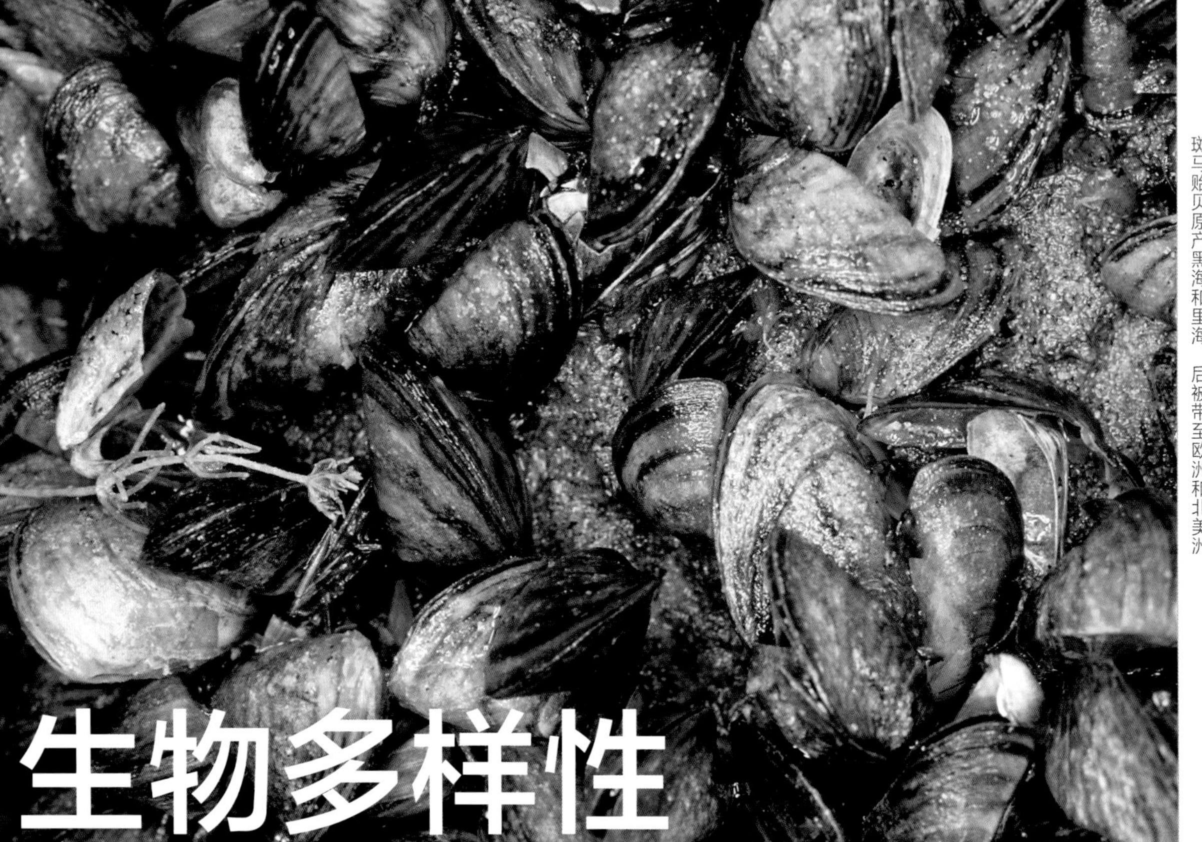

斑马贻贝原产黑海和里海，后被带至欧洲和北美洲

生物多样性

现已绝迹的生物

巨恐鸟 / 最后出现在 1500 年

原牛 / 最后出现在 1627 年

中原象 / 最后出现在 1530 年

渡渡鸟 / 最后出现在 1681 年

大西洋灰鲸 / 最后出现在 1750 年

巨儒艮 / 最后出现在 1768 年

白令鸬 / 最后出现在 1832 年

斑驴 / 最后出现在 1883 年

葡萄牙羱羊 / 最后出现在 1892 年

旅鸽 / 最后出现在 1914 年

在自然界中，地球所拥有的动植物物种数以千万计，其中我们认识并命名的物种仅有不到 200 万种。生物多样性指一片地理区域内的物种和自然群落的种类和数量，它与这片区域的生态健康直接相关。任何动植物都不可能独立生存，每一个物种都是某个生态系统的组成部分。

从本质上讲，生态系统建立在相互关联的有机体组成的弹性网络上。如果这种联系被破坏，比如物种濒危或栖息地破坏造成发展失衡，生态系统就会变得不堪一击，即使是自然产生的干扰，余下的物种也难以承受。

生物多样性没有派别分界，就如大自然中不存在派别差异性一样。地球上丰富的生物多样性长期以来一直受到威胁，任何成功的解决方案都具有国际意义。地球生物种类的多样性和生计是所有地球人的一笔遗产和一种责任。

知识链接

地质演变和生物进化 | 第三章“地球的年龄”，第 94—95 页
人类文明对自然的影响 | 第五章“人类的影响”，第 214—215 页

非本地物种：地球上的入侵生物

引入外来物种会破坏生物多样性，但自人类迁徙开始后，这种现象就一直存在。在北美洲，椋鸟、蒲公英、蚯蚓和蜜蜂等都是外来物种。有些物种长期以来适应良好，引入的作物提供了重要的食物来源。但是，其余物种则取代了本地物种，给动植物群落带来了不可逆转的后果。

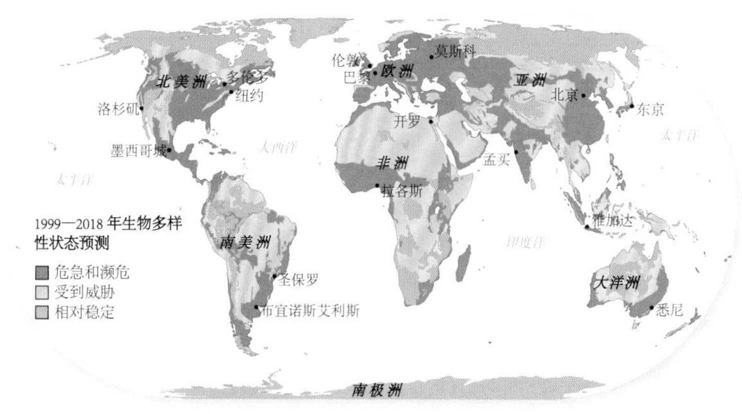

每个大陆都有生物多样性关键地区和受到威胁的地区。生物灭绝的主要原因就是栖息地破坏和非本地动植物的引入。

并非所有入侵物种都是刻意引进的，例如，作物种子中可能混入杂草种子，而船舶排放压载水时也可能有生物排出。

常春藤可能就是出于观赏目的引入北美洲的。它疯狂蔓延，藤蔓紧紧勒住宿主树木的枝条，阻止阳光到达树叶，还为宿主增加了相当的负重，使得宿主树木极易被风暴吹倒。

关键词 信息素（pheromone）：指一个有机体分泌的微量化学物质，能引起其他同类的特定反应。社会生物学（sociobiology）：指对社会行为的生物基础的系统研究。

爱德华·威尔逊 / 社会生物学家

爱德华·威尔逊（Edward Wilson，1929— ）最初是一名充满热忱的昆虫学家。13 岁时，他在美国亚拉巴马州的莫比亚码头附近第一次看到了火蚁的聚居地。蚂蚁成了他在哈佛任生物学教授时专门研究的对象。威尔逊经常和他人合作，他运用对蚂蚁生理及社交行为的专业知识，提出了开创性的理论。他最著名的理论就是社会生物学通论，该理论假设行为模式在长期过程中会影响遗传特征。作为一个热心的生态学家兼自然保护主义者，威尔逊创立并主持了生物多样性基金会，以保护地球上令人惊叹却又脆弱的物种多样性和栖息地多样性。

知识速记 | 马达加斯加这座孤岛就像一个进化实验室，是地球上拥有最多独特动植物物种的地区之一。

知识链接

地球上生物的种类 | 第四章“生命起源”，第 130—131 页；第四章“生物”，第 132—133 页
国际贸易和商业 | 第六章“商业”，第 254—257 页

物种灭绝

物种灭绝，即一种动物或植物永久性地消失，当一个物种无法以生育更替水平繁衍后代并最终死绝时，物种灭绝就会发生。灭绝通常伴随着环境的变化。比如，在无法适应气候或食物供应变化时，一个物种要么被迫灭绝，要么被迫进化为新物种。

灭绝是进化中的一个自然过程，通常与重大的环境变化的影响紧密关联。这样的例子可能在6500万年前的白垩纪时期发生过，小行星撞击地球产生了灾难性的气候变化，导致恐龙和其他许多陆地、海洋生物就此灭绝。有的科学家认为，这种大规模灭绝现象每2600万年就会发生一次。

人类行为则通过使栖息地生态退化、狩猎、捕鱼、采集及其他方面，加速了物种灭绝的进程。这并非近期才有的现象。美洲猛犸等巨型动物消失的时间正好与智人出现在美洲的时间吻合。

显而易见的是，近一个世纪以来，人类的行为导致或加速了物种的灭绝，比预期的速度快出1000倍。世界自然保护联盟（IUCN）估计，当前的濒危物种超过15000种。

有些物种只能通过化石了解，如上图的猛犸，它的遗骨陈列在美国内布拉斯加州立大学博物馆内，位于内布拉斯加州林肯市。

知识速记 | 在不久的将来，每四种哺乳动物中就有一种面临灭绝的高危风险。

知识链接

地球面临的危机 | 第三章“危机四伏的星球”，第122—127页
人类文明对行星地球的影响 | 第五章“人类的影响”，第214—215页

恐龙：灭绝物种里的明星

恐龙这一物种不断出现在史前时期的化石中，古生物学家挖出来的化石表现出新的进化变异。例如，图中右下方是按照想象复原的角龙，其体型和犀牛一般大小，是食草动物，容易脸红，因为血液充入前额上的肉褶中，令肉褶变红。

恐龙主宰地球约 1.8 亿年，从 2 亿年前的三叠纪开始，到 6500 多万年前突然消失的白垩纪。它们在侏罗纪时期发展到鼎盛时期，当时地球上还只有两块大陆，而到了白垩纪初始，也就是 1.45 亿年前，它们栖息的地方就变成了七块大陆——那时地球的环境温暖湿润，许多动植物都体型硕大。

根据古生物学家所研究的证据，恐龙按生理特征基本分两类：鸟臀目和蜥臀目，这由它们骨盆倾斜的角度决定。绝大多数恐龙都有尾巴，而且是卵生动物。恐龙分食肉恐龙和食草恐龙。它们的体温调节机制至今还是个谜。

白垩纪末期爆发了一次天灾，人们认为是一颗小行星撞击尤卡坦半岛，形成了今天依然清晰可见的希克苏鲁伯陨石坑。这样的灾难引起了剧烈的气候变化，导致了大规模的物种灭绝。然而，在距此之前的 2000 万年中，恐龙似乎就已开始衰落了。但无论如何，到了新生代初期，也就是约 6550 万年前，恐龙就已经成为历史。

知识速记 | 现已灭绝的北美旅鸽曾成群结队地迁徙到美国各地，数量高达 20 亿只。

灭绝的物种还会再次出现吗?

偶然情况下，本以为灭绝了的物种还会再次出现。最近，人们在越南北部发现了一只本来以为在野外已经灭绝的稀有巨龟。这只重 136 千克，寿命长达 100 多岁的斑鳖被动物学家发现并拍摄了下来。在中国南部，人们再次发现了它的踪影，这已得到证实。这一物种有可能是在灭顶之灾中幸存下来的。

鸟类爱好者对象牙喙啄木鸟的复出一直满怀希望，它们最后一次出现在镜头中，是在 1938 年美国的路易斯安那州东北部，最后一次有人亲眼看到它们是在 1944 年。

象牙喙啄木鸟生活在美国东南部的森林和古巴的高地松林中。许多鸟类学家猜测这种鸟已经绝迹，然而 2004 年和 2005 年有人看见了它的身影，给了鸟类爱好者希望。

图中的象牙喙啄木鸟是画家约翰·詹姆斯·奥杜邦在 19 世纪早期所绘，但自那之后，这种鸟就消失了，或许是灭绝了。

知识链接

恐龙及其灭绝原因 | 第三章“地球的年龄”，第 95 页
可能面临灭绝的物种 | 第四章“濒危物种”，第 178—179 页

濒危物种

有些人常常权衡自然保护和经济发展之间的关系，认为两者相互对立。然而，我们所有人都受益于生物多样性。环境保护和增加生物多样性是统筹全球战略的一部分，有助于逆转包括全球变暖在内的 21 世纪所面临的诸多潜在灾害趋势。

世界范围内有许多组织不断呼吁关注濒危物种灭绝的原因，并采取措施。其中一个大型联盟组织就是世界自然保护联盟（IUCN），其总部设在瑞士的格朗。国际自然保护联盟是所有濒危动植物信息的全球交流中心。它每年都对数千个物种进行评估，并公布红名单，以此作为标准参考，进行自然保护工作。

世界上受威胁最为严重的一类物种与人的关系十分密切，它就是类人猿。近几十年来，大猩猩、黑猩猩、倭黑猩猩和长臂猿在全球栖息地中的数量都在急剧减少。当前，类人猿危机四伏，处于偷猎者、狩猎者和在丛林捕猎的非洲部族的四面攻击之中，处于像埃博拉病毒这样的病原体的威胁之中，处于人类发展导致的栖息地普遍遭到破坏和退化的危机之中。后果就是与人类亲缘关系最近的进化物种不久之后就只能在动物园和保护研究中心延续血脉了。

图为一只成年白头海雕为了繁衍后代，为鸟巢里两只最早孵化出来的雏鸟带去食物。鸟巢高悬于纽芬兰岛的树顶上，由木棍和杂草搭建而成。

白头海雕：受保护生物的成功范本

就在几十年前，美国面临着失去国鸟的危险。1963 年，已知能够繁殖配对的白头海雕仅剩 417 只，它们栖息在美国本土的 48 个州。狩猎和杀虫剂滴滴涕（DDT）的使用都难辞其咎。滴滴涕导致白头海雕所产的蛋的壳儿太薄，小白头海雕还未破壳就已夭折。

1972 年，滴滴涕在美国被禁产。1978 年，几乎各大州都将白头海雕列入濒危物种名单。今天，美国本土 48 个州内生活的白头海雕有将近 1 万对。2007 年 6 月，美国政府将其从濒危物种名单中移除。

知识链接

地球面临的威胁 | 第三章“危机四伏的星球”，第 122—127 页
灵长类动物与人类的关系 | 第四章“哺乳动物”，第 167 页

北极熊：全球变暖的受害者

2008 年 5 月，美国将北极熊列入《美国濒危物种保护法》的濒危物种名单。多年来，环保人士一直支持保护名单上的物种，人们意识到极地冰盖的融化速度比预计的还要快——最新预测显示，到 2099 年，北极的冰盖可能会完全融化。

北极熊依靠冰盖和浮冰来捕食环斑海豹和其他猎物，因此冰层的消失对它们的生存构成了严重威胁。

虽然一头健壮的雄性北极熊身高可达 3 米，体重可达 500 千克，但有证据表明，这一物种正在失去活力，其体型正在缩小。北极熊幼崽的存活率也在明显下降，它们通常在冬天出生，每胎通常为两只。

挪威东北部的斯瓦尔巴群岛自然保护区中，一只北极熊正在跃过浮冰的缝隙。随着极地浮冰的融化和减少，北极熊正在失去宝贵的栖息地。2008 年，美国宣布北极熊为濒危物种，称全球变暖导致的海冰融化是威胁它们生存的原因。

对各大洲物种的威胁

生物的多样性的丧失在世界各地成了普遍现象。人们担心在之后的 25 年中，全世界会有多达 1/4 的物种面临灭绝的威胁。

世界各地的大陆正在经历不同形式的物种灭绝。尤其亚洲将失去许多物种，特别是哺乳动物、鸟类、爬行动物和鱼类。由于栖息地的丧失和外来物种的引进，那里的本土物种正在经历灭绝。这两大影响都与日益增多的人口有关。

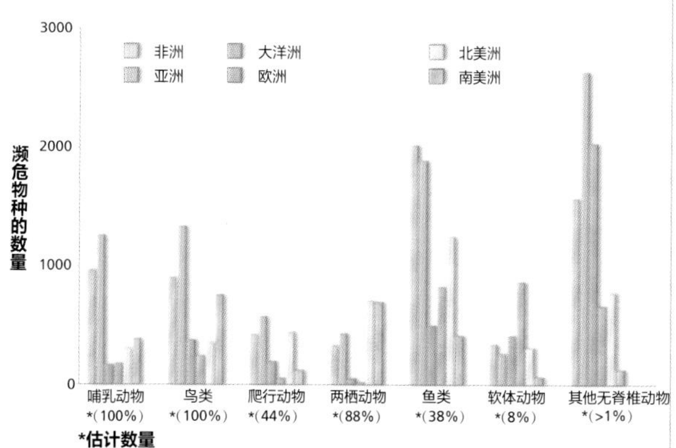

自 21 世纪开始，地球上的每个物种都面临一种或多种生存威胁。

知识速记 | 在国际上，渔业每年都会丢弃约 3000 万吨意外捕获的海洋生物。

知识链接

生活在地球最寒冷地带的生物群落 | 第五章“冻原和冰盖”，第 210—211 页
世界各大洲 | 第九章“世界各国”，第 376—445 页

CHAPTER 5

气候和栖息地

美国新墨西哥州圣菲上空的闪电

天气

天气之最

最热的居住地
吉布提，30 摄氏度
马里，廷巴克图，29.3 摄氏度
印度，蒂鲁内尔维利，29.3 摄氏度
印度，杜蒂戈林，29.3 摄氏度

最冷的居住地
俄罗斯，诺里尔斯克，－10.9 摄氏度
俄罗斯，雅库茨克，－10.1 摄氏度
加拿大，耶洛奈夫，－5.4 摄氏度
蒙古，乌兰巴托，－4.5 摄氏度

最湿润的居住地
哥伦比亚，布埃纳文图拉，
年降水量 6742.94 毫米
利比里亚，蒙罗维亚，
年降水量 5131.05 毫米
美属萨摩亚，帕果帕果，
年降水量 4990.08 毫米

最干旱的居住地
埃及，阿斯旺，年降水量 0.51 毫米
埃及，卢克索，年降水量 0.76 毫米
智利，阿里卡，年降水量 1.02 毫米

天气，即地表附近的大气状况每天发生的变化，是太阳辐射的热量与大部分表面被水所覆盖的地球在自转下共同作用的产物。总而言之，天气变化的根源是太阳，它辐射到凸起的地球赤道上空的热量，要明显高于两极地区。

由于暖空气上升，冷空气下降，全球的气温差异会引起气团运动。我们能够感觉到的空气流动即为风。由于地球自转，气流运动会更加变幻莫测，而地表水汽稳定地蒸发又会形成云，最终产生降雨。

天气是全球范围内空气运动和湿度变化的产物，但也受到当地地理特征的影响，比如山脉或水体等。只有低层大气才有天气现象。引起每日地面天气无穷变化的气温差和气压差，在大气层中随着海拔增加而渐渐消弭，大气层高处的空气寒冷而稀薄。所谓“稀薄”，是指氧气含量低。能够影响天气的最高速的风是空气急流，在全球地表上空 6 至 9 英里（约 9.6 至 14.4 千米）处呼啸刮过，风速最高可达 250 英里/小时（约 400 千米/小时）。湿度指空气中的水蒸气饱和度，温度较高时就能感受到湿度的影响。冷空气的湿度饱和点低于暖空气。随着饱含水的温暖空气分子上升，它们也会冷却，其湿度饱和点也随之下降了。最终，富余的水汽凝结成云，回落至地表。

大气压是科学家监测天气时密切关注的又一要素。气压可看作空气重量压向地表，气压的变化通常预示着天气的变化。高压系统带动空气下沉，阻止湿气上升，一般都伴随着晴朗的天空。在低压系统控制下，上升的空气带动湿气上升，遇冷集结成云。

知识速记 | 闪电的温度可达到 54000 华氏度（约 29982 摄氏度）左右。

知识链接

极点、赤道和热带 | 第一章“极点”，第 34—35 页；第一章“赤道和热带”，第 36—37 页
形成风的自然力量 | 第三章“风”，第 106—107 页

云的类型

云由水蒸气凝结而来，是天气最明显的标志之一。云的形状变化多端，通常是预测下一刻天气的直接线索。

高空卷云由距地表 6.4 千米高空处的冰晶构成，它们稀疏缥缈的云丝通常是天清气爽的标志。

层云舒展宽阔，离地表较近，通常提醒人们携带雨衣。层云接近地面时就会形成雾。

雨层云像毯子一样铺展开来，通常预示着大范围的降雨。

积云是高压系统中的散漫而蓬松的组成部分，但它们也能逐渐形成高耸的雷雨云砧，并伴随着电闪雷鸣和狂风暴雨。

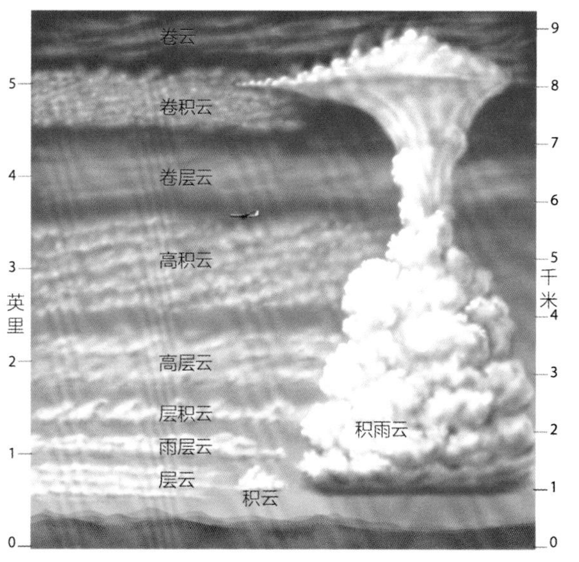

关键词 锋面(front):温度和湿度都不同的两大气团交界处。闪电(lightning):地球和雷暴云之间的电压差猛然拉平而产生的现象。

地形如何影响气象?

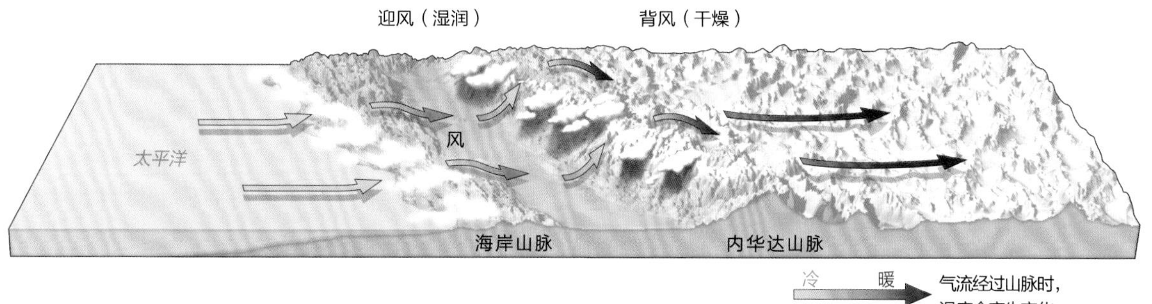

山脉会阻碍气流运动（如图），就像加利福尼亚州的海岸线，从海洋上汇集来的水汽在内华达山脉形成降雨，但背风坡却一片干旱。

知识链接

地球上的大洲 | 第三章“大洲”，第 84—85 页
影响和塑造地貌的因素 | 第三章“地貌成形”，第 100—101 页

天气预报

提前了解天气状况显然有利无弊——农民们期待雨水，水手们盼着起航，而在现代，飞行员和乘客都想知道恶劣的天气会不会影响航班。有了气球、卫星、雷达及其他设备组成的网络收集来的数据，气象学家可以做出合理的短期预测，通过仔细监测当地气象条件，在台风、冰雹或其他自然灾难可能发生时提前通知大家。

虽然随便看看也可以推测出天气变化的趋势，但在19世纪中叶之前还无法进行系统的分析。气温和气压等基本变量的测量工具在那之前就已经很先进了，但是19世纪还欠一股东风，电报的发展弥补了缺失的一环——人们于是有能力从不同地区快速收集数据，进行比较，得出气象变化的规律。

图为从南极洲别林斯高晋海上的一艘破冰船上发射的气象气球，它的使命是感知并传回大气的气温和气压数据。

到了1849年，华盛顿特区史密森尼博物馆的约瑟夫·亨利借助电报报告来绘制日常气象图；1869年，辛辛那提天文台的早期气象学家开始进行天气预报；两年后，美国陆军通信部队开始运作首个国家气象站网络。

到了20世纪30年代，无线电通信取代了电报通信，观测气球也取代了肉眼观测。一个由无线电高空测候气球——得名于其所搭载的观测设备——组成的网络覆盖全球，这样的气球每天从地球各处发射升空，反馈大气状况的数据，使气象学家能够了解更高处的状况。今天，这一系统运行正常，每隔12小时就会从全球800多个地点发射气球。

约11000个地面站的数据汇总后传到超级计算机中，以复杂的模型来预测未来几天的天气状况。自1960年以来，卫星提供了云图和风暴运动图，气象系统如虎添翼。通过雷达得到的本地数据进一步补充了这些传感数据。

知识速记 | 已知的第一张龙卷风照片拍摄于1884年4月26日，在堪萨斯州的安德森县附近。

知识链接

地球上风的特征和动态 | 第三章“风”，第106—107页
天气和云朵形成 | 第五章“天气”，第182—183页

什么是多普勒雷达?

多普勒雷达通过追踪风速、风向以及降水的变化，帮助探测危险的涡旋模式，即台风和飓风之类的先兆，何时会出现。在机场安装短程多普勒雷达使航空管制员能够知道微下击暴流或风切乱流发生的条件何时成熟，这种现象导致了许多飞机在起飞或降落时坠毁。

天文学家利用多普勒效应，即运动恒星辐射光的波长变化来证明星系在互相远离。气象学家利用这一现象来提高他们的即时气象预警能力。

图为多普勒雷达天线在追踪得克萨斯州潘汉德尔地区的风暴。气象雷达设备感知雨的强度和运动；这些信息可投射在气象图上，用不同的颜色标注不同类型的降雨，供大众参考。

关键词 气旋（cyclone）：源于希腊语 kykloun，有“回旋”或“绕圈转”的意思。涡旋气流汇集到低压地区，通常会引发风暴。反气旋（anticyclone）：涡旋气流汇集到高压地区，通常结果是晴朗的天气。天气预报图（synoptic forecasting）：根据数据绘制的一大片地区气温和气压变化的概览图。

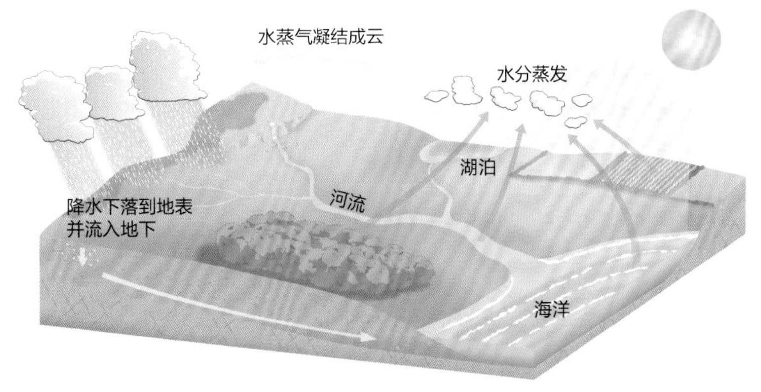

什么是雨?

雨是地球上水文循环（也称水循环）的一个阶段，是湿气在地球和大气层各个层面之间的不断循环。陆地和海洋中的水分蒸发后变成水蒸气进入大气层。水又以降雨的形式落回地球。在陆地上，水总是往低处流，最终汇入海洋。

知识链接

现代天文观测法 | 第二章“现代观测技术”，第 70—71 页
地球上的水和水循环 | 第三章“水”，第 110—111 页

美国俄克拉何马州阿德莫尔的雷暴

风暴

美国最致命的龙卷风

1925 年 3 月 18 日 / 密苏里州、伊利诺伊州和印第安纳州的三州龙卷风，695 人死亡

1840 年 5 月 6 日 / 密西西比州的纳奇兹，317 人死亡

1896 年 5 月 27 日 / 密苏里州的圣路易斯，255 人死亡

1936 年 4 月 5 日 / 密西西比州的图珀洛，216 人死亡

1936 年 4 月 6 日 / 佐治亚州的盖恩斯维尔，203 人死亡

1947 年 4 月 9 日 / 俄克拉何马州的伍德沃德，181 人死亡

2011 年 5 月 22 日 / 密苏里州东部的乔普林，158 人死亡

风暴源于不平衡，比如：暖空气遭遇冷空气；进入低压地区大气层中的湿气太多，以至于形成瓢泼大雨落回地表；或者上升气流摩擦产生的静电荷以闪电的形式释放。风暴是最猛烈、最具毁灭性的天灾。而当暖空气上升加剧并在垂直方向上汇聚时就会产生雷暴天气。

上升气团中的水分冷凝时，就会释放热量，使气团升得更高。蓬松的积云会形成高耸的雷雨云砧，湿度会越来越大，电荷不断积累，直到这种不平衡难以为继。于是雨会瓢泼而下，同时，下降的冷空气又会形成强风。电荷以闪电的形式释放，震耳欲聋的打雷声传至数千米之外。

雷暴天气还可能会产生龙卷风。如果温度、风向和风速差异很大的气团相互碰撞，就会形成龙卷风。上升的暖空气可能会开始旋转，随着高空冷空气急剧下沉，这一过程会加剧。这种涡旋气流在形成初期称为中气

知识速记 | 美国每年会发生约 1200 次龙卷风。

知识链接

大气层及其组成 | 第三章“地球的大气层”，第 104—105 页
风的类型 | 第三章“风”，第 106—107 页

旋。在特定情况下，涡旋可以变成众所周知的漏斗形。风暴研究人员尚不能对此进行完全解释。

龙卷风的强度用改良藤田级数来衡量，根据其破坏力分为六级。大部分龙卷风的级数都比较低：它们的漏斗直径增大到约 180 米，前进速度约 30 英里 / 小时（约 48 千米 / 小时），通常前进不到 6 英里（约 9.6 千米）就平息下来。

最大的龙卷风直径超过 1 英里（约 1.6 千米），前进速度达 70 英里 / 小时（约 112 千米 / 小时），前进距离最远可达 219 英里(约 352 千米)。它们的风速可达 300 英里 / 小时（约 483 千米 / 小时）。

雷暴和龙卷风都有迅速拉平气团之间温度差和压力差的效果。这些差异还会导致持续的风暴，比如冬季美国大西洋沿岸咆哮不停的“东北风暴”。当热低气压系统中混入佛罗里达州沿岸的水分，再与混有北极圈空气的冷高气压系统相碰撞时，可能会有两种结果：一是数十厘米厚的降雪；二是绵绵不断的阴雨天气。

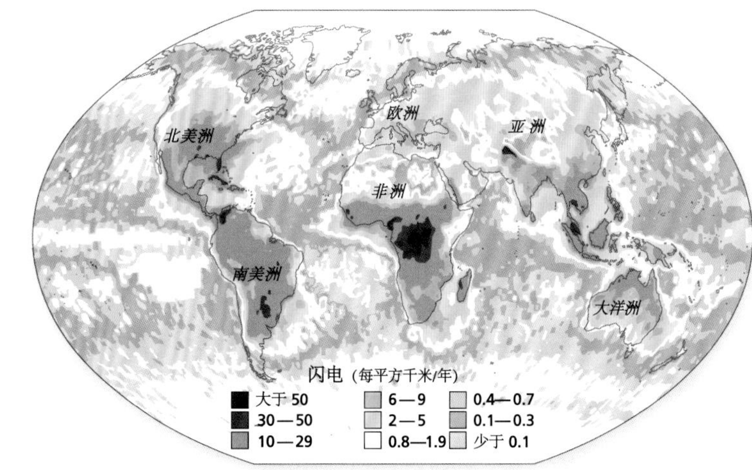

发生在世界范围内的闪电，有些地区发生次数更多。这份世界地图是美国国家航空航天局科学家根据五年的数据制作的，他们通过 12 亿多次云间或云地间闪电数据算出闪电的年平均分布。

知识速记 | 地球上每年会有 1500 万次雷暴和 12 亿次闪电。

龙卷风来袭应该怎么办?

美国每年有大约 100 人在龙卷风中丧命。绝大多数人是被四处飞落的残骸撞击致死的。因此，当龙卷风来袭时，最好躲在密闭空间内，最大限度避免被击中。也就是说，躲到地下室，钻到桌子或工作台下面。如果没有地下室，就躲进柜橱或浴室，并利用床垫或毯子做进一步防护。远离窗户，因为碎玻璃会飞溅。在外遇见龙卷风应寻找地下室或坚固的建筑物躲避。若找不到避难的地方，就在车内系紧安全带，或者找一条地势较低的土沟。移动式住宅里的人应该转移到更安全的建筑中。

图为龙卷风在美国俄克拉何马州纽卡斯尔地区肆虐时，躲在一条高速隧道内的一家人。

知识速记 | 按照国土面积计算，英国的龙卷风平均每年多达 46 次，居世界之首。

知识链接

飓风和台风 | 第五章“飓风”，第 188—189 页
抗风工程材料 | 第八章“工程学”，第 332—333 页

飓风

冷空气和暖空气碰撞常常会导致大型涡旋气象系统，也就是所谓的气旋，即一个低气压区，它会导致数日的阴云天气和降雨。当温暖的海洋表面形成这样的气象系统时，一般是在赤道南北纬 5° ~ 25° 之间，就会产生飓风、旋风和台风三种大型风暴。这三种风暴的类型是相同的，都属于热带气旋，也都被定义为风速超过 74 英里 / 小时（约 118 千米 / 小时）的强风。但是它们发生的地点各有不同：飓风形成于大西洋或太平洋东部，旋风形成于孟加拉湾或印度洋，而台风则形成于太平洋西部。

这些风暴猛烈而致命，说它们危险不仅是因为其超过 150 英里 / 小时（约 240 千米 / 小时）的风速，还有从天而降的大量降水，以风暴潮，即一道海水墙的形式冲进内陆。例如，1900 年 9 月 8 日，一道 6 米高的风暴潮扫荡了得克萨斯州的加尔维斯顿小镇，吞噬了 6000 到 8000 条生命，这是美国历史上最致命的一次自然灾难。在亚洲，一场场台风夺去了数十万条生命，1970 年发生在孟加拉国的一次风暴，卷起了约有 9 米高的风暴潮，夺去了 30 万人的生命。

来自四面八方的风齐聚海洋上空时，就形成了飓风、旋风和台风。受到海洋的温暖气候影响，饱含水分的低压空气开始上升。随着冷空气涌入，低气压空气也会变得温热湿润，开始上升。通常来说，这种空气运动最多也就产生雷雨天气，但有时这一系统自身会开始旋转，在掠过温暖的海面时积攒力量。此时就将之定义为热带气旋，因为它的气压极低。当风速达到 39 英里 / 小时（约 62 千米 / 小时），就被定义为热带风暴。当风速达到 74 英里 / 小时（约 118 千米 / 小时），它再一次被重新定义为飓风或其他严重的风暴。虽然这些热带风暴可能就是在海面上无害地漫游，但它们常常要到达陆地才算彻底平息。登陆后，它们就没有了能从中获取能量的温暖海水。

一道巨大的风暴潮——在强风作用下扑向陆地的一道水墙——伴随着 2005 年 8 月的飓风卡特里娜形成。高 8.4 米的水墙砸向路易斯安那州和密西西比州沿海地区，淹没了很多房屋。世界上最大的一次风暴潮发生在 1899 年澳大利亚的巴瑟斯特海湾，当时飓风带起的水墙高达 12.6 米。

知识链接

地球上各种形态的水 | 第三章“水”，第 110—111 页
海洋和大气层的相互作用造成天气变化 | 第三章“海洋”，第 113 页

飓风卡特里娜的破坏力

2005 年 8 月，飓风卡特里娜洗劫了美国的墨西哥湾海岸线，洪水吞噬了新奥尔良市 75% 的地区，庞恰特雷恩湖和博恩湖上的防洪堤没能保护住这座城市。随后的一项研究发现了至少三种不同类型的决堤。有些决堤只需在设计上做些微调就可以避免。

有好几处，飓风带来的风暴潮越过了防洪堤的水泥墙，冲掉了堤坝内侧稳固防洪墙的土堤，最终导致防洪墙坍塌。在其他地方，风暴潮的压力击穿了坝基泥土，从下方侵蚀防洪堤。在不同类型防洪堤交汇的地方，一个堤坝的薄弱之处导致了整体上更大的破坏。

图为飓风卡特里娜的卫星图，拍摄于 2005 年 8 月 28 日晚 8：15，显示接近峰值时的风暴强度。

旋风在何地何时产生?

飓风、旋风和台风发生在夏季和秋季的热带水域，此时海洋温度最高。这些风暴的运动受到全球范围内上层大气层中的风和地球自转产生的偏转效应（科里奥利效应）的制约。

在非洲西海岸，每年形成的风暴约有一百多场。但其中仅有 10% 的风暴能够维持其形态，跨越大西洋，以飓风的形式到达加勒比海岸和北美。

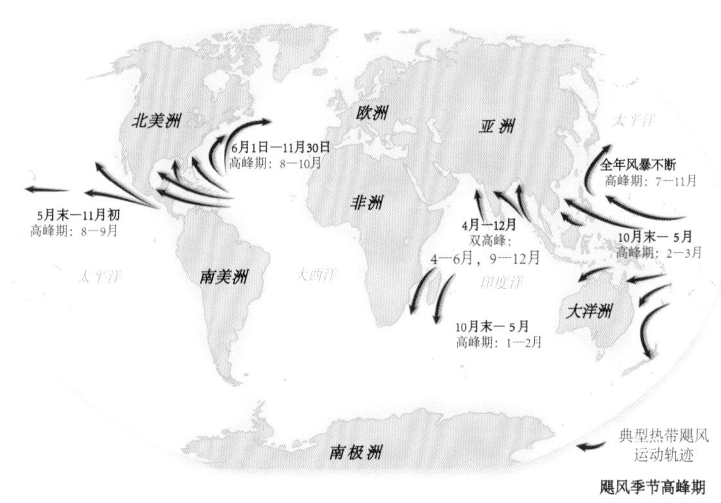

虽然热带气旋风暴发生的季节和地理位置能预测到，但这并不能缓解它们带来的恐慌和破坏。

知识速记 | 十大世界破坏力最强的热带旋风有 8 次都发生在孟加拉湾。

知识链接

热带地区的定义 | 第一章“赤道和热带”，第 36—37 页
大气的各层 | 第三章“地球的大气层”，第 104—105 页

冰和雪

绝大多数降水都始于云朵上部低温处的冰晶。暖空气上升会变冷。由于冷空气能存储的水分较少，因此最终会达到饱和点。于是水蒸气开始在细微的“凝结核”周围凝结，在分散于上层大气中的盐粒、沙粒、灰尘、污染物和其他物质四周形成极冷的晶体。云层由此形成，细小的冰粒继续增大，直到“超重”才会降落地球。

降落地球的过程中所发生的变化决定了它们以何种形式降落地面，冰、雨夹雪或冰雹——这些冰冻降水的形式都有极强的破坏力，雪也不例外，只不过它也能够为冬季运动爱好者们提供娱乐的机会。

如果地面附近的温度在零摄氏度以上，冰晶就会融化，形成雨水。但如果地面温度在零摄氏度以下，冰晶就保持原样，吸附更多的水蒸气或相互融在一起，形成雪花。有时，下落的冰晶经过一层暖空气融化后又在下方低温中凝结。雨夹雪就是雨点落到地面之前的又一次充分凝结。接触到冰冷的地面后凝结成冰的雨称为“冻雨”，这是一种特别危险的降雨形式，会给驾车带来危险，造成树木和输电线在冰的重量压迫下断裂。

雷雨上层冻结的水可能汇聚成大冰珠——冰雹——直径可达 4 英寸（约 10 厘米）。冰雹不仅危险，还会破坏作物、砸坏汽车，造成其他财产损失。

2007 年 1 月的德国南部，寒冷的天气意味着冰雪覆盖马路，人们需要小心驾驶，白天要打开车前大灯。

知识链接

冰作为地球上水的一种形式 | 第三章“冰”，第 120—121 页
生活在冰天雪地里的动植物 | 第五章“冻原和冰盖”，第 210—211 页

雪花是怎么形成的?

雪花形成于大气层高处的冰晶，要么是水蒸气在某个固体核周围凝结而成，要么是水蒸气在更冷的条件下以凝华的方式直接凝固而成。雪花通常呈六边形，图案堪称完美。每片雪花的形体特征取决于凝固时的温度和气压。雪花的基本形状共分 7 种：片晶、星状晶、柱晶、针晶、立体枝状冰晶、冠柱晶和形状不规则的冰晶，它们形成的温度范围在 -45.6 ~ -17.8 摄氏度之间。

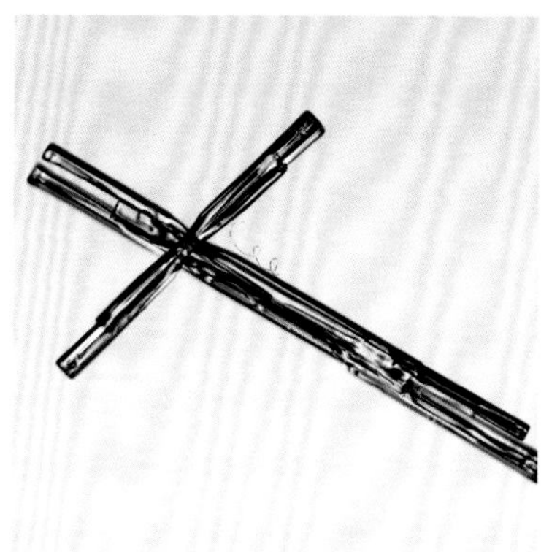

图一：
包括这些交叉针在内的针晶形成的临界温度为 -24 华氏度（-31 摄氏度）。

图二：
星状晶是肉眼可见的一种冰晶形状。

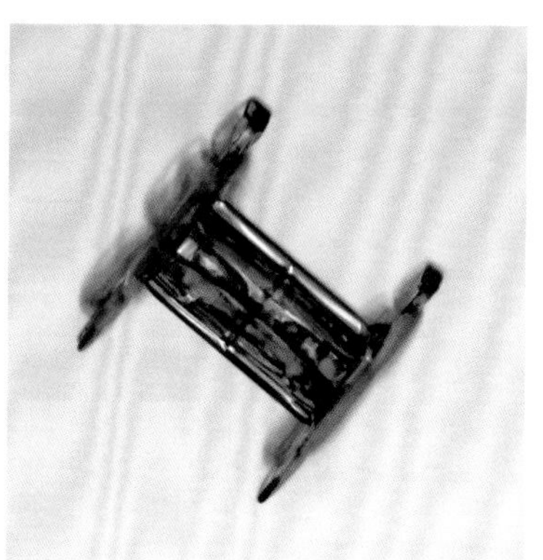

图三：
冠柱晶的晶体与中轴垂直。

关键词 在给定的面积内，4 英寸（约 10 厘米）厚的积雪与 0.4 英寸（约 1 厘米）的降水等量。

威尔逊 · 本特利 / 研究雪花的学者

“雪花学者”威尔逊 · 本特利（Wilson Bentley，1865—1931）的职业是农民，但看着冰雪皑皑的佛蒙特州，他感受到了一种召唤，突发灵感：记录下这些外形精美却从不重样的雪花的图案。本特利把显微镜连接到一架简陋的折叠暗箱照相机上，于 1885 年拍摄了第一张雪花的照片，证明了雪花远非水滴简单地凝结成冰。相反，他发现这些雪花是“美的奇迹……每一颗晶体都是设计杰作，而且绝对不重样”。本特利耗时多年，拍摄了约 5000 张雪花照片。他的成果不仅揭开了雪花结构的秘密，还开创了显微摄影技术这一领域——利用摄影看到肉眼无法看见的事物。

如果我们眼够疾手够快，上面的空气很快就会自动“原形毕露”。

——威尔逊 · 本特利，1902 年

知识链接

天气的类型和成因 | 第五章“天气”，第 182—183 页
电子显微学的进步 | 第八章“光学”，第 338—339 页

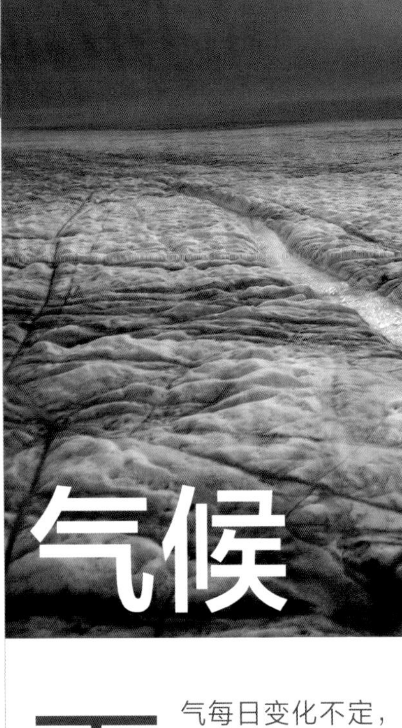

格陵兰岛伊卢利萨特附近的融水

气候

地球的气候之最

最热的地方
埃塞俄比亚达纳基尔洼地的达洛尔，
年平均气温：93 华氏度
（约 34 摄氏度）

最冷的地方
南极高原站，
年平均气温：-70 华氏度
（约 -56.7 摄氏度）

最湿润的地方
印度阿萨姆邦的毛辛拉姆，
年平均降水量：467 英寸
（约 11862 毫米）

最干旱的地方
智利的阿塔卡马沙漠，
几乎测不到降水

天气每日变化不定，而气候则是指长期以来的平均天气状况。气候学家关注的是几十年甚至数百年的趋势，如平均降水量、平均气温、盛行风和平均光照量等。气候塑造周围的环境，同时也影响着一个地区的生物和文化。

气候取决于大范围的运动规律和自然力，首先说到的是地球距离太阳约 9300 万英里（约 1.5 亿千米）的这个位置，这个距离足够接近太阳，使地球接收到能够维持生命的太阳辐射。

由于地轴倾斜，太阳的热量多落在赤道附近的热带地区。结果这种阳光分布不均，以及大气层和全球海洋的温度分布不均就形成了水下洋流和各种风场，它们又影响着气候。

从赤道向两极的纬度带是决定特定地区气候条件的核心因素。例如，赤道地区热流稳定，阳光充足，因此炎热潮湿，与雨林和其他热带区域的形成密切相关。而越往两极，气候就越趋干冷。

这些大体的气候规律会受到山脉和附近水体的极大影响。例如，在非洲热带地区的北侧，一望无际的撒哈拉沙漠几乎滴雨不降。美国和加拿大境内的落基山脉锁住了随西风从太平洋吹向内陆的潮湿空气，使得迎风坡的降水量增加，而背风坡则较为干旱。

知识链接

地球纬度的测定 | 第一章“分界线”，第 30—37 页
地球上生物多样性的重要性 | 第四章“生物多样性”，第 174—175 页

全球变暖的迹象有哪些?

在人类看来，气候状况一直相对稳定，但从地球诞生到现在却已发生了多次改变。20 世纪的变暖趋势提出了一个紧急的问题：人类活动是否正在改变气候？联合国政府间气候变化专门委员会因其在气候变化方面的工作成就于 2007 年获得了诺贝尔和平奖。

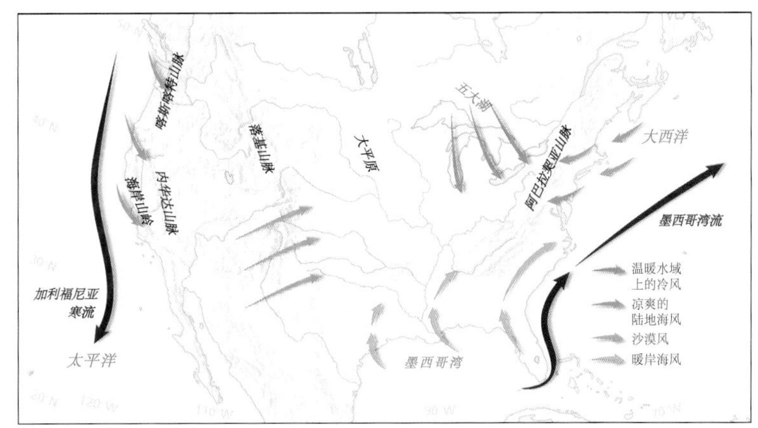

如图所示，地理影响气候。冷空气上岸时，沿海地区就清凉起来。在美国五大湖的南部和东部，当冷空气拂过温暖的水面时，“湖泊效应”形成降雪。春夏雷雨天气的形成是三种气团汇聚在一起的结果：北方的干冷气团、西南方的干热气团和墨西哥湾的温湿气团。

该委员会研究了气候系统中热量流进流出的净变化，并得出结论，由于二氧化碳等温室气体的增加——从工业社会前的 0.028% 增加到 2005 年的 0.0379%——热交换自 1750 年以来增加了约 2.3 瓦特 / 米 ^{2}。这种增长是过去 1 万年中前所未有的，正在导致海洋温度升高，海平面上升，湿度增大，两极的积雪和冰减少。这些气候变化会影响全球范围内的天气。

关键词

米兰科维奇理论（Milankovitch theory）：该理论以塞尔维亚地球物理学家米卢廷·米兰科维奇（Milutin Milankovitch）的名字命名。这套理论认为历史上的全球变冷过程和地轴倾斜以及地球绕太阳运转的周期性变化有关。微气候（microclimate）：指受比如湖泊或山脉等本地地理特征影响的天气过程。

弗拉迪米尔·柯本 / 气候学家

弗拉迪米尔·柯本（Wladimir Köppen，1846—1940）出生于沙皇俄国时代一个显贵的书香门第之家，在去往自家在黑海沿海的度假屋时，他经过平原、山区和滨海景观，注意到一路上植物的变化。1884 年，柯本根据自己对气候如何影响植物群落的研究，绘制了从两极到赤道的全球气温带示意图。16 年后，他将该图进一步完善为数学模型，按照气温和降水量划分了五大气候类型——从极为潮湿的热带一直到干冷的极地冰冠。柯本气候分类系统被气候学家沿用至今，大体上与生物群落区分类体系一致，后者根据动植物来描述世界的各个地区。

知识速记 | 自 1980 年以来，阿拉斯加北部永久冻土带的温度已经升高了约 5.5 华氏度（约 3 摄氏度）。

知识链接

温室气体的定义 | 第三章“空气”，第 125 页
人类社会对地球的影响 | 第五章“人类的影响”，第 214—215 页

哥斯达黎加的雨林

生物群落区

主要生物群落区

温带森林
热带雨林
北方针叶林
地中海森林
红树林
草原和稀树草原
荒漠和干燥疏灌丛
冻原和冰盖
海洋
淡水

地球上的生物生活在一个称为生物圈的复杂世界里，这是宇宙中迄今为止唯一已知的生物圈。生物圈从海底延伸到海平面上方 6 英里（约 9.66 千米）处，依赖下列几大系统的相互作用处理太阳的能量：大气圈（提供氧气）、水圈（由地下水和海洋水组成）以及岩石圈（陆地本身）。

人类发明了几个分类系统以划分地球上的生物。其中大多数分类系统都把一个地区的气温、气候和附近的生物考虑在内。这些系统的基本单位被称为生物群落区（又称生物群系），这是一个地理概念，可以指分布于不同大陆上不同区域，却有着相似的气候、地形和生物群落等生态特征的地域。通常，生物群落区按照优势种动植物的构成来划分。

虽然农业发展、城市扩张以及人口增长已经改变了动植物物种的分布状况，但生物群落区仍然是以

知识链接

生物分类历史 | 第四章“生物”，第 132—133 页
地球上生物的多样性 | 第四章“生物多样性”，第 174—179 页

无人类干预的自然状态下，生物的存在为基础进行划分的。区系中的特化植物或动物并没有构成区系的生物形式来得重要，如非洲和南美洲的雨林中都有藤蔓植物和猴子，但其实这些物种之间却存在明显的差异。

地球上所有生物群落的总和构成了生物圈——一个动态的复杂网络，维系着五花八门的生物，从微型细菌到 33 米长的蓝鲸，这是宇宙中迄今为止已知的唯一生物圈。

关键词 **生物群落区（biome）：最大的地理生物单元，是有着相似生物构成和环境条件的优势种动植物生态系统。它包括各种各样的生态系统，以优势植被类型来命名。**

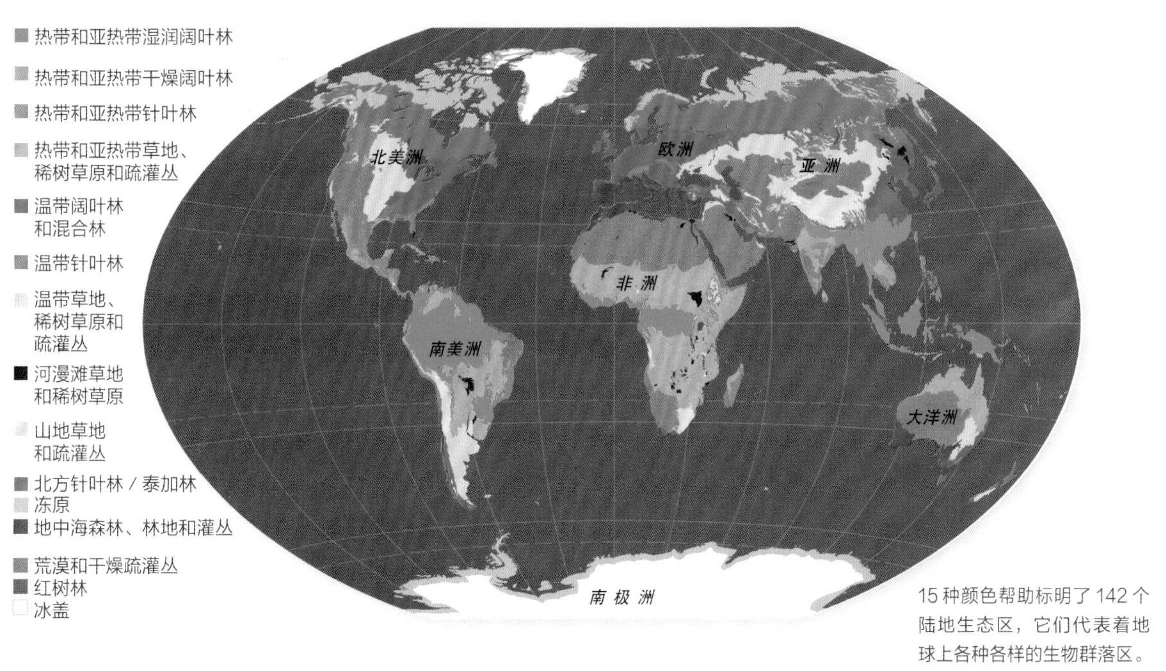

15 种颜色帮助标明了 142 个陆地生态区，它们代表着地球上各种各样的生物群落区。

地球上的各个生态区

政治边界是划分世界的一种方式，而自然则采用另外一种划分方式——自然资源保护论者提出，我们应该忽略政治边界以保护生物多样性。

在诸多被使用的分类系统中，有一些是已被广泛接受的系统。美国林业局将地球划分为四大基本陆地生物群落区：森林、草地、荒漠和冻原。更详细的分类方法将南美洲的热带雨林和美国南部的温带松林区分开来。某些生物群落规模上有局限，其中的生物有独特性，比如红树林湿地本身就自成一类。其他生物群落地域广阔，但相对而言不适合生物生存，比如北非和亚洲一望无际的荒漠。这些分类方式仍然存在争议，有可能会进行重新阐释。

知识速记 | 地球上的大多数生物生活在海平面下 650 英尺（约 198 米）到海平面上 3.5 英里（约 5.6 千米）之间。

知识链接

地球现象的绘图方法 | 第一章“地理”，第 16—17 页；第一章“地图上的世界”，第 18—19 页
具体的生物群落 | 第五章“气候和栖息地”，第 196—213 页

美国加利福尼亚州的榆树

森林

森林覆盖面积前七的国家

俄罗斯
8148895 平方千米

巴西
4925540 平方千米

加拿大
3470224 平方千米

美国
3103700 平方千米

中国
2098635 平方千米

刚果民主共和国
1522665 平方千米

澳大利亚
1250590 平方千米

世界上温带森林的鲜明特征就是拥有种类繁多的落叶树，如橡树、山核桃、山毛榉、榆树、柳树等。它们在气候温和的季节生长旺盛，在北美、中亚、西欧和中欧历经季节性变化。这些地区的气温在冬季可降至零下，夏季可高达 90 华氏度（约 32 摄氏度）。春夏两季提供了长达 200 天的生长季，有大约 6 个月的无霜期，在此期间，植物必须为度过寒冬储存能量。

根据气温和降雨规律，温带森林的生物群落还可能包括常绿树，如美国各地的松针林。它还包括太平洋西北部的温带雨林，那里有着和热带森林一样充足的降水，气温虽然通常在零上，但相对较低。

温带森林的树冠可以很密，但也有些植被生长在地面上。生活在这里的动物有兔子和臭鼬等小型陆生哺乳动物，庞大的鹿群，以及山猫、狼

知识链接

灌木和树木 | 第四章“灌木”和“树”，第 140—143 页
落叶植物的定义 | 第四章“灌木”，第 141 页

和狐狸等捕食者。温带森林的动物有着厚实的毛保暖，养成了觅食或储存食物等习惯，还有冬眠的习性。

落叶树的落叶可以滋养土壤，赋予世界上的温带森林以极大的农业价值。橡树、榆树和其他树木长期以来一直是建筑用材。从8000年前开始，欧洲和中国的温带森林就已经被大量砍伐，用于建造船舶和建筑了。19世纪末，北美洲的硬木阔叶森林大多被砍伐，也就是说，今天世界上的森林面积比很久以前要少。

图一：
科罗拉多的颤杨长得又高又直。它们枝叶茂密的树冠阻止了大批林下植物的生长。

图二：
黑熊生活在从阿拉斯加到墨西哥北部的北美森林里。它们在冬眠中度过寒冬。

图三：
图为加利福尼亚州的一场大火过后，破土而出的野生向日葵，这是森林重生的第一步。

关键词 **落叶植物（deciduous）：源自拉丁语 decidere，意为“脱落”。指生命周期中叶子每年脱落的树种。菌根（mycorhizae）：源自希腊语，mykes 意为“真菌”，rhiza 意为“根”。指有助于树木更有效汲取养分的真菌。植被剖面（vegetation profile）：森林中在树下争夺资源的小型植物和灌木的统称。**

秋色是什么时候形成的?

秋天的落叶形成于约6500万年前的新生代初期。自那以后，只有向阳的赤道地区能够维持持续高温和充足的降水。其他地方一年中的大多数时候，植物光合作用所需的阳光都不够充足，寒霜还对叶子有破坏作用。落叶植物由此应运而生，薄薄的叶片在生长季的末期脱落。

枫叶展现出活力四射的秋红，图中是华盛顿奥林匹克公园藤枫上的枫叶。

知识速记 | 新西兰北岛上的贝壳杉寿命可达2000年，能长到145 ~ 180英尺（43 ~ 54米）高。

知识链接

为什么树叶会变色 | 第四章“树”，第143页
亚洲、欧洲和北美洲 | 第九章“亚洲”“欧洲”“北美洲”，第394—423页，第430—439页

热带雨林

热带和亚热带雨林证明了持续炎热的气候对促进植物多样性做出了多么卓越的贡献。

赤道附近，四面八方的信风相遇相撞，形成空气上升区，从地面把水汽带入空中。而持续的阳光通过蒸发作用强化了这一过程，气温持续高热。于是这里的温度不受季节变换的影响，几乎每天都有雷雨和降雨。热带和亚热带森林应运而生，成为世界上物种最丰富的地方。

赤道附近地带本身就包括南美、中非和亚洲的雨林——常绿植物区，叶子宽大、树干挺拔的树木成为最主要的风景。在这种有利的环境下，树木高耸、枝叶繁茂，在空中形成遮阳棚，挡住阳光，限制地面植被生长。不过，动物却在繁盛的树冠中兴旺。常见的树栖动物有猴子等，昆虫也四处生长；疟疾和黄热病等靠昆虫传播的疾病是长期的威胁。

尽管面临着砍伐和发展的严重压力，雨林地带仍然是世界生物多样性的中心，是数百万个物种栖息的家园，包括每平方千米中生长的100种乃至更多种类的树木。其他的热带植被还包括兰属植物、藤蔓植物、蕨

在圭亚那雨林中，一株热带木棉树的根部支撑着巨大粗壮的单一主树干和茂密的树冠。木棉树是亚马孙雨林中最高大的树木，高可达近200英尺（约60米）。玛雅人认为木棉树矗立在世界的中心，能够沟通天上的神灵。

知识链接

热带的定义 | 第一章“赤道和热带”，第36—37页
地球上生物的多样性 | 第四章“生物多样性”，第174—175页

类和藓类。雨林是地球的肺，吸收大量二氧化碳，并释放氧气。

按照某些定义，热带和亚热带生物群落处于赤道以北23° 和赤道以南23° 之间，这条地理带很宽，因此还有着其他类型的森林。树木是这些森林中的主要生命形式，降水规律不同，其种类也各异。例如，在亚洲、西非和南美的季风区，旱季和降雨丰沛的雨季相互切换，落叶树成了主要物种。

图一：
白面卷尾猴占据了哥斯达黎加科尔科瓦杜国家公园内高高的树枝，那里是生态旅游的好去处。

图二：
长势喜人的三尖兰属兰花盛开在哥伦比亚潮湿的云雾森林里。许多兰花都是寄生在树上的附生植物。

图三：
在正对加勒比海和太平洋的哥斯达黎加热带雨林里，一条绿色的鹦鹉蛇从地面蜿蜒爬上低处的树枝。

关键词 热带辐合区（intertropical convergence zone）：指不同方向的信风汇聚到一起的区域。绞杀植物（stranglers）：指能够包裹住整棵树的雨林寄生藤蔓植物。

丛林还是热带雨林？

丛林常常被认为是雨林的另一种说法，但其实丛林是雨林中的地区。通常来说，雨林中高耸的森林树冠遮天蔽日，使得低矮植被的生长受限。一旦森林遭到火灾或其他破坏，出现一块开阔地，灌木、草以及其他开辟物种就会迅速密集蔓延，茂密得难以过人：这才是丛林。

雨林下层植物的生长茂密杂乱，正如本节中厄瓜多尔境内安第斯山脉西坡上的敏多云雾森林所示。

知识速记 | 雨林每单位面积吸收的二氧化碳是温带森林的 5 倍。

知识链接

热带雨林中的爬行动物和两栖动物 | 第四章“爬行动物”和“两栖动物”，第 160—163 页
红树林沼泽地中的动植物 | 第五章“红树林”，第 204—205 页

北方针叶林

北方针叶林环绕着整个北半球，覆盖了其地表面积的 17%，是最大的陆地生物群落。它们南北跨度很大，横跨加拿大、斯堪的纳维亚和俄罗斯，那里的常住居民已经适应了酷寒的气候。

在这一生物群落区北端，越靠近北极，森林越稀疏，渐渐变成开阔的冻原，之后就是北极地区了。

北方针叶林分布在副极地气候区，生长季大概只有 130 天。夏季很短，但在夏至日几乎全天都有日照。北方针叶林的月降水量只有 2 ~ 3 英寸（5 ~ 7.6 厘米）。大多数降水实际是降雪，每年达 15 ~ 20 英寸（38 ~ 51 厘米）。这样的降水水平尽管有时也支持茂密森林的生长，但物种却有限，因此北方针叶林是生物多样性最匮乏的生物群落区之一。这里最常见的树木莫过于常绿针叶林，比如松树、冷杉、云杉，但由于降水量少，它们可能会长得矮小。

其他动植物的多样性有限，而且苛刻的气候使它们不得不去适应，包括在一年中的体色变化，一到冬季就被迫迁徙到别处。例如，北美野兔的毛色从夏季到冬季由温暖月份时的灰色或棕色变成隆冬时节的纯白色，与皑皑白雪融为一体。猞猁脚掌宽大，脚趾间长有毛，帮助它们在雪地里更

在美国阿拉斯加州的德纳里国家公园里，云杉在短暂生长季疯狂蔓延的灌木中鹤立鸡群。温暖的天气诱使草变绿、树传粉、花盛开，尽管在不远处，德纳里山的山顶还积着雪，终年不化。

知识链接

灌木和树木的种类和特征 | 第四章“灌木”和“树”，第 140—143 页
常绿植物的定义 | 第四章“灌木”，第 141 页

轻松地行走。

驼鹿是北方针叶林生物群落区中最大的哺乳动物。北美驯鹿是所有北美哺乳动物迁徙旅途最远的，迁徙的队伍多达 50 万头驯鹿。北美驯鹿和其他地区的驯鹿夏季向北远迁至北极的冻原地区，然后冬季又不得不折返到南方觅食。

这一生物群落区也是成群候鸟的夏季栖息地，它们对着温暖月份里在北方地区孵化的大群昆虫大快朵颐。

图一：
北美野兔的毛的颜色随季节发生变化：夏季为土黄色，冬季为雪白色，以有效地伪装自己。

图二：
灰噪鸦又称加拿大灰噪鸦，生活在从美国阿拉斯加州到加拿大纽芬兰省的北美洲云杉和松树森林中。

图三：
北方针叶林里的常青树形状奇特，树枝长成山峰状，便于积雪滑落。

关键词 **泰加林（taiga）：源自俄语，意为“小棍”，是北方针叶林生物群落区的另一种叫法。灰土（spodosol）：指全球大片北方针叶林中营养匮乏的酸性土壤。生物量（biomass）：指有机物质的干重。**

北方针叶林苔藓

北方针叶林中的植物受到寒冷气候、降水匮乏和茂密的常绿树覆盖等限制——这种环境条件只适合苔藓生长。苔藓铺就的地毯覆盖着近 1/3 的北方针叶林地面。

苔藓贴着树干、岩石和峭壁生长，从中获取它们所需的极少量水分。一些北方针叶林中的大型湿地就是由一代又一代苔藓组成的，新生层前赴后继地在一层又一层死亡和腐烂的苔藓上生长。

不列颠哥伦比亚夏洛特皇后岛上，一座原住民的长屋已成为一片废墟，上面覆盖着天鹅绒般的绿色苔藓，长屋慢慢地回归自然。

知识速记 | 世界上 2/3 的北方针叶林都在俄罗斯北部的西伯利亚。

知识链接

北方针叶林动物的迁徙习惯 | 第四章“迁徙”，第 172—173 页
冻原和冰盖生物群落区的动植物 | 第五章“冻原和冰盖”，第 210—211 页

地中海森林、疏林和灌丛

赤道南北纬 30° ～ 40° 之间的两条环带自成一个生物群落区，这里有地中海森林、疏林和灌丛。除受纬度限制之外，这类生物群落区只存在于大陆西海岸，其中还包括美国加利福尼亚州、智利、南非和澳大利亚的部分地区。它们还包括地中海本身，由于地中海具有类海洋效应，使希腊以东和中东沿岸地区具有相同的气候。

这一生物群落区气候特征鲜明，夏季炎热干燥，冬季温和凉爽。降水主要发生在冬季，年降水总量可达 35 英寸（约 89 厘米）。这种气候的主要原因是距离海洋近。夏季，海洋上空形成反气旋气候，连续数月晴空万里，天气炎热。冬季，低压锋和降雨回归，但是因为这一生物群落区位于海岸线，而且距离汇集在内陆上空的极地气团较远，因此气温偏高。

地中海地区的演变过程和岛屿类似，那里生长着独一无二的植物，它们已经习惯了地中海气候和频繁的火灾。

地中海周围的灌木一般是常青灌木，叶子质地硬而韧性足。许多种植物得到了人类的创造性使用，如鼠尾草、百里香和迷迭香等香料。地中海的树木包括松树、雪松和橄榄树。所有这些物种在古代航海文明中都占

一株孤零零顶风摇摆的柏树给美国加利福尼亚州卵石滩的一个岬角增添了一道风景，这片地区被认定为地中海森林生物群落区，夏季干燥，冬季凉爽。这里的炎热和降雨量因海洋得到缓和。

知识链接

树的定义性特征 | 第四章“树”，第 142—143 页
地中海边缘的国家 | 第九章“世界各国”，第 376—425 页

有重要地位，经历了数个世纪的砍伐，所以它们今天远不如以前那么常见。

频繁的火灾也使美国加利福尼亚州南部的地中海气候区成为灌木类植物的天下，尤其是鼠尾草和矮栎。柏枝梅、丝兰等灌木尤其适应火灾环境，还有一类松塔一直处于闭合状态的松树，其包裹着种子的树脂覆膜遇热熔化后，种子就会外泄。

这种气候的生物群落区是人类理想的栖息地，因而人类发展以迅雷不及掩耳之势蔓延到野生区域。

图一：
丝兰属植物的叶子厚实坚韧，主根扎地深，因此得以在美国加利福尼亚州地中海气候区的森林中频繁的野火中存活下来。

图二：
野生大型猫科动物（美洲豹或美洲狮）生活在北美洲和南美洲的丛林中。濒临灭种的猞猁（山猫）生活在西班牙的灌丛带。

图三：
图为古老智利南洋杉（俗称“猴见愁”）清晰的侧影，该树种如今是濒危物种，在智利的南方山毛榉林中鹤立鸡群。

关键词 小型生境（Niche biome）：气候和植被独特，但地理上比一般生物群落区更为受限的一个地区。趋同进化（convergent evolution）：动植物各自独立进化出相似的特质，例如各个地中海区域中生活的动植物就是如此。

地中海生物群落区的不同称谓

由于地中海地区是狭义上的海岸地区，因此下述这些栖息地所代表的也许只是所有这一类生物群落区中最本土的一类，换句话说，这一类灌木丛林地还有许多本土名称。

玛基（maquis）群落是这类区域在欧洲的名称，这一术语广泛指代以常绿高灌木丛林为主，同时有橄榄树或无花果树零星生长的地区。

沙巴拉（chaparral）群落，位于美国加利福尼亚州，以当地的矮栎命名而来，矮栎在西班牙语中称作“查帕”（chapa）。

在智利，马托拉尔（matorral）群落指位于智利山脉和海岸线之间的狭长地带。这一词语源自西班牙语mat，意为“灌木”。

南非的凡波斯（fynbos）群落在南非荷兰语中意为“好灌木”，用于描述地中海生物群落区中多灌木的基本属性，这里的特有植物品种繁多，处处呈现出多样性。

然而，不论本地名称是什么，同种生物群落区在全球都表现出相似的特征：夏季干燥炎热，冬季多雨凉爽；气候受到海洋调节；野生生物，尤其是植物，都适应了带有咸味的空气。

知识速记 | 多亏了加利福尼亚州圣卡塔利娜岛和圣克鲁斯群岛采取的灭火措施，灌丛带现在已发展成了小橡树组成的矮林。

知识链接

灌木及其定义性特征 | 第四章“灌木”，第140—141页
丝兰和丝兰蛾 | 第四章“蝴蝶和蛾”，第153页

伯利兹图尼卡特湾（Tunicate Cove）的红树林

红树林

生态优势

维持大量物种存活，如原生动物、蠕虫、藤壶、牡蛎及其他无脊椎动物

为鱼虾提供"育苗场"

为鸟类和鳄鱼提供觅食区

提供食物链中的有机物质

防止海岸线侵蚀

飓风来袭时保护内陆地区

缓冲潮汐冲力

水陆接壤的地区陆地让位于水，这些地区具有重要的生态意义，在世界范围内呈现多种形态。例如，切萨皮克湾的海口就为水生动植物提供了栖息地。北方许多国家的大片沼泽地以及热带地区的湿地不仅是污染物的填埋坑，更是一个缓冲区，能防止洪水冲击和海岸线侵蚀。

有一种与众不同的水陆边界区域，通常自成一类生物群落区，那就是红树林湿地。红树林湿地位于淡水和咸水区域的交界处，在热带和亚热带沿海地区很常见，尤其是南亚的印度洋沿岸和太平洋沿岸、墨西哥的太平洋沿岸以及整个加勒比海沿岸。

红树林的种类有几十种之多。它们全部都扎根在充满水分的土壤里。红树林生长在潮间带。而所谓潮间带，就是来潮时洪水漫灌，无潮时泥泞潮湿——这种陆地条件使得大部分树木的根系窒息。红树林进化出补偿性地上根系：一张交叉缠绕、错综

知识链接

热带的定义 | 第一章"赤道和热带"，第 36—37 页
为什么海洋会有潮汐 | 第三章"海洋"，第 112—115 页

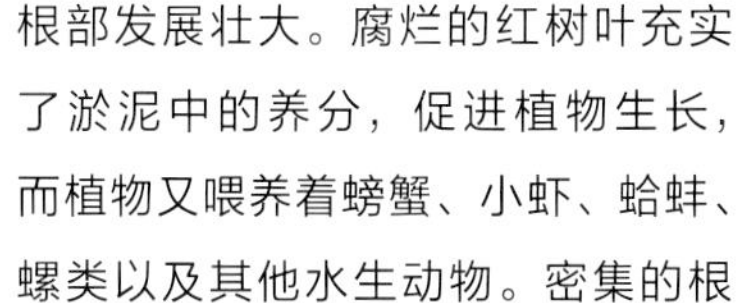

复杂的网，大型动物想要穿过这些沼泽地几乎没有可能。

红树林湿地的生物多样性相对丰富。藻类和海草从树木的树干和根部发展壮大。腐烂的红树叶充实了淤泥中的养分，促进植物生长，而植物又喂养着螃蟹、小虾、蛤蚌、螺类以及其他水生动物。密集的根系和树叶不仅是苍鹭、白鹭、鹮以及不太有名的红树美洲鹃等各种鸟类的食物来源，也是它们的保护屏障。

图一：
濒危物种长鼻猴生活在马来西亚沙巴州米南古河（Menanggul River）畔的红树林沼泽地中。

图二：
红树林中的植物物种既有低矮的灌木也有高200英尺（约60米）的树木，共包括70个物种。

图三：
玫瑰琵鹭原产于美洲，它涉过沼泽地时会用鸟喙舀起水中的猎物。

关键词 Mangal：Mangal一词是一些研究人员对红树林湿地和其他森林湿地的统称。盐生（halophytic）植物："盐生"源自希腊语hals和phyton，hals意为"盐"或"海"，phyton意为"植物"。是能够生活在高盐度环境植物的统称。

哪些生物生活在淤泥里?

弹涂鱼和异形海蛄虾是适应红树林湿地的特有生物。弹涂鱼这种鱼类进化出一种能力，落潮时可以在裸露的泥浆中推着自己前进，觅食时"如履平地"。异形海蛄虾在地下打洞，在红树林下方打造出一套洞穴体系，把地面深处富含营养的淤泥拱上表面。

马来西亚红树林湿地中，两条弹涂鱼在泥泞中机警地前进。弹涂鱼是两栖鱼类，在陆地和水中都能生存。

知识速记 | 每英亩（约6亩）红树林每年要掉3吨树叶。

知识链接

软体动物和鱼等水生动物 | 第四章"软体动物"和"鱼"，第156—159页
进化的成功和失败 | 第四章"生物多样性"，第174—179页

肯尼亚马萨伊马拉国家保护区内的蛮烛台树。

草原和稀树草原

同一生物群落区的不同称谓

中非
热带稀树大草原

南非
热带稀树大草原

匈牙利
平原

北美洲
平原

北美洲
大草原（牧场）

南美洲
南美大草原

俄罗斯
干草原

澳大利亚
疏灌丛

约6550万年前的新生代时期，随着第一次冰期的来临，气温率先下降，远离赤道及湿润温和的海岸地区的地方降水变得稀稀拉拉。天气更加变幻莫测，降水集中在一年中的几个月里，紧接着便是旱季。古老的森林让位于成片辽阔的草地和灌木林地——这些区域就是我们今天所知的草原和稀树草原。

草原和稀树草原虽然略有差别，但通常被看作同一种事物和同一类生物群落区。

虽然这些一般干旱的地区年降水量可达35～50英寸（89～127厘米），但草原或稀树草原上的降雨很不规律，且只集中在某几个月，这就是在这些生态区树不成林的原因。稀树草原上还稀稀拉拉地生长着几棵树，而草原上几乎见不到树。草原地区的年降水量更少，气温变化更大，从冬季的-40华氏度（-40摄氏度）到夏季的100华氏度（约37.8摄氏度）。

稀树草原占据了近半个非洲，南美洲大部分地区，以及澳大利亚和印度的大部分地区也是稀树草原。北美洲牧场和平原、南非高原、南美大草原、匈牙利平原以及亚洲北部的干草原则属于大草原。

在这些地区，草原为大型和小型哺乳动物提供了充足的食物。通常一定区域内只有一到两种主要的草类。

草原和热带稀树草原养育了种类丰富的动物，非洲的塞伦盖蒂平原就是个例子。在那里，季雨提前或推迟都会影响新生羚羊以及其他动物的生

知识链接

地球的各个地质时期 | 第三章“地球的年龄”，第94—95页
土壤的成分 | 第三章“土壤”，第96—97页

存，进而影响到狮子和猎豹等大型捕食者的食物供应。

土质是用于区分草原和稀树草原的另一大标志特征。稀树草原通常不易蓄水，土壤较为贫瘠；草原有土壤，留住一茬茬草根分解后的营养。因此，草原成为重要的农业区。许多草原已经被开垦为农田或牧场，这意味着世界上草原栖息地处于损耗消减的状态。

图一：
美国俄勒冈州的天空下雌性叉角羚的身影，它们吃草时仍满是警惕的样子。

图二：
枣椰树能结出可食用的果实，稀树草原上的其他物种则在干旱中挣扎求生。

图三：
白蚁是巨大蚁穴的小小建设者，它们从树木和木材中摄取纤维素。

关键词 气候性热带稀树草原（climatic savanna）：受气候条件影响形成的热带稀树草原。土壤性热带稀树草原（edaphic savanna）：受土壤条件影响且不完全靠野火形成的热带稀树草原。衍生型热带稀树草原（derived savanna）：指人类清理并烧毁树木以利农耕，复又离开，在这之后形成的热带稀树草原。

野火在草原上扮演什么角色？

在热带稀树草原上，季节性野火抑制大树生长，同时也增加了生物多样性。旱季突发的野火由闪电引起，后来更多的是猎人和农民清理灌木时有意为之。他们不想让树木取代草地成为优势植物。而青草和灌木在新一轮的降水浇灌下开始再次茁壮成长。同时大火过后，不仅留下昆虫尸体和无家可归的昆虫作为鸟类的大餐，还为小型动物提供了藏身之地。

炙热的火线表示澳大利亚热带稀树草原的野火进展。雨季和旱季相互交替，热带草原生物群落区中的动植物都要依赖于野火。

知识速记 | 非洲象群啃剥树皮、踩压树干，将森林变成了草地。

知识链接

昆虫的分类和性质 | 第四章“昆虫”，第 150—153 页
天气和地形 | 第五章“天气”，第 182—183 页

尼日尔境内的撒哈拉沙漠

荒漠和干燥疏灌丛

七大沙漠（沙质荒漠）

撒哈拉沙漠 / 非洲
360 万平方英里（约 940 万平方千米）

阿拉伯沙漠 / 非洲
90 万平方英里（约 233 万平方千米）

戈壁沙漠 / 亚洲
50 万平方英里（约 130 万平方千米）

喀拉哈里沙漠 / 非洲
36 万平方英里（约 93 万平方千米）

巴塔哥尼亚沙漠 / 南美洲
26 万平方英里（约 67 万平方千米）

维多利亚大沙漠 / 澳大利亚
16 万平方英里（约 42 万平方千米）

大盆地沙漠 / 北美洲
19 万平方英里（约 49 万平方千米）

荒漠约占地表面积的 1/5。其定义性特征就是：雨水匮乏。荒漠降雨量的界线颇具争议。一些气象学家以年均降雨量不超过 10 英寸（约 250 毫米）为界，而其他人则把年均降雨量不超过 16 英寸（约 400 毫米）定义为荒漠。稀少的降水和极端的气温迫使动植物挣扎生存，它们必须进化出适应高温缺水的能力。

荒漠生物群落区按照年降水量分为两个类别。

炎热干燥（或干旱）的沙质荒漠是最大的一个类别，包括北非的撒哈拉沙漠和美国西部的莫哈韦沙漠，这些一望无际的沙海年均降水量最少，而且全年一般只有短暂的几次急雨。智利和撒哈拉的部分地区年均降雨量大概只有 25 毫米，美国西部的沙漠约为 250 毫米。气候如此干燥，空气如此炎热，以至于大部分降雨还未落地就已蒸发。有时候蒸发掉的水

知识链接

地球上的水循环 | 第三章“水”，第 111 页
现代的水危机 | 第三章“水体”，第 126—127 页

量甚至超过了年降雨量，迫使植物只能适应，更多地依赖保水或空气凝水。

万里无云的干燥空气也使得昼夜温差加大。沙漠地带白天受到的太阳辐射约是潮湿地区的两倍，而夜间也要散失约两倍的热量。因此，这里的气温变化幅度上可高达 120 华氏度（约 49 摄氏度）的高温，下可低至冰点（0 摄氏度）以下。

半干旱沙漠和沿海沙漠降水量稍多，气温也稍显温和，但动植物仍然受制于干旱。沙漠生物群落区中的树木都很稀疏，但比如仙人掌之类的多肉植物已进化出一套生存机制，其叶窄长，长满尖刺，有助于植物遮阴避凉，控制呼吸作用流失的水分。丝兰、龙舌兰和仙人球等植物只在夜晚吸收二氧化碳，释放氧气，这时候气温较低，这种适应机制也可控制水分流失。

关键词 极地荒漠（cold desert）：格陵兰岛和北美的部分区域，那里的年降水量和沙漠一样稀少。风棱石（gibber）：澳大利亚的干旱或半干旱地区，铺满岩石或鹅卵石，它们通常有一层硬化的表层土壤壳，由风化的力学作用而非化学作用产生的硅黏合而成。干涸河道（wadi）：只有在雨季才有水的干涸河床。

什么是哈德里环流？

乔治·哈德里（George Hadley）在 1735 年指出，沙漠缺乏降雨的部分原因在于大气环流圈的模式。哈德里为了解释信风的方向，假设赤道上方的空气不断升温上升并向两极移动，等到降温下沉后又折返至赤道，形成空气环流圈，那里气压和气温相当稳定。

哈德里的理论在全球范围内并不适用，但哈德里环流的确帮助解释了赤道附近的大气运行模式。世界上的许多沙漠都位于这些环流外侧，其上方是早已在热带和亚热带森林排干了水分的干燥空气。

图一：
中美洲领西貒的英文别名 javelina 来自它们锋利的獠牙，这个词源自西班牙语单词“标枪”（jabalina），它们以仙人掌叶子和果实为食。

图二：
美洲西南部的钝尾毒蜥和墨西哥沙漠里的珠毒蜥是世界上仅有的两种有毒蜥蜴。

图三：
狼蛛惯于夜间捕猎，生活在美洲和澳大利亚的沙漠地带。白天气温较高时，它们就待在洞穴里。

知识速记 | 在智利的一处沙漠地带，从 1919 年到 1965 年滴雨未降。

知识链接

地球上的风及其影响 | 第三章“风”，第 106—107 页
包括蜥蜴在内的爬行动物 | 第四章“爬行动物”，第 160—161 页

加拿大哈得孙湾的北极狐

冻原和冰盖

世界上的冻原

北极冻原

北美洲：阿拉斯加州（美）北部、加拿大北部、格陵兰岛（丹）

欧洲：斯堪的纳维亚地区

亚洲：西伯利亚地区

高山冻原

北美洲：阿拉斯加州（美）、加拿大、美国和墨西哥

欧洲：芬兰、挪威、俄罗斯和瑞典

亚洲：喜马拉雅山脉地区、日本

非洲：乞力马扎罗山脉地区

南美洲：安第斯山脉地区

到了南北两极的顶端地区，北方针叶林越发稀疏，直至成为一片冻原。冻原的气候寒冷、土地贫瘠，是地球上生物多样性最匮乏的生物群落区之一。生命力顽强的苔藓、地衣以及长势低矮的花卉和草能够度过短暂的生长季、极地冬季无尽的夜晚，抵御最冷月份中 -30 华氏度（约 -34 摄氏度）的平均气温，成为冻原地带的特征物种。

冻原覆盖了整个北极，从美国的阿拉斯加州直到加拿大北部，环绕格陵兰岛沿岸，涵盖俄罗斯北部沿岸地区。南极洲这片冰雪大陆的沿岸也是冻原。

冻原气候受到北极和南极上空大型气团的控制。由于缺少对立的锋面系统把湿气带入大气，因而冻原上的年降水量大概只有 10 英寸（约 25.4 厘米）——这种气候条件促使一些气象学家把冻原划为“寒漠”。

北极冻原约占地球地表面积的 10%，包括一层为永久性冻土的土壤，称为“永冻层”。

但这绝不是说这类生物群落区就没有动物生存。冻原除了地面有植被覆盖，还是一些已经适应了这种艰苦气候条件的鸟类和哺乳动物的栖息地。

北极熊、北极狐、北极兔，还有其他物种都生活在这些极寒之地。旅鼠们在生长季以青草和莎草为食，冬季以草根为食。它们在地下打洞，季节性地储存食物，用粪便滋养土壤。

北美驯鹿和极地驯鹿成群结队穿过世界上的冻原地带迁徙，成群迁徙的鸟儿也享受着这一地区夏季的昆虫盛宴。其他冻原鸟类还包括雪鸮和矛隼等猛禽。

知识链接

冰在地球上的分布 | 第三章“冰”，第 120—121 页
北方针叶林生物群落区 | 第五章“北方针叶林”，第 200—201 页

什么是永冻层?

永冻层虽名为永冻，却并非一直是冻结状态。即使温度一直在冰点以下，土壤成分、盐分还有其他一些因素也使得部分地面不会完全冰冻。

在美国的阿拉斯加州、加拿大、俄罗斯，以及南极洲的大部分地区，冻原的确终年冰冻，冻土深达地下 5000 英尺（约 1524 米）。接近最上面的一层薄薄的土壤每年都有一个冻融周期，让地面植被有生存的喘息之机。

随着全球变暖，永冻层融化产生的影响成为热点议题。例如，有人就推测，永冻层的广泛融化将释放大量“困”在地下的温室气体到大气层，进一步加速地球变暖。

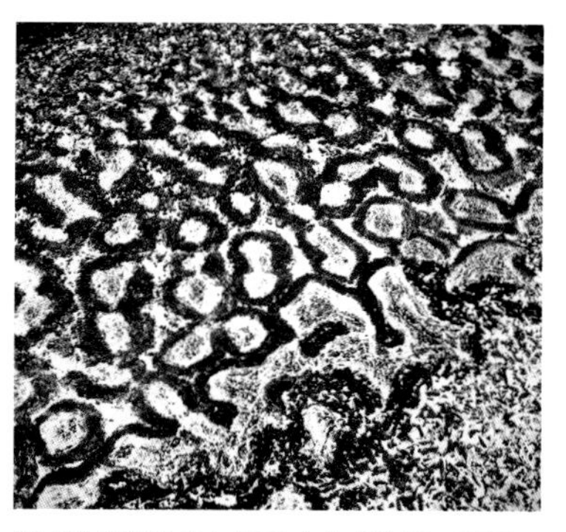

挪威的斯匹次卑尔根岛上的永冻层，积雪和土壤相间，地表有植物，每年的冰冻和化冻时间都有规律可循。

关键词 冻原（tundra）：源自芬兰语 tunturia，意为“没有树的平原”。指没有树的平原或丘陵区，特征是土壤贫瘠、遍布岩石或仅有少量植被，如苔藓、地衣、草本植物和低矮灌木。冰核丘（pingo）：源自因纽特语 pingu。指冻原上因冻融周期而形成的大土堆。

图为加拿大西北地区的德文岛冰盖，一片原始纯白的地表，只有南去的北极熊留在雪地里的印迹。

天然冰

在比冻原更荒凉的地方，如丹麦的格陵兰岛、加拿大一些岛屿的内陆以及整个南极洲，生命和食物链几乎绝迹，只剩下了极地冰盖，冰层中发现的细菌是这里的唯一生物。

然而，这些了无生气的大片荒凉之地对地球具有重要的生态意义。巨大的冰川锁住的水分有助于调节海平面，大规模冰川融化可能会淹没沿海地区，改变人文地理。生活在地势较低、易遭风暴地区的政府官员们，如孟加拉国的官员们，就声称他们已经明显感受到冰川消融带来的影响。

知识速记 | 地球上 2% 的水都锁在冰、雪和冰川中。

知识链接

地衣的生物分类 | 第四章“真菌和地衣”，第 134—135 页
北极熊的未来 | 第四章“濒危物种”，第 178—179 页

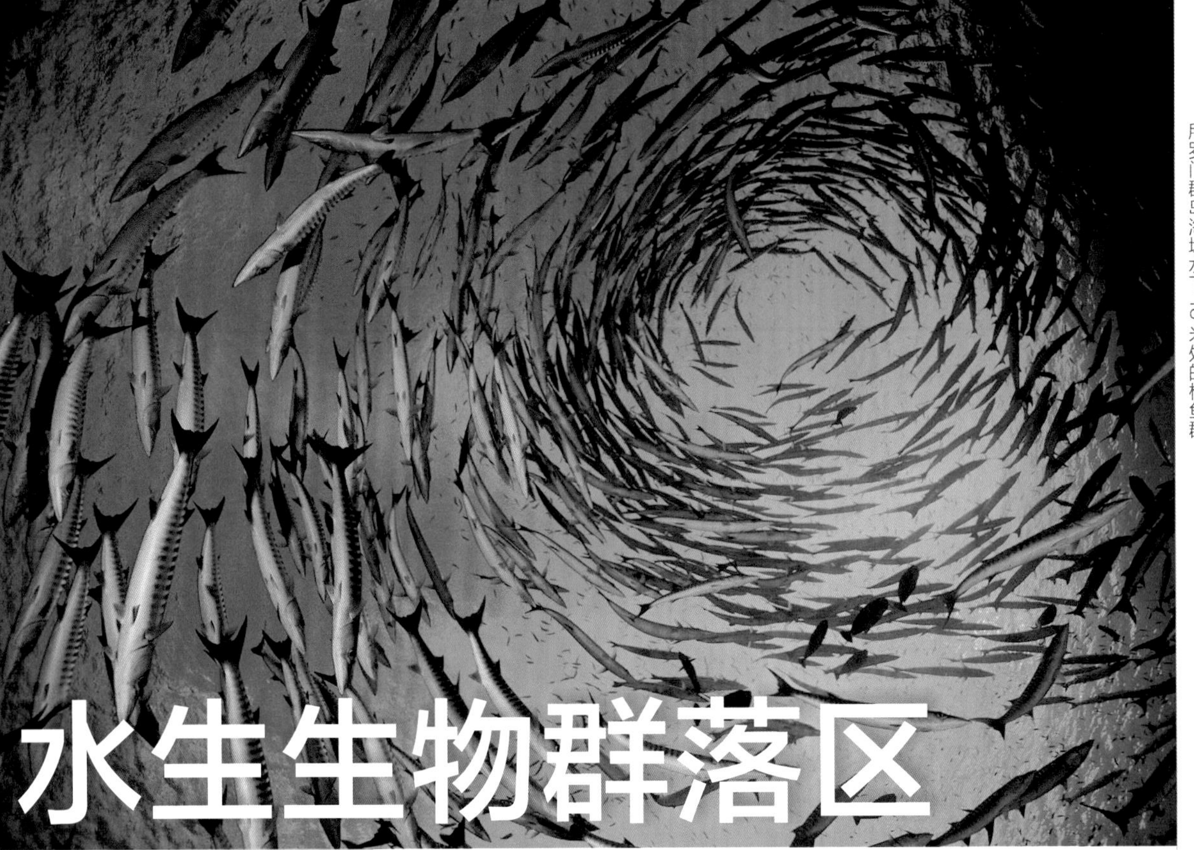

所罗门群岛海域水下 18 米处的梭鱼群

水生生物群落区

海洋知识

太平洋
面积：16520 万平方千米
最深点：马里亚纳海沟，11034 米

大西洋
面积：8244 万平方千米
最深点：波多黎各海沟，8340 米

印度洋
面积：7345 万平方千米
最深点：爪哇海沟，7540 米

北冰洋
面积：1409 万平方千米
最深点：阿蒙森海盆，5502 米

海洋生物群落区包括潮汐河口、珊瑚礁和海洋——海洋总共占这颗行星表面积的 3/4，是一个对维持地球其他生命至关重要的动态系统。海洋是海洋生物群落区的最大代表，分为三大区域：远海，也就是所谓的公海，延伸至海平面下 13000 英尺（约 3962 米）处；海底区，即洋底处；深海区，从水下 13000 英尺（约 3962 米）一直到 20000 英尺（约 6096 米）深处，漆黑寒冷，压力极大。

潮汐河口指位于咸水和淡水交汇处的交界区域——一片混合区域，栖息着丰富的水生动植物，从藻类、海草到鱼类、牡蛎、螃蟹以及大量迁徙水禽物种。

珊瑚礁是珊瑚虫群的地盘，地理特征鲜明，这里生活着的无脊椎动物数以千计。

淡水栖息地全世界到处都有——小池塘、大冰川湖、雪水和其他降水汇集而成的小溪及河流等——适应了低盐环境的动植物都生活在这里。

知识链接

地球上的水体 | 第三章“水”，第 110—121 页
地球上生物的多样性 | 第四章“生物”，第 132—133 页；第四章“生物多样性”，第 174—179 页

处于困境中的水生生态区有哪些？

从极地海洋到热带珊瑚礁，从沙漠干谷到奔腾的江河，水生生物群落区的多样性令人惊奇。许多淡水和海洋生态系统都已经被证实需要特别的保护和关注，如这幅地图所示。

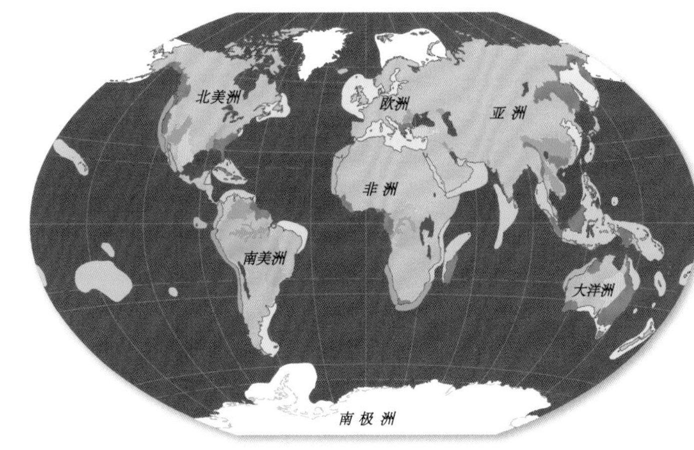

淡水
- 大湖
- 大河
- 大河三角洲
- 大河上游
- 小湖
- 小型河谷
- 干旱盆地

海洋
- 温带大陆架和海洋
- 温带沿海上升流
- 热带沿海上升流
- 热带沿海珊瑚
- 极地区

关键词 透光层（euphotic zone）：euphotic 源自希腊语，eu 意为“好”，phos 意为“光线”。这一术语用于描述海洋水体的最上层区域，指从水平面到水平面下 260 英尺（约 79 米）处，阳光可以穿透并到达这部分水体，足以支持光合作用。

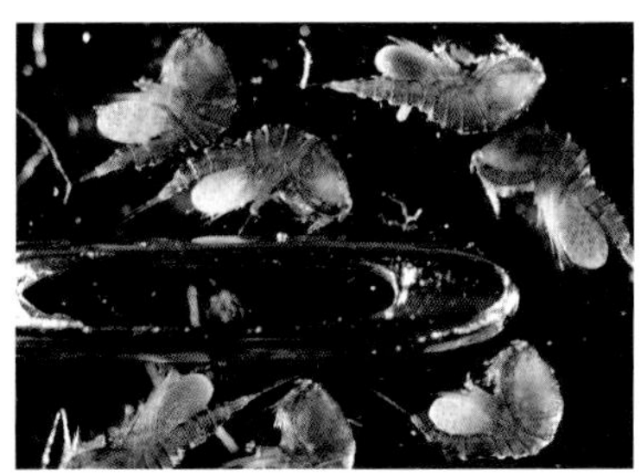

桡足类属于小型浮游生物，是所有大型和小型海洋动物的食物来源。它们长 0.08 英寸（约 0.20 厘米），在此图中，针孔用来和它们进行对比。

海洋，地球的生命线

地球在许多方面都要仰仗海洋。海洋盐水蒸发，加速降雨循环，为陆栖动植物提供淡水。小型浮游植物是地球的主要能量来源之一：它们通过光合作用，将太阳辐射转化为有机物质。它们处于食物链底端，养育着几乎所有其他海洋生物，吸收二氧化碳，释放氧气，其所释放的氧气可能多达全球氧气供应量的一半。

什么是化学合成？

深海区是海洋的一大组成部分，可看作独立的一个生物群落区——这一水域的动植物已经适应了在黑暗中生存，不需要这颗行星上其他生物所需的能量来源——太阳能。海洋中的浮游生物和植物通过光合作用合成有机物质。但生活在海洋深渊中的生物在光无法到达的漆黑之中另有一套生存规则。在这里，细菌通过化能合成作用将硫转化为有机物。深海中硫的供应很充足：火山活动和板块运动形成的水热喷气孔把硫化氢喷射到海底。能进行化学合成的细菌是整个深海食物链的基础，这是一个靠地热能支撑的生物群落区。

知识链接

光合作用如何工作 | 第四章“生命起源”，第 131 页
细菌和相关微生物 | 第四章“细菌、原生生物和古菌”，第 148—149 页

切削废弃钢板，印度阿朗

人类的影响

世界十大城市

日本东京
3805 万人

印度尼西亚雅加达
3227 万人

印度德里
2728 万人

菲律宾马尼拉
2465 万人

韩国首尔
2421 万人

中国上海
2411 万人

印度孟买
2326 万人

美国纽约
2157 万人

中国北京
2125 万人

巴西圣保罗
2100 万人

从理论上讲，世界上的所有生物群落区都是气候和自然的产物，若非在形成壮大过程中受到人类干预，就会呈现这颗行星某一区域的特征。但事实上，今天的生物群落区遭受着人类存在的迅猛而深刻的两种影响：一种是农业发展和城市化进程带来的影响，另一种是更为持久的全球变暖等热力变化带来的影响。

人类影响严格来说并非现代独有的现象。曾被认为是原始状态的亚马孙雨林地区，实际上已经在古人的农耕和捕鱼活动中发生过相当大的变化。定居非洲和东南亚的古人类曾放牧并利用大火开垦农田，一些地区的稀树草原应运而生，否则这些地区或许已壮大为一片森林。地中海地区现在主要是灌丛地，但那里曾经是松树、雪松、橡树及其他树种构成的森林，后来遭到古希腊和古罗马文明大肆砍伐。广阔的落叶林曾覆盖欧洲和中国，但现在大部分已经被放火开荒和砍伐的行为夷平。

虽然全球变暖的长期影响是一个受争议的话题，但许多人认为，比起树木砍伐、作物种植和城市建设等引起的直接气候变化，受人类影响的气候变化对生物群落区造成的影响可能更为深远。包括政府间气候变化专门委员会在内的组织机构记录了北极圈永冻层地带气温的逐渐回升，这种趋势如果继续下去，就会改变冻原生物群落区以及其他生物群落区。不断上升的海平面和盐度分布变化会影响沿岸红树林等生境，而天气规律发生大的变化会加剧全球的荒漠化。

知识链接

人类对地球的影响｜第三章“危机四伏的星球”，第 122—123 页
人类对动植物的影响｜第四章“濒危物种”，第 178—179 页

人类的足迹

生物多样性的衰减率是量化人类对世界生物群落区影响的一种方式。生物多样性地图显示，在北美和欧洲地区的工业化国家，广泛分布着生物多样性饱受威胁的区域。中国和印度刚刚进入工业化，面临着巨大的人口压力，农业用地急剧增加。

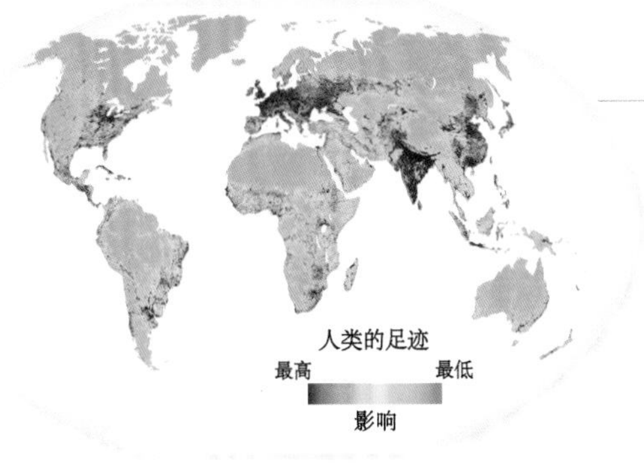

某些地区所受人类文明的影响比其他地区更为强烈，具体反映在栖息地持久度和人口压力上。

关键词 亚顶级群落（subclimax）：放牧、农耕或其他人类社会的行为限制了原本属于优势种的植物的生长，导致它们没能成为该地区主要植物物种。热岛效应（heat island）：世界上的一些地区由于城市化而气温升高。

哪些生态区受到的影响最大？

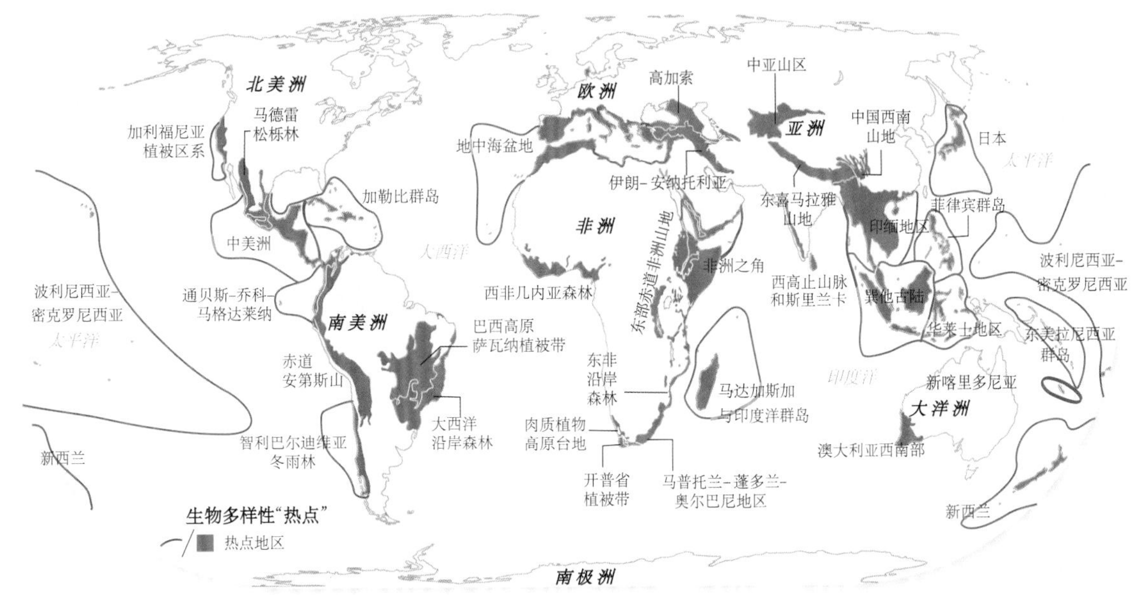

世界各地都有濒危的生态区。科学家说有将近半数的物种会在 21 世纪消失。环境保护主义者已经列出了 25 个生物多样性“热点”地区，这些栖息地在地球上独一无二，却格外受到威胁。这些热点地区是世界上 44% 的植物和 35% 的无脊椎动物仅有的栖身之地。

知识速记 | 中国的大多数温带落叶森林早在 4000 年前就被砍伐一空了。

知识链接

地球上增长的人口 | 第六章“世界人口”，第 250—251 页
城镇化及其对地球的影响 | 第六章“城市”，第 260—261 页

CHAPTER 6

人类世界

埃塞俄比亚境内的阿法南方古猿的头骨铸像

人类起源

早期人亚科原人

800 万—600 万年前
猩猩和早期人亚科原人最后的共同祖先

800 万—600 万年前
乍得沙赫人

580 万年前
始祖地猿

440 万年前
湖畔南方古猿

390 万年前
阿法南方古猿

350 万年前
肯尼亚平脸人

300 万年前
非洲南方古猿

今天只存在智人一种人类，然而在人类史前时代，在地球上生活过的早期人类曾多达 18 种。虽然早期人类的物种数量和彼此之间的关系尚未确定，但最早的原始人类显然起源于非洲。早期人亚科原人是对所有曾经生活在地球上的早期人类的统称。

我们的祖先与大猩猩和黑猩猩一样，都由类人猿进化而来，因此直到现在人类依然属于灵长目动物。约 400 万年前，某种环境因素导致它们不再攀爬树木，而是开始直立行走，标志着它们向人类的正式过渡。这些早期人亚科原人通常统称为南方古猿（来自术语“南猿”），包括地猿属、南猿属和傍人属。它们的身高约 3.5 ~ 5 英尺（1.1 ~ 1.5 米），脸部轮廓类似猿，前额倾斜、下巴突出，但是和猿类相比，它们的犬齿较小，手部有长而灵活的手指。早期人类化石中最著名的莫过于被人们亲切地称为“露西”（Lucy）的雌性阿法南方古猿，1974 年发现了其部分遗骨。阿法南方古猿生活在 390 万—290 万年前的非洲东部，被认为最有可能是智人的直系祖先。

到了大约 120 万年前，南方古猿便已灭绝。但在那个时期，它们的后代——一种新的人亚科原人——已经遍布非洲大陆：它们是形成于 250 万—230 万年前的人属（*Homo*），其特征是脑容量的明显增加。到了 180 万年前，人属动物的骨架已经和现代人一般高，但其头骨的前额依旧倾斜，眉骨依旧突出，下巴也依旧粗笨。

知识速记 | 直立人早在 100 万年前就会使用火了。

知识链接

行星地球的地质历史 | 第三章“地球的年龄”，第 94—95 页
地球上的早期生命形式 | 第四章“生命起源”，第 130—131 页

这些晚期原始人类还表现出和现代人类类似的另一种特质：对新土地的探索欲望。大约 180 万年前，第一次人类迁徙大潮开始，具有冒险精神的直立人走出非洲，长途跋涉，进入欧洲和亚洲。然而，这些人属动物最终还是灭绝了，它们并非现代人类的直系祖先。演化的荣耀归于我们人类这一物种的最早成员，即智人，他们在约 20 万年前出现在东非。

人类进化的细节是今天仍在研究并富有争议的话题，但是从距今 2300 万—1500 万年前类猿的原康修尔猿（最左）到现代人类（最右）的这种进化过程已得到当今科学家的广泛认可。

线粒体夏娃和 Y 染色体亚当

对人类 DNA 的研究丰富了我们对人类起源和迁徙的知识。虽说几乎我们所有的 DNA 每经历一代人都会重组，但基因组中有两个部分基本维持原状：一方面来自父亲的 Y 染色体会原封不动地传给儿子；另一方面，细胞线粒体中的 DNA 只能由母体传给孩子。基因会发生无害突变，这种情况很鲜见，但也一直在发生。突变后的遗传标记会在子孙后代中得以延续。遗传学家已经追踪到这种遗传标记源自我们最早的一对智人祖先，“线粒体夏娃”和“Y 染色体亚当”，分别是两名生活在 6 万年前和 15 万年前的非洲古人类。

玛丽 · 利基 / 人类学家

自 20 世纪中期起，非凡的利基家族就一直是人类学领域的“领头羊”。路易斯 · 利基（Louis Leakey，1903—1972）出生于非洲的一个英格兰传教士之家，是现代人起源于非洲一说的早期支持者。1948 年，他和妻子玛丽 · 利基（Mary Leakey，1913—1996）共同发现了一种类猿生物的化石，即非洲原康修尔猿（*Proconsul africanus*）的头骨，证明了类人猿和人类拥有共同的祖先。1959 年，玛丽（左边，照片摄于 1976 年）有了更为重要的发现——生活在非洲奥杜瓦伊峡谷的鲍氏傍人（*Paranthropus boisei*）。1976 年，她在坦桑尼亚发现了一串 360 万年前的人类足迹。其子理查德生于 1944 年，是肯尼亚人类学家兼政治家，他在 1985 年发现了年轻的直立人的完整骨架，而他的妻子梅芙 · 利基是一名动物学家，出生于 1942 年，发现了迄今为止最早的南方古猿骸骨。

知识链接

灵长目动物及其特征｜第四章“哺乳动物”，第 166—167 页
DNA 结构和人类遗传学｜第八章“遗传学”，第 346—347 页

人类迁徙

人属

250 万年前
能人

230 万年前
卢多尔夫人

180 万年前
直立人

80 万年前
海德堡人

35 万年前
尼安德特人

20 万年前
智人

在直布罗陀发现的女性尼安德特人的头骨和骸骨

大约 6 万年前，第二波迁移大潮使得人类——如今解剖学意义上的现代智人——走出了非洲。短短一万年间，他们跨过寒冷的更新世时期因海平面下降而露出的大陆桥，跋涉数千英里，来到澳大利亚。到了 4 万年前，又一批移民闯进了中东和近东地区，到 3 万年前，这些狩猎者跟随羚羊和猛犸象，穿越大草原，进入亚洲北部和欧洲。

在 2 万年前到 1 万年前的这段时间，随着狩猎者遍布西伯利亚地区，较为成熟的人类群体开始发展出更加先进的文明。他们种植植物，在中东用贝壳和黑曜石进行贸易往来，在日本制作陶罐，在澳大利亚的岩石上画穿着衣物的人，并且在欧洲发明了复杂的工具，还有动物骨雕和洞穴壁画。

最后一次迁移潮是从西伯利亚到北美洲，发生在 2 万年前到 1 万年前（准确时间仍有争议），当时的亚洲和北美洲被上千英里宽的大草原所连接。亚洲移民跨过这片陆地，沿北美西侧南行，13000 年前到达南美洲。

自 1 万年前开始，随着陆地越来越温暖，越来越湿润，世界各地由狩猎 - 采集者组成的群体完成了农业转型，建造了城市居住区，也发明了文字。

知识速记 | 15 万到 5 万年前有一段时间，世界上的人口数量低至 1 万人。

知识链接

人类史前史 | 第七章“史前史”，第 264—265 页
人类迁徙 | 第九章“世界各国”，第 377 页、395 页、411 页、425 页、431 页和 441 页

我们是怎样知道人类迁徙的?

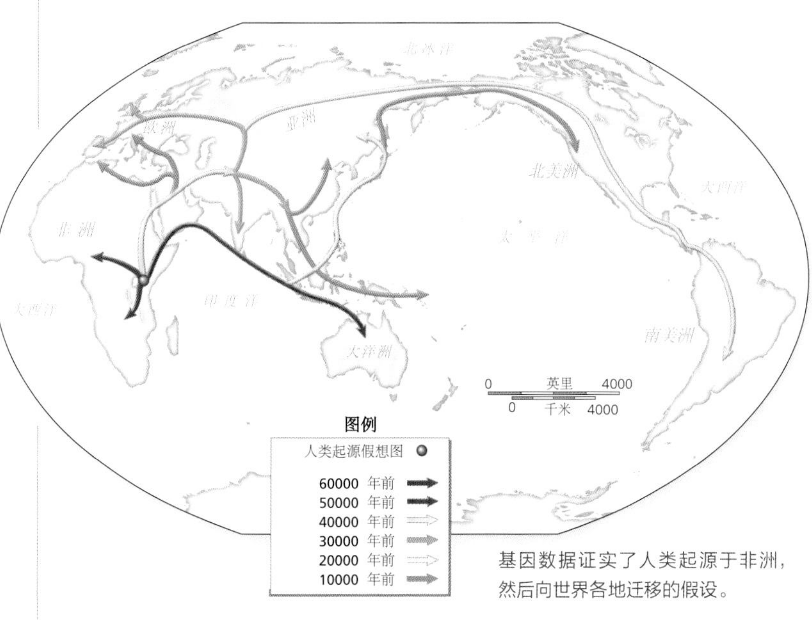

基因数据证实了人类起源于非洲，然后向世界各地迁移的假设。

2005年，美国国家地理学会和美国国际商用机器公司（IBM）共同启动了基因地理计划，利用世界各地人们捐赠的基因追溯早期人类的迁徙过程。该计划提供了人类起源及之后通过迁移遍布世界各个角落的细节。每一代人的基因都会继承新的突变，通过计算不同地区人口的基因多样性规律，遗传学家由此推断出生活在不同地理区域的人群的时期和血统。由于这项工作，现在人们广泛接受了人类起源于非洲，约6万年前离开这片大陆，扎根于世界各地的说法。

关键词 基因组（genome）：生物完整的染色体组。原人（hominid）：人亚科各个人类后代的分支。新石器时代（Neolithic）：源自希腊语，neos 意为“新的”，lithikos 意为“石头”。指石器时代最近的一段时期，打磨的石器是该时期的特征。

尼安德特人是什么人?

智人在约3万年前迁移到欧洲和欧亚大陆的时候，很可能会邂逅另一个人属种群：尼安德特人。尼安德特人是第一批离开非洲的人亚科原人的后代，他们体格健壮、肌肉发达、吃苦耐劳，因此才能够在冰天雪地中生存下来。他们直立行走，脑袋比现代人要大，能够制造工具、举办葬礼仪式，或许还会说话。

尽管尼安德特人适应了寒冷的环境，但也许正是因为寒冷，他们才在约2.8万年前智人迁入的时候灭绝了。关于尼安德特人为何消失的说法有很多。或许是因为无法适应不断变冷的气候，或许是被工具更为精良、社会分工（指定女性为采集者）也更为灵活的智人“淘汰”了。不过，有可能尼安德特人在灭绝之前为现代人类基因库做出了贡献。科学家从4.5万年前的人类骨骼上提取到了尼安德特人的基因，相关研究正在进行中。

知识链接

语言分类和分布 | 第六章“语言”，第228—231页
史前艺术的产生和发现 | 第六章“艺术”，第238—239页

挪威境内的萨米人的家庭

人类家庭

出生时的预计寿命

世界最长寿

国家	男性	女性
日本	86 岁	79 岁
澳大利亚	84 岁	79 岁
瑞士	84 岁	79 岁
冰岛	83 岁	80 岁
西班牙	84 岁	78 岁
以色列	83 岁	79 岁
瑞典	83 岁	79 岁

世界最短寿

国家	男性	女性
斯威士兰	39 岁	40 岁
莫桑比克	42 岁	42 岁
赞比亚	42 岁	42 岁
安哥拉	44 岁	41 岁
塞拉利昂	44 岁	41 岁

家庭在不同的文化中以多种形式呈现，是人类社会最基本的单位。传统上，人类学家认为家庭的基本构成是社会认可的、具有夫妻关系的成年男女以及他们亲生或领养的一个或多个子女。基本家庭的成员同居一所，有时也与大家庭成员一起居住，包括祖父母、外祖父母，伯、叔、姑、舅、姨，以及姻亲关系中的各个成员。

多样化的家庭同样意味着各种传统家庭单元的变体。一家之主可以是单个成人，也可以是两个同性别的成人。婚姻制度有一妻多夫制，也有一夫多妻制，如在非洲、中东、印度和其他地方。亲属关系在母系社会中通过母系来追溯，在父系社会中通过父系追溯。

尽管家庭的呈现方式各异，但它们在所有文明中的职能相当。作为一个稳定的小团体，家庭成员将孩子养大成人，使之步入社会；他们照料

知识链接

家族、民族和其他社会关系 | 第六章“民族”，第 224—225 页
基于贸易的关系 | 第六章“商业”，第 254—257 页

患者；他们提供并分享食物、住所、衣物，共同维护身心安全；他们履行生育义务，这鼓励他们保持长久的婚姻关系并严禁近亲通婚。在现代工业社会中，一些角色和职能已落到了政府肩上，几代同堂的大家庭也越来越罕见。可即便如此，令人吃惊的是，家庭单位的基本结构近千年来一直不曾改变。

关键词 亲属关系（kinship）：源自古英语 cyn，意为“家庭”“人种”“族类”“属性”。指人与人之间通过血缘、婚姻、领养或礼制而形成的社会认可的关系。姻亲（affinal）：源自拉丁语 affinis，意为“接壤，相邻”。指建立在婚姻基础上而非血缘关系之上的亲属关系。

玛格丽特 · 米德 / 人类学家

玛格丽特 · 米德（Margaret Mead，1901—1978）是一位美国人类学家，《萨摩亚人的成年》（*Coming of Age in Samoa*）是她的处女作。她写道：“因为我是一名女性，所以我希望和女孩共事时能够达成更亲密的关系，而且由于缺乏女性人种学家，我们对原始部落女孩的了解远不如对男孩的了解多，因此我选择关注萨摩亚地区的少女们。”这本书之后，她又出版了许多关于文化和人类心理发展的其他著作。米德在美国自然历史博物馆担任各种职务，包括民族学馆长，她还是捍卫女权、反对核扩散的积极分子。虽然她的结论有很多地方不够严谨，受到了质疑，但她成功地让公众开始关注人类学。

思维是不分性别的。

——玛格丽特 · 米德，1972 年

过渡礼仪

婚葬礼、洗礼、受戒仪式、成人礼和诞生礼等皆是现代世界中的人生礼制。所有社会都有礼制和仪式，标志着人类一生中最重要的几大过渡阶段：诞生、成年、结婚和死亡。

例如，加拿大萨斯喀彻温省的印第安人血部落中的男性长辈会为新生儿主持命名仪式，他们用代赭石涂抹婴儿以示神圣，并将其举向太阳。现代美式婚礼中抛花束和撒大米是古代生育象征的延续。而例行的葬礼及其相应习俗则可追溯至尼安德特人。

美国加利福尼亚州的拉丁裔青少年在庆祝年轻女性朋友的成人礼，这是一个表示成人的传统仪式。

知识链接

尼安德特人和人类迁徙 | 第六章“人类迁徙”，第 220—221 页
萨摩亚的历史和经济 | 第九章“大洋洲”，第 428 页

民族

文化和民族是两个交叉的概念，是人口归类的不同方法，但又具有共性。文化指代一个群体的生活方式，包括世代相传的社会意义、价值观和社会关系等构成的共享系统。它包括语言、宗教、服饰、音乐、礼节、法律、体育和工具等后天习得的行为特质。

民族是一种动态模糊的文化特性概念，可以理解为文化的一个子集。它通常表示由于某些共同的特质而具有强烈身份自主认同（或强行被别人贴上标签）的一类人。这些特质大多是非自主性的——肤色、宗族、部落身份、认为有或实际上有的共同祖先、共享历史或语言，甚至是身体缺陷（比如耳聋）或性取向。其他特质是可以为人选择、摒弃和改变的。这些特质包括文化、宗教和宗派、寿命、方言、与一个群体的联姻等。

语言是民族最显著的标志，但也存在一些例外。例如，许多讲不同汉语方言的人无法彼此口头沟通，但他们都同属中国的汉族。当然，也有许多人认为自己是多个群体混合的“归化”成员，比如意大利裔美国人，或威尔士裔加拿大人。

民族的界线一直在变，因此要说出或数清世界上的所有民族几乎是不大可能的。不过，这样一份名单上的词条会不少于 1 万条。它既包括生活在澳大利亚西部仅约 700 人的马渡人，也有在中国超过 10 亿人口的汉族。不论人数多少，每一个种族群体都视自身为“一个民族”。

人类大家庭中存在着脸部特征、肤色和身体比例等诸多变化。图中顺时针方向从左上开始依次是：日本阿伊努族妇女、北美青年、澳大利亚原住民男性和孩子、蒙古少女和罗马尼亚昌戈族男性。

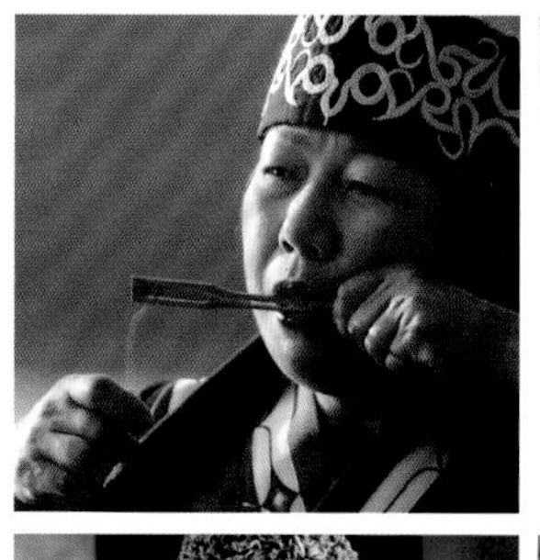

知识链接

文化身份的其他形式 | 第六章“种族、阶级和性别”，第 226—227 页
语言 | 第六章“语言”，第 228—231 页

是什么将我们联系在一起？

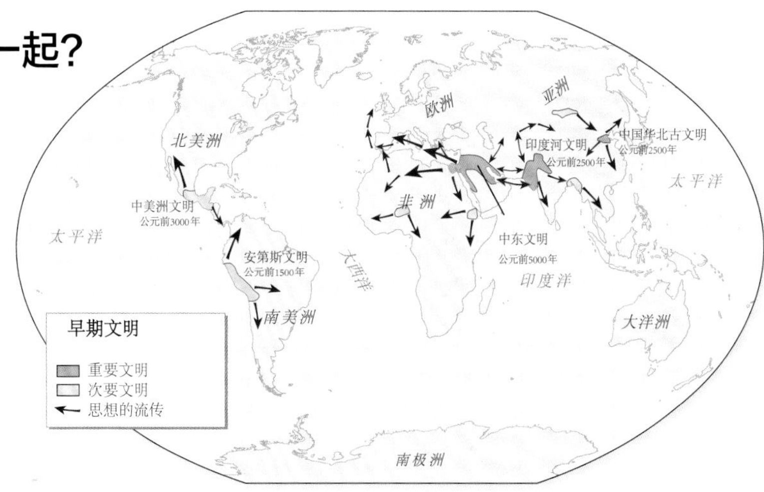

早期的文化源地代表着人类史上迸发思想和创新的中心：最早的城市、贸易中心和知识进步的集中地。

亲属关系是比家庭更宽泛的术语，涵盖人与人之间通过血缘、婚姻、领养及其他约束仪式形成的社会关系。拟亲属（fictive kinship）关系这一术语指虽被赋予亲属关系的角色和称谓，实际上却毫无关联的人。教父母就是拟亲属最明显的例子，他们在孩子的洗礼上充当施洗者，承担一个类似父母的教导角色。在许多文化看来，教父母与这个孩子的家庭相当亲近，因此，与教子女成婚，或者与教父母的子女结婚被认为是乱伦。

其他形式的拟亲属还包括结拜兄弟（指通过歃血为盟建立起来的一种联系），“名义”上的姨姑母和叔伯舅，甚至还包括北非努埃尔人的“鬼丈夫”（指死去的丈夫仍然可以作为法定配偶），哪怕寡妻已经嫁与亡夫的兄弟。

知识速记｜宗教和农业等文化现象发源的地区就是所谓的文化源地。

我们如何为自己的孩子起名？

每个人的姓名都很独特。姓名主要是文化的产物，是一种独特的文化或民族的显著属性之一。

在西方文化中，姓名通常用如詹姆斯（James）或凯瑟琳（Katherine）等作为名；有时还随长辈姓氏取一个像麦斯威尔（Maxwell）这样的中间名；然后是世袭的家族姓氏，例如约翰逊（Johnson）。

但即便是这种广为流传的做法也存在差异。例如，在许多拉丁美洲家庭中，每个孩子都有两个姓，分别来自父亲和母亲，比如，加夫列尔·加西亚·马尔克斯（Gabriel García Márquez）；在冰岛，孩子的姓源于父母中一人的名，由此可知，冰岛前总理哈尔多尔·奥斯格里姆松（Halldór Ásgrímsson）的父亲的名叫奥斯格里姆（Ásgrímur）。

中国人、韩国人和日本人的姓名由家族姓氏加上后起之名构成，例如孙思邈。在印尼的爪哇等极少数文化中，人们只有一个名，前总统苏哈托就是个例子。

关键词 文化（culture）：源自拉丁语 cultura，意为“耕耘”或“培养”。文化集人类的知识、信仰和行为于一身，既是人类学习知识和代代传承知识能力的一种产物，也是这种能力不可分割的组成部分。民族群体（ethnic group）：在一个大型社会中，根据语言、国籍和文化的共性来分组和归类的社会群体或人口类别。

知识链接

早期文明｜第七章“美索不达米亚”和“古埃及”，第 266—269 页
早期文明｜第七章“古印度”和“古代中国”，第 270—273 页

种族、阶级和性别

在许多社会中，尤其是在西方，人们都会根据种族、阶级和性别区分彼此。虽说种族和性别看似有着生物学依据，但这三种区别实际上都是文化划分方式。

例如，种族（race）这一概念通常根据外在的身体特征来划分人群：肤色、身材或脸部特征。但种族的定义并非一成不变，也包括语言群体、宗教或国别（如"波兰裔"或"犹太裔"）。学者试图对种族进行分类，划分出的种族从 3 到 60 个不等，不过最近以生物学为划分基础的方式受到质疑。由于人类依靠群体身份来维系社会结构，因此，种族依然是一个十分重要的概念。

和种族不同，社会阶级（social class）一直被认为是文化意义上而非生物意义上的群体划分。阶级被定义为拥有同等社会经济地位的一群人，是一个相对较新的概念。18 世纪末以前，社会地位通常用"等级"或"身份"来描述，反映出一个人在社会阶层中有着与生俱来的角色这一观念。社会和工业革命在很大程度上以财富、工作和教育程度划分阶级的方式取代了这一观念。简言之，上层阶级拥有继承而来的财富；中产阶级包括白领工人和小企业主；工人阶级主要是从事工业和服务业的蓝领工人，没什么财产，文化程度低。这些鲜明的阶级界线现在已经变得相当模糊了。

此处的性别（gender）并非指一个人的生理性别，而是指人们在自己和他人眼中的性别认知——指与男性或女性相关的技能和行为。在大多数社会中，性别角色都根据传统来定义，孩子从生下来就被灌输这种性别认知，不管是有意还是无意。

现今的伦敦市中心（如图）是不同种族、阶级、年龄和性别的大熔炉。

知识链接

家族关系 | 第六章"人类家庭"，第 222—223 页
全球日益加速的城市化 | 第六章"城市"，第 260—261 页

什么是种族？

近年来，对全人类的基因研究表明，不能通过生物亚群来对人类进行划分；从遗传学角度来讲，人类显然属于同族同种。诚然，不同地方的不同人群拥有某些相同的身体特征，例如眼睛的颜色或者颅骨的形状。科学家称为表型差异。这是人们适应当地环境、性选择（如某一文化的人群或许认为黑发更迷人）和随机遗传漂变的结果。然而，这些地区性差异只是人类基因库中的冰山一角，还不能据此划分为不同的基因群体。个体差异比表型差异要大得多；一位毛利族妇女与另一位毛利族妇女之间的差异，可能比该妇女与斯堪的纳维亚人之间的差异还要大。

关键词 性别（gender）：指个体对自己是男性或女性的性别身份定位。表型（phenotype）：生物体所有的可见特征，如形状、大小、颜色和行为，是生物体的基因型（基因的整体构成）和环境相互作用的结果。

印度教的种姓制度

种姓制度主要存在于印度的印度教中，将印度人按不同权力职能相对地划分为有等级的世袭群体。根据印度教经文释义，印度的四大种姓分类架构也被称为“瓦尔那”，来自印度教的核心概念“神我”的身体：从嘴巴来的是婆罗门，来自手臂的是刹帝利，来自大腿的为吠舍，首陀罗则来自双脚。

图中印度孟买上层阶级的人们在准备印度教婚礼，包括喜庆舞蹈。妇女身着彩色丝绸纱丽和相应的手镯等佩饰。

婆罗门由僧侣和学者组成，是最高等级的种姓；刹帝利的地位仅次于婆罗门，由统治贵族和武士组成；吠舍由地主和商贩组成；仆役和奴工组成的首陀罗地位最低。某些印度教徒的地位比这还低，其成员只能从事处理动物死尸等工作。这些人会遭到强烈的歧视，地位最为低下，不过现在“达利特人”（dalit）的称呼更为人接受，意思是“受蹂躏的人”。今天，在印度歧视达利特人是违法行为，现代印度教社会的流动性增强了。尽管如此，种姓制度仍然支配着许多人的工作和婚姻，在印度农村尤为严重。

知识速记 | 玛丽 · 沃斯通克拉夫特（Mary Wollstonecraft）1792 年发表的《女权辩护》（*A Vindication of the Rights of Women*）被认为是第一本女性主义宣传手册。

知识链接

印度种姓制度的历史 | 第七章“古印度”，第 271 页
印度的经济和人口 | 第九章“亚洲”，第 402 页

埃及西奈的贝都因说书人

语言

母语使用者最多的语言

汉语普通话	918000000 人
西班牙语	460000000 人
英语	379000000 人
印地语	341000000 人
孟加拉语	228000000 人
葡萄牙语	221000000 人
俄语	154000000 人
日语	128000000 人

语言如何形成、何时出现并成为人类历史的一部分，这一问题至今仍为神秘所笼罩，并充满争议。语言没有留下化石，直到大约 5000 年前文字出现时才被记录下来。然而人类学家认为，语言至少在 10 万年前就随着早期现代人类的出现而发展起来。

人类一旦使用语言，大脑中就会形成大片相互联系的语言区。语言和文化形影不离，相辅相成。世界各地的人类文明各自独立发展，不同的语言也是如此。

在采集狩猎时代，人类以小型群落营居、聚集，这样最有利于语言分化。语言演变得如此之快，以致到了第八至第十代人，同一祖先的后代沟通起来可能就会有交流障碍。

2007 年，全球至少有 6912 种口语语言，但世界 80% 的人口所讲的语言限于 83 种。超过半数的语言其使用人口不到世界人口的 1%。

知识链接

语言出现后的人类演变 | 第六章“人类迁徙”，第 220—221 页
人类的大脑 | 第八章“思维和大脑”，第 342—343 页

语言是如何消亡的？

许多语言正处在迅速消亡中。现存的近 7000 种语言中，到 21 世纪末，可能只有不到一半会继续为人所使用。如乌拉日那语（亚马孙地区，不到 3000 人使用）、哈尔魁梅林语（加拿大，仅有 200 人使用）以及托法语（西伯利亚地区，仅 25 人使用）等都岌岌可危、前途莫测。

母语人士放弃使用本土语言的原因可能很多。他们青睐另一种语言的原因很可能在于该种语言更主流、更有地位，或者懂的人更多。他们这么做的动机也许是因为国家不鼓励原住民语言，也许是因为社会的压力转而使用别的语言。全球的孩子都受到各种隐性和显性的压力，转而使用全球主流语言。

一种语言的消亡带来的损失是巨大的：一种对地球独一无二的认知和与之相伴的文化将会消失，一座神话和诗歌的宝库就此消亡，一扇探究人类大脑运作机制的窗户也会随之关闭。语言保护主义者正在不遗余力地复兴仍有一线生机的语言，并在那些消亡在即的语言永久消失之前记录下关于它们的信息。

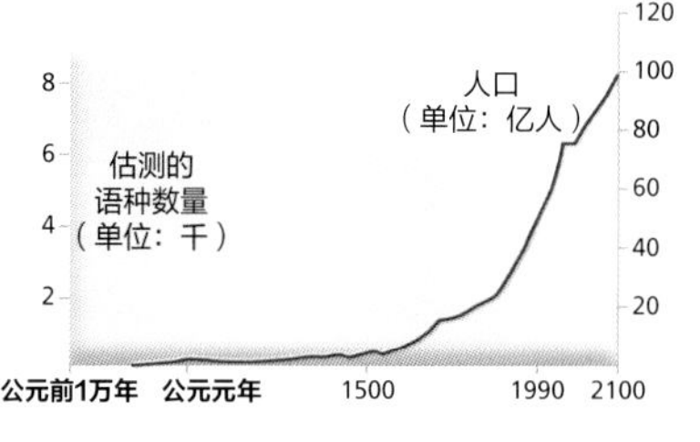

近几十年来，全球化等潮流使人类生活趋于大同，加快了语言消亡的速度。

关键词 语言（language）：指同一文化中人们约定俗成的说、写符号系统，用于彼此交流。神话（myth）：一种文化中借助历史性叙事的方式来解读某种世界观、实践、信仰或自然现象的传统故事。

流传永续的神话传说

神话传说一般包括创世故事，以及关于神祇和英雄事迹的史诗故事。英雄史诗通常会讲述特洛伊战争这样宏大的戏剧性历史事件；而民间传说则多半由相对简单的历险或幽默故事组成，这些故事常常具有一定的说教意味。神话传说是文化认同的重要载体，它们能让每一代人了解本民族具有的独特世界观和行为守则。

尽管一些比较主流的故事已经被记录下来，但仍有许多神话传说是以口口相传的形式保留下来的，它们也因此和该民族的语言密不可分。

在赞比亚卢瓦勒男孩的成人礼仪式上，人们跳着一种展现古代神话的祭祀舞蹈。

知识速记 | 美国俄克拉何马州的尤奇族（Yuchi）印第安人中，只有 5 个人还在使用自己祖先的语言。

知识链接

来世的神话 | 第七章“古埃及”，第 269 页；第七章“早期南美洲”，第 291 页
斯瓦希里语 | 第七章“早期非洲”，第 283 页

文字

据我们所知，文字诞生于计数。已知最早的符号可追溯至约公元前8000年前的美索不达米亚，当时的商贩在作为提货单的黏土板上刻画标记。这种文字最初使用图形符号，即象形文字，来表达特定的意思。

到了公元前3300年，这些符号被标准化，形成楔形文字。这些符号开始代表口语的发音，而不仅仅是事物或概念。阿卡德人、巴比伦人和亚述人把这些文字应用到各自的语言中。再往西近1000英里（约1600千米）的地方，埃及人结合图形符号、限定符和音符发明了一种被称为“神碑体”（hieroglyph）的象形文字。

公元前1800年到公元前1300年，邻近地中海东部的闪米特人借用埃及人的象形文字发明了字母表。此举具有革命性：口语中的辅音用单个符号表示，而无须数以百计乃至数以千计的不同符号。由于口语中的单独语音一般在40个以内，因此文字大大简化了交流。希腊人采用并修订了这一文字系统，于是希腊字母表成了当今全球使用的西方字母表的基础。

与此同时，在大约4000年前的中国，一种完全不同的文字系统出现了，它在象形文字的基础上辅以传递意思的表意文字。由于这些符号与发音并无联系，因此这种文字非常适合中国各地的众多方言。这套文字系统自公元前3世纪编纂成形后并没有发生太大的改变，亦使汉字成为世界上一直沿用的最古老的书写体系。

一名中国人在人行道上书写优雅的书法，超大号的毛笔是他练习和书写的工具。

知识链接

人类史上的制图学 | 第一章“制图史”，第20—21页
日本文字的演变 | 第七章“早期的亚洲”，第285页

什么是罗塞塔石碑?

象形文字是古埃及书记员使用的书写符号。尽管它们以图画或称为象形字的形式出现，但通常表示声音，或者说音节。

约公元前 5 世纪，象形文字系统从埃及消失了，同样销声匿迹的还有解读这些复杂文字符号所需的知识。之后在 1799 年，一个法国人在埃及罗塞塔市（现更名为拉希德市）发现了一块公元前 2 世纪的黑色大理石碑，石碑上篆刻着埃及神碑体文字、埃及世俗体文字（埃及草书）和希腊文字。通过比较这三种不同的书写系统，他开始破译这些古埃及象形文字，发现这是一篇祭司用来纪念法老的祭文。

制作于公元前 200 年的罗塞塔石碑，揭开了象形文字之谜。

世界上的书写系统外观不同，与口语的关系也不一样。有些表音，比如英语；有些表意，比如汉语。如下所示，“亚里士多德”这一名字在 9 种不同书写系统中的写法差异相当大。

希腊语	ΑΡΙΣΤΟΤΕΛΗΣ	阿拉伯语	ارسطوطاليس	日语	アリストテレス
西里尔语	АРИСТОТЕЛЬ	希伯来语	אריסטו	印地语	अरिस्टोटल
阿姆哈拉语	አርስጣጣሊስ	汉语	亚里士多德	泰语	อริสโตเติ้ล

知识速记 | 今天，世界上每 6 个人中就有 1 个人以汉语为母语。

主要语系

世界上的许多语言都是相互关联的，如同家族谱系上的旁支。

知识链接

最早的法律文书《汉谟拉比法典》| 第七章“美索不达米亚”，第 267 页

古埃及文化 | 第七章“古埃及”，第 268—269 页

宗教大事记

公元前 70000 年
尼安德特人有祭祀器物作为陪葬

公元前 10000 年
欧洲的洞穴岩画描绘了萨满教

公元前 3000 年
埃及人为造物主修建神庙

公元前 2000 年
亚伯拉罕带领希伯来人进入迦南

公元前 1500 年
雅利安人入侵印度河流域，印度教兴起

公元前 1290 年
摩西带领被奴役的族人逃出埃及

公元前 6 世纪
琐罗亚斯德把一神教带入波斯

约公元前 528 年
释迦牟尼大彻大悟

约公元前 500 年
孔子传授道德礼仪

约公元 30 年
耶稣在朱迪亚被钉死在十字架上

约公元 70 年
基督教《四福音书》写成

300—500 年
佛教传入中国、朝鲜半岛和日本

610 年
穆罕默德第一次获得《古兰经》的启示

1054 年
基督教分裂为东西两支

1517 年
马丁·路德发起宗教改革运动

在印控克什米尔地区斯利那加，穆斯林正在祈祷

宗教

数万年前，随着工具制造、火的使用、符号体系和艺术的诞生等其他重大发展，宗教也迎来黎明。7 万年前的人类遗骸表明，尼安德特人和旧石器时代的智人都会在死者墓穴中放置陪葬品。

位于法国的比利牛斯山麓的“三兄弟”洞穴，其中的洞穴壁画可追溯至 1 万多年前。成群的欧洲野牛和骏马中有一只神奇的两足生物，它长着鹿角、爪子和尾巴，目光炯炯有神地向下俯视。艺术史学家称其为巫师，因为他们从它身上看到了因与未知神秘力量有特殊联系而受人崇敬的巫师的原型。

半人半兽的巫师代表着远古时期广泛传播的人类信仰，这种信仰认为动物身上有着强大的能量，人类必须与它们建立起某种精神联系才能与不可知的力量抗争。一些专家认为，这个巫师代表了早期的萨满教信仰。有时，萨满巫师会借助神明或动物的帮助，将威胁引入自己的身体来保护他们的群落。今天，在西伯利亚以及

知识链接

早期人类的特征和迁移 | 第六章“人类迁徙”，第 220—221 页
早期人类制作的陶器和洞穴绘画 | 第六章“艺术”，第 238—239 页

美洲、印度和澳大利亚等地依然有萨满教。

泛灵论是另一大人类早期信仰，广泛存在于日本神道教等宗教中。太平洋西北地区的夸扣特尔人穿戴神圣动物的面具以获得力量。古埃及人尊崇巴斯苔特女神，她有着女儿身，却长着猫一样的头，从属于太阳神。基督教尚未出现时，西欧的凯尔特人崇敬树中蕴藏的力量，并将神明与植物联系起来，例如，他们认为月亮女神塞莉温（Cerridwen）就栖身于白桦树中。

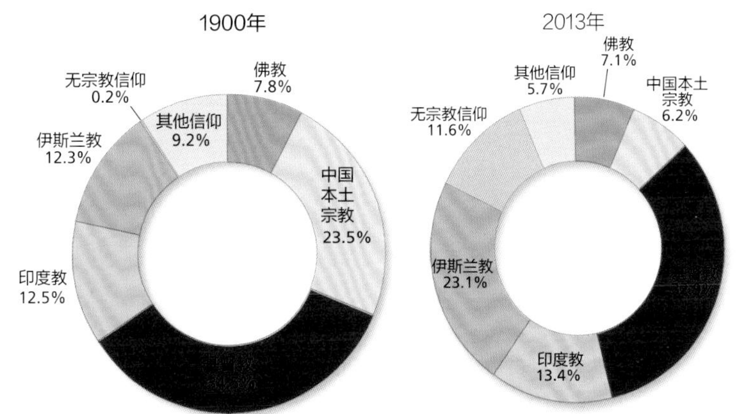

全球的宗教机构反映出 1900 年到 2013 年信徒人数的变化。基督教徒和印度教徒数量相对稳定，而伊斯兰教在全世界的人数在增加。同样，自称无宗教信仰的人数量也有所增加。

关键词 魔法（magic）：利用超自然力量从自然界获得能力。泛灵论（animism）：认为灵魂能够离开肉体而存在的一种信仰。萨满（shaman）：源自西伯利亚通古斯语，意为“感知”。指具有神赐的超凡能力、能够控制灵魂和进入灵魂世界的人。

什么是奇幻思维？

沉迷于信仰的海地妇女在朝圣期间举行沐浴仪式。海地的宗教活动将巫蛊之术与基督教传统结合在一起。

奇幻思维（magical thinking）是包括泛灵论和萨满教在内的许多宗教行为的基础。奇幻思维相信无形的力量连接着有灵生物和无灵生物。敲打木头以求愿望成真，考试那天穿上幸运衫去上学——这些现代习俗反映了同一种信仰，即此处微不足道的行为能够影响遥远的不可控事件。

交感巫术本着相似之物相互影响的理念，是奇幻思维的一种表现形式。例如，给巫毒娃娃身上扎针是召唤交感巫术的一种方式。吞食最凶猛的猎物心脏的猎人，和接连失利期待翻盘的赌徒都相信魔法的影响力。

知识速记 | 火是很多信仰体系中的神圣元素，如拜火教和玛雅宗教。

知识链接

印度教、佛教、犹太教、基督教和伊斯兰教 | 第六章“印度教和佛教”和“一神教”，第 234—236 页
玛雅宗教和印加宗教 | 第七章“早期中美洲”和“早期南美洲”，第 288—291 页

印度教和佛教

世界上五大宗教中有两大宗教都发源于亚洲的印度次大陆。五大宗教中，以印度教最为古老，在3500年前由来自中亚的雅利安部落带入印度河流域，之后向东传播至恒河流域以及包括马来西亚和印度尼西亚在内的大部分东南亚地区；印度的十多亿人口中有80%都信奉印度教。

雅利安人带来的还有被称为《吠陀经》的宗教典籍。这些经文阐述了轮回的核心概念，即根据因果报应或者前世所做的一切，一个人会转世到某一个种姓中。而“梵”（Brahman）则是全宇宙的主宰和精神源泉，印度教敦促教徒们通过理解并感悟这一“终极实在”来获得精神解放。

印度教是一个多元宗教，包含各种教派，戒律有所差异，神灵众多。印度教三大主神包括梵天、毗湿奴和湿婆。印度教塑造着印度社会，尤其是发展了定义印度社会地位和宗教地位的种姓制度。

佛教是发祥于亚洲的另一大宗教，以先知释迦牟尼（悉达多·乔达摩，他被后世尊称为“佛陀”，意为“觉者”）的教义为基础。释迦牟尼出生于公元前6世纪。公元前216年前后，印度统治者阿育王皈依佛教，接着佛教信徒就把佛教从今天的印度和尼泊尔边境传入了东亚。

佛教沿袭了印度教的“因果报应”说，但不接受印度教众神。释迦牟尼主张“多欲则苦”，因此要摆脱苦难和轮回，修行者必须依据佛法戒律才能实现这一目的。这些戒规见于“八正道”：正见、正思维、正语、正业、正命、正精进、正念和正定。随后佛教发展出很多分支，有较为保守的小乘佛教，还有含禅宗在内的大乘佛教。

佛教在亚洲广为传播，到达了中国和日本，并在日本与敬拜先祖的日本传统神道教融合。在中国，禅宗佛教于公元6世纪兴起，后传至日本继续发展。禅宗在中国佛教各宗派中流传时间最长，它在中国哲学思想上也有着重要的影响。

日出之时在恒河中沐浴，印度瓦拉纳西古城的这名男子就是这样做的，这是印度教虔诚信徒的一种神圣行为。许多人以这种仪式开始一天的生活。

知识链接

印度的种姓制度和早期历史 | 第七章“古印度”，第270—271页
古代中国的历史 | 第七章“古代中国”，第272—273页

印度教的神灵

印度教各派信奉的神灵很多，对神灵的称谓也很多，不过绝大多数现代印度教徒认为，各方神灵皆为无上之神梵天的各种化身。其中著名的有印度教中的众生保护之神毗湿奴，他以人的面貌出现，拥有包括罗摩和黑天在内的十大化身；主宰再生和毁灭的湿婆；还有性力女神沙克蒂，她是湿婆神的妻子，也是地母神。

印度神灵称谓众多、化身众多，并与许多动物、情感、同时带有毁灭性和创造性的自然力量联系紧密。例如，沙克蒂既是雪山女神帕尔瓦蒂，又是难近母杜尔迦和时母迦梨；她有时骑在虎身上，形象可怖，手臂无数；有时又化身吉祥天女拉克希米，即毗湿奴的妻子。象头神被描绘成骑着一只老鼠的大象，是印度教中的智慧之神和破除障碍之神。

象头神的雕像排成一排，准备迎接印度为期十天的象头神节，每到这时，印度教徒就会吟诵赞美诗、载歌载舞，并将五彩雕像送入大海或河流，祈求象头神给他们带来又一年的好运。

知识速记 | 佛陀释迦牟尼在世时反对婆罗门教的不平等种姓制度。

释迦牟尼 / 佛陀

释迦牟尼，即悉达多 · 乔达摩（Siddhartha Gautama，生于公元前 566—前 563 年之间，入灭于公元前 486—前 483 年之间），是佛教的创始人，在喜马拉雅山南侧山脚下出生，尊为王子。这个在备受呵护中长大的年轻人对大千世界一无所知。直到他最终走出王宫时才看到人间的疾苦：有人受尽病痛折磨，有人年老衰弱，还有人暴毙死亡。乔达摩抛弃所有身外之物，游历恒河平原，乞讨为生。经历了六年的穷困潦倒，生死一线之际，他打坐于尼连禅河畔苦行林附近的菩提伽耶，那里有一株菩提树。就在菩提树下，他顿悟了，明白了四圣谛：人生即是苦；为何而苦必有因；灭因可以去苦；去苦有道以及最终涅槃（佛教的苦、集、灭、道）。自此他开始四处传说道，招揽弟子，享年 84 岁。

知识链接

人类文化中的神话 | 第六章“语言”，第 229 页
亚洲国家的历史和经济 | 第九章“亚洲”，第 395—409 页

一神教

三大一神教——犹太教、基督教和伊斯兰教——兴起于中东地区，它们之间虽然存在差异，但许多主要教义和某些先知人物却是相同的。

犹太教可追溯至希伯来《圣经》中记载的犹太族长亚伯拉罕（公元前2100—前1500）。犹太教的圣地在耶路撒冷。公元1世纪大流散期间，古罗马人把犹太人驱离了这个地方，犹太人逃亡到世界各地。他们经历了数百年的不断迫害，多达600万犹太人命丧20世纪的大屠杀。1948年，以色列建国并成为犹太人之邦，但许多欧美大城市中还有大量犹太裔。

在耶稣的教化下，基督教由犹太教衍生而来。耶稣生于2000多年前的伯利恒。他的具体出生日期尚不确定　在公元前6年到公元1年之间。耶稣的弟子坚信，耶稣是上帝之子，是预言中的救世主弥赛亚，希腊语称“基督”，耶稣的死和复生使信徒得到救赎。随着使徒保罗、其他传教士以及罗马君主君士坦丁大帝皈依基督教，基督教传遍欧洲，最终又在后来的探险时期和帝国扩张时期跟随欧洲的传教士传遍世界。今天的基督教共有三大分支：罗马天主教、东正教和新教。

伊斯兰教是发源于中东地区最年轻的宗教。伊斯兰教的兴起针对的是阿拉伯半岛早期居民的多神教信仰。到了公元6世纪，阿拉伯人感受到了周围三大一神教——犹太教、基督教和拜火教（波斯先知琐罗亚斯德开创的颇有影响力的宗教）的影响。约公元570年，伊斯兰教创始人先知穆罕默德出世。穆罕默德主张世上只有一位神，那就是真主安拉；真主安拉传给穆罕默德的各种启示历经多年被编撰成《古兰经》。凡穆斯林都要遵从的道德义务被总结为“伊斯兰教五功”：念、礼、斋、课、朝。

伊斯兰教有两大分支，即逊尼派和什叶派，是在7世纪的一场领袖继任争端中分裂形成的。逊尼派教徒在穆斯林中约占86%，主要生活在阿拉伯半岛和非洲北部；而伊朗和伊拉克的大多数人都是什叶派教徒。

正统派犹太教信徒有的身披祈祷方巾，在逾越节期间在耶路撒冷哭墙边虔诚礼拜。

知识链接

古代中东 | 第七章“美索不达米亚”，第267页
古罗马的犹太教和基督教 | 第七章“古罗马”，第277页

宗教节日

犹太教教徒每年春季都要守逾越节。逾越节的“逾越”在希伯来语里是“越过”的意思。当时，以色列人在埃及受奴役，神召选摩西，让他带领以色列人离开埃及，前往迦南。摩西恳求法老释放以色列人，但是法老并未应允，反而变本加厉。于是，神便给埃及降下九场灾难，试图让法老放行，法老依然拒绝。神决定给埃及降下第十场灾难，也就是让灭命的使者击杀埃及头生的孩子和牲畜。灾难发生前，摩西让众人宰杀羊羔，取羊血涂在门楣和门框上。这样，灭命的使者在执行任务时就会“越过”门框、门楣上涂了羊血的希伯来人的家庭。逾越节便由此得名，是犹太人纪念先祖从埃及被救赎出来的节日。逾越节始于尼散月十四日黄昏，为期七至八天。每年，犹太家庭都要专门准备庆祝逾越节的晚餐，就餐时也有一套复杂的流程需要遵守，包括重述这段历史、吃无酵饼、祷告等。

南非德班的锡安基督教会成员在印度洋上举行浸礼。不论什么教派，浸礼是所有基督教徒共有的仪式之一。

复活节是基督教的重要节日之一，也是西方的传统节日。据《圣经》记载，耶稣被钉死在十字架上，第三天身体复活，复活节因此得名。据尼西亚公会议规定，每年春分月圆后第一个星期日（3月21日至4月25日之间）为“复活节”，如果春分后第一次月圆恰好是星期日，则复活节顺延一周。由于每年的春分日都不固定，因而复活节的日期也会相应发生变化。

由于复活节是为了纪念耶稣复活而设，又正逢春季，因此这个节日象征着重生与希望。代表新生的鸡蛋、兔子和鲜花成了这一节日的标志。人们往往在节日期间绘制象征着新生和好运的彩蛋，互相赠送，表达美好祝愿。同时，用彩蛋做游戏也是一个古老的传统，比如滚彩蛋，或是寻找被藏起来的彩蛋。而兔子是复活节的另一个象征。兔子的繁殖能力强，被看作新生命的创造者。节日期间，商店里随处可见各种兔子形状的糕点和礼物。象征纯洁和神圣的白色百合花也是复活节不可缺少的元素之一。此外，基督徒们亦有在复活节当日观看日出以及在教堂前点烛来庆祝耶稣复活的习惯。

浴佛节又称佛诞节，是佛教用来纪念释迦牟尼诞辰的节日。根据《过去现在因果经》卷一的记载，印度迦毗罗卫国王后摩耶夫人，在蓝毗尼花园的无忧树下，诞下了悉达多太子。相传，太子生时就会走路，在走到七步的地方，一手指天，一手指地说：“天上天下，唯我独尊”，这里的“我”，并非指佛祖自己，而是指所有的人都要头顶上天，脚踏实地，尊重自己灵性的开示，掌握自己命运的锁钥。正当佛祖讲话时，突然天雨花香，九龙吐水，为佛祖沐浴。因此，在节日当天，有些寺庙的僧侣会用甘草茶做成浴佛水，也称“香汤”，仿效这种情景为释迦像沐浴。信众也会进行浴佛、献花、献果、供舍利等庆祝活动。

知识链接

伊斯兰国家的历史 | 第七章“500—1000年的中世纪”，第278—279页
新教改革 | 第七章“文艺复兴和宗教改革”，第294—295页

艺术爱好者参观毕加索的《朵拉与小猫》

艺术

高价成交

《玩牌者》
保罗·塞尚
2011年以2.59亿美元售出

《梦》
巴勃罗·毕加索
2013年以1.55亿美元售出

《弗洛伊德肖像三习作》
弗朗西斯·培根
2013年以1.424亿美元售出

《NO.5 1948》
杰克逊·波洛克
2006年以1.4亿美元售出

《女人Ⅲ》
威廉·德·库宁
2006年以1.375亿美元售出

《阿德勒·布洛赫-鲍尔夫人的肖像》
古斯塔夫·克里姆特
2006年以1.35亿美元售出

通过艺术表达自我是人类的普遍冲动，而表达的风格却是一种文化最鲜明的标志之一。尽管难以定义，但艺术通常由技艺精湛、想象力丰富的创造者（艺术家）创作，其作品不仅能给人以感官愉悦，还常常有象征意义或诸多用途。艺术可以通过文学的形式呈现，如诗歌和故事传奇，也可以是音乐或舞蹈的形式。

如果没有文字，那些口口相传的古老故事或许今天已经失传；幸好有了文字，例如《吉尔伽美什史诗》（公元前2000年）和《伊利亚特》（约公元前8世纪）这样的史诗才得以流传至今。

视觉艺术可追溯至3万年前的旧石器时代，当时的人类用珠子和贝壳装扮自己。而现在，技艺精湛的艺术家通常会将审美效果和象征意义融为一体。在以打猎为主的古代时期，古澳大利亚人将动物和飞鸟的踪迹刻在岩石上；早期的艺术家们在法国拉斯科洞穴的岩壁上彩绘并雕刻了2000多只栩栩如生的真实动物和虚构生物。古代非洲人打造出摄人心魄的面具，刻画出独具风格的动物和神明，赋予戴面具者这些生物和神灵的神秘力量。即使是制造工具和厨具的时候，人们也无法抗拒美的诱惑，要对其进行装饰和塑形。古代的猎人会在匕首的象牙柄上雕刻图案。中国明朝的陶瓷艺术家在盘子上绘制造型优雅的龙作为装饰。而现代印第安部落的村民则把传统装饰图案融入他们对陶器的雕刻和彩绘之中。

西方美术传统重视形式和寓意。绘画和雕塑曾一度深受基督教和古典神话影响，然而现在已经越发注重个人表达，也越发抽象化了。

知识链接

人类史上的工具制作｜第六章“人类迁徙”，第220—221页；第七章“史前史”，第264—265页
中国古代的艺术｜第七章“古代中国”，第273页

第一个陶器是什么时候制成的?

从一开始人类就很可能一直在用世界上最广泛的材料——黏土来制作器皿了。然而，制陶时代是在发现了高温烧制能让黏土变得坚硬、不会漏水之后才真正开始。随着社会团体越发复杂，社会日趋安定，对水、食物及其他物品的储存有了更大的需求。

早在公元前 11000 年，日本的绳文人就已经知道如何制陶。到了约公元前 7000 年，中东地区和中国开始使用窑炉，窑内温度可达 1832 华氏度（约 1000 摄氏度）。虽然是美索不达米亚人首先发明了真正的釉料，但可考证的彩釉工艺高峰则是以中国的三彩釉陶器和青花瓷为代表。在美洲大陆，虽然制陶从来没有达到其他地方那样的技术高度，但像莫切文化、玛雅文化和阿兹特克文化，以及普韦布洛印第安艺术家仍然创造出了各式各样很有表现力的雕刻工艺品和彩釉器皿。

在危地马拉蒂卡尔古城发现的玛雅时期的盖碗,代表了约公元 400 年时中美洲的陶艺水平。

知识速记 | 几乎坚不可摧的铜像雕塑或许比其他任何艺术品都长寿。

迄今发现的最早艺术家

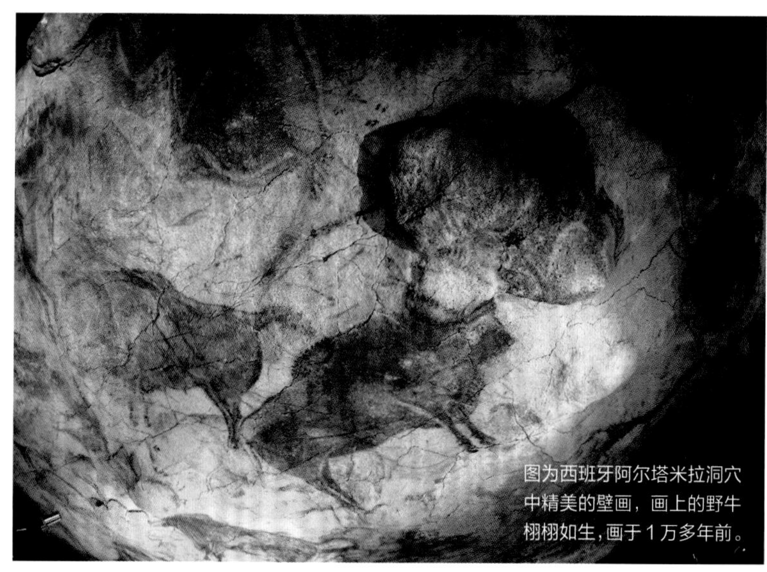

图为西班牙阿尔塔米拉洞穴中精美的壁画，画上的野牛栩栩如生，画于 1 万多年前。

当西班牙贵族马塞利诺·桑兹·德·桑图奥拉（Marcelino Sanz de Sautuola）告诉世人他在阿尔塔米拉山洞发现的远古壁画时，同时代的人都认为整件事情就是一个现代骗局。随后的发现证实马塞利诺所言非虚，也证明了旧石器时期拥有技艺精湛的艺术家。

早期艺术家利用石头工具在岩壁上刻图案。他们从赤铁矿、软锰矿和常绿植物中提取颜料，调制成红、黄、棕、黑等颜色。羽毛、树叶和动物毛发被用来制作笔刷。艺术家还用吹管在双手或模板四周喷洒颜料。

关键词 美学（aesthetic）:源自希腊语 aisthanesthai，意为“理解”或“感知”。与美或愉悦人的外观相关。制陶（ceramic）:用黏土矿和石英砂等天然原材料塑形，然后在高温下烘烤，使之变得坚硬。

知识链接

早期的非洲雕塑 | 第七章“早期非洲”，第 283 页
早期的美洲雕塑 | 第七章“早期大洋洲和北美洲”，第 287 页

玻利维亚托莱多万圣节上的音乐家

音乐

乐器

弦乐器
巴拉莱卡琴（俄罗斯）
古筝（中国）
乌德琴（土耳其、希腊和北非）
西塔琴（印度）

管乐器
风笛（苏格兰）
迪吉里杜管（澳大利亚）
单簧双管笛（叙利亚、黎巴嫩、巴勒斯坦）
羊角号（中东地区）

打击乐器
响板（西班牙）
沙球（拉丁美洲地区）
锣（中国）

键盘乐器
簧风琴（英国）
克林巴琴（非洲）
合成器（世界通用）

任何文化的不同历史时期都有音乐在荡漾。人类的声音无疑是最早期的音乐表达工具之一；其他乐器也许是由掏空的葫芦或打猎用的弓发展而来的。到了公元前 4000 年，埃及人就会弹奏竖琴和吹笛了；而吟唱至今的印度教吠陀赞美诗至少有 3000 年的历史。音乐是礼制中必不可缺的一种形式，它可以讲述故事、凝聚人心、伴奏舞蹈、活跃剧院气氛——简言之，供人娱乐。

在巴布亚新几内亚，卡露力族在其歌声和鼓声中表现鸟儿歌唱。而交响乐团在演奏贝多芬的《田园交响曲》时，就是在利用更多的乐器做着相同的事情。

总而言之，不管是卡露力族的民族乐还是贝多芬的交响乐，所有音乐都有相同的基本元素：音调、节奏、旋律和音色（指声音的音质，例如小提琴和笛子的音色就不同）。在一种

知识链接

人类文化中的故事讲述 | 第六章“语言”，第 229 页
印度教 | 第六章“印度教和佛教”，第 234—235 页

文化与另一种文化的音乐之间，主导的音乐元素、演奏乐器的种类以及音阶和音乐形式都有极大的差异。

例如，西方音乐大量使用和声，而亚洲音乐则尽量避开和声，更倾向用复杂的旋律。笛、锣和弹拨类弦乐器是亚洲音乐的特色；非洲音乐的特点是多重节奏鼓点和密集的和声；而阿拉伯音乐则突出复杂的诗歌吟唱。

然而，这些音乐风格正在不断跨越国界。比如，非洲音乐随着奴隶贸易进入了美国大陆，激发了美国的福音音乐、雷格泰姆音乐和爵士乐。19世纪时，西方作曲家开始从不同文化中发掘音乐元素并将之融入他们严肃的创作中。

录音技术、大众传媒、网络以及音乐播放器相继出现，大大加速了音乐的全球化进程。如今，西方音乐盛行于东方，而东方音乐又为好莱坞大片的配乐做出了贡献。

“世界音乐”是今天音乐爱好者耳熟能详的一种音乐类别。它融地方音乐、流行音乐和实验音乐为一体，这是属于21世纪的音乐。

知识速记 | 中世纪的音乐家认为像从 C 调到升 F 调这样的增四度是“魔鬼音程”（三全音）。

贝拉·巴托克 / 作曲家

贝拉·巴托克（Béla Bartók，1881—1945）出生于匈牙利，据说他在4岁时就能用钢琴弹奏出40首民间乐曲。年轻时的他受到东欧高涨的新民族主义的鼓舞，一心要寻找真正的民间音乐。20世纪早期，巴托克和同伴作曲家柯达伊·佐尔坦（Kodály Zoltán）一道游历匈牙利、罗马尼亚、保加利亚、塞尔维亚及其他国家的乡村地区，寻找当地普通人演奏的音乐。他们利用能够在爱迪生留声机上重新播放的蜡质录音圆筒，录制了数百首民间小调。他们将听到的不规则节奏、独特的音阶和调式应用到乐曲创作中。

什么是音阶?

地域不同、音乐传统不同，突出的特点就不同，而这些特点来自它们的音阶，即所用基准乐音之间关系的规律。传统西方音乐采用全音阶，即由5个全音加2个半音，或12个相等的半音组成一个八度音程。亚洲音乐通常使用五声音阶，以每一个八度上有5个音符作为基础（可通过钢琴上八度和音的5个黑色琴键弹奏出来）。印第安音乐同样以七声音阶为基础，但音符之间的关系随音乐风格的变化而变化。阿拉伯音乐也有细微的区分，7个基本的全半音可以通过音调增半音，而这些音调是西方音阶中所没有的。

莫扎特的咏叹调歌剧总谱中，这一页手稿说明，音乐记谱法本身就是一种艺术形式。

知识链接

艺术在人类文化和历史中的角色 | 第六章“艺术”，第 238—239 页
计算机在今日世界的应用 | 第八章“计算机科学”，第 352—359 页

穿着传统蓝色长袍的阿尔及利亚雷吉巴族（Reguibat）妇女

纺织业发展时间表

公元前 5000 年
埃及出现了亚麻纺织技术

公元前 5000 年
巴基斯坦、印度和非洲出现了棉纺织技术

公元前 2700 年
中国用蚕茧丝线编织服饰

公元前 500 年
印度发明了手纺车

1790 年
美国出现水力纺织厂

1889 年
人造丝被发明

1935 年
尼龙被发明

1941 年
聚酯纤维被发明

服饰

穿衣蔽体是人类独有的想法，其他动物则没有这种想法。诚然，衣物可以保护人类不受恶劣天气的伤害，但即便生活在最温暖的地区，人们通常也要穿某种衣物。“遮羞布”一说认为，人类穿衣是出于羞愧，所以才遮掩身体的禁忌部位；也有专家认为，衣服是一种性别展示。所有这些说法可能多少都适用于大多数文化。不过衣服显然是身份的象征，也是社会经济地位的一种外在表现。

由于兽皮和纺织品容易腐烂，鲜有早期人类的服饰能留下来。但雕塑、工艺品以及古代工具告诉我们，至少在严寒地区，新石器时代的人们穿着的是海豹等动物的皮毛缝制的衣物。到了约公元前 8000 年，或许是受到篮子编织技巧的启发，人类已经学会了制造纺织品。衣服原料最初来自亚麻（可制成亚麻布）和麻类织物；后来有了绵羊身上的羊毛，印度和秘鲁的棉花以及中国的丝绸。编织和印染迅速成为特有的工艺形式，这在古埃及纤薄精致的亚麻布和古代中国精美的丝绸刺绣中可见一斑。纺织品国际贸易早在腓尼基人的时代就开始了，至今仍是一种重要的经济力量。20 世纪的化学家开始合成尼龙及克维拉等柔韧、耐用的纺织面料，但它们不见得更美观。

长期以来，时尚一直是阶级社会中的重要话题，而且通常受制于禁奢法令，以减少不必要的花销，维护社会秩序。根据法令，罗马共和国的

知识链接

人类社会的阶级结构 | 第六章“种族、阶级和性别”，第 226—227 页
贸易和商业 | 第六章“商业”，第 254—255 页

妇女佩戴的金饰不得超过 0.5 盎司（14.175 克）；1377 年，英格兰国王爱德华三世规定，社会等级在骑士之下的人不得穿戴皮草。中世纪时期的中国只有上层阶级才有资格穿长袍，皇帝才能着龙袍。在许多社会中，时尚都是自上而下发展起来的，上层社会追求一种服饰风格，意在把自己与下层社会区分开来。下层社会自然就会开始模仿这种风格，此时上层社会就必须创造出新的时尚来彰显他们的地位。

直到不久以前，服饰风格还是民族的显著标志：日本和服或因纽特派克外套能够立刻凸显一个人的民族属性。然而，日益增强的国际化趋势已经打破了禁锢时尚的国家壁垒。全球的服装越来越西方化、越来越随性，性别区分也越来越模糊。不过，时尚依然瞬息万变，依然是身份的显著象征。

知识速记 | 19 世纪时，女性的束腰内衣有时候太紧了，会造成胸腔和器官的畸形。

丝绸的地位

到公元前 3000 年，中国人发现蚕茧可以缫丝并制成纺织品。中国一直保守着蚕丝业的秘密，直到公元 300 年左右。之后，日本从来自中国的高句丽移民织工那里学到了这一技术，不久就掌握了编织和印染工艺。商人也沿着丝绸之路长途跋涉 4000 英里（约 6437 千米）将丝绸带入了欧洲；然而罗马法律严禁男性穿戴丝绸，认为其过于女性化。6 世纪时，两位波斯僧侣把桑蚕走私到了君士坦丁堡，丝绸工艺由此进入欧洲。丝绸在欧洲蓬勃发展，直到第二次世界大战，战后的中国和日本重新夺回了丝绸制造的主导地位。今天，丝绸依然是奢侈和地位的象征。

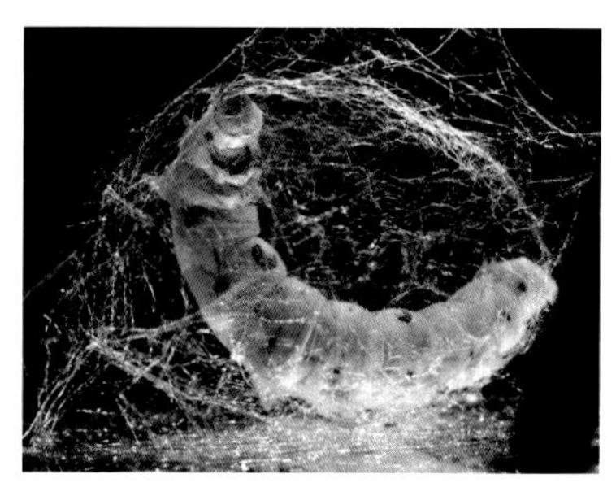

一只桑蚕不到 3 英寸（约 7.6 厘米）长，但它结成的蚕茧缫丝后蚕丝长度可超过 1 英里（约 1.6 千米）。

泰国巴当族（长颈族）妇女颈上的项圈光彩四溢，这是美丽和财富的象征。

璀璨的珠宝

珠宝作为人类最古老的工艺表现之一，为人类社会所共有，其历史可追溯至早期智人时代。北非的墓穴中发现了多孔贝壳，有些被染成了红色，可能有 8 万多年的历史。欧洲旧石器时代的陪葬品中就包括由骨头、贝壳和琥珀制成的饰品。贵金属工艺和制作工具的进步又将金、银、铜和宝石制成了华丽的珠宝，例如，在古埃及法老王图坦卡蒙的墓穴中发现的豪华项链。珠宝一直以来都作为装饰、护身符、地位象征、财富体现、便携商品或者是货币而存在。例如，非洲的图阿雷格族妇女身上戴满手镯项链以炫耀财富；在西方，左手无名指戴戒指说明佩戴者已婚。

知识链接

蛾和它们的茧 | 第四章“蝴蝶和蛾”，第 152—153 页
早期人类 | 第六章“人类起源”和“人类迁徙”，第 218—221 页

美国新墨西哥州的纳瓦霍族妇女，她手上拿的是玉米和一种制茶用的草本植物

食物

世界农作物排行榜

甘蔗

玉米

小麦

大米

马铃薯

甜菜

大豆

棕榈果

大麦

西红柿

食物乃身体的必需品。在人类社会中，“民以食为天”也是一大文化体现。早期人类以狩猎、采集为主，因此就有了男性狩猎、女性采集的分工合作。人类祖先学会了制造越发复杂的食物制备工具。他们的饮食所含的能量极高，获取的卡路里 1/3 来自脂肪，1/3 来自蛋白质，剩下的 1/3 来自糖类。烹饪和聚餐活动增强了家庭和族群凝聚力。

公元前 10000—前 3000 年，中东、东南亚以及亚洲、非洲、欧洲的其他地区经历了人类文明的第一次大变革：农业发展。人类学会了驯养猪、牛、羊等牲畜，学会了种植小麦、大麦、水稻、燕麦、小米和亚麻等庄稼。农产品有了富余。人们开始聚居于村庄、乡镇和城邦，从事不同职业，并根据财富多寡形成了社会等级。不同群体间热衷于食物贸易，于是他们的饮食也变得多样化起来。

克里斯托弗·哥伦布和探险时

知识链接

早期人类 | 第六章“人类迁徙”，第 220—221 页

作物的发展和历史 | 第六章“农业”，第 246—249 页

代的其他伟大旅行家开启了新一轮食物大变革：食品贸易往来在新世界和旧世界之间展开。西红柿、马铃薯、菠萝和花生等作物从美洲运往欧洲、亚洲和非洲；而小麦、燕麦、甘蔗以及马匹、绵羊等牲畜从欧洲传至美洲。欧洲人开始喜欢上热巧克力和烟草，美洲人也开始饮用咖啡和由种植园出产的糖类制成的朗姆酒。

到了 20 世纪，机械化农业，尤其是发展中国家高产作物大丰收的“绿色革命”形成了粮食富余的局面，不过食物分配仍然不均。

自由流通的食品贸易模糊了国界，世界各地人们的饮食渐趋一致，饮食结构中糖制品、食盐、乳制品和肉类的比例都比较高。

知识速记 | 1971 年，美国女性平均每天从食物中摄取 1.542 千卡的热量；2000 年的日均摄取热量是 1.877 千卡（推荐摄入量为 1.6 千卡）。

解决世界温饱的食物

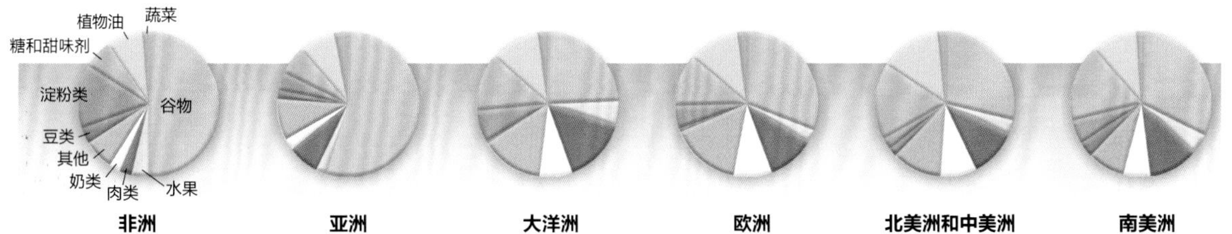

各大洲人均热量供给分项指示图

谷物、糖类和淀粉是世界饮食的主要组成部分。水稻是劳动密集型作物，也是全世界一半以上人口的主食来源。小麦是最适合在温和气候下生长的作物，在地球上培育最为广泛。玉米是史前时期的墨西哥人和秘鲁人的主食，目前在世界范围内都有种植。糖类和甜味剂在全球食物中的占比之高令人惊讶——尤其在美洲，它们占日均摄取热量的 1/5。肉类和牛奶占发达国家日常饮食的 1/5。

要配上炸薯条吗?

全球化正迅速模糊各国美食间的界线，世界上大部分国家的饮食习惯也越来越西化：富含肉类、乳制品和糖制品的高能饮食。很多人把这种饮食等同于“快餐饮食”，因为麦当劳和肯德基等供应商不仅位居这些高脂、高糖饮食的榜首，它们还拥有世界上分布最广的连锁店：仅麦当劳就在全球 100 多个国家和地区开了 35000 余家餐厅。而随着这种饮食的全球化，肥胖症也全球化了。目前，约有 16 亿成年人超重，其中 4 亿患肥胖症，中低收入城市中，肥胖人口增长最快。

麦当劳和美国其他特许经营快餐店已经遍布全球。

知识链接

世界人口的变化 | 第六章“世界人口”，第 250—251 页
哥伦布和探险时代 | 第七章“世界航海”，第 292—293 页

中国四川省的莴苣种植

农业

农业发展时间表

公元前 9000—前 7000 年
肥沃新月地带的人们开始种植小麦和大麦，饲养绵羊和山羊

公元前 7000—前 3000 年
美洲地区的人们开始种植玉米、南瓜和其他作物

公元前 6500 年
希腊人驯化了野牛

公元前 6000—前 5000 年
中国的小米和大米大量丰收

公元前 5500 年
美索不达米亚地区的人建立了灌溉系统

公元前 2500 年
粮食作物帮助印度河流域文明在亚洲延续

公元 800 年
西欧开始实行敞田制

农耕史只是人类历史上较为短暂的一个时期。直到 1 万年前，人们才开始通过狩猎野生动物和采集野生果实来充饥。即便如今，一些与世隔绝的人类种群仍以这种方式为生。从狩猎采集到培植作物、驯养野生动物，这一转变标志着人类文明的一次深刻变革，城市由此崛起，文字由此诞生，阶级社会由此出现，而同样出现的还有瘟疫和工艺技术。

世界上独立兴起农业的地区至少有 5 个：中东的新月沃地一带、中国、中美洲、安第斯山脉和北美东部。在肥沃新月地带，猎人用燧石刀收割作物，并饲养绵羊和山羊来获取食物和衣物。他们试图广撒种子来增加作物产量，并控制动物群的喂养及繁殖，这些都为农业社会奠定了基础。公元前 7000 年，典型的中国北方乡下生活就是种植黍物、养殖桑蚕、圈养猪狗。公元前 6000 年，中美洲的农民培育了玉米、豆类、南瓜等种子作物。这些作物和种植技术从中东地区到欧洲、亚洲的传播尤为迅速，这得益于相似的生长环境和相对较少的地理阻碍，而在南美洲和非洲，农业的传播受制于气候差异和沙漠丛林的阻碍。

在亚洲和欧洲，人们发明了犁具，他们得以用役畜耕作大片田地，并开垦土地。有组织的农业能够促进形成大规模定居点，并使得人口数量增加。当一个家庭足以养活另外 20 个家庭时，人们就有空从事其他专门的行业，发展井然有序的社会。

知识链接

沙漠和热带雨林气候 | 第五章“气候”，第 192—193 页；第五章“热带雨林”，第 198—199 页
向农业过渡 | 第六章“人类迁徙”，第 220—221 页

动物是何时被驯养的?

在农业史上，动物驯养和作物种植同等重要。它们可用于交通、军事，可作陪伴。狗可能是第一种被人类驯养的动物，它们早在 12000 年前由狼驯化而来并陪在早期的猎人身边。到了公元前约 9000 年，中东游牧民族开始饲养绵羊和山羊作为肉食来源。此后不久的公元前 7000 年，亚洲农民圈养了牛和猪。一些早期文明还驯养了猫作为“捕鼠猎人”，猫在古埃及甚至获得了神圣的地位。公元前 3000 年到公元前 1500 年，开始出现驮畜：亚洲的马、埃及的驴、北非和亚洲的骆驼以及南美的美洲驼和羊驼。接下来的几个世纪里，人们开始驯养家禽、蜜蜂和兔子。

家鸡可能由亚洲的原鸡进化而来，原鸡早在公元前 3000 年就被人类驯养，用来产蛋和食肉。人类收集鸡蛋作为食物已经有成千上万年的历史。

知识速记 | 单粒小麦是一种古代小麦，为石器时代的人类所采集，时间在公元前 10000 年，也可能更早。

水稻种植可追溯到公元前 5000 年前的东亚地区，当时生活在长江三角洲地区的中国农民在灌溉农田里种植水稻。现今这项劳动密集型产业已在世界多数地区实现了机械化作业，但亚洲作为盛产水稻的地区，仍会采用人工种植和收割。水稻是草本植株，所生长的水田叫作稻田。大米是世界上半数以上人口的主食。人们主要是为了食用其胚乳部分，即种子的中心部分。

关键词 耕作（cultivation）：在植物周围松土和翻土（耕犁）。温饱型农业（subsistence farming）：一种农耕形式，所种植的全部作物和养殖的所有家畜只够养活农民及其一家人，没有用于售卖和交易的富余。

知识链接

地球生物多样性的重要性 | 第四章“生物多样性”，第 174—175 页
中国的人口、经济和历史 | 第九章“亚洲”，第 408 页

现代农业

到了 17 世纪，商业性（营利性）农业开始取代欧洲及其殖民地的温饱型农业。圈田、改善牲畜养殖、改良种子、作物轮作，以及从美洲引进的新型食物共同促进了粮食丰收，使粮食价格下跌。到了 19 世纪，轧棉机和打谷机等机械化设施在世界发达地区引起了农业革命，解放了劳动力。单位英亩所需的劳动力急剧减少，迫使无数乡村家庭离开农场，劳动力得到解放，并迅速被工业化社会吸纳。机械化在 20 世纪进一步发展，几十种耗油的机器设备被引入农业，农业成了一种高产出、高耗能的产业。

当前，发达国家的农业称为综合农业更为合适。20 世纪下半叶，美国农场总数从先前的 550 万个锐减到 220 万个，而农场的平均大小从 200 英亩（约 80.94 公顷）增至 436 英亩（约 176.44 公顷）。美国和加拿大的劳动力只有不到 3% 是农民；欧洲的这个数字是 5%。在欠发达地区，小型温饱农业仍是许多家庭的生活来源。亚洲和非洲撒哈拉以南地区超过 60% 的劳动力都是农民；印度农场的平均大小为 3.3 英亩（约 1.34 公顷）。人口增长和内战造成部分欠发达地区陷入饥荒，而美国这个世界上最大的农产品生产国在出口富余食物。

近来，新兴技术正在重塑农业，在发达国家尤其如此。计算机革命把数字化控制引入了农田灌溉、杀虫剂喷洒和粮食收割中。近期，在肥料、农药、杂交种子领域的创新，以及转基因作物的基因重组，进一步提高了作物产量，这些创新有时也被称为第三次农业革命。然而，农业对石油的依赖、世界上有限的耕地、地下水的匮乏、脆弱的生态环境遭到破坏等其他问题使得喂饱全球人口的任务成为 21 世纪的一大挑战。

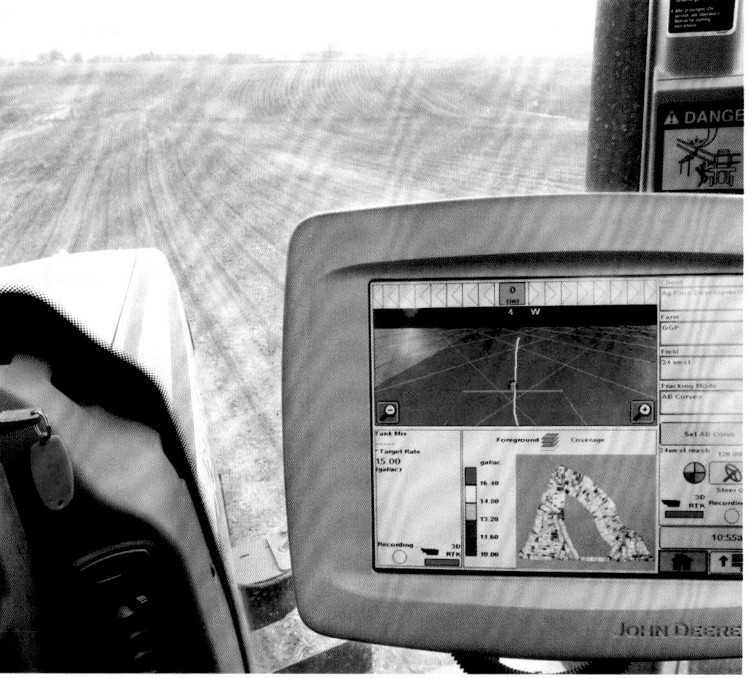

拖拉机中安装的全球定位系统（GPS）帮助伊利诺伊州的这位农民有条不紊地播撒肥料和喷洒除草剂。

知识链接

全球卫星定位系统（GPS）| 第一章“地图绘制的进步”，第 28—29 页
基因和基因工程 | 第八章“遗传学”，第 346—347 页

什么是农业生产技术领域的“绿色革命”？

在“二战”期间和战后不久，西方国家大规模投资农业科学研究，对高收益、高蛋白的作物科学育种，获得了农作物产量的突破。此举开发出许多水稻和小麦新品种。与绝大多数一年一季的传统作物相比，新品种通常每年能收 2 ~ 3 季，每一季的产量是传统作物的 2 ~ 3 倍；它们一般具有更强的抗旱能力和抗病能力。有评论家指出，这些“神奇作物”需要的水、肥、杀虫剂和成本支出比本土作物要多，增加了小农户的成本。然而，其结果也是毋庸置疑的。20 世纪 60 年代，墨西哥、印度、菲律宾、印度尼西亚、孟加拉国和埃及等发展迅速的国家引进了这些作物。亚洲的水稻产量几乎翻倍，20 世纪六七十年代，全球农业增产大部分来自“绿色革命”作物，80 年代的增产占比是 80%。

大规模增产有赖于尖端技术。图中，美国艾奥瓦州的联合收割机一季收获了 750 多吨玉米。

关键词 水产养殖（aquaculture）：人工养殖鱼类、贝壳类以及某些水生植物作为自然供应的补充。杂（交）种（hybrid）：源自拉丁语 hibrida，意为“混血儿”。与亲本的基因特质不同的幼苗；通常指两个不同株系、品种、品系，或者同一物种的不同变种在人工干预下混交而产生的动植物。

未来的养鱼业

水产养殖是世界上食品生产增长最快的领域之一，水产养殖也称养鱼业，指人工繁殖、饲养和捕捞鱼类以及水草养殖。养鱼技术可追溯至约 4000 年前的中国。

90% 的水产业都在发展中国家，中国水产品产量占了世界水产品总量的 2/3。现在全世界人们食用的鱼类有 50% 都来自水产养殖。2013 年，在世界食物的来源中，养鱼业超过了畜牧业。

一位中国渔民一脸自豪，站在他养殖的一大群鲇鱼中间。

知识速记 | 美国人每天的肉食摄入量约为 8 盎司（227 克），是世界平均值的两倍。

知识链接

鱼的生物学和解剖学 | 第四章“鱼”，第 158—159 页
不断增加的世界人口 | 第六章“世界人口”，第 250—251 页

在印度北方邦的维伦达文，一群在印度教春节——胡里节上玩耍的人

世界人口

人口出生率之最

女性一生平均产子数量

尼日尔	6.89
马里	6.16
布隆迪	6.14
索马里	6.08
乌干达	5.97
布基纳法索	5.93
赞比亚	5.76
马拉维	5.66
阿富汗	5.43
安哥拉	5.43

从公元前 8000 年到 17 世纪中叶，世界人口从 1000 万缓慢增至 5 亿。地球上的人口数量受到地球环境承载能力的限制，所谓环境承载能力是指地球可用土地对人类生命供养的能力。从 19 世纪开始，工业革命兴起，农业生产力大幅增加，医疗卫生水平大幅提高，这些都促进了人口大爆炸。

19 世纪初的世界人口为 10 亿，到 2013 年激增至 72 亿。1/3 的世界人口集中在两个国家：中国达 13.9 亿，印度达 13.5 亿。

人口增长的计算很简单：出生率 – 死亡率 = 自然增长率。按照 2007 年 1.2% 的增长率来算，2050 年世界人口总数将达到 93 亿。人口增长大多发生在欠发达国家：撒哈拉以南地区的非洲国家如马里、尼日尔和乌干达的人口增长率超过 3%。相比之下，在较为发达的国家，增长率通常很低，甚至呈负增长。俄罗斯和德国等其他国家未来几十年里的人口数量将呈下降趋势。

人口迁移也是国家人口增加或减少的一个因素。20 世纪 80 年代以来，兴起了向工业化国家移民的浪潮。加拿大的外籍出生人口占比约 20%，美国和爱尔兰的移民数量占到本国人口总量的 10% 以上。富有的小国，

知识速记 | 自公元前 50000 年以来，人口出生总数估计有 1057 亿人。

知识链接

早期人类迁徙 | 第六章“人类迁徙”，第 220—221 页
近年来的城市化 | 第六章“城市”，第 260—261 页

如卡塔尔和新加坡，吸引了大批的外籍劳工；而博茨瓦纳等战后衰败地区也充满了难民和找寻工作的人。

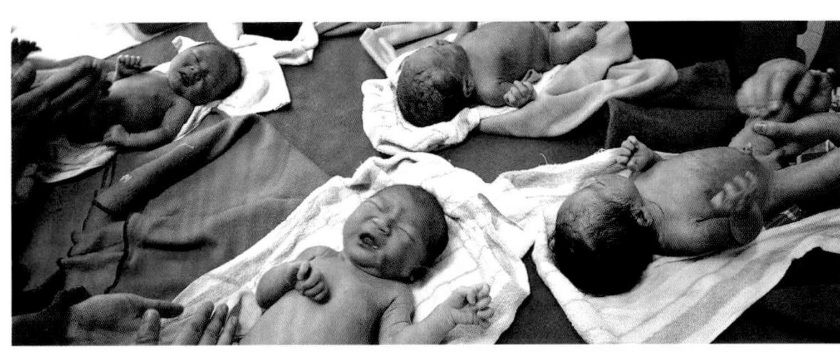

图为诞生在儿童医院里的婴儿。

知识速记 | 预计到 2050 年，印度将成为世界上人口最多的国家，人口达到 17 亿。

托马斯 · 马尔萨斯 / 政治经济学家

英国人托马斯 · 罗伯特 · 马尔萨斯（Thomas Robert Malthus，1766—1834）出生在一个笃信人类稳定发展的社会，而他本人却没那么乐观。作为一名历史学兼政治经济学教授，马尔萨斯于 1798 年发表了政治经济学的经典著作《人口学原理》，其基本思想之一是人口以几何方式呈指数型增长，然而食物供应却以算术级数增长，且增长率为恒定的常数。马尔萨斯认为，除非过度增长的人口在自然原因、灾难和道德限制中得到控制，否则未来将会发生饥荒。马尔萨斯没有预见到农业革命和避孕措施的出现，这是可以理解的。他的观点对被人口激增、战乱和饥荒困扰的世界经济学家和政策制定者产生了影响。

若不受控制，人口呈几何级数增长，而生活资料仅呈算术级数增长。

——托马斯 · 马尔萨斯，1798 年

老龄化的世界

人口虽然还在增长，但生育率却在下降。这一因素加上健康医疗条件的改善、个体寿命的延长，意味着世界正在经历人口的老龄化，尤其是在发达工业国家。预计到 2050 年，年逾 65 岁的人口将占欧洲人口总数的 26%，在美国将占 21%。这些老龄化严重的国家将面临一个问题，即萎缩的年轻劳动力需要供养对医疗保健服务需求较大的老龄大众；而处于另一极端的国家则面临大量需要抚养和教育的青少年。各国最终都将面临同一个挑战，即运用有限的资源供养结构不断变化的人口。

一群波兰老人聚集在克拉科夫的一个公园里，通过打牌来消磨时光。

知识链接

马尔萨斯时代的世界历史 | 第七章 “革命”“民族主义” 和 “工业革命”，第 298—303 页
医药的进步 | 第八章 “医学”，第 340—341 页

泰国曼谷的交通堵塞

交通运输

交通时间表

约公元前 3500 年
最早的轮子出现在美索不达米亚地区

公元前 3000 年
埃及人建造帆船

1769 年
居纽发明了靠蒸汽驱动的交通工具

1783 年
法国的蒙戈尔菲耶兄弟放飞热气球

1807 年
富尔顿成功试航了蒸汽船

1885—1886 年
戴姆勒 - 奔驰汽车公司制造燃气汽车

1903 年
莱特兄弟驾驶飞机飞行

交通塑造着世界，和通信一样，它形成了一张全球网络，把人、城市和国家相互联系起来。公路、水道、航道等交通线路，和人力车、马车、蒸汽船、喷气式飞机等交通工具，对于每个文明的运转和扩张都至关重要。

国家经济要依赖可靠的贸易运输。城市沿公路、河流和铁路扩张。信息也沿着同样的路径传递，军队亦是如此，交通道路对军队的重要性不亚于武器在战争中的重要性。20 世纪之前，交通道路只有陆路和水路。随着动力型飞行器的发明，天空也成了一条开放的道路。

人类最早的出游方式毫无疑问是依靠双脚，而最早的货物运输方式是肩挑背扛。到了公元前 4000 年，人类使用驯养的驮畜来运输，这种运输方式后来在某些地区因为轮子的发明得到了极大改进，而轮子很可能是公元前约 3500 年在美索不达米亚地区首先被发明出来的。

19 世纪以前，动物充当了陆路运输的动力引擎。但随着蒸汽机和内

知识链接

地图在人类交通中扮演的角色 | 第一章“制图史”，第 20—21 页；第一章“地图制作”，第 24—29 页
动物迁徙 | 第四章“迁徙”，第 172—173 页

燃机的发明，铁路和机动车辆为旅游和贸易带来了变革。今天，全球共有6亿多辆汽车和货车在行驶。

水路一直是经济快捷的交通方式，即便在今天依然是重型货物的主要运输途径。水路对人类文明意义深远，在任何一张地图上都可见一斑：世界上几乎所有大都市都是临河或沿海而建的。早在公元前7000年前，人们就会建造独木舟了；约公元前3000年，远距离航行的船只屡见不鲜；19世纪和20世纪，蒸汽机、内燃机大大提高了船只的航速和效率。20世纪50年代之前，船只是乘客出海的主要交通方式。今天，绝大多数远洋船舶都用来运送重型货物或做军用运输。

虽然蒙戈尔菲耶兄弟和其18世纪的后继者就乘热气球飞行过，但直到1903年动力型飞行器出现之后，才有了实用型空中飞行。此后不到10年的时间里，商业航空萌芽。两次世界大战推动了技术迅速发展，其中就包括1939年喷气式飞机的诞生。1958年，泛美航空公司开始了跨大西洋客运服务，空中运输繁荣起来。到2018年，全球年度航空客运量达到了近28亿人次。

喷气式飞机在冷战时期飞行速度提升很快。最快的超音速飞机是洛克希德公司生产的SR-71黑鸟式侦察机（上图），它在美国空军服役了24年。1990年3月，在它最后一次飞行中，这架钛合金双座“黑鸟”从洛杉矶飞往华盛顿特区，用时1小时40分20秒——平均2124英里/小时（约3418千米/小时），这一速度创下了纪录。

知识速记 | 莱特兄弟首次成功飞行仅持续了12秒。

车轮出现前，人们是如何建造奇迹的？

一旦古代工匠拥有了轮子，他们就能把重型建材运输到施工地址。然而在轮子出现之前，人类文明中就已经出现了埃及金字塔、英国巨石阵等巨大的重型建筑。他们究竟是如何做到的？

大多数科学家认为古人结合了水路运输、雪橇、坡道、滚木和人类蛮力等运输方式。建造金字塔所用的2.5吨重的砂岩、花岗岩以及其他材料出了采石场后，就通过驳船沿着尼罗河顺流而下——但是，等到了陆地上，他们就不得不把石材放在雪橇或滚木上拖行。一抵达建造地址，工匠或许又得借助坡道把巨石拖上去。而建造了英国新石器时代不朽巨石阵的神秘人也许就是采用了类似的技术。其中一些巨石开采于240英里（约386千米）开外的威尔士。工匠可能是用竹排、雪橇、滚木或肌肉蛮力才把石头运到了索尔兹伯里平原。

知识链接

城市作为贸易和交通的门户 | 第六章“城市”，第261页
古代和现代的工程成就 | 第八章“工程学”，第332—333页

耶路撒冷古城的水果商贩

商业

最大的食品公司

雀巢公司
瑞士

卡夫食品公司
美国伊利诺伊州

康尼格拉食品公司
美国内布拉斯加州

百事公司
美国纽约

联合利华集团
英国和荷兰

阿彻丹尼尔斯米德兰公司
美国伊利诺伊州

所谓贸易，即商品流通，自史前时期就是一种社会和经济体系。贸易可通过赠予、物物交换、售卖等形式在个体、家族、公司甚至国家间往来。贸易与运输密不可分，因此控制世界贸易的强者通常也就控制着贸易线路。

腓尼基人曾经是世界早期贸易的巨头。自公元前1200年起，腓尼基人的大型海船就垄断了地中海航运数千年以上。他们运输的商品包括青铜、黄金、象牙、玻璃工艺品、纺织品和家具，贸易的范围横跨了整个地中海。

在东方，中国人从汉朝时期开始就沿着陆上商队路线开拓贸易。这些商贸线路在公元前200年到公元200年一度十分繁荣，约1000年之后再度兴盛，最终联结起了亚洲和欧洲，这就是所谓的“丝绸之路”。然而，丝绸之路运输的可不仅是丝绸。亚洲商人还为欧洲带来了肉桂、丁香和肉豆蔻等香料；地中海商人交易的则是羊毛、黄金、白银、玻璃器皿、橄榄油和红酒。

维京人以入侵者的形象为人所知，但他们也扮演商人的角色。维京人在中世纪早期沿着海岸和河流来到今天的俄罗斯。他们给整个北欧地区带来了毛皮、琥珀、珠宝和玻璃。在南欧地区，数次十字军东征为威尼斯的商人们打开了近东地区和丝绸之路，其中就包括无与伦比的马可波罗家族。

随着探险时代的到来，和通往亚洲的海上航道的开通，商业和国力的联系变得更为紧密。在17世纪和18世纪，欧洲成立了专门同亚洲进行贸易往来的公司，最著名的当数荷兰东印度公司和英国东印度公司。这些贸易组织实际上是行使

知识链接

早期的商业和旅游地图 | 第一章“地图上的世界”和“制图史”，第18—21页
中世纪的贸易 | 第七章“中世纪”，第278—281页

管辖主权、管理殖民地并四处征战的独立组织。17 世纪时，荷兰东印度公司在印尼地区、马来半岛、斯里兰卡、印度的马拉巴尔海岸，以及日本和南美洲地区实行贸易垄断。18 世纪时，英国东印度公司在中国和印度建立了贸易垄断，并在政治上控制了印度大多数地区，直到 1857 年印度民族起义的发生。新的经济理论、工业化以及运输通信上的革命已经开始改变世界贸易的面貌，但改变不了其本质。

关键词 商业（commerce）：经济商品的大规模交换。垄断（monopoly）：供应商通过提供不可替代的产品或服务独霸市场。

什么是货币？

史前时期，甚至在今天的一些非洲社会里，家畜都充当着货币的角色。到了公元前 1200 年，中国人用玛瑙贝壳充当货币；200 年后，他们开始流通金属货币，也即最早的硬币。从公元前 500 年起，贵金属制成的圆形印花硬币开始出现在土耳其、希腊和古罗马帝国。

公元 806 年，中国率先造出纸币。13 世纪时，马可 · 波罗在描述他见到的中国纸币时充满了溢美之词；直到 17 世纪，欧洲才开始使用纸币。由于纸币易于印刷，中国早期也经历过纸币贬值的危机：中世纪的统治者因为大量印制纸币，令其变得一文不值，这一问题至今仍然困扰着许多通胀严重的国家。

对于现代人，货币通常指金属硬币和纸币，但任何一件约定的物品，一旦赋予其一定强制性和统一性，就足以充当具有货币价值的象征物。

知识速记 | 茶砖，曾在亚洲部分地区被当作货币使用。

本地贸易

物物交换，即流行于传统社会中不用金钱交易的贸易体系，是一种最古老的商业形式。劳力换食物、牛畜换绵羊，几乎任何东西都可以物物交换。但是，交换的甲方必须花费时间和精力去寻找有意愿交换的乙方。今天也有物物交换，通过互联网实现（有可能还要向政府纳税）。

图为中国农民在协商小牛崽的价格。

知识链接

人类的史前历史 | 第六章“人类迁徙”，第 220—221 页
帝国主义和贸易 | 第七章“帝国主义”，第 304—307 页

今天的世界贸易

17 世纪至 18 世纪的重商主义时期，西方各国实施贸易垄断以积累财富、扩张疆域。现在，这种重商主义已被紧密联系的贸易网络所取代，各国通过促进贸易往来以建设本国经济。现在很少有国家不与别国贸易还能够屹立于世。对某些国家而言，超过一半的国家收入都来自国际贸易。这种商品和服务交易有助于贸易各方出口本国的优势商品，进口他国的优势商品。最富裕国家之间的贸易量最大，体现了经济学家所谓的引力方程：与两大物体间的引力一样，两国之间的贸易额与贸易双方的经济规模、地理距离直接相关。

经济大国通常交易不同类型的相似产品，例如机动车。高收入地区与低收入地区进行贸易时，前者提供的商品通常更为高端，如电子设备；而后者则是一些初级产品，如矿物。贫困小国可能更依赖于咖啡或石油等单一的出口商品。总而言之，经济落后而劳动力充盈的国家倾向于出口纺织品、鞋类等劳动密集型产品，而耕地富余的国家则会出口谷物等粮食。

德国、美国和中国是迅速增长的三大经济体，也是当今世界上产品出口总额三巨头。一般情况下，一个国家的进口额应约等于出口额。但美国却是个例外，由于受到 21 世纪初期巨大消费需求的驱动，美国的进口远远大于出口。这种贸易失衡的结果就是巨大的贸易逆差。

纽约商品期货交易所的原油交易员正在大声报价。

知识链接

推动国际交流的互联网｜第八章“互联网”，第 354—355 页
世界各国的协会和联盟｜第九章“国家和联盟”，第 374—375 页

业务外包

虽说业务外包（企业为了获得比单纯利用内部资源更多的竞争优势，将其非核心业务交由合作企业完成）近年来经常上新闻，但这种商业经营模式却一点也不新鲜。

近年来，外包业务更多地采用境外生产方式，利用别国合同工从事生产。劳动力成本的差异催生了这种外包形式，中国和印度工人的工资通常只占很多发达国家工资水平的一小部分。

全天候的互联网联络通信使得客服中心等服务类工作，成为长期以来最受欢迎的国际外包工作之一。

金融管理和信息技术等领域的工作也不断流向印度等国受过良好教育的劳动力。外包业务和境外生产持续成为发达国家的争议话题，当地工人认为国外竞争者抢走了他们的工作。

美国 Quark 软件客服中心的工作人员在印度旁遮普邦居住和工作，图为他们正在回答软件用户的问题。

关键词 **制造（manufacturing）：源自拉丁语，manu 意为“手工”，factus 意为“竣工”或“完成”。大规模制造零件或把零件装配成成品。重商主义（mercantilism）：16 世纪到 18 世纪在欧洲影响力颇大的一种政策，呼吁政府管控国家经济，压倒竞争国家，以增加本国实力。**

谁发明了集装箱装运法？

商人马尔科姆·麦克莱恩（Malcolm McLean）本是美国经济大萧条时期一名农产品运输卡车司机，但他最终发明了一套颠覆世界贸易的体系：集装箱装运法。

麦克莱恩意识到，一箱箱地从货车和轮船上卸货速度慢且效率低。他发现，如果用独立的货运集装箱来打包货物，在不必清空集装箱的条件下就可以用货车或火车进行长途运输，这样装载和运输起来就方便多了。

集装箱装运法立刻打破了运输障碍，形成了一张由商船、铁路和公路组成的巨大运输网。集装箱逐渐标准化，净载重也增加了，大大减少了运输的时间和成本；1970 年，一船货物从香港到纽约需要 50 天，现在只需要 17 天。

知识速记 | 美国已经是世界上主要的石油生产国。

知识链接

交通方式的历史和种类 | 第六章“交通运输”，第 252—253 页
香港经济 | 第九章“亚洲”，第 408 页

中国沈阳市郊的社区

住所

最高的建筑

哈利法塔 / 828 米
阿拉伯联合酋长国迪拜市

上海中心大厦 / 632 米
中国上海

麦加皇家钟塔饭店 / 601 米
沙特阿拉伯麦加

平安国际金融大厦 / 600 米
中国深圳市

乐天世界塔 / 556 米
韩国首尔市

周大福金融中心 / 530 米
中国广州市，中国天津市

同人类对其他生活必需品做的一样，他们把居住需求也变成了一种社会宣言和艺术形式。人类对住所最基本的要求无非能够遮风避雨，供人睡觉、做饭，外出方便且光线充足。然而，即使 3 万多年前，穴居人也远不能满足于此，他们用熊、狮子、猛犸象或自己绘制的壁画来装点墙壁。

随着以贸易和农业为中心的文明不断壮大，人类居所开始反映所受的一系列影响。他们的规划和建筑材料中就有环境因素，比如古代（和现代）中东地区的泥砖、欧洲和北美森林地区的木材以及中国喀斯特地区的石灰岩。

人类居所还反映着社会和经济地位。中世纪时，家财万贯的地主就为自己建起巨大的城堡和宫殿，作为社交中心、防御工事和凸显的权力象征，而农民只能和动物一起住在禾秆

知识链接

树木和森林 | 第四章“树”，第 142—143 页；第五章“森林”，第 196—203 页
中世纪 | 第七章“中世纪”，第 278—281 页

和泥巴建成的茅屋里。17 世纪和 18 世纪是欧洲社会分化的极端时期，最突出的象征就是法国的皇家居所凡尔赛宫殿，这个奢华的建筑群占地 37000 英亩（约 150 平方千米），可容纳 5000 人居住（其中仆人占大多数）。

在亚洲，雄伟的宫殿还昭示着皇权，但普通房屋则体现家家户户的精神理念和社会哲学。中国房屋过去（现在常常也是）按照风水依山傍水而建，坐北朝南，将大自然对房屋主人的庇佑最大化。中国的房屋通常围绕内院而建，窗户不朝外，以保护家庭隐私。

在西方，工业革命带来了新技术，中产阶层的人数也增加了。这些致富的工人为自己建造了更为标准化、更为舒适的独立住房，就连穷人也住进了公寓。交通改善了，线路很快延伸到郊区，更多的地方屹立起更宽敞的房屋。科技为家家户户供暖供电和供应自来水，而有了钢铁和电梯，人们就能够建高层公寓楼了。

当代的建筑技术和建筑材料已经为世界上许多人创造了更为舒适的居住环境，然而支配古代罗马人的规划对 21 世纪的居所仍然适用：从里约热内卢的贫民窟到美国郊区的独栋别墅，人类居所仍然逃不脱财富、职业和社会地位的影响。

关键词 风水（feng shui）：源自汉语，意为“风”和“水”。指顺应宇宙力量安排人和社会事务以求吉利的中国传统方法。圆锥形帐篷（tepee）：源自达科他语，意为“居住”。指北美大草原印第安人居住的一种高大的锥形帐篷。

一顶毡房游四方

家不一定要固定在地上。全世界的游牧民族都有可以随时打包搬走的便携式实用居所。例如，蒙古牧民和吉尔吉斯斯坦牧民生活在符合工效学的轻便圆形建筑里，这种建筑由毛毡搭在木架上建成，即所谓的毡房或蒙古包。毡房可迅速拆解、打包，放进卡车或骆驼背上运往新地点。以放牧骆驼为生的尼日尔图阿雷格部族搬迁也很频繁。他们的帐篷很结实，以曲木棍为支架，由部族中的女性搭建并拥有。鄂温克的驯鹿牧民也居住在用帆布或鹿皮覆盖的圆顶帐篷中，他们跟随着鹿群的脚步，将帐篷打包，然后搬家。

这些简单而又实用的便携式居所历经世世代代却鲜少变化。

图为圆形毡房，由木头架子和纤维蒙皮建成，至今在蒙古还很常见。

知识速记 | 巴布亚新几内亚的贡拜族生活在木头和藤蔓制成的树屋里，距地面可达 100 英尺（约 30.5 米）。

知识链接

城镇化趋势 | 第七章“工业革命”，第 303 页
城市生活 | 第六章“城市”，第 260—261 页

美国纽约的时代广场

城市

人口

公元前 8000 年	1000 万
公元 100 年	2 亿
1000 年	2.65 亿
1700 年	5 亿
1800 年	10 亿
1927 年	20 亿
1960 年	30 亿
1974 年	40 亿
1987 年	50 亿
1999 年	60 亿
2011 年	70 亿
2025 年（预计）	79 亿
2050 年（预计）	93 亿

现在，世界上一半的人都生活在城市里。1960 年至 2014 年，城市居民人数从 10 亿增至 39 亿，增长近 3 倍；而世界人口从 30 多亿增至 72 亿，超过了原来的 2 倍。分析家预计，2050 年的城市人口将达到 64 亿，其中发达国家城市人口比例为 86%，欠发达国家城市人口比例为 67%。全球城市人口增量的 1/3 将来自中国和印度。

显然，全球城市的规模在扩大，数量也在增多。

1975 年，世界上共有 174 个城市，其人口规模在 100 万到 500 万；另外有 17 个城市，人口规模在 500 万到 1000 万。今天，全球共有约 390 个人口规模在 100 万到 500 万的大都会，45 个人口规模在 500 万到 1000 万的都市区。

城市规模并不是全球主导地区的唯一决定性因素。自 15 世纪商业资本主义出现以来，某些国际化城市，就已经在世界经济体中占有一席之地了。几个世纪之前，这些城市包括了柏林、威尼斯和里斯本。而今天，随着经济全球化，国际化城市与其说是国家力量的象征，不如说是跨国企业组织、国际银行金融以及国际机构业务的汇集地。

这些颇具影响力的城市当然包括一些国际大都市，如伦敦、纽约和东京，同时还包括布鲁塞尔、芝加哥、法兰克福、洛杉矶、巴黎、新加坡、苏黎世和华盛顿特区。它们是权力中心，把国家资源注入全球经济中，再将全球经济的脉动变化传回国家中心——它们是全球经济大洗牌的中枢机构。

知识链接

世界人口的迅速扩张 | 第六章“世界人口”，第 250—251 页
非洲的大都市 | 第九章“非洲”，第 387 页

门户城市

17 世纪全球最大、最繁荣的城市中心崛起，它们便是门户城市——由于所处的地理位置，它们成为联结国与国、地区与地区之间的纽带。

这些门户城市包括美洲的波士顿、查尔斯顿、萨凡纳、累西腓和里约热内卢，非洲的罗安达和开普敦，也门首都亚丁，印度洋周边的果阿和科伦坡，东亚的马六甲、马尼拉和澳门。

在防御工事和欧洲海军的保护下，这些门户城市最初是贸易驿站和殖民地行政中心。不久它们就有了自己的制造工厂，能提供商业和金融服务。在殖民主义浪潮下，许多门户城市发展迅速，成了主要的人口中心和从欧洲进口商品的重要市场。

贫民区

发展中国家城市化进程前所未有地加快，并非由城镇资源拉动，而是受到农村过剩人口和过高失业率的推动。尤其发展中国家的许多城市，人口增加过多，就业机会和住房不足。这种过度城市化很快就催生了贫民区，其特点是棚户房、露天下水道和违章居民建筑。一般来说，欠发达国家的大城市里，通常有超过 1/3 的人口都居住在这些未经批准建造的居民屋里。印度孟买市的达拉维贫民区有 75 万人，居住的棚屋挤在仅 1 平方英里（约 2.6 平方千米）大小的土地上——这块地的估值为 100 亿美元。里约热内卢的贫民区坐落在城市山腰上，有 760 多座低矮的违章建筑，数以万计的穷人在此安家。埃及开罗的住房匮乏，迫使近 100 万赤贫的开罗人住进了公墓里的“死人之城”。居民住在这些摇摇欲坠的房子里无须付房租，但也不是土地的主人，不过在有些城市，他们还是形成了一种社区关系，生活艰难却能够为继。

图中是建在巴西亚马孙河岸水位线上的贫民棚户区，这里生活着 100 多万人，象征亚马孙州首府马瑙斯正处于扩张崩溃的边缘。

知识速记 | 在中国，每天都有超过 2 万人离开农村进入城市。

知识链接

住房 | 第六章“住所”，第 258—259 页
17 世纪的历史 | 第七章“文艺复兴和宗教改革”和“新大陆”，第 294—297 页

CHAPTER 7

世界历史

古埃及陶瓶，约公元前 3600 年

史前史
（公元前 10000—前 3500 年）

重大历史时期

古代史
公元前 3500 年到公元 500 年
从美索不达米亚地区苏美尔人的崛起，到书写系统出现，再到古罗马的衰落

中世纪史
公元 500—1500 年
中世纪贯穿了哥伦布及其他欧洲航海者到达美洲大陆的整个时期

近代—现代史
1500 年至今
欧洲帝国的扩张和两次世界大战

约公元前 1 万年，随着冰期结束，地球气候开始变暖，人类也不得不顺应这种改变。心灵手巧的人类得以存活，而他们赖以充饥的大型哺乳动物却在全球变暖和过度捕猎中就此绝迹。与此同时，可食用的植物则在之前过于干旱或寒冷不适于生长的地方繁荣起来。

到了公元前 8000 年，一些地区的人们已经从采摘植物变为栽培植物，他们还圈养了动物。最终，在沃野上务农的人们种植了充足的粮食，催生了从事各种贸易的专门人员，也推动了社会的复杂化。

早期的一些移民出现在一个叫作“肥沃新月地带”的地区，该地区从美索不达米亚平原一直延伸至地中海东岸。到了公元前 7000 年，约 2000 个居民生活在约旦河畔的耶利哥（或译为杰里科）古城，是传统的采集 - 狩猎部落人数的 10 倍之多。还有许多这样的小镇，其中生活着从事非农贸易的人，如商人、工匠等。

公元前 6500 年，在当今土耳其的安纳托利亚地区，在一个叫作加泰土丘（Çatal Hüyük，世界文化遗产地之一）的人类聚落点中，远古时期的工匠们就能够在窑炉内高温烧制器具了。他们后来还发明了轮子，这或许激发了有轮车辆的发明。安纳托利亚和美索不达米亚的工匠们还率先发明了冶铜技术，促进了青铜发展，迎来了一个新的科技时代，继石器时代之后的青铜器时代。到了公元前 3500 年，农业、冶金术以及其他一些工艺技术的进步，为美索不达米亚地区城市的出现和文明的崛起奠定了基础。

知识速记 | 公元前 7000 年，东南亚地区开始种植水稻。

知识链接

早期人类的迁徙趋势及特征 | 第六章“人类迁徙”，第 220—221 页
作物种植及农业发展 | 第六章“农业”，第 246—247 页

“公元前”和“公元”

这两个术语是国际通用的公历纪元，也是大多数国家纪年的标准。公元前（B.C.）代表“基督诞生前的年代”，而公元（A.D.）源自拉丁语中的“主的年代”，代表“基督诞生后的年代”。这两个术语都是早期的学者们以耶稣基督的出生元年为基准来追溯历史事件而设定的。但从《马太福音》中可见，如果大希律王驾崩后耶稣还是个婴儿，那么他就是在公元前7—前4年出生的。

一些考古学家和历史学家更喜欢用“公历纪元”（C.E.）和“公历纪元前”（B.C.E.）来纪年。两大纪年系统中的日期完全相同。

这块公元前7世纪的楔形文字平板出土于伊拉克，它讲述的是《吉尔伽美什史诗》中的大洪水。

知识速记 | 耶利哥古城建成于公元前9000年，是世界上最古老的人类聚落点之一，也是已知历史最悠久的围城之一。

人类史前史的三大时代

希腊神话中，人类的发展阶段也是人性的衰退阶段，从古老的、田园诗般的黄金时代开始，经历了充满暴力的青铜时代，再到腐败的黑铁时代。如今的历史学家也会在技术进步的基础上采用“三代法”来划分人类史前史，将之划分为“石器时代”“青铜器时代”“铁器时代”。

石器时代作为人类技术发展的第一个阶段，分为旧石器时代、中石器时代和新石器时代，每一时期都代表着石器制造上新的技术进展。新石器时代开始于1万年前，人类能生产更好的石器，并用铜或其他金属打造工具和武器。

紧接着的青铜器时代是金属加工技术突飞猛进的时代，将铜与锡或其他合金熔融混合打造金属器具。古希腊和古代中国在公元前3000年就开始了青铜器时代；而大不列颠群岛直到公元前1900年才进入该时代。这一时期的杰出发明有车轮和牛拉犁，大大提升了农业潜力。

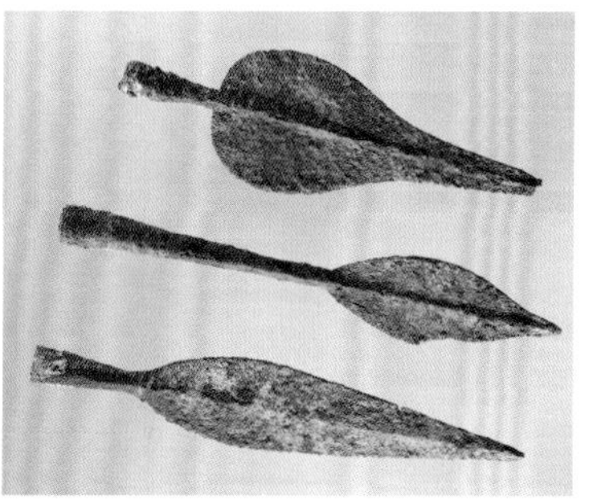

铁器时代在欧洲始于公元前1200年，在中国始于公元前600年。这一时期以更为持久耐用的铁制工具和武器著称，比起冶炼青铜所需的金属锡，铁矿更为丰富，因此也更易获取。随着铁制工具和武器的生产，人类也偏向永久定居的模式，古代的大城市正好能够追溯至这一时期。

关键词 驯养（domestication）：将野生动植物向着对人类有利的方向改造的过程。冶金术（metallurgy）：从金属矿中提炼、合成金属，并进行加工使用的一门艺术和科学。

知识链接

早期人类的语言 | 第六章“语言”，第228—231页
现代技术 | 第八章“科学技术”，第332—333页，第344—345页，第360—361页

古代中东

约公元前 3500 年
苏美尔人建立城市

约公元前 2900 年
苏美尔出现强大的城邦

公元前 2334 年
阿卡德帝国的萨尔贡大帝征服了苏美尔

公元前 1792 年
汉谟拉比统一了美索不达米亚地区

约公元前 900 年
亚述人向美索不达米亚南部扩张

公元前 539 年
波斯的居鲁士大帝征服了巴比伦

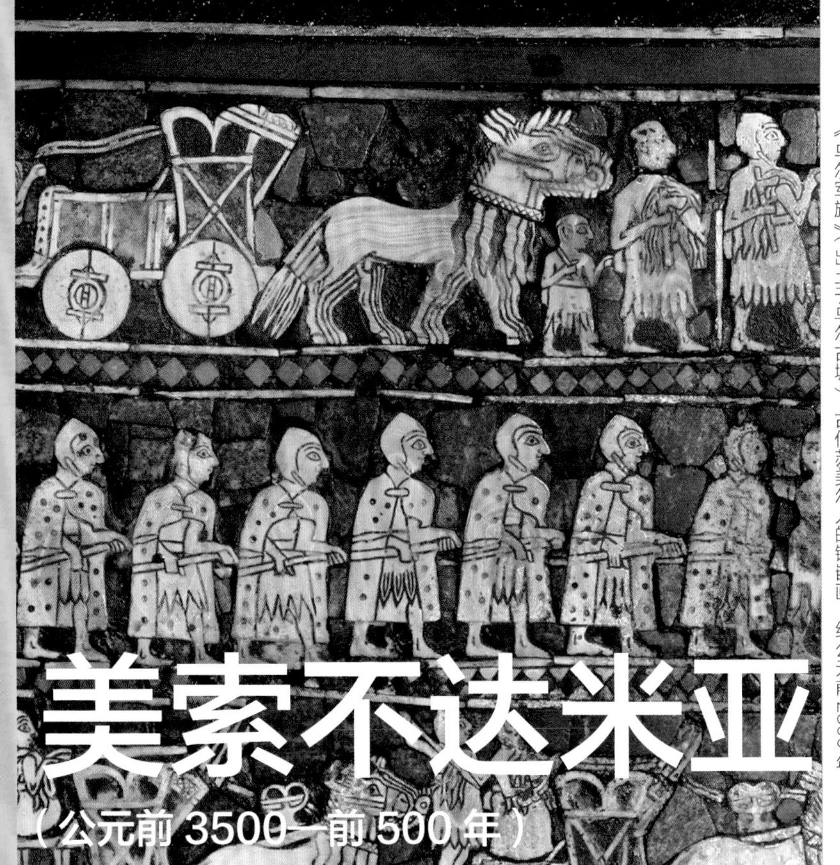

《乌尔军旗》（出土于乌尔古城），古代苏美尔人的镶嵌画，约公元前 2500 年

美索不达米亚
（公元前 3500—前 500 年）

古代文明用精美的工艺品和建筑缔造了令人印象深刻的城市和礼仪殿堂，这标志着人类文明的开端。所有这些国家都拥有强大的统治者，他们能够在公共项目或军事行动中指挥大量人力。许多文明都用文字记录、编纂法律，并以文学的形式保存他们的智慧和传说。

世界上最早的文明之一出现在美索不达米亚南部，在这里底格里斯河与幼发拉底河汇合一处，形成一片肥沃的冲积平原。旱季，在此生活的苏美尔人开凿运河，引河水灌溉田地。

建造并维护这一灌溉系统需要强大的领导力，这样才能创造农业盈余，供养不断兴起的苏美尔城市的人口，城中的商人和手工业者专心从事贸易活动。人们将富余的粮食储存在神庙中，通过画出常见物体的象形文字来记账，如一捆捆粮食。长期下来，这些象形文字演变为一种抽象字体，即尖笔在泥板上刻画出的楔形文字。苏美尔抄写员（书吏）采用这种书写方式不仅为了记账，更为了将法律和传说刻在泥板上，传递给子孙后代，以此作为他们文明繁荣的见证。

公元前 2900 年，苏美尔各城市扩张成为城邦，并控制了周边的小村庄。乌尔城和乌鲁克城民众超过 5 万，以两城为例的城邦间的敌对战争造成民众死伤无数。苏美尔人被北部的萨尔贡大帝征服，他建立了横跨波斯湾和地中海的阿卡德帝国。但这个王朝是短暂的，美索不达米亚的其他

知识速记｜亚述人军队编制 20 万人，分为下列几大兵种：骑士、手持弓箭的轻步兵、手持刀剑和长矛的重步兵。

知识链接

人类文明中城市的重要性｜第六章“城市”，第 260—261 页
古巴比伦人在数学上的进步｜第八章“计算与测量”，第 323 页

统治者随后接替了他的位置。其中来自巴比伦的汉谟拉比统一了美索不达米亚地区，并制定了《汉谟拉比法典》。他的帝国在公元前1595年被来自西北方的赫梯人所摧毁。赫梯王国在公元前1200年左右溃败，在这一地区留下的空白后来为亚述人所填补，亚述人打造铁制武器，并实行铁腕统治。

公元前612年，巴比伦人推翻了亚述人，重新获得了权力。公元前539年，居鲁士大帝率领的波斯人攻占了耶路撒冷，建立了波斯帝国，领土范围从印度北部延伸至埃及。

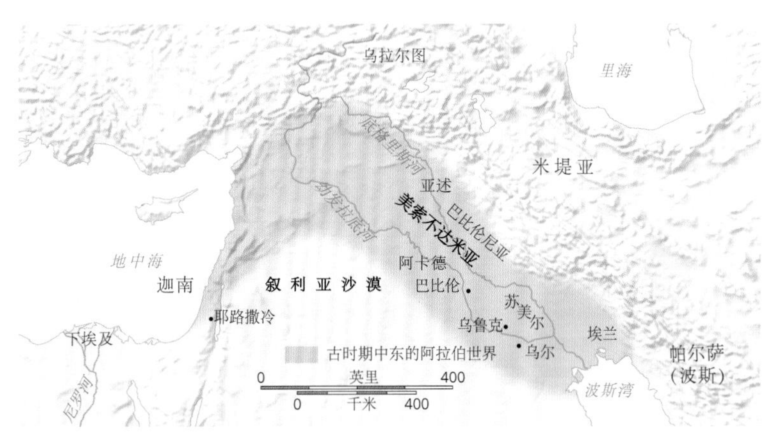

中东地区，从地中海南部和东部延伸到伊拉克，曾经被称为美索不达米亚地区。古时候，文明的中心聚集在这片肥沃的土地上。

什么是中东？

由于中东横跨欧亚两大洲，军事、移民、商贸和思想长期以来一直在该地区稳步发展。

在古代，这里是新月沃地，是文明的摇篮，还是犹太教和基督教的发源地，到中世纪时期又发展出了伊斯兰教。

近年来，在这个以伊斯兰教为主要信仰的地区发现了很大的石油储量，随着以色列在该地区的建立，中东成了世界上纷争最激烈的地区之一。

知识速记 | 一些苏美尔人为了摆脱贫困或债务，将自己或家人卖为奴隶。

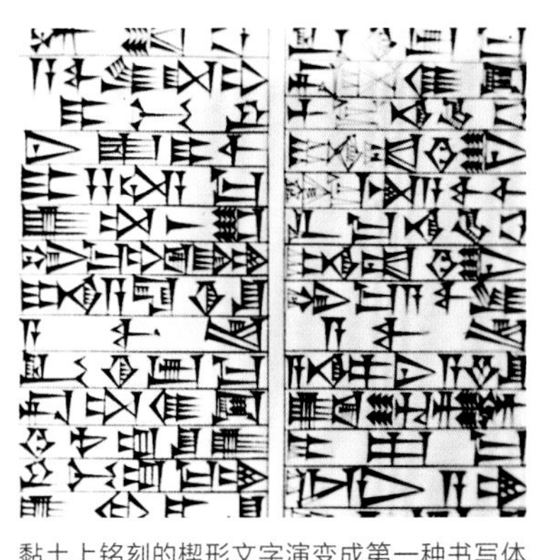
黏土上铭刻的楔形文字演变成第一种书写体系，就像《汉谟拉比法典》碑文所显示的那样。

《汉谟拉比法典》是什么？

《汉谟拉比法典》是公元前18世纪汉谟拉比在其统治时期颁布的法典，记载在马尔杜克神庙的圆柱形石碑上，它出土于1901年，现藏于卢浮宫。

以现代标准来看，汉谟拉比制定的法典十分苛刻。《汉谟拉比法典》规定："若女子犯罪，毁家弃夫，则投之水中。"然而，正是以书面形式颁布法律的行为保护人们免受武断随意的惩罚。如果被告觉得他们没有得到法律的公正对待，他们可以向汉谟拉比上诉，汉谟拉比把这句话作为他的法典的一部分，铭刻在石碑上："让有诉讼事由的被压迫者到书碑文前仔细阅读。"

知识链接

《汉谟拉比法典》中提及的医学实践 | 第八章"手术"，第344页
今天中东国家 | 第九章"亚洲"，第396—399页

以埃及吉萨金字塔为背景，骆驼和骑着骆驼的人的剪影

古埃及

（公元前 3000—前 30 年）

古埃及

约公元前 3000 年
古埃及第一位法老王那尔迈统一了上埃及和下埃及（尼罗河三角洲）

约公元前 2700 年 / 古王国时期
埃及法老开始建造巨型金字塔

约公元前 2550 年
法老下令在吉萨建立大金字塔

约公元前 2050 年 / 中王国时期
干旱和饥荒过后，王朝秩序得以恢复

约公元前 1630 年
西克索斯人入侵尼罗河三角洲

约公元前 1550 年 / 新王国时期
底比斯开始成为统治中心

古埃及的尼罗河河谷曾是古代世界最富饶的土地。每到夏季，受季雨影响上涨的尼罗河会淹没周边土地，沉淀一层养分丰富的淤泥。史前时期，沿河定居的人们开始种植小麦和大麦，建造埃及纸莎草船。公元前 3100 年左右，上埃及的那尔迈法老带领军队进入尼罗河三角洲征服了下埃及，建立了古埃及的第一个王朝，此后延续了 30 多个王朝，在这片土地上统治长达 3000 多年。

来自古埃及底比斯城（现今埃及的卢克索）的统治者们在公元前 2050 年前后开启了开疆拓土的中王国时代，当时的埃及军队占领了大部分努比亚地区（现今的苏丹）。公元前 1630 年，底比斯的统治者们击退了西克索斯人的军事入侵后，埃及国力进入巅峰时期。公元前 1550 年到前 1070 年，底比斯成为新王朝的首都。新王朝的统治者们如拉美西斯二世派遣军队与赫梯人及其他中东敌国作战。然而到了公元前 1000 年时，埃及国力衰弱，在接下来的几个世纪中作为附属国，其宗主国一直在变更。

知识链接

作为现代历法基础的埃及天文学 | 第八章“报时”，第 325 页
今天的埃及 | 第九章“非洲”，第 380 页

法老是何方神圣?

有了灌溉系统，尼罗河沿岸的古埃及农民们得以提高庄稼收成，产出足够的食物，供养包括牧师和统治者在内的各行业人员。“法老”一词意为“大房子”，有权有势的人就称为法老，他们以征粮、征兵、征劳力等税收形式辅助军事战役，落实公共项目。久而久之，“法老”一词就演变为国王及其宫殿的代名词。

公元前 2700 年前后，埃及进入首个繁荣富强的时期，也就是所谓古王国时期，大量皇家陵墓的建筑是这一时期的显著标志，如约公元前 2500 年竣工的吉萨大金字塔。金字塔象征着法老们的凌云壮志，他们的地位等同于太阳神拉。皇家书吏用象形字记录的文本表明，法老的灵魂将从金字塔顶端不断上升，直达天堂，成为“太阳神拉的眼睛”，这一说法是美元纸币图案的灵感来源。

木乃伊是什么?

埃及人寻求人死后的尸体保存方法，担心游荡的灵魂失去了肉体的寄托会迷失方向。木乃伊化通过移除死者体内的易腐器官并配以防腐香料或药物来保存尸身，这最初只是皇室才有的殊荣。穷人只能将尸体埋在有抗腐作用的沙土中。

后来，越来越多的埃及人被制成木乃伊入棺埋葬，棺木上刻有咒语，可阻隔邪灵并确保死者灵魂安全抵达天堂。有咒语曰，“吾将在棺木里安然无恙”，“吾将在穿越天堂时成为永恒之主”。而木乃伊化的动物则用来献祭神灵，如猫头女神巴斯苔特。

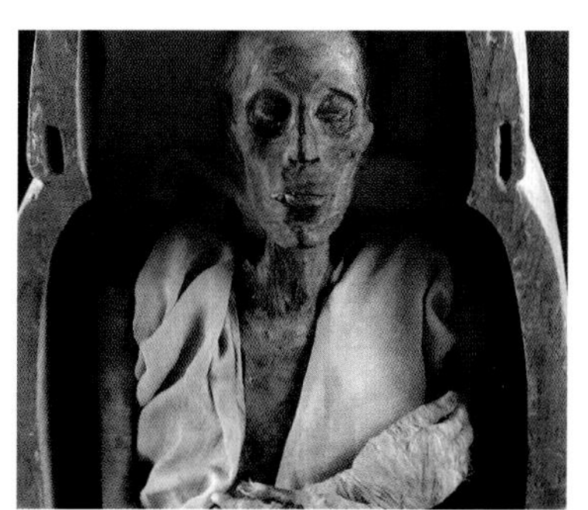

拉美西斯二世在位时期从公元前 1279 年到前 1213 年，统治埃及 67 年，他的木乃伊现陈列在开罗博物馆里。

关键词 季风（monsoon）：按季节变换方向的大型风系。献贡（tribute）：被统治者向统治者献上财物并宣誓效忠。王朝（dynasty）：同属一族或一派的统治者的世代更替。

拉美西斯二世 / 埃及法老

妻妾成群、子女众多的埃及国王并不罕见，而拉美西斯二世更是“其中翘楚”，在其漫长的统治中他育有 100 多名儿女，其正妻妮菲塔莉皇后不得不与包括妹妹在内的众多妾室共侍一夫。妾室们有时和自己的孩子一起住在所谓的“闺房”（harem）里，并在房里做些针织女红类的正事。公元前 1274 年，埃及人和赫梯人在叙利亚进行卡迭石战役后，拉美西斯与赫梯国王议和，赫梯国王允诺拉美西斯娶其长女。之后，拉美西斯向众神祈祷，祈祷她安全到达埃及：“请您不要下雨，也不要降临冰雹或大雪，让您派遣给我的奇迹安然抵达我身边。”

知识链接

神话在人类历史中的地位 | 第六章“语言”，第 229 页
金字塔和古代世界的其他奇迹 | 第八章“工程学”，第 333 页

古印度

约公元前 2500 年
哈拉帕文明出现

约公元前 700 年
印度最古老的法典《奥义书》撰写而成

约公元前 560 年
佛教创始人释迦牟尼在印度出生

公元前 327 年
亚历山大大帝入侵印度

公元前 321 年
孔雀王朝建立

公元 320 年
笈多王朝建立

摩亨佐达罗的大祭司雕像，约公元前 2030 年

古印度

（公元前 2500—公元 500 年）

正如古埃及和美索不达米亚，印度文明也诞生在一片肥沃的冲积平原上，那就是印度河流域。水源灌溉充足，田地收成颇丰，供养着不断壮大的摩亨佐达罗和哈拉帕等城市，公元前 2500 年前后出现的哈拉帕文明就是以哈拉帕城市命名的。建造城市的计划规定，平民住在标准住房里，社会精英住在大宅里，这些住房均配有浴室等连着下水道的卫生系统。

季节性水涝有助于丰富土地养分，但有时却是灾难性的，这使得摩亨佐达罗城至少重建了 9 次。毁灭性的洪涝灾害或许是公元前 2000 年后哈拉帕文明衰退的原因，受灾的人们弃城而逃。

公元前 1500 年前后，被称作雅利安人的入侵者从阿富汗和伊朗沿着山路进入印度河流域。渐渐地，自封为印度王侯的雅利安统治者们从印度河流域一路开疆拓土到了恒河河谷，并在印度北部建立了许多城邦和王国。他们的律法遭到质疑，并经由印度古代的先知、学者重新诠释，其中就有释迦牟尼，也即其众多弟子所谓的“佛陀”（意为“觉者”），此外还有一些编撰了印度古代宗教、哲学典籍《奥义书》的学者和祭司。

约公元前 520 年，波斯人占领了印度河流域，将其作为波斯帝国的一个省份。200 年后，亚历山大大帝夺得主权，但在其军队叛变后又撤离出去。

亚历山大撤离后留下的权力空白不久就被旃陀罗笈多填上。旃陀罗笈多是印度孔雀王朝开国君主，他来自富饶的摩揭陀王国，他和后人建立的孔雀王朝覆盖了几乎整个印度次大陆，除了大陆的最南端。这个帝国随着阿育王的东伐西讨、南征北战进入国家

知识速记｜梵语是古印度语，至今还有印度学者使用，与希腊语、拉丁语、德语和英语有关，它们都属于印欧语系。

知识链接

印度的早期宗教｜第六章“印度教和佛教”，第 234—235 页
人类的城市文明｜第六章“城市”，第 260—261 页

鼎盛时期，而阿育王在完成开拓疆土的大业后，放下武力皈依佛门。

约公元前 235 年，阿育王驾崩，印度四分五裂，王国间相互争夺。公元 4 世纪，来自摩揭陀境内的地方王公旃陀罗笈多一世（该称号是为纪念旃陀罗笈多而立）开始了印度的统一大业，建立了笈多王朝。此后，印度在贸易、手工业、科学、医药和艺术方面都蓬勃发展。印度教至今仍然是印度人的主要信仰，其教义如转世化身等刻在《薄伽梵歌》等神圣经典中。公元 450 年前后，中亚来的游牧民族入侵印度，笈多王朝就此衰败。

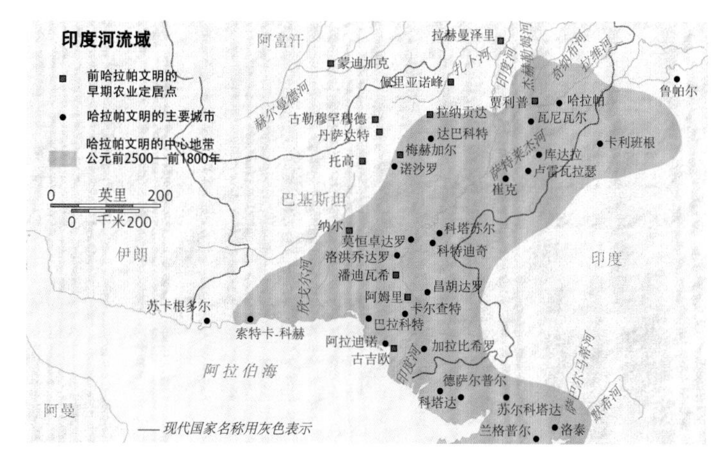

公元前 3000 年到前 2000 年，位于今天巴基斯坦和印度西北部的富饶的印度河流域孕育了一个伟大的文明。古城遗址向世人呈现了一个经济井然有序、社会等级分明、市政基础设施健全的社会。

种姓等级制度是什么？

印度的种姓制度可追溯至雅利安人的阶级体系。公元前 1500 年左右，雅利安人侵占印度，并就此展开漫长的统治历史。

古印度处于社会顶端的是婆罗门（僧侣和学者），其次是刹帝利（统治贵族和武士）、吠舍（商人和地主）、首陀罗（农民和仆役等劳动者）。在这些种姓之外，还有一个社会地位最低的“贱民”阶层（达利特人），他们被视为“不可触碰者”。

长期以来，种姓制度演化得越来越复杂，数百种职业群体按照社会地位划分高低。孩子们只能继承祖业，寻找门当户对者进行婚嫁。虽然个体很少有机会在社会中“晋级”，但一旦有人得到了财富或权力，整个家族的种姓和社会地位也将水涨船高。

阿育王 / 印度佛教的集大成者

君士坦丁大帝信奉基督教，将基督教传遍地中海，像他一样，阿育王（约公元前 304—前 235 年）笃信佛教，将佛教推行至亚洲的每个角落。阿育王带领的军队在血腥侵略中掠夺了数十万生命，之后他放弃武力，皈依佛门，投身和平事业。他建造医院，修建道路、旅舍以促进旅游和贸易；他宣扬宽容之心，呼吁各家各户对动物要仁慈、要富有同情和爱心等佛教原则，并相信一切生物都有灵魂；他支持修建寺庙、传播佛法，将佛教信仰从印度推广至东南亚和中国。

知识链接

印度的种姓等级制度 | 第六章“种族、阶级和性别”，第 226—227 页
今天印度的地理环境 | 第九章“亚洲”，第 402 页

中国北京附近的居庸关长城

古代中国

（公元前 2200—公元 500 年）

古代中国

约公元前 1700—前 1500 年
夏朝在黄河流域建立

约公元前 1500 年
商朝建立，其疆域向黄河下游扩展

公元前 1046 年
商朝结束，周朝开始

约公元前 551 年
儒家学说创始人孔子出生

公元前 403 年
战国时期“三家分晋”

公元前 221 年
秦始皇完成统一大业

公元 220 年
汉朝结束，三国时代正式开始

黄河文明发祥于黄河中、下游流域，是中国古文明的主要源泉之一，其代表为夏、商、周王朝。黄河将黄土高原肥沃的土壤冲到下游，但泥沙淤积容易引发洪涝。历史记载中，大禹整治黄河水患有功，被舜传以帝位，成为中国历史上第一个王朝夏朝的开创者。

约公元前 1500 年，夏朝之后的商朝开始在黄河流域开疆拓土，形成颇具规模的王朝。在商朝的国都殷（现在的安阳）出土了大量奢华的陵墓、青铜作坊等遗址，这些建筑对中央地带的王宫形成众星拱月之势。商朝的青铜器制造和贸易都很发达，农耕文明得以发扬光大，为中华文明奠定了基础。

公元前 1046 年，来自中国陕北的周人讨伐商纣王，灭商建周。周朝的统治者秉持天命思想，注重“以德配天，以礼治国”，期望公平明智地治理国家。周朝两次大规模南征，扩张至肥沃的长江流域，那里是鱼米之乡。为治理这片辽阔的疆域，周天子

知识链接

土壤分类以及提高土壤肥力的元素 | 第三章“土壤”，第 96—97 页
世界河流的重要角色 | 第三章“河流”，第 116—117 页

在各地分封诸侯，让他们拥有自己的军队和铁器。公元前 771 年，周天子对各诸侯国失去控制，周王朝四分五裂。之后，群雄争霸的春秋战国时期拉开了序幕。

接下来，秦王嬴政陆续攻灭其他诸侯国，统一了中原六国，为之后的封建统治奠定了基础。他自称“始皇帝”，成为中国历史上第一个使用“皇帝”称号的君主。秦王朝在秦始皇死后 3 年的时间里迅速覆灭。之后汉朝建立，成为中国历史上最强盛的王朝之一。

汉皇帝在秉承儒家学说的官员辅佐下治理国家。公元前 551 年的东周时期，儒家学说创始人孔子诞生。孔子认为统治者要以德治国，做到“道千乘之国，敬事而信”，同时还要“节用而爱人，使民以时”。然而，汉天子对此经常充耳不闻。农民极度贫困，还常被征召到越南和朝鲜半岛的军事前线服兵役。公元 220 年，曹丕迫汉献帝让位，长达 400 多年的汉朝正式宣告结束，三国时代正式开始。此后，中国陷入三个半世纪的三足鼎立、征战时期；与此同时，北方游牧民族也在虎视眈眈，他们于诸多领域地位领先，还威胁着世界上的其他帝国。

图为三星堆青铜立人像，古代蜀国的三星堆文明是华夏礼仪制度的发祥地之一。礼既是中国封建法律的渊源之一，也是封建法律的重要组成部分。

知识速记 | 秦始皇为了抵御匈奴南进，筑起一道防御屏障，西起甘肃临洮，东至辽东，史称秦长城。

中国历史上第一个皇帝

为了统治幅员辽阔的国土，秦始皇推行了一系列的政治、经济、文化举措，奠定了中国历史上两千余年的封建统治格局。他统一了文字、度量衡和币制，在经济上大力推行“重农抑商”的政策；但他统治下的秦王朝大兴土木、南征北伐、徭役过重，为了统一思想还发动了焚书坑儒的事件。

秦始皇自登基之日，便开始为自己修建皇陵。秦始皇陵是著名的世界文化遗产，目前已发现的秦陵兵马俑很可能只是陵墓外围部分，有戍卫陵寝的含义。秦始皇陵的核心部分至今仍处于受保护的状态。

中国西安的秦始皇陵中，据估计守护秦始皇陵的兵马俑多达 8000 个，图中的威猛士兵就是其中之一。直到 20 世纪 70 年代，人们才发现了整个地下兵马俑军队。

知识链接

祖先、家族和宗族的重要性 | 第六章“人类家庭”，第 222—223 页
铜器时代的冶金术 | 第七章“史前史”，第 265 页

希腊神庙遗址，现存于土耳其的阿弗罗狄西亚

古希腊和波斯

（公元前1600—公元500年）

古典时期

约公元前1600年
迈锡尼人占领克里特岛，迈锡尼文明成为古希腊文明的代表

公元前558年
居鲁士大帝成为波斯国王

公元前480—前479年
希腊大败波斯；第二次波希战争结束

公元前405年
斯巴达同盟大败雅典军队，伯罗奔尼撒战争结束，斯巴达成为希腊新霸主

公元前336年
古希腊统治者腓力二世的儿子亚历山大即位

公元前323年
亚历山大大帝驾崩

代表古希腊文明早期成就的是米诺斯文明和迈锡尼文明。米诺斯文明又称克里特文明，缔造了发达的工商业和航海贸易，在克里特岛兴建了一定规模的城市。之后迈锡尼人自北一路扫荡，占领了希腊大陆以及克里特岛等岛屿。公元前499年，生活在爱琴海东海岸的米利都等希腊城邦发动起义反抗波斯统治者，拉开了波斯与古希腊城邦之间一系列冲突（波希战争）的序幕。

作为迈锡尼文明和米诺斯文明的继承者，希腊人打造了雅典、斯巴达等强大的城邦，还在遥远的彼岸建立了殖民地。

波斯人则在居鲁士大帝及其后继者的统领下走向辉煌，他们征服了

知识速记 | 在古希腊雅典民主时期，只有在雅典出生的自由成年男性具有选举权。女性、奴隶和外来者不具有选举权。

知识链接

今天的希腊和伊朗 | 第九章“欧洲”，第421页；第九章“亚洲”，第402页
古希腊人如何测量地球 | 第一章“分界线”，第31页

从印度河到尼罗河再到黑海在内的区域，建立起庞大的波斯帝国。公元前522年，大流士一世登上王位，划分行省，指派官员管理并征收赋税，这些税收都被用来修建帝国首都波斯波利斯，以及通往爱琴海商贸城市以弗所的路线了。

希腊各城反抗大流士一世，雅典伸以援手，公元前490年，希腊人在马拉松小镇上成功驱逐波斯军队。当时，大流士一世的继承人薛西斯一世召集了一支大军，而雅典人也联合了斯巴达人和其他希腊城邦在公元前480年重创波斯舰队，又在一年后打败薛西斯一世的军队，这是波斯扩张时代的终结，也是希腊辉煌篇章的开端。雅典奉行民主制度，赋予所有成年男性公民以选举权，其中艺术家、剧作家、诗人以及哲学家的作品为古典西方文化奠定了基础。

公元前338年，腓力二世领导的马其顿人占领了希腊，其子亚历山大大帝雄心勃勃，继续进攻波斯。亚历山大和其他马其顿贵族一样接受过希腊教育，最终于公元前330年将波斯帝国收入囊中。

亚历山大大帝32岁英年早逝，随后其帝国就被几个高级将领瓜分了，希腊文化成为中东文化传承的一部分。这些文化遗产虽挺过了罗马帝国时期，却在公元5世纪时，在拜占庭帝国对地中海西部的统治下遗失殆尽。

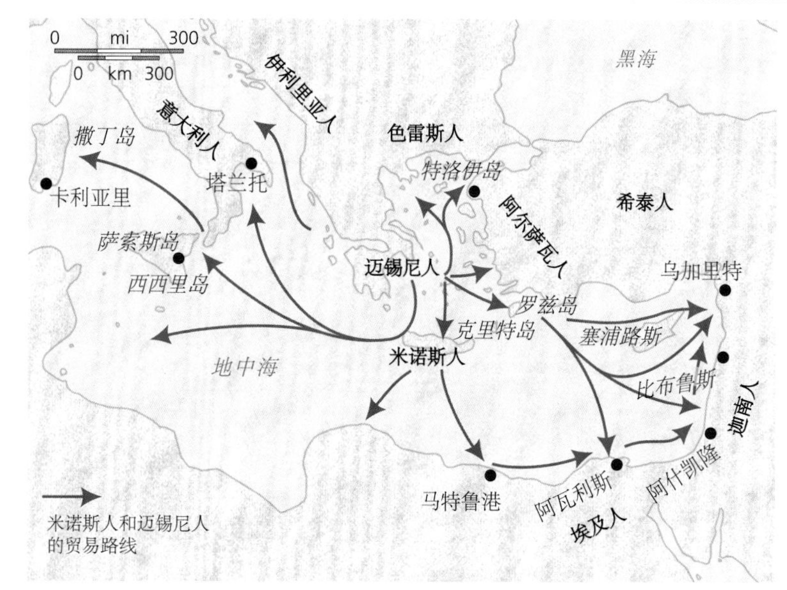

贸易和征战路线从希腊四处延伸。米诺斯人和迈锡尼人相继统治了地中海的贸易路线。

关键词 民主（democracy）：源自希腊语，demos意为“人民”，kratos意为“统治”。民主是一种国家政治制度，意味着以多数人的意志为政权的基础，承认全体公民自由、平等的统治形式和国家形态。

亚历山大大帝 / 古希腊英雄

亚历山大大帝（公元前356—前323年）青年时期受哲学家亚里士多德的启蒙，喜爱希腊文化并自视为希腊英雄，他把自己比作《荷马史诗》中英雄阿喀琉斯（打败特洛伊的传奇王者）的后裔。就在亚历山大登上王位不久，希腊三大城市之一底比斯发动叛乱，他平定了叛军，将该城夷为平地，将剩下的人贬为奴隶。不过直到他向希腊的劲敌波斯国发起战争，他才真正成为伟大的帝王。受波斯统治的希腊人对亚历山大夹道欢迎，视他为“救世主”。打下波斯帝国后，亚历山大以希腊模式建造城市，其中最大的莫过于埃及的亚历山大港。

知识链接

早期的制图方式和导航｜第一章“导航”，第38—39页
古代中东的文化中心｜第七章“美索不达米亚”，第267页

古罗马

公元前 509 年
罗马建立共和国

公元前 264—前 146 年
罗马与迦太基间的布匿战争

公元前 44 年
尤利乌斯·恺撒遭到暗杀

公元前 31 年
奥古斯都成为罗马首任皇帝

117 年
罗马帝国在图拉真统治下达到巅峰

330 年
君士坦丁大帝迁都拜占庭，并将之更名为君士坦丁堡

476 年
日耳曼人入侵，罗马帝国崩溃

古罗马斗兽场，建于公元 1 世纪

古罗马
（公元前 500—公元 500 年）

罗马坐落在台伯河畔的丘陵地带，公元前 509 年它刚从长期统治者伊特鲁里亚人统治下独立，开始步入权力上升期。推翻了伊特鲁里亚国王统治后，罗马人建立罗马共和国，从贵族中选举两名执政官领导民众，任期一年。

执政官由参议院中的贵族领导，使得普通平民无权无势。平民最终获得选举护民官和一名平民执政官的选举权。虽然紧张的社会局势持续不断，但平民与罗马的成功息息相关，因此他们有义务在罗马军团中服役，并经常在罗马军队征服的地区上获得土地。

公元前 265 年，罗马人控制了意大利半岛，同时还觊觎着西西里岛。他们对不服政权者宽厚以待，后来一些人成了罗马公民，而那些始终持不屑态度的人最终遭到铲除。反对态度最强硬的莫过于迦太基了，这是一座由北非腓尼基人建造的城市，曾经控制着西班牙及地中海西部地区，并与罗马在西西里岛上打响了三次布匿战争中的第一战。尽管其统帅汉尼拔英明神武力挽狂澜，但迦太基最终难逃战败。公元前 146 年，罗马人将迦太基付之一炬后，据说又把盐撒在废墟周围的土地上，把土地变成盐碱地，从此那里寸草不生。之后，罗马人占领了希腊，成为地中海霸主。

罗马将领在征战中获得的财富和威望使他们有底气和参议院叫板，强势地推行他们的政治愿望。公元前 49 年，尤利乌斯·恺撒在法国大败高卢人后，返回罗马，他率军占领罗马并集大权于一身，开始实行独裁统治。公元前 44 年，试图维护共和国的政治家合谋暗杀了恺撒大帝，此举触发了一场血腥的内战。直到公元前 31 年，恺撒的侄子屋大维打败了将领马克·安东尼及其同盟埃及的克利奥帕特拉七世，内战才得以告终。屋大维获得“奥古斯都”的尊号，意为“伟大”。作为古罗马帝国的第一位皇帝，他有着至高无上的权力。其继承者们

知识速记 | 罗马帝国鼎盛时期，罗马城人口数量超过 100 万，成为古代最大的城市。

知识链接

古罗马使用的历法 | 第八章“报时”，第 324 页
今天意大利的地理和经济 | 第九章“欧洲”，第 420 页

同样地推动帝国扩张，到了公元 2 世纪已经从美索不达米亚扩至英国。

3 世纪时，大量入侵者涌入罗马边境，威胁到帝国的统治。随着危机不断深化，人民开始拒绝信奉神圣的皇帝，转而崇拜更高权力，基督教获得普遍认可。公元 330 年，罗马皇帝君士坦丁皈依基督教，迁都到防御力更强的君士坦丁堡（1453 年改名为伊斯坦布尔），罗马无坚不摧的神话就此远去。5 世纪时，匈奴人从中亚向东欧进发，取代了汪达尔人、西哥特人以及其他日耳曼部落，之后又占领了意大利。公元 476 年，罗马沦陷，西罗马帝国宣告灭亡。帝国东边部分被称为东罗马帝国，即拜占庭帝国。

罗穆卢斯和雷姆斯是寓言中的罗马城的建立者，据说由一头母狼喂养长大。

犹太人、基督徒和罗马

公元 66 年，生活在罗马行省朱迪亚的犹太人发动了针对罗马帝国的起义。罗马皇帝至高无上，其地位如同神明，而只信仰一神教的犹太人反对罗马的多神教和偶像崇拜，因此有些人期盼弥赛亚或救世主把他们从罗马的统治下解救出来。出生于拿撒勒的耶稣虽不抵触罗马，却预言一个上帝治理下的王国将胜过地球上的任何国家。耶稣死后，奉耶稣为救世主的基督徒和犹太人都遭到迫害。公元 70 年，犹太战争硝烟散尽，罗马人洗劫了圣城耶路撒冷，捣毁神庙。

不受意外事件影响的勇士是不存在的。　——盖乌斯·尤利乌斯·恺撒，约公元前 55 年

盖乌斯 · 尤利乌斯 · 恺撒 / 罗马将军和独裁者

盖乌斯 · 尤利乌斯 · 恺撒（Gaius Julius Caesar，公元前 100—前 44 年）大败高卢人后登上权力宝座。高卢人是指生活在阿尔卑斯山脉两侧的凯尔特人，凯尔特文明起源于公元前 1000 年的多瑙河畔，从法国传至意大利北部、西班牙以及大不列颠群岛。凯尔特人掌握了制铁工艺，本是无坚不摧的战士，却缺乏团结。恺撒重创了维钦托利（Vercingetorix）领导的怀有二心的高卢部落联军。恺撒俘虏了近 100 万高卢人，并将他们卖作奴隶，由此获得的财富都被他用来犒赏三军、维持权力。但他赢得高卢战争后，罗马元老院却拒绝授予他凯旋式的荣誉，这是恺撒在后来发动内战的原因之一。之后，恺撒在征战英国和埃及的过程中一直无往不利。公元前 46 年，他成为独裁者，两年后遭暗杀身死。

知识链接

犹太教和基督教 | 第六章“一神教”，第 236 页

罗马衰败后的拜占庭王国 | 第七章“500—1000 年的中世纪”，第 278—279 页

土耳其伊斯坦布尔的圣索菲亚大教堂建成于公元 537 年

中世纪

500—1000 年的中世纪

中世纪早期

公元 630 年
伊斯兰教创始人穆罕默德及其追随者和平占领麦加

公元 661 年
阿拉伯的倭马亚王朝建立

公元 732 年
查理·马特在图尔战役中大败阿拉伯军队

公元 750 年
阿拉伯帝国的阿拔斯王朝在巴格达建立

公元 800 年
查理曼大帝在罗马登基为帝

公元 962 年
奥托一世成为神圣罗马帝国皇帝

中世纪从公元 500 年罗马帝国的衰落开始，到 1500 年探索新大陆结束。中世纪曾一度被称为黑暗时代，当时日耳曼部落不断涌入罗马各行省，记录历史事件的经典文献几乎为零。然而，以君士坦丁堡为基础的拜占庭帝国却依旧繁荣，并在查士丁尼大帝的带领下持续扩张。

公元565年，查士丁尼驾崩之时，他缔造的帝国几乎能绕地中海一圈。此后拜占庭国力开始走下坡路，查士丁尼的继承者们失去了对意大利的控制，那里的基督徒认为罗马大主教才是他们的圣父或教皇，而非拜占庭贵族。与此同时，拜占庭皇帝丢失阵地，穆斯林统治者开始打造自己的帝国。

知识速记 | 圣索菲亚大教堂坐落于伊斯坦布尔（中世纪时期的君士坦丁堡），在拜占庭皇帝查士丁尼的监督下于公元 537 年竣工。它是世界上最大的基督教堂，直到 1453 年被奥斯曼土耳其人征服转变为清真寺。

知识链接

罗马古城和古罗马帝国 | 第七章“古罗马”，第 276—277 页
古罗马和拜占庭的艺术和文学与文艺复兴 | 第七章“文艺复兴和宗教改革”，第 294 页

公元632年，穆罕默德逝世。统治者哈里发统一了阿拉伯半岛，以伊斯兰教治国，并通过四处征战、奉劝皈依来传播伊斯兰教。公元8世纪时，伊斯兰教治下的世界已穿过北非传至西班牙。公元750年，阿布·阿拔斯推翻了统治中心位于大马士革的倭马亚王朝，以现伊拉克首都巴格达为大本营建立了阿拔斯王朝。世界各地的学者们涌入巴格达学习《古兰经》以及波斯圣贤、希腊圣贤和印度圣贤遗留的经典典籍，其中包括医学专著和数学书籍。阿拉伯数字和代数学就是穆斯林学者们对现代科学所做的贡献之一。

查理曼大帝出现前，西欧一直被日耳曼部落四方割据。公元768年，查理曼大帝成为法兰克国王，将疆域从法国和德国扩至意大利和西班牙北部，就在那里信奉罗马天主教的法兰克人抑制了伊斯兰教的扩张。公元800年，教皇利奥三世在罗马为查理曼大帝加冕。查理曼大帝驾崩后，帝国分崩离析。欧洲停留在封建社会，农奴服务于其领主，而领主反过来又作为诸侯向地位更高的贵族俯首称臣。在一些地方还有了国王。例如，韦塞克斯的阿尔弗雷德从入侵者维京人手中夺取了部分英国领地。维京人是斯堪的纳维亚半岛的冒险者，他们远航而来，一路打家劫舍、进行贸易，将冰岛、诺曼底等地作为殖民地，诺曼底因在此定居的北欧人而得名。

关键词 主教（patriarch）：源自拉丁语 pater，意为“父亲”。指基督教传统中的受人尊敬的宗教领袖；该术语还用于指代亚伯拉罕等圣经人物以及东正教的领袖。封建主义（feudalism）：中世纪早期，欧洲普遍的社会体制。公爵、伯爵或其他贵族统治的各大领地，为所谓诸侯等附属者提供保护、发放俸禄，换取他们忠心做事。

什叶派和逊尼派穆斯林

穆罕默德死后，弟子们就谁来继承伊斯兰教领袖之位发生争执。有人支持穆罕默德的外甥兼女婿阿里作为哈里发或宗教领导人，也有人如穆罕默德的最后一任妻子阿伊莎则更倾向其他候选人。

公元656年，阿里成为第四任哈里发，公元661年遭遇暗杀。穆斯林中的什叶派是阿里党，他们认为只有阿里的后人才能奉为哈里发，反对夺取政权的倭马亚王朝。逊尼派穆斯林的名字意为穆罕默德自身的“圣行”或“实践”，他们认为只要为人公正、礼教虔诚，不管是不是穆罕默德的后人，都是名正言顺的哈里发。这两大穆斯林派系在宗教仪式和教义上都有不同，是伊斯兰世界里一直存在的两大分支。

知识链接

伊斯兰教的历史 | 第六章“一神教”，第236页
维京人探索新大陆 | 第七章“世界航海”，第293页

中世纪

1000—1500 年的中世纪

中世纪末期，欧洲基督徒与穆斯林在中东地区发生冲突。这两大宗教世界的分裂触发了十字军东征，从而有了圣地之战。

到了 1000 年，中亚来的塞尔柱土耳其人涌入中东，皈依伊斯兰教。1055 年，一位名为图格鲁勒的土耳其人成为巴格达的苏丹或酋长，他和他的继承人热衷征战，在抓捕敌对王朝中穆罕默德之女法蒂玛的后裔时，征服了叙利亚和巴勒斯坦，并由此进发安纳托利亚，还在那里打败了拜占庭军队。

为了反击，拜占庭皇帝向西欧求助。当时正逢东正教和罗马天主教决裂，罗马教皇乌尔班二世希望通过保卫耶路撒冷及对基督徒和穆斯林有着神圣意义的其他圣地，重新夺回地中海东部的掌控权。1095 年，他征召了一支十字军讨伐土耳其人。满是战火硝烟的中东为去那儿朝圣的基督徒带来不安，因此许多天主教信徒埋怨土耳其人，纷纷响应教皇号召。

第一批十字军东征出师不利，军队在犹太教狂热信徒隐士彼得带领下毫无纪律可言，惨败而归。同时，法国贵族正在组建一支更为强大的军队，于 1099 年成功夺取耶路撒冷。大批十字军在地中海东岸创建了国家，而土耳其人夺取了其中一个国家的举动在 1147 年触发了第二次十字军东征，结果并没有什么收获。1171 年，苏丹萨拉丁从法蒂玛后裔手中夺取了埃及，并于 1187 年宣布耶路撒冷是穆斯林的。后来，天主教徒组成的十字军在夺回圣地无望后，转而讨伐君士坦丁堡的东正教基督徒。1204 年，他们将君士坦丁堡洗劫一空，留下溃败的拜占庭帝国面临之后土耳其人的攻击。

虽说十字军在军事上吃了败仗，但他们却向欧洲引进了亚洲诱人的商品，打通了贸易线路。威尼斯和佛罗伦萨等意大利城邦在与亚洲的贸易往来中走向繁荣，马可·波罗等商人也踏上了中国之旅。

1453 年，奥斯曼帝国的土耳其人占领了君士坦丁堡，限制了与亚洲的跨境贸易。在寻找通往远东的航海线路时，欧洲人沿着非洲，穿过大西洋，来到了新大陆。

图中所示是 13 世纪时，跨越博斯普鲁斯海峡的十字军，他们坚信讨伐中东是一场圣战。

知识速记 | 1095 年十字军东征开始时，穆斯林在中东、北非以及西班牙的征战已经使得基督教世界缩水了近 2/3。

知识链接

十字军东征时期的绘图 | 第一章“制图史”，第 20—21 页
中世纪的早期阶段 | 第七章“500—1000 年的中世纪”，第 278—279 页

什么是黑死病?

中世纪的内科医生身着防护服，在治疗瘟疫患者时尽可能地保护自身健康。

啮齿类动物身上滋生着许多跳蚤，黑死病就是跳蚤携带的一种致命传染病。1347 年，黑死病从亚洲蔓延至欧洲，肆虐破坏。这种疾病最显著的症状即淋巴结肿大，又被称作腹股沟淋巴结炎。因患者咽气之前身体上布满黑色脓疮，该恶疾又称“黑死病”。

欧洲黑死病是历史上暴发范围最广的一次瘟疫，使得 14 世纪时的人口数量锐减。这一令人惊惧的流行性疾病夺去了 2000 多万生命，欧洲人口缩水 1/4。恶疾的突然蔓延引发了癔症，一些地方的基督徒埋怨犹太人带来了瘟疫，因此对犹太人展开攻击。

长期以来，欧洲表现出来惊人的恢复力，那些从瘟疫中幸存下来的人努力创造更好的生活。黑死病最基本的治疗法就是隔离，这一措施后来演变为高质量医院和医学治疗。随后出现的劳动力匮乏意味着工人们可以要求涨工资，其生活水平也得到提升。1450 年，法国、英格兰和西班牙等王国在政治和经济上不断强大，很快就将成为世界大国。在这些国家里，基督教压过伊斯兰教。

关键词 流行性疾病（pandemic）：源自希腊语 pan 和 demos，能在较短的时间内广泛蔓延的传染病，如流行性感冒、脑膜炎、霍乱等。骑士（chivalry）：源自法语 chevalier，骑士。指封建时期的骑士阶层，也指骑士或全副武装的人，因此骑士就意味着勇敢和荣耀。

牺牲本我且生无信仰——这是比死亡还要可怕的一种命运。

——圣女贞德，1431 年

圣女贞德 / 神秘的军事英雄和烈士

在英法“百年战争”中，没有一位英雄的名字比圣女贞德更为响亮。圣女贞德（Joan of Arc，1412—1431）是农民之女，在 15 世纪初期鼓舞法国人抵抗占领了法国北部的英格兰军队。据说她聆听过圣主的声音，她一直相信上帝派遣她将英国人从法国驱逐出去。1429 年，她在奥尔良鞭策法国军队大败英国军队，为幼主查理七世开路。一年后，圣女贞德带领军队对抗英军的法国联盟勃艮第公爵时，在法国北部的贡比涅市被捕，以持异端者的身份遭到严刑拷问。1431 年，圣女贞德被处以火刑，时年 19 岁。她在仇视英军的人心中一直是英雄，而英军最终还是被迫撤出法国。

知识链接

基督教和伊斯兰教的起源 | 第六章“一神教”，第 236 页
药物与疾病的历史 | 第八章“医学”，第 340—341 页

古代非洲

约公元 800 年
穆斯林商人的篷车行驶过撒哈拉沙漠

约公元 900 年
穆斯林到达东非的摩加迪沙

1235 年
马里统治者松迪亚塔在西非建立了帝国，吞并了加纳

1324 年
马里统治者曼萨 · 穆萨长途跋涉到了麦加

1441 年
葡萄牙人开始从西非掠夺奴隶

1464 年
桑海统治者桑尼 · 阿里在西非建立了帝国，吞并了马里

大津巴布韦遗址国家公园

早期非洲（500—1500 年）

中世纪时，穿梭于地中海沿岸和西非的商队以及航行于印度洋各岛和东非的船队促进了贸易发展，非洲在政治和经济上取得了飞速进步。到了公元 750 年，曾是罗马或拜占庭帝国属地的埃及和其他北非国家处在了穆斯林的统治下。那里还有一些人信奉别的信仰，最明显的就是埃塞俄比亚人。他们都是基督徒，生活在与世隔绝的地区。

公元 9 世纪时，地中海沿岸的穆斯林商人骑着骆驼穿过撒哈拉沙漠，与西非人进行贸易。这些西非人生活在塞内加尔和尼日尔河畔，这片肥沃的土地上曾崛起过许多强国。贸易往来促进了加纳王国的诞生，加纳人用黄金、象牙和奴隶从穆斯林商人那儿换取衣物、食盐、武器和其他商品。（非洲只是奴隶来源之一，奴隶一词从“斯拉夫人”中派生而来，东欧的许多斯拉夫人都被抓去做奴隶。）加纳统治者改信伊斯兰教，却难以改掉传统的宗教习俗，如向祖先神灵或大自然神明祷告。人们投身伟大工艺，制作面具及其他礼制用品来缅怀这些神灵。

与伊斯兰世界的联系为加纳带来了繁荣和强盛，加纳一直处于帝国扩张中，直到 1200 年，加纳遭遇从撒哈拉南下扫荡而来的游牧民族的袭击。游牧民族攻势威猛，他们建立起的马里帝国就这样收服了加纳及周边地区。1312 年，曼萨 · 穆萨成为马里皇帝，在位统治 25 年。他是个虔诚的穆斯林，尽力将国都廷巴克图打造成为伊斯兰文化中心。15 世纪中叶，马里被桑海帝国收入囊中。桑海帝国统治西非长达一个多世纪，后来在和摩洛哥军队作战中惨败后崩塌。

在东非，穆斯林商人经水路抵达摩加迪沙和蒙巴萨岛时，遇到了被称为“航海者”的斯瓦希里人。斯瓦希里人信奉伊斯兰教，随着生活的小镇繁华起来发展为城邦，他们将阿拉伯语和波斯语合二为一作为自己的语言。斯瓦希里商人是中间商，拿他们从非洲内陆获取的商品和海外商人交易。

知识链接

非洲的地理环境 | 第九章“非洲”，第 376—377 页
非洲各国 | 第九章“非洲”，第 378—393 页

久而久之，一些内陆国家开始繁荣起来，尤其是津巴布韦。其首都大津巴布韦雄伟壮观，有着令人敬畏的石头建筑，是近 2 万人的家园。和西非其他王国一样，津巴布韦也依靠贩卖奴隶、黄金和象牙致富。

但直到欧洲人开始跨大西洋运送贩卖非洲黑奴时，奴隶贸易才成为一种火热而高危的业务。到了 15 世纪末，葡萄牙商人每年出口的奴隶多达数千名，而与大批的奴隶运输相比这还只是一小部分。

什么是斯瓦希里语?

斯瓦希里语是今天非洲传播最广泛的语言，是生活在东非和西非数百万人的第一语言或第二语言。它在所谓非洲斯瓦希里海岸也就是东海岸（从坦桑尼亚到肯尼亚段）一带逐步形成。

沿岸讲班图语的人开始与阿拉伯、波斯和其他地方来的商人或殖民者建立了联系，他们从外邦人那里汲取语言，创造了斯瓦希里语，因此斯瓦希里语是许多不同语言混合的产物。

在斯瓦希里语中，举个例子，数字 6（sita）、7（saba）和 9（tisa）都从阿拉伯语借用而来，而 1 至 10 间的其余数字都源自班图语。斯瓦希里语中的“茶叶”一词是 chai，源自波斯语。还有的词语源自欧洲，如表示“桌子”的 meza，源自葡萄牙语，表示“公交”的 basi，源自英语，而表示“学校”的 shule，源自德语。

图为考古学家在西非铁器时代的一个马里城市杰内 – 杰诺发现的黏土雕像，这座雕像或许供奉着祖先神灵。

知识速记 | 狩猎旅行（safari）：源自斯瓦希里语，意为旅行或远征。

曼萨 · 穆萨 / 皇帝、旅人兼贸易商

马里皇帝曼萨·穆萨（Mansa Musa）是伊斯兰世界的一位传奇人物。1324 年，他带着 1000 多名随从和 100 头骆驼，每头骆驼上驮着 300 磅（约 136 千克）黄金到圣城麦加完成壮丽的朝圣之旅。根据阿拉伯史官记录，他在埃及花费了太多黄金，使得贵金属黄金的价值下跌。曼萨 · 穆萨给阿拉伯人留下了深刻的印象，但阿拉伯文化带给他的震撼却更大。返回首都廷巴克图时，他带回了大量阿拉伯典籍和一位阿拉伯建筑师，此人在廷巴克图建造了一座清真寺和宫殿。在曼萨 · 穆萨统治下，廷巴克图之于非洲相当于巴格达之于中东，是穆斯林学者、艺术家和诗人的天堂。

知识链接

世界上的语言 | 第六章“语言”，第 228—231 页
人类社会中的贸易和商业 | 第六章“商业”，第 254—257 页

寺庙废墟中的佛教仪式，柬埔寨吴哥窟

早期亚洲

（500—1500 年）

早期的亚洲

公元 606 年
戒日王统治印度

公元 618 年
中国的唐朝建立

公元 794 年
日本皇室迁都平安（京都）

公元 960 年
中国进入宋朝

1113 年
高棉国王建立了吴哥窟

1279 年
忽必烈结束了中国宋代

1368 年
中国结束了蒙古族统治，进入明朝

中世纪时期，宗教在亚洲的传播正如在欧洲和其他地方的传播一样广泛，不同的是，亚洲社会的信仰很多元。例如，大部分印度人笃信印度教，公元 7 世纪早期，戒日王统治着印度河流域以北，后来随着该地区（今天的巴基斯坦）被穆斯林占领，最终大部分人改信了伊斯兰教。

印度商人为东南亚带来了种类繁多的商品以及形式多样的风俗和信仰。印度支那半岛南部的扶南国统治者自封为印度王侯，他们信奉印度教神明，诵读梵文经典。扶南倾塌后，高棉人接管了柬埔寨并继续供奉印度教，再后来转信佛教。约公元 900 年，高棉统治者为两大宗教都建立了纪念遗址，其中包括 12 世纪时伟大的印度教圣地吴哥窟。

在中国，佛教与儒学并存。短暂的隋朝之后便是唐朝，唐代皇帝奉行儒家思想，要求谋官者在科举考试中一展儒家才学。中国在唐朝发展鼎

知识链接

印度河流域文明 | 第七章“古印度”，第 270—271 页
亚洲的地理环境 | 第九章“亚洲”，第 394—395 页

盛，这种繁荣势态一直持续到唐朝之后的宋朝。中国发明家发明了指南针、火药和扬名海外的瓷器。

朝鲜和日本一样受到中国文化的极大熏陶。10 世纪时，文学艺术在平安时代（京都）的日本皇室盛极一时。之后的几个世纪里，封建制度兴起，武士阶级服务于藩国大名，而藩国大名服务于被称为将军的幕府首领。

1206 年，成吉思汗统一蒙古的同时开启了亚洲的动荡时期，还征服了中国北部和西部。其孙忽必烈完成征战中原大业，却没将日本收入囊中。蒙古铁骑踏过俄罗斯及中东大部分地区之前，肆虐 14 世纪的黑死病还未发生。大明王朝取代了蒙古族在中国的统治，而土耳其人也继征服者帖木儿后在奥斯曼人的治下下夺回中东统治权。

《源氏物语》由紫式部撰写于 11 世纪。紫式部出身于日本贵族，记录着浪漫冒险。

日本书法如何演变?

日本人在最开始受到中国影响的时候尚未发展出书面语，因此欣然接受了汉字书法。日本的书法家和学者耗时数年学习并模仿中国篇章，掌握汉字的复杂性。

公元 9 世纪时，一种更为简单的日本形声字出现了，这就是“假名”。假名学习男女皆宜，不需要冗长的学习阶段。假名一开始只用于书写个人日志或情书，后来很快成为日本诗歌和散文的创作语言。

1000 年前后的日本两大精品著作都是女性执笔：一为紫式部著成的《源氏物语》，一为清少纳言写就的《枕草子》。这两本书是日本小说的鼻祖，作者运用自己的语言讲述她们所生活的社会，她们的艺术劳动创建了日语中一种新的文学形式：小说。

成吉思汗 / 蒙古征服者

元太祖成吉思汗（1162—1227），名铁木真，他被称为“世界的征服者”，是蒙古首领之子。其父遭敌对部落下毒而死，留下年幼的铁木真独自迎敌。蒙古人生活艰苦，常常在马背上四处迁移。铁木真从小到大一直处于父亲敌人的围追堵截之中，最后他击溃敌对部落，据说屠尽该部落高于车轮轴的男性，将女人和小孩发配为奴。铁木真掌权期间统一了许多蒙古部落，斩杀违抗自己的同胞兄弟。他在打造帝国时，采用威逼利诱的手段，顺者昌、逆者亡，同时广纳贤士而不论其信仰如何。

知识链接

世界上的不同书写系统 | 第六章“文字”，第 230—231 页
当今亚洲各国 | 第九章“亚洲”，第 396—409 页

复活节岛石雕像，新石器时代宗教性质的石雕人像群

早期大洋洲和北美洲

（史前至1500年）

前哥伦布时期

约公元700年
波利尼西亚人定居新西兰

约公元800年
美国西南部出现霍霍卡姆文明

约1000年
挪威人到达纽芬兰岛；北美洲中西部出现密西西比文明

约1110年
美洲西南部的阿纳萨齐文明进入巅峰

约1200年
波利尼西亚人在复活节岛建立社群

约1300年
阿纳萨齐人摒弃了悬崖屋；密西西比文明衰退

早在欧洲航海家们于16世纪左右开始探索世界各个角落之前，不为旧大陆（欧、亚、非三洲）人们所知的大陆上就已经有了在知识领域和文化上成就非凡的社会。在2万年前至1.5万年前，人类通过冰期海平面降低形成的大陆桥从西伯利亚迁徙来到阿拉斯加。

到了公元前9000年，人类已经抵达南美洲的最南端。全美洲各个部族都以打猎和采集为生，直到公元前3000年才学会种植玉米。

随着时间的流逝，玉米、豆类、南瓜以及其他作物的种植向北传播，使得今天美国的一些部落得以演变出高度分化的社会，其首领下葬时有着大堆大堆的财富陪葬。这类文化最早的有阿迪纳文化和霍普韦尔文化，它们形成于公元前500年至前100年的俄亥俄河谷，但美国原始印第安人中最伟大的当数密西西比人，他们在公元1000年至1300年的密西西比

知识链接

人类迁徙路线 | 第六章“人类迁徙”，第220—221页
早期历史中农业的重要性 | 第六章“农业”，第246—247页

河流域和美洲东南地区发展繁荣。

密西西比人给人印象最深的是卡霍基亚土墩遗址，位于现在的圣路易斯附近。卡霍基亚社会的鼎盛时期，生活在大片土墩周围的人口多达2万。和其他古文明中的统治者一样，这里的首领死后所享的荣耀堪比上帝。曾经有一位统治者，其陵墓气势恢宏，陪葬品中有2万颗珍珠和60多个活人，其中有些人很明显还是自愿陪葬的。

密西西比人的社会衰败的同时，被称为普韦布洛人或阿纳萨齐人的古代美洲印第安人抛弃了西南部的家园，也抛弃了那些意义非凡的遗址，如新墨西哥查科峡谷的多层住宅式城市建筑群和基瓦会堂地下纪念馆。连年干旱或许是古代普韦布洛人远离家园先搬去地势更高、气候也更为湿润的梅萨维德等地区的悬崖屋，后搬去格兰德河等永久水域的原因。14世纪时，普韦布洛社会在格兰德河畔崛起。

波利尼西亚人的社会是最与世隔绝的社会，他们的祖先于公元前2000年离开澳大利亚和新几内亚，开始在遥远的萨摩亚岛和塔西提岛等太平洋岛屿进行殖民。公元前100年，勇敢的水手们带着猪狗及番薯和面包果等作物，乘坐独木舟抵达夏威夷，他们或许早在公元前500年就已经到达了复活节岛，虽然近期有迹象表明实际日期还要晚上数百年。波利尼西亚人是世袭酋长制，复活节岛上的拉帕努伊人建造了巨型石雕以表示上帝和与上帝地位等同的酋长。

北美洲西南部古老的悬崖屋意味着古印第安人具有的复杂社会。

图中的大理石像由埃托瓦的考古学家发现，是今天乔治亚州的一处密西西比遗址，也是集楼梯、过道和宫殿于一体的地宫建筑群的一个组成部分。

我们对早期美洲人了解多少？

今天墨西哥的北部再无伟大帝国。各部落靠猎杀水牛或其他猎物为生，小型的高流动性部落最精于狩猎，他们的首领只在自身营地附近区域具有权威。然而，定居了的部落，如生活在富饶地区的密西西比人，发展出一种类似于封建主义的政治制度。外围村庄的当地首领奉如卡霍基亚等礼仪中心的统治者为最高首领，他们有义务向最高首领贡献粮食、劳力或服兵役。那些应征建造宏伟的卡霍基亚地宫的劳力或许将其视作一项神圣的使命，因为密西西比统治者是太阳神在人间的使者，是所有生命赖以生存的力量源泉。

知识速记｜西班牙征服者赫尔南多·德·索托（Hernando de Soto）于16世纪到达北美洲时，发现人们正在神庙的古坟上祭拜太阳神。那时密西西比河文明依然有迹可循。

知识链接

陶器等早期艺术｜第六章“艺术”，第238—239页
今天的大洋洲和北美洲｜第九章“大洋洲”，第424—429页；第九章“北美洲”，第430—439页

古代美洲

约公元 600 年
玛雅文明达到巅峰

公元 683 年
玛雅的一位国王巴卡尔被埋葬在帕伦克古城

约公元 900 年
玛雅文明倒塌

约 1170 年
墨西哥托尔特克文明终结

1325 年
阿兹特克人发现了特诺奇蒂特兰（墨西哥城市）

1428 年
伊兹柯阿图扩张了阿兹特克帝国的版图

奥尔梅克石像，墨西哥，约公元前 1000 年

早期中美洲

（史前至 1500 年）

欧洲中世纪时，几个实力强大、信仰习俗类似的美洲印第安文明在中美洲崛起。中美洲北至墨西哥城所在的墨西哥峡谷，南至巴拿马地峡。古代的奥尔梅克人为这些社会的崛起奠定了文化基础。

奥尔梅克人生活在靠近墨西哥湾区的墨西哥南部，他们在圣洛伦索和拉文塔建造了伟大的金字塔式台庙等仪式中心，有土质金字塔、石庙和球场等用途鲜明的建筑。其中球场是举办具有宗教意义的球类运动场所，矗立在那里的大型石像据说代表着奥尔梅克统治者，石像上刻有神秘的象形字，被称为浮雕。

公元前约 400 年，奥尔梅克文明虽随着拉文塔的塌陷而消亡，却深深地影响着生活在尤卡坦半岛的玛雅人。约公元 600 年，正如古希腊时雅典和斯巴达间的明争暗斗一样，在帕伦克、科潘和蒂卡尔等敌对城邦的扩张领域、争权夺利的纷争中，玛雅文明走向巅峰。

玛雅的国王和王后通过观察星体的运动来断定向对手出手的最佳时机，而这种“星象之战”中的俘虏要用来献祭给神明，因为玛雅人认为是神保佑他们百战百胜。他们认为皇室血脉对上帝尤其有吸引力，因此统治者们有时会用自己的血来祭天。玛雅城市人口拥挤，外围地区的资源极度紧张，这导致了民众憎恨和叛乱产生，也成了约 900 年时玛雅文明崩溃的主推手。

特奥蒂瓦坎位于墨西哥峡谷，那里的商人是玛雅的贸易伙伴。公元 6 世纪时，这座伟大的城市中心已有超过 15 万居民，其中许多都是生产出口商品的工匠。和玛雅城邦一样，人口众多的特奥蒂瓦坎耗尽了周边资源后最终倾塌，公元 700 年时被烧毁。

好战的托尔特克人是墨西哥峡谷的后来主宰，他们在首都图拉生祭了一群俘虏，并强制 12 世纪时遭遇旱灾的附属地区上缴繁重的贡品。约 1170 年，反抗者们捣毁了图拉，推翻了托尔特克帝国。

重蹈托尔特克人覆辙的是强势的

知识链接

中世纪时期的地中海 | 第七章“中世纪”，第 278—281 页
今天的美洲各国 | 第九章“北美洲”和“南美洲”，第 430—445 页

阿兹特克人，他们自北进入墨西哥峡谷，15 世纪时以特诺奇蒂特兰城为大本营建立了帝国，这座宏都曾经就矗立在今天墨西哥城所在地。和玛雅人一样，阿兹特克人也研究星象，持有精细历法，记录他们的学问见识。国王通过挑起战争捕获俘虏来庆祝加冕礼，成千上万的俘虏都将被带至特诺奇蒂特兰的大金字塔顶端进行生祭以寻求神灵的庇佑。阿兹特克人与曾经的一些对手结成忠实盟友，强迫别的部族缴纳很多贡品，此举使得憎恨升级，被西班牙入侵者利用，最终阿兹特克帝国被占领及瓜分。

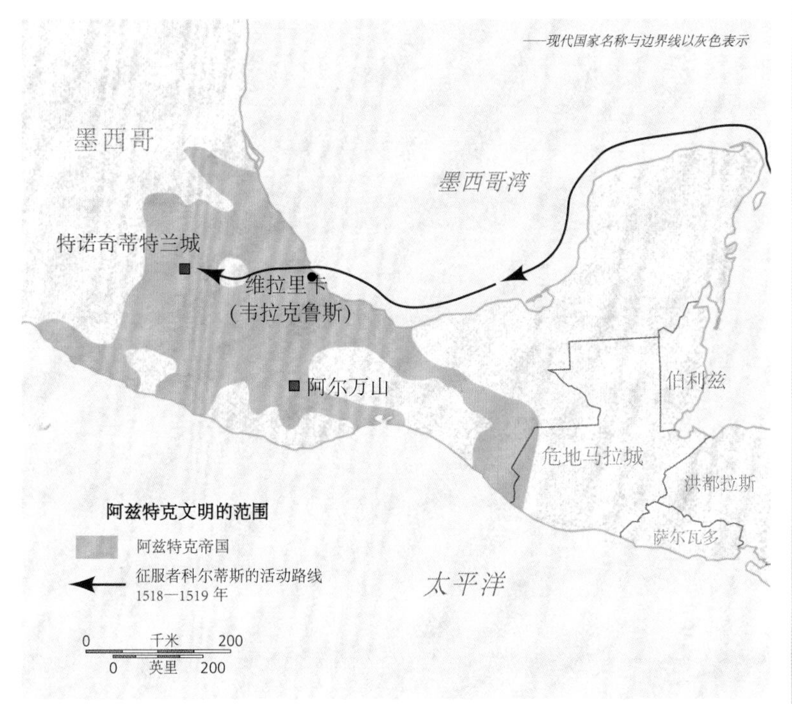

西班牙征服者荷南 · 科尔蒂斯（Hernán Cortés）来到这里时，阿兹特克帝国覆盖疆域为墨西哥中部和南部地区。科尔蒂斯从古巴出发后向南航行穿过了墨西哥湾，于 1519 年抵达阿兹特克首都特诺奇蒂特兰。之后，他与随行的士兵们一直在那儿逗留，最终在 1521 年征服阿兹特克帝国。

石盘上雕刻着一位玛雅球赛运动员。这块石盘可追溯至公元 591 年，从玛雅古城琴库尔蒂克遗址中发现。

玛雅球赛

蒂卡尔、科潘和奇琴伊察等玛雅古城都曾建有万众瞩目的大型球场。

玛雅人在这些球场上进行的传统球赛唤起了神话中的一场赛事，即地下的神大败并杀死了玉米神，玉米神重生后化身为麦秸，为人们提供生活之需。球赛中的败方将被生祭，因为玛雅人认为他们的血可以滋养土地，重获玉米神和其他神灵的赐福。

由男子组成的两队打比赛时用的是结实的橡胶球，和脑袋一般大小。因为传说中，地下的神用的球是骷髅头。双方运动员穿着防护衣，用臀部和肩膀顶球，使得球进入对方的铁环中。

知识链接

早期宗教信仰和习俗 | 第六章“宗教”，第 232—233 页
航海探索时代 | 第七章“世界航海”，第 292—293 页

秘鲁的印加首都马丘比丘遗址

早期南美洲
（史前至 1500 年）

早期的南美洲

约公元 500 年
秘鲁的莫切文明达到巅峰，而纳斯卡出现了线条绘画

约 1400 年
印加人开始建立帝国

1438 年
印加统治者帕查库特克通过改革和征战扩张帝国

1471 年
帕查库特克让位于其子，由他完成征战奇穆王国的大计

约 1500 年
印加王国版图扩至最大

古代和中世纪时，南美洲最为重大的历史事件发生在现在的秘鲁地区。公元前 500 年，查文德万塔尔神庙坐落在高高的秘鲁安第斯山脉上，吸引了四面八方的朝圣者赴圣地朝拜美洲虎和其他热带雨林动物形象的神灵。学者认为查文文明源于南美洲北部和中部沿海的地区，那里有雕刻石柱和建造神庙的历史。但另一些学者则认为该文化的起源与热带森林有关，因为查文文化所表现的都是热带森林中非常凶猛的动物，并且对他们而言，从山上倾泻而下的水流是奇迹和富庶之源。

公元 500 年，一个井然有序的国家在秘鲁北部的莫切河流域崛起，这里的大型灌溉项目增加了可耕土地，供养着贵族精英治下不断发展的复杂社会。有天赋的艺术家创造了闪闪发亮的铜金面具，最终随着莫切军阀的

知识链接

早期的宗教和奇幻思维 | 第六章“宗教”，第 232—233 页
今天的南美洲各国 | 第九章“南美洲”，第 440—445 页

去世和陪葬俘虏一起长埋地下。莫切陶工精心制作的装饰性陶皿上刻画着栩栩如生的社会生活场景，其中包括戴着头盔的战士打击敌人的场面。数百万块风干砖坯垒成的金字塔和装饰辉煌的壁画表明莫切社会发展至巅峰，后或许由于干旱、洪水或其他自然灾难于公元 600 年时没落。莫切河以南的纳斯卡人似乎也难逃相似的宿命，他们生活的地方土壤贫瘠，但在水源灌溉下变得肥沃。他们在沙漠中留下了不朽的线图，只能从上方整体观看，这些线图或许代表着天堂里的灵魂。

1000 年，莫切河流域这片希望的沃野上又崛起了另一个成就斐然的社会——奇穆王国，其国都昌昌城堡有近 3 万居民。1300 年前后，奇穆国统治者开始四处征战，在被印加王国这一强大势力征服前，将长达 950 多千米的秘鲁海岸地区收入囊中。这些征服者在约 1400 年走出高耸在安第斯山脉上的库斯科峡谷时，就开始筹谋自己的帝国大业。他们的成功很大程度上归功于一位名叫帕查库特克的统治者。印加人没有文字，只能通过在绳子上打结仔细记录事件。这里的所有子民都必须作为士兵、农民或劳力定期服役，共同建设卓然的印加高速公路系统项目。这条公路有两条主线，一是沿着海岸，二是沿着安第斯山脉，每隔一天的路程有一个驿站。到了 1500 年，这个组织严谨的印加帝国已完成了从今天的厄瓜多尔向南到智利共 2500 英里（约 4023 千米）的疆域扩张，国内共有近 100 个少数民族。

谁是印加王国的牺牲品？

印加人在国王登基演说等少数场合会给他们的神灵生祭 200 个年轻人，但通常他们会以美洲驼或食物献祭。印加牧师每天都要向太阳神供奉燕麦。“请吃吧，太阳神！”他们祷告道，“这样您就会认出我们是您的子民了。”印加人崇拜的还有几大女神，如地母和月母，以及太阳神的妻子。所谓“圣女”等献身者将生活在对外隔绝的圣地或神庙中，终日编织美丽的绣花织物。

如图，在秘鲁的多斯卡贝瑟斯发现的三处莫切墓穴中，填满了铜金面具等陪葬品，时间可追溯至公元 150 年到公元 500 年。

谁建造了马丘比丘？

1438 年，帕查库特克上位，印加帝国迅速扩张，但他做得更多的却是加强和巩固自己的帝国。他规定，所有印加帝王在统治中获得的财富都必须用于民众住房和保存木乃伊遗体，这一律例强调的观点即帝王是不朽的。他还规定每一任新皇必先通过征战来壮大自己的财富和声望。1471 年，帕查库特克让位于他的爱子图帕克 · 印卡 · 尤潘基，这位年轻的帝王完成了其父开启的奇穆王国征战之旅。帕查库特克强制战败方在印加本土周围定居，从而进行严密监视，他还派遣忠诚的臣子到新征服的地区进行殖民。退位后，他建造了马丘比丘，这是一座气势雄浑的山顶避难所，也是印加国都库斯科附近的一个仪式中心。

知识速记 | 南美大草原的岩石上蚀刻着许多纳斯卡时期的化石遗迹，经测量有 1000 英尺（约 300 米）高。

知识链接

各式各样的建筑和住所 | 第六章“住所”，第 258—259 页
今天秘鲁的地理和经济 | 第九章“南美洲”，第 443 页

探索

1492 年
哥伦布从西班牙到达加勒比海

1497 年
意大利航海家卡伯特探索北美大陆的纽芬兰

1498 年
达·伽马开辟了通往亚洲的航线

1502 年
哥伦布第四次也是最后一次航海

1504 年
韦斯普奇的航海日志《新世界》得以发表

1522 年
麦哲伦的船队抵达西班牙，完成了首次环球航行

制图先驱约道库斯·洪第乌斯与墨卡托

世界航海

（1492—1522 年）

在公元 1500 年前后，随着欧洲人的环球航行和在新发现的地区进行殖民，世界也步入了近代。他们通过在中世纪获得的经验教训实现了这一时期的飞跃，在当时欧洲和中东及远东的贸易往来激发了他们进行海外冒险和提升航海技术的热情。

1500 年之前，大多数像郑和这样青史留名的航海家并不是欧洲人。郑和是赫赫有名的明朝官员和探险家。15 世纪初郑和七次下西洋，抵达了北印度洋沿岸地区以及阿拉伯半岛和非洲东岸诸国，总计航程 16 万海里（约 30 万千米）。

奥斯曼帝国因阿拉伯国家的海事技能和海军资源而受益良多，因为当时的中东人已经可以通过陆路和水路到达远东，不需要新的路线来获取珍贵的货物。然而，西欧人却只能通过探索新线路购买这些商品。由于利益的驱使和传播基督教的愿望，统治者鼓励海上探索，这促成了欧洲几大帝国版图的扩大和国力的强盛。

葡萄牙和西班牙的海事遥遥领先，其次是意大利。15 世纪中叶，葡萄牙航海家亨利王子组建了一支舰队，致力于提升航海技能、发起西非海岸探险。1498 年，葡萄牙探险家瓦斯科·达·伽马（Vasco da Gama）从海上首次抵达西非海岸，之后葡萄牙航海家在该区域，以及非洲到印度周边进行奴隶和黄金交易。这一线路是欧洲和远东的最佳航线。15 世纪末，哥伦布试图跨越大西洋找到一条更短航线，由此才发现了美洲。

1492 年，意大利航海家哥伦布在西班牙国王斐迪南和王后伊莎贝拉的支持下航行至加勒比海，当时他以为那里是西印度群岛。另一位为西班牙进行海上探索的意大利人是亚美利哥·韦斯普奇（Amerigo Vespucci），经过对南美洲东海岸的考察，他提出这是一块新大陆，而当时包括哥伦布在内的欧洲人都认为这块大陆是亚洲东部。人们最终以他的名字为美洲命名。1519 年，葡萄牙航海家麦哲伦启动了航海探险，绕过南美洲，穿过太平洋，于 1522 年到达欧洲，但麦哲伦本人已在中途遭遇不测去世。他死后，船队由西班牙航海家率领继续航行，完成了人类历史上记载的首次环球航行。

知识链接

早期航海家使用的地图和工具 | 第一章“制图史”，第 20—21 页；第一章“地图制作”，第 24—25 页
早期航海的挑战 | 第一章“导航”，第 38—39 页

航海技术的进步

在麦哲伦的船队环球航行之前，欧洲航海家就从其他地区获得了航海技术和知识。比如，中世纪时期首先在中国出现的指南针和尾舵或许就是从中东传至欧洲的，但是诸如此类的一些发明有时也会分别出现在世界的不同地区。六分仪等仪器设备在过去常用于测量正午时太阳和地平线间的夹角，从而计算纬度，这些仪器都有着古老的起源，后来由阿拉伯航海家完善，之后又被葡萄牙航海者掌握。

由“尼娜号”“平塔号”“圣玛利亚号”组成的哥伦布舰队从西班牙出发九周后抵达加勒比海。

早在哥伦布之前，就有航海者和古代学者猜想地球是圆的。到了哥伦布的时代，地圆说已被广泛接受，一直未解的关键谜题在于地球究竟有多大。哥伦布率先提出从海路去亚洲，但他大大低估了向西航行至亚洲的距离，这一错误引导他发现了美洲新大陆。然而哥伦布生前一直认为他所到达的地方是亚洲大陆的印度，所以他称当地居民为“印第安人”。

知识速记 | 哥伦布并非航行到新大陆的第一人。早在约 1000 年，维京人就横渡大西洋，沿着格陵兰岛抵达了新大陆。北欧维京探险家莱弗·埃里克松（Leifr Eiríksson）或许向南航行到达现今美国的科德角。

10 月 11 日，航线从西向西南。海上的风暴超乎想象地大……午夜又过了两小时，陆地出现了。

——克里斯托弗·哥伦布，1492 年

克里斯托弗·哥伦布 / 探险家兼殖民地开拓者

1492 年，克里斯托弗·哥伦布（Christopher Columbus，1451—1506）在伊斯帕尼奥拉岛（今天的海地和多米尼加共和国）登陆，并在加勒比海开拓殖民地，打开了欧洲向全球扩张的篇章。1493 年，哥伦布重返伊斯帕尼奥拉岛，发现他之前留下的水手尽数身亡，之前占领的要塞也毁于一旦。之后，他坚决留在岛上并收服了当地的泰诺族原住民，抗拒西班牙殖民者的泰诺人被悉数平定。1496 年，哥伦布船队运回西班牙的殖民地奴隶就有近 500 人。哥伦布的舰队在加勒比海没有发现黄金，然而他们的努力加快了欧洲列强占领美洲的步伐，为西班牙带来巨大的财富，使其成为 16 世纪最强盛的国家。

知识链接

随知识变化的世界观 | 第八章“科学世界观”，第 326—327 页
今天的美洲各国 | 第九章“北美洲”和“南美洲”，第 430—445 页

米开朗琪罗雕刻的《大卫》(1501—1504)，收藏于意大利佛罗伦萨的乌菲兹美术馆

文艺复兴和宗教改革

(1500—1650年)

新观点

1517年
马丁·路德颁布了95条论纲

1534年
亨利八世使英格兰教会独立

1536年
加尔文开始在瑞士传教

1543年
哥白尼宣布地球绕着太阳转

1558年
伊丽莎白一世加冕为英格兰女王

1588年
西班牙组建了无敌舰队

1648年
三十年战争结束；清教徒获得了信仰自由

文艺复兴起源于中世纪末期。14世纪时，佛罗伦萨及其他繁华的意大利城邦的商人资助着从过去寻找灵感的艺术家和诗人。他们从保存在天主教修道院、拜占庭图书馆和伊斯兰国家图书馆等处的希腊罗马古典文学中汲取灵感。

佛罗伦萨孕育出的杰出人物有诗人但丁、画家乔托和学者彼特拉克，他们的作品在欧洲信仰时代和文艺复兴人文主义间架起了一座桥梁。16世纪时，艺术家米开朗琪罗和集画家、发明家及科学家于一身的莱奥纳多·达·芬奇所取得的成就将文艺复兴推至高潮。

人文学家坚信没有什么神秘或神圣的东西是人类智慧或想象所无法企及的。文艺复兴时期的科学家对地球是宇宙中心的宇宙论等观念提出质疑，这标志着科学革命的开端，狠狠驳斥了“创世”等《圣经》故事中的基本信条。

知识链接

中世纪历史 | 第七章“中世纪”，第278—281页
关于地球在宇宙中位置的观点 | 第八章“科学世界观”，第326—327页

什么是宗教改革?

1517 年，德意志宗教改革家马丁·路德就贩卖赎罪券来抵消人们罪行的做法发起抗议，由此揭开了新教革命。新教徒反对教皇和神职人员的绝对权威，规定作为教区居民的牧师讲道时要用自己的语言而非拉丁语，要用印刷版《圣经》，比如 15 世纪德国约翰尼斯·古登堡印制的《圣经》。印刷业和使用本地语也孕育了一大批如英国诗人兼剧作家的威廉·莎士比亚等伟大的文艺复兴作家。

新教信仰在北欧的城镇地区发展繁荣，许多知识分子基于自己对《圣经》的解读开始质疑天主教的信条，信奉天主教的西班牙和北欧新教国家间的矛盾一触即发。1618 年，德意志新教徒揭竿而起，反叛同时统治着西班牙和神圣罗马帝国的哈布斯堡王朝，此举拉开了“三十年战争”的序幕，最后以哈布斯堡王朝承认德意志诸侯的宗教自由告终。

图为伦敦的环球剧场，是莎士比亚的主场地，于 1598 年竣工。1613 年，被舞台上发射的加农炮烧毁。

关键词 古典（classical）：源自拉丁语 classicus，意为“最高级别的”“最优的”。特指古代希腊和罗马。清教（puritanism）：指发生在 16 世纪末和 17 世纪的一场英格兰教会“净化”运动，引发了英格兰内战的同时也导致了北美殖民地的建立。

当一个国王，戴一顶王冠，这在旁人眼里光荣无比。然而，无人知晓戴王冠者本人是否愉快。 ——女王伊丽莎白一世，1601 年

伊丽莎白一世 / 英格兰女王

伊丽莎白一世（1533—1603）是宗教改革的产物，自 1558 年统治英格兰直到薨逝。其父亨利八世想要一位男性继承人，但教皇不准他休掉来自阿拉贡的凯瑟琳王后，因此他于 1533 年与罗马决裂，并迎娶安妮·博林，诞下伊丽莎白。作为女王，伊丽莎白在天主教徒和新教徒间持“中庸之道”，支持较温和的新教形式。伊丽莎白一世以“童贞女王”著称，她为了握紧英格兰政权，拒绝包括西班牙国王腓力二世等外邦追求者。后来，腓力二世曾派出一支无敌舰队试图攻陷英格兰，恢复天主教统治。通过抗击这支舰队，英格兰一跃成为足以和强大的西班牙帝国相媲美的大国。

知识速记 | 意大利是文艺复兴的摇篮，分为 250 个城邦，这些城邦促进了竞争和创新，使得比如佛罗伦萨、威尼斯之类的地方成为权力中心、财富中心、学习中心和艺术中心。

知识链接

基督教的起源和历史 | 第六章“一神教”，第 236 页
艺术在人类文明中的角色 | 第六章“艺术”，第 238—239 页

圣赫勒拿岛的詹姆斯敦港，约 1610 年

新大陆
（1500—1775 年）

北美洲

1541 年
法国探险家卡蒂埃发现了魁北克

1565 年
西班牙殖民者发现了圣奥古斯丁

1607 年
英格兰殖民者发现了詹姆斯敦

1620 年
英格兰朝圣者发现了普利茅斯

1664 年
英格兰人包围了新阿姆斯特丹的港口，重新命名为纽约

1682 年
拉萨尔宣布路易斯安那州属于法国

1763 年
法国向英国割让北美地区

西班牙率先在美洲新大陆进行殖民，将大片地区纳入自己管辖中。由哥伦布发起的加勒比海殖民给当地的印第安人带来了灭顶之灾，他们被天花等外来传染病毁灭。当殖民地再无金子可挖时，殖民者纷纷开始种植甘蔗，并带来大批奴隶，其中大多数为非洲人。

西班牙征服者们通过战胜和侵吞阿兹特克帝国和印加帝国积累财富，庆祝加冕。1519 年，荷南 · 科尔蒂斯殖民古巴后，带着 600 名随从驶向墨西哥，促使印第安人与阿兹特克人对抗。1521 年，他在天花流行期间偷袭阿兹特克首都特诺奇蒂特兰，将其洗劫一空、付之一炬后，在原地建立了墨西哥城。1533 年，弗朗西斯科 · 皮萨罗在秘鲁故技重演，征服了印加并占领其首都库斯科。白银从南美洲和墨西哥涌进西班牙国库，但是征服者们探索了墨西哥北部后并未发现更多财富和帝国。因此那里的殖民地就留给西班牙传教士和定居者，他们独立传教，建立城镇。

知识链接

哥伦布前往新大陆的航行之旅 | 第七章“世界航海”，第 293 页
今天的北美洲各国 | 第九章“北美洲”和“南美洲”，第 430—445 页

1680 年，新墨西哥的普韦布洛印第安人将西班牙人驱逐出去。当殖民者们去而复返后，他们与普韦布洛人达成和解，共同驱逐敌对部落。在整个西班牙 – 美洲帝国治下，殖民者们和印第安人关系亲密，依赖他们的劳动力。

在英格兰的北美盛行着一种不同的模式。弗吉尼亚州是首个永久性殖民地，第一个永久定居点于 1607 年在詹姆斯敦建立，那里的殖民者们与当地的阿尔冈琴印第安人起了冲突，并将之驱赶出去。他们没有利用印第安劳力种植烟草等作物，而是用签订契约的英格兰仆人或非洲奴隶。定居马萨诸塞州的清教徒也取代了印第安人，侵吞了他们的土地，这一切都成为 1675 年爆发起义的导火索，后来殖民者联合强大的易洛魁部落大败起义军，此前有 600 多名殖民者死在起义军刀下。最后，易洛魁人还是被这些殖民者所控制。

来自英格兰的大批殖民者所取代的不仅有印第安人，还有其他欧洲人，包括先一步定居纽约的荷兰人，纽约 1664 年被英格兰人收入囊中。英国殖民者在北美的主要竞争对手是法国人，他们在 1608 年就开始狂热殖民加拿大了。

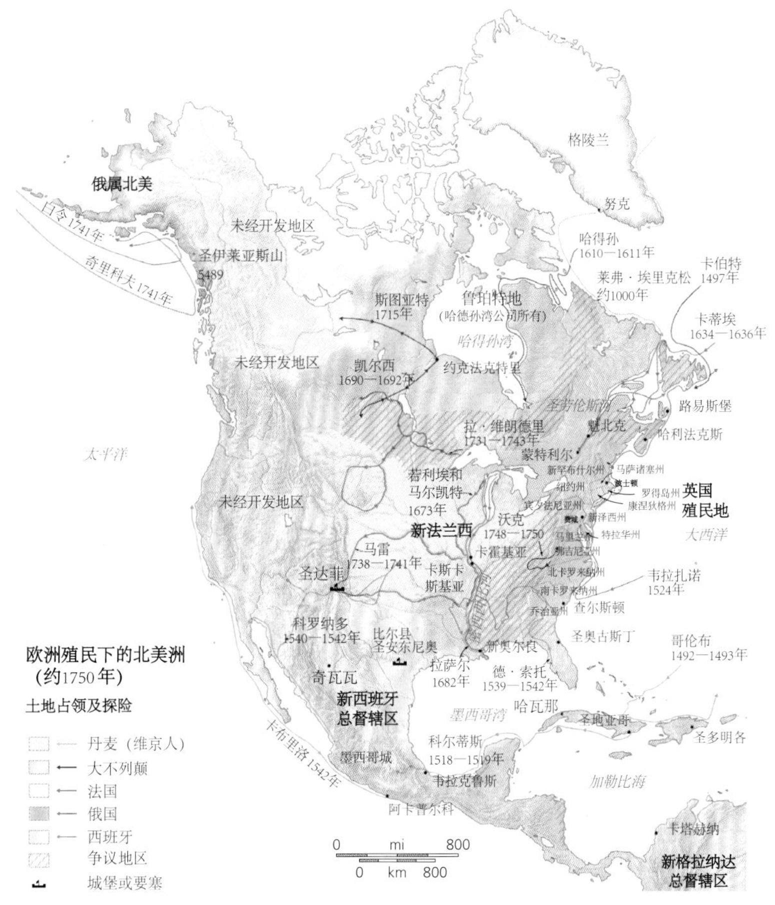

欧洲殖民主义势力席卷美洲新大陆，主要是为了取得能够转化为资本的金银矿藏以及资源、财富。

法国定居者相对数量较少，但他们与印第安人结盟的举动对从加拿大到密西西比流域再到新奥尔良等大片地区意义深远。

英格兰与苏格兰联合后形成的大英帝国于 1713 年攻陷了属于法国的纽芬兰、新斯科舍等地区，之后，大英帝国又在 1763 年法国与印第安人之战的尾声中夺取了法国在北美的其余地盘。但无论英国多么强大，也无法阻止 1775 年美洲殖民地的叛乱和独立。

知识速记 | 西班牙航船从美洲掠夺的财富用于抵御英国及其他地方来的海盗，通常 10 只航船组成一个舰队进行防御。

知识链接

中美洲和南美洲的本土文化 | 第七章“早期中美洲”和“早期南美洲”，第 288—291 页
美国革命 | 第七章“革命”，第 298—299 页

动荡年代

1649 年
查理一世被砍头，英国内战

1688 年
英国光荣革命；国王受议会牵制

1689 年
洛克发表关于自然权利的理论

1762 年
卢梭发表《社会契约论》

1776 年
美洲殖民地宣布独立；亚当·斯密发表《国富论》

1789 年
法国大革命开始

波士顿大屠杀，美国马萨诸塞州波士顿，1770 年

革命（1600—1800 年）

启蒙运动是从文艺复兴而来的一场理性运动，摒弃照搬教条，崇尚理性探究。启蒙运动的思想家受法国哲学家兼数学家勒内·笛卡儿启发，笛卡儿曾在 1637 年写下自己的第一原则，即“若非百分之百确认，就不能全然相信”。

检验假设的这一思想是科学方法的重中之重，后由 17 世纪末的英国物理学家艾萨克·牛顿进行了完善。启蒙运动还引发了政治革命，自由思想家摧毁了陈旧的政治制度。

启蒙运动中的政治哲学家分析了社会运作原理。苏格兰的亚当·斯密认为促进经济竞争可使个人从社会中受益，而抑制竞争如皇家垄断企业对社会不利。英格兰的约翰·洛克主张只有民众的权利受到保护，他们才会忠诚于政府。法国哲学家和《社会契约论》的作者卢梭坚信共和国才是自由的保障。

尽管这些思想给既定秩序带来了威胁，但一些欧洲帝王仍试图在这种开明的风尚中进行统治。俄国女皇叶卡捷琳娜二世提升了贵族教育，废除了一些惨无人道的农奴制度；而普鲁士国王腓特烈大帝在提升宗教宽容度的同时建立了公共服务。但这些开明的君主在维护皇权时与法国国王路易十四维护特权阶级时别无二致。

18 世纪期间，英国军队和殖民者们在北美对抗法国和印第安人的联盟，以此为背景的欧洲各王国间冲突不断。为了填补那场高代价战争带来的亏空，英国人对殖民地居民强行征收印花税，其中的一条税例致使美国人揭竿而起，反抗国王乔治三世，并于 1776 年宣布独立。同样，法国民众反抗国王路易十六，反对他为偿还过去征战中产生的债务而强行征税，这一举动掀起了一场血腥的革命，以自由、平等和博爱等启蒙思想为基础的共和国就此诞生。

知识链接

启蒙运动的意义 | 第八章“自然科学”，第 328—329 页
21 世纪的贸易竞争 | 第六章“今天的世界贸易”，第 256—257 页

自由、平等、博爱——或死亡

美国人在反抗国王乔治三世的统治后效仿英国议会组建立法机关，但与之不同的是，法国人在奋起反抗国王路易十六时并没有能够效仿的强大的议会传统。1789 年，债台高筑的路易十六召开了已经中断了 175 年的三级会议。依照传统，由牧师和贵族组成的前两个等级掌控着话语权，但此次危机中由平民构成的第三等级控制了大局，形成了国民大会，并宣称“人生而自由平等”。路易十六在巴黎女性拿起武器逼近凡尔赛宫时，在情急之下接受了这一说法。1792 年，革命分子废除君主制，倡导共和制。随后，雅各宾革命派开始了恐怖统治，斩杀国王路易十六、王后玛丽 · 安托瓦内特以及数千革命反动分子。接踵而来的保守反动派抓捕并处死了雅各宾派。

法国大革命的发起者罗伯斯庇尔遭暴力逮捕后的第二天就丧命断头台。这幅 19 世纪的画作描述了逮捕场景。

知识速记｜国王路易十四的凡尔赛宫是欧洲最大的宫殿，有 1400 处喷泉，花园面积占地 93 公顷，极尽奢华的玻璃大厅满是 60 多米高的玻璃墙，墙上有 70 扇窗户可以直接观赏花园美景。

哲学是如何影响大革命的?

英国政治哲学家约翰 · 洛克（John Locke，1632—1704）对托马斯 · 杰斐逊和美国革命影响深远。1632 年出生于英格兰的洛克一生中亲身经历了两次革命。其父参与其中的第一次革命是议会清教徒与国王间的角逐，以 1649 年查理一世被斩告终。洛克参与的第二次革命结束于 1688 年，笃信清教的王后玛丽二世和国王威廉三世取代了奉行天主教的君主詹姆士二世，并接受了议会颁布的《权利法案》，皇权向议会低头。此次“光荣革命”证明了洛克“统治者必须听从民众意愿”的观点。关于杰斐逊，1743 年出生于弗吉尼亚殖民地的他在“威廉与玛丽学院”接受过教育，洛克的思想帮助解释了美国反抗国王乔治三世的原因。杰斐逊在发表《独立宣言》时引用洛克观点，认为“政府权力须征得民众同意”，若政府拒绝人民的权利，人民有权“变更或废除政府”。

知识链接

阶级在人类社会中的角色｜第六章“种族、阶级和性别”，第 226—227 页
今天的法国｜第九章“欧洲”，第 414 页

拿破仑从莫斯科撤退，1812 年

民族主义
（1790—1900 年）

近代史

1804 年
拿破仑·波拿巴成为法国皇帝

1810 年
拉丁美洲人民反抗西班牙统治

1815 年
维也纳会议

1829 年
希腊获得独立

1848 年
欧洲各国掀起革命大潮

1861 年
俄国沙皇亚历山大二世废除农奴制度

法国大革命从根本上动摇了欧洲的封建君主制度，从此再也没有君主会冒险忽略人民的意愿。就连 1804 年在法国加冕称帝的拿破仑·波拿巴虽有独裁倾向，但在认识到时代潮流后，还是授予公民合法权益，发展公共教育，改革税收制度。

然而，拿破仑压制舆论，关押持异议者，还按自己的意愿组建立法机关。他是个民主主义者，却不是个革命者。他的公民军队忠于他自己却更忠于国家。

1812 年，拿破仑侵略俄国时吃了败仗。联合反抗他的各大势力通过保卫既定的君主制度，试图恢复欧洲旧时秩序。然而民族主义的狂热是压制不住的。

1829 年，希腊从土耳其的奥斯曼帝国统治中独立，其他群体受到鼓舞纷纷追求权力和自由。1848 年，革命在巴黎、维也纳和柏林等城市

知识链接

拿破仑统治前的法国大革命 | 第七章“革命”，第 298—299 页
马克思和《共产党宣言》| 第七章“工业革命”，第 302—303 页

掀起高潮，与此同时，《共产党宣言》出版。然而不断膨胀的民族主义治标不治本，还无法带来民主改革。普鲁士政治家奥托·冯·俾斯麦统一了德国，开始四处征战开疆拓土，缔造了一个崭新的德意志帝国。权力受限的立法机关进入许多君主制国家，其中包括德国、新一统的意大利、奥匈帝国和俄国。民族主义对文化同样意义重大。随着教育的广泛普及，女性成为文学领军人物，开始追求权利。从法国大革命到恐怖统治，女性成为一股不可忽视的力量，却被政治拒之门外。《女性与女性公民权宣言》的作者奥兰普·德·古热（Olympe de Gouges）被送上断头台，几乎在同一时期，英格兰的玛丽·沃斯通克拉夫特出版了《女权辩护》一书。到了19世纪中叶，英国和美国的女性开始寻求选举权，1893年新西兰率先赋予女性选举权。

1787年，早先还是邦联的美利坚合众国在费城会议上拟定的《宪法》的指引下，渐渐成为一个统一的国家（上图所示即为这一场景）。早期的美国领导人通过《宪法》授权在协议和冲突中扩张美国，收服西部地区，这一举动就奴隶制度是否应该西移使南北两方卷入争执。1861年，美国内战爆发。北方联盟的胜利为美国崛起扫清了障碍。

知识速记 |1812年跟随拿破仑入侵俄国的60万大军遭遇了严冬和饥荒，活着回到法国的士兵不足4万。

别怕！为南美自由而战！犹豫就是等死！

——西蒙·玻利瓦尔，1811年

西蒙·玻利瓦尔 / 解放者兼民族缔造者

随着西班牙帝国的衰退，拉丁美洲各国效仿美国，纷纷独立。1810年，由委内瑞拉的西蒙·玻利瓦尔（Simón Bolívar，1783—1830）领导的起义军在墨西哥和南美发起反抗战争。19世纪20年代，整个拉丁美洲都获得解放，其中包括与葡萄牙决裂的巴西，但区域的未来政局仍不明朗。在以玻利瓦尔的名字命名的国家玻利维亚成立后，玻利瓦尔于1826年辞去了秘鲁独裁者一职，但他仍然是大哥伦比亚共和国（今天的哥伦比亚、厄瓜多尔、巴拿马和委内瑞拉）的总统。1828年，面对叛军突起，他实施了专制政权，防止大哥伦比亚四分五裂为弱小国家遭到其他帝国势力侵吞。1830年，他退位逝世，而大哥伦比亚共和国正如他所担心的那样，也随之分崩离析。

知识链接

作为社会决定性因素的性别 | 第六章“种族、阶级和性别”，第226—227页
今天的拉丁美洲各国 | 第九章“北美洲”和“南美洲”，第433—435页，第442—445页

巴尔的摩－俄亥俄铁路发电厂的发电机，马里兰州巴尔的摩，1895年

工业革命
(1765—1900年)

技术里程碑

1769年
瓦特申请蒸汽机专利

1844年
摩尔斯传递首条电报信息

1856年
贝塞麦改良了钢铁生产

1876年
贝尔发明了电话

1879年
爱迪生完善了电灯灯丝

1892年
狄塞尔申请柴油内燃机专利

1895年
马可尼发明了无线电通信技术

工业革命始于英国。英国铁矿和煤矿丰富，煤矿是现代工业必不可缺的燃料，此外，其政治制度鼓励私企发展和投资。英国有着发展蓬勃的家庭手工业，新商业经济从中衍生而来。例如，工人们可以在家纺织羊毛和棉花织物。

18世纪60年代，詹姆斯·瓦特完善了蒸汽机之后，蒸汽动力应用于纺织，纺织业迅速腾飞。工厂取代了村舍，工人生产力飙升，带来了利润的同时也吸引了投资，企业得以购买设备并建造更多的工厂。19世纪初，蒸汽动力火车诞生，把工厂与城市、港口和煤矿连接起来。19世纪期间，工业革命遍布欧洲，甚至还波及包括美国和日本在内的其他地区。

工业化的最初带来的全是创伤。英国工人不满日益贫困的现状，展开大规模捣毁工厂、破坏机器的卢德运动。工厂里终日煎熬的孩子们暴露在令人窒息的粉尘中，机器切断了他们的手脚。1842年，造访英国曼彻斯

知识链接

地球上的矿物和矿产 | 第三章“地球的元素”和“岩石和矿物”，第90—93页
技术的进步 | 第八章“工程学”，第332—333页

特的一位访客将这座城市里的截肢患者比喻为“战后回归的军队”。工业化和人口拥挤使得城市笼罩在一片雾霾之中，到处都是污水和脏污，引发了霍乱等瘟疫。成立工会和罢工等努力均以失败告终。乌托邦社会主义者罗伯特·欧文和共产主义者卡尔·马克思都提出了治疗这些“社会疾病”的方案。欧文是一个英国制造商，他在苏格兰和印第安纳建立了工业社区模型；而马克思是一位德国政治哲学家，1848 年他与弗里德里希·恩格斯共同起草了《共产党宣言》，预言阶级斗争将带来无产阶级专政，最终产生一个无阶级之分的社会。而马克思没有预见的是，劳动者们从中得到的好处。随着工业、科学和政治上的进步，他们的生活水平和工作条件将得到改善，工资待遇会提升，工作时间会缩短。

1831 年，迈克尔·法拉第发现将磁铁穿过线圈时会产生电流。这一发现在 19 世纪末将整个城市带入了电气化时代，而 19 世纪 90 年代，意大利的古列尔莫·马可尼率先使用电磁波信号通过电报、电话和无线电进行通信。同一时期，德国的鲁道夫·狄塞尔和其他人改良的柴油内燃机取代了工厂、船舶中的蒸汽机，开启了机动车和飞机的新时代。这些重大发展使得工业化社会比前工业化社会具有更多优势，世界上许多国家都受到了几个大国的影响和控制。

知识速记 | 1900 年，世界上的大城市都在重工业国家，首先是伦敦（人口 650 万），其次是纽约、巴黎和柏林。

城镇化

工业革命引起了大规模的城市移民运动，城市中林立着众多工厂。1800 年，英国只有 1/5 的人居住在城市，而到了 19 世纪中叶，城区人口已过半数。机械化等农业进步使得少量农场养活了大量工业人口成为可能。蒸汽船和铁路促进了国际贸易，各国得以进口食物。处于工业革命早期的城市毛病诸多，但氯化水等改良措施和完善了的下水道系统最终使得数百万人口的生活和工作虽十分拥挤，却能安然无恙。

工业化就意味着世界城市中密集的人口和繁杂的工厂，它所造成的过度拥挤、环境污染等问题一直持续到 21 世纪。

知识链接

人类发展对地球的影响 | 第五章“人类的影响”，第 214—215 页
人类文化和历史中城市的重要性 | 第六章“城市”，第 260—261 页

法国皇后尤金妮主持苏伊士运河开通仪式，埃及，1869年

帝国主义

1500—1900 年的中东和非洲地区

帝国缔造时间表

1520 年
奥斯曼帝国鼎盛时期

1652 年
荷兰东印度公司在南非开普敦建立贸易站

1798 年
法国入侵埃及

1830 年
法国占领阿尔及尔

1882 年
英国掌管埃及

1884 年
西方列强为瓜分非洲召开柏林会议

1889 年
英国和布尔人争夺南非统治权，布尔战争打响

帝国自古就有，而近代的帝国是从欧洲人殖民美洲和其他偏远地区、建立全球帝国开始的。殖民主义是帝国主义最常见的一种形式，但即便发达国家不进行殖民，也能从经济上控制欠发达国家。

在中东地区，欧洲列国与奥斯曼帝国一争高下。1520 年，苏莱曼一世成为苏丹。奥斯曼帝国在他的带领下达到巅峰，帝国版图从匈牙利扩至波斯湾，横跨北非，从开罗一直到阿尔及尔。

1571 年，苏莱曼一世死后的第五年，奥斯曼帝国海军在希腊海岸败给了威尼斯和西班牙派来的基督教联盟舰队。随着欧洲列国的财富积累和军队的现代化，摆在诸苏丹面前的挑战也更为严峻。1798 年，拿破仑军队入侵埃及时，奥斯曼帝国开始崩溃。1882 年，英国紧接着稳稳当当地接管了埃及，镇压了当地的民族起义，保护新建的苏伊士运河。那时，希腊已经赢得独立，而奥斯曼帝国在俄国和奥匈帝国的侵占中节节败退。

知识链接

世界史上的中东 | 第七章“美索不达米亚”，第 266—267 页
拿破仑及其在欧洲政局中的角色 | 第七章“民族主义”，第 300—301 页

欧洲帝国主义在非洲的侵略形成摧枯拉朽之势。葡萄牙奴隶商率先筑起海岸堡垒，紧接着法国人和英国人也涉足这项毁灭性的贸易。对黄金、象牙以及其他财富的追逐促使欧洲人加深了参与度。葡萄牙入侵刚果和安哥拉，而荷兰东印度公司于 1652 年在南非开普敦建立了贸易站，之后马不停蹄地开始对南美进行殖民。非洲其他国家均处在 19 世纪世界第一大帝国——大英帝国的控制之下，包括尼日利亚和罗德西亚（今天的赞比亚和津巴布韦）在内，而这片大陆的剩余地区则被法国、葡萄牙、比利时、意大利、德国等新老势力一同瓜分。

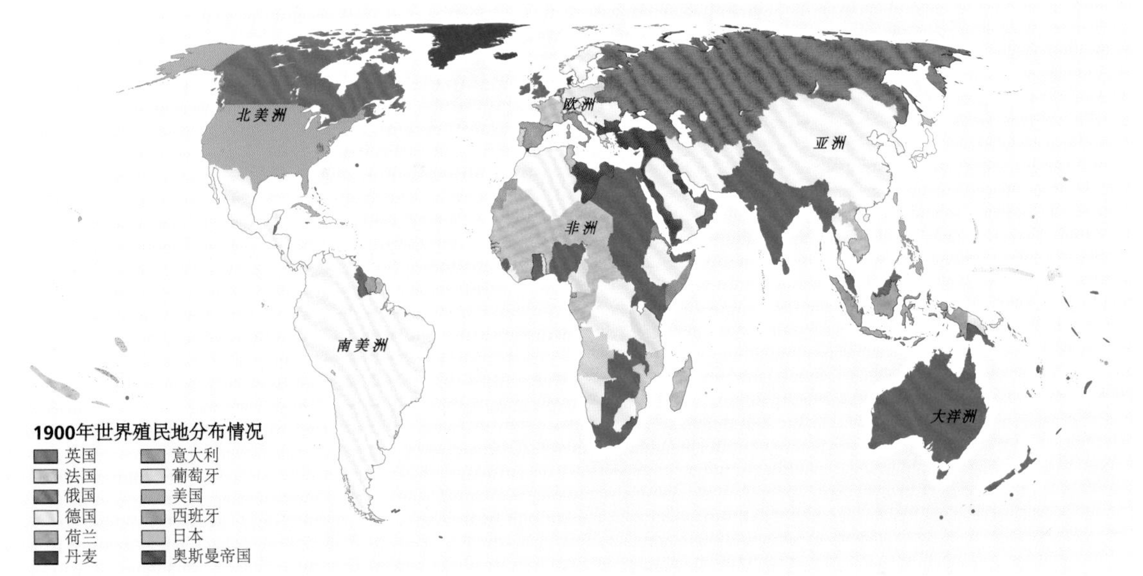

1900 年的大英帝国成为“日不落帝国”，因为它是当时世界上殖民地统治版图最大的国家。历史上这一时期，数不清的欧洲国家都拥有殖民地，这是帝国主义最盛之时。

知识速记 | 1900 年，大英帝国版图占到世界的 1/4，统治下的民众约 4 亿人。

结束奴隶贸易

19 世纪初期，促使奴隶贸易走向终点的因素错综复杂。奴隶们通过叛乱、罢工等手段反抗奴隶主，同时甘蔗等作物生产过剩导致其价格暴跌。工业革命表明，雇主雇用廉价的自由劳动力能够赚取比种植园主更大的利润。这一时期，有人认为奴隶制不再具有太高的经济意义，也有人主张奴隶制是一种反道德的恶行。到了 1814 年，法国、英国和美国宣布进口奴隶为违法行为，并在接下来的半个世纪中相继废除奴隶制。

象牙是中非的主要出口商品，以高价进入欧洲市场。

知识链接

贸易在人类文化中的角色 | 第六章“商业”，第 254—257 页
非洲大陆及非洲各国 | 第九章“非洲”，第 376—393 页

帝国主义

1750—1900 年的亚洲和太平洋地区

英国对印度的统治可追溯至 18 世纪，当时荷兰东印度公司在此建立了堡垒和贸易站。15 世纪初，强大的印度莫卧儿王朝由有着土耳其和蒙古血统的巴布尔建立，但随着印度教徒的叛乱王朝已经四分五裂，徒留当地的统治者和英国两虎相争。

1757 年，英国将本国士兵在黑牢中的死亡归咎于孟加拉统治者，遂指派一位更为顺从的统治者取而代之。这为英国占领印度其余各邦埋下伏笔。1857 年，英国军队成功镇压印度兵发动的兵变，从而开始实施帝国统治。印度为英国提供了棉麻及其他原材料，并且还充当了英国棉麻织物制品的输出市场，当时英国对印度的巨量出口使得印度本国的纺织工业迅速萎缩。

帝国资本主义一再加紧对外扩张的步伐。英国向印度出口的大量商品中还包括鸦片，鸦片随后又被非法销售至中国。1839 年，中国的清朝政府试图终止这项贸易。清朝官员林则徐在广东虎门销烟，成为中英两国之间的第一次鸦片战争的导火索。这场战争持续了两年多时间，中国军民奋起反击英国入侵者，但最终不敌而败，英国迫使中国签订《南京条约》，将鸦片贸易合法化，并让清政府割让香港岛。

清朝是中国历史上最后一个封建王朝，由满族统治者建立。1900 年，为驱逐外邦而发起的义和团运动在外国军队的干预下被镇压，帝国主义横行和经济的凋敝都加速了清王朝的进一步衰亡。在中国千疮百孔之际，欧洲列国大肆进犯东南亚。英国控制了缅甸和马来西亚，法国收服了印度支那，荷兰也在东印度群岛扩充了统治势力。

日本通过明治维新成为东方列强，从而避免被西方势力瓜分。1853 年，美国进入江户湾（现东京湾），以炮舰威逼日本打开国门，受到冲击的日本人在明治天皇的领导下重塑帝国统治，通过工业化和发展军备力量实现现代化。

1853 年，美国舰队抵达日本江户湾，试图在这里打造一个军事据点。日本艺术家将之绘成了浮世绘。

知识速记 | 澳大利亚原住民在这片大陆上已生活了 3 万多年，但随着 1788 年英国殖民者进犯，在 50 年内原住民人口数量减少了一半。

知识链接

中国和日本的早期历史 | 第七章“古代中国”，第 272—273 页；第七章“早期亚洲”，第 284—285 页
今天的亚太各国 | 第九章“亚洲”“大洋洲”，第 394—409 页，第 424—429 页

对太平洋岛屿的殖民

帝国扩张运动还波及了遥远的太平洋群岛，当时英国皇家海军上校詹姆斯·库克（James Cook）船长成了开路者。尽管殖民者在19世纪初受到原住民毛利人的顽强抵抗，但太平洋的许多岛屿面积很小，相比英国拿下澳大利亚和新西兰，收服它们简直不费吹灰之力。帝国势力为在太平洋寻求海军基地和贸易站，就连弹丸之地也不放过。法国拿下了马克萨斯群岛，并将塔希提岛变为殖民地。德国夺得了萨摩亚群岛的控制权，并从西班牙手中买走了加罗林群岛和马里亚纳群岛。1898年，美国吞并了夏威夷群岛，随后在一场争夺古巴的战争中，又从西班牙手中夺取了菲律宾和关岛。

夏威夷于1898年被纳入美国版图，美国人在火奴鲁鲁（檀香山）的伊奥拉尼宫前举行了海军仪仗队游行以示庆祝。许多夏威夷本地人反对吞并。

关键词 帝国主义（imperialism）：垄断资本主义，是资本主义的垄断阶段，也是资本主义发展的最高阶段和最后阶段。兼并（annexation）：可指一种正式行为，即国家宣布对国家之外的领土具有主权；也指一种单边行为，某国或集团对战乱频发地区具有事实上的主权效力和合法性，并得到普遍公认。

伟大的事件使我平静从容；只有那些琐事才令我心烦。

——维多利亚女王，1848年

维多利亚 / 英国女王

1876年，英国女王维多利亚（Queen Victoria，1819—1901）加冕为“印度女皇”。自18岁继位以来，她为大英帝国的发展壮大尽心尽力，是一位颇有威望的君主。她在世界舞台上确立了自身权力和英国的威望，她还利用女王声誉巩固大英帝国的统治和内部团结。她在驾崩前所做的最后几件事之一，是签署法案允许澳大利亚自治。她在位的60多年中，英国资本主义得到了长足发展，经济空前繁荣，君主立宪制也得以稳固。

知识链接

夏威夷的地理环境 | 第三章“岛屿”，第103页
中东和非洲 | 第七章“1500—1900年的中东和非洲地区”，第304—305页

英国机枪手，法国索姆战役，1916年

世界大战

1900—1918 年的第一次世界大战（战前局势和战争经过）

第一次世界大战

1905 年
俄罗斯帝国的民众反抗沙皇尼古拉二世

1907 年
法国、英国和俄罗斯帝国形成“三国协约”关系

1908 年
奥匈帝国吞并波斯尼亚

1914 年
弗兰茨·斐迪南大公遭暗杀成为“一战”导火索

1915 年
意大利加入协约国

1917 年
美国加入协约国联盟，苏联共产党建立了苏维埃俄国

1918 年
第一次世界大战结束

到了 20 世纪初，工业主义、民族主义和帝国主义盛行于世界，在强国间引发激烈的争夺战。1871 年，普法战争结束，法国割让了争端边境阿尔萨斯和部分洛林地区（这些地区在“一战”后被归还法国），自此之后德国和法国一直针锋相对。这一主要争斗在接下来的数年中一直持续。

德国、奥匈帝国和意大利缔结“三国同盟”关系，而法国、英国和俄国则缔结了“三国协约”关系。这些联盟关系再加上先进的武器装备，将矛盾冲突推上了一个前所未有的高度，国际局势空前严峻。

在巴尔干半岛，奥匈帝国和俄国在奥斯曼帝国衰落后两虎相争。1908 年，奥匈帝国吞并了波斯尼亚，俄国支持邻国塞尔维亚，塞尔维亚则对波斯尼亚叛乱中的塞尔维亚人施以援手。1914 年 6 月，奥匈帝国的皇储弗兰茨·斐迪南大公在波斯尼亚首都遭到塞尔维亚民族狂热分子暗杀。奥匈帝国将此归咎于塞尔维亚，俄国则支持塞尔维亚。德国随后与自己

知识链接

“一战”前的工业化 | 第七章“工业革命”，第 302—303 页
国家间的联盟 | 第九章“国家和联盟”，第 374—375 页

的盟友奥匈帝国联合对抗俄国，计划赶在俄国展开战争动员前迅速解决法国。同年 8 月初，奥匈帝国对塞尔维亚发动战争数日后，俄国才开始有所行动，德国侵占比利时后进攻法国，英国也因此卷入其中。

英法军队紧守法国北部，德国迅速取得胜利的希望破灭。交战双方都试图打破僵局，但先攻击的一方在密集火力下往往猛攻不克，变成伤亡惨重的消耗战。德国和奥匈帝国在与俄国对战时把控了战局，但很快亦进入胶着状态。奥斯曼土耳其人加入德国及其同盟国的战局，1915 年，意大利则退出同盟国转而加入协约国。

冲突蔓延至中东，阿拉伯人加入协约国阵营抗击土耳其人。印度则希望英国给予独立或自治权，从而助攻协约国。日本也抱着得到德属太平洋地区的期望而投向协约国。

1917 年 4 月，美国为报复德国恢复无限制潜艇战，在俄国退出战争前加入协约国，为之推波助澜。协约国得到了美国工业力量的有效支持，并在战场上投入了颇有效率的新型坦克。1918 年 11 月，战争以德国签署停战协议告终。

约翰 · 潘兴领导的美军协同英法联军对德国发动总攻，最后迫使德国投降。

潘兴 / “一战”美军将领

1918 年，美国军事家约翰 · J. 潘兴（John J. Pershing，1860—1948）带领美国远征军（AEF）确保了协约国的胜利。早在 30 年前，他就开始了自己的军旅生涯，与美国西部的印第安反抗军作战。他指挥非裔美军时获得“黑杰克”这一称号，后来又参加了包括占领菲律宾在内的数次战役，为美国成为世界强国吹响号角。

1917 年，潘兴率 1 万余名美军对墨西哥进行武装干涉，镇压墨西哥的农民游击队。时任美国总统的伍德罗 · 威尔逊（Woodrow Wilson）任命他为美国远征军司令，他的成功将美国的国际地位推向一个新高度。

布尔什维克的胜利

1917 年，俄国沙皇尼古拉二世的帝国统治濒临崩溃。德军挺进俄国，打击了民众士气，也败坏了沙皇的威望。当年 3 月，尼古拉二世退位，俄国资产阶级建立了临时政府，继续与德国作战。但人民再也无法忍受无止境的战争和贫穷，在苏联共产党建立起来的布尔什维克政党的领导下，俄国工人阶级和农民进行了社会主义革命，推翻了俄国资产阶级临时政府，建立了世界上第一个无产阶级专政的社会主义国家，即苏维埃俄国（简称“苏俄”）。随后苏俄宣布退出第一次世界大战。

沙皇尼古拉二世一家。

知识链接

贯穿 19 世纪的帝国主义 | 第七章“帝国主义”，第 304—307 页
欧洲大陆和今天的欧洲各国 | 第九章“欧洲”，第 410—423 页

世界大战

1919—1929 年的脆弱和平

1919 年，各国首脑和外交官齐聚巴黎召开巴黎和平会议（简称“巴黎和会”），试图重建战后的世界秩序。包括德国、奥地利、匈牙利和土耳其在内的同盟国丧失了其帝国地位。除苏俄未能参会以外，法国、英国、美国和意大利的领袖主导了此次会议。国际会谈中，美总统伍德罗 · 威尔逊提议建立“国际联盟”（LN），共同应对未来争端。会议签订了《凡尔赛和约》以及其他针对战败方的条约。中国作为协约国成员，却成了新一轮势力分割的对象，会议非法决定让日本继承战前德国在中国山东的特权。这些事件为日后的大国争端埋下了新祸根。

威尔逊所期望的和平并未实现，就美国加入“国际联盟”一事，他没能赢得美国参议院的一致同意。英法两国继续持有殖民地，并在中东地区建立了新殖民地，此举是对民族自决原则的一种挑衅，同时也吸引了其他势力涉足帝国角逐，其中包括南斯拉夫和捷克斯洛伐克等新建国家和波兰等复辟国家。这些国家中有许多都是政治弱国，最后成为扩张大国的势力分割对象。

德国在《凡尔赛和约》中作为战败方签署了和平条款，削弱了刚建立起来的魏玛共和国，共和国领导人不得不承担战争罪责。和谈结束后，与其他“三巨头”意见不合的意大利领袖离开巴黎，国家之间的仇恨促使后来的意大利独裁者墨索里尼雄起。他于 1922 年掌权，他领导的法西斯独裁政权与列宁领导的苏联共产党形成对立。

尽管这些政局变动为第二次世界大战埋下了伏笔，但随着战后经济的发展，美国投资帮助欧洲各国战后恢复，20 世纪 20 年代在西方历史上被称为“咆哮的二十年代”，这一时期大体上呈现和平稳定的繁荣趋势。机动车辆和家用电器在发达国家得以普及，无线电广播和电影迅速发展，美国产生了以爵士乐为主的国际流行文化。美国爵士乐起源于非裔美国人，其影响范围广泛，因此也有人将这一时期称为“爵士时代”。但是，巴黎和会中设想的国际联盟和合作化世界在猝不及防的“大萧条”（Great Depression）中化为泡影。

1927 年 5 月 21 日，美国飞行员查尔斯 · 林德伯格（Charles Lindbergh）在巴黎着陆，完成了历史性的跨大西洋单人飞行。

知识链接

“一战” | 第七章“1900—1918 年的第一次世界大战（战前局势和战争经过）”，第 308—309 页
国际联盟 | 第九章“国家和联盟”，第 374—375 页

“一战”后的中国

1911 年，旨在推翻封建帝制的辛亥革命在中国爆发。1912 年，清朝皇帝溥仪退位，标志着中国两千多年来的封建君主制度正式结束，此后近 40 年的中国都处于不断的革命当中。1912 年，国民党创始人孙中山宣布成立中华民国，但他没能完成国家统一。孙中山虽不是共产党，却还是在 20 世纪 20 年代的征讨军阀、统一国家中欣然接受了苏维埃政权的援助。他在自己的党派中授予几个中共党员以高位。

1925 年，孙中山过世后，其副官蒋介石野心勃勃，在保守派的支持下夺取国民党政权后与苏维埃政权决裂，并将共产党驱逐出国民党，国共内战就此拉开了序幕。

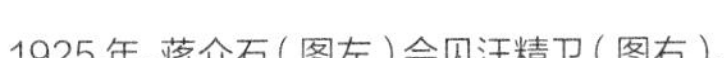

1925 年，蒋介石（图左）会见汪精卫（图右）。

关键词 赔款（reparation）：指战败国支付的赔偿金或其他物质财富。法西斯主义（fascism）：源自意大利语 fascio，意为“群体”或“团队”。法西斯主义鼓吹反动的民族主义、种族主义、军国主义和国家主义，强调领袖的绝对权威，以反对马克思主义、反对民主主义、对抗社会革命为宗旨。

不合作并非被动，而是非常主动，比任何物理意义上的反抗或暴力都来得主动。

——圣雄甘地，1922 年

甘地／印度民族解放运动领导人

1919 年，随着民族自决原则在巴黎和会中引发争议，莫罕达斯·甘地（Mohandas Gandhi，1869—1948）反对英国统治印度的计划初步形成。甘地又被仰慕者尊称为“圣雄”，他呼吁“坚持真理”，向人民阐述争取印度自由的思想，他也是“非暴力不合作运动”——在道德层面施压迫使对手做出让步的非暴力反抗主义的倡导者。1942 年，甘地发动要求英国“退出印度”的运动，遭到英国的残酷镇压。英军向印度城市阿姆利则手无寸铁的平民开火，近 400 人被杀害。作为回应，甘地组织抵制英货，叫停英国在印度的机构，并提倡开展文明不服从运动。他领导的这场运动带给英国莫大的压力，英国最终宣布印度独立。

知识速记 | 1924 年，福特公司创始人亨利·福特（Henry Ford）在完善的装配线上生产出福特 T 型车，这种车型曾风靡一时。

知识链接

世界上其他地方的革命 | 第七章“革命”，第 298—299 页
今天的印度和中国 | 第九章“亚洲”，第 402、408 页

世界大战

1929—1939 年的大萧条

20世纪20年代，美国经济腾飞，资助战后破败的欧洲休养生息。但好景不长，1929年末，美国华尔街股灾爆发，经济繁荣戛然而止，一场灾难性的经济危机波及全球。这便是第二次世界大战前最为严重的世界性经济衰退——“大萧条”。

1929年10月24日的“黑色星期四”，惊慌失措的股民们不惜一切代价抛售股票。截至月底，股票价值跌至9月初的一半。恐慌的大众纷纷缩减开支，导致企业减产裁员。1930年，美国失业人口上升至500万，一年后又飙到1300万。1932年，民众对银行失去信心，把钱藏在家中。当年11月，共和党执政者赫伯特·胡佛在总统大选中败给了民主党候选人富兰克林·罗斯福。罗斯福向国民保证实施“新政”，他稳定了银行体系，试图通过组建“民间自然资源保护队”等政策寻求恢复经济的良方。罗斯福新政虽未能结束大萧条，却避免了其他国家中出现的政局动荡。

华尔街金融危机也动摇了德国魏玛共和国的根基，惶恐不安的美国投资者纷纷要求偿还债务。德国失业率在1929年至1930年翻了一番。这直接导致了德国民众对希特勒领导的纳粹党的支持，亦为第二次世界大战埋下了伏笔。希特勒上台执政后，将德国的惨痛经历归咎于共产党和犹太人。随后，他在1933年获得了国家在非常时期的紧急处置权。希特勒吸取了意大利统治者墨索里尼的教训，试图建立新的帝国，也就是他所谓的第三帝国来恢复德国的地位。英法两国惧怕新一轮的战争，默许了希特勒在1936年破坏《凡尔赛和约》，导致德军重新占领莱茵河两岸地区。

1936年，西班牙爆发内战，其间斯大林援助西班牙共和党，来对抗希特勒和墨索里尼支持的佛朗哥领导的民族主义军队。这一变动与亚洲的冲突同时进行，日本的经济混乱削弱了立宪政府的权力，有帝国扩张倾向的军事将领的势力却大大增加。1937年，日军全面入侵中国，预示着即将到来的全球动荡，形势严峻。历史学家认为，大萧条是因第二次世界大战而终结的。从1933年开始，美国等一些国家的经济陆续从大萧条中恢复，也有很多国家直到“二战”结束后才逐渐恢复。“二战”的爆发也刺激了欧洲的经济。到1937年，英国的失业人口已经下降至150万。1939年战争爆发后的军队兵力动员很好地解决了失业问题。1941年，美国加入“二战”，终于从大萧条的阴影中解脱。

图为1931年，美国联合银行纽约分行外担心自己投资安全的存款人群。当时有人预测1929年的经济危机只是一次不幸事件，但随着大萧条日益严峻，银行不断倒闭。

知识链接

早期经济和革命 | 第七章“革命”，第298—299页
马克思和共产党起源 | 第七章“民族主义”和“工业革命”，第300—303页

空军强国

1903 年，威尔伯 · 莱特和奥威尔 · 莱特率先在北卡罗来纳的基蒂霍克进行调试飞行，此后不久美国武装部队就发现了飞机的军事用途。

“一战”中，飞行员通常执行侦察任务，偶尔也在空战中与敌军决斗。一些飞行员还会对城市或工厂进行战略性轰炸，但早期的飞机还缺乏对人口中心造成极大破坏的射程和能力。

战后，单翼机上强大的星形发动机等新技术可使飞机携更多弹药飞往远处目标，提升了空中的破坏范围。20 世纪 30 年代，德国在空军上砸了不少钱，并在西班牙内战中验收了德国空军的成果。1937 年 4 月，德国在西班牙村庄格尔尼卡的一场空袭夺去了那里 5000 名居民中近 1/3 人的生命，激起了西班牙画家巴勃罗·毕加索令人难忘的抗议，他的画作《格尔尼卡》描绘出饱受苦难的人民望向天空，眼中布满惊恐的情景。

图为“二战”中一名德国轰炸员正在处理菠萝大小的炸弹。

关键词 经济萧条（economic depression）：指经济活动的周期性衰退，主要特点是工业生产骤减，大范围失业，建筑业发展严重衰退或停滞，国际贸易和资金流动大大缩减。

希特勒：战争推手

希特勒在 34 岁时被指控煽动巴伐利亚士兵反抗魏玛共和国，以叛国罪蹲了 9 个月的监狱。

阿道夫 · 希特勒（Adolf Hitler）于 1889 年生于奥地利，他在“一战”中的经历和 1918 年德国的战败塑造了他的政治观念。他在最初的士兵筛选中因缺乏体力被拒，但战争需求使得入伍要求放松，于是他在 1914 年加入了巴伐利亚步兵营。希特勒在“一战”中勇敢杀敌为他赢得了两枚铁十字勋章，他认为如果所有的德国人都能像他一样并忠诚于他，德国就不会一败涂地。

希特勒将德国的倒塌归咎于 1918 年 11 月初奋起反抗并迫使德皇威廉二世下台的革命分子，虽然起义开始时德国早已战败。他忽略了爱国的德国犹太人为战争付出的努力，认为德国十一月革命是犹太人和布尔什维克的合谋，让犹太人做了德国没落的替罪羊。

这些观点渐渐演变为一种社会理念。对历史的错误认知使得希特勒坚信，如果德国重燃必胜信念，清理他指责的那些“卖国贼”，德国便能一雪前耻，一统欧洲。他成功地将这一想法传播给大众，导致了犹太人大屠杀，数百万犹太人被杀害，这将德国和世界置于一场更为不幸的灾难中，“二战”的惨烈比“一战”有过之而无不及。

知识链接

军事空中摄影对地图的影响 | 第一章“现代地图”，第 26—27 页
犹太教历史 | 第六章“一神教”，第 236 页

世界大战

1939—1945 年的第二次世界大战

1938 年，希特勒吞并了奥地利并要求捷克斯洛伐克将苏台德这一日耳曼人的区域割让给德国，此举为第二次世界大战埋下了导火索。捷克斯洛伐克拒绝割让，并向英法两国寻求援助。同盟国齐聚慕尼黑，以希特勒停止争夺其他区域为条件同意割让苏台德区。

英国首相张伯伦承诺过会保证“我们这个时代的和平”，绥靖德国的举动过于心急，以致希特勒认为可以得寸进尺。1939 年初，德军完全侵占捷克斯洛伐克后，同盟国决定援助波兰抗击德军。希特勒则加强了与轴心国盟友墨索里尼的关系。这次同盟与“一战”前欧洲的同盟是相似的，但有一个关键的例外，那就是同盟国没有得到苏联的支持。希特勒与斯大林签订了互不侵犯条约后，于 1939 年 9 月 1 日调兵遣将进攻波兰，发动了史上破坏性最强的一场战争。

德军不足一月就攻克波兰，随后又在 1940 年 6 月打败了法国。希特勒期待英国做出让步，但新任首相丘吉尔发誓决不投降。英国空军借助雷达重创德国空军，迫使希特勒在当年秋天取消了入侵计划。

1941 年，随着希特勒侵略北非、巴尔干半岛和苏联，打破了与斯大林的协议，追杀犹太人和其他民族，战事愈演愈烈，范围不断扩大。纳粹官员继续执行“最终解决方案”，强迫犹太人进入集中营，并在战争尾声杀害近 600 万条生命。

1941 年 12 月，苏联对德国侵略军进行反击，德国没有得到于 1940 年加入轴心国的日本的援助。日军没有进攻苏联，而是袭击了美国夏威夷的珍珠港，企图从美军手中抢夺菲律宾，再夺取缅甸、新加坡、马来西亚及其他英国殖民地。

1941 年，心思各异的法西斯轴心国促使美国和苏联这两个人口大国和工业强国卷入战争，加入同盟国的阵营。此举对德国和日本速战速决之希望的破灭，陷入长期斗争无疑起了决定性作用。1942 年，同盟国在中途岛、北非阿拉曼和苏联斯大林格勒大战告捷，留下轴心国且战且退，自顾不暇。

知识速记 | 最终，来自五大洲的 30 个国家出动武装部队，卷入了“二战”。

知识链接

希特勒及其在“二战”中的角色 | 第七章“1929—1939 年的大萧条”，第 313 页

英国殖民 | 第七章“帝国主义”，第 304—307 页

1943年，美英两军攻进意大利，将墨索里尼赶下台。1944年，盟军在6月登陆诺曼底，继续解放巴黎后，与苏联军队分别从西东两边进入德国，形成夹击之势。1945年4月30日，柏林被攻陷，希特勒自杀，德国无条件投降。

日本失去了之前占领的菲律宾和其他地区，美国空军在当年8月向日本两大城市广岛和长崎分别投放原子弹，之后日本宣告投降。

结束了“二战”的原子弹是爱因斯坦、卢瑟福、查德威克和费米等杰出科学家共同突破的成果。爱因斯坦和费米为躲避法西斯逃往美国，1942年在芝加哥大学通过将铀元素暴露在中子束下制造出首个可控制的、自给式核链反应。这一实验促成了原子弹的诞生，比如1945年8月6日投掷到日本广岛的“小男孩”原子弹（上图）。

知识速记 | “二战”夺去了5000万条生命，其中包括士兵和平民百姓。

雅尔塔，1945年2月，同盟国领袖温斯顿·丘吉尔、富兰克林·罗斯福和约瑟夫·斯大林同意终结战争，重划欧洲格局。

丘吉尔和罗斯福：胜利的合作

同盟国领袖丘吉尔和罗斯福之间卓有成效的伙伴关系与希特勒和墨索里尼之间的伙伴关系形成了鲜明的对比。墨索里尼憎恶傲慢自大的德国独裁者，试图表明自己的立场，于是在北非和巴尔干半岛发动了几场不成功的战役。

罗斯福为丘吉尔提供军事援助，帮助英国在希特勒进犯欧洲之时击退德军。丘吉尔抵抗纳粹侵略的坚决鼓舞了美国总统和民众，也为罗斯福实施“欧洲优先”政策清理了道路，这一政策使得抗击德军优先于抗击日军。而希特勒从墨索里尼处获得的帮助几乎为零，还不得不命令德军保住意大利，罗斯福与丘吉尔之间的互惠互利则促成了有效的军事合作。

知识链接

当代物理学思想 | 第八章“物理学”，第330—331页
今天的德国 | 第九章“欧洲”，第415页

20 世纪下半叶

1949 年
中华人民共和国成立，
同年苏联造出原子弹

1961 年
柏林墙建立

1962 年
古巴导弹危机得以解决

1985 年
戈尔巴乔夫重新建构苏联经济

1989 年
柏林墙倒塌

1991 年
冷战结束，苏联解体

1989 年 11 月，柏林墙倒塌标志着冷战终结

冷战

（1945—1991 年）

第二次世界大战后，东西方之间，尤其是美国与苏联之间呈现一系列对抗状态。以苏联为首的东欧、亚洲新兴的社会主义力量，与以美国为首的西方资本主义力量之间开始在意识形态等领域中呈对抗之势。两大军事集团的成立、大规模的军备竞赛、太空竞赛都发生在这一时期；这种对峙甚至在部分地区升级为战争。这与世界范围内的殖民地自治化运动不谋而合，德国、日本和意大利在被同盟国打败后就丢失了殖民地，而英、法两国在独立运动的高压下也不得不解放殖民地。

1945 年日本宣告投降。美苏商定以朝鲜国土上北纬 38° 线作为两国对日作战和受降的临时军事分界线。1950 年朝鲜战争爆发，美国打着联合国的旗号入侵三八线以北，并进犯朝中边境，战争一直持续至 1953 年。

1945 年至 1954 年，法国试图恢复在越南的统治，一场更为持久的冲突由此展开，这就是越南战后抗法战争。胡志明领导的越南共产党人于 1954 年打败美国支持下的法国。战事结束后，双方在日内瓦展开和平谈判，在《日内瓦公约》下达成协议，法国撤出越南，并承认越南、柬埔寨、老挝作为独立国家的地位。

在欧洲，美国与《北大西洋公约》中的各国建立了强大的同盟关系，苏联也与其《华沙条约》中的追随者建立了同盟关系。1961 年，美国同古巴的关系恶化。美国总统艾森豪威尔于卸任前半个月宣布同古巴断绝外交关系。同时，从经济上开始对古巴进行制裁，扩大了国家干预，使美国国

知识速记 | 1945 年，联合国（UN）成立之时有 51 个成员国，到 1990 年又增加了 100 多个，其中大多数曾经是殖民地。

知识链接

19 世纪的殖民 | 第七章“帝国主义”，第 304—307 页
当今世界国家间的联盟 | 第九章“国家和联盟”，第 374—375 页

家垄断资本主义得到进一步发展。

20 世纪 60 年代至 70 年代，大国们在中东也拉开了一场争夺战，埃及和叙利亚挑衅以美国为后盾的以色列。1967 年和 1973 年以色列取得胜利，却恶化了阿拉伯和以色列关于生活在以色列管辖区内的巴勒斯坦人命运的争端。

20 世纪 70 年代，美苏关系进入缓和阶段。1973 年，美国和苏联为了消除核战争危险，签订了《美苏防止核战争协定》，协定无限期有效。双方“将尽一切可能避免军事对抗和防止爆发核战争”，“将随时在相互关系中表现出克制精神并将准备进行会谈和以和平方式解决分歧”。20 世纪 80 年代，莫斯科再也无法承受冷战的负担，苏联领导人戈尔巴乔夫从阿富汗撤兵，期望与西方各国缓和关系，促进苏联体系更加公开化和自由化。

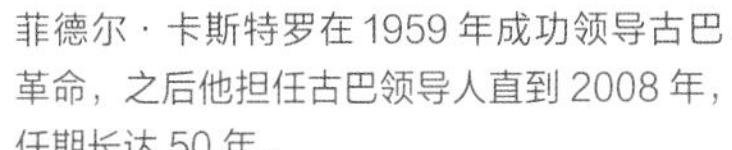

菲德尔 · 卡斯特罗在 1959 年成功领导古巴革命，之后他担任古巴领导人直到 2008 年，任期长达 50 年。

赫鲁晓夫在 1958 年到 1964 年间是苏联的共产党领袖，也是国家最高领导人。

关键词 三八线：1945 年日本投降后，美苏商定以朝鲜国土上北纬 38° 线作为美苏两国对日作战和受降的临时军事分界线。

不要问国家可以为你做什么，你应该问自己可以为国家做什么。

——约翰 · 肯尼迪，1961 年

肯尼迪 / 美国总统

约翰 · F. 肯尼迪（John F. Kennedy，1917—1963）于 1960 年当选美国总统，成为美国历史上最年轻的总统，他的任期直到 1963 年在美国达拉斯市遇刺身亡为止。他和苏联最高领导人赫鲁晓夫在古巴导弹危机中达成基本共识，避免了冷战的加剧。除此之外，肯尼迪对阿波罗登月计划表示支持，他的决策为美国成功登月奠定了基础。其任内的主要事件包括：试图废除联邦储备委员会、猪湾入侵、古巴导弹危机、柏林墙的建立、太空竞赛、越南战争以及美国民权运动。

知识链接

原子弹在“二战”中的使用 | 第七章“1939—1945 年的第二次世界大战”，第 315 页
中国历史 | 第七章“古代中国”，第 272—273 页；第七章“早期亚洲”，第 284—285 页

进入 21 世纪

1991 年
美国领导的联盟军队为恢复科威特合法政权对伊拉克发动了海湾战争

1992 年
美国、加拿大和墨西哥签订了《北美自由贸易协定》

1999 年
欧盟引入新货币欧元

2001 年
恐怖分子袭击了美国世界贸易中心和五角大楼

2003 年
美国以伊拉克隐藏大规模杀伤性武器为由，对伊拉克发动战争

2005 年
《京都议定书》呼吁控制全球变暖

坐在长椅上的麦当劳叔叔雕像，中国北京

全球化
（1991 年至今）

在世界贸易组织和欧盟等国际组织崛起的背景下，在《北美自由贸易协定》等跨国经济条约的推动，以及互联网等技术进步的驱使下，全球化在 20 世纪末飞速发展。

20 世纪 90 年代，世界最为动荡的地区是大国解体后建立起来的新兴国家。1990 年，南斯拉夫社会主义联邦共和国因为种族内战而分裂解体，塞尔维亚军队挺进克罗地亚和波斯尼亚支援那里的塞尔维亚少数民族。联合国维和部队未能阻止塞尔维亚军队发起的种族大清洗，其间数千人死于非命，还有许多人被迫背井离乡。1994 年，联合国和非洲统一组织没能制止卢旺达大屠杀，以胡图族为主的武装分子袭击了曾经是统治阶级的图西族少数民族。

2003 年，伊拉克统治者萨达姆·侯赛因的独裁政权于被美国推翻，萨达姆本人也在逃亡半年后被判处死刑。在“一战”中，英国从土耳其手中夺取了巴格达，结束了奥斯曼帝国对伊拉克长达三个世纪的统治。此后，人口占少数的逊尼派穆斯林成了伊拉克的统治阶级。逊尼派的侯赛因镇压什叶派和库尔德人的反对力量，随后侵略了石油丰富的科威特。1991 年，由 34 个国家组成的以美国为首的联军击败了伊拉克武装。

2001 年，作为对“9 · 11”恐怖袭击事件的反击，美总统乔治 · W. 布什阿富汗派遣部队，以铲除应对袭击负责的基地组织，向恐怖主义宣战，这标志着反恐战争的开始。2003 年，基于萨达姆政权可能拥有大规模杀伤性武器的报道，美英部队占领伊拉克，打倒了侯赛因。有批评家诟病布什政府未经联合国批准就擅自行动。

代表各国不同利益的国际组织能否制止侵略或应对环境威胁，仍然有待观察。但除非世界能挺过金融危机或政治冲击而不失凝聚力，全球化的大趋势才能被视为新时代的曙光。

知识链接

商业在人类文化中的重要性 | 第六章“商业”，第 254—257 页
联合国 | 第九章“国家和联盟”，第 374 页

2001 年的“9 · 11”恐怖袭击事件

2001 年 9 月 11 日，由沙特阿拉伯和埃及男性组成的恐怖分子劫持了从美国机场起飞的 4 架大型客机，他们隶属于奥萨马 · 本 · 拉登（Osama bin Laden）领导的基地组织，一个臭名昭著的国际恐怖组织。他们开着其中两架飞机撞向纽约世贸中心的双子塔，第三架飞机撞向位于华盛顿的美国国防部总部五角大楼，第四架飞机在乘客们试图制服劫机者、夺回飞机时坠毁在宾夕法尼亚地区。这场恐怖袭击夺去了 3000 多条生命，是美国历史上死亡人数最多的灾难。恐怖主义并非新兴事物，但随着全球化将世界联系在一起，恐怖力量越发壮大，也越难捕获了，尤其是在这个高科技时代，恐怖主义也更为可怕。

2001 年 9 月 11 日，恐怖分子劫持的两架飞机撞向纽约世界贸易中心（如上图），另一架撞向华盛顿的五角大楼，还有一架在宾夕法尼亚州坠机。这场恐怖袭击中，3000 个民众和 400 名救护人员死亡，19 名恐怖分子也无一生还。

没有人天生就讨厌一个人的肤色、背景和宗教。仇恨都是后天养成的。

——纳尔逊 · 曼德拉，1995 年

纳尔逊 · 曼德拉 / 南非总统

纳尔逊 · 曼德拉（Nelson Mandela）1918 年出生于南非部落首领家庭，他破除了种族隔离和种族歧视的严厉政策，并于 1994 年成为总统，他被视为南非国父。年轻时的曼德拉以律师的身份加入非洲人国民大会（ANC），一个由黑人组成、反对种族隔离政策的民族运动组织。1960 年，非洲人国民大会被视为违法，产生了由曼德拉领导的该组织的军事武装。1962 年，曼德拉被捕，直到 1990 年，南非白人国民党领袖弗雷德里克 · 威廉 · 德克勒克（Frederik Willem de Klerk）才将其释放出来。随后，曼德拉和德克勒克进入谈判期，终结了隔离政策，此举在 1993 年为二人赢得诺贝尔和平奖。作为总统，曼德拉实施了新民主宪法。2013 年 12 月 5 日，曼德拉去世，享年 95 岁。

知识速记 | 世界出口贸易总额从 1985 年的 1.9 万亿美元增长到 2000 年的 6.3 万亿美元。

知识链接

作为人类文化元素的种族和民族 | 第六章“民族”和“种族、阶级和性别”，第 224—227 页
今天的南非 | 第九章“非洲”，第 393 页

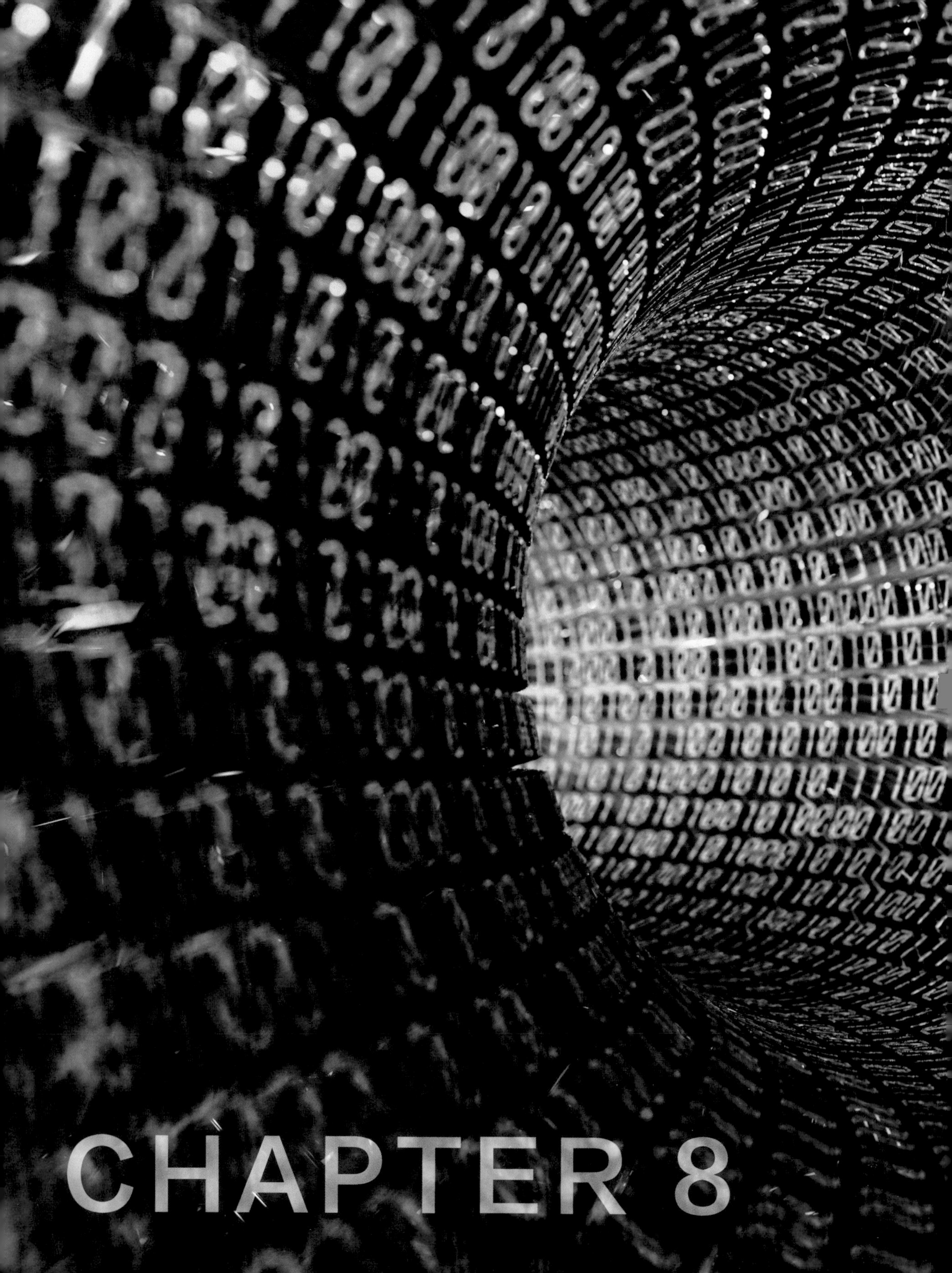

CHAPTER 8

科学技术

约公元前3500年古代苏美尔楔形文字所记录的绵羊和山羊数

计算与测量

计算

公元前8000年
刚果地区使用计数符号

公元前7500年
苏美尔人使用黏土牌子记录粮食、动物和贵重物品

公元前3400年
埃及人用符号标记到9，用特殊符号代表10

大约公元前3100年
苏美尔人在黏土板上用楔形的一划表示1，圆圈表示10；巴比伦人的60进制系统用符号和位置表示数量

公元前300年
印度的阿拉伯数字包括占位符0

公元前50年
印度使用的10进制数字系统与我们今天使用的类似

计算与测量系统是全人类发明中最古老、最基础的成果之一。从发现于非洲刚果地区1万年前骨头上的粗糙划痕，到古希腊和阿拉伯文明中先进的数字理论，大型的文明也好，小规模的部落也罢，各自都有量化世界的一套方法。

虽然我们生活在标准化时代，有全球公认的单位制，比如米，但早期的计算与测量方法似乎是任意的。澳大利亚和新几内亚的一些原住民部落过去使用2进制的计数系统，例如：5被表示为2+2+1。那些位于南美洲北端的部落则采用3进制或4进制。最成体系的早期计数方法出现于公元前3400年到公元前3000年的古埃及和美索不达米亚，人们以10对数字进行分组，因此能够表示更大的数字，有助于发展出一套复杂的管理和记录系统。数字10的至尊地位作为数学的基础沿袭下来，即使12进制和20进制体现出了更早的计数方法。

测量长度、重量、体积、距离或其他东西的数量需要特殊单位以便于比较，而最早的测量方法在今天看来也不甚精准。古埃及人以人类臂肘到指尖的长度为基准，用腕尺（约0.46～0.56米）测量长度，罗马人则以士兵左右脚各迈出1000步为1英里（约1.6千米），重量通常参照石头或粮食来测定。

法国的查理曼大帝做出过一次早期的标准化努力。他在统治期间规定，一英尺就是他自己脚的长度。法

知识速记 | 宝石的重量单位是克拉（carat），最初以某种种子的重量为准，但现在已定为每克拉0.2克的标准。

知识链接

早期的文字和书写系统 | 第六章“文字”，第230—231页
美索不达米亚和古巴比伦的历史 | 第七章“美索不达米亚”，第266—267页

国大革命时期发展出了公制系统，这是法国人为标准化贡献出的更伟大的成果。

今天，全世界都在使用米、升、克等统一的公制系统，只有一个不得不提的例外。在美国，标准计量系统仍然使用加仑、磅等大英帝国发明出的单位，而英国自己却已采用了公制系统。在 21 世纪的今天，测量已经以原子尺度为标准。现在的 1 米被规定为光在真空中耗时 1/299792458 秒穿行的距离。

纽约时代广场上用数字显示的市值，是华尔街的股票交易均值，随时更新以反映市场的变动。

知识速记 | 最初，公制系统规定米的长度为赤道到北极间距离的千万分之一。

早期的数学家们都有谁?

位于今天伊拉克的古巴比伦有着繁荣的农业经济，是第一批复杂程度到了需要现代记录方法的社会。因此，古巴比伦也是最早发展出复杂计数体系的文明之一。

他们还发明了按位计数系统——根据这套系统，不仅符号有数值，符号相对于其他符号的位置也表示数值。按位计数可以用简单的符号印刻在黏土板上表达大数值。巴比伦人使用 60 进制系统，以 60 个数为一组——60^2，60^3，等等——这就和现代计数中符号 1 在 10 进制中的用法一样：10^2（100），10^3（1000）。

历史留存下来的黏土板清楚地显示了巴比伦人对数字理解的先进性。普林顿 322 号黏土板上有一串数字，似乎表达的是等式“$x^2+y^2=z^2$”。换言之，巴比伦人有一套后来被称为“毕达哥拉斯定理”（也称“勾股定理”）的版本。

关键词 基数（base number）：指任意选定的大于 1 的整数，任何其他数可以表示为该基数不同幂之和。纵观历史，基数系统采用过不同的数作为分组单位，或称数系的基，但随着时间推移，10 进制超越了其他进制。空（sunya）：源自梵文，意为“虚空”。在按位计数系统中，用来标记没有数值的一个幂阶的一种符号。印度教徒发明了“空”，表示为一个小点或小圈，是“零”这一概念的首次使用。

知识链接

古巴比伦时期数学对绘制地图的影响 | 第一章“分界线”，第 31 页
查理曼大帝及他对世界的影响 | 第七章“500—1000 年的中世纪”，第 278—279 页

法国巴黎奥赛博物馆的时钟

报时

时钟和日历

约公元前 3000 年
埃及人规定一年为 365 天

约公元前 2700 年
苏美尔人利用日月制定历法

约公元前 1600 年
迦勒底人绘制星图：第一个黄道十二宫图

公元前 46 年
罗马人在埃及人历法中的每四年增加一日（闰日）

1582 年
教皇格里高利十三世改进了历法

1952 年
第一个铯原子钟问世

1967 年
秒被重新定义为铯 133 在一定条件下辐射的频率

我们的时间感与生物学和天文学有关，即自然规律和宇宙规律。生物对自然周期做出反应。动物迁徙和繁殖、潮涨潮落和植物开花——人们很早就已经注意到这些现象与日月星辰的运行相关。

然而，规定时间的技术不光关乎现在和过去，同样关乎未来。它让个人和社会能够预见重大事件可能发生的时间，并决定如何应对。知道动物在天气转冷时就会迁徙是一回事，而提前判断迁徙时间就有助于制订狩猎计划。

时钟和日历是制订这类规律性计划的工具。它们历经了数千年的发展，在此期间人们研究地球和天空的规律，开始将天气变化或其他现象与天体的位置相联系。现代日历的划分仍然以天文学为基础：地球绕地轴自转一圈为一天；地球绕太阳公转一圈为一年；而月球经历一次盈亏循环大致为一个月。

约 5000 年前，苏美尔地区出现了第一部历法，利用太阳和月亮的位置来规划农事、宗教仪式和祭祀。华夏文明、玛雅文明、希腊文明以及罗马文明均制定了适用于各自社会和世界观的历法。例如，罗马人以一周八天为基本计时单位，反映了当时罗马的商业节奏，因为每个第八天都是赶集的日子。

埃及人的天文观测奠定了现代历法的基础，他们在公元前 1300 年时，就已经能够精确绘制 43 个星座和行星图，并预测出日食和月食。埃及人将这些现象与他们崇拜太阳神的宗教紧密联系起来，设定 365 天为一年。这一历法在古希腊备受推崇，并沿用至今。

知识链接

地图表现时区 | 第一章“时区”，第 32—33 页
天文学和历法的相互影响 | 第二章“星座”，第 46—47 页

时钟用于短期时间的测量，日晷和沙漏是记录一整天时间流逝的早期工具。早在 11 世纪的中国，宋代博学家苏颂就设计了大型“水运仪象台”，运用机械手段测量“一天”。今天的手表转动依靠微芯片或石英晶体的共振，而计算机和手机与互联网相连，通过电子方式更新内部时钟。

教皇格里高利十三世 / 历法创始人

几百年来，欧洲都使用由恺撒大帝实施的儒略历（Julian calendar），我们今天所熟知的月份叫法（就英语而言）就由此而来，但该历法每年有 11 分钟的时间误差。1582 年，这一误差历经约 1600 年的累积，达到了 10 天左右。教皇格里高利十三世（Pope Gregory XIII，1502—1585）汇总了一群数学家和天文学家的计算结果，颁布教旨，规定 1582 年 10 月 5 日这一天为 1582 年 10 月 15 日。格里高利历（Gregorian calendar）由此诞生，沿用至今。格里高利还改进了闰年，每四年的 2 月增加一天，但能够被 100 整除的年份除外（除非同时能被 400 整除），由此，历法就与地球绕太阳公转 365.24199 天的实际天数相匹配了。

格林尼治标准时间

19 世纪，随着运输业和通信业加速发展，协调不同地区的事件成为难题。一个城市是正午，远在东边或西边的另一城市却不是正午。在美国官员试图协调不断扩充的铁路时刻表时，这一问题尤其令人恼火。

1883 年，他们提出了一个标准化系统，将全球分为 24 个时区，每一时区覆盖 15 经度，相邻时区的时差为 1 小时。位于伦敦郊区的格林尼治皇家天文台所处的位置被用于划定世界通用的本初子午线（规定的 0° 经线），而格林尼治标准时间逐渐成为全球的参照，以同步手表的时间。

石英晶体状似微小的音叉，置于石英表的交变电流下时，会以已知的固定频率产生振动，这种电学性能与机械性能的相互作用被称为压电效应。

知识速记 | 已知最早的计时仪器是圭表，一种诞生于约公元前 3500 年的简易日晷。

知识链接

格林尼治和本初子午线 | 第一章“分界线”，第 30—31 页
古埃及的历史和文化 | 第七章“古埃及”，第 268—269 页

科学世界观

神话中的世界观

古希腊人
乌拉诺斯（天空之神）和盖亚（大地女神）诞下了包括宙斯在内的泰坦巨神族

玛雅人
地球浮于一条巨鳄的背上，上面 13 层为天堂，下面 9 层为地狱

澳大利亚原住民
太阳母亲在全灵父亲的引领下走过地球，创造了万物，之后化身为太阳

印度教徒
梵天神从蛋中孵化出来，用蛋的残骸创造了天堂和尘世

美洲原住民奥奈达人
天空女神跌落天堂，掉到满身泥污的海龟身上，诞下一对双胞胎，一为天使，一为魔鬼

生于约公元前 560 年的希腊数学家毕达哥拉斯提出了最早的科学世界观，认为一切事物均可理解为数字间的关系。约 150 年之后，古希腊哲学家亚里士多德描述了行星与恒星间的力学关系，进一步充实了毕达哥拉斯的世界观。今天的天体物理学家在探索宇宙形状、起源和未来时，仍面临着揭开地球神秘面纱的挑战。

根据月食发生时地球的阴影，亚里士多德认识到地球是圆形的，但他认为地球是万物的中心，有 56 个星体绕其运行。约 500 年后，最后一位伟大的希腊天文学家克劳狄乌斯·托勒密的学说就更复杂了。他提出，地轴是倾斜的。因此，虽然他把地球置于各行星和恒星轨道的中心，但还能精确地预测太阳和月亮的运动。

16 世纪时，文艺复兴时期天文学家哥白尼主张地球和其他行星一样绕太阳运动。数十年后，伽利略用一架简陋的望远镜进行观测，结果支持哥白尼的论断。在罗马天主教异端裁判所的鼎盛时期，伽利略因异端学说遭受审判。

17 世纪末，艾萨克·牛顿爵士概括了行星运行的基本定律，包括把万有引力描述成胶水。牛顿定律虽然在整体上对科学有深远的影响，但仍然无法解释阿尔伯特·爱因斯坦在 20 世纪初提出的问题：如果观测者是运动的，会怎样呢？假如两列火车同速行驶，一列火车上的乘客将视另

知识速记 | 2001 年，美国国家航空航天局发射了威尔金森微波各向异性探测器，至今仍在寻找反映宇宙早期状况的证据。

知识链接

托勒密和古代地理学 | 第一章“地理”，第 16—17 页
古代和现代的天文观测 | 第二章“天文观测”，第 68—71 页

一列火车为静止状态。爱因斯坦发展了引力理论和时空统一性，弥补了牛顿力学理论上的不足。他的学术成果也带来了更多发现，比如埃德温·哈勃观测到的宇宙扩张，这一洞见支持宇宙大爆炸理论，认为宇宙始于一个密度无限大的奇点爆发，该奇点把时间和空间压缩为一体。

关键词　**多普勒效应（Doppler effect）：以奥地利物理学家多普勒的名字（Christian Doppler，1803—1853）命名。声源或光源在趋近或远离观察者时，频率会有所不同，这是发现星系彼此远离现象的关键。**

尼古拉·哥白尼 / 天文学家

尼古拉·哥白尼（Nicolaus Copernicus，1473—1543）出生于波兰托伦的一个商人家庭，主修教会法和医学。然而，他对天文学的追求打开了人类理解宇宙的脑洞。1514 年，他完成关于日心说理论的初步纲要，简称《要释》，将地球放在绕日运行的轨道上——这一想法不仅与亚里士多德等伟人的观点相冲突，还违背了天主教的正统。哥白尼是主修教会法的学生，又是主教的外甥，深知自身主张的敏感性。虽然同时代教会官员鼓励他，但他还是等了 30 年才发表自己的著作。这一著作修正了前人的错误，是新兴科学方法的一大胜利。

爱因斯坦如何重塑了人们的世界观？

到了 20 世纪初，科学家们已经断定光速是个恒量，挑战了速度叠加的古典理论：一个速度为 1 英里 / 小时（约 1.6 千米 / 小时）的游泳者在水速为每小时 2 英里（约 3.2 千米）的水流中游泳，运动速度便为 3 英里 / 小时（约 4.8 千米 / 小时）；但从一列运行的火车上发出的光速仍然为 186000 英里 / 秒（约 299338 千米 / 秒）。阿尔伯特·爱因斯坦得出了方程式，表明空间和时间，以及其他与速度相关的变量，都会因物体速度接近光速而发生改变。天文观测最终也证实了这一点，而飞机上的实验也同样表明，速度增大时，时间会变慢。

爱因斯坦的狭义相对论和广义相对论将三维空间和第四维时间统一起来；用著名的方程 $E=mc^2$ 解释了质量和能量的可转换性；将万有引力重新定义为一种通过弯曲空间产生作用的力。虽然这一效应只有在巨大的距离和高速的运动中才有意义，但理解它有助于开发一些强大的能量，比如核能。

通过哈勃望远镜观测到的霍格天体及其他星系的天体，丰富了有关宇宙如何形成的新知识，进一步影响着我们的世界观。

知识链接

哥白尼时代的地图 | 第一章“制图史”，第 20—21 页
最新的宇宙世界观 | 第二章“新太阳系”，第 52—53 页

喷气式发动机的制造

牛顿三大运动定律

第一定律
物体总是保持静止或运动状态，除非有外力迫使它改变

第二定律
物体所受的外力等于物体的质量乘以加速度

第三定律
作用力和反作用力大小相等，方向相反

自然科学

力学的基本概念是作用于一点上的力能克服摩擦力、重力或其他阻力，从而向另一点运动。人们早就知道这一物理定律，发明家们还设计出机器增强这一效应，达到四两拨千斤的效果。

希腊数学家阿基米德很早就理解了物理现象背后的数学原理。据传，洗澡时水的位移启发了他。他的真知灼见促进了水力的应用，还让人们了解到杠杆的基本原理。他断定，杠杆支撑点离物体越近，离用力点越远时，就越省力。

16 世纪的哥白尼，和其后的伽利略、开普勒等天文学家彻底改变了人类对太阳系以及行星运行规律的认知。他们的成果不仅依靠天文观测，还依靠对运动物体所做的实验、对惯性以及力与距离之间关系的理解。

1665 年，物理学家牛顿开始了长达 20 年的思索和实验，发现了自然科学的一系列普遍规律。1687 年，牛顿出版了不朽的论著《自然哲学的数学原理》（*Philosophiae Naturalis Principia Mathematica*），列出了包括行星在内的物体如何运动以及相互作用的数学公式，这至今仍是自然科学与工程学中至关重要的工具和概念。

知识速记 | 现在的力学有三种不同的理论：爱因斯坦的相对论适用于星系，量子力学适用于亚原子，而牛顿力学定律适用于日常生活中的物体。

知识链接

古希腊的历史和文化 | 第七章“古希腊和波斯”，第 274—275 页
不断变化的世界观 | 第八章“科学世界观”，第 326—327 页

什么是功？

科学家们完善并扩展了牛顿的定律及其影响，但所有力学归根结底都在于运动。而与牛顿三大定律紧密相关的概念就是“功”。

对科学家而言，功必然涉及运动，即特定物体在外力作用下沿力或部分力的方向产生运动，而运动被视为物体间能量的转移。因此，气体压缩、转轴转动、运用杠杆，或者在高度依赖机器的社会中必然存在的无数其他运动和操作都涉及做功。

牛顿运动定律中还有两大关键概念，即力和惯性。力是指保持、改变或扭曲物体运动状态的任何行为。力有大小和方向。惯性是物体的一种固有属性，表现为物体对发生运动和运动状态变化的阻抗。

牛顿根据力和惯性对“功”下的定义适用于自然界的很多领域，包括 1943 年这些监狱犯人干的活儿。

关键词 阿基米德螺旋泵（Archimedean screw）：一种旋转时可取水的螺旋形管道，归功于阿基米德，曾被罗马人用于水务管理。
牛顿（newton）：以艾萨克·牛顿命名。这是力的单位，等于 1 千克质量的物体达到 1 米 / 秒的加速度所需的力。

什么是水力学？

法国数学家、哲学家布莱兹·帕斯卡（Blaise Pascal）奠定了现代水力学的基础，水力学研究液体的特性。帕斯卡在 17 世纪中叶断定，作用于密闭空间内液体的压力会在液体各处均匀传导。这一原理运用广泛，意味着能够通过充满液体的腔体传送和增强作用力。帕斯卡发明了注射器、水压机以及液压系统，后者在现今的机动车刹车和转向系统中很常见。

几十年后，瑞士物理学家丹尼尔·伯努利（Daniel Bernoulli）研究了流水的性质，发现液体压强随着速度减小，这一现象解释了水通过管道时的运动，气流经过机翼两侧时也遵循这一法则，这也是空气动力学和飞行的基本原理。

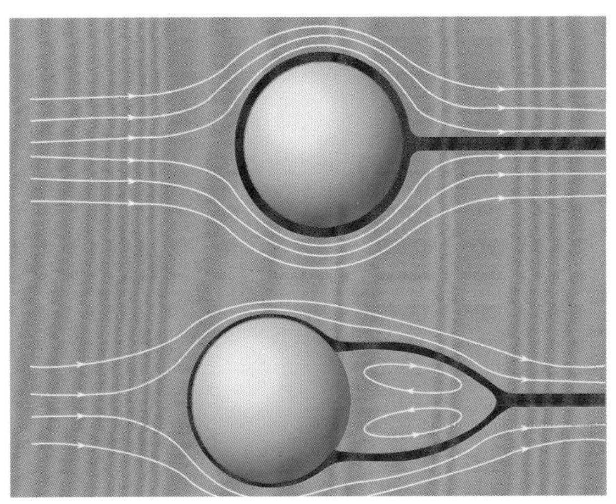

伯努利定理（Bernoulli's theorem），以瑞士物理学家丹尼尔·伯努利命名，描述液体（黄色部分）在运动物体周边（绿色球体）的运动状态。伯努利定理在飞机设计中至关重要，有助于工程师分析空气中的湍流（右下方的黄色椭圆）。

知识链接

交通运输史中的航空发展 | 第六章“交通运输”，第 252—253 页
启蒙运动及其哲学影响 | 第七章“革命”，第 298—299 页

物理学

物理学的研究对象是构成世界的成分（形成恒星、行星和人的根本"物质"）及其运作原理，因此是化学、生物学和其他科学的基础规律。

早期的自然哲学家（科学家曾有的称呼）大多依靠辩论而不是做实验，中国、印度和希腊的理论家们针对物质的本质都提出了不同的基本观念。辩论在公元前5世纪左右的希腊尤为激烈，巴门尼德（Parmenides）的追随者们与德谟克利特（Democritus）的追随者们展开论战，前者认为一切自然事物都由土、空气、火和水组成，而后者则主张世界是由看不见的、不可分割的单位，也就是所谓的原子组成。

在新墨西哥州的桑迪亚国家实验室，这台粒子束聚变加速器能够以 10^{15} 瓦特的功率触发可控的热核聚变反应。

18世纪末19世纪初，这一辩论终结，结果有利于德谟克利特一方，亨利·卡文迪许（Henry Cavendish）和安托万·拉瓦锡（Antoine Lavoisier）证明了水和空气都可以分解为其他成分，其中之一就是拉瓦锡命名的氢。基于上述还有其他发现，英格兰教师约翰·道尔顿（John Dalton）推测，物质都由基础元素（或称原子）组成。20世纪初，欧内斯特·卢瑟福（Ernest Rutherford）主张，原子也有其组成部分：质子、中子和电子。

于是科学家们提出了这个问题：是什么将这些原子聚在一起的呢？从1864年开始，詹姆斯·克拉克·麦克斯韦（James Clerk Maxwell）列出等式，表明电和磁相互作用时会产生电磁波。电磁力如今被认为是将物质聚拢的四大基本力之一，还有强力、弱力和引力，其中弱力作用于亚原子级别，而引力作用于天体之间。

20世纪，尼尔斯·玻尔（Niels Bohr）和沃纳·海森堡（Werner Heisenberg）等研究者们奠定了量子力学的基础。这门学科的基本观点是，物质基本粒子的运动更类似于波。量子力学把电磁和光与原子结构结合到了一起。

知识链接

行星地球的组成元素 | 第三章"地球的元素"，第90—91页
地球大气层的组成元素 | 第三章"地球的大气层"，第104—105页

什么是弦理论？

指人们为了找到解释宇宙的基本思路而形成的理论。这个理论声称，将原子聚集到一起的引力、电磁力、强力和弱力都通过无限小的能量线的振动而联系在一起。

尽管迄今没有任何实验证明，但弦理论在20世纪60年代就有了深入的研究。研究发现，描述质子和中子间联系的数学模型表明，能量是一条振动的弦。弦理论学家假设，这一"结缔组织"在多达11个维度内运行。除了3个维度能看见，其他的都因太小而无法观测。

知识速记 | 弦理论假设的共振能量线约 10^{-33} 厘米大小。

什么是夸克？

早期的原子模型相当简单，带负电的电子环绕在由质子和中子组成的原子核周围，就像一个微型太阳系。然而，20世纪30年代初，宇宙射线分析以及粒子加速器实验陆续发现了许多新型粒子。

20世纪60年代初，美国物理学家默里·盖尔曼（Murray Gell-Mann）猜想，质子和中子由更小的粒子组成，并借用詹姆斯·乔伊斯（James Joyce）小说中的词称为"夸克"。他认为夸克必须有"六味"（上、下、顶、底、粲和奇异）才能解释原子的行为。这六种夸克随后全都得到实验证实。上夸克和下夸克带有少量电子电荷，是质子和中子的组成部分。

若A是成功人生，则A=X+Y+Z。其中X为勤勉工作，Y为休闲娱乐，Z为闭紧嘴巴。

——阿尔伯特·爱因斯坦，1950年

阿尔伯特·爱因斯坦 / 相对论理论家

阿尔伯特·爱因斯坦（Albert Einstein，1879—1955）出生在德国的乌尔姆，就读于苏黎世联邦理工学院，在伯尔尼做一名专利审查员，26岁在德国杂志《物理学年刊》上发表了狭义相对论的文章。这一成果源于他16岁时在脑子里想象的一次实验，他想象着自己在一束光上骑行，尽管光速是恒定不变的，可另外一束平行光束为什么看来是静止的？他为此冥思苦想。爱因斯坦的狭义相对论和广义相对论最终将物质与能量、时间和空间结合在一起，它们重新定义了引力的工作原理，推动了原子能和核武器时代的到来。

知识链接

"二战"中的原子弹 | 第七章"1939—1945年的第二次世界大战"，第314—315页
爱因斯坦如何重塑我们的世界观 | 第八章"科学世界观"，第327页

工程学

工程学指利用能源和材料创造事物，比如一座大楼、一座纪念碑、一个计算机网络等。工程学追求实际应用，早期的工匠因此能够运用力学和化学的最初发现创造出屹立数千年的建筑。

公元前2550年，英霍蒂普（Imhotep）是第一位留下姓名的建筑师，他在埃及的萨卡拉建造了阶梯金字塔。公元前1世纪，维特鲁威在罗马出版书卷《建筑十书》（*De Architectura*），书中广泛综述了罗马斗兽场和沟渠网络中使用的建筑方法和材料。罗马的土地测量人员，或称勘测员，运用基础数学、铅垂线、水平仪和直角尺为当时世界头号帝国划定了边界。

一千多年后，哥特式大教堂及其他建筑结构用上了更高水平的应用数学和材料科学，正如法国建筑师维拉尔·德·奥内库尔（Villard de Honnecourt）在素描画中所呈现的那样。然而，当时的工程天才和现在一样常常脱离建筑项目，转向投石机、围城工具及其他战争器械等军事应用。

在传统上，工程考虑的是建筑和公共项目，像公路、码头、灯塔等。1782年，英格兰工程师约翰·斯米顿（John Smeaton）创造了“土木工程师”这一新词，标志着工程学的新方向，因为工程学开始受到科学革命和工业革命的双重影响。新科技出现了，能够释放并运用电能、化学能、热能以及最终的原子能。

工程的历史和发明的历史难以分割。例如18世纪50年代约翰·斯米顿发明的能在水下凝固的砂浆；18世纪70年代工业革命破晓之时詹姆斯·瓦特改良的蒸汽机；19世纪下半叶亚历山大·格雷厄姆·贝尔的电话和托马斯·爱迪生的电灯。20世纪见证了无数发明和各个学科上的进步，对原子的认识创造了对核工程师的需求，计算机的出现也催生出众多新型的工程专业，包括软件编程师、芯片设计师和网络架构工程师。

旧金山的金门大桥是1937年竣工的一项大工程，也是早期大跨度悬索桥的一个范例。

知识链接

古代金字塔的建造 | 第七章“古埃及”，第268—269页；第七章“早期南美洲”，第290—291页

古代中国长城的建造 | 第七章“古代中国”，第272—273页

高强度工程材料

工程学上的进步不断应用到传统的建筑领域。合成材料的诞生，让工程师们在改变某些设计指导原则时更加游刃有余。

早期的建筑师力求坚固，用宽阔的金字塔地基或拱顶的楔石来平衡建筑的内部作用力，现代工程师们则转而追求使用安全性。

现代桥梁允许材料随温度变化伸缩。现代摩天大楼建在橡胶层之上，支柱下方还有钢珠轴承，允许建筑摇摆以缓冲地震和强风的影响。新型工程材料通常是在分子水平上进行过处理的合金或混合金属，在设计时就考虑到了强度和伸缩性。

关键词 热力学（thermodynamics）：关于热能、功、温度和能量之间关系的科学。系统工程（systems engineering）：工程学的一个分支，利用工程学其他各分支以及科学的知识来规划和开发更为抽象的系统，比如工作流程或风险评估。

古代世界七大奇迹

尽管早期的建筑师们只具备基础的科学知识，但是建成闻名遐迩的“古代世界七大奇迹”需要非凡的技艺和规划。

吉萨金字塔（the Pyramids of Giza）是唯一尚存的古代奇迹。虽然确切的建筑方法不得而知，但其设计上的数学精准度却是毋庸置疑的。高 350 英尺（约 106.68 米），宽 180 英尺（约 54.86 米）的阿尔忒弥斯神庙（Temple of Artemis）遗迹还在土耳其原来的地方，而摩索拉斯王陵墓（Mausoleum of Halicarnassus）的残片现保存于大英博物馆里。其他的古代工程奇迹已经湮灭，罗得岛太阳神巨像（Colossus of Rhodes）高 105 英尺（约 32 米），屹立在古希腊城市港口，后来毁于地震；亚历山大灯塔（Pharos of Alexandria lighthouse）高 350 英尺（约 106.68 米）；奥林匹亚宙斯神像（Zeus at Olympia）约建成于公元前 430 年，高 40 英尺（约 12.19 米）；巴比伦空中花园，至今尚有争议，还在寻找其所在位置。

土耳其的阿尔忒弥斯神庙是古代工程的一大奇迹，建于约公元前 6 世纪，它使帕特农神庙（Parthenon）相形见绌。公元前 333 年，亚历山大大帝曾对其赞不绝口。而 500 年后，哥特人将之夷为平地，只留下一根石柱孤立至今。

知识速记 | 人们认为，古埃及人利用一套水渠系统来确保金字塔不倾斜。

知识链接

数字与计数系统的发展 | 第八章“计算与测量”，第 322—323 页
计算机作为设计与计算工具 | 第八章“计算机科学”，第 352—353 页

机器人学

从电影《大都会》(*Metropolis*)到《终结者》(*The Terminator*)，机器人革命长期以来一直是科幻小说中的经典主题，近年来先进机器的普及说明机器人时代的到来似乎真的是不可避免的。

但是在主仆角色调换之前，我们这个世界的机器人必先完成一个简单的任务：有效识别猫。2014 年，谷歌搭建的“神经网络”用了 16000 台计算机来完成这一“壮举”，尽管这是蹒跚学步的幼儿靠本能反应就可以做到的事情。判断“猫科性质”的算法正在快速精进，虽然连小孩子都知道比如椅子这样有四条腿的物体不是猫，但是在机器人真正取代人类之前，思维与计算的区别是机器人工程师们需要跨越的一道巨大鸿沟。2011 年，美国国际商用机器公司(IBM)的沃森超级计算机(Watson supercomputer)在一档名为《危险边缘》(*Jeopardy!*)的智力问答节目中胜出，不过它仍然犯了多伦多属于美国这样的错误。

机器人正在迅速进入世界各个角落。一项研究估计，未来 20 年美国高达 45% 的工作岗位都可以被合格的机器人取代。律师事务所对律师助理的需求已经缩减了，因为计算机程序现在能够处理诉讼案情摘要，并合成大型文件。

像 DaVinci 这样的外科机器人安装了摄像头和手术工具，比人类外科医生的动作更精准。

人们从工业革命开始就担心机器会取代人类。虽然这种担忧对于许多工作来说合情合理，但机器也能辅助人类工作，而不是替代人类工作。总体来说，机器和计算机可以通过机械化工具增强人类的力量，借助信息处理增加人类的智慧，利用通信和遥感技术拓展人类的可及范围。但这些机器人不会自动运行，它们需要指令。指令是人类为每项任务设定过程和规则并审查结果，是要确保从亚马逊网站运过来的一本书，书是关于盒子里的猫的，而不是关于木工活或者长尾小鹦鹉。

网络零售商是机器人学的主要应用者，也是人机合作的主要倡议者。在亚马逊公司庞大的产品仓库里，大批起重机器人将一货架的产品运送给包装工人，所以工人无须费时去找正确的产品。亚马逊公司在 2018 年已经在全球范围内使用了 10 万台机器人。

医院依赖机器人完成从搬运衣物到协助精细外科手术等任务。2010 年，世界上第一起完全由机器

知识速记 | 首批机器人之一是由他林敦(Tarentum)的阿尔希塔斯(Archytas)在公元前 5 世纪制造的。它是一只机器鸟，由蒸汽或压缩空气提供动力。

知识链接

计算机编程 | 第八章“计算机科学”，第 352—353 页
现代企业和贸易 | 第六章“今天的世界贸易”，第 256—257 页

人实施的外科手术在加拿大蒙特利尔的麦吉尔大学医疗中心（McGill University Health Center）完成，当时一对名为 DaVinci（外科医生）和 McSleepy（麻醉师）的机器人切除了一位病人的前列腺。一个外科小组通过视频控制 DaVinci 的胳膊，观察人员同时在屋子里密切地监控手术操作。机器人在手术过程中具有比人更好的稳定性和更高的精确度，但至少在现阶段，操作人员仍需决定在何时何处开刀或缝合。

去往人所不及之处

数以千计的军用和警用机器人已经成功部署，去从事一些对人类而言过于危险的工作。机器人可以清除战区的地雷，检测城市街道上的可疑包裹，还能提供不稳定建筑物的 3D 成像。实战机器人可以侦察危险地区的敌情，保护士兵安全，就像 iRobot 公司制造的派克波特（PackBot），被用于识别炸药、化学武器和放射性物质。

2011 年 3 月，一场海啸摧毁了日本部分地区，严重破坏了福岛第一核电站。这一事故泄漏的辐射致使 30 万人撤离，后续清理还得耗时数十年。在这一类危情中，人类借助机器人进行损伤分析、辐射监测和残骸清除。

知识速记 | 澳大利亚研究人员正在制造微观机器人，它们可以像大肠杆菌一样自由移动，从人体内部进行活体组织切片取样。

本田公司的机器人 Asimo 模仿人类动作，它能够识别人类面孔、姿势和手势，与周围的环境互动。

什么是机器人？

机器人和其他技术或机器之间的分界线并不总是那么清楚，部分原因在于科学家们对于什么样的机器才算机器人至今没有达成共识。一般而言，机器人是自主或半自主机器，可以通过活动部件或指令应对自然环境。

最基本的机器人只需要感知事物，并对感知到的事物进行决策计算，然后实施行动，它们可能类似人或其他动物，具有模仿“思考”和自主行为的能力。而具有更广泛能力和决策技能的类人机器人越来越常见，比如本田公司的 Asimo 型机器人就像一个穿着宇航服的小人，巴克斯特（Baxter）则是一个机器人工厂的工人。创造巴克斯特的机器人技术公司（Rethink Robotics）声称，这款机器人具有的一大优势就是可训练，你可以亲自教它，而不用下达程序指令。

尽管如此，今天的机器人对人类的依赖程度仍然很高，不管是需要正确坐标来确定移动方向的机械臂和其他工厂设备，还是需要人工指令的众多军用装置。然而，随着人工智能研究的进步，机器人或许有一天能够自主决策。

知识链接

极端天气事件 | 第五章“风暴”，第 186—189 页
车间里的机械化 | 第七章“工业革命”，第 302—303 页

化学

早在化学成为一门学科之前，人们就开始处理在大自然中发现的物质了。尽管对化学反应的原理知之甚少，但古代的兵器、制陶术和其他人工制品都反映出当时人类具有应用化学反应的实践知识。

早期的哲学家认为，一切事物都由土、空气、水和火等基本物质构成。化学作为现代科学一直与炼金术等经久不衰的伪科学混淆不清，直到科学革命深入人心，就连艾萨克·牛顿也有过合成金子的轻率想法。罗伯特·玻义耳（Robert Boyle）也难免俗，尽管他被认为是17世纪现代化学创始人之一，做过大量实验，拒绝接受希腊的旧观念，支持更为广泛适用的物质学说。

玻义耳时代的化学主要研究气体。比如，玻义耳定律描述了气体体积和压强成反比关系。随着时间的推移，燃烧氧化过程引起了特别关注。18世纪之前，燃烧理论注重燃素的研究，德国的乔治·恩斯特·施塔尔（George Ernst Stahl）假设，燃素是让物体燃烧的物质。

法国化学家安托万·拉瓦锡不满足于燃素理论，他运用先进的测量工具分析不同物质的组成部分。拉瓦锡注意到，硫和磷燃烧后比燃烧前更重，这一发现与燃素被消耗一说相左。英格兰化学家约瑟夫·普里斯特利（Joseph Priestley）一直在做关于一种气体的实验，结果表明有了这种气体蜡烛会燃烧得更旺，没有它会使动物死亡。拉瓦锡确认了这种气体，并称为“氧气”，它是燃烧和呼吸的关键。拉瓦锡、普里斯特利、英格兰贵族亨利·卡文迪许以及苏格兰化学家约瑟夫·布拉克（Joseph Black）等人的成果结晶，为现代原子和化学理论奠定了基础。

19世纪末和20世纪初，物理学的进步帮助回答了另一个基本问题：为什么原子总是聚在一起？电子的发现把研究焦点聚集到化学键的电能上。尼尔斯·玻尔的量子力学和莱纳斯·鲍林（Linus Pauling）的化学研究表明，一个原子最外层的价电子决定了这个原子与其他原子的结合能力。分析装置和工业方法的进步带来了大量实用发现和合成化学发明，至今依然在继续，包括从石油中合成纤维与塑料、揭示支持生命活动的复杂化学过程等。

约1915年，托马斯·爱迪生的实验室，坐落在新泽西州的西奥兰治，这位伟大的科学家和他称为“野蛮人”的助手们每周都在这里工作55个小时。

知识链接

氧气的发现 | 第三章“地球的大气层”，第105页
古希腊的历史和文化 | 第七章“古希腊和波斯”，第274—275页

元素周期表如何使用？

19 世纪 60 年代末，俄罗斯化学家德米特里·门捷列夫在为教材制作元素周期表的时候，留意到根据原子量将元素分组具有相似性：每个元素都和其后的第 8 个相似。这一发现促使他列出了元素周期表，一直沿用至今。通过将元素排成纵横列，将相似的物质放到一栏，门捷列夫准确预测出了终将被发现的其他元素。后来，元素周期表被重新排列，以反映原子核中的质子数（一个元素的原子序数）。元素周期表中共有 118 种元素，其中有 90 种存在于大自然。

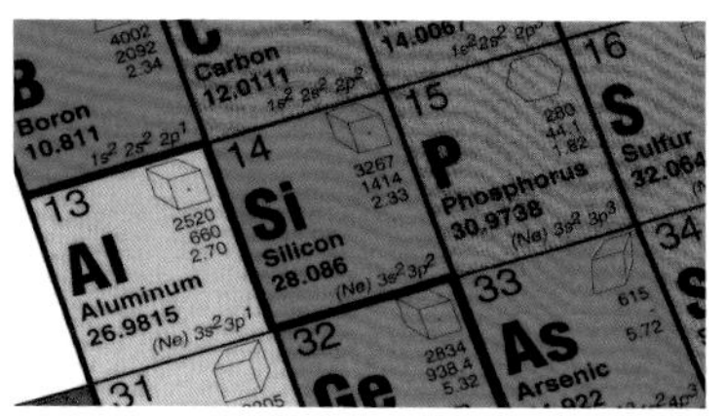

在元素周期表中，每个元素都由原子序数、字母符号和原子量表示。

关键词 超导电性（superconductivity）：固体冷却到低于其特征温度时，其电阻会完全消失。超导体排斥磁场，有广泛的工业用途。

这一发现是我们原来五人组中任何一个人所体验过的最高精神历程之一。

——理查德·斯莫利，1996 年

理查德·斯莫利／富勒烯的发现者

德米特里·门捷列夫首创的元素周期表并不完整，挑战仍在继续。1985 年，理查德·斯莫利（Richard Smalley，1943—2005）所在的三人化学家小组发现了新型的天然碳，可能具有颠覆性。用激光在氦气中汽化石墨棒，形成了 60 个碳原子组成的环形完美对称结构，这令人想到美国建筑师巴克敏斯特·富勒（Buckminster Fuller）创造的圆形穹顶结构，因此这些球形结构被称作富勒烯（Fullerene）或巴基球（Buckyball）。1996 年，斯莫利因此项发现获得诺贝尔化学奖，成为纳米技术的先驱。据估计，由富勒烯制成的材料强度是钢的 50 到 100 倍，重量却轻了很多。

富勒烯是由 60 个碳原子组成的分子结构，呈笼状（右图）或柱状。笼状富勒烯原子叫作巴基球，而柱状富勒烯叫作纳米管。纳米管具有导热性、导电性和极大的抗张强度。这一元素 1985 年才被发现，以极富远见的建筑师巴克敏斯特·富勒的名字命名。

知识速记 | 开尔文勋爵（Lord Kelvin）确定了绝对零度为 −273.15 摄氏度，不存在冷却到这一温度之下的可能性。

知识链接

元素周期表和地球上的元素 | 第三章“地球的元素”，第 90—91 页
在原子层面上处理物质 | 第八章“纳米技术”，第 360—361 页

光学

科学家最初开始研究光是为了解释视觉原理，早期的希腊思想家认为人类肉眼会发出一束光。希腊几何学家欧几里得以一份流传至今的作品展现了透视的基本概念，它利用直线说明了为什么远处的物体看起来比实际中的要短或要慢。

11 世纪，穆斯林学者阿布·阿里·哈桑·伊本·海赛姆（Abu Ali al Hasan ibn al-Haytham）回顾了欧几里得和托勒密的理论成果，推动了反射、折射和颜色的研究。他认为，光从被光照射的物体全方位反射出来，当光线进入肉眼时就会成像。

得益于 16 世纪末和 17 世纪改良的玻璃研磨技术，荷兰数学家维勒布罗德·斯内尔（Willebrord Snell）等研究人员发现，光经过透镜或液体时会发生折射。尽管他同时代的人认为光速无限大，但 1676 年丹麦天文学家奥勒·罗默（Ole Rømer）利用望远镜观测木星卫星的结果，估算出光速为 14 万英里/秒（约 22.5 万千米/秒）。大约在同一时期，艾萨克·牛顿用棱镜证明了白光可以分离成基本色光谱，他认为光由粒子组成。而荷兰数学家克里斯蒂安·惠更斯（Christiaan Huygens）把光描述为一种波。

19 世纪，光的波粒之争更为激烈。英格兰物理学家托马斯·杨（Thomas Young）的实验表明视觉表现出类似波的行为，因为光源似乎可以相互抵消或强化。苏格兰物理学家詹姆斯·克拉克·麦克斯韦的研究统一了电场力和磁场力，并表明同样的方程也能描述光。他假设可见光和不可见的电磁力都沿着同一光谱衰减。

19 世纪末和 20 世纪初，量子物理学的到来增进了人们对光的认知。阿尔伯特·爱因斯坦通过研究受到光束冲击的栅极所发射出的电子（光电效应）得出结论：光来自他所谓的光子，当电子改变其围绕原子核的轨道，然后跳回到原来的状态时，光子就会发射出来。虽然爱因斯坦的发现似乎支持光的粒子说，但后续试验表明，光和物质本身都具有波粒二象性。

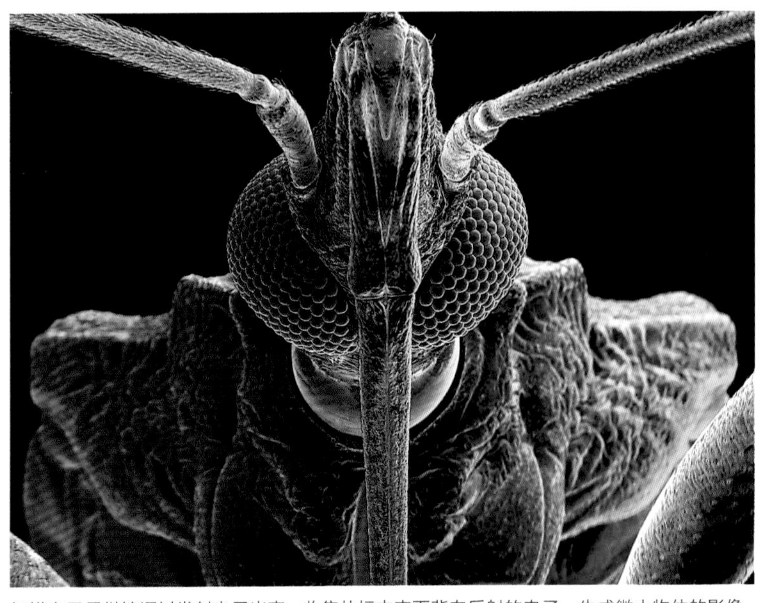

扫描电子显微镜通过发射电子光束、收集从标本表面背向反射的电子，生成微小物体的影像，如昆虫的脸部（上图）。该仪器将光转变为电流，并放大 10000 倍以上。

知识链接

太阳——地球上光的来源 | 第二章“太阳”，第 54—57 页

光的性质 | 第三章“地球的大气层”，第 104—105 页；第三章“光”，第 108—109 页

激光是如何应用的?

爱因斯坦在光电效应方面的研究催生了激光，全称为“受激辐射光放大”（light amplification by stimulated emission of radiation）。通常，受激发的电子从一量子态跃迁至另一量子态，在回到原级时会发射一个单光子。但爱因斯坦预言，已经受到激发的原子受到适当刺激时会发射两个相同的光子。后续试验表明，某些材料，如红宝石，不仅具有这种反应，而且所射出的光子完全一致，不同于手电筒发出的散射光，所有的光都有相同的波长和振幅。

这些强聚光束现在相当常见，如杂货店里的扫描仪、便携式指针，以及医院手术室和重工业车间等地方的切割器材。

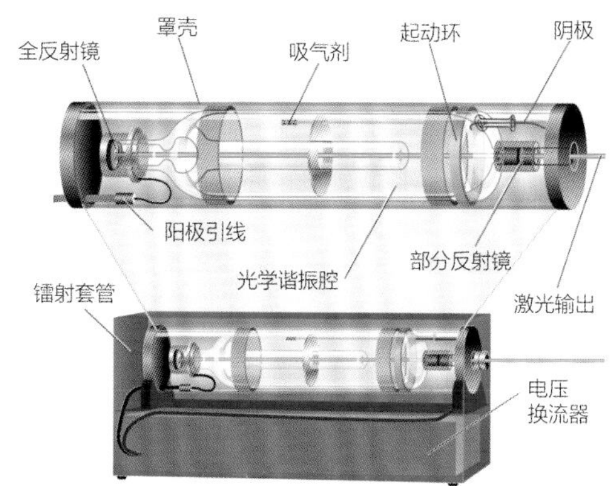

激光发生器使光穿过一个用来形成大量相位、波长和方向相同的光子的装置，就产生了一束细小的相干光束，光束具有许多有用的特性。

什么是全息摄影术?

全息摄影术发明于1948年，它通过分解光源，将影像的一部分光反弹到照相底板上，而其余部分则直射到底板上形成背景，以创造出高品质的图像。1964年，这一方法有了实用价值，密歇根大学（University of Michigan）的埃米特·诺曼·利思（Emmett Norman Leith）及其同事设想利用激光刻画三维图像。强大的光源改进了原本这种多半只有学术价值的方法。今天，全息摄影术广泛应用于防诈骗的信用卡和货币，在工程和医疗等各种领域也有所作为。

光学新趋势

更精准的光子操作可以帮助研究人员制造量子计算机。比起今天的超级计算机，量子计算机的运算速度呈指数级加快，还能够用量子加密技术保护数据。

非线性光学始于1961年。当时，研究人员让高强光穿过一种晶体，结果发现至少有一部分光的频率增长了一倍。这种倍频效应促进了信息处理、电脑运算和物理分析的发展。比如，共振电离光谱把脉冲激光器与非线性光学设备结合起来，创造出了具备单原子层级敏感度的分析仪器。

激光帮助地理学家们测量加利福尼亚州马默斯湖畔长谷火山口形状的微妙变化，这些湖泊近期受到地震活动影响。

知识链接

爱因斯坦对现代物理学的影响 | 第八章“科学世界观”，第326—327页；第八章“物理学”，第330—331页
激光在手术中的应用 | 第八章“手术”，第344页

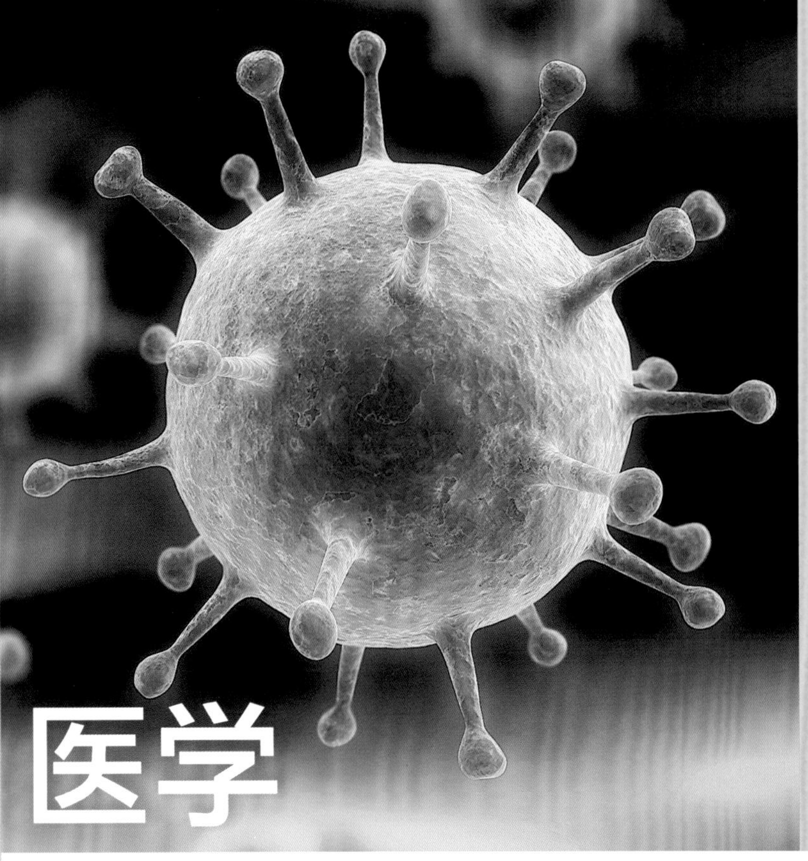

医学

医保费用

世界上医保费用在国内生产总值（GDP）中占比最高的国家

美国	17.9%
马绍尔群岛	15.6%
利比里亚	15.5%
图瓦卢	15.4%

世界上医保费用在国内生产总值（GDP）中占比最低的国家

文莱	2.3%
卡塔尔	2.2%
土库曼斯坦	2.0%
缅甸	1.8%

部长 65 英尺（约 19.81 米）、可追溯至公元前 1550 年的古本手卷也许是世界上第一部医书，书中罗列了埃及医师们 700 余张药方，用于治疗从肿瘤到鳄鱼咬伤等各种疾病。这本《亚伯斯古医籍》（*the Ebers Papyrus*）于 1872 年被德国的埃及古物学家发现，并以他的名字命名。即便内容没有太多可借鉴之处，它也至少体现了早期人类对了解人体和治疗疾病的渴望。

约公元前 500 年，希腊医师阿尔克迈翁（Alcmaeon）第一次解剖人体。生活于约一个世纪之后的希波克拉底（Hippocrates）是第一名执业医师，他悉心呵护患者，流芳百世。因此，今天的医生要以“希波克拉底誓言”（Hippocratic Oath）宣誓，保证尽一切努力救死扶伤，还病人健康。

公元 2 世纪时的医师克劳狄乌斯·盖伦（Claudius Galenus，英语名作 Galen），是一位了不起的医生，也是实验生理学的创始人。盖伦认为，疾病源于体液失衡，该理论在解剖盛行的情况下依然影响后世数千年。16 世纪时，瑞士医生帕拉塞尔苏斯（Paracelsus）对矿工的肺部问题进行观察，发现疾病由外因引起，因此被誉为向盖伦理论“宣战”的第一人。

17 世纪时，英格兰医生威廉·哈维（William Harvey）发现了从心脏到人体的血液循环，而荷兰显微镜学家安东尼·范·列文虎克（Antony van Leeuwenhoek）则观察到了红细胞。

知识链接

巴斯德在微生物学领域的发现 | 第四章“细菌、原生生物和古菌”，第 149 页
古埃及的历史和文化 | 第七章“古埃及”，第 268—269 页

什么是抗甲氧西林金黄色葡萄球菌（MRSA）？

抗生素虽拯救了无数生命，但广泛使用会促使细菌变异而产生抗药性。抗甲氧西林金黄色葡萄球菌，或叫 MRSA，就是这样一种病菌。2005 年，约有 94000 人感染抗甲氧西林金黄色葡萄球菌，其中 19000 人死亡。2007 年，多家学校因消毒停课，公众卫生意识飙升。包扎伤口、不共用毛巾或私人物品等基本卫生习惯是有效的防护，额外的预防措施也有效果。到了 2011 年，每年死于抗甲氧西林金黄色葡萄球菌的病例已降至 1 万。

关键词 细胞凋亡（apoptosis）：源自希腊语 apo 和 ptosis，意为“从……落下”。指人体会定期杀死或替换一些受损细胞或老龄细胞，例如每天约有 700 亿个细胞从死皮中脱落。细胞凋亡或许可在防癌治疗中发挥作用。

什么是干细胞疗法？

胎儿发育初期，胚胎中含有的通用基因物质称为干细胞。这些未分化的细胞渐渐形成其他干细胞和构成身体其他部位的组织。研究发现，从一种叫作胚囊的早期胚胎中培育的干细胞可替换因心脏病、糖尿病、帕金森等病症而受损的细胞。

但由于提取干细胞的过程会摧毁胚胎，这一研究引起了伦理争议。研究人员已在寻找替代来源方面取得了很大进展，包括成年人捐献的细胞、新生儿脐带中的造血干细胞等。这些干细胞被用于治疗白血病和淋巴瘤等血液疾病。

什么是艾滋病（AIDS）？

人类免疫缺陷病毒，简称 HIV，能够侵蚀免疫系统，引起获得性免疫缺陷综合征（AIDS），使得人体易受疾病的侵害。全世界约有 3500 万人受此影响，自 20 世纪 80 年代以来，这就一直是公众最为关注的健康问题。虽然艾滋病还无法治愈，但能够对它进行药物抑制。2010 年至 2013 年，全球约有 1300 万名艾滋患者接受了治疗。艾滋病可能源自 20 世纪前半叶的赤道非洲，因人类食用了感染猿猴免疫缺陷病毒（SIV）的大猩猩而侵入人体。研究人员猜测，艾滋病毒是从非洲传播到海地的，而非洲至今仍是艾滋病最严重的大陆。

在泰国曼谷生产的抗逆转录病毒药物（上图）专门用于对抗人类免疫缺陷病毒（对页图）。

知识速记 |1981 年美国确诊首例艾滋病，通常认为艾滋病毒是在 1969 年至 1972 年进入美国的。

知识链接

亚历山大 · 弗莱明和他发现的青霉素 | 第四章“真菌和地衣”，第 135 页
历史上的疾病：黑死病 | 第七章“1000—1500 年的中世纪”，第 281 页

思维和大脑

早在公元前 6 世纪，一名希腊医生进行解剖时就注意到视神经与大脑之间的联系。整个文艺复兴期间的解剖学研究渐渐绘制出大脑、脊柱和神经之间的脉络图，神经在人体内传递神经信号。宗教和哲学的世界观一般认为思维和人体各自独立，但解剖学的进步成果表明，两者之间密不可分。18 世纪末，意大利教授路易吉·伽伐尼（Luigi Galvani）给死青蛙的肌肉组织通上静电后令其肌肉组织痉挛。这一重大发现证明，意志甚至是生命力本身都以身体为基础。其后数十年里，对人体电疗的研究和临床应用被称为“直流电疗法”（也称“伽伐尼疗法”），以示对他的纪念。

致力于理解大脑如何发送信号的努力演变成了今天的神经科学，这一领域开始为曾被认为是纯心理的疾病提供解剖学和生化学方面的解释和治疗，这些疾病与情感和态度有关，而非器质性病变。

19 世纪末和 20 世纪初，西班牙医师兼解剖学家圣地亚哥·拉蒙－卡哈尔（Santiago Ramón y Cajal）极为详细地描述了神经系统，利用硝酸银染色剂标识基础神经细胞或神经元。人体中有数十亿神经元，通过细胞间释放的化学神经递质，在庞大的神经网络内实现信息传递。根据化合物和信息来源，这些信号可以调节人体内部器官的自主运行，也可以生成梦境。

早期的研究将大脑不同区域与不同活动联系起来，高级功能位于大脑皮层，左半边是语言区，右半边是记忆区。电磁成像技术的发展进一步完善了这一研究。例如，2005 年宾夕法尼亚大学的研究人员利用功能性磁共振成像技术记录了人受到压力时前额皮质血流量增加的情况。神经递质的研究发现多巴胺和血清素等化学物质与各种疾病和障碍有关，这一发现为抗抑郁药的研发奠定了基础。

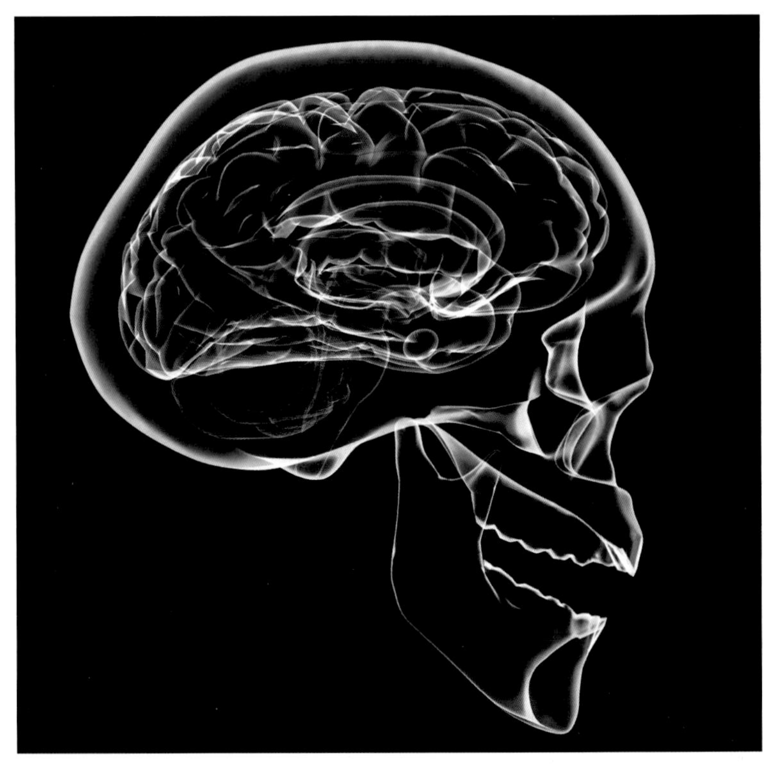

一张 X 光图揭示了人类大脑惊人的复杂性。当前，生理学与心理学相结合，促进了对精神疾病的理解和治疗。

知识链接

脑容量最大的动物 | 第四章“动物的奥秘”，第 170 页
成像技术的进步 | 第八章“光学”，第 338—339 页

最常见的精神疾病有哪些？

精神疾病包括人类普遍具有且一般无须治疗的轻微神经衰弱症与同现实严重分离的重症。与精神分裂症类似，躁郁症的一种，是较为严重的精神错乱。一些精神病具有遗传性，还可能涉及脑化学失衡。而自恋、边缘型人格障碍等人格缺陷涉及一贯的反社会行为，还与生化影响和社会影响相关，导致自律性无法控制个体。

阿尔茨海默病属于大脑退行性疾病，会引起老年人智力下降。而孤独症患者多为儿童，会导致言语能力发展中断，社会行为失当，对环境变化极为敏感。

抑郁症难题

脑叶切除术（lobotomy）是一种颇具争议的外科手术，需切除大脑中控制人类情感和社会行为的前额叶。该手术的先驱是 20 世纪 30 年代的葡萄牙神经学家安东尼奥·埃加斯·莫尼斯（António Egas Moniz），他为备受严重精神疾病煎熬的患者施行了这种手术。

今天，抑郁症借助抗抑郁剂进行治疗，抗抑郁剂增加可用的血清素或去甲肾上腺素（与神经细胞接触时可以提振情绪的化学物质），通过抑制细胞吸收这些化学物质或令其休眠来达到治疗效果。

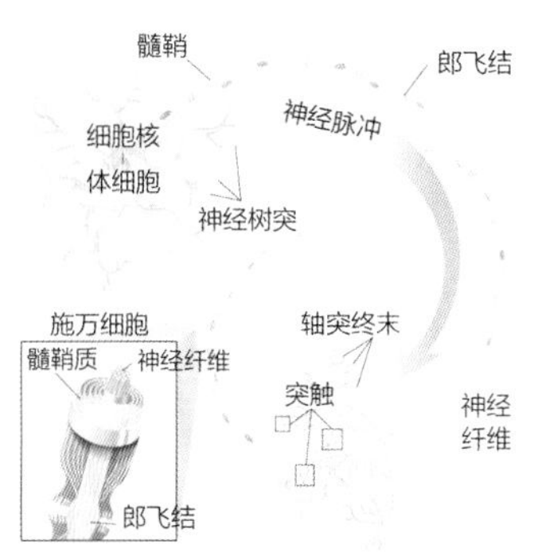

神经元，或称神经细胞，通常有一个轴突（细胞用来传递脉冲的部分），通过轴突与其他神经元、肌细胞或腺细胞联系。

知识速记 | 最近，大脑图绘制工作正在揭开大脑神经元之间数万亿神经连接的奥秘。

谁的思想塑造了现代心理学？

现代精神分析学创始人西格蒙德·弗洛伊德（Sigmund Freud），将个体划分为冲动的本我、日常生活中的自我和控制自己的超我。

卡尔·荣格（Carl Jung）与弗洛伊德分道扬镳，他站在文化甚至是生物学角度上强调固有的思维模式，并称之为原型（archetypes），认为这才是行为的驱动力。

人类学家克洛德·列维－斯特劳斯（Claude Lévi-Strauss），他认为人受到不言而喻的结构和社会规则的制约，例如禁忌、亲属等。

行为主义创始人伯勒斯·弗雷德里克·斯金纳（B. F. Skinner），他认为奖励和惩罚塑造行为，并创造出一套强化理论用于育儿。

儿童心理学家让·皮亚杰（Jean Piaget），他主张，认知和自我意识形成之前的阶段在很大程度上决定了一个人未来的一生。

知识链接

生物种类 | 第四章“生物多样性”，第 174—175 页
家族和社会中人与人间的联系 | 第六章“人类家庭”，第 222—227 页

手术

借助工具切除或处理人体器官来治疗疾病的想法古代就有。史前的头骨上就发现有打穿的洞，这可能是一种让邪灵或病气外泄的出路。《汉谟拉比法典》写于公元前18世纪，概述了古巴比伦的法律，其中就包括可能是对外科医疗事故的首条处罚：挤脓疮导致患者身亡的医生剁去双手。

鉴于当时感染比较常见，即使是小手术也存在巨大的风险，但这并不意味着早期的所有外科手术都不成功。早在耶稣诞生前的几个世纪，印度医生就成功完成了肿瘤切除、截肢等各种手术。他们发明了一系列金属工具，借助酒精麻醉患者，用热油和焦油控制出血。

之后的几个世纪里，著名的医生包括16世纪时的安布鲁瓦兹·帕雷（Ambroise Paré），他是国王御用外科医师，发明了用绷带包扎伤口，而不再用疼痛万分的烧灼来封闭创口。18世纪末，英格兰外科医生约翰·亨特（John Hunter）积累了大量经验知识，使外科成为一种颇有声望的职业。

然而，对感染、解剖和病因不够了解使得外科手术停留在基础层面，直到19世纪的两大独立发明出现，它才释放出潜力。1846年，马萨诸塞州综合医院的威廉·托马斯·莫顿（William Thomas Morton）在一次手术演示中展示了如何用乙醚进行全身麻醉，减轻患者痛苦，让外科医生更加游刃有余。虽然克劳福德·威廉姆森·朗（Crawford Williamson Long）早几年前就在乔治亚州进行了首例这样的麻醉外科手术，但莫顿的演示推广了这一理念。

20年后，路易·巴斯德（Louis Pasteur）在细菌学上的发现，让苏格兰外科医生约瑟夫·李斯特（Joseph Lister）受到启发，开始把石炭酸涂抹在伤口上来隔绝细菌。到了20世纪末，外科医生已经可以通过切除部分胃或肠成功治愈癌症，而阑尾切除术也成为阑尾炎的标准疗法。

20世纪的科技为外科手术带来了翻天覆地的变化。外科医生可以利用X射线或其他图像进行手术规划，可以依赖激光灼烧、低温冷冻或微型光纤完成更精确的手术操作。有了先进的医疗器械，外科医生能够监控并维持患者的呼吸和血液循环。他们不仅能够切除人体器官，还能用人体替代品或塑料、金属制成的人工替代品来替换器官。

激光束在现代医学中应用广泛，包括修复脱落的视网膜、治疗浅表性膀胱癌等。

知识链接

关于《汉谟拉比法典》| 第七章“美索不达米亚”，第267页
印度的历史和文化 | 第七章“古印度”，第270—271页

什么是腹腔镜手术?

光纤技术和视频设备微型化的进步给外科手术带来了革命，过去需要进行大切口、全身麻醉和长期恢复的手术，如今只需要局部麻醉和一两个小切口即可。

腹腔镜手术借助一条叫作内窥镜的管子在腹腔内器官上实施，管子配备一个光纤灯头、一台视频设备和微型手术器具。外科医生操作经由小切口插入的手术器具时，视频设备也以此方式提供可视指引。输卵管结扎术、阑尾切除术和胆囊切除术等许多外科手术如今都可以通过腹腔镜手术完成。

关节镜运用类似技术对关节和骨头进行检查和治疗。

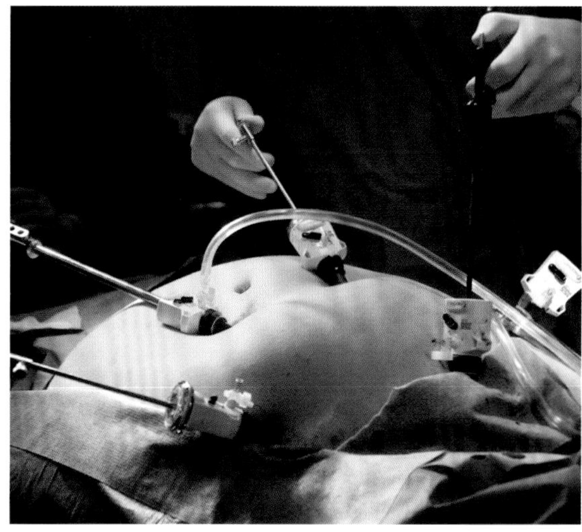

今天的胃旁路手术不再是大型腹部手术，只需几个小切口即可。在相关器官四周用二氧化碳充气，微型器械和摄像头由此可以拍到每一个手术步骤。

知识速记 | 外科激光器可在针尖大小的地方产生 10000 华氏度（约 5538 摄氏度）的高温，起到封闭血管和消毒的作用。

外科手术机器人和虚拟计算机技术正在改变医疗实践。机器人外科手术器械（上图）可提高准确性。1998 年，巴黎布鲁塞医院的心脏外科医生完成了首例机器人外科手术。新科技增强了手术可视度，提升了器械的操作精度。

低温疗法

低体温，即体温降至正常温度之下很多，会有生命危险，就像过度暴露于酷寒环境中。但有些时候低体温也能救人一命，比如水牛城比尔队的凯文 · 埃弗里特（Kevin Everett）。

2007 年的一场橄榄球赛中，埃弗里特跌倒在地，脊髓损伤严重，可能导致残疾。现场治疗的医生当即给他注射了一种冷却液。到了医院，他们在他体内插入一根制冷导管，将体温降低约 5 摄氏度，同时继续做手术处理骨折的脊柱。尽管埃弗里特有瘫痪的危险，但他还是重新站了起来。低温疗法的倡导者们认为，降低他的体温或许是成功所在。

低温疗法仍然备受争议：因为过度冷却有副作用，会引发心脏问题，造成血液凝结，增加感染风险。但支持者们认为，该疗法可有效减缓细胞损伤、肿胀等其他破坏性过程，这样就有可能避免严重伤害后的手术失败。

知识链接

激光的原理 | 第八章“光学”，第 339 页
类似世界卫生组织的其他国际合作形式 | 第九章“国家和联盟”，第 374—375 页

遗传学

巴比伦牧民和农民知道动物的某些特征会代代相传，但可能不知其原因。这个时代的泥板显示，他们还懂得枣椰树异花传粉技术。

然而，遗传学的正式研究直到19世纪中叶才开始，当时，奥地利植物学家和修士格雷戈尔·孟德尔（Gregor Mendel）在修道院的花园中用豌豆做实验。他在不同性状（如种子颜色）的豌豆植株之间小心翼翼地进行异花传粉，结果发现得到的第一代植株表现出的，并不是两株亲本植株性状的混合性状，而是一株或另一株各自的性状。例如，一株红花豌豆与一株白花豌豆杂交，不会产生粉花豌豆后代，而是红花豌豆。此外，在接下来的后代中会再次出现白花，这意味着这一性状并没有丢失，而是隐性遗传下来了。

当时的人们对孟德尔实验得出的遗传基本定律不以为意。直到20世纪初，实验，尤其是用果蝇细胞所做的实验，确认了染色体是遗传信息的载体。之后在1941年，遗传学家乔治·比德尔（George Beadle）和生化学家爱德华·塔特姆（Edward Tatum）携手证明了基因不单单是被动的信息载体，还具有在细胞水平上转录蛋白质的功能。三年后，一个包括细菌学家奥斯瓦尔德·埃弗里（Oswald Avery）、遗传学家科林·M. 麦克劳德（Colin M. MacLeod）和生物学家麦克林恩·麦卡蒂（Maclyn McCarty）在内的小组开始解析基因的组成，确定基因由脱氧核糖核酸（DNA）构成。

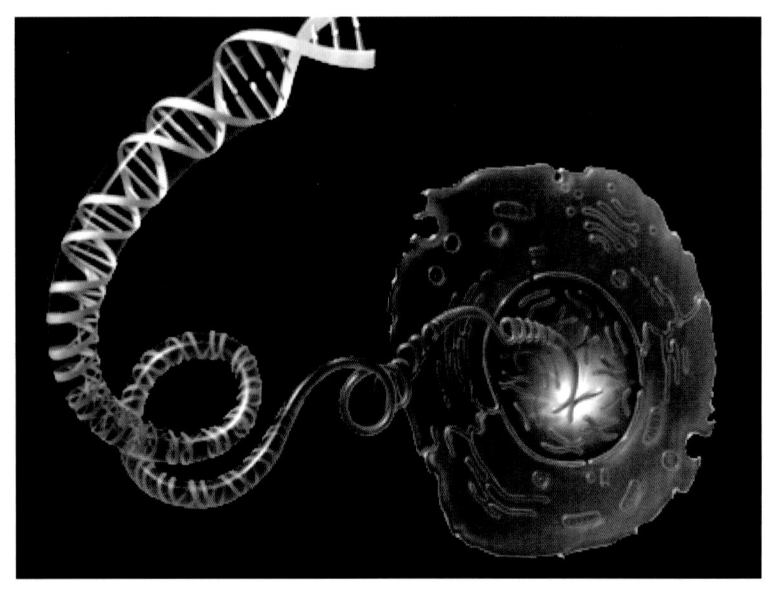

DNA 是双螺旋分子结构，存在于所有人体细胞中的细胞核深处。DNA 有规则地组成染色体，染色体负责传递遗传信息，从出生到死亡，从一代到下一代。

自此之后，新发现层出不穷。1953年，分子生物学家詹姆斯·沃森（James Watson）和生物物理学家弗朗西斯·克里克（Francis Crick）提出了DNA双螺旋结构，即由四大碱基编织成的两条基因链。此后，科学家们确定了单条DNA链上的特定基因，把它们与性状相关联，对这些基因进行拼接、克隆或复制。上述成功催生了新的癌症疗法，使得医生可以通过基因疗法治疗某些先天性疾病，为生物技术人员提供研发新型药物的工具，还使得法医能够利用生物证据来确认个体身份。

知识速记｜干细胞可从人类牙齿上获取，在医疗上用于各种组织的再生。

知识链接

生命不可或缺的元素｜第三章“地球的元素”，第91页
生物的种类｜第四章“生物”，第132—133页；第四章“生物多样性”，第174—177页

人类基因组图谱绘制

现代遗传学的目标是绘制人类基因组图谱，就是我们自身DNA的详细结构。这一工作于2003年基本完成，成果是一份关于30多亿个碱基对的指南，它们组成一个双螺旋阶梯结构，并为生成蛋白质提供编码指令。人类基因组计划（Human Genome Project）发现，这些碱基对构成了大约两万种不同的人类基因。到目前为止，这些基因有一半左右已经识别出功能，但研究人员仍在不懈地探索那些与冠心病、糖尿病和许多癌症相关的基因。

人类基因组单体型图（Hap-Map）是一种新型工具，它利用不同地域的血液样本追踪DNA的地域差异，并且已经指引研究触及某些健康问题的根源。

人类基因组实验室的研究人员利用紫外线观察NDA链。

关键词 限制酶（restriction enzymes）：由汉密尔顿·史密斯（Hamilton Smith）在1969年研发出来，这些酶在特定位置剪断DNA，使研究人员能够在一个基因的首端或末端分离这个分子。基因疗法（gene therapy）：向个体的遗传物质中引入正常基因，以修复基因突变或避免遗传性疾病。

什么是基因工程?

基因工程早在农民对植物进行异花传粉的时候就有了，但1973年生化学家斯坦利·N.科恩（Stanley N. Cohen）和赫伯特·博耶（Herbert W. Boyer）将修改后的DNA插入了大肠杆菌，基因工程进入了一个新阶段。这一过程称为基因重组，是当前基因工程的主要手段，广泛应用于工业和农业。

科学家们进一步在实验室里创造出了完整的合成DNA链。研究人员设想，通过把这种定制的基因编码植入活性细胞，就可以把细菌变成微型制造厂，生产燃料乙醇、合成纤维或其他产品。

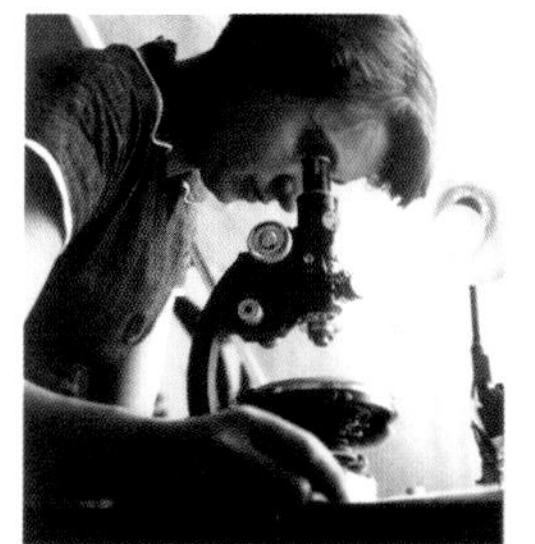

伦敦微生物学家罗莎琳德·富兰克林为沃森和克里克的发现和获奖提供了重要信息。

谁发现了双螺旋结构?

1962年，共同破解了DNA分子结构的物理学家弗朗西斯·克里克、分子生物学家詹姆斯·沃森和生物物理学家莫里斯·威尔金斯（Maurice Wilkins）荣获诺贝尔生理学或医学奖。但此成就还与另一位科学家的研究成果有关。20世纪50年代，罗莎琳德·富兰克林（Rosalind Franklin）完成的X射线晶体衍射照片开始显示出扭曲的DNA分子结构。富兰克林之前的研究伙伴威尔金斯给克里克和沃森提供了她的图片副本，这一图像结合他们的研究，揭开了DNA的构造。

知识链接

细菌 | 第四章“细菌、原生生物和古菌”，第148—149页
遗传学对于回溯人类历史的作用 | 第六章“人类迁徙”，第220—221页

基因组学

人类基因组计划的科学家们历经 10 余年、耗资 30 亿美元绘制出了 30 亿个左右由人类 DNA 组成的基本分子（或称核苷酸）。这一计划于 2003 年宣告完成，但还仅仅是一个开始。

现在，零售 DNA 测试的公司通过一滴唾液就能查出你的数千种基因标记，收费不到 100 美元。他们会反馈一份分析报告，内容包括你的种族史、患糖尿病的可能性等。只要几百美元，你就能买到一次"不忠测试"，看看你的配偶衣服上是否留有"他人"的 DNA。测序技术的进步，让你能更容易地以不高的价格获得基本完整的自我基因构成扫描图。

医生和科学家们对零售测试非常警觉。他们的研究已经揭开了人类的基因组编码，但它在个人未来中扮演什么样的角色并没有看上去那么清晰。虽然有些基因与特定特征或疾病相关，但个体环境中的其他因素同样也会影响这些特质。

通常，国家健康机构会提醒消费者，在没有医生的帮助下慎重地理解 DNA 测试的结果，不要把测试当作诊断，只能视为可能发生的健康状况。然而，计算机的发展加速了基因组解码的进程，DNA 测试领域也在快速推进。此外，纳米孔道技术在基因通过微观过滤器被挤压时进行测序，减少了对劳动密集型基因测序法的需求。

当前基因测序对医疗保健的影响仍处于早期阶段，但有望深入。2011 年，威斯康星州的医生们利用 DNA 测序，发现并治愈了一种被称为 X 连锁凋亡抑制蛋白（XIAP）的罕见基因突变，当时这一突变正威胁着年仅 4 岁的尼古拉斯·沃尔克（Nicholas Volker）的生命。此举被认为是自定义基因排序诊断并成功治愈病人的首个案例。

肿瘤学家找到了利用 DNA 测序更好认识肿瘤的方法，并据此确定药物和治疗方案。科学家期望这类测试甚至药物本身可以越来越个性化，即使无法完全达到，这一变化仍将引领治疗方式进入新时代，能够根据患者的基因特征治疗疾病，并减少副作用。

人类基因组计划中的一位科学家利用测序仪绘制人类基因中已发现的 30 多亿个碱基对。

知识链接

人类基因组计划 | 第八章"遗传学"，第 346—347 页
早期人类的基因 | 第六章"人类起源"，第 218—219 页

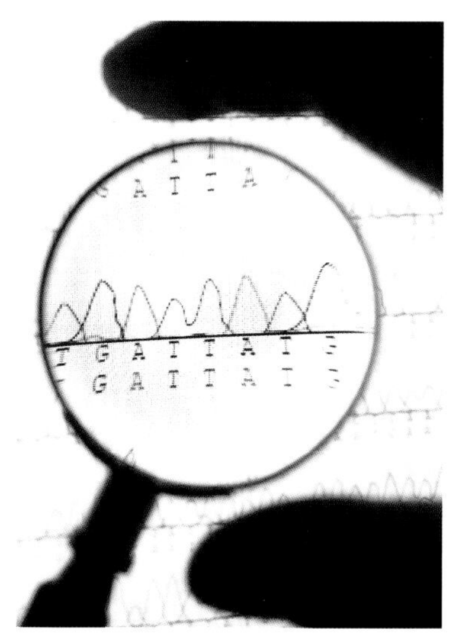

基因中的微小差异就能说明一个人的血统不属于某个家族。

基因测试

你是1/64的芬兰人？还是1/16毛利人？你的细胞中含有多少尼安德特人的基因？

美国的“基因地理计划”是一个非营利项目，为了更好地理解古代人类的迁移规律，以“众包”方式采样公众的DNA。在检测了15万个不同的基因标记之后，参与者们可以了解到他们的母系血统和父系血统分别起源何处，又是怎样在地球上迁移的。70多万人通过购买测试套装和提交面部样本参与其中。

23andMe等DNA鉴定公司提供类似的商业服务，但该公司的业务经验反映出一些麻烦。23andMe最初在分析报告中涵盖了个体的患病倾向，但因遭到美国食品药品监督管理局（FDA）的反对而暂停了这项服务。如今，该公司与FDA携手，以更为安全的方式重新引入基因疾病测试服务。

知识速记｜科学家们估计，人类基因组中有约20000个基因。一个酵母基因组有约5300个基因，而一只老鼠的基因组有约23000个基因。

伦理意义

基因测试渐渐触手可及，重大的伦理问题也随之而来。生物伦理学家和健康机构警示，所有准备用基因测试进行背景调查的人们要先想清楚如何使用这一信息。如果发现了一个潜在问题，你有义务告知兄弟姐妹吗？他们由此产生的焦虑情绪与你得知结果后的益处，哪个更重要？尤其是当证据表明有潜在问题，比如必须改变生活习惯的糖尿病或肥胖病的时候。准父母们通常通过产前检查来筛查唐氏综合征和其他慢性疾病，但产前基因检测或基因治疗到什么程度才不至于令人不安？

在奥尔德斯·赫胥黎（Aldous Huxley）的《美丽新世界》（*Brave New World*）、《千钧一发》（*Gattaca*）等图书和电影中，设想了一个极端的未来：个人基因决定他的社会地位。如果基因测序变得像核磁共振（MRI）或其他医学测试一样普遍，我们会面临那样的未来吗？

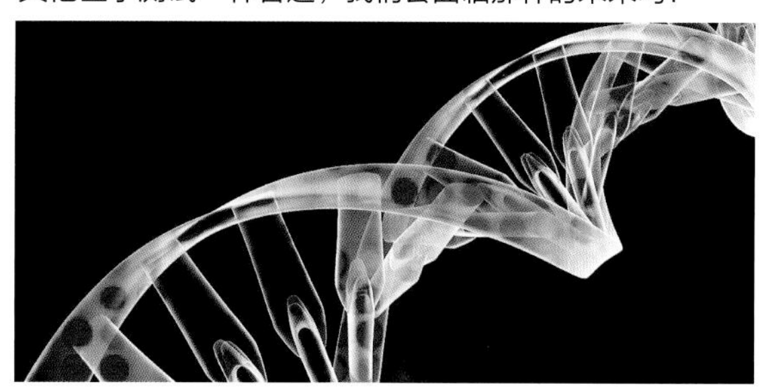
DNA测试能够对个体病史有更加深入的了解，但如何使用这一信息应当慎之又慎。

关键词　基因组（genome）：指单个有机体的一整套DNA，其中包含个体成长和维持生存所需的一切信息。

知识链接

尼安德特人｜第六章“人类迁徙”，第220—221页
人类的近亲｜第四章“哺乳动物”，第166—167页

常见的转基因食品

大豆
抗除草剂，提高豆油质量

玉米
抗病毒、抗除草剂、抗干旱

大米
提高维生素 A 含量

甘蔗
提高含糖量

马铃薯
抗病毒、防压伤、防甲虫

转基因生物

转基因食品的商业化一开始就波澜四起。加州卡尔京公司（Calgene）的科学家们在西红柿中发现了一种致腐酶，并找出了抑制它的方法，使得成熟西红柿摘下后不用担心保质期太短。Flavr Savr 牌西红柿得到了美国 FDA 的认证，于 1994 年上架。尽管最初销售火爆，但在美国由于生产成本太高而陷入困境。而在英国，新闻媒体提出了对转基因作物安全性的质疑，公众开始排斥曾经红极一时的 Flavr Savr 牌西红柿。

卡尔京公司的产品保质期很长，似乎预示着有关转基因生物（GMOs）风险和好处的争论也是持久战。今天，转基因产品已经是全球食品体系的一部分，比如美国出产的许多玉米和大豆作物。有些转基因作物抗虫害，有些所含的基因序列对特定除草剂具有免疫作用，这样农民就可以清除地里的所有杂草而不妨害作物植株。

虽然有研究人员声称转基因食品根本上是不健康甚至有害的，但很多大型研究都表明，转基因食品是安全的。世界上绝大多数转基因食物都用于动物饲料。加州大学戴维斯分校（University of California at Davis）进行的一项研究对比了喂食转基因食品和非转基因食品牲畜的健康状况，发现牛奶、肉、蛋等动物产品没有受到影响。

然而，当前还存在更深层次的问题：科学家们是否应该“扮演上帝”的角色，直接改变一个物种的 DNA？种植抗化学物质的作物会不会导致大量使用除草剂和除虫剂，加速杂草和害虫的基因突变，以至于自掘坟墓呢？政府法规该如何制定？犯错误的风险又有多大？

知识链接

对农业有重要意义的传粉者 | 第四章“昆虫”，第 150—151 页；第四章“蝴蝶和蛾”，第 152—153 页
农业新技术 | 第六章“现代农业”，第 248—249 页

人类历史上的转基因生物

数百年来，人们一直通过选择育种对身边的动植物进行基因改造，引导其进化过程满足人类需求。现代玉米由早期中美洲农民选择种植的墨西哥类蜀黍（teosinte）进化而来，它的颗粒更饱满、口感更美味，是现代玉米的近亲，但一点也不像我们常见的黄色大玉米棒子。随着时间的推移，农民通过选择性种植获得了想要的性状，于是出现了我们熟悉的玉米。

如今，人们无须通过茬茬种植、代代繁衍来改变物种，转基因技术可以直达动植物基因：抑制一种性状，增强另一种性状，甚至在物种之间移动基因序列。比如，现在就已经开发出了一种酵母菌株，它可以在面包和面团中发酵出健康剂量的 ω-3（omega-3）脂肪酸；科学家们还对一只蚊子进行了基因改造，使它无法通过叮咬人体传播登革热或疟疾等疾病。

知识速记 | 黄金大米通过转基因技术增加了 β- 胡萝卜素，这种色素赋予胡萝卜、南瓜、红薯独特的橘色外表，还能促进生物体合成维生素 A。

关于转基因的大辩论

官方机构知道，一旦一种新的基因组合进入这个世界，由此产生的任何错误纠正起来都将困难重重。但是国与国之间的规章制度各不相同：欧盟的转基因生物认证较之美国更为严格，而欧盟各国又各自为政。通常，规章制度要综合考虑科学、文化和政治各方面的观点，并以此为基础制定。在德、法两国，这方面的细微差异导致了转基因生物认证的通过率极低。

在美国，争论并未完全停歇。当前联邦政府并没有强制要求转基因食物贴上转基因标签，尽管民意调查显示，大部分消费者都支持此举。佛蒙特州和缅因州已经通过了州一级的标签法，但全美其他一些州并未积极效仿，例如已经就此议题进行公投的加利福尼亚州和科罗拉多州等。

许多对转基因生物持批判意见的人士将争议焦点从人类安全扩大到了长远的生态问题上。一些科学家认为，转基因生物导致除虫剂的广泛使用，可能是蜜蜂等重要传粉者数量缩减的原因。批判者们还就单养耕作（大片土地种植同一作物）的可持续性提出质疑。这些问题使得非转基因食物市场不断增长，生产商自贴标签来弥补政府的不作为。

全世界的抗议者组织了大规模游行示威，表达他们对转基因食品及其生产商的强烈不满。

知识链接

驯养动植物 | 第六章“农业”，第 246—247 页
鲑鱼和其他鱼类 | 第四章“鱼”，第 158—159 页

任天堂 Wii，一款可用于身体康复治疗的电脑游戏

计算机科学

时间表

公元前 1100 年
算盘：珠子用线串成

1671 年
莱布尼茨（Leibniz）的“步进计算器”：齿轮驱动的计算机器

1804 年
提花织机：根据设计来织布的穿孔卡

1823 年
巴比奇（Babbage）分析机：第一台计算机，但从未建成

1854 年
布尔的符号逻辑：计算机编程的关键

1943 年
图灵（Turing）的巨人计算机：第一台可编程的计算机

1946 年
电子数字积分计算机：第一台现代计算机

计算机初期的速度很慢，但如今其速度和复杂程度已经很高，一秒之内就能处理数十亿条信息，解决人类根本无法解决的问题。计算设备始于算盘，算盘非常简陋，呈长方形，由串了珠子的小棍排列组成，早在公元前 1100 年就有人用它进行基本运算。

文艺复兴时期，达·芬奇、莱布尼茨和帕斯卡等发明家们设计或建造了可用于加减运算的机器，莱布尼茨的“步进计算器”甚至可以进行乘法运算。不过，19 世纪出现了能够依据前期结果，实现程序指令、存储信息、选择替代程序等任务的首批机器。法国织布工人约瑟夫－马里·雅卡尔（Joseph-Marie Jacquard）发明了一台织布机，利用穿孔卡片来实现复杂图案的编织。19 世纪 20 年代，英国人查尔斯·巴比奇（Charles Babbage）构想了一种能够存储上千个大数字、解读穿孔卡指令、根据结果切换操作，并将结果反馈到印刷机的蒸汽驱动分析机。

巴比奇的梦想并未实现，不过到了 20 世纪 30 年代，霍华德·艾肯（Howard Aiken）、约翰·文森特·阿塔纳索夫（John Vincent Atanasoff）等发明家开始利用真空管和电子电路，制造日益强大的机器。他们还尝试用二进制代码表达指令，将信息简化为 1 和 0。上述成果随着“二战”时期艾伦·图灵（Alan Turing）制造的密码破译机“巨人”而达到了顶峰。1946 年，房间一般大的电子数字积分计算机（ENIAC）成为第一台投入运行的现代计算机。到了

知识链接

文艺复兴 | 第七章“文艺复兴和宗教改革”，第 294—295 页
早期人类的计算方式 | 第八章“计算与测量”，第 322—323 页

1964 年，集成电路推动计算机进入商业世界，标志是美国国际商用机器公司（IBM）生产的首台大型办公主机。10 年之后有了微处理器，计算机运行的速度更快了，体积也更小了。

虚拟现实

走进一家养老院，你也许会看到一群人聚在电视机前打“保龄球”或“拳击”。虽然玩家们的动作像是在做体育运动，但实际是在用一款手持设备控制日本任天堂 Wii 游戏系统中的人物动作。创造人工世界的冲动体现在 20 世纪中叶的许多尝试之中，这类尝试运用电影特效或其他技术骗过我们的感官。计算机可以让人更加深入地沉浸于人工环境，只要开发出拳套、头盔等设备，把信息发送给主体，并解读指令发送回去。军方最初对这一系统很有兴趣，因为它可用于模拟飞行和模拟作战。今天，虚拟现实应用得更为广泛，Wii 等产品提供了人机间的直接感官连接，而《第二人生》等大规模多人游戏建立起了复杂的在线社区，数千人在社区中通过虚拟角色相互交往。

世界上第一台现代计算机——电子数字积分计算机，简称为 ENIAC，占据了宾夕法尼亚大学的一整间屋子。此照片拍摄于 1946 年，ENIAC 发出 150 千瓦的热量，一分钟内能够创纪录地完成 5000 次加法运算。

关键词 图灵机（Turing machine）：以其发明者英国数学家艾伦·图灵（1912—1954）的名字命名，是一种由提供输入和输出的磁带读取器、存储器以及中央处理器组成的假想设备。布尔代数（Boolean algebra）：以英国数学家乔治·布尔（George Boole，1815—1864）之名命名，是一个对于计算机编程至关重要的系统，可把决策简化为三种运算：“+”“/”“–”。

奥古丝塔·埃达·拜伦 / 计算机程序员

拜伦夫人不喜欢女儿奥古丝塔·埃达·拜伦（Augusta Ada Byron，1815—1852）像她那负心的父亲拜伦勋爵那样成为一名诗人，而是一心让她学习数学和科学。查尔斯·巴比奇的发明无法得到同时代人的认可，却激发了这位年轻女性的兴趣。埃达·拜伦认识到，巴比奇的分析机（一台蒸汽驱动、由穿孔卡进行编程并可以进行运算的机器）有可能超越一般的机械，到达模拟思维的高度。她为此撰写了这台机器功能的建议和预测，包括描述它如何计算伯努利数。由此，埃达（结婚后为洛夫莱斯伯爵夫人）成为公认的计算机程序员第一人。

知识速记 |IBM（美国国际商用机器公司）在加利福尼亚州劳伦斯利弗莫尔国家实验室开发的蓝色基因 /L 超级计算机，每秒能完成 478.2 万亿次运算。

知识链接

21 世纪的商业及商务 | 第六章“今天的世界贸易”，第 256—257 页
“二战”时期 | 第七章“1939—1945 年的第二次世界大战”，第 314—315 页

互联网

串联起全世界计算机的“万网之网”起源于 20 世纪 50 年代，当时的计算机越来越先进复杂，于是出现了一个问题：同一机构中的多个用户如何实现计算能力共享？程序员们想出了拆分信息组成小数据包的办法，使之能够在不同的可用电路上进行传输，而速度更快的计算机也能更快地重组数据包。

20 世纪 50 年代，美国国防部和航空业首次应用计算机网络，五角大楼采用了新型计算机指挥系统，美国航空公司（American Airlines）携手美国国际商用机器公司（IBM）建起了 Sabre 航班订票系统。

1969 年，美国国防部高级研究计划局（DARPA）搭建了高级研究计划局网络（ARPANET，简称阿帕网），这就是今天互联网的前身。通过阿帕网，美国政府和大学科研机构的主要计算机之间实现了计算能力和信息的共享。阿帕网的程序员开发了用于信息发送和文件传输的分组交换技术和其他基础工具，例如简单邮件传输协议（SMTP）和文件传输协议（FTP）。

20 世纪 70 年代，美国国防部高级研究计划局启动了“网络互联”任务，即计算机网络之间的通信。文顿·瑟夫（Vinton Cerf）和罗伯特·卡恩（Robert Kahn）两位研究员开发了两种重要方式：其一为传输控制协议（TCP），制定数据包收集和重组的规则；其二为互联网协议（IP），为相互联通的机器提供编号地址，把数据传输到正确的终端。

20 世纪 80 年代，其他政府机构和大学开始使用该系统。美国国家科学基金会（The National Science Foundation）在五所大学投资超级计算中心，并在全国范围内建立了所谓的主干网络。渐渐地，这一系统向商业网络开放，这些网络管控着一系列区域网络接入点（NAP）。而爆发性增长的编号地址则由非营利组织——互联网名称和数字地址分配机构（ICANN)——来管理。

随着互联网接入扩大，用户使用起来也更加方便。20 世纪 90 年代早期，英国研究员蒂姆·伯纳斯－李（Tim Berners-Lee）开发了超文本传输协议（HTTP），使得图表、图像、文本等不同元素能够集成在同一“页面”上，并附有其他网页的链接和参考。通过不断壮大的万维网访问的页面根据文本标识来辨识，这种文本标识被称为统一资源定位器（URL）。在伊利诺伊大学，马克·安德生（Marc Andreessen）开发了世界上首个网页浏览器——Mosaic 浏览器，计算机用户通过这一软件可以浏览网页，用电脑鼠标畅游互联网。

在全球的 3 亿多台计算机中，每一台的中心都有一个微型电路板，电子呼啸着穿过电路板上的节点。

知识链接

当今的跨国贸易 | 第六章“今天的世界贸易”，第 256—257 页
计算机技术 | 第八章“计算机科学”，第 352—353 页

遨游互联网

当你在计算机上的互联网浏览器中输入一个网址时，浏览器就会向全球的计算机发送信息交换指令，获取网站的数字 IP 地址，并连接到这一地址的计算机。信息首先流向“接入点”计算机，它由网络服务提供商（ISP）维护，网络服务提供商就是把你的家用电脑或办公电脑接入互联网的公司。信息从接入点计算机发送到更大的网络接入点，各个网络在这里互相连接，并接入更大互联网干线，或叫光纤主干网。

这一请求最终到达被称为根服务器和域名服务器的一组计算机，它们相当于互联网的地址簿。这些服务器由私人公司和政府机构维护，它们四处查询，直到一个服务器识别出被请求的网页位置，然后把相关链接信息和从中获取的图片及文本信息反馈回来。

虽然所涉及的计算机可能分布在世界各地，但完成这一过程通常只需要几秒钟。

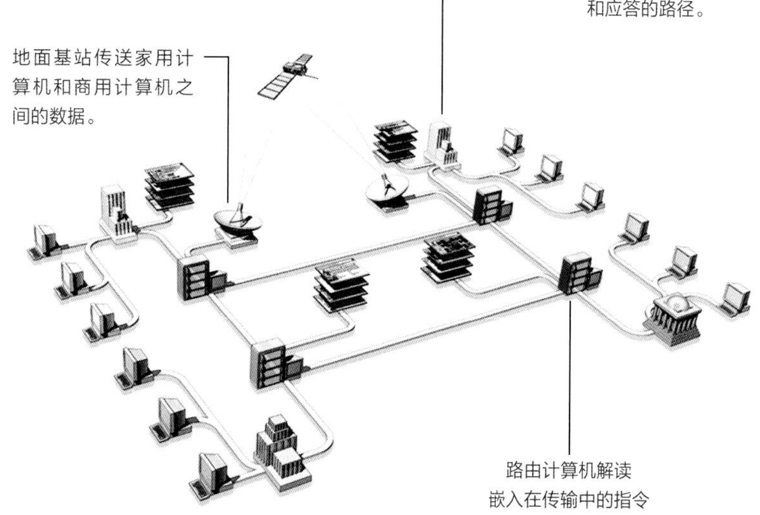

一般的网络连接企业、家庭、大学和政府机构。网络服务提供商操纵强大的网关计算机，连接不同的广域网。卫星和家用线路在计算机之间传送数据和信息。沿途的路由计算机解码传输指令，这些指令规定如何发送信息和往哪儿发送信息。

知识速记 | 1996 年，世界上有 4500 万人使用计算机。到了 2008 年，使用计算机的人多达 14 亿。

文顿 · 瑟夫和罗伯特 · 卡恩 / 互联网的发明者

20 世纪 60 年代，文顿 · 瑟夫（出生于 1943 年）还是加州大学洛杉矶分校（UCLA）的一名学生，他借助分组交换技术为阿帕网创建了通信系统，使政府和大学用计算机进行研究和相互交流。20 世纪 70 年代初，电气工程师罗伯特 · 卡恩（生于 1938 年）聘用瑟夫，推进政府信息技术项目办公室的工作，卡恩一直在这里致力打造人们心目中的“万网之网”。他们共同奠定了互联网的基础，制定了传输控制协议和互联网协议（TCP/IP），确保了信息包在正确的地点以正确的方式拆分和重组。特别是瑟夫，他推动了互联网的公共接入，帮助美国微波通讯公司（MCI）开发了首个商用电子邮件服务，并与致力于信息和互联网政策的非营利机构合作。

知识链接

作为天体的卫星 | 第二章“卫星”，第 64—65 页
当今世界各国间的联系 | 第九章“国家和联盟”，第 374—375 页

大数据

万维网在20世纪90年代还是新鲜事物，21世纪初变成了台式电脑的标配，但到了21世纪的第二个十年，它已经是我们日常生活的一部分了。口袋中的智能手机让你随身携带强大的计算能力——这在20世纪40年代是难以想象的事情，那时候的计算机重达几吨，能占满一整间屋子。

现代计算的便利性是技术进步的证明，同时也是互联网与日常生活深刻交融的标志。它不断突破个体与社区之间的边界，促使私人领域公共化，将连接变成一种常态。

互联网革命与“大数据”齐头并进：“大数据”这一术语指由技术进步带来的海量数字信息。这种信息非常复杂，源自社交媒体、网购、全球定位系统和股市波动等各个方面。随着我们的生活不断网络化，网络存储的相关个人信息会不断增加，数据源也将持续增长，信息变得更为丰富。

在2011年埃及的反政府抗议示威中，智能手机是抗议者分享开罗街头故事和照片的重要工具。

随着时间推移，信息交流的步伐将继续加快。摩尔定律指出，计算机的处理速度大约每两年翻一番，这一定律至今仍然适用。研究表明，年龄在18岁至24岁的成年人中，有80%的人睡觉时手机就放在床边，很多人觉得不能离开手机一天。唾手可得的数据正在改变我们的生活和工作方式，甚至潜移默化地影响着我们的思维方式。一项研究指出，比起靠大脑记忆路线和目的地的出租车司机，那些依赖全球定位系统（GPS）指令的出租车司机的神经系统有可能发生变化。

包括姓名、邮件地址、网购喜好、上网记录等在内的个人信息是大数据的重要组成部分。第三方常常会购买这些收集起来的信息，用于针对性营销活动。谷歌最近斥资5亿美元购买了一家卫星公司，强化其地球成像和地图绘制能力，并且进一步努力扩大全球互联网的使用，由此拓展其赖以赢利的广告业务的覆盖范围。

知识链接

全球卫星定位系统和地图绘制 | 第一章“地图绘制的进步”，第28—29页
互联网的发明者 | 第八章“互联网”，第354—355页

可穿戴式技术

不久前，用手表打视频电话似乎还只是詹姆斯·邦德（James Bond）电影里的场景。但谷歌发布了 LG G 智能手表和谷歌智能眼镜等可穿戴式产品，目的是创造一种“无所不在”的计算机——让互联网成为人体的一部分。如今，可穿戴式技术的进步使我们能够借助手环追踪一天中卡路里的消耗量，通过小件首饰的振动感知来电信息。

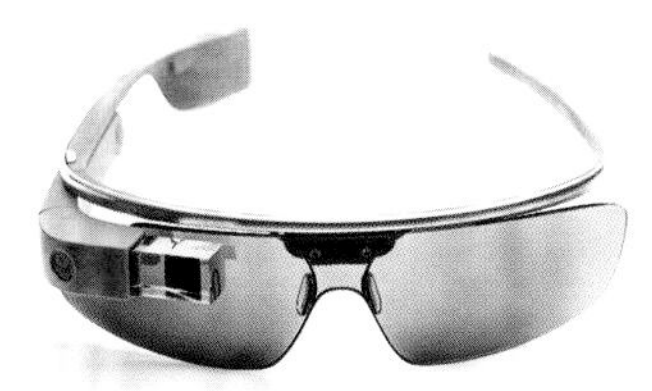
图为谷歌智能眼镜的原型，用声音和手势来操控。

手机的更新换代

移动通信已有数十年的使用历史，尤其是在城市执法和应急机构中。在固定区域（或称作“蜂窝单元”）内转发信号的短距离传输塔概念在“二战”时期就有了。但直到 20 世纪 70 年代才有了真正的商业突破。

当时，美国电话电报公司（AT&T）和摩托罗拉（Motorola）等公司的工程师们研发了可以携带或安装在车内的电话装置。他们还开发了在信号塔之间切换电话的系统，这样用户就不会掉线。

1973 年，移动电话首次呼叫成功。十年后，美国联邦通信委员会告诉摩托罗拉公司，可以开始销售 DynaTAC 8000，这就是著名的“砖头”手机，重达 28 盎司（793.79 克），约为现代手机重量的 7 倍。

毫无悬念，智能手机大受欢迎。它们集电话、计算器、记事簿、网络浏览器、游戏和全球定位系统于一身。它们也是走进用户生活的门户，每一次地图导航或网页搜索都被输入大量的算法，算法是公司为定制服务、出售广告和推广内容而开发的系统。

知识速记 | 1992 年 3 月，一位测试工程师发出了第一条短信，只有简单一句“圣诞节快乐”。

为隐私而战

人们把所有私人资料都用电子方式存储，随之而来的是这些资料被另一方获取的风险。信用卡、邮件密码、身份证号码和网络搜索历史等都容易受到攻击。

以反恐为理由，美国国家安全局（NSA）通过通话记录和邮件记录获取大量个人信息，这一举动颇具争议。这导致了隐私权与网络世界随时可及性之间的冲突，令人不安却又或许不可避免。美国国家安全局通话监控范围泄密后，在欧洲和美国引发了数字化时代应该如何执法的大辩论。

恰恰相反，社交媒体在阿拉伯国家挑战政府的政治运动中起到了推波助澜的作用，这场运动就是发生于 2010 年至 2012 年的“阿拉伯之春”。

私企也触碰到了法律界线。法国对谷歌处以罚款，因为谷歌用街景车从当地的无线网络中采集个人数据，这些街景车是拍摄街景照片用于地图绘制软件的。有些国家已经开始限制数据采集，但法制体系未来要和科技保持同步或许会有困难。

知识链接

时尚的历史 | 第六章“服饰”，第 242—243 页
埃及的政治 | 第九章“非洲”，第 380 页

3D 打印

在不久的将来，咖啡杯碎了或螺钉丢失等一般的家庭小损失就不需要再往五金店跑了。你可以在自家的 3D 打印机上点击正确的模板，自己制造一个新的。支撑 3D 打印的技术正在飞速进步，它可能成为医学、国防、制造业乃至家居装修等领域的又一股颠覆性力量。

3D 打印指根据数字文件生产立体实物的过程。这一过程从拟打印实物的虚拟设计开始，可通过计算机软件扫描现有物体，也可自己创造一个独特的设计。然后，计算机将模型分解为数以千计的水平层。打印机读取每一层的信息，一层一层打印出来，最终形成一个立体实体。这一过程又叫作“增材制造”。传统的生产方式切削大型物料，会产生废料，而 3D 打印机一层一层地累积材质到制造物中，可减少废料。

目前，航空业已经在通过 3D 打印来生产成千上万的备件。通用电气（General Electric）等大公司也在该项技术上投以重金，以期使其融入自己的生产过程中。对消费者而言，能够制造日常家居用品或可定制装饰灯具的打印机将成为下一种广泛使用的家用电器。商场和家装店已经开始售卖家用 3D 打印机，价格是多数消费者都能接受的。

许多早期型号的 3D 打印机大多都以硬塑料为原材料，但也有机器能够用金属粉末、玻璃、陶瓷或生物材料，它们在适当的温度和光线下会黏合在一起。这一过程也称“激光烧结”，能够生产很多类型的实物，从精美蛋糕上的糖衣等食品再到骨头甚至细胞组织。研究人员说，这一技术可能为再生医学带来革命。

随着科技进步，3D 打印的设计将更加方便，精度更高，很有可能彻底改变全球范围内的生产实践。增材制造法能够减少对人工的依赖，甚至引发全球制造市场的大洗牌。

这一技术还将为造假人士开辟新天地。更不用说在家就可以生产出金属探测器探测不到的塑料枪，想到这个就让人不安。3D 打印技术会终结手工艺吗？又或许它只是一种新工艺。

利用数字模型，这台 3D 打印机正在制造一个微型花瓶。随着技术的进步，这些打印机也能制造出更多实用的工具、汽车等。

知识链接

货币 | 第六章“商业”，第 254—255 页
航天工程 | 第二章“太空探索”，第 72—73 页

3D 打印背后的科学

3D 打印背后的技术源于一系列实验，这些实验在约 200 年前促进了摄影的发展。科学家们发现，特定的材料曝光时会发生化学变化。

一种常用的 3D 打印方法叫作立体平版印刷，是 20 世纪 80 年代首次发明的。它通过将感光聚合物，也称感光性树脂，暴露于激光发出的紫外线下来制造产品。感光性树脂最初由几种物质组成：一种大分子、一种小分子和一种光敏引发剂。大分子可以是一种丙烯酸类树脂或者一种塑料形式；小分子让混合物质保持初始的液态；光敏引发剂暴露在适当波长的光线下时，会促使另外两种物质黏合成固态。

打印机内的活动托盘上放有一桶这种物质，计算机控制的紫外激光轻轻划过薄薄的物质层，然后活动托盘下移，让紫外激光划过下一层。一直重复上述动作，直到物体成形为止。

关键词 光敏性（photosensitivity）：指物体暴露在光线下发生反应的强度。高光敏度物体在特定光线下会发生化学变化。

医疗应用

医学领域的研究人员依赖 3D 打印的最大优势之一是：量身定制少量、复杂的产品。今天的低成本通常得益于大规模生产，量身定制的成本高。然而，在数字蓝图的帮助下，打印罗丹的雕塑《沉思者》（*The Thinker*）的微型复制品就和生产金属钉一样简单。

3D 打印机可用来定制助听器、石膏以及其他医学器械。医生们已经在整形外科中使用了 3D 工艺，皮肤移植和个人器官移植也将很快成为现实。2014 年，麻省理工学院的科学家们打印出了微型肝脏，大小约为正常人体肝脏的千分之一。虽然科技还有待提高，但研究人员希望最终可以打印出可移植的器官，验明药物的安全性和有效性后进行人体测试。

在海地首都太子港的一所孤儿院里，一个小男孩正在用他 3D 打印出的假肢练习手眼协调。

知识速记 | 3D 打印出的假肢可以为患者量身定制，最终可能比传统外科修复的假肢更便宜也更耐用。结合机器人技术的进步，这些假肢甚至还可以接收使用者的神经脉冲信号而活动。

知识链接

生产耐久性材料 | 第八章“工程学”，第 332—333 页
人体 | 第六章“人类起源”，第 218—219 页

一种微机电系统（MEMS）阀门装置

纳米技术

比较一下

1 纳米 $=10^{-9}$ 米

6 个碳原子直径之和　1 纳米宽

大头针　直径 10^6 纳米

1 个红细胞　宽约 7000 纳米，高约 2000 纳米

1 个病毒　直径约 100 纳米

婚戒的纯金象征着永恒和稳定。但中世纪工匠们发现，黄金中混入极少量的玻璃会形成不同的颜色和效果。他们的工艺被认为是纳米技术最原始的应用——一次仅用几个原子来处理物质的艺术。纳米技术发挥作用的维度小到人类难以想象，以纳米或 10^{-9} 米为基本单位。

物质在原子级别上的表现和它们大量存在时的表现大不一样，当整体结构表面没有什么原子时，适用于牛顿物理学定律。在原子层次上，磁性和其他属性会被放大，原子间的引力会增强，催化反应也会变得更加剧烈。

纳米技术家们精准地改造原子个数不多的原子组，再将它们组合成大型结构。他们设想用“分子机器”根除坏细胞或病毒 DNA 序列，以此来治疗肿瘤或遗传性恶性肿瘤。麻省理工学院的研究人员发现，切断仓鼠的视神经后，注射一剂纳米多肽就可形成一种支架，使得中断的神经再生，从而恢复视觉。目前，纳米级微粒制

知识链接

行星地球的化学组成 | 第三章“地球的元素”，第 90—91 页
过去和现在的工程成就 | 第八章“工程学”，第 332—333 页

成的过滤器已经用于净化饮用水。

就概念而言，在纳米尺度上改造物质这一技术与日常生产没什么两样。利用光学刻板法，即用光来蚀刻，可以在硅片上生成成千上万条电路，这是微处理器生产的一大进步，使得工程师们能够在不超过 100 纳米的尺度范围内进行操作。如果使用更强的光或 X 射线，再小尺度的工作也有可能。

其他纳米技术则依赖小规模化学或物理反应，让物质一次一个原子堆积起来。物质在原子单位上相吸或相斥的方式——也许需要有磁场或电流——让研究人员能够“种植”出碳纳米管，或者叫量子点，它可能有非常广泛的应用。

根据“美国国家纳米技术计划”，有 800 多种产品都或多或少用到了纳米技术，而迅猛发展的技术表明，这一数字将只增不减。

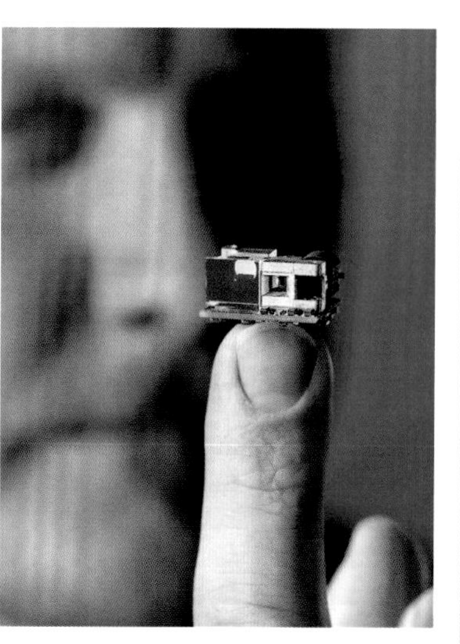

多亏了微机电系统（MEMS），激光扫描仪读取条形码的速度是原来的 40 倍。

关键词 纳米粒子（nanoparticle）：前缀 nano 源自希腊语 nanos，意为“矮小”。指原子或原子级尺度的物质，以纳米（约 10^{-9} 米）来度量。树状高分子（dendrimer）：源自希腊语，dendros 意为“树”，meros 意为“部分”。指一种细长的空心人造分子，有望广泛应用，包括在人体特定部位（如肿瘤区）用药。

针尖大小？

量子物理学家理查德 · P. 费曼（Richard P. Feynman）在 1959 年的一次讲座中提议，将《大英百科全书》刻在针尖大小的地方，这让世界一窥微观的事物。

通常，百科全书复印本要占据 25000 个针尖大小的位置，将其缩至针尖大小之后，仍然可以用 32 个原子宽的点来表示字母和图片——尺度诚然很小，但在费曼眼中，这并不是异想天开。

今天的纳米技术人员已经制造出了更小尺度的操作工具。美国国际商用机器公司（IBM）最近用高速振动的微型石英音叉等工具，计算出在铜表面移动一个钴原子所需的力为：17×10^{-12} 牛顿，大约是举起一个便士所需力的 20 亿分之一。

原子力显微镜有一个微型陶制或硅制针头来探测原子，纳米技术学家因此能够研究原子结构的腐蚀等现象。

知识速记 | 人类的指甲以 1 纳米 / 秒的速度生长。

知识链接

原子物理学和亚原子微粒 | 第八章“物理学”，第 330—331 页
富勒烯，60 个原子组成的分子 | 第八章“化学”，第 336—337 页

高压变压器

能源

能源消耗

（石油年使用量，单位为 100 万吨）

大洋洲 182.9
占世界总量的 1.7%

非洲 344.4
占世界总量的 3.1%

南美洲和中美洲 552.9
占世界总量的 5.0%

北美洲 2838.6
占世界总量的 25.6%

欧洲 2840.8
占世界总量的 25.6%

亚洲 4339.8
占世界总量的 39.0%

获得动力需要把一种能量转化为另一种能量。这种转化永不停歇：植物利用光合作用转化太阳能，而人体则将富含能量的碳水化合物转化为运动。从史前时期起，人们就已经开始利用役畜等外部能源来干更多的活。火有可能是第一种非动物能源，焚烧木头或废品可取暖、做饭。

机械动力运用的最早证物可追溯至公元前 1 世纪的希腊的水车。水车利用水流向地势较低处流淌所产生的力量，数百年来为工业提供动力，例如磨粮食、锯木头、织布、抽水以及拉动熔炉风箱等。

伊朗和阿富汗之间的多山地区有一种不同形式的能量转化传统：将风能转化为机械动能的风车。公元 9 世纪的阿拉伯文献中有记载，波斯磨坊主在立轴上固定水平翼板来转动磨石。

这些早期的动力源都具有可持续性：它们把动力转化为能量，但不会耗尽初始能源。不过它们受地域限制，只能在有稳定水流或稳定风力的地区运转，季节性天气变化又决定着可用的动力，因此不够稳定可靠。

燃煤蒸汽机和发电推动了工业革

知识速记 | 世界上最大的水电站大坝是伊泰普大坝（Itaipu dam），位于巴西和巴拉圭的巴拉那河上。

知识链接

水坝如何发电 | 第三章“水体：湖泊”，第 119 页
光合作用和植物如何利用太阳能 | 第四章“生命起源”，第 131 页

命，人类自此进入不可再生能源的时代。不管是通过生成蒸汽来驱动引擎和涡轮机，还是通过封闭式爆炸来驱动内燃机，能源焦点都已转到了热能和燃力上。

今天，大型水电站被用来驱动大型涡轮机。但是，这类项目存在环境限制，因为需要阻断河流的天然河道并淹没大片土地。

古代能源

早在公元前 142 万年，人类可能就在用火了，但直到公元前 7000 年的新石器时代，我们才学会了摩擦取火。这一进步使得人类能够开垦土地、制造肥料以进行农业生产，还推进了材料和金属制造技术，人类学会了烧制陶瓷、打造铁具。

水也为许多国家提供电力。迈克尔 · 法拉第证明了磁铁围绕线圈转动就会产生电之后，水就从机械动力的直接来源变为驱动大型涡轮机发电的动力。

水力动力首次发挥重要作用是在 1880 年，当时密歇根一家椅子工厂用一台涡轮机为电灯供电。20 世纪初期，水力发电约占全美用电量的 40%。

水坝通过导流，让水流经涡轮叶片来发电。今天，水电站提供了世界上近 20% 的电能。亚利桑那州的格伦峡谷大坝（上图）将每分钟约 1500 万加仑（约 5700 万升）的水流转换为 130 万千瓦的电力。

冷却塔高耸在英格兰塞尔比附近的德拉克斯燃煤发电厂。尽管环境学家谴责燃煤发电厂的碳排放量，但世界各国仍在大量修建：2002 年至 2006 年，全球新建了 500 多座燃煤发电厂。

现代能源

石油产品是当今全球使用最广泛的能源。

天然气作为一种发电能源在世界各国的使用日益增长。比起石油，它燃烧时排放的二氧化硫、二氧化碳和颗粒物都比较少，因此备受青睐。

煤炭一直是西方世界最主要的发电燃料，当前在亚洲发展中国家的使用也越来越多。中美两国是世界上最大的煤炭消耗国。

核能在全球发电中所占的份额很小，因为核电厂的建造成本高，安全问题和废料问题也令人不安。

知识链接

污染的恶果 | 第三章“空气”，第 124—125 页
工业革命 | 第七章“工业革命”，第 302—303 页

水力压裂

水压致裂法通常称为水力压裂，它的出现为石油工业带来了变革，与此同时也引发了有关政治和环境的争议。水力压裂法通过碎裂地下页岩层来获取油气存储，让油气公司能够采集到以往无法获取的化石燃料。这一工艺成功整合了两种现有技术，即水平钻孔和水力压裂，石油公司在此基础上开发出了一种强有力的新型生产方式。

2000 年至 2010 年，全世界似乎都处在能源结构的十字路口。中国、印度和其他亚洲各国的经济繁荣，需求日益增长，原油价格一度创下 145 美元一桶的最高纪录。持“石油峰值论”（peak oil）的分析师们推断，全球原油已被开采过半，未来的石油储量只会不断缩减。这一前景引起各国加大投资，发展太阳能和风能等替代能源，而农业大国巴西开始更加依赖其丰富的甘蔗来生产燃料。

然而，情况在短短几年之后峰回路转。2014 年原油价格跌至一桶不到 50 美元，美国的石油和天然气生产创出新高，产量大增归功于全美水力压裂项目的增加。原以为已经枯竭的油田，如得克萨斯州的二叠纪盆地（Permian Basin），得到了数十亿美元的新投资后重新焕发活力。此外，北达科他州的巴肯页岩层（Bakken Formation）和阿巴拉契亚中部的马塞卢斯页岩层（Marcellus Shale）也推动了美国的能源复兴。

分析师估计，只有油价超过每桶 80 美元，比起开采传统的地下石油储量，通过水力压裂法开采锁在页岩层中的石油才是可行的。

美国的能源革命表明，世界能源结构难以预测。随着时间推移，政界对全球变暖（化石燃料驱动机器所排放的温室气体产生的副作用）的态度已经发生了转变，许多国家政府都开始规划应对全球变暖带来的不可避免的影响。世界重要经济体被国内大都市的严重污染警醒，开始寻求替代能源解决方案。水力压裂法增加了油气供应，但从长远来看，这也许仅仅是整个可持续能源的一小部分。

美国怀俄明州的一所水力压裂厂，地面上散布着开采点。虽然水力压裂法的广泛使用有助于拓展化石能源的来源，但也有许多人担心这一方法是不可持续的。

知识速记 | 一些水力压裂法应用者正在开发新技术，在作业现场使用循环水或无水方式，力图缓解运行过程中给环境造成的某些影响。

知识链接

亚洲的历史 | 第七章“早期亚洲”，第 284—285 页
地表岩石的形成 | 第三章“岩石和矿物”，第 92—93 页

一名工人给自己的卡车卸货。水力压裂法开采出的水、油和沉淀物将在一个处理装置中分离和加工。

水力压裂法是如何应用的?

水力压裂法利用高压注射水、沙和化学物质撑开地下页岩层，形成新的裂纹，使油气能够渗到井头，再用泵抽到地表。这一工艺已经在传统钻井上应用了数十年，力求提升油藏的产出。然而，结合水平钻孔，水力压裂法可以开采出大量之前无法提取的石油和天然气。

油气生产所用的管道每一节都是僵直的，但是当管道连接到一起达到数千英尺长时，它们就可以弯曲 90 度整。因此，钻井孔可以向任意方向转动，钻穿各种岩层。水力压裂技术的进步使工程师们更为精准地操作钻头，并获知钻头周围岩石的化学属性，由此便可找到富含石油的岩缝。

关键词 页岩气（shale gas）：指锁在页岩层中的天然气。致密油（tight oil）：指页岩和砂岩层中难以开采的原油。

关于水力压裂法的争议

水力压裂法受到来自社会各界的广泛批评。环境学家认为，水力压裂过程中使用的化学品会污染地下水，不过支持者争辩说，钻井很深，这种风险很小。据报道，水力压裂钻井附近发生过小型地震，由此引发了人们关于这种改变地下岩石构造的工艺是否具有长期的稳定性的质疑。美国联邦政府的一份报告声称，某些“有震感的地质事件”似乎的确和水力压裂过程有关，同时得出结论：这一过程，尤其是将废水回注到水力压裂点“确实有引发轻微地震活动的风险”。

居住在水力压裂地点附近的环保组织人士呼吁联邦政府禁止水力压裂法，一些州甚至在考虑自己制定监管条例以限制这种工艺。然而，水力压裂法所具有的经济优势可能会压过人们对其他方面的忧虑。

在国家元首们访问联合国期间，示威者在他们下榻的纽约宾馆外抗议水力压裂法的广泛应用。

知识链接

石油产品 | 第八章“能源”，第 362—363 页
地震和地震学 | 第三章“地震”，第 88—89 页

替代技术

虽然风能、地热能、生物质能、太阳能和燃料电池技术为世界电网所做的贡献仍然不大，但考虑到当今能源生产的经济成本、地理政治成本和环境成本，它们有可能代表着未来的能源。

风能已经有数个世纪的历史，风车现在不再转动磨盘，而是利用大型扇叶装置来驱动涡轮机。风电场集中安装风力涡轮机来发电，在加利福尼亚州用得最为广泛。北欧、沙特阿拉伯和印度都有风力发电厂，有人提议美国在大西洋近海和中西部平原建设更多的风电厂。

地热系统利用的是地球的地下热能。和阳光一样，地热能取之免费、用之不竭，但大规模使用地热能要求用户居住在靠近火山活动或放射性衰变的地区，那里产生的热能非常接近地表，因而可以被有效利用。单独的住户若认真规划一番，也可以从地热能中受益。

生物质能通常由玉米、甘蔗等高糖分植物蒸馏而来。近年来，生物燃料大受欢迎，但以燃料而非食物为导向的农业生产新定位对地方乃至全球的经济影响，以及用于种植这类作物的化石燃料数量都令人担忧。

地球接收到的太阳能约是现有电厂日产能量的 20 万倍，目前已经出现了利用太阳能取暖或供电的技术。太阳能电池板吸收太阳热量，并将之蓄在循环流体中，用硅、硼和其他物质制造的光伏电池将阳光转化为电能。和地热能一样，精心设计的单个建筑不需要复杂装置就可以利用太阳的热能，这一技术称为被动式太阳能（passive solar）。

燃料电池技术的前景一片光明。研究机构、私营企业以及国际汽车制造巨头都在探索将化学能直接转化为电能的新方法，可能会用电动汽车替代传统汽车。

风能和太阳能是免费的，而且在世界上许多地方都很丰富，可以通过新技术将其转化为电能。丹麦的荷斯韦夫风电场（左图）有 80 台海上风力发电机组运行。德国莱比锡城的太阳能发电园区（右图）是世界规模最大的太阳能发电厂，利用 3 万多个光伏组件为大约 1800 户家庭供电。

知识链接

太阳和太阳能 | 第二章“太阳”，第 54—57 页
风的种类和特征 | 第三章“风”，第 106—107 页

什么是地热能？

冰岛格林达维克的蓝潟湖，泡澡者享受着地热温泉。

地心温度高达7000华氏度（3871摄氏度）。这种能量以地下温泉、火山、间歇泉、火山喷气孔或其他地质现象等形式释放出来，是新西兰、日本、冰岛、墨西哥和美国等全球20多个国家的重要能源。

最古老的现代地热能系统在1904年建于意大利的拉尔代雷洛（Larderello），至今还在运行。冰岛首都雷克雅未克使用地热能为城区集中供热，大幅降低了污染。爱达荷州的博伊西（Boise）是美国率先安装地热城区供暖系统的城市。全球规模最大的地热系统位于旧金山北部的间歇泉（geysers），由22个地热发电厂组成，为725000个家庭服务。

大型地热电站有地域限制，地热要集中且不能太深才能降低开采成本。而地源热泵利用地下仅10英尺（约3米）深且相对恒定的地球温度来产出空气，相对于地表可谓冬暖夏凉。

关键词 燃料电池（fuel cell）：将一种燃料的化学能转化为电能的一种装置。光伏（photovoltaic）：photo源自希腊语photos，意为"光"，将太阳光的能量转化为电能的一种装置。"伏特"（Volt）是以意大利物理学家亚历山德罗·伏特（Alessandro Volta）的名字命名的能量单位。

乙醇还是生牛粪？选择你的燃料

继20世纪70年代末的两次石油禁运以来，美国的汽车和卡车一直使用混合燃油，里面最高含10%的乙醇。乙醇是一种易燃燃料，产自玉米等高糖分农产品。随着油价飙升，美国的乙醇产量在2000年至2006年翻了3倍，估计达到54亿加仑（约204亿升，2.12亿桶），超过了巴西的甘蔗乙醇产量。

作为化石燃料的替代品，使用玉米乙醇本身存在问题：食品价格上涨明显，土地使用令人担忧，对种植过程中消耗的燃料、肥料和其他资源数量存在争议。从矮草和纤维素含量高的废品中提取的纤维素乙醇被大力提倡，可以用来替代玉米或甘蔗乙醇。

北印度的牛粪或许是未来的燃料。把牛粪置于密闭空间，粪便中的细菌分解废料，释放出的可精炼气体甲烷纯度高达70%。剩余的固体废物可用作肥料。牛粪的利用还减少了木头燃料的需求，留下大片树林吸收二氧化碳。

知识速记 | 美国是世界上最大的地热能生产国，大约90%的地热来自加利福尼亚州的33座地热发电厂。

知识链接

人类文明对地球的影响 | 第五章"人类的影响"，第214—215页
农业的未来 | 第六章"现代农业"，第248—249页

无人机的常见用途

- 空中测绘
- 石油勘测
- 体育摄影
- 喷洒杀虫剂
- 搜救工作
- 飓风分析
- 武装袭击

未来的交通工具

我们如何从 A 点到达 B 点？这一问题促使了从轮子到驴拉车再到“阿波罗 11 号”太空飞船的诞生。不过更宽泛地说，这一解决方案始终离不开两大基本因素：一是燃烧化石燃料，无论是汽车、飞机还是火车；二是操作的人，他开车、停车、把控方向。随着科技公司致力于改造人类的出行方式，这两种因素可能都将改变。

对于有些交通工具来说，司机已经过时了。无人驾驶空中飞行器（UAVs）技术大有从军用扩展到广泛民用的希望，如传感、拍照和派件等。农民已经开始用无人机监测农田，而摄影师则利用这些设备拍取鸟瞰视角的照片。

随着这些设备越来越受欢迎，需要有规则分清安全问题、治安问题和责任问题。美国联邦航空局提出了条例，规定所有无人机用户必须持有飞行员驾照，这或许会在短期内减缓无人机在民间的应用速度。但是规矩一旦定下来，将会为无人机更广泛合法的使用扫清障碍。

其他交通运输突破还在进行中，例如磁悬浮列车的开发。列车利用强力磁铁，悬浮于铁轨上方 10 毫米处。没有了钢轮和铁轨之间的摩擦，这些列车的速度可达到 300 英里 / 小时（约 483 千米 / 小时），而耗能只是其他列车的一小部分。

随着化石燃料与日俱减，混合动力汽车在可用替代燃料方面取得了进展。这类汽车有传统的内燃机引擎，还有一个电池组，大大节约了燃油。

全电动汽车不需要燃烧燃料，但大规模商业推广必须解决一些问题：所用锂电池的续航能力能否提高、充电时间能否缩短、能否降低成本等。

知识链接

人类的其他交通方式 | 第六章“交通运输”，第 252—253 页
可持续能源生产方式 | 第八章“替代技术”，第 366—367 页

发明家埃隆·马斯克

企业家埃隆·马斯克（Elon Musk）是很多现代发明的幕后掌舵人：数字支付平台贝宝（PayPal）、独立太空旅行公司 SpaceX 以及电动汽车公司特斯拉等。特斯拉公司以其发明者尼古拉·特斯拉（Nikola Tesla）的名字命名，在开发可靠有效的电动交通工具方面成就非凡。马斯克还提出了一款效率更高、速度更快的旅行技术——时速高达 700 英里（约 1127 千米）的“超级环”列车，往返于旧金山和洛杉矶之间，将乘客装进真空管道中运送，类似于以前免下车银行里接待顾客的职员。在促使美国公交系统放弃化石燃料转向电池能源方面，马斯克是领袖人物之一。

知识速记 | 亚马逊总裁杰夫·贝索斯（Jeff Bezos）畅想未来的无人机送货上门：从亚马逊仓库派出的无人机队在全球定位系统的指引下飞往买家的住所。

无人驾驶汽车

谷歌在美国国会山和其他地方向公众展示了无人驾驶汽车，与此同时，有关技术如何与现有公路设施相融合的争论正在进行。谷歌高层决策者需要测试这项技术，在他们的强烈要求下，美国内华达州 2011 年成为首个承认无人驾驶汽车合法的州。法律要求驾驶员座上必须有人，在需要的时候接管汽车控制。加利福尼亚州以及其他几个州紧随其后，到了 2014 年，谷歌旗下的无人驾驶汽车已经行驶了 70 万英里（约 113 万千米）的路程。无人驾驶技术以雷达和激光系统为基础，能够以每秒 10 次的频率对周围环境进行分析，形成实时三维地图。汽车传感器与精准的卫星导航 GPS 网络相连，为车辆开辟一条直达目的地的路径，同时遵循路标指示，或许还能“看见”路上的汽车和自行车。

理论上，这些高能电脑控制的汽车比起传统汽车，拥有更迅速的反应和更近的行驶车距，因此能提升安全性，缓解道路拥堵状况。设想一下，一队队无人驾驶汽车像鱼群或鸟群一样形成整体，一起行进、加速、减速，而不是挤成一团，需要费时耗油的交通疏导。谷歌声称该技术可以使道路效率提高一倍。

在加州的谷歌总部附近，一辆谷歌早期的无人驾驶汽车准备试驾。

知识速记 | 特斯拉汽车以尼古拉·特斯拉的名字命名，他是塞尔维亚裔美国发明家，曾为交流电的发展做出了贡献。

知识链接

早期人类的迁徙习惯 | 第六章“人类迁徙”，第 220—221 页
太空探索技术公司和其他私人航天公司 | 第八章“私人太空旅行”，第 370—371 页

私人太空探索的里程碑

2001 年 4 月 28 日
首位太空游客支付 2000 万美元参观国际空间站

2007 年 9 月 27 日
轨道科学公司研发的第一艘星际太空飞船“黎明号”从卡纳维拉尔角发射升空

2011 年 10 月 18 日
维珍银河公司在新墨西哥州开通首个私人太空港

2012 年 5 月 25 日
第一艘商业飞船向国际空间站运送物资

私人太空旅行

最初几年，民用太空旅行有辉煌，也有悲剧。2014 年 10 月，亿万富翁企业家理查德 · 布兰森（Richard Branson）的私人太空旅行公司维珍银河（Virgin Galactic）旗下有一艘飞行器在一次试飞中解体。飞行器还未出地球大气层就在莫哈韦沙漠上空解体了，试飞员迈克尔 · 阿尔斯伯里（Michael Alsbury）身亡，跳伞逃生的另一位试飞员皮特·西博尔德（Peter Siebold）负伤。

这场悲惨事故有可能令商业太空旅行胎死腹中。布兰森多年来一直声称，维珍银河即将搭载购票旅客进入距离地球约 62 英里（约 100 千米）外的太空边缘。虽然公司面临重重困难，但布兰森在坠毁事故之后依然坚持认为，尽管存在风险，但这一计划将继续推进——历史上所有的重大探险都有风险。布兰森甚至承诺，他将亲自登上这艘太空飞船去首航。

私营企业涉足太空旅行是必然的，因为比起大部分政府主持的项目，私企面临的政治和经济障碍更少。现在，参与新型太空竞赛的企业数量正在不断增加。科技行业的创业家埃隆 · 马斯克是特斯拉电动汽车（详见第 369 页）的幕后推手，他创立 SpaceX 太空公司是为了在不断扩张的市场中与政府竞争。位于弗吉尼亚州的轨道科学公司是他的竞争对手。

两大公司都赢得了与美国国家航空航天局（NASA）的合约，为国际空间站运送补给。波音公司和洛克希德 · 马丁等国防承包商也投身到太空旅行市场中。

除了美国国家航空航天局在休斯敦和佛罗里达的地面控制中心以外，私营发射台也已经拔地而起，使科幻小说中的太空港变成了现实。维珍银河的运作基地在新墨西哥州阿尔伯克基附近的美国太空港（Spaceport

知识链接

太空中的国际合作 | 第二章“合作”，第 74—75 页
埃隆 · 马斯克 | 第八章“未来的交通工具”，第 369 页

America），这是在新墨西哥州立太空港管理局的帮助下建立的。

这个行业成本高昂、风险巨大，有赖于雄厚的财力。维珍银河悲惨事故发生的数天前，轨道科学公司的一枚无人货运火箭从美国国家航空航天局在弗吉尼亚州瓦勒普斯岛的发射平台起飞，不久后发生爆炸，火箭和货物俱毁，损失数亿美元。

参与太空竞争需要有相当的胆识。马斯克对 SpaceX 的期望不仅仅是为空间站提供航天补给，还要促成人类登陆火星。未来，私营企业还将致力于开采小行星上的矿物质或建造能够飞到大气层之外的商用飞机，这使得从伦敦飞抵加利福尼亚州只需要一小时。

知识速记 | 莱昂纳多·迪卡普里奥（Leonardo DiCaprio）、安吉丽娜·朱莉（Angelina Jolie）和布拉德·皮特（Brad Pitt）等名人都持有维珍银河太空飞船的登船票。

太空竞赛

与化石燃料、核能和网络一样，许多新的、复杂的、资金密集型的科技在发展初期都离不开政府投资。20 世纪 60 年代的“太空竞赛”不仅仅是一种技术竞争。对美国和苏联而言，这更是一场耀武扬威的政治博弈，力求在冷战中取得军事和战略方面的优势。

“二战”期间，火箭技术的进步创造了能够大量运载有效负荷并飞行数百英里的设备。德国的 V2 远程火箭在战争期间发射了上千枚，在这一技术的带动下，后来发展出了更大、更精确的设备。1957 年 10 月 4 日，苏联宣布成功发射人造卫星进入绕地轨道，就此开启了苏联与美国一系列针锋相对的技术竞赛。苏联还首先于 1959 年把月球探测器“月神二号”送上了月球，又于 1961 年宣布发射第一艘载人宇宙飞船，宇航员是尤里·加加林。然而，美国的计划更进一步，1968 年首次实现绕月轨道飞行，次年“阿波罗 11 号”成功登月。

发射架上的苏联“东方号”（Vostok）火箭。其中一支火箭把尤里·加加林送入了太空，使他成为进入绕地球轨道的第一人。

“阿波罗 11 号”任务实际上是太空竞赛的收官之作。但是，美国政府对太空研究和太空计划的支持并未停止，甚至在 1989 年 11 月 9 日柏林墙倒塌和两年后苏联解体之后还在继续。美国国家航空航天局着力推进航天飞机计划，并于 1981 年首次发射航天飞机，当然这只是众多太空计划中的一项。

之前的竞争对手现在携起手来，合作推进国际空间站等计划。国际空间站内，来自世界各国的科学家们在环绕地球轨道飞行时开展试验。然而，2011 年美国终止航天飞机计划，标志着美国政府太空探索模式的转型。如今，美国国家航空航天局正与私营企业竭诚合作，共同执行太空任务。

知识链接

美国与苏联的对抗 | 第七章“冷战”，第 316—317 页
地球的卫星 | 第二章“卫星”，第 64—65 页

CHAPTER 9

世界各国

联合国总部，美国纽约

国家和联盟

国际联盟

北大西洋公约组织（NATO）
成立于 1949 年

欧洲联盟（EU，简称“欧盟”）
起源于 1950 年

石油输出国组织（OPEC）
成立于 1960 年

经济合作与发展组织（OECD）
成立于 1961 年

东南亚国家联盟（ASEAN）
成立于 1967 年

几百年来将世界各地区加以划分的各种边界正在改变，甚至消失。政府、公司和人的国际一体化，即全球化的进程，正在经济、社会和政治领域发生。欧盟是由 28 个成员国组成的国际组织，成立于 20 世纪 50 年代。早期的欧盟是其中 6 个国家组成的自由贸易区，现在的发展目标是促进欧洲的政治和经济一体化。

1992 年通过的《马斯特里赫特条约》（简称“欧洲联盟条约”）标志着欧洲联盟形成。条约提出了将欧洲货币统一为“欧元”（Euro）的议程。欧元最初是为欧洲金融市场和企业设置的，2002 年欧元现钞开始流通，为公众使用。欧盟成员国还同意寻求统一的外交和安全政策，加强司法和内政事务上的合作，并设法让各个成员国之间没有国界的限制。虽然个别成员国在税收等领域保留否决权，但欧洲实现了空前程度的国际一体化。

state、nation 和 country 的区别

英语中，“state”可指具有统一政治身份的地区（如美国等联邦制国家的各州），或者政治构架上的国家。“state”作为独立的政治单元，对某片确定的领土具备管辖权；如果指代的是受其他国家认可的“国家”，它就具备管辖其土地和人民事务的合法性。

英语中，“nation”的定义并不取决于地理位置或种族、血统。一般来说，nation 是一个拥有共同语言、宗教和历史的族群，是政治意义上的“国族”。具有不同血缘、语言的人，拥有共同的历史和认同感，都可以被称为 nation。

英语中，“country”在 3 个词中最为常见，但其含义不太精确，可以指代地域性的自治区或地区概念，同时也可以指主权国家。这片地区可由一个民族组成，也可能有多个民族共生；虽然可以遵守自己的法律程序，但其决议没有更广泛的法律效力，除非得到周边国家的认可。

人们对国家边界的看法却在不断变化，包括各种国际联盟在内的组织，已经超越了世界各地的国界、文化和语言。这样的组织可以是自发形成的，也可以代表官方的政治立场。一般情况下，组织各方致力于共同的事业。例如，1967 年成立的东南亚国家联盟（ASEAN）；经济合作与发展组织（OECD），其前身是 1961 年以前的欧洲经济合作组织；还有成立于 1949 年的北大西洋公约组织（NATO）。

联合国主要机构之一联合国大会包括 192 个成员国，每个成员国都拥有投票决议权。每届大会在 9 月至 12 月召开。

南极洲的归属

南极洲的归属一直存在争议。那里的大片土地不与其他大陆的边界接壤，也不是任何国家的附属国，南极洲本身就是一个独立的大陆。它不是一个独立的国家，也没有原住民在那里居住。如何定义南极洲的归属问题，谁来管理它呢？20 世纪 50 年代末，为了促进在南极洲的科学考察和国际合作，12 个在那里有科考项目的国家举行了外交会议，共同签署《南极条约》，条约于 1961 年生效。最初的这 12 个表决国家分别为：阿根廷、澳大利亚、比利时、智利、法国、日本、新西兰、挪威、南非、苏联、英国和美国。之后又有 33 个国家加入对于该区域的科学探索。根据条约，代表国决定冻结一切对南极的领土要求；禁止在当地建立军事基地，或进行军事演习；鼓励国与国之间广泛进行科考合作。到目前为止，该条约是长期国与国之合作的一个光辉的榜样，只要各方允许，它将继续存在。

非洲

作为仅次于亚洲的第二大大陆，非洲占世界陆地面积的 1/5。它西部突出、四面临海，地虽广人却稀，生活在此的人口仅占世界人口的 10% 多一点。

非洲南北长 5000 英里（约 8047 千米），东西跨度 4600 英里（约 7403 千米），沿海地带狭窄，向内陆上升形成一片广袤的高原。海岸线上港口有限，几乎没有什么海湾和水湾。非洲虽然由一块块广阔的高地构成，真正的山脉却没有几条。东南部是埃塞俄比亚高地构成的地势较高的一片广阔区域。终年冰雪覆盖的乞力马扎罗山海拔 19340 英尺（约 5895 米），是这片大陆的最高点。

东非裂谷系是这片大陆最鲜明的地质特征。这道巨大的裂缝起于红海，一路向南，形成湖群、火山和深谷等奇妙景观。东非大裂谷是板块构造中的一个活动地带，它表明东非正在从此处被撕裂开来。

撒哈拉沙漠把非洲大陆一分为二，其面积占非洲的 1/4。河流湖泊等水源地区分布于萨赫勒南部，那是一片广阔的半干旱植被区，横跨撒哈拉沙漠以南的陆地。非洲多热带草原——地势较高、草浪翻滚的平原。位于非洲南部的大陆崖（Great Escarpment）是一片高原，地势不断下降，直至海岸地带，荒凉而侵蚀严重的德拉肯斯山脉（Drakensberg）最能代表其地形地貌，它的海拔高达 11400 英尺（约 3475 米）。

马达加斯加岛是世界第四大岛屿，坐落在非洲大陆以东，岛上动植物群落极为丰富，其中有药用植物和狐猴物种。

非洲的大河——包括尼日尔河、刚果河、赞比西河——对大陆内部的运输和渔业意义重大。尼罗河作为世界最长的河流，源头位于赤道以南，流向北部、东北部，营养丰富的河水最终汇入地中海。非洲东部和南部的野生生物虽然还很丰富，但成百上千的动植物物种现已濒临灭绝。

人类的足迹

1987 年，分子生物学家丽贝卡·卡恩（Rebecca Cann）向世界介绍了她在遗传谱系上的革命性发现。她的研究成果表明，人类拥有共同的祖先，即所谓线粒体夏娃（Mitochondrial Eve）——一个生活在非洲撒哈拉以南的假想人。考古和基因研究的证据表明，首批采猎者离开他们在撒哈拉南部的家园，来到东非热带草原，在气候剧烈变化之际迁徙到沿海地带。与此同时，生活在东非或中非偏远内陆的人们很可能在多变的热带草原气候中挣扎着求生存。对北非和中东人口的 DNA 研究证实，每当气候转变，我们的祖先便向着更加绿油油的牧场进发。在撒哈拉沙漠扩张之前，首批现代人就向北迁徙了。这些旧石器时代采猎者的遗传谱系延续到了今天北非的某些人口中。

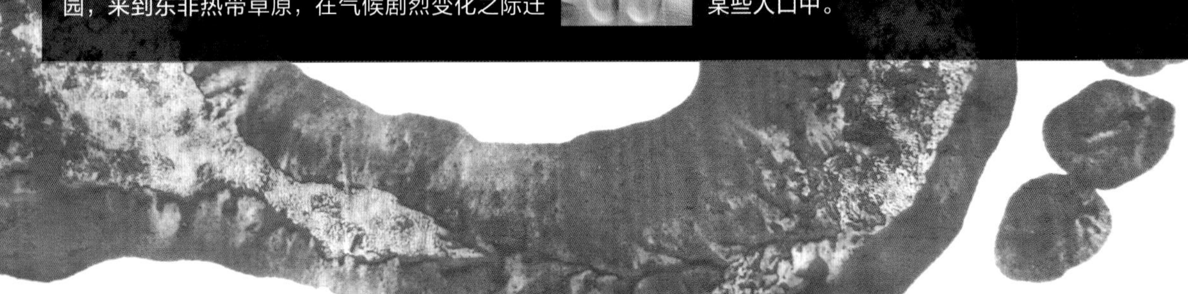

在阿尔及利亚的撒哈拉地区，布拉盖沙丘（Erg Bourarhet）独特的红沙丘被风吹出优美的阿拉伯式花纹。该地区又称提甘图林沙漠（Erg Tiguentourine），向南延伸到利比亚边境。两国的边界线基本就是沙上形成的这种线，很难确定。

摩洛哥 Morocco

摩洛哥王国

面积 446550 平方千米（约 172412 平方英里）| 人口 34859000 | 首都拉巴特（人口 1793000）| 非文盲人口比例 52% | 预期寿命 72 岁 | 流通货币：摩洛哥迪拉姆（Moroccan Dirham）| 人均 GDP 为 4000 美元 | 经济状况 工业：磷酸盐岩的开采与加工、食品加工、皮革制品和纺织业。农业：大麦、小麦、柑橘、酒类以及家畜。出口商品：服装、鱼类、无机化工产品、晶体管、天然矿产以及肥料。

阿特拉斯山脉（Atlas Mountains）占据了大半个摩洛哥，将富饶的海岸地区和撒哈拉沙漠分隔开来。虽然大多数摩洛哥人生活在沿海城市，但是摩洛哥这个国家基本还是一个农业国家。

干旱、失业以及争夺富含磷酸盐岩的西撒哈拉使这个国家不堪重负。摩洛哥军方与受阿尔及利亚支持的波利萨里奥阵营（Polisario，即西撒哈拉独立运动组织）之间的纠纷一直不断。摩洛哥是这座大陆仅存的 3 个王国之一，另外两个是大陆南部的小国家莱索托和斯威士兰。

利比亚 Libya

利比亚国

面积 1759539 平方千米（约 679362 平方英里）| 人口 6310434 | 首都的黎波里（人口 2327000）| 非文盲人口比例 83% | 预期寿命 77 岁 | 流通货币：利比亚第纳尔（Libyan Dinar）| 人均 GDP 为 7998 美元 | 经济状况 工业：石油、食品加工、纺织业、手工业和水泥。农业：小麦、大麦、橄榄、大枣和牛。出口商品：原油和成品油。

利比亚水少油多，是非洲大陆人均收入最高的国家之一。利比亚人大多生活在地中海沿岸。“大型人工河项目”是该国有史以来最大的引水工程，将撒哈拉沙漠地下含水层的水引到海岸城市。1951 年独立之前，利比亚曾是意大利殖民地，1969 年成为穆阿迈尔·卡扎菲（Minyar al-Gaddafi）治下的国家。卡扎菲支持恐怖主义，招致美国 1986 年对其进行轰炸，以及联合国 1992 年对其制裁。2011 年，卡扎菲被赶下台，2012 年选出总理。此后利比亚内战不断，2015 年 1 月才宣布停火。

阿尔及利亚 Algeria

阿尔及利亚民主人民共和国

面积 2381740 平方千米（约 919595 平方英里）| 人口 34178000 | 首都阿尔及尔（人口 3574000）| 非文盲人口比例 70% | 预期寿命 74 岁 | 流通货币为阿尔及利亚第纳尔（Algerian Dinar）| 人均 GDP 为 7000 美元 | 经济状况 工业：石油、天然气、轻工业和采矿。农业：小麦、大麦、燕麦、葡萄和绵羊。出口商品：石油、天然气、石油产品。

阿尔及利亚坐落于地中海沿岸，是非洲第二大国家。撒哈拉沙漠覆盖了超过 4/5 的国土面积，在沙漠地区，居民聚集在四处分散的绿洲中。90% 以上的阿尔及利亚人沿海岸居住。阿特拉斯山脉沿海岸线贯穿阿尔及利亚的东西方向，山脉的北坡冬季降雨充足。

阿尔及利亚于 1962 年从法国独立。该国军政府将希望寄托在撒哈拉沙漠中巨大的石油和天然气储存上。然而，石油价格低、婴儿出生率高以及民生政策苛刻导致了经济危机，促使许多人移民。从 1991 年起，阿尔及利亚政治一直深陷军队和伊斯兰激进分子之间的暴力争夺中。

突尼斯 Tunisia

突尼斯共和国

面积 163610 平方千米（约 63170 平方英里）| 人口 10486000 | 首都突尼斯（人口 2250000）| 非文盲人口比例 74% | 预期寿命 76 岁 | 流通货币为突尼斯第纳尔（Tunisian Dinar）| 人均 GDP 为 7900 美元 | 经济状况 工业：石油、采矿、旅游业、纺织业、鞋类。农业：橄榄、谷物、奶制品。出口商品：纺织品、机械工业制品、磷矿等化工产品，还有农副产品。

这个北非国家经历了 75 年的法国统治，于 1956 年独立，终身总统哈比卜·布尔吉巴（Habib Bourguiba）一直统治到 1987 年。虽然 2011 年发生的一次民众起义迫使当时的总统扎因·阿比丁·本·阿里（Zine Al-Abidine Ben Ali）下了台，但是数次政治和经济改革使该国免于崩溃。该国经济动荡，以农业、磷矿和石油业为基础。其地中海沿岸和迦太基城保存完好的国家历史古迹成就了其强劲的旅游业。

毛里塔尼亚 Mauritania

毛里塔尼亚伊斯兰共和国

面积 1030699 平方千米（约 397955 平方英里）| 人口 3129000 | 首都努瓦克肖特（人口 600000）| 非文盲人口比例 60% | 预期寿命 54 岁 | 流通货币为乌吉亚（Ouguiya）| 人均 GDP 为 2100 美元 | 经济状况 工业：鱼类加工、铁矿和石膏开采。农业：大枣、小米、高粱、水稻、牛。出口商品：铁矿、鱼和鱼类产品、黄金。

毛里塔尼亚曾是法属西非的一部分，于 1960 年独立，受阿拉伯和非洲文化的影响。园艺业大多分布在塞内加尔河的河漫滩，而由于塞内加尔过度使用这条河流，两国关系紧张。海岸附近有一些全球最富饶的渔场。

尽管连年的干旱迫使大多数游牧民和许多勉强糊口的农民移居城市，但是国民大多还是依赖农业和畜牧业。国内黑人与阿拉伯人的种族隔离使得该国局势更为紧张。

马里 Mali

马里共和国

面积 1240192 平方千米（约 478841 平方英里）| 人口 12667000 | 首都巴马科（人口 1708000）| 非文盲人口比例 46% | 预期寿命 50 岁 | 流通货币为非洲法郎（CFA Franc）| 人均 GDP 为 1200 美元 | 经济状况 工业：食品加工、建筑业、磷矿开采、金矿开采。农业：棉花、小米、水稻、玉米、牛。出口商品：黄金。

马里是西非内陆国家，多为沙漠或半沙漠。穿越撒哈拉沙漠的游商曾使得尼日尔河畔的贸易枢纽廷巴克图和加奥（Gao）成为富庶之地。约 95% 的马里人信奉伊斯兰教。

马里的居民都是加纳人、马林凯人和桑海人的后代，19 世纪晚期落入法国人的统治，1960 年独立。20 世纪 80 年代，干旱和饥荒加剧了经济困境，导致监管不力和私有化。沙漠化迫使牧民向南迁移到农业地带。随着淘金活动的日益高涨，马里正在成为主要的黄金出口国。

知识速记 | 由于尼罗河向北流，所以埃及南部被称为上埃及。

尼日尔 Niger

尼日尔共和国

面积 1266999 平方千米（约 489191 平方英里）| 人口 15306000 | 首都尼亚美（人口 1027000）| 非文盲人口比例 29% | 预期寿命 53 岁 | 流通货币：非洲法郎（CFA Franc）| 人均 GDP 为 700 美元 | 经济状况 工业：铀矿开采、水泥、制砖和纺织业。农业：豇豆、棉花、花生、小米和牛畜类。出口商品：铀矿、家畜、豇豆和洋葱。

尼日尔是坐落在西非的一个内陆国，尼日尔河是它与海洋间的联系纽带。绝大多数当地人生活在南美大草原，北边则是一望无际的撒哈拉沙漠。虽然自由选举恢复了这个国家的民主，但尼日尔贵重铀的市场需求量下降，国内经济状况进一步恶化。尽管尼日尔还是在依赖外国援助，但从 2011 年开始已经开采石油了。

乍得 Chad

乍得共和国

面积 1284000 平方千米（约 495755 平方英里）| 人口 10329000 | 首都恩贾梅纳（人口 1127000）| 非文盲人口比例 26% | 预期寿命 48 岁 | 流通货币：非洲法郎（CFA Franc）| 人均 GDP 为 1600 美元 | 经济状况 工业：石油、棉纺织品、肉类加工、啤酒酿制和泡碱（碳酸钠）。农业：棉花、高粱、小米、花生和牛畜类。出口商品：棉花、牛畜和阿拉伯树胶。

内陆国乍得南部有肥沃的洼地，北部是旱地和沙漠。东部和北部的阿拉伯穆斯林与南部非洲基督教教徒之间剑拔弩张，国家局势吃紧。乍得和利比亚之间的边境之争闹到了联合国国际法庭上，法庭判决于乍得有利。2004 年的大规模石油开采改善了这个非洲最穷的国家之一的经济状况。

埃及 Egypt

阿拉伯埃及共和国

面积 1001999 平方千米（约 386874 平方英里）| 人口 83083000 | 首都开罗（人口 12503000）| 非文盲人口比例 71% | 预期寿命 72 岁 | 流通货币：埃及镑（Egyptian Pound）| 人均 GDP 为 5400 美元 | 经济状况 工业：纺织业、食品加工、旅游业和化工产品。农业：棉花、大米、玉米、小麦和牛畜。出口商品：原油和石油产品、棉花、纺织品和化工产品。

埃及位于非洲东北部，控制着苏伊士运河这条连接印度洋和地中海的最短航道。埃及的特色一是尼罗河，发源于非洲中部，流入地中海；二是沙漠：东部是多山沙漠，西部是干旱荒漠，南部则是一望无际的撒哈拉沙漠。约 95% 的埃及人都生活在尼罗河两岸那不到 5% 的埃及土地上。大多埃及人是阿拉伯穆斯林，但也有相当一部分人口是科普特基督徒。埃及政府历经动乱，2013 年政府被颠覆，2014 年 5 月选举出了新总统。

苏丹 Sudan

苏丹共和国

面积 1886068 平方千米（约 728215 平方英里）| 人口 41088000 | 首都喀什穆（人口 5185000）| 非文盲人口比例 61% | 预期寿命 51 岁 | 流通货币：苏丹镑（Sudanese Pound）| 人均 GDP 为 2500 美元 | 经济状况 工业：石油、轧棉、纺织业、水泥、食用油、糖类、肥皂提炼、鞋类和石油精炼。农业：棉花、花生、高粱、小米、小麦和绵羊。出口商品：石油和石油产品、棉花、芝麻、家畜和花生。

尼罗河纵贯苏丹全境。苏丹的红海沿岸和西部与乍得的边界山峦起伏。阿拉伯穆斯林控制着苏丹政权，他们占国内人口的 39%。非洲人占 52%。自奥马尔·巴希尔（Omar Al-Bashir）在 1989 年发动军事政变以来，苏丹一直是个军事独裁政府。联合国维和部队在竭力维持达尔富尔地区的稳定。苏丹内战不断，而南方油田的发现使得内战升级，2011 年南苏丹共和国分裂为独立国家。

2004 年 9 月在苏丹的达尔富尔，一名叛军士兵冷眼看着金戈威德民兵一把火点燃的车罗卡西村。

南苏丹 South Sudan

南苏丹共和国

面积 644330 平方千米（约 248777 平方英里）| 人口 11562695 | 首都朱巴（人口 269000）| 非文盲人口比例 27% | 预期寿命 54 岁 | 流通货币：南苏丹镑（South Sudanese Pound）| 人均 GDP 为 1400 美元 | 经济状况 工业：食品加工和饮料。农业：谷类、阿拉伯树胶、甘蔗、木薯、豆类、牛畜和绵羊。

2011 年，南苏丹从内战多年的苏丹独立出来。它是世界上最不发达的国家之一；南苏丹人民主要依赖温饱型农业和在尼罗河捕鱼为生。

埃塞俄比亚 Ethiopia

埃塞俄比亚联邦民主共和国

面积 1133379 平方千米（约 437600 平方英里）| 人口 85237000 | 首都亚的斯亚贝巴（人口 3453000）| 非文盲人口比例 43% | 预期寿命 55 岁 | 流通货币：比尔（Birr）| 人均 GDP 为 800 美元 | 经济状况 工业：食品加工、饮料、纺织业和化工产品。农业：谷类、干豆、咖啡、油籽、牛畜和兽皮。出口商品：咖啡、阿拉伯茶、黄金、皮革制品、活家畜和油籽。

埃塞俄比亚有一个中央高原，被东非大裂谷一分为二。大部分人民都生活在西部高地上，埃塞俄比亚首都就坐落于此。大多数埃塞俄比亚人都是农民，但森林退化和干旱导致作物收成不佳。1991 年，政府和叛军长达十七年的内战终于结束。

索马里 Somalia

索马里联邦共和国

面积 637658 平方千米（约 246201 平方英里）| 人口 9832000 | 首都摩加迪沙（人口 1500000）| 非文盲人口比例 38% | 预期寿命 50 岁 | 流通货币：索马里先令（Somali Shilling）| 人均 GDP 为 600 美元 | 经济状况 工业：糖类加工、纺织业。农业：香蕉、高粱、玉米、可可豆、牛畜和鱼类。出口商品：家畜、香蕉、兽皮、鱼类和木炭。

索马里南部平坦，北部多山。1960 年，英属索马里兰和意大利属索马里兰合并，成立了索马里。1991 年，内战推翻了独裁政体，自那以后，索马里至今还没有国家政府，所以统一索马里的努力还在继续。

为了遏制索马里的荒漠化，志愿者们用干草叉和铁锹把仙人掌新苗植入酸性土壤里。

厄立特里亚 Eritrea

厄立特里亚国

面积 121144 平方千米（约 46774 平方英里）| 人口 5647000 | 首都阿斯马拉（人口 556000）| 非文盲人口比例 59% | 预期寿命 62 岁 | 流通货币：纳克法（Nakfa）| 人均 GDP 为 1000 美元 | 经济状况 工业：食品加工、饮料、服装和纺织业。农业：高粱、扁豆、蔬菜、玉米、家畜和鱼类。出口商品：家畜、高粱、纺织品、食品和小型制造业。

厄立特里亚曾是意大利在非洲东北部的一个殖民地，1962 年，埃塞俄比亚皇帝海尔·塞拉西（Haile Selassie）一世不顾联合国主持的联盟的反对，将之吞并，触发了数十年的战争。1993 年，厄立特里亚从其邻邦宗主国独立出来。独立之后，厄立特里亚陷入了与也门的战争，之后又是与埃塞俄比亚的边界之争。2000 年，和平协议达成，厄里特里亚和埃塞俄比亚边界建立了联合国巡逻缓冲带。

吉布提 Djibouti

吉布提共和国

面积 23201 平方千米（约 8958 平方英里）| 人口 956985 | 首都吉布提（人口 502000）| 非文盲人口比例 68% | 预期寿命 43 岁 | 流通货币：吉布提法郎（Djiboutian Franc）| 人均 GDP 为 3700 美元 | 经济状况 工业：建筑和农副产品加工业。农业：水果、蔬菜和山羊。出口商品：进口转出口商品、兽皮和咖啡（中转）。

吉布提是红海航运的门户，1977 年之前一直是法属地区；今天，一个法国海军基地和要塞贡献了将近一半的国家收入。这个资源匮乏的国家的首都是区域金融中心，有一个自由港和现代化航空港，并以此获取利益。它作为以亚的斯亚贝巴为起点站的铁路终点站，处理了埃塞俄比亚大部分贸易。20 世纪 90 年代早期，索马里裔的伊萨族和埃塞俄比亚裔的阿法尔族这两大主要民族达成了分权协议，结束了内战。

佛得角 Cape Verde

佛得角共和国

面积 4035 平方千米(约 1558 平方英里)| 人口 429000 | 首都普拉亚(人口 107000)| 非文盲人口比例 77% | 预期寿命 72 岁 | 流通货币：佛得角埃斯库多(Cape Verdean Escudo)| 人均 GDP 为 3800 美元 | 经济状况 工业：食品饮料、鱼类加工、鞋和服装类、盐矿开采。农业：香蕉、玉米、豆类、红薯和鱼类。出口商品：燃料、鞋类、服装、鱼类和兽皮。

佛得角临近西非海岸，由 10 座火山岛和 5 座小岛组成。1456 年葡萄牙人发现了这些岛屿后，岛上才开始住人。1975 年，佛得角从葡萄牙独立。圣地亚哥岛上的非洲文化最为突出，这里住着佛得角一半的人口。佛得角拥有稳定的民主体系。虽然淡水资源匮乏导致农业滞后，但它的旅游业一直在蓬勃发展。

中非共和国 Central African Republic

中非共和国

面积 622983 平方千米(约 240535 平方英里)| 人口 4511000 | 首都班吉(人口 698000)| 非文盲人口比例 49% | 预期寿命 45 岁 | 流通货币：非洲法郎(CFA Franc)| 人均 GDP 为 700 美元 | 经济状况 工业：金刚石(钻石)开采、伐木、酿酒和纺织业。农业：棉花、咖啡、烟草、木薯(木薯淀粉)和林木业。出口商品：钻石、木材、棉花、咖啡和烟草。

中非共和国坐落在非洲的心脏位置，1960 年独立前曾是法属赤道非洲的一部分。该国大部是热带高原，南部有雨林。中非经济持续低迷。这个国家是世界上最不发达的国家之一，绝大多数人口都从事温饱型农业。木材和未经切割的钻石是出口收入的来源。一连串的政变和叛乱造成国内政局持续动荡。

关键词 政变(coup)：源自法语 couper，意为“切割”或“劈砍”，指运行中的政府突然遭到小部分武装或军事力量的突然倾覆，一般会有暴力行为。政变不是一种社会、经济或政治的变革运动，通常只是更换政府领导层。

刚果 Congo

刚果共和国

面积 342000 平方千米(约 132047 平方英里)| 人口 4013000 | 首都布拉柴维尔(人口 1505000)| 非文盲人口比例 84% | 预期寿命 54 岁 | 流通货币：非洲法郎(CFA Franc)| 人均 GDP 为 4000 美元 | 经济状况 工业：石油开采、水泥、伐木、酿酒、糖类、棕榈油和肥皂。农业：木薯(木薯淀粉)、糖类、大米、玉米和林产品。出口商品：石油、木材、胶合板、糖类和可可豆。

刚果横跨赤道，人口少且集中在西南部，北部是几无人烟的热带丛林。大部分人居住在刚果首都布拉柴维尔和港口城市黑角之间的地区，重点从事石油工业。自 1960 年独立以来，刚果的发展一直受政治动乱的阻碍。1992 年，刚果在经历了近 30 年的马克思主义统治后，转而采用多党民主体系。20 世纪 90 年代末的冲突破坏了民主，不过 2002 年的新宪法为该国带来了稳定的希望。

刚果民主共和国 Democratic Republic of Congo

刚果民主共和国

面积 2344885 平方千米(约 905365 平方英里)| 人口 68693000 | 首都金沙萨(人口 9052000)| 非文盲人口比例 67% | 预期寿命 54 岁 | 流通货币：刚果法郎(Congolese Franc)| 人均 GDP 为 600 美元 | 经济状况 工业：采矿(金刚石、铜、锌)、矿石加工、消费产品。农业：咖啡、糖类、棕榈油、橡胶、木制品。出口商品：金刚石、铜、原油、咖啡和钴。

在刚果民主共和国境内，刚果河流经一片富庶的土地，那里矿藏丰富，田地肥沃，雨林覆盖。森林覆盖的刚果河流域占国土面积的 60%，是一道屏障，阻碍了位于西部的首都金沙萨与多山的东部和南部高地的交流。200 多个民族说着 700 多种本地语言和方言，生活水准处于全球最底层。原因包括战争、政府腐败、漠视公共服务以及铜和咖啡市场的萧条。

知识速记 | 全球约 90% 的小型工业金刚石都是刚果民主共和国生产的。

卢旺达 Rwanda

卢旺达共和国

面积 26338 平方千米（约 10169 平方英里）| 人口 10473000 | 首都基加利（人口 947000）| 非文盲人口比例 70% | 预期寿命 51 岁 | 流通货币：卢旺达法郎（Rwandan Franc）| 人均 GDP 为 900 美元 | 经济状况 工业：水泥、农副产品加工业、小型饮料业和肥皂。农业：咖啡、茶叶、除虫菊、香蕉和家畜。

卢旺达位于非洲中部的赤道南侧，境内多山。这个袖珍内陆国是非洲大陆人口最密集的国家之一。1962 年，卢旺达脱离比利时统治而独立。胡图族人和图西族人之间的冲突和内战几乎就是整个国家的历史。1994 年，在图西族武装部队控制政府之前，胡图族人屠杀了约 80 万图西族人。之后胡图族民兵逃离卢旺达，盘踞在扎伊尔境内的据点，继续偷袭图西族人，直到 1997 年卢旺达武装部队攻入扎伊尔，并在那儿一直驻扎到 2002 年刚果民主共和国（以前的扎伊尔）同意协助图西族人解散胡图族武装。

布隆迪 Burundi

布隆迪共和国

面积 27835 平方千米（约 10747 平方英里）| 人口 8988000 | 首都布琼布拉（人口 378000）| 非文盲人口比例 59% | 预期寿命 52 岁 | 流通货币：布隆迪法郎（Burundi Franc）| 人均 GDP 为 500 美元 | 经济状况 工业：毛毯、鞋类、肥皂等轻工业产品和进口零部件组装。农业：咖啡、棉花、茶叶、玉米和牛肉。出口商品：咖啡、茶叶、糖类、棉花和兽皮。

布隆迪位于非洲中部的赤道南侧，是一个经济落后、人口密集的袖珍内陆国。从坦噶尼喀湖畔的首都布琼布拉，一道大陆崖拔地而起，上面是肥沃的高地。90% 的国民从事农业工作，大多仅能糊口。自 1962 年脱离比利时独立之后，布隆迪一直处于种族冲突中，一方是占多数的胡图族，另一方是人口只占 14% 却控制着政府和军队的图西族人。2003 年的新政府和 2006 年的停战提议为布隆迪带来了和平的希望。

乌干达 Uganda

乌干达共和国

面积 241138 平方千米（约 93104 平方英里）| 人口 32370000 | 首都坎帕拉（人口 1597000）| 非文盲人口比例 67% | 预期寿命 53 岁 | 流通货币：乌干达先令（Ugandan Shilling）| 人均 GDP 为 1200 美元 | 经济状况 工业：糖类、酿酒业、烟草、棉纺织业和水泥。农业：咖啡、林木业、鱼类。

乌干达是非洲东部的一个内陆国，是一片热带草原高地，境内多山和湖泊。这片土地曾是英国的领地，最突出的地貌特征是非洲第一大湖维多利亚湖和鲁文佐里山脉。乌干达于 1962 年独立，但在 1996 年实行普选制之前，一直受到军国主义政权的荼毒。一支名为圣主抵抗军的反叛民兵一直在活动，在乌干达北部开展恐怖活动，绑架了 3 万多名儿童，男孩充军，女孩嫁给民兵为妻。肥沃的土地上农场和咖啡种植园收成喜人，但艾滋病在一些地区肆虐，现在也许是该国最大的敌人。

在卢旺达火山国家公园发现并拆除的一堆地雷，说明人类的暴力居然渗透到了世界上为数不多的山地大猩猩栖息地。

几内亚 Guinea

几内亚共和国

面积 245857 平方千米（约 94926 平方英里）| 人口 10058000 | 首都科纳克里（人口 1645000）| 非文盲人口比例 30% | 预期寿命 57 岁 | 流通货币：几内亚法郎（Guinean Franc）| 人均 GDP 为 1100 美元 | 经济状况 工业：铝土、黄金、金刚石、矾土精炼，轻工业。农业：大米、咖啡、菠萝、棕榈仁、牛畜、林木业。出口商品：铝土矿、矾土、黄金、金刚石、咖啡。

几内亚位于非洲西部的大西洋沿岸，有一片狭长的沿海平原和内陆高地，内陆高地的东南部被森林覆盖。1958 年脱离法国独立之后，专制的社会主义统治把国内经济搞得一团糟。1984 年，政变导致军政府上台，直到 1990 年之后，几内亚开始向多党民主制度过渡。开放的商业政策加上金刚石和黄金使得这个依赖于矾土工业的经济体有了更多种类的产品。

冈比亚 Gambia

冈比亚共和国

面积 11295 平方千米（约 4361 平方英里）| 人口 1783000 | 首都班珠尔（人口 372000）| 非文盲人口比例 40% | 预期寿命 55 岁 | 流通货币：达拉西（Dalasi）| 人均 GDP 为 1300 美元 | 经济状况 工业：花生加工、鱼类、兽皮、旅游业、饮料、农业机械加工。农业：大米、小米、高粱、花生、牛畜。出口商品：花生产品、鱼类、皮棉和棕榈仁。

冈比亚位于西非，是一个狭长的小国家，有一个大西洋入海口。1588 年，英国从葡萄牙手中买断了冈比亚的贸易权。1965 年，冈比亚独立。经历了将近 30 年的民主统治之后，冈比亚总统在 1994 年的一次军事政变中下台。1996 年 8 月，冈比亚修宪并通过国民公投，1997 年 1 月重新恢复宪政。冈比亚主要出口花生，大多数国民都是温饱型的农民。

关键词 国际货币基金组织（IMF）：指保障国际货币合作、稳定货币汇率、拓展国际硬通货渠道的联合国专门机构。世界银行：指策划金融项目以促进经济发展和实现自由市场经济的联合国专门机构，通常与国际货币基金组织和世界贸易组织联手工作。

塞内加尔 Senegal

塞内加尔共和国

面积 196723 平方千米（约 75955 平方英里）| 人口 13711000 | 首都达喀尔（人口 2856000）| 非文盲人口比例 39% | 预期寿命 59 岁 | 流通货币：非洲法郎（CFA Franc）| 人均 GDP 为 1600 美元 | 经济状况 工业：农产品和鱼类加工、磷矿开采、化肥生产、石油加工。农业：花生、小米、玉米、高粱、牛畜、鱼类。出口商品：鱼类、花生、石油产品、磷矿和棉花。

塞内加尔坐落于非洲西部的大西洋沿岸。这片土地河流纵横，有大片的沼泽和平原，一度受沃洛夫人的统治，是当今非洲首批实行多党制的国家之一。首都达喀尔的天然深水港使得这个国际大都市成为非洲西部的重要港口。而生长在干旱内陆的花生是塞内加尔的主要出口商品。

几内亚比绍 Guinea-Bissau

几内亚比绍共和国

面积 36125 平方千米（约 13948 平方英里）| 人口 1534000 | 首都比绍（人口 336000）| 非文盲人口比例 42% | 预期寿命 48 岁 | 流通货币：非洲法郎（CFA Franc）| 人均 GDP 为 600 美元 | 经济状况 工业：农副产品加工业、啤酒、软饮料。农业：大米、玉米、豆类、木薯（木薯淀粉）、林木业、鱼类。出口商品：腰果、虾、花生、棕榈仁和锯材。

几内亚比绍沿海是沼泽森林，向东则是草地。1994 年，该国首次举行了多党选举。四年后，一次武装起义触发了内战，破坏了国内的基础设施。2009 年，几内亚比绍总统遭到暗杀，由另一位当选领导人接替。2012 年，一次军事政变终止了选举。几内亚比绍是世界上最不发达的国家之一，绝大多数国民都是温饱型农民。

知识速记 | 冈比亚国土面积 4361 平方英里（约 11295 平方千米），是非洲最小的陆地国家，而塞舌尔群岛是一个岛国，国土面积只有 176 平方英里（约 456 平方千米），是冈比亚的 1/3 大。

科菲·安南 / 前联合国秘书长

科菲·安南（Kofi Annan）是第七任联合国秘书长，任期自 1997 年到 2006 年。他出生于 1938 年，祖辈和叔辈都曾是阿散蒂人和芳蒂人的部落首领。其父曾在一家可可豆工厂里任出口经理。安南曾就读于加纳的库马西科技大学，获得了明尼苏达州麦考莱斯特学院的经济学学位和麻省理工学院的管理学硕士学位。他于 1962 年进入世界卫生组织，时任预算师，1987 年入职联合国。安南一直致力于建设一个更加有序的和平世界，并因此于 2001 年荣获诺贝尔和平奖。

重要的是强者和弱者都同意接受同一种规则的约束，给予彼此同等的尊重。

——科菲·安南，2006 年

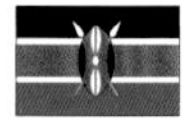

肯尼亚 Kenya

肯尼亚共和国

面积 580309 平方千米（约 224060 平方英里）| 人口 39003000 | 首都内罗毕（人口 3363000）| 非文盲人口比例 85% | 预期寿命 58 岁 | 流通货币：肯尼亚先令（Kenyan Shilling）| 人均 GDP 为 1600 美元 | 经济状况 工业：小型消费品（塑料、家具）、农副产品加工业和石油提炼。农业：玉米、小麦、稻谷、剑麻、甘蔗。出口商品：咖啡、园艺产品。

肯尼亚挨着印度洋的部分是一片地势较低的沿海平原，中部是高山和高原，地势呈上升趋势。肯尼亚的基本格局分为数个地理区域：裂谷和附近高地、东部高原、海岸、维多利亚湖盆地以及干旱的南部和北部地区。裂谷将高地一分为二：西边的马乌陡崖（Mau Escarpment）和东边的阿伯德尔山脉。自 1963 年从英国独立出来以后，自由企业制度和政治辩论促使肯尼亚成为最稳定的非洲国家之一。20 世纪 90 年代末，肯尼亚转向多党制。旅游是肯尼亚的核心经济。激烈的耕地竞争迫使成千上万人涌向城市，致使城市失业率高企。

朵朵白云之下一对网纹长颈鹿母子的身影出现在肯尼亚马赛马拉国家保护区内。这个保护区在东非大裂谷内，占地面积近 1554 平方千米（约 600 平方英里）。

知识速记 | 2005年，埃伦·约翰逊·瑟利夫（Ellen Johnson Sirleaf）当选利比里亚总统，她是非洲首位民选女总统。

塞拉利昂 Sierra Leone

塞拉利昂共和国

面积71740平方千米（约27699平方英里）| 人口6440000 | 首都弗里敦（人口894000）| 非文盲人口比例35% | 预期寿命41岁 | 流通货币：利昂（Leone）| 人均GDP为700美元 | 经济状况 工业：采矿（金刚石）、小型制造业（饮料、纺织品）、石油精炼。农业：大米、咖啡、可可豆、棕榈仁、家禽、鱼类。

塞拉利昂坐落在非洲西部的大西洋沿岸，地势从沿海沼泽地到内陆高原和高山呈上升趋势。塞拉利昂的意思是“狮子山”，是15世纪一位葡萄牙探险家命名的。从19世纪初到1961年，它一直是英属殖民地。20世纪90年代，该国的民选领袖被推翻后东山再起，战争状态导致经济动荡。2002年，塞拉利昂在联合国维和部队的支持下结束了长达十年的内战。2014年埃博拉病毒暴发，国家受到重创。

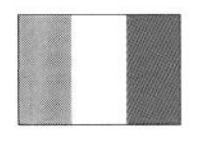

科特迪瓦 Côte d'Ivoire（Ivory Coast）

科特迪瓦共和国

面积322461平方千米（约124503平方英里）| 人口20617000 | 行政首都阿比让（人口4175000）| 立法首都亚穆苏克罗（人口416000）| 非文盲人口比例49% | 预期寿命55岁 | 流通货币：非洲法郎（CFA Franc）| 人均GDP为1800美元 | 经济状况 工业：食品、饮料、木制品、石油精炼、卡车和公交车装配。农业：咖啡、可可豆、香蕉、棕榈仁、木材。

科特迪瓦南部是海滩和森林，北部是热带高山草甸。穆斯林（占人口总数38%）大多生活在北方，而基督教徒（占人口总数32%）生活在南方。科特迪瓦有60多个民族，最大的是鲍勒族，自国家独立以来一直独霸政权，是个大问题。1990年举行第一次多党选举。2002年一场失败的政变演化为叛乱。正值城市人口增加、失业率上升之际，这场危机令快速下滑的经济雪上加霜。

知识速记 | 到2008年，全球城镇人口首次占到全球总人口的一半以上。

布基纳法索 Burkina Faso

布基纳法索

面积274200平方千米（约105869平方英里）| 人口15746000 | 首都瓦加杜古（人口1324000）| 非文盲人口比例22% | 预期寿命53岁 | 流通货币：非洲法郎（CFA Franc）| 人均GDP为1200美元 | 经济状况 工业：皮棉、饮料、农副产品加工业、肥皂。农业：棉花、花生、乳木果、芝麻、家畜。出口商品：棉花、家畜、黄金。

布基纳法索是一个有63个民族的内陆国——北部是沙漠，中部和南部是热带草原。布基纳法索的旧称是“上沃尔特”，是法属殖民地，1960年独立。该国的主要经济是农业，受到干旱和政治动荡的重创。布基纳法索国家公园保护着非洲西部最大的象群和其他野生生物。

利比里亚 Liberia

利比里亚共和国

面积111370平方千米（约43000平方英里）| 人口3442000 | 首都蒙罗维亚（人口1185000）| 非文盲人口比例58% | 预期寿命42岁 | 流通货币：利比里亚元（Liberian Dollar）| 人均GDP为500美元 | 经济状况 工业：橡胶加工、棕榈油加工、林木业、金刚石。农业：橡胶、咖啡、可可豆、大米、绵羊、木材。

1822年，获得自由的美洲奴隶开始在非洲西部沿岸安家落户。1847年，利比里亚宣布独立，成为非洲第一个仿效美国宪政的共和国。1999年，查尔斯·泰勒（Charles Taylor）政府因支持塞拉利昂的叛军遭到指控，又在2000年和几内亚之间爆发边界战争。2003年泰勒被迫流亡，政府致力于重建国家。

加纳 Ghana

加纳共和国

面积 238538 平方千米（约 92100 平方英里）| 人口 23832000 | 首都阿克拉（人口 2332000）| 非文盲人口比例 58% | 预期寿命 60 岁 | 流通货币：塞地（Cedi）| 人均 GDP 为 1500 美元 | 经济状况 工业：采矿业、木材业、轻工制造业和铝冶炼业。农业：可可豆、大米、咖啡、木薯（木薯淀粉）和林木业。出口商品：黄金、可可豆、木材、金枪鱼、铝土矿。

加纳位于非洲西部，包括原黄金海岸的大部分地区。这片土地上以平原和地势较低的高原为主，西部雨林覆盖，东部是沃尔特水库。1957 年加纳从英国独立之后，总统克瓦米 · 恩克鲁玛（Kwame Nkrumah）就成了泛非主义的主要代言人。1981 年一系列的军事政变将杰瑞 · 罗林斯（Jerry Rawlings）推上了政权宝座。1992 年通过新宪法，开始了多党民主制。2000 年 12 月，加纳见证了历史上反对党首次大选获胜。

非洲的大都市

拉各斯，尼日利亚
非洲最大的都市
人口 11223000

开罗，埃及
古都，非洲第二大城市
人口 12503000

金沙萨，刚果民主共和国
旧称利奥波德维尔
人口 9052000

阿比让，科特迪瓦
行政中心和商业枢纽
人口 4175000

内罗毕，肯尼亚
非洲东部的商业中心
人口 3363000

开普敦，南非
好望角的海港
人口 3562000

达尔贝达（原名卡萨布兰卡），摩洛哥
非洲北部的海港
人口 3046000

一名布基纳法索妇女正在从乳木果中榨油，这是生产乳木果油的一道工序。2011 年，该国妇女共生产了 500 多吨乳木果油。

多哥 Togo

多哥共和国

面积 56785 平方千米（约 21925 平方英里）| 人口 6020000 | 首都洛美（人口 1669000）| 非文盲人口比例 61% | 预期寿命 59 岁 | 流通货币：非洲法郎（CFA Franc）| 人均 GDP 为 900 美元 | 经济状况 工业：磷矿开采、农副产品加工业、水泥和手工制品。农业：咖啡、可可豆、棉花、山药、家畜和鱼类。出口商品：进口产品转出口、棉花、磷化物、咖啡和可可豆。

多哥是非洲西部的一个国家，地形狭长，地势从内陆高原到北部高山呈上升趋势。1922 年德国领地多哥兰的东部移交给法国；38 年后即 1960 年，多哥独立。20 世纪 90 年代，军事统治在一片内乱中最终让位于某种民主改革。多哥是个相对贫穷的农业国。选举舞弊和践踏人权导致许多多哥人移民他国，但近年来人口增加，国民生活有所改善。

贝宁 Benin

贝宁共和国

面积 112623 平方千米（约 43484 平方英里）| 人口 8792000 | 首都波多诺伏（人口 238000）| 非文盲人口比例 35% | 预期寿命 59 岁 | 流通货币：非洲法郎（CFA Franc）| 人均 GDP 为 1500 美元 | 经济状况 工业：纺织业、食品加工、化学产品和建筑材料。农业：棉花、玉米、木薯（木薯淀粉）、山药和家畜。出口商品：棉花、原油、棕榈制品和可可豆。

20 世纪 40 年代之前，奴隶一直都是这个国家的主要出口物。1960 年从法国独立后，当时还叫作达荷美共和国的贝宁又陷入了一系列政变中。1975 年，军政府将国家重新命名为贝宁。贝宁有大约 60 个民族，大多数国民都生活在南部。1989 年，政府宣布放弃马克思主义。自此之后，贝宁举行了许多次自由选举。国内经济主要以棉花为基础。

尼日利亚 Nigeria

尼日利亚联邦共和国

面积 923769 平方千米（约 356669 平方英里）| 人口 149229000 | 首都阿布贾（人口 1994000）| 非文盲人口比例 68% | 预期寿命 47 岁 | 流通货币：奈拉（Naira）| 人均 GDP 为 2300 美元 | 经济状况 工业：原油、煤炭、锡、铌铁矿、棕榈油、花生、棉花和橡胶。农业：可可豆、花生、棕榈油、玉米、牛畜、林木业和鱼类。出口商品：石油和石油产品、可可豆、橡胶。

尼日利亚是非洲人口最多的国家，地形多变，南部是富含石油的尼日尔河三角洲，内陆是雨林，北部是热带草原高地。尼日利亚的人口构成复杂，有 250 个民族——豪萨－富拉尼族、约鲁巴族和最大的民族伊博族。经历了几十年的军事政变后，1999 年国内举行了自由选举。石油和天然气占了出口收益的 90%，国内生产总值（GDP）在 2007 年和 2008 年都有增长。2014 年，尼日利亚超越南非，成为非洲最发达的国家。

赤道几内亚 Equatorial Guinea

赤道几内亚共和国

面积 28052 平方千米（约 10831 平方英里）| 人口 633000 | 首都马拉博（人口 95000）| 非文盲人口比例 87% | 预期寿命 62 岁 | 流通货币：非洲法郎（CFA Franc）| 人均 GDP 为 31400 美元 | 经济状况 工业：石油、木材制造和天然气。农业：捕鱼、咖啡、可可豆、大米、山药、家畜和林木业。出口商品：石油、甲醇、木材和可可豆。

赤道几内亚是非洲中部西海岸的一个小国家，由木尼河畔的陆地和 5 个火山岛屿组成。1968 年从西班牙独立后，它在弗朗西斯科 · 马西亚斯 · 恩圭马（Francisco Macías Nguema）统治之下陷入困境。1979 年，恩圭马倒台并被自己的外甥处死。奥比昂 · 恩圭马 · 姆巴索戈（Obiang Nguema Mbasogo）总统继续家族独裁，选举舞弊引起了大规模内乱。新的石油财富掩盖了国内广泛的贫穷和经济滞后。

圣多美和普林西比 São Tomé & Principe

圣多美和普林西比民主共和国

面积 1000 平方千米（约 386 平方英里）| 人口 213000 | 首都圣多美（人口 54000）| 非文盲人口比例 85% | 预期寿命 68 岁 | 流通货币：多布拉（Dobra）| 人均 GDP 为 1300 美元 | 经济状况 工业：轻型建筑、纺织业、肥皂、啤酒、鱼类加工和木材制造。农业：可可豆、椰子、棕榈仁、干椰子、家禽和鱼类。出口商品：可可豆、干椰子、咖啡和棕榈油。

15 世纪，葡萄牙航海者在几内亚海湾的非洲西部海岸附近发现了这两座火山岛屿。圣多美岛较大，90% 的人口都居住在这里。1975 年，这个非洲大陆最小的国家从葡萄牙独立。1991 年，前政府彻底转型为民主政府。新一届领导人开始解放经济，减少对种植园作物的依赖性。近海处新发现的石油可以转化为大笔的石油收入。

坦桑尼亚 Tanzania

坦桑尼亚联合共和国

面积 945087 平方千米（约 364900 平方英里）| 人口 59100000 | 首都多多马（人口 410000）| 非文盲人口比例 69% | 预期寿命 52 岁 | 流通货币：坦桑尼亚先令（Tanzanian Shilling）| 人均 GDP 为 1300 美元 | 经济状况 工业：农副产品加工业（糖类、啤酒、香烟、剑麻绳）、金刚石和金矿开采、石油精炼。农业：咖啡、剑麻、茶叶、棉花和牛畜。出口商品：黄金、咖啡、腰果、制造业产品、棉花。

坦桑尼亚是非洲东部最大的国家，包括桑给巴尔岛、奔巴岛、马菲亚岛和非洲的最高峰乞力马扎罗山。坦噶尼喀是英治联合国托管领地，独立于 1961 年；而桑给巴尔岛是英属保护地，独立于 1963 年。1964 年，坦噶尼喀和桑给巴尔岛完成统一，1992 年建立多党制度。

大多数坦桑尼亚人以种田或捕鱼为生，仅能糊口；舌蝇感染阻碍了许多地区的畜牧业发展。恶化的道路和铁路设施以及高企的能源成本都是大问题。现在，约 1/3 的国土都得到了保护；14 个国家公园内野生生物丰富，但偷猎活动还是危及一些物种。

加蓬 Gabon

加蓬共和国

面积 267668 平方千米（约 103347 平方英里）| 人口 1515000 | 首都利伯维尔（人口 611000）| 非文盲人口比例 63% | 预期寿命 53 岁 | 流通货币：非洲法郎（CFA Franc）| 人均 GDP 为 14400 美元 | 经济状况 工业：石油提炼和精炼、锰矿和金矿开采、化学制品。农业：可可豆、咖啡、糖类、棕榈油、牛畜、奥克橄榄（一种热带软木）、鱼类。出口商品：原油、木材、锰矿和铀矿。

加蓬位于非洲西部的赤道上。石油、木材和锰矿为这个人口稀少的国家赢得了非洲人均收入最高国家之一的地位。然而，大部分收入源于石油且归少数人所有；大多数国民还是依赖温饱型农业为生。1960 年加蓬从法国独立后，一直是一个一党制国家，直到 1990 年，改行多党制。2002 年，为了保护森林、遏制乱砍滥伐，加蓬新开辟了 13 个国家公园，约占总国土面积的 11%。

喀麦隆 Cameroon

喀麦隆共和国

面积 475442 平方千米（约 183569 平方英里）| 人口 18879000 | 首都雅温得（人口 1787000）| 非文盲人口比例 68% | 预期寿命 54 岁 | 流通货币：非洲法郎（CFA Franc）| 人均 GDP 为 2300 美元 | 经济状况 工业：石油生产和提炼、食品加工、轻工业产品和纺织业。农业：咖啡、可可豆、棉花、橡胶、家畜和林木业。出口商品：原油和石油产品、木材、可可豆和铝矿。

喀麦隆位于非洲西部，地形多样，北部是热带草原，中部山脉绵延，南部覆盖着热带雨林。它的西部边界是一片群山，其中包括火山喀麦隆山。喀麦隆共和国由两个前联合国托管地区组成：法属喀麦隆和南部的英属喀麦隆。

虽然石油收益推动了国内工业发展，但出口商品的价格波动还是造成了经济紧缩。1990 年反对党合法化之后，政府采纳了国际货币基金组织（IMF）和世界银行计划，增加商业投资、提高农业效率和贸易效率。乍得—喀麦隆输油管项目为喀麦隆的港口克里比带来了新商机。

塞舌尔 Seychelles

塞舌尔共和国

面积 456 平方千米（约 176 平方英里）| 人口 85000 | 首都维多利亚（人口 25000）| 非文盲人口比例 92% | 预期寿命 73 岁 | 流通货币：塞舌尔卢比（Seychelles Rupee）| 人均 GDP 为 17000 美元 | 经济状况 工业：旅游业、椰子和香草加工业、椰子壳纤维绳。农业：捕鱼业、椰子、肉桂、香草、红薯、肉鸡、金枪鱼。出口商品：金枪鱼罐头、冷冻鱼、肉桂皮、干椰子、石油产品进口转出口。

塞舌尔共和国位于印度洋上，有大约 115 座岛屿，1976 年从英国独立。1971 年在其最大的岛屿马埃岛上开通了国际机场，刺激了塞舌尔的经济支柱旅游业的发展。据估计，岛上居住的人口约占总人口的 88%。经历了 15 年的一党制之后，这个国家于 1993 年进行了有史以来的首次选举。

津巴布韦 Zimbabwe

津巴布韦共和国

面积 390757 平方千米（约 150872 平方英里）| 人口 11393000 | 首都哈拉雷（人口 1663000）| 非文盲人口比例 91% | 预期寿命 46 岁 | 流通货币：津巴布韦元（Zimbabwean Dollar）| 人均 GDP 为 1154 美元 | 经济状况 工业：煤矿和金矿开采、钢铁、木材制造、水泥、化学制品。农业：玉米、棉花、烟草、小麦、牛畜。出口商品：烟草、黄金、铁合金、纺织品和服装。

这个位于非洲南部内陆的高原国家于 1965 年宣布从英国独立，当时称为“罗得西亚”，受占少数的白人政府统治。国际裁决和游击战最终使得津巴布韦于 1980 年合法独立。虽然津巴布韦名义上是一个多党制国家，但政权掌握在罗伯特·穆加贝（Robert Mugab）总统领导的政党手中。穆加贝于 2017 年辞职。

津巴布韦的经济主要集中在农业、矿业和制造业。国内土地重新分配一直备受争议。2000 年，穆加贝政府开始没收白人拥有的全部商业和农业用地。政府把非洲屯垦移民赶到土地上，却不给予支持。这种混乱的土地改革导致食物大规模减产，引发饥荒。

赞比亚 Zambia

赞比亚共和国

面积 752614 平方千米（约 290586 平方英里）| 人口 11863000 | 首都卢萨卡（人口 1421000）| 非文盲人口比例 81% | 预期寿命 39 岁 | 流通货币：赞比亚克瓦查(Zambian Kwacha)| 人均GDP为1500美元 | 经济状况 工业：铜矿开采和加工、建筑、食品和饮料。农业：玉米、高粱、大米、花生和牛畜。出口商品：铜、钴、电力、烟草、花卉。

内陆国赞比亚坐落在非洲中南部的一片高原之上。赞比西河自北向南流过，维多利亚瀑布位于南部边境线上。赞比亚铜矿丰富、土地肥沃，自 1964 年从英国独立之后，发展前景本应一片大好，但是铜价下跌、运输成本增加导致了经济下滑。1991 年，赞比亚举行了首次多党制举。国内超过 60% 的人民依然在贫困中挣扎，持续上升的失业率和疯狂蔓延的艾滋病是这个国家面临的严峻问题。

安哥拉 Angola

安哥拉共和国

面积 1246701 平方千米（约 481354 平方英里）| 人口 29250000 | 首都罗安达（人口 4775000）| 非文盲人口比例 67% | 预期寿命 38 岁 | 流通货币：宽扎（Kwanza）| 人均 GDP 为 8800 美元 | 经济状况 工业：石油、金刚石、铁矿、磷矿、长石、铝土矿、铀矿和黄金。农业：香蕉、甘蔗、咖啡、剑麻、家畜、林产品和鱼类。出口商品：原油、金刚石、精炼石油产品和天然气。

安哥拉位于非洲西南部的大西洋沿岸；其北方的卡宾达省是一块飞地，与本国其他国土之间隔着刚果民主共和国的一小部分地区和刚果河。安哥拉沿海岸是狭长的平原地带，地势向内陆高原逐渐升高，高原北部覆盖着热带雨林，南部则是干旱热带草原。安哥拉原来是葡萄牙殖民地，经过了 14 年的游击战于 1975 年赢得独立。随后又经历了 16 年的内战，1991 年达成和平协议，得以举行选举，不过冲突依然不断。2002 年，长达 27 年的内战终于结束。2010 年国家制定了新宪法。

马拉维 Malawi

马拉维共和国

面积 118484 平方千米（约 45747 平方英里）| 人口 14269000 | 首都利隆圭（人口 587000）| 非文盲人口比例 63% | 预期寿命 44 岁 | 流通货币：马拉维克瓦查（Malawian Kwacha）| 人均 GDP 为 800 美元 | 经济状况 工业：烟草、茶叶、糖类、锯木产品。农业：烟草、甘蔗、棉花、茶叶、花生和牛畜。出口商品：烟草、茶叶、糖类、棉花和咖啡。

马拉维坐落在非洲东南部的内陆，其中马拉维湖占据了 1/5 的国土面积。自 1964 年从英国独立之后，国家经历了终身总统海斯廷斯·卡穆祖·班达（Hastings Kamuzu Banda）长达 30 年的一党统治。1994 年，民主选举推出了新一届领导人。邻国莫桑比克的内战破坏了通往海洋的铁路线，导致马拉维出口运输的成本一路飙升。1992 年，莫桑比克达成和平协议，铁路线再次开通，马拉维正在缓慢恢复。

太阳下山后，马拉维渔民们挂起灯笼，引诱沙丁鱼上钩。许多渔民生活在麦克里尔角国家公园附近，那里是伸入马拉维湖的一个崎岖岬角，他们大量捕捞一种叫作马湖沙丁鱼的小鱼，然后在架子上晾干，以此谋生。

莫桑比克 Mozambique

莫桑比克共和国

面积 799379 平方千米（约 308642 平方英里）| 人口 21669000 | 首都马普托（人口 1621000）| 非文盲人口比例 48% | 预期寿命 41 岁 | 流通货币：梅蒂卡尔（Metical）| 人均 GDP 为 900 美元 | 经济状况 工业：食品、饮料、化工产品、铝、石油产品和纺织品。农业：棉花、腰果、甘蔗、茶叶和牛肉。出口商品：铝、大虾、腰果、棉花和糖。

莫桑比克位于非洲南部的东海岸，主要是热带高原，北部有高地。几十年的战争、干旱和洪涝使这个国家千疮百孔，国外援助是救命稻草。莫桑比克 1975 年从葡萄牙的殖民统治下独立。1990 年，莫桑比克开始实施民主宪政。1994 年，选举推出了新一届政府。食物产量和制造业稳步上升，2000 年又有一家大型电解铝厂开工。稳健的经济增长预示着莫桑比克的美好未来。

科摩罗 Comoros

科摩罗联盟

面积 2236 平方千米（约 863 平方英里）| 人口 752000 | 首都莫罗尼（人口 53000）| 非文盲人口比例 57% | 预期寿命 63 岁 | 流通货币：科摩罗法郎（Comoran Franc）| 人均 GDP 为 1000 美元 | 经济状况 工业：旅游业、香水制造业。农业：香草、丁香、香精油、干椰子。出口商品：香草、依兰、丁香、芳香油和干椰子。

科摩罗是火山群岛，位于马达加斯加北部和非洲之间的莫桑比克海峡。1975 年，有三座岛屿投票赞成从法国独立；第四座岛屿马约特岛仍然选择依附。独立之后发生了 20 余起政变，造成了国内极大的动荡。1997 年，昂儒昂岛和莫埃利岛宣布独立，但是 2001 年的新联盟宪法又使得两岛重新回归。科摩罗的大多数人民依赖温饱型农业或捕鱼业生存；其出口商品包括香草和用于制造香水的精油。

马达加斯加 Madagascar

马达加斯加共和国

面积 587042 平方千米（约 226658 平方英里）| 人口 20654000 | 首都塔那那利佛（人口 1877000）| 非文盲人口比例 69% | 预期寿命 63 岁 | 流通货币：阿里亚里（Ariary）| 人均 GDP 为 1000 美元 | 经济状况 工业：肉类加工、肥皂、酿酒、制革。农业：咖啡、香草、甘蔗、丁香、家畜。出口商品：咖啡、香草、贝类、糖类、棉布、铬铁矿、石油产品。

马达加斯加位于非洲东南海岸之外的印度洋中，动植物种类之丰富，令人叹为观止，地球上无出其右。马达加斯加中部是多山的中央高原，沿海是平原。大多数国民依靠温饱型农业为生，主要出产大米和牛畜，还有咖啡、香草和海鲜等重要出口商品。1960 年从法国手中独立。1990 年解除了建立反对党的禁令，并于 1993 年选出了新总统。破坏性的农耕方法引起了森林退化、土壤侵蚀以及沙漠化，因此环境恶化是一大担忧。

毛里求斯 Mauritius

毛里求斯共和国

面积 2041 平方千米（约 788 平方英里）| 人口 1284000 | 首都路易港（人口 143000）| 非文盲人口比例 84% | 预期寿命 74 岁 | 流通货币：毛里求斯卢比（Mauritian Rupee）| 人均 GDP 为 12100 美元 | 经济状况 工业：食品加工（糖类加工为主）、纺织业、服装业、化工产品、金属制品。农业：甘蔗、茶叶、玉米、土豆、香蕉、牛畜和鱼类。出口商品：服装和纺织品、糖类、鲜切花和糖浆。

岛国毛里求斯位于马达加斯加东面的印度洋上。毛里求斯的主岛是火山岛，四面环绕珊瑚礁；此外还有大约 20 座岛屿。这些岛屿受到过荷兰、法国和英国的轮番统治，他们留下的“遗产”包括一个议会制政府。毛里求斯于 1968 年独立。多样化的甘蔗农业加上工业和旅游业使国家变得富强。国内有非洲人、印度人（占总人口的 40%）、欧洲人和中国人。毛里求斯每平方英里的人口密度约为 1700 人，是非洲人口最密集的国家。

纳米比亚 Namibia

纳米比亚共和国

面积 824292 平方千米（约 318261 平方英里）| 人口 2109000 | 首都温得和克（人口 237000）| 非文盲人口比例 85% | 预期寿命 51 岁 | 流通货币：纳米比亚元（Namibian Dollar）| 人均 GDP 为 5400 美元 | 经济状况 工业：肉类包装、鱼类加工、乳制品、金刚石、铅和锌的开采。农业：小米、高粱、花生、家畜和鱼类。出口商品：金刚石、铜、黄金、锌和铅。

纳米比亚地广人稀，位于非洲西南海岸。其人口数量少的原因可能是地理环境苛刻——沿海是纳米布沙漠、中部是半干旱山区，山区东部又是卡拉哈里沙漠。纳米比亚于1990 年从南非手中独立。和过去的殖民时代类似，基督徒人口占比 80% 到 90%。这个多党多种族的民主国家继承了以采矿（多为金刚石）、牛羊畜牧业和捕鱼业为基础的经济。

博茨瓦纳 Botswana

博茨瓦纳共和国

面积 581730 平方千米（约 224607 平方英里）| 人口 1991000 | 首都哈博罗内（人口 199000）| 非文盲人口比例 81% | 预期寿命 62 岁 | 流通货币：普拉（Pula）| 人均 GDP 为 13300 美元 | 经济状况 工业：金刚石、铜、镍、盐、苏打粉、碳酸钾、家畜加工、纺织业。农业：高粱、玉米、小米、家畜。出口商品：金刚石、铜、镍、苏打粉和肉类。

内陆国博茨瓦纳东部气候温和，西部和南部主要是卡拉哈里沙漠，北部的奥卡万戈三角洲和乔贝国家公园的自然美景颇负盛名，动物物种丰富。1966 年从英国独立以来，博茨瓦纳蒸蒸日上，社会稳定，经济繁荣。它是非洲历时最长的一贯制民主国家，也是世界上最大的金刚石生产国。不同于非洲的许多其他国家，博茨瓦纳将许多矿产收益都投入社会和经济基础设施的建设中。

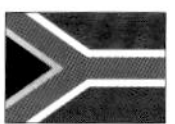

南非 South Africa

南非共和国

面积 1219089 平方千米（约 470693 平方英里）| 人口 56520000 | 行政首都比勒陀利亚（人口 2920000），司法首都布隆方丹（人口 381000），立法首都开普敦（人口 3357000）| 非文盲人口比例 86% | 预期寿命 49 岁 | 流通货币：兰特（Rand）| 人均 GDP 为 10000 美元 | 经济状况 工业：铂、黄金和铬的开采、汽车装配、金属加工、机械设备。农业：玉米、小麦、甘蔗、水果和牛肉。出口商品：黄金、金刚石、铂以及其他金属和矿产，机械设备。

南非被誉为非洲最大和经济最发达的国家，出产高科技设备，是世界黄金和金刚石出口的龙头老大。从 1948 年到 1991 年，种族隔离制度主导着南非的政治体制，这种隔离政策将黑色人种孤立在所谓故土和拥挤不堪的城镇。1989 年政府开始废除种族隔离制度。1994 年选举出了第一届多种族议会。21 世纪的南非是一个民主国家。政府认可的官方语言多达 11 种。今天，南非正在弥补几十年社会混乱的欠债，但高企的失业率和肆虐的艾滋病威胁着国家的经济发展。

莱索托 Lesotho

莱索托王国

面积 30355 平方千米（约 11720 平方英里）| 人口 2131000 | 首都马塞卢（人口 170000）| 非文盲人口比例 85% | 预期寿命 40 岁 | 流通货币：洛蒂（Loti）| 人均 GDP 为 1600 美元 | 经济状况 工业：食品、饮料、纺织品、服装加工、手工业。农业：玉米、小麦、干豆、高粱、家畜。出口商品：制造业（服装、鞋类、公路交通工具）、羊毛和马海毛。

19 世纪早期，巴苏陀首领莫舒舒统一了这片被南非包围着的山林各部落。莱索托于 1966 年从英国独立；1993 颁布现行宪法。水资源是该国主要的自然资源：1998 年竣工的一座大型水电站通过卖水给南非来拓展经济。

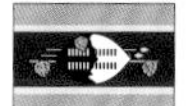

斯威士兰 Swaziland

斯威士兰王国

面积 17363 平方千米（约 6704 平方英里）| 人口 1124000 | 行政首都姆巴巴内（人口 70000）| 非文盲人口比例 82% | 预期寿命 32 岁 | 流通货币：里兰吉尼（Lilangeni）| 人均 GDP 为 5100 美元 | 经济状况 工业：煤炭开采、木浆、糖类、软饮浓缩汁。农业：甘蔗、棉花、玉米、烟草和牛畜。出口商品：软饮浓缩汁、糖类、木浆、棉纱。

斯威士兰坐落在非洲南部，境内多是高原和山脉。1949 年，英国政府驳回了南非想要控制这个袖珍内陆国的请求。1968 年斯威士兰独立。斯威士兰国王是一位专制帝王，拥有最高行政权、立法权和司法权。将近 60% 的国土都归国王所有。

侏儒变色龙是世界上体型最小的变色龙，生活在马达加斯加马苏阿拉国家公园的一座保护岛——曼加贝岛上。

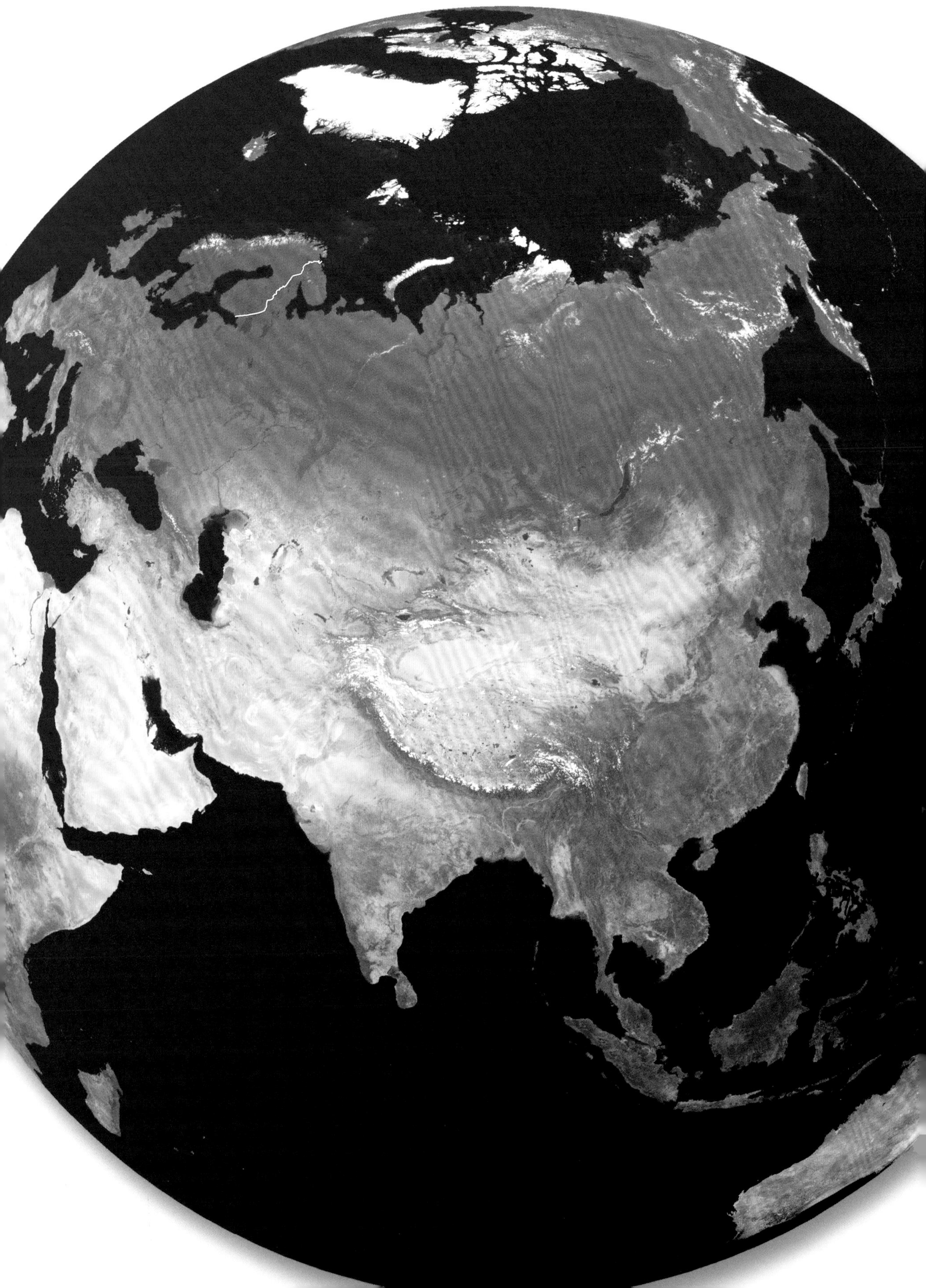

亚洲

亚洲大陆占欧亚大陆总面积的 4/5，从太平洋一直延伸到乌拉尔山脉和黑海。它是地球上幅员最辽阔的大陆，占地球陆地面积的 30%。亚洲的地理之最使它拥有多项世界纪录。珠穆朗玛峰是地球的最高点，而死海是最低点。印度毛辛拉姆的年降水量为 11.7 米，是世界上最湿润的地方，而西伯利亚的贝加尔湖水超过 1642 米深，是世界上最深的湖泊。里海是世界上最大的湖泊——是苏必利尔湖面积的 4 倍多。

亚洲的海岸线很长，除了 12 个国家之外，其他所有亚洲国家都没有直接的入海口。这些内陆国家构成一条巨大的带状，横跨这座大陆的中纬度地区，有沙漠，有山脉，也有高原。辽阔的青藏高原是亚洲主要河流——黄河、长江、印度河、恒河、怒江和湄公河的发源地。亚洲的心脏地带汇聚着世界上最雄伟的山脉：喜马拉雅山脉、喀喇昆仑山脉、兴都库什山脉、帕米尔山脉和昆仑山脉。

亚洲还有例如日本、菲律宾、印度尼西亚、斯里兰卡这一类的岛国，以及很多世界主要岛屿，如加里曼丹岛、苏门答腊岛、本州岛、苏拉威西岛和爪哇岛。

亚洲的地质活动不断。从西伯利亚的堪察加半岛到菲律宾和印度尼西亚群岛，火山沿太平洋边缘形成了一整条火山链。此外，地震困扰着中国、日本和西亚。

亚洲北部生长着北方针叶林——泰加林。泰加林往北是一望无际的冻原冻土地带。西伯利亚一直延伸到北极圈内很远处，盘踞着亚洲大陆的北部。气旋和季风每年都为人口密集的南亚和东南亚带来降水。这些潮湿翠绿的地区滋养着世界上仅存的热带雨林和不计其数的植物。

农业、放牧、林业、污染以及工业化等人类影响已经改变了亚洲的大部分地理环境，如今依然威胁着大自然。

人类的足迹

目前所知的主要遗传模式表明，农业一发达起来，一些早期的农民就迁出底格里斯河和幼发拉底河流域肥沃的新月地带，进入中亚。欧洲、东亚、印度和美洲的所有居民都是源于从欧亚大陆中心地带过来的移民。如果说非洲是人类文明的摇篮，那么亚洲就是其温床。东亚的水稻种植掀起了另一波人口扩张。农业在日本、中国台湾地区和东南亚的传播与当地居民的遗传模式一致。农民一路往南，穿过大陆到达印度尼西亚群岛，结果发现已经有人生活在那儿了。在东南亚，早期的人们大规模群居务农，他们种植的水稻梯田是这片土地的主要风景，但是在文化上互不往来，地理上相互隔绝。

土耳其 Turkey

土耳其共和国

面积 779452 平方千米（约 300948 平方英里）| 人口 76806000 | 首都安卡拉（人口 3908000）| 非文盲人口比例 87% | 预期寿命 72 岁 | 流通货币：土耳其里拉（Turkish Lira）| 人均 GDP 为 12000 美元 | 经济状况　工业：纺织业、食品加工、汽车、采矿、钢铁和石油。农业：烟草、棉花、谷物、橄榄、家畜。出口商品：成衣、食品、纺织品、金属制品、交通设备。

土耳其横跨亚欧大陆，是连接东西方的桥梁。它在欧洲的面积虽然不大，但其最大的城市伊斯坦布尔地处欧洲。它在亚洲的区域主要是安纳托利亚干旱高原，那里的沿海地带是肥沃的低地。土耳其，尤其是土耳其北部，频繁遭到大地震的重创。2005 年，土耳其开始与欧盟进行入盟谈判。欧洲是它最大的贸易伙伴，很多欧洲度假者也来到土耳其，享受宜人的气候、沙滩、度假胜地，拜访罗马遗址和十字军城堡。

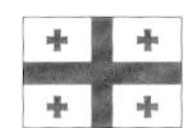

格鲁吉亚 Georgia

格鲁吉亚

面积 69699 平方千米（约 26911 平方英里）| 人口 4616000 | 首都第比利斯（人口 1108000）| 非文盲人口比例 100% | 预期寿命 77 岁 | 流通货币：拉里（Lari）| 人均 GDP 为 4700 美元 | 经济状况　工业：钢铁、飞机、机床、家用电器、采矿。农业：柑橘、葡萄、茶叶、榛子、家畜。出口商品：废旧金属、机器、化工产品、燃料进口转出口、柑橘和茶叶。

格鲁吉亚位于黑海之滨，地理上属于亚洲——绵延的山脉形成北部边界，是欧洲和亚洲的分界线。格鲁吉亚耕地广袤、矿产丰富，地势高低不平，夹在高加索山脉和小高加索山脉之间。1921 年成立格鲁吉亚苏维埃社会主义共和国。1922 年，格鲁吉亚加入苏维埃社会主义联邦共和国。1936 年，格鲁吉亚苏维埃社会主义共和国正式成为苏联加盟共和国。1990 年发表独立宣言，定国名为“格鲁吉亚共和国”。1991 年 4 月 9 日正式宣布独立。

亚美尼亚 Armenia

亚美尼亚共和国

面积 29743 平方千米（约 11484 平方英里）| 人口 2967000 | 首都埃里温（人口 1102000）| 非文盲人口比例 99% | 预期寿命 73 岁 | 流通货币：德拉姆（Dram）| 人均 GDP 为 6400 美元 | 经济状况　工业：金属切削机床、锻压机器、电动机、轮胎。农业：水果（尤其是葡萄）、蔬菜、家畜。出口商品：金刚石、矿产、食品、能源。

内陆国亚美尼亚是苏联内最小的共和国，位于地震频发的崎岖山地。公元 301 年，亚美尼亚成为首个基督教国家；今天，它的周边几乎全是伊斯兰国家。一战期间，奥斯曼土耳其帝国残酷驱赶亚美尼亚人，大批流亡的亚美尼亚人不得不到他国避难。亚美尼亚于 1918 年赢得独立。1988 年，它与阿塞拜疆在纳戈尔诺 - 卡拉巴赫（这一地区生活着 14 万亚美尼亚人）问题上爆发了冲突。到 1994 年，亚美尼亚击败了阿塞拜疆军队，夺取了纳戈尔诺 - 卡拉巴赫的控制权——但这一争端至今悬而未决。

阿塞拜疆 Azerbaijan

阿塞拜疆共和国

面积 86599 平方千米（约 33436 平方英里）| 人口 8239000 | 首都巴库（人口 1931000）| 非文盲人口比例 99% | 预期寿命 67 岁 | 流通货币：阿塞拜疆马纳特（Azerbaijani Manat）| 人均 GDP 为 3700 美元 | 经济状况　工业：石油和天然气、石油产品、油田设备和钢铁。农业：棉花、谷物、大米、葡萄、牛畜。出口商品：石油和天然气、机器、棉花和食品。

俄罗斯以南的阿塞拜疆位于里海西海岸；高加索山脉是其西北边界。首都巴库石油储量丰富，其西部和南部是海拔大多都低于海平面的大片低地。纳希契凡自治区在阿塞拜疆主体疆域以西，中间隔着亚美尼亚。苏联解体后，阿塞拜疆是首批宣布独立的共和国之一，同时争夺纳戈尔诺 - 卡拉巴赫归属的战争升级，这是一个亚美尼亚人占大多数的地区。战争造成约 3 万人死亡，数十万人无家可归，1994 年停火协议达成，但亚美尼亚人掌握了控制权。

知识速记 | 亚拉拉特山高 3300 英尺（约 1006 米），是土耳其的海拔最高点，被认为是诺亚方舟的停靠处。

以色列 Israel

以色列国

面积 25000 平方千米（约 9653 平方英里）| 人口 8842000 | 首都耶路撒冷（未获国际社会普遍承认，人口 692300）| 非文盲人口比例 97% | 预期寿命 81 岁 | 流通货币：以色列新谢克尔（New Israeli Shekel）| 人均 GDP 为 28800 美元 | 经济状况 工业：高科技项目、木制品和纸制品、钾碱和磷矿、食品。农业：柑橘、蔬菜、棉花、牛肉。出口商品：机械设备、软件、切磨的钻石、农副产品和化工产品。

以色列是位于地中海沿岸的一条狭长地带，分四大主要地区：沿海平原、东部山脉、南部内盖夫沙漠、约旦河谷。东部干燥的内陆坐落着死海。以色列人口中 75% 是犹太人，其余的大多是阿拉伯人。1982 年，以色列结束了对西奈半岛的占领。在经历了一场大规模叛乱之后，1993 年达成的一项协议赋予了巴勒斯坦人在加沙地带和约旦河西岸的自治权。以色列还吞并了戈兰高地，但是叙利亚仍然宣称这个地区属于自己。千禧年之交，以色列与巴勒斯坦和叙利亚的和平之路初见曙光，但很快又被暴力冲突的阴云所笼罩。

巴勒斯坦 Palestine

巴勒斯坦国

面积 11500 平方千米（约 4440 平方英里）| 人口 12700000 | 首都耶路撒冷 | 非文盲人口比例 90% | 预期寿命 72 岁 | 流通货币：以色列新谢克尔 | 人均 GDP 为 3072.4 美元 | 经济状况 工业：以加工业为主，如塑料、橡胶、化工、食品、建筑等。农业：水果、蔬菜和橄榄油。出口商品：加工制品和农副产品。

巴勒斯坦位于亚洲西部，约旦河西岸东邻约旦，加沙地带西濒地中海。巴勒斯坦古称迦南，包括现在的以色列、约旦、加沙和约旦河西岸。历史上，犹太人和阿拉伯人都曾在此居住。第三次中东战争期间，以色列在战争中占领了约旦河西岸和加沙地带，即整个巴勒斯坦。1988 年巴勒斯坦全国委员会第 19 次特别会议通过《独立宣言》，宣布接受联合国第 181 号决议，建立以耶路撒冷为首都的巴勒斯坦国。1994 年 5 月，根据巴以达成的协议，巴方在加沙、杰里科实行有限自治。1995 年以后，根据巴以签署的各项协议，巴自治区逐渐扩大，目前巴方控制着包括加沙和约旦河西岸的约 2500 平方千米的土地。

叙利亚 Syria

阿拉伯叙利亚共和国

面积 185179 平方千米（约 71498 平方英里）| 人口 20178000 | 首都大马士革（人口 2675000）| 非文盲人口比例 80% | 预期寿命 71 岁 | 流通货币：叙利亚镑（Syrian Pound）| 人均 GDP 为 4800 美元 | 经济状况 工业：石油、纺织业、食品加工、饮料。农业：小麦、大麦、棉花、扁豆、牛肉。出口商品：原油、石油产品、果蔬、棉纤维、服装。

叙利亚在亚洲西南部，位于中东的心脏地带。地中海沿岸平原向内陆紧接着一片低矮连绵的山峦，再往后是辽阔的内陆沙漠高原。多数人都生活在沿岸地区或幼发拉底河附近，这条河流为沙漠高原注入了生机。

叙利亚人大多是阿拉伯人；只有约 9% 是库尔德人，主要生活在叙利亚的东北角。阿拉维派控制的社会复兴党自 1963 年以来一直执掌着叙利亚政权。叙利亚曾作为奥特曼帝国的一部分长达四百年，1920 年纳入法国管辖范围，1946 年独立。哈菲兹 · 阿萨德（Hafiz Assad）统治叙利亚 30 年，突出的特点是威权政府、反以色列政策和对黎巴嫩的军事干预。2000 年，巴沙尔·阿萨德（Bashar Assad）子承父业，成为叙利亚总统，沿袭其父的政策。

黎巴嫩 Lebanon

黎巴嫩共和国

面积 10453 平方千米（约 4036 平方英里）| 人口 4018000 | 首都贝鲁特（人口 1941000）| 非文盲人口比例 87% | 预期寿命 74 岁 | 流通货币：黎巴嫩镑（Lebanese Pound）| 人均 GDP 为 11000 美元 | 经济状况 工业：银行、食品加工、珠宝、水泥、纺织业、矿产和化工产品。农业：柑橘、葡萄、西红柿、苹果、绵羊。出口商品：食品和烟草、纺织品、化工产品、宝石和金属制品。

黎巴嫩是中东的一个小国家。1943 年从法国独立之后，它作为金融中心、度假胜地和大学汇集地一度繁荣起来。其常住人口中有一半多是穆斯林，其余的都是基督徒和德鲁兹派穆斯林。由于宗教归属的政治敏锐性，从 1932 年起国内就一直存在分歧。基督徒民兵和穆斯林民兵间的战斗日益白热化，演变为内战，从 1975 年一直持续到 1990 年。1992 年，黎巴嫩恢复民主制度——以宗教为基础分配政府职位。

知识速记 | 沙特阿拉伯是世界上最大的石油出口国，拥有超过全球已探明石油储量 16% 的石油储量。

伊拉克 Iraq

伊拉克共和国

面积 437071 平方千米（约 168754 平方英里）| 人口 28946000 | 首都巴格达（人口 5891000）| 非文盲人口比例 74% | 预期寿命 70 岁 | 流通货币：伊拉克第纳尔（Iraqi Dinar）| 人均 GDP 为 4000 美元 | 经济状况　工业：石油、化工业、纺织业、建筑材料业。农业：小麦、大麦、大米、蔬菜、牛畜。出口商品：原油。

伊拉克古时被称作美索不达米亚，这片土地曾孕育了世界上最早的文明，比如苏美尔文明和巴比伦文明。肥沃新月地带的大部分就位于这片土地。伊拉克与众多国家接壤，南临波斯湾。伊拉克的国土分三大地貌区：树木繁茂的东北高地、叙利亚沙漠、幼发拉底河与底格里斯河共同浇灌的低地。然而，海湾战争之后，伊拉克南部的很多沼泽地被萨达姆·侯赛因排干了水，徒留一片贫瘠的荒漠。伊拉克是石油储量最丰富的 5 个国家之一。伊拉克的人口组成复杂，包括约 2500 万阿拉伯人和 580 万左右的库尔德人。

约旦 Jordan

约旦哈希姆王国

面积 89342 平方千米（约 34495 平方英里）| 人口 6343000 | 首都安曼（人口 1106000）| 非文盲人口比例 90% | 预期寿命 79 岁 | 流通货币：约旦第纳尔（Jordanian Dinar）| 人均 GDP 为 5000 美元 | 经济状况　工业：磷矿开采、药物、石油提炼、水泥、碳酸钾。农业：小麦、大麦、柑橘、西红柿、绵羊。出口商品：磷矿、肥料、碳酸钾、农副产品和制造产品。

约旦坐落在沙漠高原上，只在亚喀巴湾有一小段海岸。约旦的大部分地貌都受到了侵蚀，主要是风化作用。约旦河谷也常称作古尔（Ghor），其接近死海处是陆地地表最低点，平均海拔低于海平面 400 米（约 1312 英尺）。1994 年，约旦和以色列就前巴勒斯坦领土纠纷签署和平协议，把约旦西部边界定在沿约旦河、死海和阿拉伯谷（Wadi Araba）一线。不过，国界至今尚未最终勘定。

科威特 Kuwait

科威特国

面积 17819 平方千米（约 6880 平方英里）| 人口 2691000 | 首都科威特城（人口 380000）| 非文盲人口比例 93% | 预期寿命 78 岁 | 流通货币：科威特第纳尔（Kuwaiti Dinar）| 人均 GDP 为 57400 美元 | 经济状况　工业：石油、药物、海水淡化、食品加工。农业：几乎没有庄稼、鱼类。出口商品：石油及其精炼产品、肥料。

科威特是波斯湾的一个石油储量丰富的小国家，地势平坦，土壤贫瘠，不过石油财富使之成为移民胜地。科威特阿拉伯人占总人口的 31%，其他阿拉伯人占 28%，非阿拉伯人占 41%。1961 年，科威特完全脱离英国统治独立。1990 年，科威特遭到伊拉克入侵，但是以美国为首的多国部队击退了伊拉克军队。2003 年，在美国针对萨达姆·侯赛因的军事行动中，科威特是主要基地。

沙特阿拉伯 Saudi Arabia

沙特阿拉伯王国

面积 2250000 平方千米（约 868730 平方英里）| 人口 28687000 | 首都利雅得（人口 4856000）| 非文盲人口比例 79% | 预期寿命 76 岁 | 流通货币：沙特里亚尔（Saudi Riyal）| 人均 GDP 为 20700 美元 | 经济状况　工业：原油生产、石油精炼、基本石化产品、水泥。农业：小麦、大麦、西红柿、瓜类、羊肉。出口商品：石油和石油产品。

沙特阿拉伯占据了几乎整个阿拉伯半岛，但 95% 的国土是沙漠。与红海平行绵延的山脉缓缓下沉，连接波斯湾沿岸的平原。贫瘠土壤下的石油使得这个沙漠王国成为世界上最富有的国家之一。近几年促进经济多样化的努力以制造业和农田灌溉为重点，但供水却有限。

2001 年“9·11”恐怖袭击之后，因沙特阿拉伯公民牵涉其中，它与美国的关系日益紧张。在这个伊斯兰教教法主导的保守社会中，女性生活在用面纱隔绝的世界里。沙特阿拉伯有于伊斯兰国家而言最神圣的两座城市：麦加和麦地那。

也门 Yemen

也门共和国

面积 536868 平方千米（约 207286 平方英里）| 人口 27580000 | 首都萨那（人口 2779000）| 非文盲人口比例 50% | 预期寿命 63 岁 | 流通货币：也门里亚尔（Yemeni Rial）| 人均 GDP 为 2400 美元 | 经济状况 工业：原油生产和石油精炼、小型棉纺织品制造业和皮革制品。农业：谷物、水果、蔬菜、干豆、乳制品、鱼类。出口商品：原油、咖啡、干鱼和咸鱼。

在阿拉伯西南部繁荣起来的古代王国也就是今天的也门，是东方和非洲通往地中海地区的贸易枢纽。塞巴（《圣经》中的示巴王国）的首都马里卜是示巴女王的香料之都；附近的巨大水坝灌溉着数千公顷的农田。今天，一座新的大坝和石油为马里卜注入生机。在也门的高地上，火山土壤出产粮食作物。大部分咖啡林已经被咖特种植园取而代之，咖特是一种嚼食兴奋品。也门的石油储量不大，是国家大部分的经济来源，同时也是中东最贫穷的国家。

阿拉伯联合酋长国 United Arab Emirates

阿拉伯联合酋长国

面积 83600 平方千米（约 32278 平方英里）| 人口 9300000 | 首都阿布扎比（人口 475000）| 非文盲人口比例 78% | 预期寿命 76 岁 | 流通货币：阿联酋迪拉姆（Emirati Dirham）| 人均 GDP 为 40000 美元 | 经济状况 工业：石油、石油化工产品、建筑材料。农业：捕鱼、大枣、蔬菜、西瓜、家禽和鱼类。出口商品：原油、天然气、进口转出口、干鱼、大枣。

1971 年，英国撤离这片贫瘠的沿海地区之后，阿拉伯半岛上的七大酋长国组成联邦，即阿拉伯联合酋长国。阿拉伯联合酋长国常简称为阿联酋（UAE），包括联邦政府所在地“油都”阿布扎比、主要港口兼工商业枢纽迪拜、阿治曼、乌姆盖万、哈伊马角、富查伊拉、沙迦。1958 年发现的石油成为其主要收入。石油财富还吸引了外国劳工。阿联酋是旅游胜地，对其他文化和信仰持开明包容的态度。

知识速记 | 人们首次喝咖啡是在 11 世纪的也门；摩卡咖啡就得名于也门的红海港口 al- Mukha。

卡塔尔 Qatar

卡塔尔国

面积 11520 平方千米(约 4448 平方英里）| 人口 833000 | 首都多哈(人口 286000）| 非文盲人口比例 89% | 预期寿命 75 岁 | 流通货币：卡塔尔里亚尔（Qatari Rial）| 人均 GDP 为 103500 美元 | 经济状况 工业：原油生产和精炼、肥料、石油化工产品、钢筋、水泥。农业：水果、蔬菜、家禽、乳制品、牛肉、鱼类。出口商品：石油产品、肥料、钢铁。

卡塔尔所在的半岛延伸进波斯湾，国土大部是阿特拉斯山脉（the Atlas Mountains）。这个石油丰富的国家在 1971 年之前受英国保护，没有加入阿拉伯联合酋长国。卡塔尔从 1949 年就开始出口石油，随着石油储量不断减少，又转而出口天然气。北方油田属于世界上最大的天然气油田。现任埃米尔（穆斯林酋长）进一步深化前任的改革，包括赋予女性选举权和参政权。

巴林 Bahrain

巴林王国

面积 717 平方千米（约 277 平方英里）| 人口 728000 | 首都麦纳麦（人口 139000）| 非文盲人口比例 87% | 预期寿命 75 岁 | 流通货币：巴林第纳尔（Bahraini Dinar）| 人均 GDP 为 37200 美元 | 经济状况 工业：石油加工和精炼、铝冶炼业、境外银行业务、轮船修理、旅游业。农业：水果、蔬菜、家禽、虾。出口商品：石油和石油产品、铝、纺织品。

巴林由波斯湾（阿拉伯湾）中的 33 座岛屿组成。从 20 世纪 30 年代起，石油产业取代了海洋珍珠采集，巴林成了金融和交通枢纽。巴林通过法赫德国王大桥与沙特阿拉伯相连。1971 年从英国独立之后，巴林的统治阶层逊尼派和占多数的什叶派之间一直存在冲突。2002 年，按照新宪法选出了国会，并赋予女性选举权和被选举权。

哈萨克斯坦 Kazakhstan

哈萨克斯坦共和国

面积 2717299 平方千米（约 1049155 平方英里）| 人口 15399000 | 首都阿斯塔纳（人口 332000）| 非文盲人口比例 100% | 预期寿命 68 岁 | 流通货币：坚戈（Tenge）| 人均 GDP 为 11500 美元 | 经济状况 工业：石油、煤炭、铁、锰、铬、铅、锌、铜、钛。农业：谷物（多为春小麦）、棉花、家畜。出口商品：石油和石油产品、黑色金属、化工产品、机械和谷物。

哈萨克斯坦横跨中亚，是个土壤贫瘠的内陆国。西部平坦，东部多高山，地势西低东高。1991 年，哈萨克斯坦宣布从苏联独立，但其境内的拜科努尔航天发射场至今由俄罗斯使用，这是苏联主要的太空发射基地，拥有全球历史最悠久、规模最大的航天港。这个国家面临着苏联破坏环境造成的恶果，以及咸海地区的生态危机。哈萨克斯坦正努力保护咸海北部，遏制沙漠化。哈萨克斯坦有大量的石油、油气和矿产储量，因此经济增长强劲。

乌兹别克斯坦 Uzbekistan

乌兹别克斯坦共和国

面积 447400 平方千米（约 172742 平方英里）| 人口 27606000 | 首都塔什干（人口 2247000）| 非文盲人口比例 99% | 预期寿命 72 岁 | 流通货币：乌兹别克索姆（Uzbekistani Sum）| 人均 GDP 为 2600 美元 | 经济状况 工业：纺织业、食品加工、机械制造、冶金业、天然气。农业：棉花、蔬菜、水果、谷物、家畜。出口商品：棉花、黄金、能源产品、无机肥、黑色金属。

乌兹别克斯坦是内陆国，境内大部是克孜勒库姆沙漠。乌兹别克斯坦人是突厥人的后代，信仰源自逊尼派穆斯林。约 80% 的国土是平坦的沙漠，东南远处和东北多山，地势较高。东北部的费尔干纳盆地是该国最富饶的地区，有许多城市和工业。乌兹别克斯坦现在仍然是棉花出口大国之一，在克孜勒库姆沙漠的穆龙套拥有世界上最大的露天金矿之一。然而，由于国家控制严苛，其经济环境不容乐观。

土库曼斯坦 Turkmenistan

土库曼斯坦

面积 488099 平方千米（约 188456 平方英里）| 人口 4885000 | 首都阿什哈巴德（人口 574000）| 非文盲人口比例 99% | 预期寿命 68 岁 | 流通货币：土库曼斯坦马纳特（Turkmen Manat）| 人均 GDP 为 6100 美元 | 经济状况 工业：天然气、石油、石油产品、纺织业。农业：棉花、谷物、家畜。出口商品：天然气、石油、棉纤维、纺织品。

土库曼斯坦是一个沙漠国度。土库曼斯坦人数百年来一直是游牧民族，1991 年从俄罗斯赢得独立。国家的希望在于其境内的里海部分，那里石油和天然气田集中。但可惜的是，这个内陆国没有出去的油气管道线，油气出口发展受到阻碍。阿塞拜疆、伊朗、哈萨克斯坦、俄罗斯和土库曼斯坦之间在里海海床和海洋上有边界纠纷，令新油田和输油管道的国际投资望而却步。由于土库曼斯坦的威权政府，油气生产带来的收益只惠及极少数人。

阿曼 Oman

阿曼苏丹国

面积 309504 平方千米（约 119500 平方英里）| 人口 3418000 | 首都马斯喀特（人口 638000）| 非文盲人口比例 81% | 预期寿命 74 岁 | 流通货币：阿曼里亚尔（Omani Rial）| 人均 GDP 为 20200 美元 | 经济状况 工业：原油生产和精炼、天然气生产、建筑。农业：大枣、青柠、香蕉、苜蓿、骆驼、鱼类。出口商品：石油、进口转出口、鱼类、金属、纺织品。

阿曼位于波斯湾入口，是东非和东方贸易往来的必经之路。19 世纪中叶之后，权力角逐弱化了其君主的地位，强化了与英国的联系。1970 年，受过英国教育的卡布斯·本·赛义德褫夺其父“苏丹”的头衔，开始推进国家现代化。阿曼允许美国使用其港口和空军基地设施。阿曼从 1967 年开始出口石油，利用收益修建公路、学校和医院。大多数阿曼人依然以种田或捕鱼为生，国家进一步加强了对渔业和沿海地带的保护。

知识速记 | 1991年苏联解体，产生了8个亚洲新国家：中亚的哈萨克斯坦、吉尔吉斯斯坦、乌兹别克斯坦、土库曼斯坦和高加索地区的塔吉克斯坦、格鲁吉亚、亚美尼亚和阿塞拜疆。

塔吉克斯坦 Tajikistan
塔吉克斯坦共和国

面积143099平方千米（约55251平方英里）| 人口7349000 | 首都杜尚别（人口554000）| 非文盲人口比例100% | 预期寿命65岁 | 流通货币：索莫尼（Somoni）| 人均GDP为2100美元 | 经济状况 工业：铝、锌、铅、化工产品和肥料。农业：棉花、谷物、水果、葡萄、蔬菜、牛畜、绵羊、山羊。出口商品：铝、电、棉花、水果、植物油、纺织品。

塔吉克斯坦是中亚的一个共和国，重重山峦占其疆域的90%以上。1991年独立之后不久，塔吉克斯坦又卷入了五年内战，一方是政府势力，另一方是反政府力量。1997年，双方签署和平协议，但政治动荡破坏了经济。塔吉克斯坦严重依赖俄罗斯援助，约6000俄国军队驻扎在塔吉克斯坦边界——打击军火、毒品走私和伊斯兰极端分子。

吉尔吉斯斯坦 Kyrgyzstan
吉尔吉斯共和国

面积199901平方千米（约77182平方英里）| 人口5432000 | 首都比什凯克（人口869000）| 非文盲人口比例99% | 预期寿命69岁 | 流通货币：吉尔吉斯斯坦索姆（Kyrgyzstani Som）| 人均GDP为2100美元 | 经济状况 工业：小型机械、纺织业、食品加工、水泥、鞋类、原木。农业：烟草、棉花、马铃薯、蔬菜、绵羊。出口商品：棉花、羊毛、肉类、烟草、黄金、水银、铀、天然气。

吉尔吉斯斯坦位于中亚，地势崎岖，与中国共同拥有山峰被冰雪覆盖的天山。其国土3/4都是山区。山寨里的游牧民族吉尔吉斯人讲土耳其语，与伊斯兰教有些渊源，他们数百年来一直饲养牛马和牦牛。19世纪，吉尔吉斯斯坦处于俄国沙皇统治之下，成千上万的斯拉夫农民被迁到这一地区。吉尔吉斯斯坦于1991年独立。饲养家畜至今仍然是该国主要的农业活动。

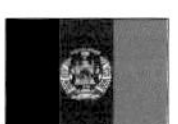

阿富汗 Afghanistan
阿富汗伊斯兰共和国

面积652089平方千米（约251773平方英里）| 人口33610000 | 首都喀布尔（人口3768000）| 非文盲人口比例28% | 预期寿命45岁 | 流通货币：阿富汗尼（Afghani）| 人均GDP为800美元 | 经济状况 工业：小型纺织品制造业、肥皂、家具、鞋类。农业：鸦片、小麦、水果、坚果、羊毛。出口商品：鸦片、水果和坚果、手工地毯、羊毛、棉花。

阿富汗是一个少数民族国家。北部平原和峡谷中生活着塔吉克人和乌兹别克人。以沙漠为主的南部高原上生活着普什图人。中部高地上生活着哈扎拉人。数十年的战争过后，阿富汗正在重建其以农业为主的经济，努力稳定政府。在2001年9·11恐怖袭击之后，包庇奥萨马·本·拉登的塔利班政府被阿富汗军队和国际武装推翻。阿富汗一直是国际军事行动的一个热点地区。

在吉尔吉斯斯坦首都比什凯克外约50英里（约80千米）处的索斯诺夫卡村附近，虔诚的东正教信徒聚在一起庆祝主显节，这个节日在冬天。

巴基斯坦 Pakistan

巴基斯坦伊斯兰共和国

面积 796095 平方千米（约 307374 平方英里）| 人口 176243000 | 首都伊斯兰堡（人口 1100000）| 非文盲人口比例 50% | 预期寿命 64 岁 | 流通货币：巴基斯坦卢比（Pakistani Rupee）| 人均 GDP 为 2600 美元 | 经济状况 工业：纺织业和服装业、食品加工、饮料、建筑材料。农业：棉花、小麦、大米、甘蔗、牛奶。出口商品：纺织品、大米、皮革、体育用品、地毯和垫毯。

巴基斯坦东部和南部最明显的地貌特征就是印度河及其支流。印度河再往西的地区是山区，土地越发贫瘠。印度河以北是雄伟的兴都库什山脉和喀喇昆仑山脉。印度河盆地的农业集中，广泛得到灌溉。尽管棉花、小麦和大米的产量有所增加，但养活增长的人口依旧是一项挑战。巴基斯坦还存在一些其他问题，包括与印度持续的紧张关系和所谓核军备竞赛。

伊朗 Iran

伊朗伊斯兰共和国

面积 1645000 平方千米（约 635138 平方英里）| 人口 66429000 | 首都德黑兰（人口 8221000）| 非文盲人口比例 77% | 预期寿命 71 岁 | 流通货币：伊朗里亚尔（Iranian Rial）| 人均 GDP 为 12800 美元 | 经济状况 工业：石油、石油化工用品、肥料、烧碱、纺织品、水泥及其他建筑材料、食品加工（尤其是甘蔗和植物油）、黑色和有色金属锻造、军备武器。农业：小麦、大麦、玉米、水稻、棉花、甘蔗、果蔬、茶叶。出口商品：石油、化工产品、水果和坚果、地毯。

伊朗土地极度贫瘠，其中央高原周边是侵蚀严重的山脉，最显著的是北部的扎格罗斯山脉和南部的厄尔布尔士山脉。虽然国内乡村人口城市化已成为一大趋势，但大多数国民还是靠山吃山，靠水吃水。伊朗有将近 1/3 的边界都是海岸。这是个年轻的国家，40% 的人口年龄都在 25 岁或以下。作为伊斯兰国家的领头羊之一，伊朗于 1979 年立宪为共和国，神职人员掌握着行政、议会和司法三大机关。

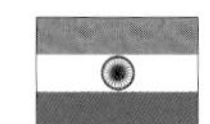

印度 India

印度共和国

面积 2980000 平方千米（约 1150584 平方英里）| 人口 1300000000 | 首都新德里（人口 25000000）| 非文盲人口比例 61% | 预期寿命 70 岁 | 流通货币：印度卢比（Indian Rupee）| 人均 GDP 为 2800 美元 | 经济状况 工业：纺织业、化工产品、食品加工、钢铁、交通设备、水泥、采矿。农业：大米、小麦、油籽、棉花、牛畜、鱼类。出口商品：纺织品、玉石和珠宝、工程器材、化工产品、皮革制造。

南亚国家印度地理特点对比鲜明。山顶积雪覆盖、荒无人烟的喜马拉雅山沿北部边界耸立。喜马拉雅山南边是地势低矮而富饶的恒河平原。印度大沙漠坐落在西部，但印度东部在季风季节是世界上降雨量最多的地方。

印度人口众多，虽然印度教教徒占多数，但印度还是世界上穆斯林人口最多的国家之一。印度的种姓制度反映出经济和宗教阶层。每 6 个印度人中就有 1 个是贱民，或被唾弃之人，是种姓制度中最低级的一类人，近年来受到政府保护。印度的中产阶级迅速崛起，国家在工程和信息技术方面取得了极大进展。

马尔代夫 Maldives

马尔代夫共和国

面积 298 平方千米（约 115 平方英里）| 人口 440000 | 首都马累（人口 248000）| 非文盲人口比例 96% | 预期寿命 74 岁 | 流通货币：卢非耶（Rufiyaa）| 人均 GDP 为 5000 美元 | 经济状况 工业：鱼类加工、旅游业、运输业、船只制造、椰子加工。农业：椰子、玉米、红薯、鱼类。出口商品：鱼类、服装。

岛国马尔代夫地处印度洋，位于印度南边。其岛屿面积不大，而且仅高出海平面不到 6 英尺（约 1.8 米）。就像挂在海底高原上的一串项链，1190 座珊瑚岛组成了马尔代夫——大约 200 座岛上有人居住。1968 年，从英国独立的三年后，君主制让位于共和国制。国内经济靠旅游业和捕鱼业维持。2004 年 12 月，马尔代夫遭遇了海啸破坏。

贝娜齐尔·布托／巴基斯坦的维新领袖

贝娜齐尔·布托（Benazir Bhutto）的父亲佐勒菲卡尔·阿里·布托（Zulfikar Ali Bhutto）1979 年被处决之后，她就成了其父亲所在政党即巴基斯坦人民党名义上的党首。经过多年流放之后，贝娜齐尔重返巴基斯坦，迅速成为对抗当时的军事独裁者穆罕默德·齐亚－哈克（Muhammad Zia-ul-Haq）最著名的政治人物。齐亚死后，她于 1988 年赢得总理职位，成为伊斯兰国家中的首位女性领袖。然而，她的政府由于遭贪腐指控两度被解散。由于遭到逮捕威胁，20 世纪 90 年代末，她在伦敦和迪拜自我流亡。2007 年，布托被大赦，遂返回卡拉奇，但仅两个月后就在自杀式袭击中被暗杀身亡。

我们时刻准备着牺牲我们的生命。我们时刻准备着牺牲我们的自由。但是，我们绝不会将这个伟大国家拱手交给好战分子。

——贝娜齐尔·布托，2007 年

知识速记 | 印地语是印度的国语，但印度还有 14 种其他官方语言和 1500 多种方言。

斯里兰卡 Sri Lanka

斯里兰卡民主社会主义共和国

面积 65524 平方千米（25299 平方英里）| 人口 21325000 | 首都科伦坡（人口 648000）| 非文盲人口比例 91% | 预期寿命 75 岁 | 流通货币：斯里兰卡卢比（Srilankan Rupee）| 人均 GDP 为 4300 美元 | 经济状况 工业：橡胶加工，茶叶、椰子等农副产品加工，服装，水泥。农业：大米、甘蔗、谷物、干豆、牛奶。出口商品：纺织品和服装、茶叶、金刚石、椰子制品、石油产品。

斯里兰卡在 1971 年前一直称为锡兰，是靠近印度南端和赤道的一个热带岛国。从海岸到中央高原地势渐高，高原上有茶叶种植园。岛的西南角人口密度最大，那里坐落着首都科伦坡。经历了 450 年的欧洲统治之后，锡兰于 1948 年从英国独立。占少数的泰米尔印度教教徒中有些人吵着要分裂，但占多数的锡兰佛教徒反对。几十年的内战给以茶叶和服装加工为主的经济带来了消极影响。2009 年，政府和泰米尔叛军之间的冲突结束，并举行了公开大选。

孟加拉国 Bangladesh

孟加拉人民共和国

面积 147570 平方千米（约 56977 平方英里）| 人口 156051000 | 首都达卡（人口 14796000）| 非文盲人口比例 48% | 预期寿命 60 岁 | 流通货币：塔卡（Taka）| 人均 GDP 为 1500 美元 | 经济状况 工业：棉纺织品、黄麻、服装、茶叶加工。农业：大米、黄麻、茶叶、小麦、牛肉。出口商品：服装、黄麻和黄麻产品、皮革、冻鱼和海鲜。

孟加拉国是低地国，由恒河和雅鲁藏布江的冲积平原组成。两条大河每年发洪水时所携带的泥沙使农田更加肥沃，常常在三角洲地带形成新岛屿，迅速被人占为耕地。除了吉大港东面和南面的丘陵之外，大部分耕地都高出海平面不多。季风夏季来临，带来的强降雨和强旋风有时引发风暴潮，涌入三角洲，冲走低地上的人、家畜和农作物。荒漠化使下游洪涝进一步恶化。政府保护孙德尔本斯的红树林——这是世界上最大的红树林之一，也是孟加拉虎等濒危物种的栖息地。

尼泊尔 Nepal

尼泊尔联邦民主共和国

面积 147181 平方千米（约 56827 平方英里）| 人口 28563000 | 首都加德满都（人口 1029000）| 非文盲人口比例 49% | 预期寿命 65 岁 | 流通货币：尼泊尔卢比（Nepalese Rupee）| 人均 GDP 为 1100 美元 | 经济状况 工业：旅游业、地毯、纺织业、小米、黄麻、糖类、油籽加工、香烟、水泥和砖块制造。农业：大米、玉米、小麦、甘蔗、牛奶。出口商品：地毯、服装、皮革制品、黄麻产品、谷物。

尼泊尔地处南亚，位于中国和印度之间。国内动荡的政局阻碍了经济发展，因此尼泊尔一直是世界上最穷的国家之一。绝大多数尼泊尔人生活在中部丘陵地区和南部平原，即特莱地区。砍伐树木做燃料引起了侵蚀作用。从喜马拉雅山上奔流而下的河水所发的电供给当地使用，还有出口潜力。从近海低地到珠穆朗玛峰，尼泊尔是地球上海拔高度变化最大的国家。夏尔巴人受益于珠穆朗玛峰地区的登山热和旅游热，赚的钱大部分来自住宿和交通运输。经历了沙阿王朝 240 年的统治之后，尼泊尔废除了君主制，于 2008 年 5 月建立共和国。

老挝 Laos

老挝人民民主共和国

面积 236800 平方千米（约 91429 平方英里）| 人口 6835000 | 首都万象（人口 716000）| 非文盲人口比例 69% | 预期寿命 69 岁 | 流通货币：基普（Kip）| 人均 GDP 为 2100 美元 | 经济状况 工业：锡和石膏开采、木材制造、电力、农副产品加工业。农业：红薯、蔬菜、玉米、咖啡、水牛。出口商品：木制品、服装、电、咖啡、锡。

老挝是个内陆国，境内多山。国内经济主要是自给农业。绝大多数老挝人生活在湄公河及其支流的峡谷当中，那里肥沃的泛滥平原提供了适宜水稻生长的环境。老挝实行社会主义制度。老挝人民革命党是老挝唯一政党。当前，老挝政治稳定、社会安宁。

缅甸 Myanmar

缅甸联邦共和国

面积 676552 平方千米（约 261218 平方英里）| 人口 48138000 | 首都内比都（人口 920000）| 非文盲人口比例 90% | 预期寿命 63 岁 | 流通货币：缅元（Kyat）| 人均 GDP 为 1200 美元 | 经济状况 工业：农副产品加工业、针织和编织服装、羊毛及羊毛制品、铜、锡、钨、铁、宝石、玉石。农业：大米、干豆、豆类、芝麻、硬木（柚木）、鱼类。出口商品：天然气、羊毛制品、干豆、豆类、鱼类和大米。

缅甸的伊洛瓦底盆地四周全是被森林覆盖的山峦和高原。大多数人都生活在伊洛瓦底江富饶的河谷地带和三角洲。缅甸的人口当中缅族占多数，少数民族集中在边境和山区。缅甸于 1948 年从英国独立，从 1962 年起一直被军政府统治。缅甸资源丰富，农业基础强大，但军政府的统治阻碍了经济发展。2008 年，孤立主义政府应对特强气旋风暴纳尔吉斯的方式引起了国际关注和批评。

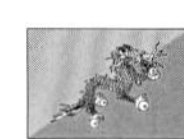

不丹 Bhutan

不丹王国

面积 38000 平方千米（约 14672 平方英里）| 人口 691000 | 首都廷布（人口 128350）| 非文盲人口比例 47% | 预期寿命 66 岁 | 流通货币：努扎姆和印度卢比（Ngultrum，Indian Rupee）| 人均 GDP 为 5600 美元 | 经济状况 工业：水泥、羊毛制品、加工水果、酒精饮料。农业：大米、玉米、块根作物、柑橘、乳制品。出口商品：电力（输送给印度）、小豆蔻、石膏、木材、手工品。

不丹是个贫穷而偏远的袖珍国家，夹在中国和印度两个强大的邻国之间。这个保守的佛教王国位于高高的喜马拉雅山上，直到 20 世纪 60 年代才铺设道路，1974 年之前一直禁止外国人进入，1999 年才开通电视服务。肥沃峡谷（只占不到 10% 的国土面积）养活着所有不丹人口。不丹的古代佛教文明和高山景致吸引了众多游客，但游客数量受到政府限制。

头戴传统锥形草帽的越南妇女路过胡志明市西方风格的购物中心。20 年的改革给越南带来了繁荣。人均收入在 21 世纪的头一个十年就翻了近 4 倍。

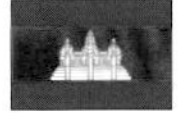

柬埔寨 Cambodia

柬埔寨王国

面积 181035 平方千米（约 69898 平方英里）| 人口 14494000 | 首都金边（人口 1657000）| 非文盲人口比例 74% | 预期寿命 62 岁 | 流通货币：瑞尔（Riel）| 人均 GDP 为 2000 美元 | 经济状况 工业：旅游业、服装、大米加工、羊毛和羊毛制品。农业：捕鱼、大米、橡胶、玉米、蔬菜。出口商品：木材、服装、橡胶、大米、鱼类。

柬埔寨的国土地势平坦，大多被森林所覆盖。1953 年从法国独立。人们认为 1975—1979 年在沙洛特绍（Saloth Sar，后更名为波尔布特）的红色高棉统治期间，超过 100 万人因政府所谓改革而被杀。2004 年，诺罗敦 · 西哈莫尼加冕为王，实行君主立宪制度并开展民主改革。今天的柬埔寨相对稳定，但 75% 的劳动力都从事温饱型农业，还有许多人挣扎在贫穷中。柬埔寨人希望不断增长的旅游业能够带来经济繁荣。

越南 Vietnam

越南社会主义共和国

面积 329556 平方千米（约 127242 平方英里）| 人口 86968000 | 首都河内（人口 4723000）| 非文盲人口比例 90% | 预期寿命 72 岁 | 流通货币：盾（Dong）| 人均 GDP 为 2800 美元 | 经济状况 工业：食品加工、服装、鞋类、机器制造。农业：水稻、玉米、马铃薯、橡胶、家禽、鱼类。出口商品：原油、海产品、大米、咖啡、橡胶。

越南北部是高原和三角洲，南部是湄公河三角洲，中间隔着沿海平原，平原又与被森林覆盖的长山山脉相接。1954 年，越南经过艰苦卓绝的武装斗争从法国手中赢得独立。此后 20 年里，南越和北越之间战事不断，还牵扯别的国家——尤其是法国和美国。1975 年，南越落败，全国统一在共产主义政权之下。20 世纪 90 年代见证了越南翻天覆地的经济发展。2000 年，越南成立了证券交易所，从此外国投资逐渐增多。

泰国 Thailand

泰王国

面积 513116 平方千米（约 198115 平方英里）| 人口 65905000 | 首都曼谷（人口 6918000）| 非文盲人口比例 93% | 预期寿命 73 岁 | 流通货币：铢（Baht）| 人均 GDP 为 8500 美元 | 经济状况 工业：旅游业、纺织业和服装业、农副产品加工业、饮料、烟草、水泥。农业：大米、木薯（木薯淀粉）、橡胶、玉米。出口商品：计算机、晶体管、海鲜、服装、大米。

泰国大部处于湄南河流域。东部是隆起的呵叻高原，这片砂岩高原土壤贫瘠，生长着青草和林地。南部是丘陵和森林。整个泰国北部都是高耸绵延的崎岖山脉，偏远的肥沃峡谷里出产罂粟，利润可观。泰国基本全是笃信佛教的泰国人。2006 年一场军事政变之后，国家重获民主，但 2014 年泰国皇家陆军针对过渡政府发动了一次政变。泰国的社会问题与毒品制造、人口贩卖和不少缅甸难民有关。

东帝汶 Timor-Leste

东帝汶民主共和国

面积 14608 平方千米（约 5640 平方英里）| 人口 1132000 | 首都帝力（人口 250000）| 非文盲人口比例 59% | 预期寿命 67 岁 | 流通货币：美元（US Dollar）| 人均 GDP 为 2400 美元 | 经济状况 工业：印刷、肥皂制造、手工制品、针织服装。农业：咖啡、大米、玉米、木薯。出口商品：咖啡、檀香木、大理石。

东帝汶 1975 年以前一直是葡萄牙殖民地，与印度尼西亚共同拥有帝汶岛。葡萄牙人走后，印尼入侵，吞并了东帝汶。联合国谴责了这一占领行为，而东帝汶人若泽 · 拉莫斯 – 奥尔塔（José Manuel Ramos-Horta）因致力于独立与和平荣获诺贝尔和平奖。1999 年，联合国组织全民公投，结果表明绝大多数东帝汶人希望独立。投票之后，印尼民兵组织制造了严重的破坏，但东帝汶在联合国的指引下还是于 2002 年独立了。帝汶海上的石油是国家未来经济收益的希望。

马来西亚 Malaysia

马来西亚

面积 329848 平方千米（约 127355 平方英里）| 人口 25716000 | 首都吉隆坡（人口 1519000）| 非文盲人口比例 89% | 预期寿命 73 岁 | 流通货币：林吉特（Ringgit）| 人均 GDP 为 15300 美元 | 经济状况 工业：橡胶和石油、棕榈加工和制造、轻工业、伐木、石油生产和精炼。农业：橡胶、棕榈油、可可豆、大米。出口商品：电子设备、石油和液化天然气、木材和木制品、棕榈油。

马来西亚从马来西亚半岛延伸到东北部的婆罗洲，由马来亚、沙捞越和沙巴组成。中部的山区将马来西亚半岛一分为二，东海岸是鲜有风雨侵袭的沙滩和海滩，西部是平原。沙捞越和沙巴与印尼和文莱共处婆罗洲岛，那里有沼泽和丛林覆盖的山脉。

马来西亚是世界上半导体、电气产品和家用电器的最大出口国之一。政府是联邦民主制，有名义上的国王，计划以成功的半导体工业为基础，将马来西亚缔造成高科技产品的主要生产国和研发国。

文莱 Brunei

文莱达鲁萨兰国

面积 5765 平方千米（约 2226 平方英里）| 人口 388000 | 首都斯里巴加湾市（人口 61000）| 非文盲人口比例 93% | 预期寿命 76 岁 | 流通货币：文莱元（Brunei Dollar）| 人均 GDP 为 53100 美元 | 经济状况 工业：石油、石油精炼、液化天然气、建筑。农业：大米、蔬菜、水果、家禽。出口商品：原油、天然气、精加工产品。

文莱是位于东南亚婆罗洲岛的一个袖珍国家。文莱只有两块丛林飞地，长达近一个世纪都是英属保护领地，之后于 1984 年赢得独立。文莱由信奉伊斯兰教的苏丹统治，整个国家的石油和天然气资源丰富，国民享受着丰厚的补助和医疗保健。文莱是伊斯兰君主立宪制和贵族世袭制国家，苏丹为平民授予头衔。

印度尼西亚 Indonesia

印度尼西亚共和国

面积 1922569 平方千米（约 742308 平方英里）| 人口 240272000 | 首都雅加达（人口 9703000）| 非文盲人口比例 90% | 预期寿命 71 岁 | 流通货币：印度尼西亚盾（Indonesian Rupiah）| 人均 GDP 为 3900 美元 | 经济状况 工业：石油和天然气、纺织业、服装、鞋类、采矿、水泥、化学肥料。农业：大米、木薯（木薯淀粉）、花生、橡胶、家禽。出口商品：石油和天然气、家用电器、胶合板、纺织品、橡胶。

印度尼西亚位于印度洋和太平洋之间，是一个由 17508 座岛屿组成的群岛。岛上层峦叠嶂，生长着茂密的热带雨林；有些岛上还分布着活火山。目前，摆在民主政府面前的难题有伊斯兰武装组织、穆斯林和基督教徒之间的冲突以及恐怖主义行动。石油和天然气的出口收益推动了国家经济，印尼也是石油输出国组织（OPEC）的一个成员国。众多游客来到印度尼西亚，观赏丰富多样的野生动植物，有些是印度尼西亚独有的品种。

菲律宾 Philippines

菲律宾共和国

面积 300001 平方千米（约 115831 平方英里）| 人口 97977000 | 首都马尼拉（人口 11662000）| 非文盲人口比例 93% | 预期寿命 71 岁 | 流通货币：菲律宾比索（Philippine Peso）| 人均 GDP 为 3300 美元 | 经济状况 工业：纺织业、药物、化工产品、羊毛制品。农业：大米、椰子、玉米、甘蔗、猪肉、鱼类。出口商品：电子设备、机械和交通设备、服装、椰子产品。

菲律宾群岛位于中国南海和太平洋之间。1946 年，日本人占领结束，菲律宾独立。1986 年，总统费迪南德·马科斯（Ferdinand Marcos）被迫举行大选，被谋杀的反动派领袖遗孀科拉松·阿基诺（Corazon Aquino）当选总统。虽然位置处于印度尼西亚（其人口以穆斯林为主）北面，菲律宾却有 92% 的人口都是基督教徒。菲律宾经济越来越依赖于外来汇款——仅 2014 年，该国就依靠 1000 多万海外菲律宾劳工获得超过 250 亿美元的汇款。

阿根廷裔美籍建筑师西萨·佩里（César Pelli）设计的双子星塔伫立在马来西亚首都吉隆坡。这是世界上最高的双塔式建筑，共 88 层，高 1483 英尺（约 452 米）。

新加坡 Singapore

新加坡共和国

面积 722.5 平方千米（约 278 平方英里）| 人口 4658000 | 首都新加坡（人口 4592000）| 非文盲人口比例 93% | 预期寿命 82 岁 | 流通货币：新加坡元（Singapore Dollar）| 人均 GDP 为 53000 美元 | 经济状况 工业：电子工业、化工产品、金融业务、石油开采设备、石油精炼、橡胶加工和橡胶制品、加工食品和饮料、船舶修理、海洋平台建造、生命科学、转口贸易。农业：橡胶、干椰子、水果、兰花、蔬菜、家禽、鸡蛋、鱼类、观赏鱼。出口商品：机械设备（包括电子设备）、消费品、化工产品、化石燃料。

新加坡坐落在马来西亚半岛末端，由新加坡岛和 60 多个小型热带岛屿组成。新加坡主岛位于马六甲海峡入口处，马六甲海峡是印度洋和中国南海最近的一条航道，有 7000 多个跨国公司在新加坡主岛设立了办事机构。作为大英帝国的贸易中心，新加坡曾吸引了众多中国人定居，他们现在是本国人口的主体。新加坡于 1965 年独立，是东南亚的金融枢纽，也是世界上第二大繁忙的集装箱港口。

中国 China

中华人民共和国

面积 9634057 平方千米 | 人口 1390080000 | 首都北京（人口 21707000）| 非文盲人口比例 91% | 预期寿命 74 岁 | 流通货币：人民币 | 人均 GDP 为 8703 美元 | 经济状况　工业：钢铁、煤炭、机械制造、军事装备、纺织业和服装业、石油、水泥。农业：大米、小麦、马铃薯、高粱、猪肉、鱼类。出口商品：机械设备、纺织品和服装、鞋类、玩具和体育用品、化石燃料。

中国的地理环境高度多样化，东有山丘、平原和江河三角洲，西有沙漠、高原和山脉，海域分布有大小岛屿 7600 多个，其中台湾岛最大，面积 35798 平方千米。中国是四大文明古国之一，有着悠久的历史文化，也是联合国安理会五大常任理事国之一。中国如今是仅次于美国的世界第二大经济体、世界第一大工业国和世界第一大农业国。1997 年，香港从英国回归；1999 年，澳门自葡萄牙回归。2003 年，中国成为继俄罗斯和美国之后第 3 个独立发射载人宇宙飞船的国家。

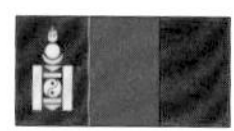

蒙古 Mongolia

蒙古国

面积 1564117 平方千米（约 603909 平方英里）| 人口 3041000 | 首都乌兰巴托（人口 919000）| 非文盲人口比例 98% | 预期寿命 68 岁 | 流通货币：图格里克（Tugrug）| 人均 GDP 为 3200 美元 | 经济状况　工业：建筑材料、采矿、石油、食品和饮料、动物制品加工。农业：小麦、大麦、马铃薯、饲料作物、绵羊。出口商品：铜、黄金、家畜、动物制品、羊绒、羊毛、兽皮。

蒙古是个内陆国，位于俄罗斯和中国之间，平均海拔 5180 英尺（约 1579 米），是世界上地势最高的一个国家。蒙古气候条件极端恶劣，南部是戈壁沙漠。1924 年，蒙古建立共和制国家。现行宪法于 1992 年颁布，并据该宪法改国名为“蒙古国”。铜矿、羊绒和黄金出口推动了国家经济发展，但贫困依然是个大难题。

日本 Japan

日本国

面积 377884 平方千米（约 145902 平方英里）| 人口 127079000 | 首都东京（人口 36094000）| 非文盲人口比例 99% | 预期寿命 82 岁 | 流通货币：日元（Yen）| 人均 GDP 为 34200 美元 | 经济状况　工业：机动车辆、电子设备、机床、钢铁和有色金属。农业：大米、甜菜、蔬菜、水果、猪肉、鱼类。出口商品：机动车辆、半导体、办公设备、化工产品。

日本是多个岛屿组成的国家，这些岛屿坐落在亚洲的太平洋沿岸。其四大岛屿周边有 6800 多座小岛。日本的疆域 73% 都是群山，除古都京都外，所有的大城市都位于狭长的沿海平原。日本是民主制国家，有扩张性。在政府无能的舆论情绪中，2007 年的大选结束了自由民主党长达 52 年的统治。日本位居全球四大制造业出口国之列，是继美国和中国之后的第三大世界经济体。日本面临着人口老龄化、财富分配不均日趋严重、女性的社会角色转变、安全和环境焦虑感日益严重等挑战。当前摆在日本面前的难题包括失业和经济增长低迷。尽管遭到国际社会的反对，但日本还是一意孤行支持捕鲸。

在日本京都，一名乘坐轿车前去赴约的日本舞伎，即初级艺伎，她身着传统服饰，脸抹古典妆容。

朝鲜 the Democratic People's Republic of Korea

朝鲜民主主义人民共和国

面积 120538 平方千米（约 46540 平方英里）| 人口 22665000 | 首都平壤（人口 3346000）| 非文盲人口比例 99% | 预期寿命 72 岁 | 流通货币：朝鲜元(North Korean Won)| 人均 GDP 为 1204 美元 | 经济状况 工业：军用物品、机械制造、电力、化工产品、采矿。农业：大米、玉米、马铃薯、黄豆、牛畜。出口商品：矿产、冶炼产品、制造（包括军械）、纺织品。

朝鲜位于亚洲东部，朝鲜半岛北半部。北部与中国为邻，东北与俄罗斯接壤。平均海拔高度 440 米，山地约占国土面积的 80%。

1910 年至 1945 年，朝鲜半岛沦为日本殖民地。1945 年 8 月日本投降，苏美军队分别进驻半岛北南部。1948 年 9 月 9 日朝鲜民主主义人民共和国宣告成立。朝鲜是世界上为数不多的几个社会主义国家之一。该国重视发展冶金、电力、煤炭、铁路运输四大先行产业和采矿、机械、化工、轻工业，努力实现生产正常化、现代化。其交通运输以铁路运输为主。铁路总长度为 8800 多千米，电气化铁路总长度为 2000 多千米，1993 年基本实现干线铁路电气化。电力机车牵引比重达 90% 以上。

韩国 South Korea

大韩民国

面积 99251 平方千米（约 38321 平方英里）| 人口 48509000 | 首都首尔（人口 9762000）| 非文盲人口比例 98% | 预期寿命 79 岁 | 流通货币：韩元（South Korean Won）| 人均 GDP 为 26000 美元 | 经济状况 工业：电子工业、汽车制造、化工产品、造船业、钢铁、纺织业。农业：大米、块根作物、大麦、蔬菜、牛畜、鱼类。出口商品：电子产品、机械设备、机动车辆、钢铁、船舶、纺织品。

韩国由朝鲜半岛南半段以及西部和南部的沿岸岛屿组成。韩国多山，但比起朝鲜崎岖的地势还是略为平坦。这个资本主义国家是轿车、家用电子产品和计算机组件的出口大国。亚洲金融危机之后，其经济增长又持续了 10 年左右。韩国政府实行多党民主制，寻求与变化莫测的朝鲜政权达成和平倡议和贸易合作。连接朝韩的公路和铁路正在建设中。

欧洲

欧洲是世界上面积仅大于澳大利亚的第二小的大陆，由分布在亚洲西北方向的一组半岛和岛屿组成。尽管欧洲地处偏北，但欧洲大部分地区受益于暖洋流，气候温和。欧洲面积约393万平方英里（约1018万平方千米），北冰洋、大西洋、地中海、黑海和里海将其连成一体。传统的陆地界线沿乌拉尔山脉向南跨过俄罗斯，自北冰洋经乌拉尔河到里海，然后沿里海和黑海间的高加索山脉一路往西。连通黑海和地中海的一条水道把土耳其的一小块疆土划入了欧洲。

遥远北方的冰雪冻原和北方森林与南面干热的地中海沿岸丘陵地带之间坐落着两大山系。

被冰河时期的冰川夷平的古代高地呈一道弧形，北起斯堪的纳维亚，向西南穿过不列颠群岛直达伊比利亚半岛。一道巍峨高耸的山系盘踞在欧洲南部，横贯东西。这些山脉因板块撞击还在持续隆起，其中包括喀尔巴阡山、阿尔卑斯山和比利牛斯山。其中最高峰当数勃朗峰，横跨法国和意大利的边界。

多瑙河、莱茵河和罗讷河等三大主要通航河流都流经阿尔卑斯山。欧洲最长的河流是伏尔加河，沿东南方向流经俄罗斯注入里海。地壳运动在南欧和冰岛引起地震和火山爆发。其中最著名的火山有维苏威火山、埃特纳火山和斯特隆博利火山，均在意大利境内。

欧洲的两大山系之间是一片起伏的肥沃平原，从比利牛斯山延伸到乌拉尔山。一些世界大都市坐落在这片平原上，其中有巴黎、柏林和莫斯科。这里是大型工业区，生活着密集的欧洲人口。

环境问题通常也是国际性问题。从英格兰来的酸雨影响着瑞典湖泊。乌克兰的一场核事故破坏范围广泛。多瑙河和莱茵河把工业污染带给下游地区。如果可能，区域性解决方案才是最有希望的。

人类的足迹

约3万年前，欧亚草原从今天的德国和法国一直延伸到中国和朝鲜。一次新的基因突变——一个独特的遗传标记——被原本居住在富饶地区的人类在第一次移民大潮中带着，穿过了这一片土地。今天，超过70%的西欧男性身上都发现了这一标记。科学家们称这些早期的欧洲人为克罗马努人，此名源自发现他们首个样本的洞穴。还发现了很多这样的遗址，表明当时人口繁盛。扩张的冰原迫使这些早期的欧洲人向南迁移。在冰川巅峰时期，整个北欧、加拿大大部分和西西伯利亚平原北半部都被冰所覆盖。人类向着气候温和的地中海地区靠近。待气温回升，冰川消融，人类再迁回北方。现在的西欧种群基因库的大部分都直接遗传自这些早期的幸存者。

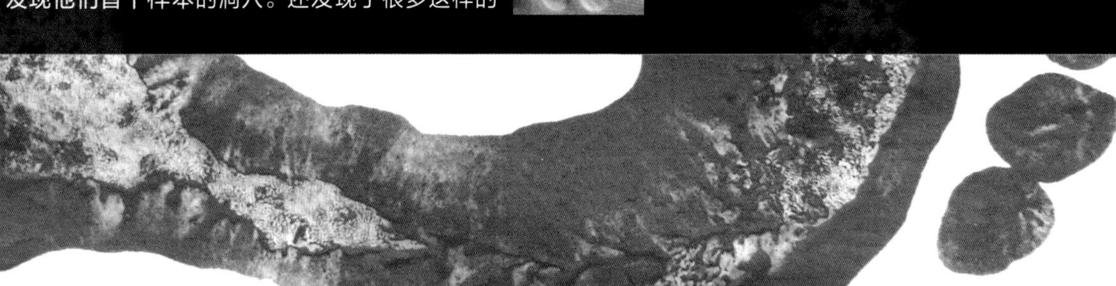

冰岛 Iceland

冰岛共和国

面积 103001 平方千米（约 39769 平方英里）| 人口 307000 | 首都雷克雅未克（人口 184000）| 非文盲人口比例 99% | 预期寿命 81 岁 | 流通货币：冰岛克朗（Icelandic Krona）| 人均 GDP 为 39900 美元 | 经济状况　工业：鱼类加工、铝冶炼业、硅铁生产、地热能。农业：马铃薯、绿色蔬菜、家禽、猪肉、鱼类。出口商品：鱼类和鱼类产品、动物产品、铝、硅藻土、硅铁。

冰岛是欧洲最西端的一个火山岛国，其首都雷克雅未克是世界上最靠北的首都城市。虽然冰川覆盖了超过 1/10 的岛屿面积，但墨西哥湾流和温暖的西南风带来了温和的气候——绝大多数居民都生活在冰岛的西南部。冰岛受丹麦统治长达 500 余年，于 1944 年独立并成立共和国。国内几乎所有的电力和供热都来自水力发电和地热水。爆发性间歇泉、供人放松的地热温泉，例如古佛斯瀑布（金色瀑布）这样的冰川瀑布以及鲸鱼观赏等每年都能吸引超过 80 万的游客。

挪威 Norway

挪威王国

面积 323759 平方千米（约 125004 平方英里）| 人口 4661000 | 首都奥斯陆（人口 858000）| 非文盲人口比例 100% | 预期寿命 80 岁 | 流通货币：挪威克朗（Norwegian Krone）| 人均 GDP 为 55200 美元 | 经济状况　工业：石油和天然气、食品加工、船舶制造、纸浆和纸制品。农业：大麦、小麦、马铃薯、猪肉和鱼类。出口商品：石油和石油产品、机械设备、金属、化工产品、船舶和鱼类。

挪威的领土包括北冰洋的斯瓦尔巴特群岛和扬马延岛，其疆域被重重山峦隔开，海岸线上有许多深入陆地的峡湾。挪威的优势尽数来自大海。它的商船队和油轮船队规模位居世界前列，其小型渔船队的捕鱼量是西欧之最。北海的石油和油气创造的财富被用于补贴公共健康和福利项目。挪威是世界上第三大天然气出口国。作为北大西洋公约组织、联合国和欧洲自由贸易协会的成员国，挪威 1994 年投票反对加入欧盟。在联合国的生活质量指数榜单上，挪威常常高居榜首。

瑞典 Sweden

瑞典

面积 449964 平方千米（约 173732 平方英里）| 人口 9060000 | 首都斯德哥尔摩（人口 1285000）| 非文盲人口比例 99% | 预期寿命 81 岁 | 流通货币：瑞典克朗（Swedish Krona）| 人均 GDP 为 38500 美元 | 经济状况　工业：钢铁、精密设备、木制品和纸制品、加工食品。农业：大麦、小麦、甜菜、肉类。出口商品：机械、机动车辆、纸制品、纸浆和木材、钢铁产品、化工产品。

武装中立使得瑞典远离战火近 200 年。低出生率和全球最高寿命之一是现代瑞典的突出特征。成功被归结于社会主义和资本主义的融合，包括政府和工会间的合作。高税收财政推动了社会事业，从教育到健康，从儿童关爱到带薪产假等。1995 年，瑞典加入欧盟。虽然 2008 年的经济衰退削弱了国内经济，但瑞典的通货膨胀水平仍然保持低位。来自切尔诺贝利的放射性尘降物坚定了瑞典拆除核电站的决心，拆除工作从 1997 年就开始了。

芬兰 Finland

芬兰共和国

面积 338144 平方千米（约 130558 平方英里）| 人口 5250000 | 首都赫尔辛基（人口 1139000）| 非文盲人口比例 100% | 预期寿命 79 岁 | 流通货币：欧元（Euro）| 人均 GDP 为 37200 美元 | 经济状况　工业：金属制品、电子工业、船舶制造、木浆和纸、精炼铜。农业：大麦、小麦、甜菜、马铃薯、乳牛、鱼类。出口商品：机械设备、化工产品、金属、木材、纸、纸浆。

芬兰的南部是低地，中部的北面是群山。芬兰有 1/4 的疆域都在北极圈内，因此冬季严酷而漫长。针叶林和 6 万余个湖泊点缀着芬兰，芬兰拥有一支破冰船队，以保证漫长冬季期间港口畅通。芬兰人 1917 年宣布独立，后在“二战”中被苏联占领部分领土。两国之间的经济联系紧密，直到苏联解体。此后，芬兰加入欧盟，加强了与欧洲的邦交。赫尔辛基是国际外交中心。

知识速记 | 冰岛阿尔廷国会成立于公元 930 年，是世界上最古老的国会。

丹麦 Denmark

丹麦王国

面积 43097 平方千米（约 16640 平方英里）| 人口 5501000 | 首都哥本哈根（人口 1087000）| 非文盲人口比例 99% | 预期寿命 78 岁 | 流通货币：丹麦克朗（Danish Krone）| 人均 GDP 为 37400 美元 | 经济状况 工业：食品加工、机械设备、纺织业和服装业、化工产品。农业：大麦、小麦、马铃薯、甜菜、猪肉、鱼类。出口商品：机器与器材、肉类和肉制品、乳制品、鱼类、化工产品。

丹麦由日德兰半岛的大陆部分和 406 座岛屿组成。该国 64% 的土地都是肥沃的农田，地处世界上地势最平坦的区域之一。作为欧盟的成员国，丹麦的猪肉及乳制品可以自由进入欧洲市场。然而，丹麦人却在 2000 年拒绝接受欧元作为流通货币。丹麦王国是个君主立宪制国家，包括法罗群岛和格陵兰岛等自治领地。

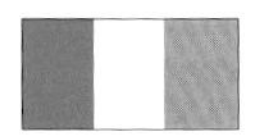

爱尔兰 Ireland

爱尔兰

面积 70274 平方千米（约 27133 平方英里）| 人口 4203000 | 首都都柏林（人口 1098000）| 非文盲人口比例 98% | 预期寿命 78 岁 | 流通货币：欧元（Euro）| 人均 GDP 为 46200 美元 | 经济状况 工业：食物制品、酿酒业、纺织业、服装业、化工产品、制药业。农业：胡萝卜、大麦、马铃薯、甜菜、牛肉。出口商品：机械设备、计算机、化工产品、药品、活畜。

爱尔兰位于英国西面的北大西洋上的岛屿，境内西部多山，内陆是低地，山丘、湖泊和沼泽无数。爱尔兰共和国占据了大部分岛屿；北爱尔兰则是英国的一部分。1921 年，占据近 5/6 岛屿面积的 26 个罗马天主教郡县赢得独立，而北爱尔兰仍归英国管辖。经历了多年的反英暴力活动之后，北爱尔兰、英国和爱尔兰于 1998 年签署了一项和平协议——爱尔兰放弃了对北爱尔兰的领土要求。该国的经济增长推动了贸易、外来投资和电子工业等行业。

英国 United Kingdom

大不列颠及北爱尔兰联合王国

面积 242910 平方千米（约 93788 平方英里）| 人口 61113000 | 首都伦敦（人口 8607000）| 非文盲人口比例 99% | 预期寿命 79 岁 | 流通货币：英镑（British Pound）| 人均 GDP 为 36600 美元 | 经济状况 工业：机床、电力设备、自动化装置、铁路装备、船舶制造。农业：谷物、油籽、马铃薯、蔬菜、牛畜、鱼类。出口商品：工业制成品、燃料、化工产品、食品、饮料、烟草。

这个君主立宪制的联合王国通常简称为英国，北海和英吉利海峡将之和欧洲的其他地区分隔开来。从严格意义上讲，大不列颠岛由英格兰、威尔士和苏格兰组成，而英国还包括北爱尔兰。

苏格兰的海岸线上到处是海湾和河口。苏格兰南部的特点是起伏的高沼地，而中央是低地，向北地势升高，与格兰扁山脉相连。英格兰起伏平缓的宽阔平原从南部沿海悬崖一直延伸到内地。东部的沿海低地向北延伸，而崎岖的北部高地与中部平原相连。西边的威尔士三面临水，大部分地区是山。北爱尔兰境内也多山。农业、纺织品制造业、纸业和家具业都属于英国的支柱产业。

欧盟成员国

奥地利	比利时	保加利亚
克罗地亚	塞浦路斯	捷克共和国
丹麦	爱沙尼亚	芬兰
法国	德国	希腊
匈牙利	爱尔兰	意大利
拉脱维亚	立陶宛	卢森堡
马耳他	荷兰	波兰
葡萄牙	罗马尼亚	斯洛伐克
斯洛文尼亚	西班牙	瑞典
英国		

荷兰 Netherlands
荷兰王国

面积 41528 平方千米（约 16034 平方英里）| 人口 16716000 | 首都阿姆斯特丹（人口 1044000）| 非文盲人口比例 99% | 预期寿命 79 岁 | 流通货币：欧元（Euro）| 人均 GDP 为 40300 美元 | 经济状况　工业：农副产品加工业、金属和工程产品、电子机械与设备、化工产品。农业：谷物、马铃薯、甜菜、水果、家畜。出口商品：机械设备、化工产品、燃料、食品类。

荷兰位于西欧，面朝北海。今天，数千英里的堤坝保护着这些大多在海平面以下的平坦低地。要是没有这些堤坝，荷兰 65% 的土地每天都将遭受水灾。该国 55% 的土地都是耕地。旅游业十分重要，众多游客来此欣赏荷兰的艺术、建筑和花卉——郁金香是一大主要产业。荷兰有 12 个省份，包括北荷兰和南荷兰。

卢森堡 Luxembourg
卢森堡大公国

面积 2585 平方千米（约 998 平方英里）| 人口 492000 | 首都卢森堡（人口 77000）| 非文盲人口比例 100% | 预期寿命 79 岁 | 流通货币：欧元（Euro）| 人均 GDP 为 81100 美元 | 经济状况　工业：银行业、钢铁、食品加工、化工产品。农业：大麦、燕麦、马铃薯、小麦、家畜产品。出口商品：机械设备、钢铁产品、化工产品、橡胶制品、玻璃。

卢森堡是个内陆国，北部是森林茂密的丘陵，南部是开阔起伏的山野。1948 年，卢森堡成为关税联盟的成员国，关税联盟即今天欧盟的前身。虽然卢森堡占地面积不大，但地处中心位置、政治稳定和多语言的人口以及税收激励机制都是其作为金融中心的优势。外资对轻型制造业和服务业的投资抵销了钢铁业的下滑，钢铁业曾经是该国的支柱产业。

知识速记 | 世界上面积最小的几个国家中有 5 个位于欧洲：梵蒂冈、摩纳哥、圣马力诺、列支敦士登和马耳他。

比利时 Belgium
比利时王国

面积 30528 平方千米（约 11787 平方英里）| 人口 10414000 | 首都布鲁塞尔（人口 1744000）| 非文盲人口比例 99% | 预期寿命 79 岁 | 流通货币：欧元（Euro）| 人均 GDP 为 37500 美元 | 经济状况　工业：工程产品和金属制品、机动车装配、加工食品和饮料、化工产品。农业：甜菜、新鲜蔬菜、水果、谷物、牛肉。出口商品：机械设备、化工产品、钻石、金属和金属制品。

比利时位于西欧，除了生长着茂林的东南部丘陵地区之外，其余地区都是一马平川。1994 年，比利时实行联邦制，成为荷兰、法国和德国文化的政治代表。其首都布鲁塞尔是欧盟和北大西洋公约组织的总部。比利时的经济发展强劲，有能力在单一货币的欧洲市场中竞争。比利时是世界上最大的杜鹃花生产国。安特卫普是全球的钻石之都。旅游业在比利时的经济中也扮演着重要的角色。

法国 France
法兰西共和国

面积 543965 平方千米（约 210026 平方英里）| 人口 64058000 | 首都巴黎（人口 9958000）| 非文盲人口比例 99% | 预期寿命 81 岁 | 流通货币：欧元（Euro）| 人均 GDP 为 32700 美元 | 经济状况　工业：机械、化工产品、机动车、冶金业、飞行器、电子工业、纺织业。农业：小麦、谷物、甜菜、马铃薯、牛肉、鱼类。出口商品：机械和交通设备、飞行器、塑料、化工产品、药品、食品。

法国 2/3 的土地都是肥沃的平原。其南部山脉包括阿尔卑斯山和比利牛斯山。森林是法国的一大环境资源，也是引人入胜的美景。法国北部潮湿凉爽，南部干燥温暖。它是世界上最大的葡萄酒生产国，在电子通信、生物科技和航天航空领域发展迅猛。法国的煤炭和钢铁产业集中在东北部。拥有自选举政府的海外部分（官方意义上属于法国）包括法属圭亚那、瓜德罗普岛、马提尼克、留尼汪和马约特。

知识速记 | 法国是世界上外来游客最多的国家。2007 年接待了 8470 万游客。

摩纳哥 Monaco

摩纳哥公国

面积 2.59 平方千米（约 1 平方英里）| 人口 33000 | 首都摩纳哥（人口 33000）| 非文盲人口比例 99% | 预期寿命 80 岁 | 流通货币：欧元（Euro）| 人均 GDP 为 30000 美元 | 经济状况 工业：旅游业、银行业、建筑业、小型工业产品和消费品。农业：无。出口商品：无。

摩纳哥是地中海沿岸上的一个国家，位于法国境内，国土呈带状，大多是凸凹不平的岩石地带。自 20 世纪中叶起，摩纳哥就一直是一个无比奢华的旅游胜地，其名声远非一个弹丸之地应有。每年数百万游客慕海滨旅馆、游艇港、歌剧院和著名的蒙特卡洛大赌场之名前来光顾。富裕的居民因没有所得税而受益颇多。格里马尔迪王朝自 1297 年以来一直统治着摩纳哥，只有 1793 年到 1814 年之间中断过。摩纳哥虽然经济受旅游业和赌博业的驱动，但它本身也是个主要的银行业中心。

德国 Germany

德意志联邦共和国

面积 357022 平方千米（约 137847 平方英里）| 人口 82330000 | 首都柏林（人口 3423000）| 非文盲人口比例 99% | 预期寿命 79 岁 | 流通货币：欧元（Euro）| 人均 GDP 为 34800 美元 | 经济状况 工业：铁、钢、煤炭、水泥、化工产品、机械、汽车、机床、电子工业。农业：马铃薯、小麦、大麦、甜菜、牛畜。出口商品：机械、汽车、化工产品、金属及其制造、食品、纺织品。

德国肥沃的北部平原自北海和波罗的海向南延伸并逐渐变为中德山地。然后地势上升到西南部崎岖的黑森林和南端的阿尔卑斯山。德国工业享誉国际（戴姆勒、西门子和大众汽车）。1989 年 11 月 9 日，民主德国推倒柏林墙。一年之后，也就是在 1990 年 10 月 3 日，德国重获统一。民主德国与联邦德国的人民在经历 45 年的分离之后，终于重新走到一起。然而，德国东部地区的经济持续低迷；年轻人奔赴德国西部找工作谋生，导致德国东部人口减少。2011 年，德国总理安吉拉 · 默克尔（Angela Merkel）宣布关闭德国核反应堆，转向可再生能源的国家方针。

瑞士 Switzerland

瑞士联邦

面积 41284 平方千米（约 15940 平方英里）| 人口 7604000 | 首都伯尔尼（人口 320000）| 非文盲人口比例 99% | 预期寿命 81 岁 | 流通货币：瑞士法郎（Swiss Franc）| 人均 GDP 为 40900 美元 | 经济状况 工业：机械、化工产品、手表、纺织业、精密仪器。农业：谷物、果蔬、肉类。出口商品：机械、化工产品、金属、手表、农副产品。

瑞士中部是中央高原，其东边和南边是阿尔卑斯山脉，西边和北边是侏罗山脉。瑞士自古政治稳定，技术和商业的专业底蕴厚实，难怪该国后工业经济时代的人均收入世界最高。瑞士在国际市场中赖以竞争的出口是国家近一半的经济来源。不过，2001 年瑞士全民公投，拒绝加入欧盟。民防措施和强大的民兵组织保证了瑞士在政策上的永久中立性。瑞士坚决维护世界和平，并于 2002 年成为联合国的一员。

瑞士是个内陆国，境内多山，风景优美如画，知识遗产丰富，经济很有活力。

波兰 Poland

波兰共和国

面积 312679 平方千米（约 120726 平方英里）| 人口 38483000 | 首都华沙（人口 38420000）| 非文盲人口比例 100% | 预期寿命 76 岁 | 流通货币：兹罗提（Zloty）| 人均 GDP 为 17300 美元 | 经济状况 工业：机械制造、钢铁、煤炭开采、化工产品、船舶制造。农业：马铃薯、水果、蔬菜、小麦、家禽。出口商品：机械和交通设备、中间产品。

波兰是中欧最大的国家。北有波罗的海，南有喀尔巴阡山，而东西方向上没有这样的天然屏障。1989 年，波兰团结工会以压倒性优势赢得 40 多年来的首次自由选举，推动了该国民主化和经济自由化。1999 年，波兰加入北大西洋公约组织。波兰属于东欧经济较发达国家，以工业为主要经济部门。煤储量居世界前列，是世界主要煤炭生产国和出口国之一。

奥地利 Austria

奥地利共和国

面积 83859 平方千米（约 32378 平方英里）| 人口 8210000 | 首都维也纳（人口 2385000）| 非文盲人口比例 98% | 预期寿命 80 岁 | 流通货币：欧元（Euro）| 人均 GDP 为 39200 美元 | 经济状况 工业：建筑、机械、汽车及零部件、食品。农业：谷物、马铃薯、甜菜、红酒、乳制品、林木业。出口商品：机械设备、机动车辆及零部件、纸、金属制品、化工产品、铁矿、石油、木材。

奥地利与 8 个国家接壤，西部和南部多山。东部肥沃的低地是多瑙河流域的一部分。壮丽的自然景观吸引了众多游客到蒂罗尔州和高陶恩国家公园——中欧最大的自然保护区。1995 年，奥地利获得欧盟加盟许可。水电带动的制造业推动了国家的出口贸易；铁矿、石油和木材也为国家带来了经济效益。奥地利是欧洲森林资源最丰富的国家之一，几乎半个国家都被森林覆盖着。

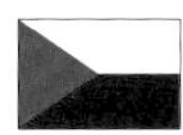

捷克 Czech Republic

捷克共和国

面积 78865 平方千米（约 30450 平方英里）| 人口 10212000 | 首都布拉格（人口 1160000）| 非文盲人口比例 99% | 预期寿命 77 岁 | 流通货币：捷克克朗（Czech Koruna）| 人均 GDP 为 26100 美元 | 经济状况 工业：冶金业、机械设备、机动车辆、玻璃、武器。农业：小麦、马铃薯、甜菜、啤酒花、猪。出口商品：机械和交通设备、中间产品、化工产品、原材料、燃料。

捷克共和国境内，波希米亚高原四面环山，而东边的摩拉维亚则大多是丘陵和低地。奥匈帝国没落后，捷克人和斯洛伐克人联合建立了捷克斯洛伐克国，1993 年联邦解体，捷克和斯洛伐克分别成为独立的共和国。之后，捷克迅速将国有经济私有化。虽说 1997 年的政治金融危机在一定程度上动摇了国家稳定、损害了经济繁荣，但捷克共和国还是在 1999 年成功跻身北大西洋公约组织，并在 2004 年加入欧盟。

列支敦士登 Liechtenstein

列支敦士登公国

面积 161 平方千米（约 62 平方英里）| 人口 35000 | 首都瓦杜兹（人口 5000）| 非文盲人口比例 100% | 预期寿命 80 岁 | 流通货币：瑞士法郎（Swiss Franc）| 人均 GDP 为 118000 美元 | 经济状况 工业：电子工业、金属制造、牙科产品、陶瓷、药品。农业：小麦、大麦、玉米、马铃薯、家畜。出口商品：小型专用机器、音频和视频连接器、机动车零配件、牙科产品。

列支敦士登是位于瑞士和奥地利之间的一个独立的袖珍国家。其东部是雷蒂孔（Rhätikon）山脉崎岖不平的山麓丘陵；而西部则是莱茵河泛滥平原。列支敦士登 1719 年立国，是神圣罗马帝国的一部分，1866 年独立。由于开明的税收政策和银行法，该国拥有的公司数量比人口数还多。

匈牙利 Hungary
匈牙利

面积 93030 平方千米（约 35919 平方英里）| 人口 9906000 | 首都布达佩斯（人口 1664000）| 非文盲人口比例 99% | 预期寿命 73 岁 | 流通货币：福林（Forint）| 人均 GDP 为 19800 美元 | 经济状况 工业：采矿、冶金业、建筑材料、加工食品、纺织品、化工产品。农业：小麦、玉米、葵花子、马铃薯、甜菜、猪。出口商品：机械设备、工业制成品、食品、原材料。

多瑙河自北向南从匈牙利中部横穿而过，将这个中欧内陆国几乎正好分为两半。多瑙河以东是肥沃的平原，西部和北部则是丘陵地带。1989 年，匈牙利政府破除了与奥地利边界的壁垒，倡导工业私有化、宗教自由和选举自由。匈牙利如今是北大西洋公约组织成员国，还于 2004 年加入了欧盟。外国投资和私营企业发展繁荣。然而，匈牙利政治局势越发紧张，公众的抗议也还升温。

罗马尼亚 Romania
罗马尼亚

面积 238390 平方千米（约 92043 平方英里）| 人口 22215000 | 首都布加勒斯特（人口 1947000）| 非文盲人口比例 97% | 预期寿命 72 岁 | 流通货币：列伊（Leu）| 人均 GDP 为 12200 美元 | 经济状况 工业：纺织业和鞋类、轻工机械和汽车装配、采矿、木材制造。农业：小麦、玉米、大麦、甜菜、鸡蛋。出口商品：纺织品和鞋类、金属和金属制品、机械设备、矿物与燃料。

罗马尼亚位于欧洲东南部的黑海沿岸。东喀尔巴阡山脉和特兰西瓦尼亚山脉将这个国家划分为三大自然历史区：南部的瓦拉吉亚、东北部的摩尔达维亚和中部的特兰西瓦尼亚。罗马尼亚人是人口主体（占比 83%），不过少数民族匈牙利人的人口总数有大约 130 万，他们生活在特兰西瓦尼亚高原。1989 年的大革命以处决总统齐奥塞斯库及其妻子收场，此后各届政府背负着巨额外债，艰难度日。公私领域腐败严重，阻碍了经济发展，同时削弱了公众对新民主制度的信任。2004 年，罗马尼亚加入北大西洋公约组织，2007 年加入欧盟。

斯洛伐克 Slovak
斯洛伐克共和国

面积 49034 平方千米（约 18932 平方英里）| 人口 5463000 | 首都布拉迪斯拉发（人口 425000）| 非文盲人口比例 100% | 预期寿命 75 岁 | 流通货币：欧元（Euro）| 人均 GDP 为 21900 美元 | 经济状况 工业：金属和金属制品、食品和饮料、电、煤气。农业：谷物、马铃薯、甜菜、啤酒花、猪、森林制品。出口商品：机械和交通设备、种类繁多的工业制成品。

斯洛伐克是中欧的一个内陆国，大部分地区多山，只有多瑙河畔的南部低地除外，首都布拉迪斯拉发就坐落在这里。1993 年，受斯洛伐克民族主义的推动，加之对布拉格的捷克斯伐洛克政府制定的经济改革措施不满，因其导致了众多斯洛伐克人失业，斯洛伐克与更为富裕、工业化程度更高的捷克共和国决裂。斯洛伐克是市场导向型工业经济。2004 年，斯洛伐克加入北大西洋公约组织和欧盟。

波斯尼亚和黑塞哥维那 Bosnia & Herzegovina
波斯尼亚和黑塞哥维那

面积 51129 平方千米（约 19741 平方英里）| 人口 4613000 | 首都萨拉热窝（人口 579000）| 非文盲人口比例 97 % | 预期寿命 79 岁 | 流通货币：可兑换马克（Convertible Mark）| 人均 GDP 为 6500 美元 | 经济状况 工业：钢、煤炭、铁、铅、锌、锰、铝土矿、车辆装配。农业：小麦、玉米、水果、蔬菜、家畜。出口商品：金属、服装、木材制品。

在山峦起伏的欧洲东南部，波斯尼亚的穆斯林，也称波士尼亚克人，认为他们的祖先是信奉基督教的斯拉夫人，在奥斯曼土耳其人统治时期为了税收好处和不失去土地所用权而皈依了伊斯兰教。1969 年，南斯拉夫承认波士尼亚克人为独立的民族。1992 年年初，信奉伊斯兰教的斯拉夫人和信奉天主教的克罗地亚人投票从南斯拉夫独立，此举遭到大部分信奉东正教的塞尔维亚人的激烈反对。接下来发生的内战从 1992 年持续到 1995 年，导致约 10 万人丧生。《代顿和平协议》给战争画上了句号，把国家分为了波黑穆斯林 – 克罗地亚联邦和波黑塞尔维亚共和国。失业率依然高企，民族间的紧张关系还是没有得到缓解。

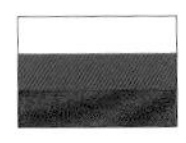

保加利亚 Bulgaria

保加利亚共和国

面积 110994 平方千米（约 42855 平方英里）| 人口 7205000 | 首都索非亚（人口 1212000）| 非文盲人口比例 98% | 预期寿命 73 岁 | 流通货币：列弗（Lev）| 人均 GDP 为 12900 美元 | 经济状况 工业：电、煤气和水、食品、饮料、烟草。农业：蔬菜、水果、烟草、家畜。出口商品：服装、鞋类、钢铁、机械设备。

保加利亚位于欧洲东南部，除北边和罗马尼亚交界处的多瑙河畔低地外，境内多是崎岖的山脉。多瑙河流域的肥沃耕地、黑海沿岸 80 英里（约 128.7 千米）长的沙滩和多山的疆域是这个东欧人口最少国家之一的突出特点。保加利亚的城市人口占大多数；东正教基督徒占 85%，穆斯林约占 8%。延绵在其与希腊交界处的罗多彼山脉是许多穆斯林包括土耳其少数民族的家园。

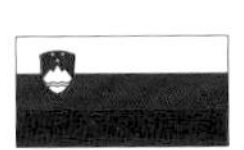

斯洛文尼亚 Slovenia

斯洛文尼亚共和国

面积 20272 平方千米（约 7827 平方英里）| 人口 2006000 | 首都卢布尔雅那（人口 256000）| 非文盲人口比例 100% | 预期寿命 77 岁 | 流通货币：欧元（Euro）| 人均 GDP 为 29500 美元 | 经济状况 工业：黑色金属和铝制品、铅和锌冶炼、电子工业、卡车。农业：马铃薯、啤酒花、小麦、甜菜、牛畜。出口商品：工业制成品、机械和交通设备、化工产品、食品。

斯洛文尼亚是南欧的一个阿尔卑斯山地国家，主要由信奉罗马天主教的斯洛文尼亚人组成，1918 年塞尔维亚人、克罗地亚人和斯洛文尼亚人组成联合王国——后来更名为南斯拉夫。1991 年 6 月，斯洛文尼亚宣告独立，引起了一场为期十天的冲突，结果以塞尔维亚人为主的南斯拉夫军队落败。斯洛文尼亚是前南斯拉夫共和国中最繁荣的地区。斯洛文尼亚亲西方、经济稳定，因此 2004 年加入北大西洋公约组织和欧盟一举成功。

克罗地亚 Croatia

克罗地亚共和国

面积 56542 平方千米（约 21831 平方英里）| 人口 4489000 | 首都萨格勒布（人口 688000）| 非文盲人口比例 98% | 预期寿命 75 岁 | 流通货币：库那（Kuna）| 人均 GDP 为 16100 美元 | 经济状况 工业：化工产品和塑料、机床、金属制品、电子工业。农业：小麦、玉米、甜菜、葵花子、家畜。出口商品：交通设备、纺织品、化工产品、鞋类和燃料。

克罗地亚位于欧洲东南部，地理轮廓呈新月形，国土从富饶的多瑙河平原地区一直延伸到亚得里亚海多山的海岸。克罗地亚在亚得里亚海有 1185 座岛屿——其中许多都是主要的旅游胜地。1991 年至 1995 年，克罗地亚人和塞尔维亚人之间的内战给城市和工业造成了巨大的破坏。战争中止了旅游业，工业生产锐减，包括利润丰厚的造船业。自战后起，克罗地亚在政治和经济上取得进展；2013 年成为欧盟成员国。政府官员腐败和起诉战争罪犯等是克罗地亚现在面临的主要问题。

塞尔维亚 Serbia

塞尔维亚共和国

面积 88400 平方千米（约 34131 平方英里）| 人口 7379000 | 首都贝尔格莱德（人口 1096000）| 非文盲人口比例 96% | 预期寿命 74 岁 | 流通货币：塞尔维亚第纳尔（Serbian Dinar）| 人均 GDP 为 10900 美元 | 经济状况 工业：糖类、农用机械、电子与通信设备、纸和纸浆、铅。农业：小麦、玉米、甜菜、葵花、树莓。出口商品：工业制成品、家畜、机械和交通设备。

塞尔维亚隐在重重山脉之间，地势向北方的多瑙河与萨瓦河缓慢倾斜而下。塞尔维亚北部的伏伊伏丁那地区是平原，而中部主要是丘陵和山峦。2003 年，塞尔维亚和黑山取代了地图上的南斯拉夫，但是到 2006 年，双方决裂，成为两个独立的国家。两年之后，塞尔维亚人与科索沃人的对话失败，科索沃正式脱离了塞尔维亚。

阿尔巴尼亚 Albania

阿尔巴尼亚共和国

面积 28749 平方千米（约 11100 平方英里）| 人口 3639000 | 首都地拉那（人口 862000）| 非文盲人口比例 99% | 预期寿命 78 岁 | 流通货币：列克（Lek）| 人均 GDP 为 6000 美元 | 经济状况 工业：食品加工、纺织和服装、木材制造、石油。农业：小麦、玉米、马铃薯、蔬菜、肉类。出口商品：纺织品和鞋类、沥青、金属和金属矿、原油。

阿尔巴尼亚位于欧洲东南部的亚得里亚海沿岸。狭长的海岸平原向内陆上升成为海拔高达 9000 英尺（约 2743 米）的山区，占据了大半个国家。这些山脉矿产资源丰富，有铬、铁、镍和铜等；然而，采矿需要的投资恰恰是阿尔巴尼亚缺乏的。第二次世界大战期间，阿尔巴尼亚先后被意、德法西斯占领。1944 年全国解放。1946 年成立阿尔巴尼亚人民共和国，1976 年改称阿尔巴尼亚社会主义人民共和国。1991 年改国名为阿尔巴尼亚共和国。近年来，阿尔巴尼亚总体政局稳定。

北马其顿 The Republic of North Macedonia

北马其顿共和国

面积 25713 平方千米（约 9928 平方英里）| 人口 2067000 | 首都斯科普里（人口 447000）| 非文盲人口比例 96% | 预期寿命 75 岁 | 流通货币：马其顿第纳尔（Macedonian Denar）| 人均 GDP 为 9000 美元 | 经济状况 工业：煤炭、金属铬、铅、锌、镍铁合金、纺织业。农业：大米、烟草、小麦、玉米、牛肉。出口商品：食品、饮料、烟草等各种制品，钢铁。

北马其顿是个内陆国，多为山地，1991 年 9 月从南斯拉夫宣告独立。2019 年之前，联合国官方称其为“前南斯拉夫马其顿共和国”，因为希腊担心使用“马其顿”可能暗示对希腊境内马其顿地区的领土野心。2001 年，民主政府面临人口占比 25% 的少数民族阿尔巴尼亚人发动的叛乱。谈判确立了阿尔巴尼亚语为官方语言的地位，并给予少数民族其他权利。

黑山 Montenegro

黑山

面积 13800 平方千米（约 5328 平方英里）| 人口 672000 | 首都波德戈里察（人口 136473）| 非文盲人口比例 96% | 预期寿命 75 岁 | 流通货币：欧元（Euro）| 人均 GDP 为 9700 美元 | 经济状况 工业：炼钢、铝矿、农副产品加工业、消费品、旅游业。农业：谷物、烟草、马铃薯、柑橘类、橄榄。出口商品：矿产、金属加工制品、金属切屑、皮革制品、机械、家用电器。

黑山位于阿尔卑斯山以南的巴尔干半岛。“黑山”一名最有可能是指亚得里亚海附近的洛夫琴山。黑山的西南部是干旱的丘陵地带，东部是大片的森林和高地草原，因而这里的土地也肥沃得多。黑山的海岸平原相当狭窄，只有 1.6 ~ 6.4 千米（约 1 ~ 4 英里）宽，其北部有山峰拔地而起，平原戛然而止。黑山在 20 世纪有一多半时间属于南斯拉夫的一部分。2003 年到 2006 年它又是塞尔维亚和黑山联邦的一分子。2006 年 6 月，黑山从联邦中彻底独立，现在由独立的行政、立法和司法部门管理。

葡萄牙 Portugal

葡萄牙共和国

面积 92346 平方千米（约 35655 平方英里）| 人口 10708000 | 首都里斯本（人口 2890000）| 非文盲人口比例 93% | 预期寿命 78 岁 | 流通货币：欧元（Euro）| 人均 GDP 为 22000 美元 | 经济状况 工业：纺织业和制鞋业、木浆、纸、软木、金属加工。农业：谷物、马铃薯、橄榄、葡萄、绵羊。出口商品：服装和鞋类、机械、化工产品、软木制品和纸制品、兽皮。

葡萄牙位于伊比利亚半岛的西海岸，有很长的大西洋海岸线，是欧洲大陆最靠西的国家。葡萄牙北部是高地森林，南部则是起伏的低地。北方一般潮湿凉爽。南方则炎热干燥，处处有蓄水的水库。大多数人都生活在沿岸地带，近 1/3 的人口居住在里斯本和波尔图的市区。1974 年，一场政变结束了长达 48 年的独裁，1986 年，葡萄牙加入欧盟。

西班牙 Spain

西班牙王国

面积 505988 平方千米（约 195363 平方英里）| 人口 40525000 | 首都马德里（人口 5764000）| 非文盲人口比例 98% | 预期寿命 80 岁 | 流通货币：欧元（Euro）| 人均 GDP 为 34600 美元 | 经济状况　工业：纺织业和服装业、食品和饮料、金属和金属制品、化工产品。农业：谷物、蔬菜、橄榄、酿酒用葡萄、牛肉、鱼类。出口商品：机械、机动车、食品及其他消费品。

西班牙位于欧洲西南部，占据了大半个伊比利亚半岛，国土包括地中海的巴利阿里群岛和大西洋的加那利群岛。大陆部分多为高原，高原上有山脉，其中包括位于北部的比利牛斯山。高原上夏热冬冷，而北部则更为潮湿和凉爽。1986 年，费利佩·冈萨雷斯·马克斯（Felipe González Márquez）领导的社会党带领国家加入欧盟。失业率的问题一直悬而未决，不过平缓的经济增长使国家的前景趋于稳定。西班牙政府一直以来不得不与巴斯克分裂分子做斗争，巴斯克分裂分子多次诉诸暴力行为。

安道尔 Andorra

安道尔公国

面积 469 平方千米（约 181 平方英里）| 人口 84000 | 首都安道尔城（人口 21000）| 非文盲人口比例 100% | 预期寿命 83 岁 | 流通货币：欧元（Euro）| 人均 GDP 为 42500 美元 | 经济状况　工业：旅游业、养牛业、木材制造、银行业。农业：黑麦、小麦、大麦、燕麦、绵羊。出口商品：烟草制品、家具。

安道尔是个袖珍国家，几乎隐匿在法国和西班牙之间的高耸的比利牛斯山中。自从 13 世纪起，多山的安道尔就是两大公执政的公国，即有两位大公作为国家元首，分别是法国的总统和西班牙的拉塞乌杜尔赫利（La Seu d'Urgell）主教。（拉塞乌杜尔赫利是安道尔以南的一个历史小镇。）1993 年，安道尔采用了民主宪政，建立国会，限制两位大公的权力。安道尔的经济以免税购物、旅游和国际银行业务为基础。

意大利 Italy

意大利共和国

面积 301332 平方千米（约 116345 平方英里）| 人口 60800000 | 首都罗马（人口 3333000）| 非文盲人口比例 98% | 预期寿命 80 岁 | 流通货币：欧元（Euro）| 人均 GDP 为 31000 美元 | 经济状况　工业：旅游业、机械、钢铁、化工产品。农业：水果、蔬菜、马铃薯、牛肉、鱼类。出口商品：工程产品、纺织品和服装、机械制造、机动车辆、交通设备。

意大利是一个多山半岛，半岛一直延伸进地中海；它还包括西西里岛、撒丁岛和 100 余座小岛屿。阿尔卑斯山脉构成了意大利与法国、瑞士、奥地利和斯洛文尼亚的边界。意大利大部分地区夏季干热，冬季温和，只有北部地区冬天较为潮湿阴冷。维苏威火山、埃特纳火山和斯特龙博利火山等著名火山都位于意大利境内。意大利经济优势在于产品加工和生产，主要是些中小型家族企业，不过几乎所有的原材料和能源都需要进口。意大利是北大西洋公约组织和欧盟的发起成员国，国内交通系统极其发达，从机场到高铁一应俱全，把意大利与欧洲其他地区联系起来。

梵蒂冈城 Vatican City

梵蒂冈城国

面积 0.44 平方千米（约 0.16 平方英里）| 人口 826 | 非文盲人口比例 100% | 预期寿命岁 78 岁 | 流通货币：欧元（Euro）| 人均 GDP 为 25500 美元 | 经济状况　工业：印刷业、银行和金融业务、硬币铸造、邮票。

梵蒂冈城是台伯河西岸的一块三角形区域，位于罗马城内。教皇在这里管理着 10 多亿罗马天主教教徒。1929 年，意大利和罗马教廷签订了《拉特兰条约》，独立的梵蒂冈城由此诞生。教皇由枢机主教团选举，任期为终身制。梵蒂冈的世俗政府由教皇指定的非神职总督和委员会主持。

希腊 Greece

希腊共和国

面积 131957 平方千米（约 50949 平方英里）| 人口 10737000 | 首都雅典（人口 3256000）| 非文盲人口比例 96% | 预期寿命 80 岁 | 流通货币：欧元（Euro）| 人均 GDP 为 32000 美元 | 经济状况 工业：旅游业、食品和烟草加工、纺织业、化工产品。农业：小麦、玉米、大麦、甜菜、牛肉。出口商品：食品和饮料、工业制成品、石油产品、化工产品。

希腊坐落于欧洲东南部的巴尔干半岛上，大多数时候气候干燥，地形多山，由一片大陆和约 2000 座岛屿组成。普雷斯帕湖地区独一无二的生态系统和罗多彼山脉茂密的林地已经被划定为国际保护区。

1830 年，希腊从土耳其的统治下独立。这个国家在"二战"期间饱受纳粹占领摧残，接踵而至的内战阴影挥之不去，1967 年至 1974 年经历了长达 7 年的军事独裁统治。此后才有了民选政府和新宪法。希腊的欧盟成员国地位促进了国内工业、农业和船舶业的发展，该国拥有欧洲规模最大的海上商船队。2010 年，希腊在其国家债务上违约的可能性引起了经济紧张形势，到了 2013 年底，投资者的信心才开始有所回升。

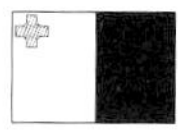

马耳他 Malta

马耳他共和国

面积 316 平方千米（约 122 平方英里）| 人口 405000 | 首都瓦莱塔（人口 7137）| 非文盲人口比例 93% | 预期寿命 79 岁 | 流通货币：欧元（Euro）| 人均 GDP 为 24200 美元 | 经济状况 工业：旅游业、电子工业、船舶制造、建筑、食品和饮料、药品。农业：蔬菜、水果、谷物、鲜花、猪肉、牛奶、家禽、鸡蛋。出口商品：机械。

岛国马耳他的地理位置有战略意义，位于欧洲和非洲之间。就是在这里，16 世纪东征的十字军遭遇了奥斯曼帝国的苏莱曼大帝；还是在这里，马耳他经受住了"二战"期间轴心国的轰炸。1964 年，马耳他从英国独立，并于 2004 年加入欧盟。

圣马力诺 San Marino

圣马力诺共和国

面积 62 平方千米（约 24 平方英里）| 人口 30000 | 首都圣马力诺（人口 5000）| 非文盲人口比例 96% | 预期寿命 82 岁 | 流通货币：欧元（Euro）| 人均 GDP 为 41900 美元 | 经济状况 工业：旅游业、银行业、纺织业、电子工业。农业：小麦、葡萄、玉米、橄榄、牛畜。出口商品：石头、石灰、木材、板栗、红酒。

圣马力诺高踞意大利中北部的一座高山上，是中世纪的一个城邦，也是世界上历史最悠久的共和国。铸造精美的钱币、仪仗兵和邮票是这个国家的骄傲。保存完好的城堡和令人倾倒的亚德里亚美景每年吸引的游客多达 350 万。

爱沙尼亚 Estonia

爱沙尼亚共和国

面积 45226 平方千米（约 17462 平方英里）| 人口 1299000 | 首都塔林（人口 391000）| 非文盲人口比例 100% | 预期寿命 73 岁 | 流通货币：欧元（Euro）| 人均 GDP 为 21200 美元 | 经济状况 工业：工程、电子工业、木头和木制品、纺织品。农业：马铃薯、蔬菜、家畜和乳制品、鱼类。出口商品：机械设备、木材和纸、纺织品、食品、家具。

爱沙尼亚是苏联的共和国中人口最少的国家，位于波罗的海地区的低洼地中，境内有 1500 个湖泊和大片森林。1918 年至 1940 年，爱沙尼亚经历了数世纪德国、瑞典和俄国的统治后，获得短暂的独立。它于 1940 年成为苏维埃联盟的一员。1991 年，爱沙尼亚赢得独立。爱沙尼亚转向西方寻求贸易机会和安全保障，2008 年中由于出口需求降低，经济陷入衰退。2004 年，爱沙尼亚加入欧盟和北大西洋公约组织，2011 年将欧元作为流通货币。

塞浦路斯 Cyprus

塞浦路斯共和国

面积 9251 平方千米（约 3572 平方英里）| 人口 797000 | 首都尼科西亚（人口 205000）| 非文盲人口比例 98% | 预期寿命 78 岁 | 流通货币：欧元（Euro）| 人均 GDP 为 28600 美元 | 经济状况 工业：食品、饮料、纺织业、化工产品。农业：马铃薯、柑橘、蔬菜、大麦。出口商品：柑橘、马铃薯、药品、水泥、纺织品。

1974 年，土耳其军队大举入侵塞浦路斯，意图阻止其与希腊联盟的计划，塞浦路斯由此分裂。联合国在边界开展军事巡逻。联合国不承认北面的北塞浦路斯土耳其共和国。这个岛国于 2004 年加入欧盟。

拉脱维亚 Latvia

拉脱维亚共和国

面积 64589 平方千米（约 24938 平方英里）| 人口 2232000 | 首都里加（人口 733000）| 非文盲人口比例 100% | 预期寿命 72 岁 | 欧元（Euro）| 人均 GDP 为 17800 美元 | 经济状况 工业：公共汽车、大篷货车、道路和铁路车辆、合成纤维。农业：谷物、甜菜、马铃薯、蔬菜、牛肉、鱼类。出口商品：木材和木材制品、机械设备、金属、纺织品。

拉脱维亚位于北欧的波罗的海地区，地势平坦，森林茂密。苏联统治的近 50 年期间，这个波罗的海的国家所经历的变化之巨大，是其他成员国没有体验过的。1936 年至 1989 年，由于大量俄罗斯移民迁入和本地人口迁出，拉脱维亚人所占的人口比例从原来的 73% 下降至 52%。1991 年独立后，拉脱维亚人口开始回升，现在拉脱维亚人占到 61%——俄罗斯人占 30%。拉脱维亚是个工业国，与西方国家建立了贸易往来，2004 年加入欧盟和北大西洋公约组织，2014 年进入欧元区。

立陶宛 Lithuania

立陶宛共和国

面积 65299 平方千米（约 25212 平方英里）| 人口 3555000 | 首都维尔纽斯（人口 549000）| 非文盲人口比例 100% | 预期寿命 75 岁 | 流通货币：欧元（Euro）| 人均 GDP 为 17700 美元 | 经济状况 工业：金属切削机床、电动机车、电视接收机、冰箱和冰柜。农业：谷物、马铃薯、甜菜、亚麻、牛肉、鱼类。出口商品：矿产、纺织品和服装、机械设备、化工产品。

立陶宛位于北欧波罗的海的东海岸。地貌是起伏平缓的平原和大片的森林。立陶宛是波罗的海三国之一，于 1940 年成为苏联加盟共和国。1990 年 3 月 11 日，通过恢复独立宣言，宣布脱离苏联独立。1991 年 9 月 6 日，苏联国务委员会承认其独立，9 月 17 日立陶宛加入联合国。2004 年加入欧盟和北大西洋公约组织。

白俄罗斯 Belarus

白俄罗斯共和国

面积 207595 平方千米（约 80153 平方英里）| 人口 9649000 | 首都明斯克（人口 1846000）| 非文盲人口比例 100% | 预期寿命 71 岁 | 流通货币：白俄罗斯卢布（Belarusian Ruble）| 人均 GDP 为 11800 美元 | 经济状况 工业：金属切削机床、拖拉机、卡车、推土机。农业：谷物、马铃薯、蔬菜、甜菜、牛肉。出口商品：机械设备、矿产、化工产品、金属、纺织品。

白俄罗斯地处东欧平原，地势低平。其 1/3 的国土都覆盖着森林，平斯克沼泽占据了南方大部。自 1986 年切尔诺贝利工厂发生核灾难之后，白俄罗斯人一直承受着高癌症率和新生儿先天缺陷的煎熬，约 25% 的土地被认为不适合居住。1991 年，白俄罗斯一独立就陷入经济萎缩。白俄罗斯在能源方面严重依赖俄罗斯。明斯克是独联体的行政总部，白俄罗斯通过这一组织寻求与俄罗斯在经济和政治方面的进一步融合。

知识速记 | 2001 年，摩尔多瓦成为第一个选举共产党人弗拉迪米尔 · 沃罗宁（Vladimir Voronin）当政的苏联国家。

乌克兰 Ukraine

乌克兰

面积 603700 平方千米（约 233090 平方英里）| 人口 45700000 | 首都基辅（人口 2748000）| 非文盲人口比例 99% | 预期寿命 68 岁 | 流通货币：格里夫纳（Hryvnia）| 人均 GDP 为 6900 美元 | 经济状况　工业：煤炭、电力、黑色和有色金属、机械和交通设备。农业：谷物、甜菜、葵花子、牛肉。出口商品：黑色和有色金属、燃料和石油产品、化工产品、机械和交通设备。

乌克兰西边是高耸的喀尔巴阡山脉，南边是克里米亚山脉，而中心地带却是富饶而平坦的沃土，绵延 1000 英里（约 1609 千米）的大草原。乌克兰还拥有巨大的煤炭和铁矿储量，支撑起国内重工业的发展。1922 年加入苏联（西部乌克兰 1939 年加入）。1990 年 7 月 16 日，乌克兰最高苏维埃通过《乌克兰国家主权宣言》。1991 年 8 月 24 日，乌克兰宣布独立。

摩尔多瓦 Moldova

摩尔多瓦共和国

面积 33799 平方千米（约 13050 平方英里）| 人口 4321000 | 首都基希讷乌（人口 662000）| 非文盲人口比例 99% | 预期寿命 71 岁 | 流通货币：摩尔多瓦列伊（Moldovan Leu）| 人均 GDP 为 2500 美元 | 经济状况　工业：食品加工、农用机械、锻造装备、冰箱和冰柜。农业：蔬菜、水果、红酒、谷物、牛肉。出口商品：鞋类、纺织品、机械。

内陆国摩尔多瓦由丘陵草地组成，大部分国土位于普鲁特河与德涅斯特河之间。土地主要都是可耕地，其中大部分地区在“二战”前位于罗马尼亚境内。1940 年成为苏联 15 个加盟共和国之一，俄罗斯人和乌克兰人在德涅斯特河以东的工业地带（德涅斯特河东岸共和国）定居下来。1991 年，摩尔多瓦独立之后，德涅斯特河东岸共和国退出，以蒂拉斯波尔为首都。摩尔多瓦不承认德涅斯特河东岸共和国的独立。

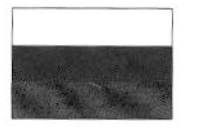

俄罗斯 Russia

俄罗斯联邦

面积 17075403 平方千米（约 6592850 平方英里）| 人口 140041000 | 首都莫斯科（人口 12300000）| 非文盲人口比例 99% | 预期寿命 66 岁 | 流通货币：俄罗斯卢布（Russian Ruble）| 人均 GDP 为 15800 美元 | 经济状况　工业：采矿和采掘工业、机械制造、船舶制造、公路和铁路交通设备、通信设备。农业：谷物、甜菜、葵花子、蔬菜、牛肉。出口商品：石油和石油产品、天然气、木材和木材制品、金属、毛皮。

俄罗斯横跨欧洲和亚洲，是苏联的核心疆域。今天的俄罗斯是一个民主联邦国家。这个国家矿产和能源丰富。壮观的伏尔加河有欧洲最长河流的美誉，流经俄罗斯北部，汇入里海。西伯利亚占了一大半国土面积，但生活在这儿的人口却不足 20%。西伯利亚的工人从冻土中探测天然气、石油、煤炭、黄金和金刚石。毛皮和木材等商品也赚来了外汇。1991 年 12 月苏联宣布解体，俄罗斯联邦成为完全独立的国家，并成为苏联的唯一继承国。1993 年 12 月 12 日，经过全民投票通过了俄罗斯独立后的第一部宪法，规定国家名称为“俄罗斯联邦”。

数十万十字架装饰着立陶宛希奥利艾以北的基督教朝圣地十字架山。

大洋洲

澳大利亚大陆是地球上面积最小、地势最低也最平坦，而且是除了南极洲以外最干旱的大陆。其东北沿海地带有世界上最大的珊瑚礁——大堡礁，面积 134364 平方英里（约 348001 平方千米）。该地区的其他小岛通常被看作澳大利亚大陆的一部分。

澳大利亚大陆可分为西部的高原、中部的低地和东部的高地。其中，中部相对比较平坦。1/3 的地方是沙漠，1/3 是疏灌丛和干草原。沙丘和砂石沙漠是这个大陆的大高原上最突出的特征。

澳大利亚大陆的河流通常汇入盐湖。盐湖一年中很多时候都是干涸的，只剩下盐床和泥浆。东部高地从澳大利亚大陆中部开始抬高，形成一系列高原，地势最高的部分是科修斯科山周围的高原。大陆崖从昆士兰州北部一直向南延伸至维多利亚州边界。

塔斯马尼亚岛位于澳大利亚东南沿海。往东是新西兰，由南岛和北岛组成。新西兰比澳大利亚更多山，降水量也大得多，因此气候更为凉爽温和。

大洋洲指太平洋中部和南部地区，包括澳大利亚、新西兰、美拉尼西亚群岛、密克罗尼西亚群岛以及波利尼西亚群岛——共有 10000 多座岛屿。波利尼西亚群岛的范围从新西兰西南部的各岛，到东边的复活节岛，再到北边的夏威夷岛。密克罗尼西亚群岛也是由很多岛屿组成。

人类的足迹

当人类到达东南亚时，冰川困住了水，暴露出一条陆上通道，迁徙到澳大利亚和巴布亚新几内亚有了捷径，这两个地方当时还是一个单一大陆（莎湖陆架）。太平洋人口的基因研究表明，他们的祖先离开非洲后，几千年之内就沿着南亚海岸线到了这里。同时，先驱者还到达了波利尼西亚群岛，完成了人类历史上最大的一次迁移。早期的农耕民族迁移到了附近的岛上——印度尼西亚群岛、菲律宾群岛和中国台湾岛。争夺生存空间引发了对抗，一些人远走太平洋，要么从中国台湾东部出发，要么慢慢穿越美拉尼西亚群岛。这一地区的首批定居者是拉皮塔人。他们以斐济岛为大本营，在许多太平洋岛屿上殖民，还可能和南美洲沿岸地区建立了联系。到了汤加和萨摩亚之后，他们的扩张就戛然而止了。

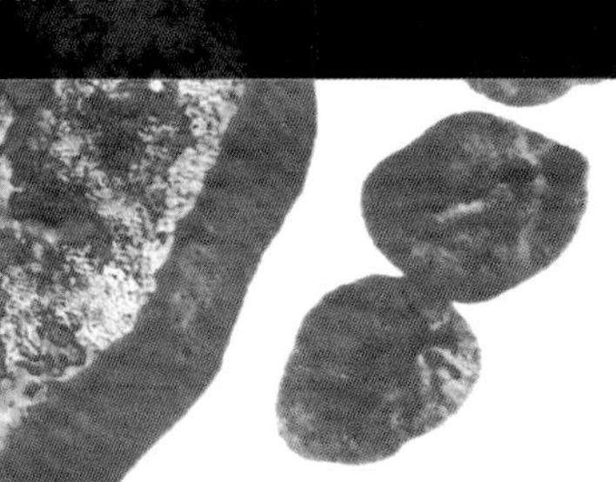

澳大利亚 Australia

澳大利亚联邦

面积 7692021 平方千米（约 2969906 平方英里）| 人口 21263000 | 首都堪培拉（人口 373000）| 非文盲人口比例 99% | 预期寿命 82 岁 | 流通货币：澳元（Australian Dollar）| 人均 GDP 为 38100 美元 | 经济状况 工业：采矿、工业和交通设备、食品加工、化工产品、钢材。农业：小麦、大麦、甘蔗、水果、牛畜。出口商品：煤炭、黄金、肉类、羊毛、铝、铁矿。

澳大利亚是一座大陆岛，地貌多样。绝大多数澳大利亚人居住在东南沿海地区，因为东南风会为那里带来降雨——而山脉以里的内陆则呈干旱或半干旱。植被在最北边是雨林，到了广阔的内陆是干草原和沙漠。墨累－达令河盆地覆盖了这片大陆 14% 的地方，维系着小麦产业和羊毛工业。和加拿大一样，澳大利亚是联邦议会制国家，也是英联邦的成员国。自从詹姆斯 · 库克船长 1770 年在他命名的新南威尔士州登陆以后，原住民和欧洲殖民者及其后代之间的关系就充斥着不公和暴力。当代政治问题包括恢复原住民领地，改善乡村原住民儿童的生活条件，解决环境问题，尤其是干旱问题。

密克罗尼西亚联邦 Micronesia

密克罗尼西亚联邦

面积 702 平方千米（约 271 平方英里）| 人口 107000 | 首都帕利基尔（人口 7000）| 非文盲人口比例 89% | 预期寿命 71 岁 | 流通货币：美元（US Dollar）| 人均 GDP 为 2200 美元 | 经济状况 工业：旅游业、建筑、鱼类加工、专业水产养殖、贝壳工艺品、木头和珍珠。农业：黑胡椒、热带果蔬、木薯（木薯淀粉）、猪。出口商品：鱼类、服装、香蕉、黑胡椒。

密克罗尼西亚由加罗林列岛组成。1899 年，西班牙将这些岛屿卖给德国。就在“二战”之前，日本占领了该地区并在岛上建起了防御工事。1986 年，这 600 座岛屿及珊瑚岛实行自治，与美国保持自由联系。美国援助对这个群岛的经济至关重要。

新西兰 New Zealand

新西兰

面积 270535 平方千米（约 104454 平方英里）| 人口 4213000 | 首都惠灵顿（人口 343000）| 非文盲人口比例 99% | 预期寿命 80 岁 | 流通货币：新西兰元（New Zealand Dollar）| 人均 GDP 为 27900 美元 | 经济状况 工业：食品加工、木制品和纸制品、纺织业、机械业。农业：小麦、大麦、马铃薯、干椰子、羊毛、鱼类。出口商品：乳制品、肉类、木头和木制品、鱼类、化工产品、羊毛。

新西兰被原住民毛利人称为奥特亚罗瓦，位于太平洋西南部，是一个肥沃多山的岛群。雪峰、峡湾密布的海岸以及绵羊点缀的牧场是这个国家鲜明的特色。新西兰是效仿联合王国政体的议会民主制国家，人口多是英国殖民者的后代。毛利人约占 14%，近年来主要从萨摩亚和斐济来的移民使奥克兰的波利尼西亚人口全球最多。旅游业是经济增长的一个领域：2014 年来新西兰旅游的国际游客超过 280 万人次。

巴布亚新几内亚 Papua New Guinea

巴布亚新几内亚独立国

面积 462839 平方千米（约 178703 平方英里）| 人口 8000000 | 首都莫尔兹比港（人口 275000）| 非文盲人口比例 57% | 预期寿命 66 岁 | 流通货币：基那（Kina）| 人均 GDP 为 2900 美元 | 经济状况 工业：椰核研磨、棕榈油加工、木屑生产。农业：咖啡、可可豆、椰子、棕榈仁、家禽。出口商品：石油、黄金、铜矿、原木。

巴布亚新几内亚是西太平洋上的一个岛国。丰富的矿产和石油点亮了这个热带国家的前景，疆土由东部的新几内亚和许多小岛屿组成——包括布干维尔和俾斯麦列岛。重山、丛林和湿地间杂分布，是约 700 个巴布亚部落和美拉尼西亚部落的家园，每个部落民族都有自己的语言。虽然一些人种植经济作物，但大多数居民都是温饱型农民。岛上发现了 850 多种不同的原住民语言——占地球上全部已知语言的 10% 还多。

知识速记 | 大堡礁是位于澳大利亚东北海岸的一个大型珊瑚系统，被视为生物所建造的最大结构。它由细小海洋动物的尸骨累积而成。

所罗门群岛 Solomon Islands

所罗门群岛

面积 28371 平方千米（约 10954 平方英里）| 人口 596000 | 首都霍尼亚拉（人口 56000）| 非文盲人口比例 62% | 预期寿命 74 岁 | 流通货币：所罗门群岛元（Solomon Islands Dollar）| 人均 GDP 为 1900 美元 | 经济状况 工业：采矿、木材制造。农业：鱼类（金枪鱼）、可可豆、椰子、棕榈仁、大米、牛畜、林木业、鱼类。出口商品：木材、鱼类、干椰子、棕榈油。

所罗门群岛链位于澳大利亚东北部的南太平洋上，有六大主岛，均是火山岛，地势崎岖，森林覆盖。瓜达康纳尔岛是人口最多的岛屿，因美日“二战”期间在此激战而出名。95% 的岛民是美拉尼西亚人，说大约 120 种原住民语言。瓜达康纳尔岛的本地居民和从附近马莱塔岛来的定居者之间的种族关系紧张，后升级为武装冲突，从 1998 年一直持续到 2003 年澳大利亚主导的维和部队恢复秩序之时。

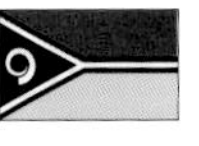

瓦努阿图 Vanuatu

瓦努阿图共和国

面积 12191 平方千米（约 4707 平方英里）| 人口 219000 | 首都维拉港（人口 34000）| 非文盲人口比例 74% | 预期寿命 64 岁 | 流通货币：瓦图（Vatu）| 人均 GDP 为 4600 美元 | 经济状况 工业：食品和鱼类冷冻、木头加工、肉类罐头。农业：干椰子、椰子、可可豆、咖啡、鱼类。出口商品：干椰子、牛肉、可可豆、木材、卡瓦酒。

法国和英国共同管理 84 个南太平洋岛屿，即新赫布里底群岛长达 74 年，直到 1980 年这些岛屿独立。这个国家被重新命名为瓦努阿图——“我们永远的土地”。“二战”期间，美国从这里向所罗门岛和新几内亚岛的日本军队发动攻击，激发了作家詹姆斯·米契纳（James Michener）的灵感，撰写了《南太平洋的故事》。旅游业从干椰子肉、金枪鱼加工、肉类罐头和木材售卖中获取额外收益。南美阔叶树被引进，用以扩大森林面积。

斐济 Fiji

斐济共和国

面积 18376 平方千米（约 7095 平方英里）| 人口 945000 | 首都苏瓦（人口 210000）| 非文盲人口比例 94% | 预期寿命 71 岁 | 流通货币：斐济元（Fijian Dollar）| 人均 GDP 为 3900 美元 | 经济状况 工业：旅游业、糖、服装、干椰子。农业：甘蔗、椰子、木薯（木薯淀粉）、大米、牛畜、鱼类。出口商品：糖、服装、黄金、木材、鱼类。

斐济群岛由南太平洋上的 332 个岛屿组成，其上点缀着沙滩、珊瑚花园和雨林。大多数岛民生活在面积最大的维提岛上，首都苏瓦就坐落在那里。斐济受英国殖民统治长达 96 年，后于 1970 年独立。在英国统治期间，来自印度的契约佣工在甘蔗地里劳作。印度裔斐济人目前占人口总数的 37%，多为印度教徒，而斐济本地人占主体，大多信奉基督教。两大群体间的紧张关系在 1987 年引发了两次政变，2000 年一次，2006 年 12 月再度发生一次，斐济在英联邦的成员国身份随之被取消，但之后又恢复了。

在巴布亚新几内亚的戈罗卡，这名女性戴着羽毛和树叶制成的头饰、海洋贝类制成的项链，画着彩色脸绘，准备高歌一曲。

基里巴斯 Kiribati

基里巴斯共和国

面积 811 平方千米（约 313 平方英里）| 人口 113000 | 首都塔拉瓦（人口 42000）| 非文盲人口比例不详 | 预期寿命 63 岁 | 流通货币：澳元（Australian Dollar）| 人均 GDP 为 3200 美元 | 经济状况 工业：手工业。农业：捕鱼、干椰子、芋艿、面包果、红薯、鱼类。出口商品：干椰子、椰子、海藻、鱼类。

全国 33 座岛屿散落在 1350000 平方英里（约 3496484 平方千米）的海域上，曾是英属吉尔伯特和埃利斯群岛殖民地的吉尔伯特部分，1979 年成立基里巴斯共和国。该国的经济收益除了来源于捕鱼业和干椰子肉以外，还依赖外国金融援助，尤其是英国和日本。随着磷矿储量减少，国家不得不依靠信托储备金。目前，在海外工作的公民向国内的汇款促进了经济增长。2008 年，基里巴斯宣布将凤凰群岛保护区扩大到原来的两倍。这是目前世界上最大的海洋保护区，占地面积 157626 平方英里（约 408250 平方千米），其中包括 8 座珊瑚环礁，生长着 120 余种珊瑚和 520 种鱼类。2010 年，基里巴斯成为联合国教科文组织的世界遗产地。

帕劳 Palau

帕劳共和国

面积 490 平方千米（约 189 平方英里）| 人口 21000 | 首都梅莱凯奥克（人口 14000）| 非文盲人口比例 92% | 预期寿命 71 岁 | 流通货币：美元（US Dollar）| 人均 GDP 为 8100 美元 | 经济状况 工业：旅游业、工艺品、建筑业、服装制造业。农业：椰子、干椰子、木薯（木薯淀粉）、红薯。出口商品：贝类、金枪鱼、干椰子、服装。

帕劳位于西太平洋，是一个由 300 余座岛屿组成的群岛。“二战”期间，帕劳曾是日本的大本营，此后的 1947 年，联合国将帕劳群岛的行政权交到美国手中。该地区也因此与美国建立了经济联系，并于 1994 年建立起独立的国家。约 70% 的人口生活在科罗尔岛的科罗尔市。旅游业是帕劳的产业支柱，优越的海洋环境适合浮潜和蛙潜。

萨摩亚 Samoa

萨摩亚独立国

面积 2831 平方千米（约 1093 平方英里）| 人口 220000 | 首都阿皮亚（人口 40000）| 非文盲人口比例 100% | 预期寿命 72 岁 | 流通货币：塔拉（Tala）| 人均 GDP 为 4900 美元 | 经济状况 工业：食品加工、建筑材料、汽车配件。农业：椰子、香蕉、芋艿、山药。出口商品：鱼类、椰子制品等。

萨摩亚融合了西方政治体制和波利尼西亚的社会结构，它位于南太平洋船运航道的枢纽处。1889 年，德国占领了萨摩亚群岛的西部。“一战”后，萨摩亚由新西兰统治，直到 1962 年才独立出来。1970 年加入英联邦。萨摩亚扩建了机场，前来观光的游客人数越来越多。

汤加 Tonga

汤加王国

面积 749 平方千米（约 289 平方英里）| 人口 121000 | 首都努库阿洛法（人口 35000）| 非文盲人口比例 99% | 预期寿命 71 岁 | 流通货币：潘加（Pa'Anga）| 人均 GDP 为 4600 美元 | 经济状况 工业：旅游业、捕鱼业。农业：瓜类蔬菜、椰子、干椰子、香蕉、鱼类。出口商品：瓜类蔬菜、鱼类、香草豆、块根作物。

汤加王国是南太平洋仅存的波利尼西亚王国，其君主的宗族可追溯至千年以前。汤加有 169 座岛屿，36 座有人居住，作为英属保护领地长达 70 年，直到 1970 年独立。汤加经济以农业为支柱，旅游业和轻工业的地位逐渐在提高。

图瓦卢 Tuvalu

图瓦卢

面积 26 平方千米（约 10 平方英里）| 人口 12000 | 首都富纳富提（人口 6000）| 非文盲人口比例不详 | 预期寿命 69 岁 | 流通货币：澳元（Australian Dollar）| 人均 GDP 为 1600 美元 | 经济状况 工业：旅游业、干椰子。农业：捕鱼、椰子、鱼类。出口商品：干椰子、鱼类。

图瓦卢由南太平洋上的环礁群岛组成，曾是吉尔伯特和埃利斯群岛殖民地的一部分，于 1978 年从英国独立并加入英联邦。国内土壤贫瘠、淡水匮乏，农业发展受到限制。主要经济支柱是捕鱼业、干椰肉和邮票出售以及海外工作公民的汇款。收入来源还有英国和太平洋地区赞助者创建的一个信托基金。

知识速记 | 2000 年，图瓦卢协议出租其域名“.Tv”，租期 12 年，特许使用权费 5000 万美元。

瑙鲁 Nauru

瑙鲁共和国

面积 21 平方千米（约 8 平方英里）| 人口 14000 | 行政管理中心亚伦区（人口 670）| 非文盲人口比例不详 | 预期寿命 64 岁 | 流通货币：澳元（Australian Dollar）| 人均 GDP 为 5000 美元 | 经济状况　工业：磷矿开采、境外银行业务、椰子产品。农业：椰子。出口商品：磷矿。

瑙鲁是西太平洋上的一座椭圆形小岛。内陆的磷矿高原占陆地面积的 60%，广泛被开采，地面凸凹不平，到处是坑。瑙鲁在 1888 年被德国吞并，又于 1914 年被澳大利亚接管。“二战”后，瑙鲁成为澳大利亚、英国和新西兰的共同托管领地，直到 1968 年独立。磷矿出口虽然稳定了国家经济，但矿藏消耗严重。

马绍尔群岛 Marshall Islands

马绍尔群岛共和国

面积 181 平方千米（约 70 平方英里）| 人口 65000 | 首都马朱罗（人口 25000）| 非文盲人口比例 94% | 预期寿命 71 岁 | 流通货币：美元（US Dollar）| 人均 GDP 为 2500 美元 | 经济状况　工业：干椰子、旅游业、贝壳类手工艺品。农业：鱼类、椰子、西红柿、瓜类、芋头、猪、木头和珍珠。出口商品：椰肉糕点、椰子油、手工品、鱼类。

马绍尔群岛是位于西太平洋的热带岛屿，有两大平行岛群：拉塔克（日出）和拉利克（日落）岛链。这些环礁、礁石和小岛就包括夸贾林环礁，它曾是美国导弹的测试区，那里有世界上最大的环礁湖，另外包括埃尼威托克环礁，1952 年美国在此引爆了首颗氢弹。由于曾经是核试验场，比基尼环礁至今还无法住人。1986 年，这块曾经的信托领地获得自治，与美国自由结盟，由美国负责其国防和外交事务。马绍尔群岛 60% 多的国家预算都来自美国。

库克群岛 The Cook Islands

库克群岛

面积 240 平方千米（约 93 平方英里）| 人口 13100 | 首都阿瓦鲁阿 | 非文盲人口比例 99% | 预期寿命 76 岁 | 流通货币：新西兰元（New Zealand Dollar）| 人均 GDP 为 19500 美元 | 经济状况　主要经济来源是旅游业。农业：珍珠养殖。出口商品：鱼类、珍珠、木瓜。

毛利人为库克群岛的原住民。1773 年，英国海军上校库克船长探险到此地，以“库克”命名。1888 年成为英国保护地。1901 年 6 月成为新西兰属地。1964 年在联合国监督下举行全民公决，通过宪法。1965 年宪法生效，实行内部完全自治，享有完全的立法权和行政权，同新西兰保持自由联系，防务和外交由新西兰协助。1989 年，新西兰政府致函联合国，声明库克群岛有完全的宪法能力自主处理其对外关系和签署国际协定，希望国际社会将库克群岛作为主权国家对待。

纽埃 Niue

纽埃

面积 260 平方千米（约 100 平方英里）| 人口 1618 | 首都阿洛菲（人口 900）| 流通货币：美元（US Dollar）| 非文盲人口比例不详 | 预期寿命不详 | 人均 GDP 为 14800 美元 | 经济状况　工业：小型水果加工业和锯木业。农业：芋头、椰子、薯类、水果、家畜。出口商品：鱼、芋头和蜂蜜。

1000 多年前波利尼西亚人到此定居。1774 年英国人发现纽埃岛。1900 年成为英国“保护地”。1901 年作为库克群岛的一部分归属新西兰。1904 年单独设立行政机构。1974 年实行内部自治，同新西兰保持自由联系。纽埃政府享有完全的行政权和立法权。应纽埃政府要求，新西兰政府可协助处理防务和外交事务。新西兰政府与纽埃政府互派高级专员。纽埃人同时享有纽埃和新西兰双重公民身份。

北美洲

从世界最大的岛屿格陵兰岛和世界最大的淡水区五大湖，到地理景观壮丽如斯的大峡谷和尼亚加拉大瀑布，北美洲坐拥一大堆世界之最。这里还是地球上最高、最大的树种（加利福尼亚红木）和许多大型动物（灰熊、驼鹿和野牛）的家园。

北美洲著名的还有极端的气候——在死谷记录到134华氏度（约56.6摄氏度）的高温，又在狂风大作的格陵兰岛冰盖录得－87华氏度（约－66.1摄氏度）的低温。

北美洲北起格陵兰岛，南到巴拿马，面积9540000平方英里（约24709000平方千米）。北美洲的海岸线相当长，海湾和水湾深入陆地。这座大陆四面环水——大西洋、太平洋、北冰洋、墨西哥湾和加勒比海——早在数百万年前就成了孤岛。不少大江大河汇入北美洲的沿海水域，包括圣劳伦斯河、格兰德河、育空河和密西西比河。

这块陆地有三大突出的地质特征：加拿大地盾、雄伟的西部山系和一片巨大辽阔的平地，平地内有大平原、密西西比－密苏里河流域和五大湖地区大部。其他主要组成部分还包括阿巴拉契亚山脉和加勒比海中占绝大多数的火山岛。

北美洲的生物遗传也同样丰富，不过随着人类人口增加并蔓延至整个大陆，许多动植物的数量减少了。

人类的足迹

约35000年前，人类从西伯利亚南部迁至北极。矮壮的体形更能适应寒冷，从而成为标准体形。穿着鞋靴和保暖衣物的人类跟随驯鹿，越过冻原，来到他们的同类从未涉足过的土地。迁移到美洲的时间和地点一直是个争议很大的问题。早期的几批人有可能是通过一座大陆桥来到这里的，这座大陆桥位于亚洲和今天的阿拉斯加州之间，形成于冰川巅峰时期。在冰川冰层裂开的短暂时间，小批狩猎采集者跨过去，进入美洲。在墨西哥的发现表明，人类在美洲生活了11000年以上。这些史前古器物是克洛维斯文化所特有的，一些考古学家认为，所有美洲原住民都是从这一史前文化的后裔。然而，智利的遗址已经有12500年的历史，说明人类定居美洲的时间比克洛维斯文化首次出现的时间要早。

水从 167 英尺（约 51 米）高的马蹄瀑布飞流直下，马蹄瀑布是尼亚加拉大瀑布的加拿大部分，位于加拿大安大略省和美国纽约州的交界处。

加拿大 Canada

加拿大

面积 9984666 平方千米（约 3855101 平方英里）| 人口 33487000 | 首都渥太华（人口 1182000）| 非文盲人口比例 99% | 预期寿命 81 岁 | 流通货币：加元（Canadian Dollar）| 人均 GDP 为 39300 美元 | 经济状况 工业：交通设备、化工产品、采矿和矿业加工、食物制品。农业：小麦、大麦、油籽、烟草、乳制品、林业产品、鱼类。出口商品：机动车及其配件、工业机械、飞行器、电信装备、化工产品、木材、原油。

加拿大国土面积位居世界第二，仅次于俄罗斯。由湿地、湖泊和著名的加拿大地盾（岩石）组成的辽阔区域以哈得孙湾为中心，占据了半个国家。由于加拿大地盾和西部山系是副极带气候，因此大约 90% 的加拿大人都生活在距美国边界 100 英里（约 161 千米）以内的地区。

加拿大有两种官方语言，是一个多文化社会，大多数加拿大人都是英国人或法国人的后裔，而原住民或者说本地民族仅占总人口的 2.67%。其他少数民族还有意大利人、德国人、乌克兰人和华人。加拿大人大多生活在四大区域：安大略省南部、蒙特利尔地区、温哥华和温哥华岛南部以及卡尔加里 - 埃德蒙顿走廊。这个国家的经济有强大的制造业基础，1994 年的《北美自由贸易协定》（NAFTA）为之带来了经济繁荣。

美国 United States

美利坚合众国

面积 937000 平方千米（约 3617777 平方英里）| 人口 307212000 | 首都华盛顿特区（人口 700000）| 非文盲人口比例 99% | 预期寿命 78 岁 | 流通货币：美元（US Dollar）| 人均 GDP 为 47000 美元 | 经济状况 工业：石油、钢材、机动车辆、航空航天、通信、化工产品、电子工业。农业：小麦、玉米等谷物、水果、牛肉、林业产品、鱼类。出口商品：生产资料、汽车、工业供应品和原材料、消费品、农副产品。

美国的大陆部分可分为七大地形区，由东向西分别是：大西洋海湾海岸平原、阿巴拉契亚高地、内陆平原、内陆高地、落基山系、山间地区和太平洋山系。国内气候也很多样，从夏威夷的热带雨林气候到阿拉斯加的近北极或冻原气候应有尽有。

1776 年，经历了多年的英国统治后，13 个原始殖民地宣布独立。1787 年，联邦共和国诞生，有了一部宪法。此后，美国的疆土迅速扩张。例如，1803 年买下路易斯安那州，使美国的国土面积基本上翻了一倍。美国的州的数量也因此大量增加，扩大到 50 个独立州。1959 年，阿拉斯加和夏威夷正式获得州的地位，这是最后两个成为美国州的国土。

美联邦成员地区

美属萨摩亚
贝克岛
关岛
关塔那摩湾
豪兰岛
贾维斯岛
约翰斯顿环礁
金曼礁
中途岛
纳弗沙岛
北马里亚纳群岛
巴尔米拉环礁
波多黎各
维尔京群岛
威克岛

伯利兹 Belize
伯利兹

面积 22965 平方千米（约 8867 平方英里）| 人口 308000 | 首都贝尔莫潘（人口 9000）| 非文盲人口比例 77% | 预期寿命 68 岁 | 流通货币：伯利兹元（Belizean Dollar）| 人均 GDP 为 8600 美元 | 经济状况 工业：服装生产、食品加工、旅游业、建筑业。农业：香蕉、古柯、柑橘、糖类、鱼类、林木业。出口商品：糖类、香蕉、柑橘、服装、鱼类产品。

伯利兹位于中美洲的加勒比海岸，官方语言是英语，但西班牙语广为人用。祥和富饶的土地吸引了来自邻国的落难之人。游客们也蜂拥而至，观赏阿尔顿哈（Altun Ha）古迹等玛雅遗迹，还有美洲虎、吼猴和巨嘴鸟等野生动物以及西半球最长的珊瑚礁。

墨西哥 Mexico
墨西哥合众国

面积 1964374 平方千米（约 758449 平方英里）| 人口 111212000 | 首都墨西哥城（人口 19485000）| 非文盲人口比例 91% | 预期寿命 76 岁 | 流通货币：墨西哥比索（Mexican Peso）| 人均 GDP 为 14200 美元 | 经济状况 工业：食品和饮料、烟草、化工产品、钢铁。农业：玉米、小麦、大豆、大米、牛肉、木制品。出口商品：工业制成品、石油和石油产品、银、水果、蔬菜。

墨西哥的地势从沿海平原到中部高原步步升高。北部近乎荒漠，南部则是多山丛林。大多数墨西哥人都是西班牙人和印第安人的混血后代，但有 30% 左右是纯种印第安人。墨西哥坐拥丰富的矿藏、先进的技术和庞大的劳动力。税收改革、国营工业私有化以及更加开放的贸易政策增强了国家的竞争力，也促进了出口繁荣。政府加大了教育投入，权力也从联邦下放到州政府制以完善问责制。石油和油气为国家带来了 1/3 的经济收入，农业仍然提供大部分就业机会。20 世纪 90 年代，墨西哥对合作农场制，即社区农场，进行了改革，以增加私人投资，实现农业规模化。

《北美自由贸易协定》使墨西哥依赖于对美国的出口贸易，而一旦美国经济低迷，墨西哥的经济就停滞不前。

危地马拉 Guatemala
危地马拉共和国

面积 108888 平方千米（约 42042 平方英里）| 人口 13277000 | 首都危地马拉市（人口 1104000）| 非文盲人口比例 69% | 预期寿命 70 岁 | 流通货币：格查尔（Quetzal）| 人均 GDP 为 5200 美元 | 经济状况 工业：糖类、纺织和服装、家具、化工产品。农业：甘蔗、玉米、香蕉、咖啡、牛畜。出口商品：咖啡、糖类、水果和蔬菜、小豆蔻、肉类。

危地马拉是个森林覆盖率很高的多山国家，既濒临太平洋又濒临加勒比海。过半的危地马拉人都是玛雅人的后裔；他们大多数生活在高地地区，保留着传统的服饰、习俗和语言。其余的人口被称作混血儿（大多是玛雅人和西班牙人的混血后裔），讲西班牙语，着西服。这两种文化间的冲突导致了游击队和政府间的战争，战争持续多年，死亡数十万人。1996 年 9 月，政府和游击队最终达成一致，结束了长达 36 年的内战。该国的民主政府面临着犯罪、文盲率高和贫穷等问题，但近年来经济已经有了发展。

洪都拉斯 Honduras
洪都拉斯共和国

面积 112491 平方千米（约 43433 平方英里）| 人口 7793000 | 首都特古西加尔巴（人口 1022000）| 非文盲人口比例 80% | 预期寿命 69 岁 | 流通货币：伦皮拉（Lempira）| 人均 GDP 为 4400 美元 | 经济状况 工业：糖类、咖啡、纺织业、服装。农业：香蕉、咖啡、柑橘、牛肉、林木业、虾。出口商品：咖啡、香蕉、虾、龙虾、肉类。

洪都拉斯地势崎岖，森林覆盖率高——但普遍都是刀耕火种型的温饱农业，正在破坏许多森林。人口大多是讲西班牙语的梅斯蒂索混血儿（西班牙人和印第安人的混血后裔），北部沿岸和海湾群岛则普遍用英语，位于科潘的玛雅遗迹为经济增添了旅游收入。虽然国内农副产品的产量丰富，大多是香蕉和咖啡，但没能为这个脆弱的民主国家带来经济生机。洪都拉斯的经济依赖美国，在 2008 年的金融危机中饱受煎熬。

萨尔瓦多 El Salvador

萨尔瓦多共和国

面积 21041 平方千米（约 8124 平方英里）| 人口 7185000 | 首都圣萨尔瓦多（人口 1520000）| 非文盲人口比例 80% | 预期寿命 72 岁 | 流通货币：美元（US Dollar）| 人均 GDP 为 6200 美元 | 经济状况 工业：食品加工、饮料、石油、化工产品。农业：咖啡、糖类、玉米、大米、虾、牛肉。出口商品：境外装配出口、咖啡、糖类、虾、纺织品、化工产品、电力。

萨尔瓦多是中美洲国土面积最小、人口最密集的国家，毗邻太平洋，沿岸是一片狭长的平原，向内陆是一座火山山脉和一个肥沃的高原。萨尔瓦多人中约 86% 是梅斯蒂索混血儿，9% 声称自己是西班牙后裔。肥沃的火山土壤滋养着咖啡种植园，养育着少数有钱的地主和一批佃农。国内经济不平等引起了 1980—1992 年的内战；许多萨尔瓦多人不论贫富都逃往美国。萨尔瓦多的民主政府虽然在增加制造行业的就业上有所成就，但面临着贫穷、犯罪和自然灾害带来的挑战。

尼加拉瓜 Nicaragua

尼加拉瓜共和国

面积 129999 平方千米（约 50193 平方英里）| 人口 5891000 | 首都马那瓜（人口 944000）| 非文盲人口比例 68% | 预期寿命 72 岁 | 流通货币：科多巴（Cordoba）| 人均 GDP 为 2900 美元 | 经济状况 工业：食品加工、化工产品、机械和金属制品、纺织业。农业：咖啡、香蕉、甘蔗、棉花、牛肉、小牛肉。出口商品：咖啡、虾和龙虾、棉花、烟草、香蕉。

尼加拉瓜是中美洲最大的国家，一直饱受自然灾难和内战带来的煎熬。太平洋沿岸的火山和地震历来是一种威胁，而地势低矮的加勒比海岸地区总遭飓风袭击。1979 年，桑地诺主义者推翻了安纳斯塔西奥·索摩查（Anastasio Somoza）政权，结束了其家族长达 42 年的独裁统治，之后尼加拉瓜处于军政府的统治中。1988 年，桑地诺政权与美国扶植的反抗军之间的内战宣告结束。和平带来了民主，但贫穷和腐败的问题仍然严峻。

古巴 Cuba

古巴共和国

面积 110859 平方千米（约 42803 平方英里）| 人口 11452000 | 首都哈瓦那（人口 2159000）| 非文盲人口比例 100% | 预期寿命 77 岁 | 流通货币：古巴比索（Cuban Peso）| 人均 GDP 为 9500 美元 | 经济状况 工业：糖类、石油、烟草、化工产品。农业：糖类、烟草、柑橘、咖啡、家畜。出口商品：糖类、镍、烟草、鱼类、医药产品。

古巴共和国由 1600 多座岛屿和岩礁组成；其主岛是西印度群岛中最大的岛屿。到 19 世纪中叶，国内的糖料种植园满足了世界 1/3 的需求量。1959 年，卡斯特罗建立革命政府。1961 年卡斯特罗宣布开始社会主义革命。1962 年美国宣布对古巴实行经济、贸易和金融封锁。近年来，古巴政局保持稳定。古巴美丽的自然景色吸引了数百万游客。在古巴东南部，关塔那摩海军基地迄今仍被美国占领。古巴共产党是古巴唯一合法政党。20 世纪 60 年代以来，美国一直对古巴实行封锁和制裁政策。2014 年 12 月，古巴同美国启动关系正常化进程。2015 年 7 月，两国恢复外交关系。

巴拿马 Panama

巴拿马共和国

面积 75516 平方千米（约 29157 平方英里）| 人口 3360000 | 首都巴拿马城（人口 1379000）| 非文盲人口比例 92% | 预期寿命 77 岁 | 流通货币：巴波亚、美元（Balboa, US Dollar）| 人均 GDP 为 11600 美元 | 经济状况 工业：建筑、石油精炼、酿酒、水泥和其他建筑材料。农业：香蕉、大米、玉米、咖啡、家畜、虾。出口商品：香蕉、虾、糖类、咖啡、服装。

巴拿马是连接南北美洲的狭长大陆桥。1903 年，巴拿马从哥伦比亚独立，之后美国开凿巴拿马大运河连通大西洋和太平洋。1989 年，美国军队推翻了曼纽尔·诺列加（Manuel Noriega）将军的统治，之前他被控参与贩毒。1999 年，巴拿马选出了首任女总统米雷娅·莫斯科索（Mireya Moscoso），这一年巴拿马彻底收回了运河的控制权。

彩虹、茅草屋和红色的新鞋，马尼卡拉瓜的欢乐就这么简单。马尼卡拉瓜位于古巴的比亚克拉拉省，这是岛中央的一个农业区。马尼卡拉瓜有一个肥沃的内陆河谷，以高品质的烟草和风味独特的咖啡豆而闻名。

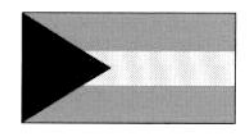

巴哈马 Bahamas

巴哈马国

面积 13939 平方千米（约 5382 平方英里）| 人口 309000 | 首都拿骚（人口 222000）| 非文盲人口比例 96% | 预期寿命 66 岁 | 流通货币：巴哈马元（Bahamian Dollar）| 人均 GDP 为 28600 美元 | 经济状况 工业：旅游业、银行业、电子商务、水泥、石油精炼和运输。农业：柑橘、蔬菜、家禽。出口商品：鱼类和小龙虾、朗姆酒、盐、化工产品、果蔬。

巴哈马由点缀在佛罗里达州到接近海地的这一片大西洋上的 700 个岛屿和 2400 个岩礁组成。其中仅 30 个岛屿有人居住。1492 年哥伦布首次在圣萨尔瓦多登陆新世界时，阿拉瓦克印第安人是那儿唯一的居民。今天，约 90% 的巴拿马人都有非洲血统。新普罗维登斯岛是几大主岛中的最小的岛屿，几乎 80% 的人口都生活在那里。旅游业每年带来超过 60 亿美元的收益。国际银行业务和投资管理促进了经济增长，巴哈马有着来自 25 个国家的 250 多家银行机构。

哥斯达黎加 Costa Rica

哥斯达黎加共和国

面积 51101 平方千米（约 19730 平方英里）| 人口 4254000 | 首都圣何塞（人口 1374000）| 非文盲人口比例 95% | 预期寿命 78 岁 | 流通货币：哥斯达黎加科朗（Costa Rican Colon）| 人均 GDP 为 11600 美元 | 经济状况 工业：微处理器、食品加工、纺织和服装、建筑材料。农业：咖啡、菠萝、香蕉、糖类、牛肉、林木业。出口商品：咖啡、香蕉、糖类、菠萝、纺织品。

哥斯达黎加在加勒比海和太平洋都有海岸线。其热带沿海平原逐渐抬高为山脉、活火山和气候温和的中部高原。大多数人生活在中部高原一带，首都圣何塞也坐落在这里。哥斯达黎加民主政府的治理近百年来一帆风顺，国家一直安定平和。旅游业超过香蕉产业，成为哥斯达黎加的首要外汇来源，促进了国家经济繁荣。超过 1/4 的土地都是保护地，雨林保护区的自然美吸引着越来越多的游客。

圣基茨和尼维斯 Saint Kitts & Nevis

圣基茨和尼维斯联邦

面积 269 平方千米（约 104 平方英里）| 人口 40000 | 首都巴斯特尔（人口 13000）| 非文盲人口比例 98% | 预期寿命 73 岁 | 流通货币：东加勒比元（East Caribbean Dollar）| 人均 GDP 为 19700 美元 | 经济状况 工业：糖加工、旅游业、棉花、盐。农业：甘蔗、大米、山药、蔬菜、鱼类。出口商品：机械、食品、电子产品、饮料、烟草。

圣基茨和尼维斯是一对孪生岛屿，均属于火山岛，有沙滩和温暖湿润的气候。这里一度被喻为加勒比海的直布罗陀海峡，17 世纪建于圣基茨岛上硫黄山顶的巨型要塞令人回想起殖民占领的历史。这个双岛国 1983 年从英国独立，正在使经济朝着旅游业、银行业和轻工制造业的方向多样化发展。自 1996 年起，尼维斯岛一直试图修宪，寻求分裂。

多米尼加 Dominican Republic

多米尼加共和国

面积 48443 平方千米（约 18704 平方英里）| 人口 9650000 | 首都圣多明各（人口 2298000）| 非文盲人口比例 87% | 预期寿命 74 岁 | 流通货币：多米尼加比索（Dominican Peso）| 人均 GDP 为 8100 美元 | 经济状况 工业：旅游业、糖加工、镍铁和黄金开采、纺织业。农业：甘蔗、咖啡、棉花、可可豆、牛畜。出口商品：镍铁、糖类、黄金、白银、咖啡。

多米尼加共和国占据了伊斯帕尼奥拉岛的 2/3，是西印度群岛中排在古巴之后的第二大国家。这片地势崎岖的陆地上有加勒比海地区的最高峰——杜阿尔特峰。它于 1493 年成为西班牙的殖民地，有美洲首批特许大学、医院、教堂和修道院。首都圣多明各建于 1496 年，是西半球历史最悠久的欧洲定居地。多米尼加独立于 1844 年，是个民主制国家，农业和旅游业是两大经济支柱。

牙买加 Jamaica

牙买加

面积 10992 平方千米（约 4244 平方英里）| 人口 2826000 | 首都金斯敦（人口 575000）| 非文盲人口比例 88% | 预期寿命 74 岁 | 流通货币：牙买加元（Jamaican Dollar）| 人均 GDP 为 7400 美元 | 经济状况 工业：旅游业、铝土矿、纺织业、食品加工。农业：甘蔗、香蕉、咖啡、柑橘、家禽。出口商品：矾土、铝土矿、糖类、香蕉、朗姆酒。

1494 年，哥伦布踏上古巴以南的这座多山岛屿，不久之后，由于原住民泰诺族印第安人死亡殆尽，西班牙人带来了奴隶——今天，超过 90% 的牙买加人都是非洲后裔。1655 年，英国占领该岛，1962 年允许其独立。牙买加的旅游业稳定，但是铝土矿等商品的价格波动难以预测，依赖这些大宗商品导致经济增长失衡。牙买加岛是南美洲可卡因进入美国和欧洲的主要中转站。

安提瓜和巴布达 Antigua & Barbuda

安提瓜和巴布达

面积 443 平方千米（约 171 平方英里）| 人口 86000 | 首都圣约翰（人口 28000）| 非文盲人口比例 86% | 预期寿命 75 岁 | 流通货币：东加勒比元（East Caribbean Dollar）| 人均 GDP 为 19000 美元 | 经济状况 工业：旅游业、建筑业、轻工制造。农业：棉花、水果、蔬菜、家畜。出口商品：石油产品、制造业、机械和交通设备、食品和家畜。

安提瓜和巴布达是位于加勒比海东部的小岛屿群，1632 年被英国殖民。甘蔗种植园主导着岛上经济，非洲奴隶被带进来做苦力。1981 年从英国独立后，这个三岛之国家留在了英联邦之内。安提瓜最为富庶，是 20 世纪 60 年代加勒比海群岛中第一批发展旅游业的岛屿。巴布达力图平衡度假胜地的开发和各种野生动物的保护。小岛雷东达岛至今还无人居住。

海地虽然是西半球最贫穷的国家，但其气候十分有利于作物生长。图中的工人在西红柿种植园中收西红柿，这是美国国际开发署在海地打造的一个大规模种植园。美国国际开发署是美国的一个政府组织，致力于促进经济增长、全球健康和在全球范围内提供人道援助。

海地 Haiti

海地共和国

面积 27749 平方千米（约 10714 平方英里）| 人口 9036000 | 首都太子港（人口 2209000）| 非文盲人口比例 53% | 预期寿命 61 岁 | 流通货币：古德（Gourde）| 人均 GDP 为 1300 美元 | 经济状况 工业：糖加工、面粉厂、纺织业、水泥。农业：咖啡、杧果、甘蔗、大米、林木业。出口商品：制造业、咖啡、石油、可可豆。

1804 年发生了一场反法国的奴隶叛乱，之后海地成为第一个独立的加勒比海国家，也是美洲的第一个黑人共和国。数十年的暴乱和动荡使海地成为美洲最穷的国家。国内讲克里奥尔语的黑人占主体，讲法语的穆拉托人仅占人口的 5%，但两者之间的贫富差距如天壤之别，后者控制着大部分财富。2004 年，正当海地庆祝独立 200 周年之际，一场叛乱颠覆了政府。2006 年，民选总统和议会成为国家的掌舵人。2010 年，一场大地震给海地造成了毁灭性打击，超过 30 万人死亡，数百万人无家可归。

多米尼克 The Commonwealth of Dominica

多米尼克国

面积 751 平方千米（约 290 平方英里）| 人口 72000 | 首都罗索（人口 20000）| 非文盲人口比例 94% | 预期寿命 76 岁 | 流通货币：东加勒比元（East Caribbean Dollar）| 人均 GDP 为 7921 美元 | 经济状况 工业：肥皂、椰子油、旅游业、干椰子。农业：香蕉、柠檬、杧果、根茎类作物。出口商品：香蕉、肥皂、蔬菜、葡萄柚、月桂叶油。

多米尼克位于东加勒比海向风群岛东北部，原为来自南美印第安部落的阿拉瓦克人和加勒比人居住地。历史上曾经先后被法、英两国占领，1967 年实行内部自治。1978 年 11 月 3 日多米尼克独立，现为英联邦成员国。2017 年 9 月，该国遭史上最强飓风“玛利亚”袭击，全岛基础设施损毁严重。

在彩虹和山峰之间，一艘小帆船驶过圣卢西亚的标志性双峰山皮通山（Pitons）旁边。两座火山栓垂直跃出海面 2000 多英尺（约 610 米）。硫黄温泉在山腰冒泡翻腾。联合国教科文组织已经把这里划为世界遗产地。

巴巴多斯 Barbados

巴巴多斯

面积 430 平方千米（约 166 平方英里）| 人口 285000 | 首都布里奇顿（人口 140000）| 非文盲人口比例 100% | 预期寿命 74 岁 | 流通货币：巴巴多斯元（Barbadian Dollar）| 人均 GDP 为 19300 美元 | 经济状况 工业：旅游业、糖、轻工制造业、出口零件装配。农业：甘蔗、蔬菜、棉花。出口商品：糖和糖浆、朗姆酒等食品和饮料，化工产品。

巴巴多斯是加勒比海最东边的岛屿，是首个进入飓风季的国家。其西海岸是白沙滩，海面风平浪静，但东海岸则是波涛汹涌的大西洋。1627 年，英国人在此定居，1966 年赢得独立，但仍然保留着浓浓的英国风情。巴巴多斯是世界上人口最密集的国家之一，每平方千米的人口超过 663 人。巴巴多斯的民主政治稳定，以旅游业和糖业为主的经济也相对繁荣。葡萄柚就原产于巴巴多斯。

圣卢西亚 Saint Lucia

圣卢西亚

面积 616 平方千米（约 238 平方英里）| 人口 160000 | 首都卡斯特里（人口 68000）| 非文盲人口比例 90% | 预期寿命 76 岁 | 流通货币：东加勒比元（East Caribbean Dollar）| 人均 GDP 为 11300 美元 | 经济状况 工业：服装、电子零件装配、饮料、瓦楞纸板箱。农业：香蕉、椰子、蔬菜、柑橘。出口商品：香蕉、服装、可可豆、蔬菜。

圣卢西亚是加勒比海东部的一个热带岛屿，于 1979 年从英国独立。热带森林覆盖着多山的内陆，一旁是双峰火山，人称皮通山。16 世纪被西印度海盗入侵之前，加勒比印第安人生活在这座岛上，不过现在这两群人都在岛上绝迹了。在此定居的有荷兰人、法国人和英国人。经济除了农业和旅游业外，通过美国建造的集散站进行石油转口运输以及出口工业制成品是一种补充。失业和毒品犯罪对政府是一个挑战。

特立尼达和多巴哥 Trinidad & Tobago

特立尼达和多巴哥共和国

面积 5128 平方千米（约 1980 平方英里）| 人口 1230000 | 首都西班牙港（人口 55000）| 非文盲人口比例 99% | 预期寿命 71 岁 | 流通货币：特立尼达和多巴哥元（Trinidad & Tobago Dollar）| 人均 GDP 为 18600 美元 | 经济状况 工业:石油、化工产品、旅游业、食品加工。农业:可可豆、甘蔗、大米、柑橘、家禽。出口商品:石油和石油产品、化工产品、钢制品、肥料。

特立尼达和多巴哥是加勒比海岛链最南端的岛屿群。从 1498 年哥伦布到达这里起，西班牙人就一直在特立尼达岛上生活。1802 年，英国占领了该岛，直到 1962 年才结束统治。虽然两座岛屿的地理位置接近，但生活节奏却有天壤之别：特立尼达岛的钢鼓乐和多民族人口，其中包括许多非洲人和东印第安人的后裔，给这座岛屿赋予了热情，生活节奏很快；风景秀丽的多巴哥岛多小农场和静谧的度假胜地，生活节奏较慢。特立尼达岛的面积约为多巴哥岛的 16 倍，除了有石油和天然气储藏之外，还有个彼奇湖，有大量沥青沉积。目前，优先的经济领域有增加油气生产、积极引进外资，还有推进工农业多样化。

图为格林纳达的首都圣乔治，被 2004 年的飓风伊万夷为平地后，迅速重建起来；这座城市承办了 2007 年的世界杯板球赛。

圣文森特和格林纳丁斯 Saint Vincent & The Grenadines

圣文森特和格林纳丁斯

面积 389 平方千米（约 150 平方英里）| 人口 105000 | 首都金斯敦（人口 14000）| 非文盲人口比例 96% | 预期寿命 74 岁 | 流通货币：东加勒比元（East Caribbean Dollar）| 人均 GDP 为 10500 美元 | 经济状况 工业：食品加工、水泥、家具、服装、淀粉。农业：香蕉、椰子、红薯、香料、牛畜、鱼类。出口商品：香蕉、芋头（芋艿）、竹芋粉、网球拍。

圣文森特和格林纳丁斯位于加勒比海东部，由火山岛圣文森特岛和格林纳丁斯群岛组成，格林纳丁斯群岛包括了 32 座小岛和岩礁。圣文森特岛多丘陵，火山土壤肥沃，岛上的苏弗里埃尔火山最近一次喷发是在 1979 年——正好是从英国独立出来的那一年。大量的水电站为圣文森特岛的经济多样化提供了动力，岛上经济部分依赖香蕉和竹芋出口，竹芋很重要，可以用来生产无碳复写纸。旅游业的重要性日益增长。

格林纳达 Grenada

格林纳达

面积 345 平方千米（约 133 平方英里）| 人口 91000 | 首都圣乔治（人口 33000）| 非文盲人口比例 96% | 预期寿命 96 岁 | 流通货币：东加勒比元（East Caribbean Dollar）| 人均 GDP 为 13400 美元 | 经济状况 工业：食品和饮料、纺织业、轻工装配业务、旅游业。农业：香蕉、可可豆、肉豆蔻、肉豆蔻皮。出口商品：可可豆、肉豆蔻、水果和蔬菜。

格林纳达位于加勒比海东南部，由格林纳达岛、卡里亚库岛和小马提尼克岛组成，格林纳达人大多都是非洲后裔。格林纳达岛是面积最大、人口最多的岛，以“加勒比海香料岛”著称。20 世纪时，肉豆蔻超过糖料和可可豆成为岛上的主要作物。1833 年，奴隶制度被废除，小农场取代了糖料种植园，今天，肉豆蔻和其他香料的香甜气息随着暖暖的微风四处飘散。1974 年从英国独立；1983 年遭遇一场军事政变，一支美国 – 加勒比海军队开进，恢复了民主制度。

南美洲

南美洲的北端是加勒比海海岸线，南端是合恩角，状似一个细长的三角。这片大陆的总面积近6890000平方英里（约17840000平方千米），由大西洋、太平洋和加勒比海所环绕。南美洲与北美洲之间仅靠狭长的巴拿马地峡相连。南端是德雷克海峡，将南美洲与南极洲隔开。

除了最南端，南美洲的海岸线很规则，岛屿相对很少，不过近海地区的自然状况与众不同：有寒冷的火地岛，有饱受战火摧残的福克兰群岛（马尔维纳斯群岛），有生物奇妙的加拉帕戈斯群岛，有智利南部景观壮丽的峡湾，还有亚马孙河三角洲地带原生态的马拉若岛。

南美洲大陆的主体是安第斯山脉、亚马孙盆地和辽阔的南方平原。安第斯山脉从哥伦比亚北部绵延至智利南部和阿根廷，是世界上最长的山脉。南美洲的水文地理令人惊叹：从安第斯山脉流下的降雨汇成了亚马孙河，这条河滋养着世界上最大的雨林。

亚马孙河并非世界上最长的河流，然而其流量却比紧随其后的10条世界大河的总量还要大。除此之外，天使瀑布从北部一座平顶山上飞流而下，这是世界上最高的瀑布。

在这座大陆众多的地理奇迹中，还有风蚀严重的巴塔哥尼亚高原和超级干旱的阿塔卡马沙漠，这里常常数百年不见一滴雨。而巴西南部的潘塔纳尔地区是地球上最大的湿地之一。

人类的足迹

几千年间，人类已经迁徙了12000英里（约19312千米）——从北冰洋西北部到火地岛最南端。到了6000年前，人类在中美洲低地培育玉米。公元前1200年，城邦合并形成了中美洲的第一个文明，即奥尔梅克文明，其文化繁荣了800年。后来，玛雅文明和阿兹特克文明发展起来，有了复杂的数学体系和文字。今天的许多中美洲人都是这些文化的直接后代。狩猎采集公社开发亚马孙河和奥里诺科河沿岸的丛林，但这里的环境阳光不足、营养匮乏，作物收成不佳。源自安第斯山脉的山泉径流在秘鲁半干旱的峡谷泛滥，那里有多达25个部落群开垦梯田、灌溉庄稼。到了13世纪，印加人把南美洲西部统一成一个王国，通过分权管理来维持统治和维护安全。

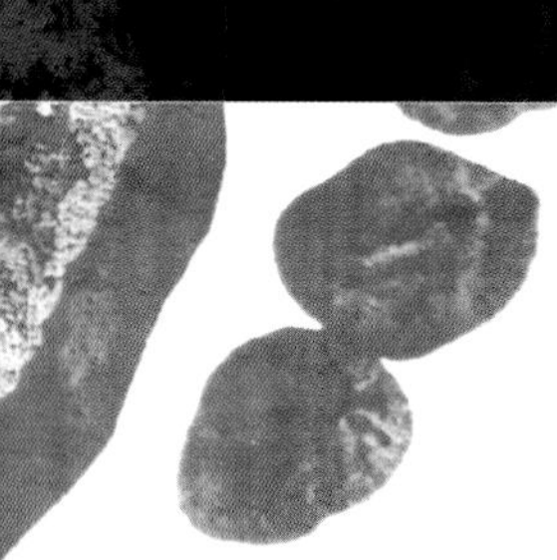

知识速记 | 欧洲探险者发现修建在马拉开波湖中桩柱之上的房屋，就随意大利威尼斯的名字将其命名为委内瑞拉。

哥伦比亚 Colombia

哥伦比亚共和国

面积 1141747 平方千米（约 440831 平方英里）| 人口 45644000 | 首都波哥大（人口 8320000）| 非文盲人口比例 90% | 预期寿命 73 岁 | 流通货币:哥伦比亚比索(Colombian Peso) | 人均 GDP 为 8900 美元 | 经济状况 工业：纺织业、食品加工、石油、服装和鞋类。农业：咖啡、鲜切花、香蕉、大米、林业产品。出口商品:石油、咖啡、煤炭、服装、香蕉、鲜切花。

哥伦比亚是南美洲唯一同时濒临加勒比海和太平洋的国家，地貌突出特征是安第斯山脉在此一分为三，将西部沿岸低地与东部丛林分隔开来。哥伦比亚境内既有炎热潮湿的雨林，也有冰雪覆盖的山峦。国内绝大部分人生活在安第斯山脉内陆，那里是哥伦比亚的主要农作物咖啡的种植中心。然而，哥伦比亚的大半疆域位于安第斯山脉以东的热带低地，哥伦比亚北部以热带草原为主，大部分用于牛畜养殖，而东南部的雨林出产木制品。

委内瑞拉 Venezuela

委内瑞拉玻利瓦尔共和国

面积 912049 平方千米（约 352144 平方英里）| 人口 26815000 | 首都加拉加斯(人口 3098000) | 非文盲人口比例 93% | 预期寿命 74 岁 | 流通货币：玻利瓦尔（Bolivar）| 人均 GDP 为 13500 美元 | 经济状况 工业：石油、铁矿开采、建筑材料、食品加工。农业：玉米、高粱、甘蔗、大米、牛肉、鱼类。出口商品：石油、铝土矿和矾土、钢、化工产品、农副产品。

委内瑞拉的地形复杂多样，令人难以置信。其地形可分为三大块：低地平原、山脉和内陆森林高地。不过，其地貌总体而言更为复杂，有岛屿和沿海平原，有低地和高地，有丘陵、峡谷，还有山脉。人口主要聚居在加勒比海沿岸附近山上的市区。20 世纪前半叶，委内瑞拉受军事强人统治，他们促进了石油工业的发展。今天，石油收益约占出口收入的 96%。自 1959 年起，委内瑞拉由民选政府统治。

苏里南 Suriname

苏里南共和国

面积 163265 平方千米（约 63037 平方英里）| 人口 481000 | 首都帕拉马里博（人口 253000）| 非文盲人口比例 90% | 预期寿命 90 岁 | 流通货币：苏里南元（Suriname Dollar）| 人均 GDP 为 8900 美元 | 经济状况 工业：铝土矿和金矿、矾土生产、石油、伐木、食品加工。农业：水稻、香蕉、棕榈仁、牛肉、林业产品、虾。出口商品:矾土、原油、木材、鱼虾、大米。

苏里南是位于南美洲北部沿海地区的一个多民族小国。苏里南旧称荷属圭亚那，于 1975 年独立。大多数苏里南人生活在北部沿海平原，他们是旧时荷兰人带过来的非洲奴隶和印度或印度尼西亚仆人的后代。苏里南通往内陆雨林的道路有限。贸易主要依靠铝土矿开采和铝出口；阿福巴卡水电站的廉价电是国家经济发展的一大助力。

圭亚那 Guyana

圭亚那合作共和国

面积 214969 平方千米（约 83000 平方英里）| 人口 773000 | 首都乔治城（人口 231000）| 非文盲人口比例 99% | 预期寿命 67 岁 | 流通货币：圭亚那元（Guyanese Dollar）| 人均 GDP 为 3900 美元 | 经济状况 工业：铝土矿、糖、大米厂、木材制造、纺织业。农业：糖、大米、小麦、植物油、牛肉、虾。出口商品:糖、黄金、铝土矿 / 矾土、大米、虾。

圭亚那曾是英国殖民地，位于南美北部沿岸，境内超过 80% 的国土都覆盖着热带雨林。英国统治这里长达 150 年，他们将非洲人和东印度人带到这里做苦力，圭亚那和加勒比海地区建立起了密切的贸易往来。1966 年独立之后，圭亚那人民支持议会制。圭亚那国家欠外国债主的巨额债务以及与苏里南和委内瑞拉的领土争端一直是政府棘手的问题。

2000 多年来，银一直是秘鲁安第斯山脉地区的主导商品。事实上，在 2009 年之前，秘鲁一直是世界头号产银大国。通常这种珍贵的金属会被铸成砖块大小的银锭，在国际市场上价格不菲。

厄瓜多尔 Ecuador

厄瓜多尔共和国

面积 283560 平方千米（约 109483 平方英里）| 人口 14573000 | 首都基多（人口 1846000）| 非文盲人口比例 91% | 预期寿命 75 岁 | 流通货币：美元（US Dollar）| 人均 GDP 为 7500 美元 | 经济状况 工业：石油、食品加工、纺织业、金属制品。农业：香蕉、咖啡、可可豆、大米、牛畜、软木、鱼类。出口商品：石油、香蕉、虾、咖啡、可可豆。

厄瓜多尔位于赤道上，有四大特点突出、对比鲜明的地理区域。科斯塔平原，或称沿海平原，生长着大量香蕉，使厄瓜多尔成为全球最大的水果出口国之一；锯齿山脊，或称安第斯高地，那里有高产的农田；东方地区，即安第斯山脉以东的丛林，这里的石油充实着国家经济；西边，野生动植物独步天下的加拉帕戈斯群岛带来旅游收益。厄瓜多尔还可按照民族划分。总人口中约 6% 是欧洲人的后裔，约 1/4 是原住民，其余大多是各民族混血儿。地区争端和民族纠纷给厄瓜多尔的民主政治带来了不稳定因素。

秘鲁 Peru

秘鲁共和国

面积 1285214 平方千米（约 496224 平方英里）| 人口 29547000 | 首都利马（人口 8375000）| 非文盲人口比例 93% | 预期寿命 71 岁 | 流通货币：新索尔（Nuevo Sol）| 人均 GDP 为 8400 美元 | 经济状况 工业：金属采矿、石油、捕鱼、纺织业、服装。农业：咖啡、棉花、甘蔗、大米、家禽。出口商品：鱼类和鱼类产品、黄金、铜、锌、原油及其副产品。

秘鲁位于赤道以南的太平洋沿岸。其西部沿海地区是沙漠，坐落于此的首都利马便是沙漠里的一片绿洲。安第斯高地占据了近 1/3 的国土面积。今天的秘鲁是世界上银、铜、铅、锌的最大生产国之一。秘鲁是最早有石油工业的国家之一，捕鱼业的产值也位居世界前列。秘鲁的近代史就是一部独裁与民主交替的历史。印第安人极度贫困，形成了残酷的极左游击队组织“光明之路”。虽然游击队遭遇重创，但贫穷和非法生产古柯的问题并未得到根治。

玻利维亚 Bolivia

多民族玻利维亚国

面积 1098580 平方千米（约 424164 平方英里）| 人口 11216000 | 行政首都拉巴斯（人口 877000），立宪首都苏克雷（人口 312000）| 非文盲人口比例 87% | 预期寿命 67 岁 | 流通货币：玻利维亚诺（Boliviano）| 人均 GDP 为 4500 美元 | 经济状况 工业：采矿、冶炼、石油、食品和饮料。农业：大豆、咖啡、古柯、棉花、林木业。出口商品：大豆、天然气、锌、金、木材。

玻利维亚是个多山的内陆国。许多国民都是生活在高原上的温饱型农民。在这个高原上拉巴斯就横卧在的的喀喀湖附近的雪峰之间。湖中之水温暖着空气。否则拉巴斯这个世界海拔最高的首都将无法住人。玻利维亚的马迪迪国家公园内从安第斯冰川到雨林，各种自然环境应有尽有，有利于印第安人发展生态旅游。巨大的天然气储量和扩大大豆种植利于经济。然而，玻利维亚与智利渊源颇深的边界争端以及来自科恰班巴地区的可卡因令政府头疼不已。

巴西 Brazil

巴西联邦共和国

面积 8547398 平方千米（约 3300169 平方英里）| 人口 198739000 | 首都巴西利亚（人口 3938000）| 非文盲人口比例 89% | 预期寿命 72 岁 | 流通货币：雷亚尔（Real）| 人均 GDP 为 10100 美元 | 经济状况 工业：纺织业、鞋业、化工产品、水泥、木材制造、铁矿。农业：咖啡、大豆、小麦、大米、牛肉。出口商品：交通设备、铁矿、大豆、鞋类、咖啡。

巴西占据了近半个南美洲，也有近半南美洲的人口。巴西人口中有一半多祖籍在欧洲；同样有一半多人都是黑色人种或混血儿，这是奴隶贸易遗留的产物。原住民不足百分之一。巴西东南部有圣保罗和里约热内卢两大城市，是国家的经济枢纽。圣保罗以南是富饶的农业区。巴西东北部北起马拉尼昂，南至巴伊亚，尽管过去富庶，但如今是一个贫穷而易遭旱灾的地区。不过，旅游业不断发展，而政府在保护热带雨林和原住民方面也有所建树。

智利 Chile

智利共和国

面积 756095 平方千米（约 291930 平方英里）| 人口 16602000 | 首都圣地亚哥（人口 5879000）| 非文盲人口比例 96% | 预期寿命 77 岁 | 流通货币：智利比索（Chilean Peso）| 人均 GDP 为 14900 美元 | 经济状况 工业：铜等矿产、食品、鱼类加工、钢铁。农业：小麦、玉米、葡萄、豆类、牛肉、鱼类、林木业。出口商品：铜、鱼类、水果、纸和纸浆、化工产品。

智利位于南美洲西海岸，自北向南延伸，夹在太平洋和一个山系之间，坐落在板块活动频繁的地区。80% 以上的国土都是山区。大多数智利人都是欧洲人的后裔或欧洲混血儿和原住民后裔——原住民只占 10% 左右（大多是马普切人）。智利在经历了奥古斯托·皮诺切特（Augusto Pinochet）将军 16 年的独裁统治之后，于 1990 年恢复了民主制度。工业私有化和农副产品出口增长推动了经济繁荣。埃斯孔迪达铜矿和科亚瓦西铜矿分列世界第一和第三大铜矿。旅游业是智利的支柱产业；复活节岛就是一个最受欢迎的旅游胜地。

阿根廷 Argentina

阿根廷共和国

面积 2780399 平方千米（约 1073518 平方英里）| 人口 40914000 | 首都布宜诺斯艾利斯（人口 13089000）| 非文盲人口比例 97% | 预期寿命 77 岁 | 流通货币：阿根廷比索（Argentine Peso）| 人均 GDP 为 14200 美元 | 经济状况 工业：食品加工、机动车辆、耐用消费品、纺织业。农业：葵花子、柠檬、大豆、家畜。出口商品：食用油、燃料和能源、谷物、饲料、机动车辆。

阿根廷的核心地带是一片辽阔的草原，名为潘帕斯大草原。安第斯山脉是阿根廷的西部边界，那里有阿空加瓜山，西半球的最高峰。起伏平缓的平原向东延伸，直到海边。阿根廷东北部特色是雨林和伊瓜苏瀑布。潘帕斯大草原以南是干燥风大的巴塔哥尼亚高原，一直延伸到南美洲的最南端，那里有世界最靠南的城市乌斯怀亚。20 世纪 80 年代，阿根廷军事独裁的日子一去不复返，国家获益良多：更多的言论自由，更能包容异见，外国投资也更多。然而，失业困扰着经济。

米歇尔·巴奇莱特 / 为女性代言

米歇尔·巴奇莱特（Michelle Bachelet）的父亲是一名智利空军将军，因抵抗以奥古斯托·皮诺切特为首的军事政变而被捕，米歇尔·巴奇莱特随后也遭到逮捕和折磨，直到1975年被释放后流亡。她在欧洲生活，一直积极实践社会主义，直到1979年完成医学学位回国。皮诺切特1990年倒台，之后巴奇莱特就开始涉足政坛；四年之后，她被提名为卫生部部长的顾问。2000年，巴莱奇特晋升卫生部部长，并在两年后受命执掌国防部。2005年，她作为社会党总统候选人获胜，从2006年到2010年任总统。2010年，巴莱奇特出任新成立的联合国妇女署的执行理事。

对身处异国他乡的难民，我感同身受。因为我曾经经历过那样的生活——我也曾是一名难民。

——米歇尔·巴奇莱特，2008年

关键词 潘帕斯草原（Pampas）：源自盖丘亚语，意为“平坦的表面”。辽阔的草地平原，尤其是指位于阿根廷和南美洲其他地区的辽阔草地平原。梅斯蒂索人（Mestizo）：源自西班牙语，意为“混合的”。指有混合血统的人；在中美洲和南美洲，指有印第安人和欧洲人血统的混血儿。

巴拉圭 Paraguay

巴拉圭共和国

面积406753平方千米（约157048平方英里）| 人口6996000 | 首都亚松森（人口520000）| 非文盲人口比例94% | 预期寿命76岁 | 流通货币：瓜拉尼（Guarani）| 人均GDP为4200美元 | 经济状况 工业：糖类、水泥、纺织业、饮料。农业：棉花、甘蔗、大豆、玉米、牛肉、林木业。出口商品：大豆、饲料、棉花、肉类、食用油。

巴拉圭是南美洲中部的一个内陆国，被巴拉圭河分为东、西两半，东边是森林覆盖的丘陵地带，西边则是一马平川的平原，也叫查科。查科低地平原地区的临河地区是沼泽地带，往西则是半沙漠地形。查科地区平原占据着60%的国土面积，却只养活着2%的人口。巴拉圭人多是西班牙人和瓜拉尼族印第安人的后代。巴拉圭国内电力丰富，得益于伊泰普这样的水电站坝。伊泰普水电站是全球第二大坝水电站，由巴拉圭与巴西共同建设运营。1993年，民主制取代了独裁制，但政府依然面临着农业人口贫困和森林荒漠化加剧的挑战。

乌拉圭 Uruguay

乌拉圭东岸共和国

面积176215平方千米（约68037平方英里）| 人口3494000 | 首都蒙得维的亚（人口1504000）| 非文盲人口比例98% | 预期寿命76岁 | 流通货币：乌拉圭比索（Uruguayan Peso）| 人均GDP为12200美元 | 经济状况 工业：食品加工、电子机械、交通设备、石油产品。农业：大米、小麦、玉米、大麦、家畜、鱼类。出口商品：肉类、大米、皮革制品、羊毛、车辆。

乌拉圭位于南美洲东南部的大西洋沿岸，巴西以南，境内多是海拔较低、起伏平缓的草地。牧场主在水源充足的牧场上蓄养牛羊。在南美洲，乌拉圭是城市化水平和非文盲率最高的国家之一——同样也是贫困人口最少和人口增长最缓慢的国家之一。尽管如此，许多乌拉圭人还是移民到西班牙等国，寻求更好的工作机会。乌拉圭经济一直严重依赖农业，包括发展水电在内的经济多样化进程前景乐观。

索引

知识速记 | 1583 年，墨卡托成为第一个在地图上给北美洲命名的人。

知识速记 | 本杰明 · 富兰克林是第一个记录墨西哥湾流的路线、速度、温度和深度的人。

C

知识速记 | 南极冰盖的重量使地球变形。

E

F

G

知识速记 | 第一幅月球地图出现在 17 世纪。

知识速记 | 暗物质占宇宙总质量的 75%。

知识速记 | 阋神星（Eris）是以古希腊神话中代表纷争与不和的女神厄里斯（Eris）的名字命名的。

K

L

M

知识速记 | 经过九年的旅程，“新地平线号”宇宙飞船于 2015 年飞掠冥王星。

N

知识速记｜全世界所使用的软木塞至少有一半是葡萄牙提供的。

知识速记 | 超过里氏 8 级的地震平均每五年发生一次。

知识速记 | 位于哈得孙湾的加拿大地盾上裸露的岩石已经有 35 亿年的历史了。

知识速记 | 如果阿拉伯板块和非洲板块继续远离，红海将变成一个大洋。

知识速记 | 莎士比亚在他的所有作品里使用了 31534 个不同的单词。

知识速记 | 一些蜂鸟每天要吸食达自身体重八倍的花蜜。

知识速记 | 迪拜哈利法塔高约 2716.5 英尺（约 828 米），是世界上最高的已竣工建筑。

知识速记 | 人类每天平均眨眼次数超过 10000 下。

图片来源

1, Jim Richardson; 2, Amit Bhargava/CORBIS; 3, Stephen Alvarez/National Geographic Creative; 4-5, George F. Mobley; 6, Tim Laman/National Geographic Creative; 7, Robert B. Haas; 8, Jodi Cobb/National Geographic Creative; 9, Cary Wolinsky; 10, Michael Poliza/National Geographic Creative; 11, John Henry Claude Wilson/Robert Harding World Imagery/CORBIS; 14-15, Data courtesy Marc Imhoff of NASA GSFC and Christopher Elvidge of NOAA NGDC. Image by Craig Mayhew and Robert Simmon, NASA GSFC; 16, Bruce Dale; 17, Hulton Archive/Getty Images; 18, The Granger Collection, NY; 20, Gerard Mercator/Getty Images; 21, Bridgeman Art Library/Getty Images; 22, Hiroyuki Matsumoto/Getty Images; 23 (UP), Library of Congress, Geography & Map Division; 23 (LO), James L. Stanfield; 24, Chris Hondros/Getty Images; 25 (UP), Library of Congress, Geography & Map Division; 25 (LO LE), Irina Tischenko/Shutterstock; 25 (LO CTR LE), Stephen Coburn/Shutterstock; 25 (LO CTR RT), Goncalo Veloso de Figueiredo/Shutterstock; 25 (LO RT), Paul Cowan/Shutterstock; 27 (UP), Stapleton Collection/CORBIS; 27 (LO), Richard Ward/Getty Images; 28, NASA/CORBIS; 29, © Encyclopædia Britannica, Inc., used under license; 30, Dennis di Cicco/CORBIS; 31, Library of Congress, Geography & Map Division; 35, Popperfoto/Getty Images; 36, B. Anthony Stewart; 37, © Encyclopædia Britannica, Inc., used under license; 38, Gordon Wiltsie/National Geographic Creative; 39 (UP), Hulton Archive/Getty Images; 39 (LO), Library of Congress, Geography & Map Division; 40-41, NASA/JPL-Caltech/Harvard-Smithsonian CfA; 42, NASA, ESA, and S. Beckwith (STScI) and the HUDF Team; 43 (UP), David A. Hardy/Science Source.; 43 (LO), WMAP Science Team, NASA; 44, Credit for Hubble Image: NASA, ESA, N. Smith (University of California, Berkeley), and The Hubble Heritage Team (STScI/AURA) Credit for CTIO Image: N. Smith (University of California, Berkeley) and NOAO/AURA/NSF; 45 (LE), Barron Storey; 45 (RT), David A. Aguilar; 46, NASA, ESA and AURA/Caltech; 48, Bill Schoening, Vanessa Harvey/REU program/NOAO/AURA/NSF ; 49 (UP LE), NASA, Rogier Windhorst (Arizona State University, Tempe, AZ), and the Hubble mid-UV team; 49 (UP CTR LE), NASA, ESA, and The Hubble Heritage Team (STScI/AURA); 49 (UP CTR RT), NASA, ESA, and The Hubble Heritage Team (STScI/AURA); 49 (UP RT), NASA, ESA, and The Hubble Heritage Team (STScI/AURA)-ESA/Hubble Collaboration; 49 (LO), NASA; 50, Rob Wood; 51 (UP), Mike Marsland/WireImage/Getty Images; 51 (LO), David A. Hardy/Science Source; 52, NASA, ESA, J. Clarke (Boston University), and Z. Levay (STScI); 53, David A. Aguilar; 54, Ralph Lee Hopkins/National Geographic Creative; 55 (UP), NASA/SOHO/AFP/Getty Images; 55 (LO), Peter Lloyd; 56, NASA/Newsmakers/Getty Images; 57 (UP), Naval Research Laboratory and NASA; 57 (LO), Mike Agliolo/Science Source; 58, David A. Aguilar; 60, David A. Aguilar; 61 (UP), Detlev van Ravenswaay/Science Source; 61 (LO), NASA-JPL; 62, NASA-JPL; 63 (UP), David Aguilar; 63 (LO), NASA; 64, NASA; 65 (UP), Rafael Pacheco/Shutterstock; 65 (LO), David A. Aguilar; 66, Ali Jarekji/Reuters/CORBIS; 67 (UP), NASA-JPL; 67 (LO), Lowell Observatory/NOAO/AURA/NSF; 68, Jim Richardson; 69 (UP), Robert Harding/Getty Images; 69 (CTR), Kean Collection/Getty Images; 69 (LO), British Museum, London/Bridgeman Art Library/Getty Images; 70, Robert W. Madden; 71 (UP LE), NASA; 71 (UP RT), Courtesy David A. Aguilar; 71 (LO), Jon Brenneis/Time Life Pictures/Getty Images; 72, NASA Marshall Space Flight Center (NASA-MSFC); 73 (UP), Neil A. Armstrong/NASA; 73 (LO), Popperfoto/Getty Images; 74, NASA; 75 (UP), NASA-JPL, Art by Corby Waste; 75 (LO), NASA; 76, 77, David A. Aguilar; 78-79, NASA; 80, NASA, ESA, and the Hubble Heritage Team (STScI/AURA)-ESA/Hubble Collaboration; 81, Tibor Toth; 82, Henning Dalhoff/Bonnier Publications/Science Source; 83 (UP), James King-Holmes/Science Source; 83 (LO), Wikipedia; 84, Michael Fay/National Geographic Creative; 85 (UP), Christopher R. Scotese/PALEOMAP Project; 85 (LO), SPL/Science Source; 86, Karen Kasmauski; 87 (UP), USGS; 87 (LO), © Encyclopædia Britannica, Inc., used under license; 88, Lester Lefkowitz/Getty Images; 89, Gary Hincks/Science Source; 90, Geoff Tompkinson/Science Source; 91 (UP), 3D4Medical.com/Getty Images; 91 (LO), Novosti/Science Source; 92, Ralph Lee Hopkins/National Geographic Creative; 93 (UP LE), William Allen; 93 (UP CTR), Walter M. Edwards; 93 (UP RT), Raymond Gehman/National Geographic Creative; 93 (LO), ChrisOrr.com and XNR Productions; 94, O. Louis Mazzatenta; 95, Joseph Graham, William Newman, and John Stacy, USGS; 96, Jacana/Science Source; 97 (UP), Michael Hampshire; 97 (LO), Jodi Cobb; 98, Handout/Malacanang/Reuters/CORBIS; 99 (UP), Shusei Nagaoka; 99 (LO ALL), Susan Sanford, Planet Earth; 100, George F. Mobley; 101 (UP LE), Chris Orr.com; 101 (UP CTR LE), ChrisOrr.com; 101 (UP CTR), ChrisOrr.com; 101 (UP CTR RT), ChrisOrr.com; 101 (UP RT), ChrisOrr.com; 101 (LO LE), Robert E. Hynes; 101 (LO RT), Robert E. Hynes; 102, Jason Edwards/National Geographic Creative; 103 (UP), David Doubilet; 103 (LO), Gary Hincks/Science Source; 104, Karsten Schneider/Science Source; 105 (UP), CORBIS; 105 (LO), © Encyclopædia Britannica, Inc., used under license; 106, Annie Griffiths/National Geographic Creative; 107, ChrisOrr.com and XNR Productions; 108, Randy Olson; 109 (UP), BSIP/Science Source; 109 (LO), Paul Nicklen/National Geographic Creative; 110, James P. Blair; 111, © Encyclopædia Britannica, Inc., used under license; 112, World Ocean Floor Panorama, Bruce C. Heezen and Marie Tharp, 1977, Copyright by Marie Tharp 1977/2003. Reproduced by permission of Marie Tharp Maps, LLC, 8 Edward Street, Sparkill, New York 10976; 113 (UP), Courtesy Robert M. Carey, NOAA; 113 (LO), Bettmann/CORBIS; 114, Maria Stenzel; 115 (UP), © Encyclopædia Britannica, Inc., used under license; 116, Nicolas Reynard; 117 (UP), CORBIS; 117 (LO), Steven Fick/Canadian Geographic; 118, Sarah Leen/National Geographic Creative; 119 (UP), © Encyclopædia Britannica, Inc., used under license; 119 (LO), Jim Richardson; 120 (UP), James D. Balog; 120 (LO), Carsten Peter/National Geographic Creative; 121 (UP ALL), Steven Fick; 121 (LO), Ralph Lee Hopkins/National Geographic Creative; 122, James P. Blair; 123 (UP), Comma Image/Jupiter Images; 123 (LO), Dennis Finley; 124, Robert Landau/CORBIS; 125 (UP ALL), Image courtesy the TOMS science team & and the Scientific Visualization Studio, NASA GSFC; 125 (LO), © Encyclopædia Britannica, Inc., used under license ; 126, Ashley Cooper/CORBIS; 127, Hong Jin-Hwan/AFP/Getty Images; 128-129, Chris Johns, NGS; 130, Piotr Naskrecki/

Minden Pictures/National Geographic Creative; 131, © Encyclopædia Britannica, Inc., used under license; 132, Jason Edwards/National Geographic Creative; 133 (UP), Sam Abell; 133 (LO), Mansell/Time Life Pictures/Getty Images; 134, James P. Blair/National Geographic Creative; 135 (UP), Baron/Getty Images; 135 (LO), Hal Horwitz/CORBIS; 136, Melissa Farlow; 137 (UP), Nicole Duplaix/National Geographic Creative; 137 (LO), © Encyclopædia Britannica, Inc., used under license; 138, H. Edward Kim; 139 (UP), Simone End/Getty Images; 139 (LO), © Encyclopædia Britannica, Inc., used under license; 140, Sam Abell; 141 (UP), Michael and Patricia Fogden/Minden Pictures/National Geographic Creative; 141 (CTR), Joel Sartore/National Geographic Creative; 141 (LO), BananaStock/Jupiter Images; 142, Robert F. Sisson; 143 (UP), Robert W. Madden; 143 (LO), Chris McGrath/Getty Images; 144, Karen Kasmauski; 145 (UP), James L. Stanfield; 145 (LO), Darlyne A. Murawski/National Geographic Creative; 146, Thomas Marent/Minden Pictures/National Geographic Creative; 147 (UP), Paul Zahl; 147 (LO), Michael and Patricia Fogden/Minden Pictures/National Geographic Creative; 148, Eye of Science/Science Source 149 (UP), Science VU/CDC/Getty Images; 149 (LO), Hulton Archive/Getty Images; 150, Gary Braasch/CORBIS; 151 (UP), Peter Essick; 151 (LO), Ken Lucas/Getty Images; 152, Bianca Lavies/National Geographic Creative; 153 (UP), Darlyne A. Murawski; 153 (LO), Ralph A. Clevenger/CORBIS; 154, Joel Sartore/National Geographic Creative; 155 (UP LE), Joel Sartore/National Geographic Creative; 155 (UP CTR), Francesco Tomasinelli/Science Source; 155 (UP RT), Gary W. Carter/CORBIS; 155 (LO), Rick Price/CORBIS; 156, Paul Zahl; 157 (UP), Robert F. Sisson; 157 (LO), Victor R. Boswell, Jr.; 158, Bates Littlehales; 159 (UP), © Encyclopædia Britannica, Inc., used under license; 159 (LO), George F. Mobley; 160, Michael Nichols, NGS; 161 (UP), Heidi and Hans-Jurgen Koch/Minden Pictures/National Geographic Creative; 161 (CTR), Nicole Duplaix/National Geographic Creative; 161 (LO), Tui de Roy/Minden Pictures/National Geographic Creative; 162, Paul Zahl; 163 (UP), Mark Moffett/National Geographic Creative; 163 (LO), Michael And Patricia Fogden/Minden Pictures/National Geographic Creative; 164, Joel Sartore/National Geographic Creative; 165 (UP), H. Douglas Pratt; 166, Flip Nicklin/Minden Pictures/National Geographic Creative; 167 (UP), Cyril Ruoso/Minden Pictures/National Geographic Creative; 167 (LO LE), Tim Laman/National Geographic Creative; 167 (LO CTR), Tim Laman/National Geographic Creative; 167 (LO RT), Nicole Duplaix/National Geographic Creative; 168, Vincent J. Musi; 169 (UP), Norbert Wu/Minden Pictures/National Geographic Creative; 169 (LO), Eric and David Hosking/CORBIS; 170, Joel Sartore/National Geographic Creative; 171 (UP), Matthias Breiter/Minden Pictures/National Geographic Creative; 171 (LO), Geoff Brightling/Getty Images; 172, Burazin/Getty Images; 173 (UP), Suzi Eszterhas/Minden Pictures/National Geographic Creative; 173 (LO), James P. Blair; 174, Rob & Ann Simpson/Getty Images; 175 (LO), AP Photo/Chitose Suzuki; 176, Joel Sartore/National Geographic Creative; 177 (UP), Pixeldust Studios; 177 (LO), After John James Audubon/Getty Images; 178, Pete Ryan/National Geographic Creative; 179, Sisse Brimberg & Cotton Coulson, Keenpress/National Geographic Creative; 180-181, AP Photo/Lori Mehmen; 182, Bruce Dale; 183 (UP), © Encyclopædia Britannica, Inc., used under license; 183 (LO), ChrisOrr.com and XNR Productions; 184, Maria Stenzel; 185 (UP), Priit Vesilind/ National Geographic Creative; 185 (LO), ChrisOrr.com; 186, Gene Moore; 187 (LO), AP Photo/J. Pat Carter; 188, Tyrone Turner; 189, AP Photo/NOAA; 190, Peter Kneffel/dpa/CORBIS; 191 (UP ALL), Kenneth G. Libbrecht; 191 (LO), Jericho Historical Society; 192, Uriel Sinai/Getty Images; 193, Wikipedia; 194, Frans Lanting/CORBIS; 196, Michael Yamashita; 197 (UP LE), Tim Fitzharris/Minden Pictures/National Geographic Creative; 197 (UP CTR), David Alan Harvey; 197 (UP RT), Mark Thiessen, NGS; 197 (LO), Melissa Farlow; 198, Mattias Klum/National Geographic Creative; 199 (UP LE), James Forte/National Geographic Creative; 199 (UP CTR), Michael And Patricia Fogden/Minden Pictures/National Geographic Creative; 199 (UP RT), Ralph Clevenger/CORBIS; 199 (LO), Pete Oxford/Minden Pictures/National Geographic Creative; 200, Rich Reid/National Geographic Creative; 201 (UP LE), Rich Reid/National Geographic Creative 201 (UP CTR), Michael S. Quinton/National Geographic Creative; 201 (UP RT), Norbert Rosing/ National Geographic Creative; 201 (LO), Taylor S. Kennedy/National Geographic Creative; 202, Mark Cosslett/National Geographic Creative; 203 (LE), Michael Nichols/National Geographic Creative; 203 (CTR), Ed George/National Geographic Creative; 203 (RT), Tui De Roy/Minden Pictures/National Geographic Creative; 204, Tim Laman; 205 (UP LE), Tim Laman/National Geographic Creative; 205 (UP CTR), Steve Winter/National Geographic Creative; 205 (UP RT), Joel Sartore/National Geographic Creative; 205 (LO), Tim Laman; 206, Yva Momatiuk & John Eastcott/Minden Pictures/National Geographic Creative; 207 (UP LE), Michael Durham/Minden Pictures/National Geographic Creative; 207 (UP CTR), George Rose/Getty Images; 207 (UP RT), Thomas Marent/Minden Pictures/National Geographic Creative; 207 (LO), Peter Essick; 208, Gerry Ellis/Minden Pictures/ National Geographic Creative; 209 (LE), Konrad Wothe/Minden Pictures/National Geographic Creative; 209 (CTR), George Grall/National Geographic Creative; 209 (RT), Jason Edwards/National Geographic Creative; 210, Matthias Breiter/Minden Pictures/National Geographic Creative; 211 (UP), Bernhard Edmaier; 211 (LO), John Dunn/Arctic Light/National Geographic Creative; 212, Chris Newbert/Minden Pictures/National Geographic Creative; 213, Bill Curtsinger/National Geographic Creative; 214, Jason Edwards/National Geographic Creative; 216-217, Harry How/Getty Images; 218, Enrico Ferorelli; 219 (UP), David Gifford/Science Source; 219 (LO), Kenneth Garrett; 220, Kenneth Garrett; 222, George F. Mobley; 223 (UP), Pictorial Parade/Getty Images; 223 (LO), Gerd Ludwig; 224 (UP LE), Kenneth Garrett; 224 (UP CTR), Joel Sartore/National Geographic Creative; 224 (RT), Annie Griffiths/National Geographic Creative; 224 (LO CTR), Tomasz Tomaszewski; 224 (LO LE), David Edwards/National Geographic Creative; 226, Cate Gillon/Getty Images; 227, Shawn Baldwin/CORBIS; 228, Jeffrey L. Rotman/CORBIS; 229, Chris Johns, NGS; 230, Justin Guariglia/National Geographic Creative; 231 (UP), The Gallery Collection/CORBIS; 232, Steve McCurry; 233, Steve Winter/National Geographic Creative; 234, Michael S. Lewis/National Geographic Creative; 235 (UP), epa/CORBIS; 235 (LO), Luca I. Tettoni/CORBIS; 236, Samuel Aranda/AFP/Getty Images; 237 (UP), Ed Kashi; 238, AP Photo/Jacques Brinon; 239 (UP), Kenneth Garrett; 239 (LO), Kenneth Garrett; 240, Pablo Corral Vega/National Geographic Creative; 241 (UP), Popperfoto/Getty Images; 241 (LO), David Thomson/AFP/Getty Images; 242, Jonathan Blair; 243 (UP), Cary Wolinsky; 243 (LO), Jodi Cobb; 244, Bruce Dale; 245, Frederic J. Brown/AFP/Getty Images; 246, O. Louis Mazzatenta/National Geographic Creative; 247 (UP), Kate Thompson/National Geographic Creative; 247 (LO), John Scofield; 248, AP Photo/Seth Perlman; 249 (UP), James A. Sugar; 249 (LO), STR/AFP/Getty Images; 250, Cary Wolinsky; 251 (UP), China Photos/Getty Images; 251 (CTR), Hulton Archive/Getty Images; 251 (LO), Atlantide Phototravel/CORBIS; 252, Jodi Cobb; 253, Getty Images; 254, Ted Spiegel; 255 (UP), Richard Nowitz/National

Geographic Creative; 255 (LO), Gordon Wiltsie/National Geographic Creative; 256, Timothy A. Clary/AFP/Getty Images; 257 (UP), STR/AFP/Getty Images; 257 (LO), Margaret Bourke-White/Time Life Pictures/Getty Images; 258, George Steinmetz; 259, Gordon Wiltsie/National Geographic Creative; 260, Erica Shires/zefa/CORBIS; 261, Dave G. Houser/Corbis; 262-263, Pete Ryan/National Geographic Creative; 264, Gianni Dagli Orti/CORBIS; 265 (LE), Sisse Brimberg/National Geographic Creative; 265 (CTR), Kenneth Garrett; 265 (RT), Protohistoric/Getty Images; 265 (LO), Assyrian/Getty Images; 266, Werner Forman/CORBIS; 267, Kean Collection/Getty Images; 268, Gordon Gahan; 269, O. Louis Mazzatenta; 270, Randy Olson; 271, Hulton Archives/Getty Images; 272, Michael Yamashita; 273, O. Louis Mazzatenta; 274, Jonathan Blair/National Geographic Creative; 275, James L. Stanfield; 276, Taylor S. Kennedy/National Geographic Creative; 277 (UP), Etruscan/Getty Images; 277 (LO), James L. Stanfield; 278, Richard Nowitz/National Geographic Creative; 280, Bettmann/CORBIS; 281 (UP), Bettmann/CORBIS; 281 (LO), Christie's Images/CORBIS; 282, James L. Stanfield; 283 (UP), Michael & Aubine Kirtley; 283 (LO), Stapleton Collection/CORBIS; 284, Paul Chesley/National Geographic Creative; 285 (UP), Werner Forman/Art Resource, NY; 285 (LO), James L. Stanfield; 286, Thomas J. Abercrombie; 287 (UP), Taylor S. Kennedy/National Geographic Creative; 287 (LO), Lynn Johnson; 288, Kenneth Garrett/National Geographic Creative; 289, Gianni Dagli Orti/CORBIS; 290, Bates Littlehales; 291, Kenneth Garrett; 292, Historical Picture Archive/CORBIS; 293 (UP), Bob Sacha; 293 (LO), FPG/Getty Images; 294, Todd Gipstein/National Geographic Creative; 295 (UP), Bettmann/CORBIS; 295 (LO), The Gallery Collection/CORBIS; 296, Getty Images; 298, Bettmann/CORBIS; 299, Gianni Dagli Orti/CORBIS; 300, Bob Thomas/Popperfoto/Getty Images; 301 (UP), National Archives and Records Administration; 301 (LO), Bildarchiv Preussischer Kulturbesitz/Art Resource, NY; 302, Hall of Electrical History Foundation/CORBIS; 303, Welgos/Getty Images; 304, Time Life Pictures/Mansell/Time Life Pictures/Getty Images; 305, Carl E. Akeley; 306, Private Collection; 307 (UP), CORBIS; 307 (LO), FPG/Getty Images; 308, Hulton-Deutsch Collection/CORBIS; 309 (UP), Bettmann/CORBIS; 309 (LO), FPG/Getty Images; 310, Bentley Archive/Popperfoto/Getty Images; 311 (UP), Topical Press Agency/Getty Images; 311 (LO), Topical Press Agency/Getty Images; 312, Bettmann/CORBIS; 313 (UP), Max Pohly/Time Life Pictures/Getty Images; 313 (LO), Topical Press Agency/Getty Images; 314, Bettmann/CORBIS; 315 (UP), Popperfoto/Getty Images; 315 (LO), Hulton-Deutsch Collection/CORBIS; 316, AP Photo/John Gaps III; 317 (UP LE), Bettmann/CORBIS; 317 (UP CTR), AP Photo/Charles Tasnadi; 317 (UP RT), Bettmann/CORBIS; 317 (LO), AFP/Getty Images; 318, Jeffrey Aaronson/Still Media; 319 (UP), AP Photo/Chao Soi Cheong; 319 (LO), Louise Gubb/CORBIS SABA; 320-321, Andrey Prokhorov/iStockphoto.com; 322, Gianni Dagli Orti/CORBIS; 323, Mario Tama/Getty Images; 324, Steve Raymer/National Geographic Creative; 325 (UP), Hulton Archive/Getty Images; 325 (LO), Sheila Terry/Science Source 326, Stefano Bianchetti/CORBIS; 327 (UP), Hulton Archive/Getty Images; 327 (LO), NASA and The Hubble Heritage Team (STScI/AURA); 328, Brownie Harris/CORBIS; 329 (UP), Time & Life Pictures/Getty Images; 329 (LO), © Encyclopædia Britannica, Inc., used under license; 330, CORBIS; 331, Jean-Leon Huens; 332, Roger Ressmeyer/CORBIS; 333, The Art Archive/CORBIS; 334, Francois Guillot/AFP/Getty Images; 335, Dan Rowley/Rex Features via AP Images; 336, Edison National Historic Site; 337 (UP), Scott Rothstein/Shutterstock; 337 (CTR), Handout/Reuters/CORBIS; 337 (LO), Gunnar Kullenberg/Science Faction; 338, David Scharf/Science Faction; 339 (UP), © Encyclopædia Britannica, Inc., used under license; 339 (LO), Roger Ressmeyer/CORBIS; 340, Sebastian Kaulitzki/Shutterstock; 341 (LE), James Cavallini/Science Source.; 341 (RT), Government Pharmaceutical Organization/Handout/epa/CORBIS; 342, Yakobchuk Vasyl/Shutterstock; 343 (UP), © Encyclopædia Britannica, Inc., used under license; 343 (A), AP/Wide World Photos; 343 (B, C, D), Hulton Archive/Getty Images; 343 (E), AFP/Getty Images; 344, Alexander Tsiaras/Science Source; 345 (UP), Visuals Unlimited/CORBIS; 345 (LO), EndoWrist® & Surgeon Hands ©2008 Intuitive Surgical, Inc.; 346, The National Human Genome Research Institute; 347 (UP), Karen Kasmauski/CORBIS; 347 (LO), Museum of London; 348, Sam Ogden/Science Source; 349 (UP), GIPhotoStock/Science Source; 349 (LO), Pasieka/Science Source; 350, Carol Sharp/Flowerphotos/http://www.flowerphotos.com/CORBIS; 351, Alex Milan Tracy/Sipa via AP Images; 352, Sara D. Davis/Getty Images; 353 (UP), AP/Wide World Photos; 353 (LO), Hulton Archive/Getty Images; 354, Alex Hinds/Shutterstock; 355 (LO), Louie Psihoyos/CORBIS; 356, AP Photos/Ben Curtis; 357, ferrantraite/iStockphoto.com; 358, Marco Vacca/Getty Images; 359, REUTERS/Marie Arago; 360, David Scharf/Science Faction; 361 (UP), Getty Images; 361 (LO), Matthias Kulka/CORBIS; 362, Vitezslav Halamka/Shutterstock; 363 (UP), Peter Essick; 363 (LO), Roy Rainford/Robert Harding World Imagery/CORBIS; 364, Jim Havey/Alamy; 365 (UP), Jason Janik/Bloomberg via Getty Images; 365 (LO), Bryan Thomas/Getty Images; 366 (LE), Sarah Leen; 366 (RT), Sarah Leen; 367 (UP), Sissie Brimberg & Cotton Coulson, Keenpress/National Geographic Creative; 367 (LO), AFP/Getty Images; 368, AP Photo/Rich Pedroncelli; 369 (UP), REUTERS/Lucy Nicholson; 369 (LO), AP Photo/Eric Risberg, File; 370, REUTERS/Kenneth Brown; 371, AP Photo/File; 374, Doug Armand/Getty Images; 375, Stan Honda/AFP/Getty Images; 378, Thomas J. Abercrombie; 380, Scott Nelson/Getty Images; 381, Michael Yamashita; 383, Michael Nichols, NGS; 385 (UP), Martin Gerten/CORBIS; 385 (LO), Michael Nichols/National Geographic Creative; 387, George Gobet/Getty Images; 391, Chris Johns, NGS; 393, Frans Lanting; 401, Vyacheslav Oseledko/AFP/Getty Images; 403, John Moore/Getty Images; 405, AP Photo/David Guttenfelder; 407, XPACIFICA/National Geographic Creative; 409, Jodi Cobb/National Geographic Creative; 415, James P. Blair/National Geographic Creative; 423, Martin Gray/National Geographic Creative; 427, Jodi Cobb; 432, James P. Blair; 435, David Alan Harvey; 437, Steve Winter/National Geographic Creative; 438, Winfield I. Parks, Jr.; 439, David Alan Harvey; 443, Gordon Gahan; 445, Peter Kramer/Getty Images; 446-7, Mike Agliolo/Science Source.

合作编写者

凯瑟琳·赫伯特·豪威尔 第一、第二、第三、第四章 /

凯瑟琳·赫伯特·豪威尔现居美国弗吉尼亚州阿灵顿，是一位素养优秀的人类学家。她曾是《美国国家地理》杂志社的一员，也是《植物传奇：改变世界的 72 种植物》一书的作者。她也曾参与编写过《美国国家地理》的其他十几种书籍，包括许多关于自然和科学的童书。

霍华德·施奈德 第五章和第八章 /

霍华德·施奈德（Howard Schneider）目前是《华盛顿邮报》驻以色列耶路撒冷的记者。他也曾任报社经济编辑和驻埃及开罗分社的主管。他为《华盛顿邮报》的健康板块创作过一系列关于健康和生理方面的文章。

帕特里西娅·S. 丹尼尔斯 第六章 /

帕特里西娅·S. 丹尼尔斯（Patricia S. Daniels）目前是一位自由作家，主要创作领域为历史、科学和地理。她参与编写了《美国国家地理》出版的另外三本书籍：《新太阳系》《身体：完全的人类》以及《塑造世界的 1000 个大事件》。

斯蒂芬·G. 海斯洛普 第七章 /

斯蒂芬·G. 海斯洛普（Stephen G. Hyslop）撰写有书籍《亲历内战》《去往圣菲》，并与帕特里西娅·S. 丹尼尔斯合著有《世界历史年鉴》。作为时代－生活图书公司的前编辑，他参与创作了许多关于美国和世界历史的系列图书。他的文章亦被《美国历史杂志》《第二次世界大战》和《历史频道》杂志所刊载。

凯瑟琳·桑顿 序言 /

凯瑟琳·桑顿（KathrynThornton）在 1985—1996 年间为美国国家航空航天局的宇航员。她执行过四次太空任务，包括第一次维修哈勃太空望远镜的任务。她在太空总共驻留了 975 小时，包括 21 小时的舱外时间。目前，她在位于夏洛特斯维尔的弗吉尼亚州大学任教，是一名力学与航天航空工程教授。

简·奈基曼 地理学顾问 /

简·奈基曼（Jan Nijman）是迈阿密大学地理学和区域研究教授，同时也是城市研究项目的负责人。他主要关注与全球城市化相关的议题以及在印度孟买、加纳阿克拉、荷兰阿姆斯特丹和美国迈阿密开展田野调查。

美国国家地理自然人文百科

[美] 美国国家地理学会 著
王斌 谢建雯 译

图书在版编目（CIP）数据

美国国家地理自然人文百科 / 美国国家地理学会著；王斌，谢建雯译．– 北京：北京联合出版公司，2019.8（2021.1 重印）
ISBN 978-7-5596-3081-0

Ⅰ．①美… Ⅱ．①美… ②王… ③谢… Ⅲ．①自然地理－世界－普及读物②人文地理－世界－普及读物 Ⅳ．①P941-49 ②K901-49

中国版本图书馆 CIP 数据核字 (2019) 第 058685 号

National Geographic Answer Book, Updated Edition

by National Geographic Society

北京市版权局著作权合同登记号 图字：01-2019-2131

选题策划 联合天际·边建强
责任编辑 杨芳云
特约编辑 杨梦楚 李明悦
美术编辑 王颖会
封面设计 左左工作室

出　　版 北京联合出版公司
北京市西城区德外大街 83 号楼 9 层 100088
发　　行 北京联合天畅文化传播有限公司
印　　刷 北京雅图新世纪印刷科技有限公司
经　　销 新华书店
字　　数 565 千字
开　　本 787 毫米 × 1092 毫米 1/16 29.5 印张
版　　次 2019 年 8 月第 1 版 2021 年 1 月第 3 次印刷
I S B N 978-7-5596-3081-0
定　　价 188.00 元

关注未读好书

未读 CLUB
会员服务平台